经典译丛·信息与通信技术

多媒体信号编码与传输

Multimedia Signal Coding and Transmission

[德] Jens-Rainer Ohm 著

卢　鑫　金雪松　顾　谦 译

赵志杰　审校

电子工业出版社·

Publishing House of Electronics Industry

北京·BEIJING

内 容 简 介

本书主要内容包括多媒体基础知识，多媒体计算机及多媒体音频/视频数据处理，多媒体的关键技术，超文本、超媒体及多媒体数据库技术等。全书共 9 章，包括：概论、基础知识、感知与质量、量化和编码、信号压缩方法、帧内编码、帧间编码、语音与音频编码、多媒体数据的传输与存储等。全书涵盖了图像、视频和音频压缩及表示的理论背景和多方面应用，并通过举例，使读者的理解更加深入。

本书深入浅出，且多数章节辅以练习题，适合作为电子信息、通信工程、计算机等相关专业的本科生或研究生的多媒体通信系统课程的教材，也可供多媒体信号处理的初学者或爱好者学习。本书还包括视频处理的前沿动态与应用，所以也可以为多媒体通信系统的研究人员和开发人员提供参考。

Translation from the English language edition:
Multimedia Signal Coding and Transmission by Jens-Rainer Ohm
Copyright © Springer-Verlag Berlin Heidelberg 2015
This work is published by Springer Nature
The registered company is Springer-Verlag GmbH
Authorized Simplified Chinese Language edition Copyright © 2018 Publishing House of Electronics Industry.
All Rights Reserved.

本书中文简体字版专有出版权由 Springer Nature 授予电子工业出版社。未经出版者预先书面许可，不得以任何方式复制或抄袭本书的任何部分。

版权贸易合同登记号　图字：01-2017-7611

图书在版编目（CIP）数据

多媒体信号编码与传输 /（德）延斯-赖纳·奥姆著；卢鑫，金雪松，顾谦译. — 北京：电子工业出版社，2018.11
（经典译丛·信息与通信技术）
书名原文：Multimedia Signal Coding and Transmission
ISBN 978-7-121-32964-7

I. ①多… II. ①延… ②卢… ③金… ④顾… III. ①信号处理－编码技术 ②信号传输 IV. ①TN911.21 ②TN911.7

中国版本图书馆 CIP 数据核字（2017）第 258411 号

策划编辑：杨　博
责任编辑：杨　博　　　　特约编辑：张传福
印　　刷：三河市良远印务有限公司
装　　订：三河市良远印务有限公司
出版发行：电子工业出版社
　　　　　北京市海淀区万寿路 173 信箱　　　邮编　100036
开　　本：787×1092　1/16　　印张：27.5　　字数：704 千字
版　　次：2018 年 11 月第 1 版
印　　次：2018 年 11 月第 1 次印刷
定　　价：109.00 元

凡所购买电子工业出版社图书有缺损问题，请向购买书店调换。若书店售缺，请与本社发行部联系，联系及邮购电话：(010)88254888，88258888。

质量投诉请发邮件至 zlts@phei.com.cn，盗版侵权举报请发邮件至 dbqq@phei.com.cn。

本书咨询联系方式：yangbo2@phei.com.cn。

译 者 序

随着信息处理技术、计算机技术和通信技术的迅猛发展，多媒体技术应运而生，并已经成为一项最具活力、发展速度很快的新兴技术之一。多媒体技术突破了计算机、通信、电视等传统产业间相对独立发展的界限，将多种前沿技术有机融合在一起。多媒体技术的广泛应用已经对人们的生产、生活产生了深刻的影响，可以预见，它必将成为科技进步、经济发展、人们生活质量提高的主要推动力之一。

原著 *Multimedia Signal Coding and Transmission* 是 Springer 出版社"信号与通信技术"系列丛书中的一部优秀著作。它由国际著名学者 Jens-Rainer Ohm 教授积多年科研和教学经验编撰而成。Ohm 教授是被誉为欧洲"麻省理工学院"的德国亚琛工业大学(RWTH Aachen)通信工程研究所的所长，H.264/AVC、H.265/HEVC 标准的主要制定者之一，国际电信联盟(ITU)联合视频协作组(JVC-VC)主席，德国工程师协会信息技术组发言人，国际视频编码标准制定过程中的领军人物及视频信号处理领域的权威学者。

本书紧密联系现代多媒体系统的发展需要，将多媒体信息处理(编码)与无线及有线通信传输融为一体，系统地介绍了多媒体信号与信息处理的基础理论以及研发、应用的成果。全书共 9 章，涵盖了图像、视频、语音和音频的压缩及表示的理论背景和多方面应用，并通过举例，使读者的理解更加深入。内容深入浅出，适合视频信号处理的初学者阅读；大多数章节都辅以练习题，适合学生进行课程学习；书中包括视频信号处理的前沿动态与应用，可为工业多媒体通信系统的研究人员和开发人员提供参考。

第 1 章概论：主要引入和介绍基本概念。第 2 章基础知识：介绍信号与系统的基本知识、傅里叶变换、多媒体信号的采样、离散信号处理、统计分析、线性预测、线性块变换与滤波器组变换等内容。第 3 章感知与质量：介绍人类的视觉/听觉特性，引入信号质量评价标准。第 4 章量化与编码：介绍标量量化和脉冲编码调制、编码理论、量化器的率失真优化、熵编码、向量量化等知识。第 5 章信号压缩方法：包括行程编码、预测编码、变换编码、可伸缩编码、多描述编码和分布式信源编码等。第 6 章帧内编码：包括二值图像编码、多幅值图像编码、无损和近无损图像编码、三维图像编码、重构滤波与静止图像编码标准等。第 7 章帧间编码：介绍混合视频编码、时空变换编码、可伸缩视频编码、多视图编码及视频编码标准等内容。第 8 章语音与音频编码：包括语音、音频、音乐和声音编码的方法与标准等。第 9 章多媒体数据的传输与储存：包括数字多媒体服务、网络接口、媒体储存与传输的相关知识等。

本书由卢鑫、金雪松、顾谦翻译，其中卢鑫博士翻译前言、第 1 章、第 2 章、第 4 章、第 6 章、第 7 章、第 8 章、第 9 章，金雪松博士翻译第 3 章，顾谦硕士翻译第 5 章、附录 A、附录 B、附录 C、附录 E。顾谦硕士、余唱硕士、周必兴硕士协助校对了全书的图表和公式。赵志杰教授负责全书的审校。

本书在翻译过程中，得到了多位老师和研究生的帮助与参与。特别需要感谢英国华威大学(University of Warwick)的 Graham R. Martin 教授为本书的翻译提供的宝贵意见和建议。感谢同学们的辛苦校对，感谢译者家人对本书翻译工作的支持与帮助，感谢杨博编辑在本书出版过程中付出的辛勤劳动。

　　本书的出版得到了国家自然科学基金重点国际合作研究项目(61720106002)、国家自然科学基金青年基金项目(61401123)、中央高校基本科研业务费专项资金(HIT.NSRIF.201617)、哈尔滨市科技创新人才项目(优秀学科带头人 2017RAXXJ055)等的支持，在此表示衷心感谢。

　　由于时间仓促，译者水平有限，译文中如有不妥之处，恳请广大读者谅解，并提出改进意见，不胜感激！

卢　鑫

于哈尔滨

2017 年 7 月

前　言①

近几十年来，数字视听信息在专业领域及日常生活中可谓无处不在。视听媒体已经深刻地改变了人们沟通合作、信息获取、学习、工作以及交互的方式。与此同时，传统的分发和访问方式已被互联网、移动网络和数字存储逐渐取代。在此背景下，多媒体通信构建了人与/或机器之间进行通信的全新模式，其特点包括普遍性、综合性、交互性以及智能性。

多媒体通信系统课程在亚琛工业大学已开设多年，本书连同 *Multimedia Content Analysis*②正是以该课程的讲义为基础，是 2004 年出版的教材《多媒体通信技术》(*Multimedia Communication Technology*)的全面升级版。多媒体信号编码和传输是本书讨论的主要内容，而另一本书《多媒体数据内容分析》(*Multimedia Content Analysis*，MCA)则主要围绕多媒体信号的识别展开。这两本书中的内容(以及作为这两本书基础的课程讲义)都是自成体系的，因此不能将其理解为一套图书的上部和下部。但是，编码和内容分析之间存在着许多共性问题(两者都建立在信号处理和信息论的思想基础上)，因此，读者经常会发现两书之间存在交叉引用(包括指向章节号的索引)的情况。关于信号处理(Signal Processing，SP)和信息论(Information Theory，IT)的基本知识有助于对本书内容的理解，因此，第 2 章和第 4 章针对相关的基本概念进行了总结。

自《多媒体通信技术》(2004 版)出版以来，视听数据的压缩技术又取得了惊人的进展。因此，本书体现了该领域的最新进展，其中包括关于高效视频编码(High Efficiency Video Coding，HEVC)标准所运用的编码思想的更深层次理解，以及三维视频和音频数据的压缩方法，同时本书还简述了未来可能的发展趋势。但是，本书无意阐述现有标准的具体实现细节，而是侧重于为读者提供关于基本概念的深入理解，最终为读者成为掌握该领域新兴技术的设计人员提供支持。

本书多数章节都辅以习题加以补充，访问网址 http://www.ient.rwth-aachen.de 可以获得参考答案③。

本书的出版离不开学术和标准化机构中广大师生、科技人员及同事们的贡献，以及 25 年来在图像、视频、音频的处理、编码和识别领域与本人开展合作的其他人员的努力。为简洁起见，不进行一一致谢，在此向所有人一并表示感谢。

Jens-Rainer Ohm

于德国亚琛

2014 年 12 月 21 日

---

① 中译本的一些图示、参考文献、符号及其正斜体形式等沿用了英文原著的表示方式，特此说明。

② 该书也将由电子工业出版社引进出版。正文中引用该书时用 MCA 表示。

③ 也可以向 te_service@phei.com.cn 发送邮件申请。

目　　录

第1章 概　　论

多媒体通信是指通常可由人类感官感知的多种类型信息的结合。在此背景下，视听信息（语音/音频/声音/图像/视频/图形）显得尤为重要，但是就信号处理的复杂度而言，对视听信息的处理又面临很大挑战。多媒体信息的数字表示为数据的交换、分发、获取提供了更大的自由度，其中的通信包括人与人之间、人与设备之间，或设备与设备之间的信息交换。对视听数据进行再现，总是希望获得良好的质量，但是，用于数据传输的比特数量通常是有限的，因此压缩技术成为一项关键技术。本章将介绍多媒体信号压缩和传输中所涉及的基本概念和术语，并对视听信号源数字表示的获取、常见格式和数据量进行概述。

1.1　概念和术语

通信系统设计的基本原则是，以尽可能低的代价传递信息，同时为用户提供足够高的质量，使用户最大限度地受益。多媒体通信中，由于数据量大而对传输速率和处理速度要求较高的信息类型是最为重要的，包括**音频**（audio）、**图像**（image）、**视频**（video）和**图形**（graphics）等信源。对于这些类型的数据，通信系统（网络和设备）往往会在极限状态下工作。因此，在开发具有更强处理能力和更大存储空间的设备以及具有更高容量的网络时，视听信号的处理、存储和传输已经成为最为重要的驱动因素之一。多媒体信源有的是由传感器采集产生的（比如，能够完成模数转换的相机、话筒等），有的是通过合成获得的（比如，图形、合成的语音或声音等）。为了将信息再现以供人们使用，通常需要进行其他转换，将信息搭载到相应的物理媒介上（比如，通过扬声器产生声波）。

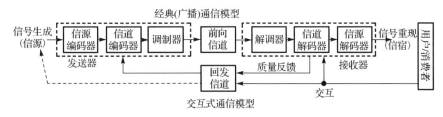

图 1.1　经典通信系统与反馈/交互信道的概念

单向通信系统的经典概念如图 1.1 的上半部分所示。该模型适用于不存在回发信道的应用环境，比如广播。左侧的设备（发射器）与右侧的设备（接收器）是相辅相成的。信源编码器与解码器、信道编码器与解码器，采用协议规范互相配合工作，设法补偿信道损失和信道容量的局限。这种系统的目标是以尽可能高的质量传递尽可能多的信息。而这是通过优化信源编码器、信道编码器和调制器实现的：信源编码器将信源压缩，以尽可能少的比特数表示信源；信道编码器保护码流免于可能产生的损失；调制器以最合适的方式在物理信道中发送符号载体。考虑到信道特性（比如，由干扰和噪声造成的信道损耗）以及可用的物理带宽，有必要对上述各模块进行联合优化。信道具有某一**容量**（capacity），表示该信道能在发射器和接收器之间进行无损失传输时的最大信息速率。在这种意义上，信源编码的主要任务是，将通常存在于多媒体信源原始信息中的**冗余去除**(remove redundancy)，并以较低的码率将其压缩。信道编码**加入冗余**(add redundancy)，这是为了当出现信道损失时，为码流提供差错保护。信源产生的码率不可以超过信道容量，如果出现这种情况，要么会产生信息损失，要么需要采用更有效的方法对信源进行压缩(见 1.1.1 节)。而后者可能是更好的选择，因为它受到编码器的控制，即便在引入较多失真时，也可以产生比较平稳的降质，而不会造成随机的信道损失。

在通信的经典概念中，接收器会被动地、确定性地解码一切经信道接收到的信号。该模型适用于广播系统，这种系统没有必要对某一用户的干预做出反应，但是，在点对点通信系统中，情况便不同了。经典的通信系统模型通过回发信道和交互组件加以扩展，如图 1.1 的下半部分所示。用户本身能够与系统链路中的任何环节进行交互并产生影响，其中包括信号的产生环节。而且，接收器的任何一个环节都可以自动地产生反馈，例如，请求重传丢失的信息，或者通知发射器当前信道的状况等。更"智能"的系统甚至包括信号内容分析等器件，用来协助用户完成交互以及搜索多媒体数据。

除传统的广播信道外，如今往往需要通过特征差异非常大的**异构信道**(heterogeneous channels)完成多媒体数据流的传输(例如，基于互联网的物理传输)。尤其在无线和移动传输中，由于信道特征的瞬时波动，需要频繁而且适当地对传输进行调整。从广义的角度来看，信道可以是网络或者存储设备，其中不仅可以在传输链路的末端(服务器和客户端)加入存储设备，还可以在代理服务器中设置临时存储设备，用于快速访问可能会被多次存取的内容。当出现传输错误时，在客户端进行信息恢复，要远比传统的信道和信源解码复杂得多，比如，需要采用包括内容分析在内的先进的差错隐藏方法。

归根到底，可以根据为用户带来的价值，即质量与成本之比(质量/成本)来评价一个多媒体通信系统的性能。**服务质量**(Quality of Service，QoS)，这里也可以将其理解为感知质量，得到了广泛的使用。传输速率、延迟和损耗等网络参数，信源编码/解码的压缩性能，以及与信道特性的相互关系都会影响 QoS。向用户收取的费用取决于完成这些任务的设备成本。因此，在满足用户需求的前提下，最好采用复杂度较低的系统。

本书以多媒体信号的**编码表示**(coded representation)和**传输**(transmission)为重点进行讨论。与此相关的概念和术语将在本节的余下部分进行简要的介绍。

1.1.1　信源编码的信号表示

通过**多媒体信号压缩**(multimedia signal compression)，在获得尽可能高的视觉质量的条件下，可以实现最简洁的表示。采集到信号以后，将其转换成具有有限样点个数与幅度等级的数字表示。这一步骤将会对最终的质量产生影响。如果在获取信号时，并不知道某个候选信道能够传输的码率范围或某种应用所需的分辨率，则可取的做法是，以尽可能高的质量采集信号，必要时可在以后对信号进行下采样，以获得质量较差的信号。

冗余(redundancy)(信号样点之间存在的相似性，或某些信源状态出现得较为频繁)是信号本身的属性，它使**信源编码器**(source coder)能在不造成信息损失的条件下，降低码率。如果针对的用户是人，考虑到**感知特性**(perceptual properties)，由于为用户提供的质量没有必要比其所能(或所希望)感知到的更加精细，因此可以进一步对信源编码方法进行调整。某些发生在信源编码和解码过程中的失真可能不会被感知到，或者失真很小而能够容忍，或者需要进行修复(比如，去除传感器噪声)。这些是原始信号中**无关紧要的**(irrelevance)部分，编码时最好能将其去除[①]。然而，如果信道容量很小，仅去除冗余或不重要部分可能不足以降低码率。那就难免会引起其他失真。这些失真在本质上是不同的，例如，空间或时间分辨率的降低，或者编码/量化噪声。还可以考虑与**内容相关的**(content-related)属性。例如，对用户来说更加重要的部分或片段，可以为其提供较好的质量。

编码信息通常以二进制数［**比特**(bits)］的形式进行表示。码率的单位是**比特/样点**(bit/sample)[②]，或**比特每秒**(bit per second)［**比特/秒**(b/s)］，其中后者是由**比特/样点**(bit/sample)的值乘以**样点/秒**(samples/s)(采样率)的值得到的。**压缩率**(compression ratio)是评价信源编码方案性能的一项重要指标。它表示的是原始未压缩信源和压缩后的信源所需码率之比。比如，对数字高清电视而言，如果原始未压缩的信源需要至少 800 Mb/s[③]的码率，若压缩后的码率须达到 4 Mb/s，那么所需的压缩率就是 800:4=200。如果压缩的信号流以文件的形式存储在计算机磁盘上，可以根据文件的大小，评价压缩性能。当将文件大小转换为码率时，需要注意的是，通常文件的大小是以 K(千)**字节**(Kbyte，KB)，M(兆)**字节**(MByte，MB)等为单位的，其中 1 字节(Byte)由 8 比特(bit)组成，1K 字节(KByte)=1 024 字节(Byte)，1M 字节(MByte)=1 024 K 字节(KByte)。

典型多媒体信号编码和解码系统的基本框图，如图 1.2 所示。

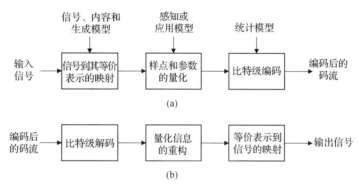

图 1.2 多媒体信号编码系统的基本原理。(a)编码器；(b)解码器

- 第一步是信号样点到其等价表示的映射，理想情况下，通过反向映射可以完全恢复信号样点。一般来说，在等价表示空间中的表示要比在原始信号空间中的表示更加稀疏，所以后续步骤可以变得更简单并能更好地对信号进行优化。稀疏性指的是等价表示需要更少的样点，或者样点的幅度集中在较少的幅值上。**预测**(prediction)和**变换**(transform)是实现这种映射的重要方法。当采用线性变换完成映射时，映射又被称为**去相关**(de-correlation)，这是因为，映射通常可以去除在等价表示空间中样点之间的线性统计相关性。可以采用统计模型对这种系统进行优化，同时还需要考虑信号的生

---

① 当针对的用户是机器时，信号中哪些部分是无关紧要的，由信号的使用目的决定。例如，信源编码引起的失真可能会导致对内容的分析失败，这是无法接受的。

② 图像信号还使用**比特/像素**(bit/pixel，b/p)，其中"像素"作为**图像元素**(picture element)的缩写被广泛使用，即图像样点。为了在用词上对各种类型的信号没有偏向性，对于图像和视频，我们也使用"样点"一词。

③ Mb/s：10^6 比特每秒，kb/s：10^3 比特每秒。

成(例如，获取过程的特性)和语义的内容。如果映射函数是可变的(正如具有局部变化特征的多媒体信号通常所需的)，则可能需要产生额外的**边信息**(side information)，在解码时需要这些边信息来完成逆映射。

● 第二步是**量化**(quantization)，它将信号、信号的等价表示或边信息参数映射成离散字符集中的值(如果之前的值并不是离散字符集中的值，或者需要进行压缩效果更明显的有损压缩)。在量化时，还应考虑观察者的感知局限或其他非相关性准则(与预期的应用相关)，这样利用给定数量的离散(量化值)状态便可以尽可能多地保持重要信息。一般来说，量化值状态的个数较少，自然会使每个样点需要的比特数也较少，但是也会使失真增加。

● 最后一步是**比特级编码**(bit-level encoding)，这一步的目的是以更低的码率表示离散信息状态，而通常并不改变这些信息状态。编码的优化主要是以统计原则为基础进行的，比如各个状态出现的频率。各个状态实现唯一性表示(比如，有限离散字符集中的字符)所能达到的最低码率称为**熵**(entropy)。

除**码率**(rate)和**失真**(distortion)外，其他调整信源编码算法的参数还包括**延迟**(latency)和**复杂度**(complexity)。这 4 个参数是相互影响的。码率与失真之间的关系是由**率失真函数**(rate distortion function)决定的(见 2.5.5 节和 4.2.1 节)，当给定失真的上限时，利用率失真函数可以得到码率的理论下限值。增加编码/解码算法的复杂度往往能够使率失真性能得到提高(就是说，在保持失真不变的条件下，获得更高的压缩率)，例如，根据各种信源的不同统计特性，采用更复杂的方式实现编解码算法。另外，增加延迟也可以提高压缩性能，比如，如果编码器能够预知当前的决策对后续编码过程所产生的影响，则将有利于提高编码器的性能。

码率和延迟能够直接利用许多参数进行定量评价，比如，均值、峰值和变化量等，而对失真的定量评价将需要较复杂的度量方式，其中需要考虑用户的感知，包括均方误差、信噪比(SNR)等参数被广泛采用，同时这些参数也较容易进行计算(见 3.3 节)。对复杂度的定量评价也是个挑战，因为同一编/解码器的各种组件可能会很容易地在不同的平台上实现，但也可能会很困难，并且复杂度的判断需要考虑多种因素，比如，逻辑门的数量、芯片尺寸、功耗、内存使用情况、软件/硬件友好性、并行运算能力等。

1.1.2　传输的优化

信源编码器与信道之间的关系对整体感知服务质量也是至关重要的。信源编码器去除信号中的冗余，而信道编码器向码流中**加入冗余**(add redundancy)，以达到在有损环境下保护和恢复码流的目的。在接收端，信道解码器去除由信道编码器加入的冗余，并利用这些冗余进行纠错，而信源解码器补充由信源编码器去除的冗余，利用接收到的信息尽可能好地对信源进行重构。由此看来，信源编码/信道解码与信道编码/信源解码的作用是相似的。实际上，最复杂的部分通常处于去除冗余的一端，因为这部分的目标是对过完备表示中的**重要信息**(relevant information)进行估计。事实上，为了获得最优性能，需要对信源编码和信道编码进行联合优化。比如，利用信道编码，向码流中对用户来说不太重要的部分加入冗余，是没有什么意义的。信道上的传输还包括调制，在通信技术中，为了逼近信道容量的极限，通常会联合使用信道编码和物理层调制[Proakis, Salehi, 2007]。

在设计多媒体系统时，利用某一模型把信道看成一个"黑匣子"，往往是比较有利的。这与误差/损失特性、传输速率、延迟(延时)等对网络质量来说最重要的参数是密切相关的。

当可以保证网络的最低质量时，则几乎能够以最优的方式，使信源编码和网络传输相匹配。这通常需要通过协商协议来实现。如果网络的质量无法保证，可以引入专门的机制使服务器端和客户端相互匹配。这包括基于网络质量评估的专用差错保护机制或重传协议。为了提高传输质量，引入时延也是一种切实可行的方法，例如，优化传输调度，在信息传输到接收端之前采用信息临时缓冲，或者当传输中可能发生突发丢包时，对码流进行置乱/交错(见 9.3 节)。在极端情况下，接收器能够请求重传丢失或已损坏的信息，直到最终收到该信息，但这样做将会增加传输延迟。信道编码部分也同样如此，如果允许采用具有**较长时延**(higher latency)或**较高复杂度**(higher complexity)的系统，则预计将会获得更好的质量。然而，这并不是对所有应用都适用。比如，实时会话服务(比如，视频电话)只允许低时延，对于需要快速反应的所有交互应用，也同样如此。对于移动设备，其电池的容量是最为关键的，因此，一般应维持较低的整体系统复杂度。

从物理上来说，抽象的信道通常是由若干具有不同特性的网络路径组成的链路。此时，整个链路中最薄弱的环节决定了信道的性能。在异构网络中，媒体流具有适应网络特性变化的能力，是非常重要的。在某些情况下，可能需要将码流**转码**(transcode)成一种不同的形式，使其能够更好地适应特定的网络特性。从这个意义上说，能够产生具有很强适应能力并可以独立于编码过程而被截断的**可伸缩码流**(scalable streams)的信源编码方法是非常具有优势的(见 5.4.2 节)。另外一种方法是基于内容**多描述**(multiple descriptions)的编码方法(见 5.4.3 节)，这种方法把内容的多个描述经过并行的传输路径传送给接收器。

1.2　信号源与信号的获取

多媒体系统通常处理的是数字表示的信号，而**自然信号**(natural signals)的获取和产生可能并不是由数字设备直接完成的，例如，转换中可能会涉及电磁(话筒)、光学(镜头)、化学(胶片)媒介。模数转换本身由采样和量化两个步骤组成，采样是将空间-时间连续的信号映射为离散的样点，量化是将幅度连续的信号映射为数值。采集装置，比如配备 CCD 或 CMOS 传感器的数码相机，在输出端本身就能提供采样的信号和量化的表示。多媒体信号也可以通过合成产生，比如，图形、合成声音、人造音效等，还可以通过将自然声音和合成声音混合而产生。即使采集到了自然信号，原本存在于外部(三维)世界的部分信息也会丢失，这是由于：

● 采集设备的频率带宽或分辨率是有限的；
● 采集设备的"非遍及性"，采集设备位于三维外部世界的某一位置，所以只能在这一特定的观察点或收听点获取信号，即使使用多个相机或话筒，采集到的三维空间信息也是**不完整的**(incomplete)，这是因为传感器不可能布置得无限密集。

下面以相机系统为例，讨论外部世界与信号的不完全投影之间的关系。用"世界坐标系"表示位置 $\mathbf{W}=[W_1, W_2, W_3]^T$，其中，在某一特定位置 $\mathbf{W}$，某一特定时间 t 的成像特性[又称为**全视函数**(plenoptic function)] $I(\mathbf{W}, \mathbf{\Theta}, t)$，由来自角度方向 $\mathbf{\Theta}=[\theta_1\ \theta_2\ \theta_3]^T$ 的光线颜色和强度给出[Mcmillan, Bishop, 1995]。这可以通过位于位置 $\mathbf{W}$、光轴(观察线)方向为 $\mathbf{\Theta}$ 的相机获取。对于这种"光场"表示，一台相机只能在位置 $(\mathbf{W}, \mathbf{\Theta})$ 处获得一个样点，若有其他相机，则能够使这个样点变得更加完整。另外，其他视图还可以通过内插或者外推产生(见 MCA[①]，第 7 章)。

---

① MCA 表示 *Multimedia Content Analysis* 一书，后文同。——编者注

　　针孔相机(pin-hole camera)模型如图 1.3 所示。这里，世界坐标系以相机所在的位置为原点，其中，相机的光轴沿 W_3(深度)轴方向，垂直于图像平面。相机的二维图像平面(例如，胶片或电子传感器)在时间 t 接收到由三维外部世界投射到图像平面的投影。在针孔相机模型中，可以保证只有**一束**(one)来自外部世界的**光线**(light ray)可以到达图像平面中的一个点，这样便能够保证图像是聚焦的[①]。外部世界坐标系中，$\mathbf{W}_P = [W_{1,P}, W_{2,P}, W_{3,P}]^T$ 位置处的一点 P 与其在图像平面中的投影——点 $\mathbf{t}_P = [t_{1,P}, t_{2,P}]^T$ 之间的关系，由**中心投影方程**(central projection equation)确定，其中 F 是相机的焦距，

$$t_{i,P} = F \frac{W_{i,P}}{W_{3,P}}, \quad i = 1, 2 \tag{1.1}$$

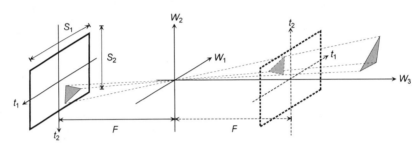

图 1.3　针孔相机模型

　　世界坐标系的原点位于"针孔"的位置，即相机的焦点。图像平面本身位于 $W_3 = -F$，其中心位于 $W_1 = 0$、$W_2 = 0$ 处；$W_2 = 0$ 处的指向为 t_1 轴方向的图像平面，与 $-W_1$ 平行；$W_1 = 0$ 处的指向为 t_2 轴方向的图像平面，与 $-W_2$ 平行。当光线穿过位于 $W_3 = F$ 的镜像平面时，同样的投影方程依然成立，因此，两个坐标轴 t_i 不需要关于相应的 W_i 镜像对称。图像平面本身的宽度为 S_1，高度为 S_2。关于光轴对称的水平视角和垂直视角为

$$\varphi_i = \pm \arctan \frac{S_i}{2F}; \quad i = 1, 2 \tag{1.2}$$

　　在电子相机和扫描仪中，二维图像平面通常是按照由左及右/从上到下的顺序逐行进行扫描和采样的。然后，宽度为 S_1、高度为 S_2 的图像平面被映射入间距为 $T_i = S_i / N_i$ 的 $N_1 \times N_2$ 个离散采样位置。这种采样过的并且空间上有界的图像可以用矩阵表示。一般情况下，将图像左上角的样点作为坐标原点 $(0,0)$，这个样点也是矩阵左上角的元素[②]。

　　可以用一个包含 $N_1 \times N_2$ 个样点的矩阵对此进行说明，如图 1.4 所示，

$$\mathbf{S} = \begin{bmatrix} s(0,0) & s(1,0) & s(2,0) & \cdots & & \cdots & s(N_1-1,0) \\ s(0,1) & s(1,1) & & & & & s(N_1-1,1) \\ s(0,2) & & & \ddots & \ddots & & \vdots \\ \vdots & & & & & & s(N_1-1,N_2-2) \\ s(0,N_2-1) & s(1,N_2-1) & \cdots & & \cdots & s(N_1-2,N_2-1) & s(N_1-1,N_2-1) \end{bmatrix} \tag{1.3}$$

[①] 从物理上来说，这是不可能做到的，因为小孔本身必然具有一定直径。在带有镜头的相机中，只有在镜头聚焦时，来自外部世界同一点的多条光线才会聚于图像平面中的某一点。

[②] 需要注意的是，中心投影方程中使用的二维坐标系统，其原点位于光轴穿过图像平面的位置(可能位于现有样点之间的位置)，相对于这一坐标系统，此坐标系统存在一个偏移量。

在某些情况下(例如，当矩阵中不同行中的值需要参与同一算数运算时)，从图像左上角的样点开始，对逐行扫描的图像矩阵中的所有样点进行重排，并将其组成一个向量，会更加方便，

$$\mathbf{s} = [s(0,0) \quad s(1,0) \quad \cdots \quad s(N_1-1,0) \quad s(0,1) \quad s(1,1) \quad \cdots$$
$$\cdots s(0,N_2-1) \quad \cdots \quad s(N_1-1,N_2-1)]^{\mathrm{T}}$$

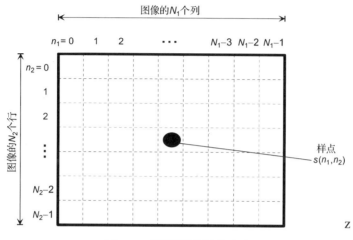

图 1.4　离散图像矩阵的定义

一直以来，图像采样都是首先在时间维度进行的，使用相机拍摄静止图像时，以单个样点进行采样，使用摄像机拍摄影片时，以图像样点序列进行采样。假如采集到的图像之间的时间间隔为 T_3，则每秒采集到的图像数量[也称之为**帧率**(frame rate)]便是 $1/T_3$。在电子(模拟)视频摄像机中，采用行结构完成垂直的空间采样，而每行中的信号，在水平方向上[①]以及幅度上(未量化)依然是连续的。在数字成像中，信号最终在水平维度上也进行采样，并被量化成用数值表示的幅度值。

在模拟视频技术中(仍存在于一些数字视频相机中)就已经采用了**隔行扫描**(interlaced)采集(见 2.3.3 节)。在这种情况下，一帧(frame)图像包含两幅**场图像**(field picture)，分别包含偶数行和奇数行。采集到的两幅场图像之间存在半个帧周期的时间间隔。当整帧图像被同时采集时(电影摄像机正是这样做的)，这种采集方式被称为**逐行**(progressive)扫描采集。

在立体和多视图显示中，三维空间感是通过将不同的图像(由两台稍有距离的相机采集，具有立体视差)展示给观察者的左眼和右眼而获得的。多视图显示比立体显示更优越，当观察者在显示器前移动(运动视差)时，它能够通过改变视图来改善空间感。为了获得用于立体和多视图显示的内容，需要利用两个或多个相机对场景进行采集，或者提供深度信息，以合成的方式产生额外的视图，但这会进一步增加存储和传输所需的数据速率(见本书 7.6 节和 MCA，第 7 章)。

1.3　多媒体信号的数字表示

信号的模数转换过程包括采样(见 2.3 节)和量化(见第 4 章)。得到的"原始"数字格式用

---

① 需要注意的是，在模拟视频采集和显示中，各行是按时间顺序进行扫描的，因此，原则上对整幅图像来说，并不存在唯一的采集时间。当然，只有在图像中存在运动场景的情况下，讨论这个问题才有意义。

称为脉冲编码调制(Pulse Code Modulation,PCM)来表示。在数字多媒体信号处理应用中,原始格式通常被当作原始参考。在视觉和听觉信号中采用的这些格式,其具体特性将会在本节进行解释。

1.3.1 图像与视频信号

当对图像和视频信号进行数字化表示时,如果样点的每个分量用 B 比特来表示[①],那么利用 PCM 则能够表示 2^B 个不同的灰度级。目前,消费级照相机、摄像机和扫描仪仍然主要采用 $B = 8$ 比特(256 个灰度级)表示,$B = 10$ 比特甚至更高的表示精度是今后发展的趋势。在专业和科学应用领域中,每个分量往往用 $B = 16$ 比特表示。电子相机通常需要通过非线性映射将亮度映射为幅值,从而为较暗的亮度值提供较精细的幅值。这称为采集设备的**伽马传输特性**(gamma transfer characteristic),由下面的传输方程(近似地)描述:

$$V = c_1 \cdot \Phi^\gamma + c_2 \tag{1.5}$$

其中,Φ 是归一化到最高灰度级的光通量,V 是信号的幅度,c_1 是相机的灵敏度,c_2 是偏移量[②]。

在对数字表示进行处理时,往往不考虑这些非线性特性,但是在高保真呈现(打印、显示)或精确分析中,这些非线性特性就变得非常重要了。当图像信号以线性幅度尺度进行映射时(计算机图形学应用中,通常采用这种做法),采用 16 甚至更多个比特来表示每个分量是很有必要的。表示图像传感器获取的数据所需的最大比特数,主要取决于噪声的大小。若传感器噪声水平超过了预期的量化噪声(见 4.1 节),则较低重要性位的值是随机的。由于新一代相机传感器(如 CMOS)往往具有较小的噪声,所以使用较大的位深变得越发有意义,同时通过传感器本身就可以实现较高的幅度动态范围。需要注意的是,即使是采用 16 比特表示的幅度范围,与视觉上可分辨的自然光照水平的有效范围(涵盖的亮度范围超过 10^9)相比,仍然相对较低。人眼的虹膜、膈肌和感光受体等生理结构都具备调节功能;相机也一样,可以根据光照强度调节相机的快门时间。在**高动态范围**(High Dynamic Range,HDR)成像中,对同一场景在不同的曝光量下进行多次采集,并根据场景中某一部分的亮度,将多次采集的场景合并形成一幅图像,相当于人为地扩展了这幅图像的位深。然而,HDR 仅在静态场景及相机位置固定的情况下效果较好。否则,必须进行配准,如果配准效果不佳,将会造成伪影。HDR 成像是一个典型的例子,它存储的图像并不是直接由传感器数据得到的,而是经过另外的信号处理过程而获得的。对于其他类型信号,比如医学图像数据,图像的幅值往往表示组织或骨骼的密度和吸收特性,在存储图像之前对其进行处理是非常常见的。

除与亮度/颜色相关的数据外,还可以获取其他形式的图像,比如深度数据(例如,利用距离传感器获得或者利用立体照相装置对深度进行估计)以及所谓的阿尔法(透明度)图,通常利用这些数据,根据不同的图像完成场景的融合/合成(见 MCA,第 7 章)。

为了采集和显示彩色图像,用光的三原色——红(R)、绿(G)、蓝(B)来表示彩色图像是

---

① 分量分别为:颜色、亮度或色度,见下文。

② 例如,ITU-R Rec. BT.709 在两个区间内对传输特性做出了规定,其中,较低的光通量区间具有线性特性:
当 $1 \geq \Phi \geq 0.018$ 时,$c_1 = 1.099$;$c_2 = -0.099$;$\gamma = 0.45$;
当 $0 \leq \Phi < 0.018$ 时,$c_1 = 4.500$;$c_2 = 0.000$;$\gamma = 1.00$。

最常用的方法，这与人眼的色彩灵敏度是基本吻合的（见 3.1.3 节）。这些分量是分开获取和采样的。当用三个单独的传感器采集颜色时（高端相机正是这样做的），彩色样点的总数是单色图像的 3 倍，而三种颜色可以视为在样点位置 **n** 处的一个向量 $\mathbf{s}(\mathbf{n})=[s_{\mathrm{R}}(\mathbf{n}),s_{\mathrm{G}}(\mathbf{n}),s_{\mathrm{B}}(\mathbf{n})]^{\mathrm{T}}$ 。在多光谱表示中，颜色的真实表示甚至可能需要更多的分量，另外，向量中的其他分量也可以是其他数据，比如同一样点位置 **n** 处的深度或透明度。

具有单个传感器芯片的相机，采用光学彩色滤镜阵列以空间多路复用的方式采集彩色图像，其中通常采用**贝尔模板**（Bayer pattern），贝尔模板中绿色样点的数量分别是红色样点和蓝色样点数量的 2 倍（见图 1.5）。这样做是因为人眼的最大灵敏度与绿色的光谱范围几乎是匹配的[1]。需要注意的是，这种相机生成的全分辨率 RGB 图像是通过内插处理而获得的，并不是直接获取的。

显示时，也采用与贝尔模板类似的空间多路复用方式。某些高端显示器人为地生成黄色样点（主要利用红色样点和绿色样点，通过插值处理实现），并用其替换掉一半的绿色样点，以获得更加自然的颜色再现。

B	G	B	G	B	G	B	G
G	R	G	R	G	R	G	R
B	G	B	G	B	G	B	G
G	R	G	R	G	R	G	R
B	G	B	G	B	G	B	G
G	R	G	R	G	R	G	R

图 1.5　单芯片传感器 RGB 采样所采用的贝尔模板

原始的 RGB 表示并不能直接用于解释物理光谱及其相关的颜色映射。为此，[Cie, 1931]中定义了基于所谓**标准观察者**（standard observer）的伪 XYZ 色彩空间。它允许规定参考亮度和显示颜色，并能将其映射为**色度图**（chromaticity diagram），色度图对色彩范围进行解释，色彩可以根据色调和饱和度通过混合各个原色而获得[2]。

彩色图像和视频通常以一个**亮度**（luminance）分量 Y 和两个**色度**（chrominance）（色差）分量表示。对于 RGB 表示与亮度/色度之间的转换，根据具体的应用领域，存在不同的规定。比如，在标清电视分辨率视频中，通常采用如下的映射规则（按照在 ITU-R rec. BT.601 中的定义）：

$$
\begin{gathered}
Y=0.299\cdot R+0.587\cdot G+0.114\cdot B \\
C_{\mathrm{b}}=\frac{0.5}{0.866}\cdot(B-Y);\quad C_{\mathrm{r}}=\frac{0.5}{0.701}\cdot(R-Y)
\end{gathered}
\tag{1.6}
$$

对于高清（High Definition，HD）视频，通常使用在 ITU-R rec. BT.709 第 2 部分中定义的映射规则[3]：

$$
\begin{gathered}
Y=0.2126\cdot R+0.7152\cdot G+0.0722\cdot B \\
C_{\mathrm{b}}=\frac{0.5}{0.9278}\cdot(B-Y);\quad C_{\mathrm{r}}=\frac{0.5}{0.7874}\cdot(R-Y)
\end{gathered}
\tag{1.7}
$$

对于超高清（Ultra High Definition，UHD）显示设备，可以预见色域范围会大大扩展。因此，在

---

① 还需要注意，在贝尔模板中，绿色分量采用五株采样（见 2.3.2 节），这使得绿色分量在水平和垂直方向上的采样频率是红色和蓝色的两倍。

② 见 MCA, 4.1.1 节。用 XYZ 值表示数字图像，能够为具有各种不同输出特性的设备提供比较通用的颜色映射，从这个角度看来，采用这种表示方式通常是具有优势的。

③ 这样做的其中一个目的就是扩展色域，即能够从 $YC_{\mathrm{b}}C_{\mathrm{r}}$ 表示中产生可能的色度范围。但是，由于发光荧光粉的性质决定了 CRT 可显示颜色的范围要受到较多的限制，所以式（1.6）中的映射规则主要对 CRT 进行了优化，而如今的显示器，比如 LCD 能提供更宽的色域，因此，式（1.7）和式（1.8）中的规则能够更好地支持这类显示器。

ITU-R rec. BT.2020 中，针对原始 UHD 格式，定义了如下映射规则：

$$Y = 0.2627 \cdot R + 0.6780 \cdot G + 0.0593 \cdot B$$

$$C_b = \frac{0.5}{0.9407} \cdot (B - Y); \quad C_r = \frac{0.5}{0.7373} \cdot (R - Y) \tag{1.8}$$

与原始的 RGB 分量所涵盖的幅度范围相同，Y 分量涵盖的幅度范围也是 $0 \sim A$，色度分量涵盖的幅度范围是 $-A/2 \sim A/2$。把幅度范围限制在 $A_{min} \sim A_{max}$，可以避免运算负担过重，其中对于亮度，A_{min} 是指黑色电平，A_{max} 是指标称峰值电平(相应地对于色度，$A_{min} = -A_{max}$ 是指最小的负值，A_{max} 是指最大的正值)。这可以通过如下的表达式进行调整

$$Y' = Y \frac{A_{max} - A_{min}}{A} + A_{min}; \quad C'_{b|r} = C_{b|r} \frac{A_{max} - A_{min}}{A} \tag{1.9}$$

最后，由于到目前为止所讨论的问题仍然都假设幅值是连续的(虽然幅值是受限的)，所以需要对样点进行量化，以利用有限数量的比特对样点进行表示。这里采用均匀量化(见4.1 节)。为简单起见，假设归一化 $A=1$，利用下面的运算，能够得到 B 比特量化精度的无符号整型数[①]。

$$DY' = \lfloor Y' \cdot 2^B \rfloor; \quad DC'_{b|r} = \lfloor (C'_{b|r} + 0.5) \cdot 2^B \rfloor \tag{1.10}$$

如果采用的是 RGB 彩色空间，可以对三原色分别进行式(1.9)和式(1.10)中对 Y 分量所进行的裁剪和舍入运算。需要注意的是，在转换成量化的 YC_bC_r 表示之后，并不能保证在 RGB 空间中量化的 B 比特表示能够得到无损的复原(反之亦然)。然而由于在 RGB 空间中颜色的变化是受限的，所以从压缩的角度看，转换到 YC_bC_r 空间是很有益处的，无论在直观感受上还是在统计意义上，都能让越重要的颜色被表示得越精确。YC_bC_r 表示还可以减少 3 种 RGB 颜色主分量之间的相关性，比如，可以使结构细节(纹理)集中于 Y 分量。与灰度分量的亮度和对比度相比，人类视觉系统对色度的空间分辨率并不那么敏感，针对人类视觉系统的这种特性，对色度成分进行亚采样可以获得进一步压缩的数据(见 3.1.3 节)。然而，在某些极端情况下，比如彩色图像中包含尖锐的边缘，这种亚采样的影响还是很大的。包含合成内容的图像多数属于这种情况，相机获取的图像较少属于这种情况，因为边缘总会受到光学系统的影响而产生轻微的模糊。

对于隔行采样的视频，往往仅在水平方向上对色度成分进行亚采样，对于逐行采样的视频，通常在水平方向和垂直方向上都进行亚采样。采样格式通常采用"$N_Y : N_{C1} : N_{C2}$"的形式进行表示，它可以说明各分量样点数量之间的相对关系[②]。例如，

- 如果所有三个分量采用的样点数量相同，则用"4:4:4"来表示；
- 如果两个色度分量仅在水平方向上进行采样因子为 2 的亚采样，这样的采样结构用"4:2:2"来表示；"4:1:1"表示仅在水平方向上进行采样因子为 4 的亚采样；

---

① 式(1.9)中采用的典型值如下：对于亮度，$A_{min} = 1/16$，$A_{max} = 15/16$，对于色度，$A_{max} = 7/16 = -A_{min}$。

② 这些表示方法背后的依据要回溯到模拟视频，但这些表示方法目前仍然被广泛采用。N_Y 表示亮度样点的数量与后面两个值所代表的色度样点数量的比值，其中假设每一行中都存在亮度分量。N_{C1} 和 N_{C2} 分别表示偶数行和奇数行(第 1 个偶数行是第 0 行)中的色度样点的数量(两种色度成分的样点数量是相同的)。事实上，仅包含 3 个数字的表示方式并不能独立地在水平和垂直两个方向上完全涵盖三个分量所有可能的采样比。对于 RGB 信源，用 N_Y 等效地表示绿色分量，而用两个色度分量等效地代替红色和蓝色分量。

- 如果两个色度分量在水平和垂直两个方向上都进行亚采样，即水平方向和垂直方向上色度样点的数量是亮度样点数量的一半，这样的采样结构用"4:2:0"表示。

各种信源采样格式标准还规定了色度成分的亚采样样点相对于亮度样点的位置。

数码相机采集静止图像通常使用的分辨率如表 1.1 所示，除此之外，市场上还存在很多其他分辨率格式。3:2 的图像宽高比——**宽度：高度**(width:height)是最普遍被采用的，它与传统的横向照片格式是相同的；还有一些格式是源于早期计算机显示器 4:3 的宽高比；如今，由于大部分显示器和投影仪都采用 16:9 的宽高比，HD 和 UHD 视频的图像宽高比和分辨率也随之出现，并应用于静止图像(见表 1.2)。通常，各种格式中的图像在宽度和高度方向上包含的样点数量都是 16、32 或 64 的倍数，这对基于块的压缩算法，比如变换编码，是非常有利的。因此，"6 百万像素"的格式并不见得有 6 000 000 个样点。表 1.1 中还列出了样点的总数，以及当采用 $B=8$ 比特精度表示图像时，每个分量所占的比特数。

表 1.1　数字静止图像的分辨率格式

	640×480 (VGA)	1024×768 (XGA)	1536×1024 (1.5MPix)	2048×1536 (3MPix)	3072×2048 (6MPix)	4256×2848 (12MPix)	5472×3648 (20MPix)
样点数量	307 200	786 432	1 572 864	3 145 728	6 291 456	12 121 088	19 961 856
图像宽高比	4:3	4:3	3:2	4:3	3:2	3:2	3:2
每个分量的比特数量，8 比特精度	2 457 600	6 291 456	12 582 912	25 165 824	50 331 648	96 968 704	159 694 848

一般来说，表示原始数据所需的数据量，可以根据以下因子中至多 5 个进行相乘运算而求得：宽度、高度、分量的个数、每个分量的比特深度、色度亚采样格式(若适用)以及图像的数量(当数据是图像序列或多视图视频时)。

对于视频表示，除存储一个视频所需的比特总数外，**每秒的比特数**(number of bits per second)也是很重要的，这个值可以通过将每幅图像所需的比特数与每秒钟播放的图像数量相乘求得。普遍采用的视频格式的一些参数如表 1.2 所示。在某些情况下，样点的数量、帧率等是可以变化的。

标清电视分辨率的数字电视格式起源于欧洲 625 行的模拟电视信号(或美国和日本的 525 行)。这些模拟信号以 13.55 MHz 的采样率对亮度进行采样。在把**垂直消隐间隔**(Vertical Blanking Interval，VBI)去除之后，还剩 575(480) 个有效行。表 1.2 中列出的数字格式仅存储有效样点和水平消隐间隔中少量**多余样点**(surplus samples)带来的很小额外开销。日本和美国传统上采用大约 60 场/秒(30 帧/秒)[①]的模拟格式，而在欧洲，模拟电视格式(PAL，SECAM)采用的是 50 场/秒(25 帧/秒)。就帧率和场率而言，定义 HD 格式的数字标准是更加灵活的，对于逐行扫描，允许的帧率包括 24、25、29.97、30、50 和 60 帧/秒，对于隔行扫描，允许的场率包括 50 场/秒和 60 场/秒。计算机显示器或移动设备采用的格式还包括 Common Intermediate Format (CIF)、VGA、Quarter VGA (QVGA)和 Wide-screen VGA (WVGA)，但是这其中越来越多的格式预计将被高清格式所取代。目前，**超高清**(Ultra HD，UHD)格式已经出现。与 HD1080 相比，UHD 格式在水平和垂直方向上包含的样点数量通常是其 2 倍(称为"4K×2K")，或 4 倍(称为"8K×4K")。尽管已经采用了逐行扫描采样，但是帧率在未来还有可能进一步得到提高(72 帧/秒甚至更高)。

[①] 它们通常被称为 NTSC 格式。模拟 NTSC 格式精确的帧率是 $30×(1000/1001)≈29.97$ 帧/秒。

表 1.2　数字视频信源格式及其性质

	格式						
	QVGA/ QWVGA	CIF/ SIF	VGA/ WVGA	ITU-R BT.601 (SDTV)	ITU-R BT.709[①] (1080×)	SMPTE 296M (HD 720p)	ITU-R BT.2020 (4K×2K/8K×4K)
采样频率(Y)(MHz)[②]	—	—	—	13.55	74.25 … 148.5	74.25	—
采样结构*	P	P	P	I	P/I	P	P
样点/行(Y)	320 (432)	352	640 (864)	720	1920	1280	3840/ 7680
行数(Y)	240	288 (240)	480	576 (480)	1080	720	2160/ 4320
色彩采样格式	4:2:0	4:2:0	4:2:0	4:2:2	4:2:2	4:2:2	4:4:4/ 4:2:2/ 4:2:0
图像宽高比	4:3 (16:9)	4:3	4:3 (16.9)	4:3	16:9	16:9	16:9
帧率(Hz)	10~30	10~30	24~60	25 (30)	24~60	24~60	24~120
PCM 比特深度(b)	8	8	8	8	8~10	8~10	10~12
	数据速率(未压缩的)						
每帧(KByte) 1KByte=1024×8 b	112.5 (151.8)	148.5 (123.8)	450 (607.5)	810 (675)	4 050 … 5 063	1 800 … 2 250	30 375 … 145×10³
每秒(Mb/s)	9.22 … 37.3	10.13 … 36.5	88.44 … 298.6	165.9	796.2 … 2 488	353.9 … 1 106	2 986 … 1435×10³

* P/I：逐行/隔行

　　QVGA 和 HDTV 之间所支持的采样图像区域(假设样点大小/密度是相同的)，如图 1.6 所示。增加样点数量，可以提高分辨率(空间细节)，也可以让场景在一个更大的区域上显示。例如，人脸的特写镜头很少出现在影院的电影中。显示在影院荧幕上的影片，可以让观察者的眼睛仔细观察荧幕不同位置处的场景，而在标准清晰度的电视屏幕甚至更小尺寸的屏幕上，这种能力就非常有限，因而场景多以特写镜头的方式呈现。

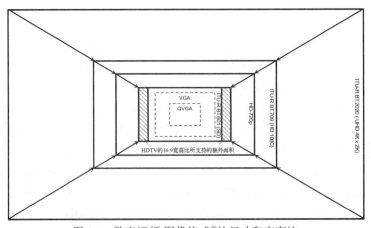

图 1.6　数字视频/图像格式[③]的尺寸和宽高比

① BT.709 第 2 部分对"common image format"做出了规定，并在数字高清视频领域得到了广泛的使用。

② 像 BT.2020 这种全数字格式规范，不能列出实际采样频率。

③ 受空间限制，没有给出 8K×4K 格式。

在医学和科学应用中，使用的数字图像的分辨率远高于电影作品中所采用的分辨率，高达 $10\,000 \times 10\,000 = 100\,000\,000$ 的分辨率都很常见。

1.3.2 语音和音频信号

对于音频信号，其数字表示所需的数据速率，受到采样率、精度(比特深度)以及声道的数量等参数的影响最大。这些参数高度依赖信号的特性，以及对质量的要求。在语音信号的量化中，采用的是使用对数幅值压缩的非线性映射[①]，对于低幅值，即使仅使用 8 比特/样点进行量化，也可以获得与采用 12 比特量化一样低的量化噪声。若想获取具有 CD 音质的音乐信号，至少需要采用 16 比特线性表示。对于一些特殊应用，往往还采用比 CD 常用的更高的比特深度和更高的采样速率。在语音和宽带音频的数字表示中，一些典型的参数如表 1.3 所示。所需的码率(每秒)是通过计算采样速率、比特深度和音频通道个数三者的乘积而求得的。存储所需的比特数，是码率与音轨时长的乘积。

1.3.3 压缩技术的必要性

由于对原始未编码的信号进行表示需要的数据量是极大的，尽管随着通信技术的发展，可用的传输带宽得到了进一步提高，但是图像、视频和音频应用永远都存在着对数据压缩的强烈需求。一般而言，以往的经验已经说明，多媒体数据流量增长的速度比信道容量增加的速度要快，并且数据压缩传输的成本本身就较低。假如信道的容量足够大，如果把信号的分辨率提高，那么就服务用户的质量而言，信道便得到了更有效的利用。利用更有效的压缩，甚至可以在不提高数据速率的条件下，实现对信道更加有效的利用。另外，某些类型的通信信道(尤其在移动传输中)本身就是稀缺且昂贵的，并且由于物理极限性，对带宽利用率(信道单位带宽每秒能够可靠传输的比特数)有更加严格的限制。但是，还必须与压缩算法的实现复杂度进行权衡，高复杂度会导致设备成本增加以及耗电量增加，这对移动设备是尤为关键的。

表 1.3　音频信号的采样与原始码率

	频率范围[Hz]	采样率[KHz]	信道个数与 PCM 分辨率[比特/样点]	最大 PCM 码率[kb/s]
电话语音	300~3 400	8	8~16	64~128
宽带语音	50~7 000	16	8~16	128~256
CD 音频	10~20 000	44.1	2×16(立体声)	1410
多声道 DVD	10~22 000	48	(5+1)×16	4.6×10^3
DVD 音频	10~44 000	最高为 96	2×24	最高为 4.6×10^3
多声道音频 (5+1, 7+2, $M+N$)	10~44 000	最高为 96	($M+N$)×24	最高为 18.4×10^3
环绕声音频	10~44 000	48	(最高为 200)×16	最高为 153.6×10^3

1.4　习题

习题 1.1

时长为 150 分的一部影片，采用逐行 HD 格式进行数字表示(每帧 1920×1080 个亮度样点，2×960×1080 个色度样点，60 帧/秒，8 比特/样点 PCM)。

[①] 称为 μ 律和 A 律量化，见 4.1 节。

a) 如果以原始格式存储整部影片，需要多大的硬盘存储容量？

b) 如果采用 HEVC 压缩算法对这部影片进行编码，若其压缩率是 PCM 的 200 倍。现在要把码流存储在硬盘上，码流文件的尺寸是多少？

c) 为了在卫星信道上传输这部影片，采用信道编码以提供差错保护。这样做会使码率增加 10%。那么在信道上传输该码流时，所需的传输带宽(Mb/s)是多少？

习题 1.2

通过 LTE 网络传输智能手机拍摄的视频，假设数据速率是 720 kbit/s。用于宽带语音传输的数据速率是 20 kb/s。时域采样率是 30 帧/秒。

a) 由于视频编码器输出的不是恒定速率的码流，在通过信道传输之前，需要对信息进行缓冲。如果由缓冲引起的最大延迟是 100 ms，那么所允许的最大缓冲区大小(以比特为单位)是多少？

b) 可以通过调节量化器的设置(离散步长"Q 因子")改变编码器的输出码率。作为经验法则，Q 因子每降低一个步长将会使码率提高 1.1 倍。已知编码一幅图像所使用的比特数为 19 280 比特，为了避免缓冲器的上溢和下溢，Q 因子能够降低和提高的步长分别为多少？

第2章 基础知识

本章的主要目的是介绍本书中所使用的符号，后续章节将会用到的信号处理、统计分析和建模的基本原理也会在本章中进行介绍。熟悉一维/多维采样、随机信号分析、线性预测和线性变换原理的读者可以快速浏览本章中的内容。

2.1 信号与系统

2.1.1 基本信号

定义在连续坐标 $\mathbf{t} = [t_1\ t_2]^T$ 上一个二维余弦信号为

$$s_{\cos}(t_1, t_2) = \cos[2\pi(F_1 t_1 + F_2 t_2)] = \cos[2\pi \breve{\mathbf{f}}^T \mathbf{t}], \quad \text{其中} \ \breve{\mathbf{f}} = [F_1\ F_2]^T \tag{2.1}$$

进行坐标变换

$$\begin{bmatrix} \tilde{t}_1 \\ \tilde{t}_2 \end{bmatrix} = \begin{bmatrix} \cos\varphi & \sin\varphi \\ -\sin\varphi & \cos\varphi \end{bmatrix} \begin{bmatrix} t_1 \\ t_2 \end{bmatrix}, \quad \text{其中} \ \varphi = \arctan\frac{F_2}{F_1} \quad (\text{当} F_1 \geq 0 \text{时}) \tag{2.2}$$

之后，只剩一维相关性

$$s_{\cos}(\tilde{t}_1, \tilde{t}_2) = \cos[2\pi F \tilde{t}_1], \quad \text{其中} \ F = \sqrt{F_1^2 + F_2^2} = \| \breve{\mathbf{f}} \|_2 = \frac{F_1}{\cos\varphi} = \frac{F_2}{\sin\varphi} \tag{2.3}$$

可以把式(2.1)理解为一个正弦波阵面，其传播方向与 t_1 轴之间的夹角为 φ。该波阵面平行于两个坐标轴的截面分别是频率为 F_1 和 F_2 的正弦信号。这两个正弦信号的周期或波长分别为[沿坐标轴方向，见图2.1(a)]

$$T_1 = \frac{1}{F_1}; \ T_2 = \frac{1}{F_2} \tag{2.4}$$

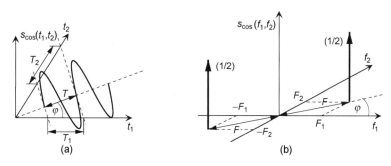

图 2.1　(a)二维平面中正弦波的方向和波长；(b)频谱

还可以把式(2.1)理解为，一个沿 t_1 轴方向，周期为 $T_1 = 1/F_1$、相移为 $\phi(t_2)$ 的余弦信号，余弦信号的相移取决于其在 t_2 轴上的位置。

$$s_{\cos}(t_1, t_2) = \cos\left[2\pi F_1 t_1 + \phi(t_2)\right] \tag{2.5}$$

当 $\phi(t_2)$ 与 $2\pi F_2 t_2$ 满足线性相关性时，即 $\phi(t_2) = 2\pi F_2 t_2$，式(2.5)与式(2.1)相同。那么，对于任意 $t_2 = k / F_2 (k \in \mathbb{Z})$，都有 $\phi(t_2) = 2\pi k$。对于固定的 t_1，它确定了具有相同幅值的信号之间的距离，即 $T_2 = 1 / F_2$ 为沿 t_2 轴方向的周期长度。因此，可以把一个二维余弦信号看成是一个在另一维度上具有线性相移的一维正弦信号。图 2.2 对此进行了说明。则同一信号可以表示为

$$s_{\cos}(t_1, t_2) = \cos\left[2\pi F_2 t_2 + \phi(t_1)\right], \qquad \phi(t_1) = 2\pi F_1 t_1$$

或

$$s_{\cos}(t_1, t_2) = \cos\left[2\pi F_1 t_1 + \phi(t_2)\right], \qquad \phi(t_2) = 2\pi F_2 t_2 \tag{2.6}$$

因此，对于具有不同相移的二维余弦信号，其所有水平或垂直截面都是周期为 T_2 的正弦信号。T_1 和 T_2 是沿坐标轴方向的周期，二维正弦信号的有效周期，即沿波阵面传播方向的周期，可以由式(2.3)和式(2.4)给出：

$$T = \frac{1}{F} = \frac{T_1 T_2}{\sqrt{T_1^2 + T_2^2}} \tag{2.7}$$

尽管这里以余弦函数为例进行了介绍，但是相似的原理同样适用于所有正弦函数。类似地，可以将其扩展，用于一维或多维复周期指数函数。

$$\begin{aligned}
s_{\exp}(\mathbf{t}) &= e^{j2\pi F_1 t_1} e^{j2\pi F_2 t_2} \cdots e^{j2\pi F_\kappa t_\kappa} = e^{j2\pi[F_1 t_1 + F_2 t_2 + \cdots + F_\kappa t_\kappa]} = e^{j2\pi \breve{\mathbf{f}}^{\mathrm{T}} \mathbf{t}} \\
&= \cos(2\pi \breve{\mathbf{f}}^{\mathrm{T}} \mathbf{t}) = j\sin(2\pi \breve{\mathbf{f}}^{\mathrm{T}} \mathbf{t}), \quad \breve{\mathbf{f}} = [F_1 \cdots F_\kappa]^{\mathrm{T}}, \mathbf{t} = [t_1 \cdots t_\kappa]^{\mathrm{T}}
\end{aligned} \tag{2.8}$$

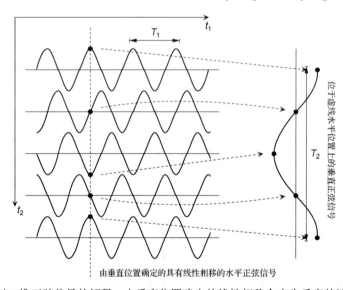

图 2.2　对二维正弦信号的解释：由垂直位置确定的线性相移会产生垂直的波长和频率

当 $\kappa = 2$ 时，式(2.1)即为 $s_{\exp}(\mathbf{t})$ 的实部。为了获得式(2.3)中一维信号的表达式，则需要进行 $\kappa - 1$ 次旋转。如果一个信号可以通过独立的一维函数进行定义[和式(2.8)一样]，则称之为**可分离的**(separable)，即

$$s_{\text{sep}}(\mathbf{t}) = s(t_1) \cdot s(t_2) \cdot \cdots \cdot s(t_\kappa) \tag{2.9}$$

一些非周期基本一维信号(可以用来构造相应的可分离多维信号)包括以下几种：

sinc 函数（sinc function）[①]

$$s(t) = \frac{\sin(\pi t)}{\pi t} = \mathrm{sinc}(\pi t) \tag{2.10}$$

矩形脉冲（rectangular impulse）

$$\mathrm{rect}(t) = \begin{cases} 1, & |t| \leqslant 1/2 \\ 0, & |t| > 1/2 \end{cases} \tag{2.11}$$

单位阶跃函数（unit step function）

$$\varepsilon(t) = \begin{cases} 1, t \geqslant 0 \\ 0, t < 0 \end{cases} \tag{2.12}$$

高斯脉冲（Gaussian impulse）

$$s(t) = \mathrm{e}^{-\pi t^2} \tag{2.13}$$

2.1.2 系统运算

一个系统通常将一个输入 $s(t)$ 映射（传递）为一个输出 $g(t) = \mathrm{Tr}\{s(t)\}$。如果系统的输入和输出满足齐次叠加性，则该系统就是**线性的**（linear）：

$$\mathrm{Tr}\left\{\sum_i a_i s_i(t)\right\} \stackrel{!}{=} \sum_i a_i \mathrm{Tr}\{s_i(t)\} = \sum_i a_i g_i(t) \tag{2.14}$$

另外，如果一个系统的输入存在任意时移 t_0，相应的输出也产生相同的时移 t_0，则该系统就是**时不变的**（time invariant）：

$$\mathrm{Tr}\{s(t-t_0)\} = g(t-t_0) \tag{2.15}$$

如果一个系统同时满足式（2.14）和式（2.15），则该系统就是**线性时不变系统**（Linear Time Invariant，LTI）。输入为**狄拉克脉冲**（Dirac impulse）信号 $\delta(t)$ 的线性时不变系统，其输出信号为**冲激响应**（impulse response）$h(t)$。输入和输出之间的传递函数由卷积积分给出：

$$s(t) = \int_{-\infty}^{\infty} s(\tau)\delta(t-\tau)\mathrm{d}\tau = s(t) * \delta(t) \tag{2.16}$$

$$g(t) = \int_{-\infty}^{\infty} s(\tau)h(t-\tau)\mathrm{d}\tau = s(t) * h(t) \tag{2.17}$$

卷积代数最重要的运算法则包括以下几类：

a）由式（2.16）可知，狄拉克脉冲是卷积的**单位元**（unity element）。

b）交换律

$$s(t) * h(t) = g(t) = \int_{+\infty}^{-\infty} s(t-\theta)h(\theta)(-\mathrm{d}\theta) = \int_{-\infty}^{+\infty} h(\theta)s(t-\theta)\mathrm{d}\theta = h(t) * s(t) \tag{2.18}$$

c）结合律[②]

$$f(t) * s(t) * h(t) = [f(t) * s(t)] * h(t) = f(t) * [s(t) * h(t)] \tag{2.19}$$

[①] sinc= *sinus cardinalis*，$\mathrm{sinc}(x) = \sin(x)/x$，也写为 $\mathrm{si}(x)$，其中 $\mathrm{si}(1) = 1$。

[②] 当卷积与其他运算结合时，尤其是与函数相乘时，便不满足结合律；需要按顺序进行计算。

d) 分配律

$$f(t)*[s(t)+h(t)]=[f(t)*s(t)]+[f(t)*h(t)] \tag{2.20}$$

卷积可以直接扩展到具有多维相关性的信号上，比如，图像信号[在水平/垂直坐标为 (t_1,t_2) 的位置上定义幅值]。一个二维卷积积分的例子如式 (2.21) 所示，其中信号和冲激响应都具有二维相关性：

$$g(t_1,t_2)=\int\limits_{-\infty}^{\infty}\int\limits_{-\infty}^{\infty}s(\tau_1,\tau_2)h(t_1-\tau_1,t_2-\tau_2)\mathrm{d}\tau_1\mathrm{d}\tau_2=s(t_1,t_2)**h(t_1,t_2) \tag{2.21}$$

如果将 κ 个维度组合成一个向量 $\mathbf{t}=[t_1,\cdots,t_\kappa]^{\mathrm{T}}$，同样将卷积积分的变量也组合为一个向量 $\boldsymbol{\tau}=[\tau_1,\cdots,\tau_\kappa]^{\mathrm{T}}$，则可以将多维卷积定义为[1]

$$s(\mathbf{t})=\int\limits_{-\infty}^{\infty}\cdots\int\limits_{-\infty}^{\infty}s(\boldsymbol{\tau})\delta(\mathbf{t}-\boldsymbol{\tau})\mathrm{d}^\kappa\boldsymbol{\tau}=s(\mathbf{t})*\delta(\mathbf{t}) \tag{2.22}$$

$$g(\mathbf{t})=\int\limits_{-\infty}^{\infty}\cdots\int\limits_{-\infty}^{\infty}s(\boldsymbol{\tau})h(\mathbf{t}-\boldsymbol{\tau})\mathrm{d}^\kappa\boldsymbol{\tau}=s(\mathbf{t})*h(\mathbf{t}) \tag{2.23}$$

可以通过狄拉克脉冲的**筛选特性**(sifting property) 对式 (2.22) 加以理解，狄拉克脉冲对积分结果的贡献只是 $\boldsymbol{\tau}=\mathbf{t}$ 时的信号值。可以将多维狄拉克脉冲看成一系列一维狄拉克脉冲的可分离组合[2]，其中每个狄拉克脉冲都在一个维度上进行筛选。因此

$$\delta(\mathbf{t})=\delta(t_1)\cdot\delta(t_1)\cdots,\ \text{其中}\ \int\limits_{-\infty}^{\infty}\cdots\int\limits_{-\infty}^{\infty}\delta(\mathbf{t})\mathrm{d}^\kappa\mathbf{t}=\int\limits_{-\infty}^{\infty}\delta(t_1)\mathrm{d}t_1\int\limits_{-\infty}^{\infty}\delta(t_2)\mathrm{d}t_2\cdots=1 \tag{2.24}$$

式 (2.18)～式 (2.20) 中的运算法则仍然适用于多维卷积。**可分离系统**(separable systems) 是一类比较有意思的二维和多维 LTI 系统[3]，其冲激响应可以写成两个或多个函数的乘积，比如，在二维情况下[4]

$$h(t_1,t_1)=h_1(t_1)\cdot h_2(t_2)=[h_1(t_1)\cdot\delta(t_2)]**[\delta(t_1)\cdot h_2(t_2)] \tag{2.25}$$

将式 (2.25) 代入式 (2.21)

$$\begin{aligned}
g(t_1,t_2)&=s(t_1,t_2)**h(t_1,t_2)=\int\limits_{-\infty}^{\infty}\int\limits_{-\infty}^{\infty}s(\tau_1,\tau_2)h_1(t_1-\tau_1)h_2(t_2-\tau_2)\mathrm{d}\tau_1\mathrm{d}\tau_2\\
&=\int\limits_{-\infty}^{\infty}h_2(t_2-\tau_2)\underbrace{\int\limits_{-\infty}^{\infty}s(\tau_1,\tau_2)h_1(t_1-\tau_1)\mathrm{d}\tau_1}_{g_1(t_1,\tau_2)}\mathrm{d}\tau_2\\
&=\underbrace{s(t_1,t_2)**[h_1(t_1)\cdot\delta(t_2)]}_{g_1(t_1,t_2)}**[\delta(t_1)\cdot h_2(t_2)]
\end{aligned} \tag{2.26}$$

---

① 加粗的星号(*)表示对向量变量进行卷积，通过嵌套积分进行计算。

② 可以把在二维或多维坐标系中的一维狄拉克脉冲 $\delta(t_1)$ 理解为线脉冲，平面脉冲和超平面脉冲(取决于维数)。由于当 $t_1\neq0$ 时，有 $\delta(t_1)=0$，可以把狄拉克脉冲理解为一个位于 $t_1=0$ 处的幅值为无穷大的薄片，并且这个薄片在其他维度上是无限延展的，而且在整个多维空间中其体积积分的值为 1。

③ 为了简单起见，尽管在多维系统中，通常至多只有一个沿时间轴的相关性，但是这里仍然采用**时不变**(time invariant) 这一叫法。

④ 在二维卷积的表达式中，需要用线脉冲来表示在其他维度的任意位置处出现的冲激响应。

这说明，二维可分离系统的卷积，可以通过两个级联的(在另一维度的任意位置上进行的)一维卷积来实现。

根据式(2.19)中的结合律，对于可分离系统而言，各维度之间处理的先后顺序并不重要。

特征函数(eigenfunction)的性质是，当它们在 LTI 系统上传输时，其形状不发生改变；可以通过与复幅度因子 H，即相应的**特征值**(eigenvalue)，相乘来计算输出。一维周期特征函数可以定义为式(2.8)的一种特殊情况：

$$s_E(\mathbf{t}) = e^{j2\pi\mathbf{f}^T\mathbf{t}} = \cos(2\pi\mathbf{f}^T\mathbf{t}) + j\sin(2\pi\mathbf{f}^T\mathbf{t}) \tag{2.27}$$

通过 LTI 系统后，得到

$$
\begin{aligned}
s_E(\mathbf{t}) * h(\mathbf{t}) &= \int_{-\infty}^{\infty}\cdots\int_{-\infty}^{\infty} h(\tau)e^{j2\pi\mathbf{f}^T(\mathbf{t}-\tau)}\mathrm{d}^\kappa\tau \\
&= e^{j2\pi\mathbf{f}^T\mathbf{t}}\underbrace{\int_{-\infty}^{\infty}\cdots\int_{-\infty}^{\infty} h(\tau)e^{-j2\pi\mathbf{f}^T\tau}\mathrm{d}^\kappa\tau}_{H(\mathbf{f})} = H(\mathbf{f})e^{j2\pi\mathbf{f}^T\mathbf{t}}
\end{aligned}
\tag{2.28}
$$

复周期特征函数在**傅里叶分析**(Fourier analysis)中具有很重要的作用，它建立了信号域 $(\mathbf{t})$ 与傅里叶域 $(\mathbf{f})$ 之间的关系。其中

$$H(\mathbf{f}) = \int_{-\infty}^{\infty}\cdots\int_{-\infty}^{\infty} h(\mathbf{t})e^{j2\pi\mathbf{f}^T\mathbf{t}}\mathrm{d}^\kappa\mathbf{t} \tag{2.29}$$

是冲激响应 $h(t)$ 的傅里叶变换，它给出了 LTI 系统的与频率相关的傅里叶传递函数 $H(\mathbf{f})$。将特征函数先后输入到冲激响应为 $h_A(\mathbf{t})$ 和 $h_B(\mathbf{t})$ 的两个 LTI 系统中，得到的结果为

$$s_E(\mathbf{t}) * h_A(\mathbf{t}) * h_B(\mathbf{t}) = [H_A(\mathbf{f})s_E(\mathbf{t})] * h_B(\mathbf{t}) = H_A(\mathbf{f})\cdot H_B(\mathbf{f})\cdot s_E(\mathbf{t}) \tag{2.30}$$

可以得出结论，时域中的卷积乘积被映射为频域中的代数乘积。

傅里叶变换不仅适用于冲激响应 $h(\mathbf{t})$，而且还可以将其用于任意信号，比如 $s(\mathbf{t})$、$g(\mathbf{t})$ 等，结果是这些信号相应的傅里叶频谱：

$$S(\mathbf{f}) = \int_{-\infty}^{\infty}\cdots\int_{-\infty}^{\infty} s(\mathbf{t})e^{-j2\pi\mathbf{f}^T\mathbf{t}}\mathrm{d}^\kappa\mathbf{t}$$

很容易将特征函数扩展到二维和多维，二维和多维特征函数为后续章节中所讨论的傅里叶频谱奠定了基础。由于多维复特征函数的可分离特性，使得多维傅里叶变换可以在不同维度上顺序地计算，但是最终的结果仍然可以通过方向加以理解。

2.2 信号与傅里叶频谱

2.2.1 二维和多维坐标上的频谱

矩形坐标系 一个图像信号的幅度取决于两个维度 t_1 和 t_2 上的空间位置——水平维度和垂直维度。对应的频率轴方向为 f_1(水平方向)和 f_2(垂直方向)。一个空间连续信号的二维傅里叶变换为

$$S(f_1, f_2) = \int\limits_{-\infty}^{\infty} \int\limits_{-\infty}^{\infty} s(t_1, t_2) \mathrm{e}^{-\mathrm{j}2\pi f_1 t_1} \mathrm{e}^{-\mathrm{j}2\pi f_2 t_2} \mathrm{d}t_1 \mathrm{d}t_2 \tag{2.31}$$

可以对式(2.31)进行扩展,得到对应于 κ 维信号的 κ 维频谱的一般定义,将其中所有的频率坐标 $\mathbf{f} = [f_1 \ f_2 \ \cdots \ f_\kappa]^{\mathrm{T}}$,以及信号在空间和时间上的坐标 $\mathbf{t} = [t_1 \ t_2 \ \cdots \ t_\kappa]^{\mathrm{T}}$ 都表示为向量的形式。可以得到

$$S(\mathbf{f}) = \int\limits_{-\infty}^{\infty} .. \int\limits_{-\infty}^{\infty} s(\mathbf{t}) \mathrm{e}^{-\mathrm{j}2\pi \mathbf{f}^{\mathrm{T}}\mathbf{t}} \mathrm{d}^\kappa \mathbf{t} \tag{2.32}$$

可以把复频谱理解为在给定的频率 $\mathbf{f}$ 处,振荡的**幅度**(magnitude)和**相位**(phase):

$$| S(\mathbf{f}) | = \sqrt{\left[\mathrm{Re}\{S(\mathbf{f})\}\right]^2 + \left[\mathrm{Im}\{S(\mathbf{f})\}\right]^2} = \sqrt{S(\mathbf{f}) * S(\mathbf{f})}$$

$$\varphi(\mathbf{f}) = \arctan \frac{\mathrm{Im}\{S(\mathbf{f})\}}{\mathrm{Re}\{S(\mathbf{f})\}} \pm \pi \cdot k(\mathbf{f}) \quad , \text{其中 } k(\mathbf{f}) = \begin{cases} 1, & \mathrm{Re}\{S(\mathbf{f})\} < 0 \\ 0, & \text{其他} \end{cases} \tag{2.33}$$

通过**傅里叶逆变换**(inverse Fourier transform),可以利用傅里叶频谱对信号进行重构:

$$s(\mathbf{t}) = \int\limits_{-\infty}^{\infty} ... \int\limits_{-\infty}^{\infty} S(\mathbf{f}) \mathrm{e}^{\mathrm{j}2\pi \mathbf{f}^{\mathrm{T}}\mathbf{t}} \mathrm{d}^\kappa \mathbf{f} \tag{2.34}$$

　　坐标系映射　　在描述二维和多维信号时,矩形(正交)坐标系较为特殊。它们允许通过在不同维度间正交(即,就信号分析特性而言,是互相独立的)的特征函数对多维傅里叶变换进行表示。坐标轴的方向由两个单位向量 $\mathbf{e}_1 = [1 \ 0]^{\mathrm{T}}$ 和 $\mathbf{e}_2 = [0 \ 1]^{\mathrm{T}}$ 定义。任意坐标对 (t_1, t_2) 都可以表示为一个向量 $\mathbf{t} = t_1 \mathbf{e}_1 + t_2 \mathbf{e}_2$。$\mathbf{t}$ 与频率向量 $\mathbf{f} = f_1 \mathbf{e}_1 + f_2 \mathbf{e}_2$ 的关系由式(2.32)给出,且使用相同的方向。现在,对信号进行线性坐标映射 $\tilde{\mathbf{t}} = t_1 \mathbf{t}_1 + t_2 \mathbf{t}_2 = \mathbf{T}\mathbf{t}$(保持坐标原点不变),可以通过映射矩阵来表示[①]:

$$\mathbf{T} = \begin{bmatrix} t_{11} & t_{12} \\ t_{21} & t_{22} \end{bmatrix} = \begin{bmatrix} \mathbf{t}_1 & \mathbf{t}_2 \end{bmatrix} \tag{2.35}$$

向量 $\mathbf{t}_1$ 和 $\mathbf{t}_2$ 是该映射的基向量。存在频率坐标的互补映射,通过映射矩阵

$$\mathbf{F} = \begin{bmatrix} f_{11} & f_{12} \\ f_{21} & f_{22} \end{bmatrix} = \begin{bmatrix} \mathbf{f}_1 & \mathbf{f}_2 \end{bmatrix} \tag{2.36}$$

相似地表示为 $\tilde{\mathbf{f}} = \mathbf{F}\mathbf{f}$。

　　除非矩阵 $\mathbf{T}$ 或 $\mathbf{F}$ 的行列式值为零,否则映射一定是可逆的,即 $\mathbf{t} = \mathbf{T}^{-1}\tilde{\mathbf{t}}$ 和 $\mathbf{f} = \mathbf{F}^{-1}\tilde{\mathbf{f}}$。根据式(A.25)中 $\mathbf{T}$ 和 $\mathbf{F}$ 的双正交性,得到如下的关系式[Ohm, 2004]

$$\mathbf{T}^{-1} = \mathbf{F}^{\mathrm{T}}; \ \mathbf{F}^{-1} = \mathbf{T}^{\mathrm{T}} \Rightarrow \mathbf{F} = [\mathbf{T}^{-1}]^{\mathrm{T}}; \ \mathbf{T} = [\mathbf{F}^{-1}]^{\mathrm{T}} \tag{2.37}$$

假设映射样点的幅度不变,映射坐标系中的傅里叶变换可以表示为

$$\tilde{S}(\tilde{\mathbf{f}}) = \int\limits_{-\infty}^{\infty} ... \int\limits_{-\infty}^{\infty} s(\tilde{\mathbf{t}}) \mathrm{e}^{-\mathrm{j}2\pi \tilde{\mathbf{f}}^{\mathrm{T}}\tilde{\mathbf{t}}} \mathrm{d}^\kappa \tilde{\mathbf{t}} = | \mathbf{T} | S(\mathbf{f}) \tag{2.38}$$

---

① 此处假设映射不会改变坐标变换的原点。更一般的映射形式为 $\tilde{\mathbf{t}} = \mathbf{T}\mathbf{t} + \tau$,其中 τ 表示原点的偏移。这也称为**仿射映射**(affine mapping)。就傅里叶频谱而言,平移只会对线性相移 $\mathrm{e}^{\mathrm{j}2\pi \mathbf{f}^{\mathrm{T}}\tau}$ 产生影响。

2.2.2　时空信号

在视频信号中，二维图像是随时间变化的。信号的时间相关性 t 被映射为"时域"频率 f_3，其傅里叶谱是

$$S(f_1,f_2,f_3)=\int_{-\infty}^{\infty}\int_{-\infty}^{\infty}\int_{-\infty}^{\infty}s(t_1,t_2,t_3)\mathrm{e}^{-\mathrm{j}2\pi f_1 t_1}\mathrm{e}^{-\mathrm{j}2\pi f_2 t_2}\mathrm{e}^{-\mathrm{j}2\pi f_3 t_3}\,\mathrm{d}t_1\mathrm{d}t_2\mathrm{d}t_3 \tag{2.39}$$

对于正弦信号，时域上的变化所产生的频谱特性，可以利用图 2.3 类似地进行理解。尤其当信号中的运动是恒定的(没有相位的局部变化，也没有加速度)且信号的幅度只因运动发生改变时，信号的行为可以通过 t_1 和 t_2 中的线性相移表示，并取决于 t_3。首先考虑零运动的情况，即 $s(t_1,t_2,t_3)=s(t_1,t_2,0)$。式 (2.39) 中的三维傅里叶频谱为

$$\begin{aligned}S(f_1,f_2,f_3)&=\int_{-\infty}^{\infty}\int_{-\infty}^{\infty}s(t_1,t_2,0)\mathrm{e}^{-\mathrm{j}2\pi f_1 t_1}\mathrm{e}^{-\mathrm{j}2\pi f_2 t_2}\,\mathrm{d}t_1\mathrm{d}t_2\cdot\int_{-\infty}^{\infty}\mathrm{e}^{-\mathrm{j}2\pi f_3 t_3}\,\mathrm{d}t_3\\&=S(f_1,f_2)|_{t_3=0}\cdot\delta(f_3)\end{aligned} \tag{2.40}$$

狄拉克脉冲 $\delta(f_3)$ 说明，在信号不发生改变的情况下，信号的三维频谱是一个采样平面，只有在 $f_3=0$ 时，该采样平面上才存在非零成分

$$S(f_1,f_2,f_3)\sim\begin{cases}S(f_1,f_2)|_{t_3=0}, & f_3=0\\ 0, & f_3\neq 0\end{cases} \tag{2.41}$$

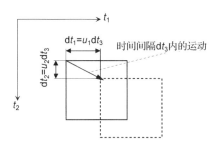

图 2.3　速度为 **u** 的平移运动引起的空间位移

如果在信号中存在恒定速度的平移运动，则在时间间隔 $\mathrm{d}t_3$ 内，水平方向上和垂直方向上发生的空间位移分别为 $\mathrm{d}t_1=u_1\mathrm{d}t_3$ 和 $\mathrm{d}t_2=u_2\mathrm{d}t_3$，二者与速度向量 $\mathbf{u}=[u_1\,u_2]^\mathrm{T}$ 都呈线性关系(见图 2.3)。以 $t_3=0$ 时的信号为参考，得到

$$s(t_1,t_2,t_3)=s(t_1+u_1t_3,t_2+u_2t_3,0) \tag{2.42}$$

和

$$S(f_1,f_2,f_3)=\int_{-\infty}^{\infty}\int_{-\infty}^{\infty}\int_{-\infty}^{\infty}s(t_1+u_1t_3,t_2+u_2t_3,0)\mathrm{e}^{-\mathrm{j}2\pi f_1 t_1}\mathrm{e}^{-\mathrm{j}2\pi f_2 t_2}\mathrm{e}^{-\mathrm{j}2\pi f_3 t_3}\,\mathrm{d}t_1\mathrm{d}t_2\mathrm{d}t_3 \tag{2.43}$$

通过替换 $\tau_i=t_i+u_it_3\Rightarrow\mathrm{d}\tau_i=\mathrm{d}t_i,t_i=\tau_i-u_it_3$，可以将时间相关性从傅里叶积分中分离出来：

$$\begin{aligned}S(f_1,f_2,f_3)&=\int_{-\infty}^{\infty}\int_{-\infty}^{\infty}s(\tau_1,\tau_2)\mathrm{e}^{-\mathrm{j}2\pi f_1\tau_1}\mathrm{e}^{-\mathrm{j}2\pi f_2\tau_2}\,\mathrm{d}\tau_1\mathrm{d}\tau_2\cdot\int_{-\infty}^{\infty}\mathrm{e}^{-\mathrm{j}2\pi(f_3-f_1u_1-f_2u_2)t_3}\,\mathrm{d}\tau_3\\&=S(f_1,f_2)|_{t_3=0}\cdot\delta(f_3-f_1u_1-f_2u_2)\end{aligned} \tag{2.44}$$

因此

$$S(f_1,f_2,f) \sim \begin{cases} S(f_1,f_2)|_{t=0}, & f_3 = f_1u_1 + f_2u_2 \\ 0, & f_3 \neq f_1u_1 + f_2u_2 \end{cases} \tag{2.45}$$

现在频谱被从三维频域中的平面 $f_3 = f_1u_1 + f_2u_2$ 上采样出来。图 2.4(a) 针对不同的归一化速度 u_i，给出了非零频谱平面的位置，其中，给出了 $f_j=0$，$i \neq j$，$(i,j) \in [1,2]$ 时的 (f_i,f_3) 截面。针对零运动的情况和以恒定速度 **u>0** 运动的情况，图 2.4(b) 定性地给出了频谱在全 (f_1,f_2,f_3) 空间中的行为，其中假定频谱在 f_1 和 f_2 处具有有限的带宽。

　　　图 2.4 说明，在运动速度恒定的情况下，非零频谱值的位置是通过 f_3 与对应于空间坐标的频率之间的线性关系确定的。这一现象也可以在信号域中加以理解。图 2.5 给出了频率 f_1 不同的两个正弦信号，其中二者以相同的速度移动。可见由恒速运动产生的相移与给定的空间频率呈线性关系。

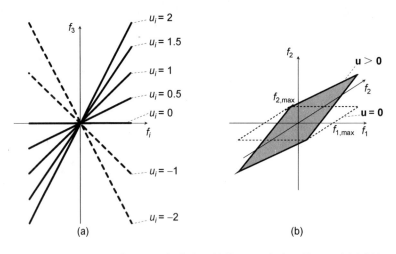

图 2.4　(a)不同平移运动速度对非零频谱分量的剪切，图中给出的是三维频域的 (f_i,f_3)
截面($i=1,2$)；(b)在零和非零二维平移运动的情况下，非零频谱成分的位置

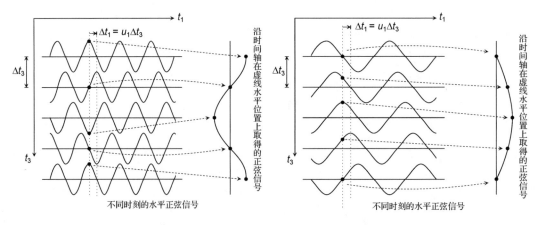

图 2.5　对频率 f_3 的解释：空间频率不同的两个
正弦信号进行相同的平移运动时的情况

2.3　多媒体信号的采样

理想采样(ideal sampling)描述的是用一连串规则的(等距的)狄拉克脉冲与信号相乘(调制)。一维情况下，可以表示为

$$s_{\delta_T}(t) = s(t) \sum_{n=-\infty}^{\infty} \delta(t-nT) = \sum_{n=-\infty}^{\infty} s(nT)\delta(t-nT) \tag{2.46}$$

图 2.6 中给出了一个例子。

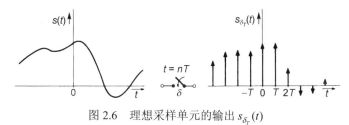

图 2.6　理想采样单元的输出 $s_{\delta_T}(t)$

理想采样器(ideal sampler)从连续时间信号 $s(t)$ 中，生成在时间上离散的、等距的一系列加权狄拉克脉冲。权值为**样点**(samples)的幅值 $s(nT)$。采样信号的傅里叶频谱为

$$
\begin{array}{ccccc}
s_{\delta_T}(t) & = & s(t) & \cdot & \displaystyle\sum_{n=-\infty}^{\infty} \delta\big(t-nT\big) \\[2mm]
\circ\!\!\!\bullet & & \circ\!\!\!\bullet & & \circ\!\!\!\bullet \\[2mm]
S_{\delta_T}(f) & = & S(f) & * & \dfrac{1}{|T|} \displaystyle\sum_{n=-\infty}^{\infty} \delta\left(f-\dfrac{n}{T}\right)
\end{array} \tag{2.47}
$$

$S_{\delta_T}(f)$ 以**采样率**(sampling rate) $1/T$ 为周期，在 $S_{\delta_T}(f)$ 中，对 $S(f)$ 频谱副本的幅度进行了缩放。

$$S_{\delta_T}(f) = \frac{1}{|T|} \sum_{k=-\infty}^{\infty} S[f-k/T] \tag{2.48}$$

对于一个 $|f| \geqslant f_c$ 时，频谱为零值(截止频率为 f_c)的实值带限**低通信号**(lowpass signal)，图 2.7 给出了 $S(f)$ 与 $S_{\delta_T}(f)$ 之间的关系。

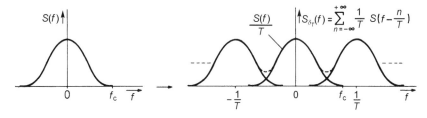

图 2.7　采样信号 $S_{\delta_T}(t)$ 的傅里叶频谱中的周期分量

当使用采样周期

$$T \leqslant \frac{1}{2f_c} \tag{2.49}$$

进行采样时，在 $S_{\delta_T}(f)$ 中，频谱 $S(f)$ 的周期性副本是不重叠的，因此，可以通过合适的低通

滤波，从 $S_{\delta_T}(f)$ 中完美地重构出原始信号 $S(f)$。采样的这一基本思想如图 2.8 所示。如果违反了式(2.49)，周期性副本的频率分量会在低通滤波之后出现在基带中，这称为**混叠**(aliasing)。

低通滤波器应该在通带范围 $|f| < f_c$ 内具有平坦的传递函数，并且应将 $S_{\delta_T}(f)$ 中 $|f| > 1/T - f_c$ 的频率成分完全去掉。假设进行的是**理想低通**(ideal lowpass)滤波，则由采样信号对连续时间进行重构，在频域和时域可以分别表示为（见图 2.8）

$$
\begin{aligned}
S(f) &= S_{\delta_T}(f) \quad \cdot \quad T\,\mathrm{rect}\left(\frac{f}{2f_c}\right) \\
&\quad\bullet\quad\quad\bullet\quad\bullet\quad\quad\quad\bullet \\
&\quad\circ\quad\quad\circ\quad\circ\quad\quad\quad\circ \\
s(t) &= s_{\delta_T}(t) \quad * \quad 2f_c T\,\mathrm{sinc}(\pi 2 f_c t)
\end{aligned}
\tag{2.50}
$$

如果使用最大可能的采样周期 $T = 1/(2f_c)$，则由式(2.50)可得

$$
s(t) = \left[\sum_{n=-\infty}^{\infty} s(nT)\delta(t-nT)\right] * \mathrm{sinc}\left(\pi\frac{t}{T}\right) = \sum_{n=-\infty}^{\infty} s(nT)\mathrm{sinc}\left(\pi\frac{t-nT}{T}\right)
\tag{2.51}
$$

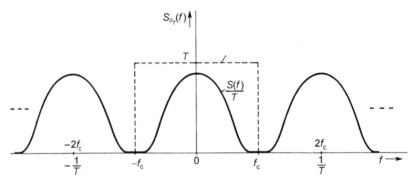

图 2.8 使用截止频率为 f_c 的理想低通滤波器，由 $S_{\delta_T}(f)$ 重构傅里叶频谱 $S(f)$

采样定理(sampling theorem)的这一表达式说明，可以利用一系列等距的加权 sinc 函数毫无误差地描述一个带限（由 f_c 限定的低通范围内）实值信号。这些 sinc 函数也称为 $s(t)$ 的**基本序列**(cardinal series)。权值等于从信号中以间距 $T = 1/(2f_c)$ 提取出来的信号样点值。这一原理如图 2.9 所示。

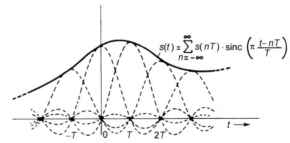

图 2.9 通过间距为 $T = 1/(2f_g)$ 的 sinc 函数的加权叠加，对带限实值低通信号 $s(t)$ 进行重构

2.3.1 可分离的二维采样

可分离的二维或多维采样在各自的维度上是独立的。可以利用一维**狄拉克脉冲序列**(Dirac impulse trains)将其表示为[参考式(2.47)]

$$\delta_{T_i}(t_i) = \sum_{n_i=-\infty}^{\infty} \delta(t_i - n_i T_i) \tag{2.52}$$

二维理想采样函数可以定义为两个脉冲序列的乘积(在矩形网格上是可分离的)

$$\delta_{T_1,T_2}(t_1,t_2) = \delta_{T_1}(t_1) \cdot \delta_{T_2}(t_2) = \sum_{n_1=-\infty}^{\infty} \sum_{n_2=-\infty}^{\infty} \delta(t_1 - n_1 T_1, t_2 - n_2 T_2) \tag{2.53}$$

由于可分离性,矩形脉冲网格的二维频谱为

$$\frac{1}{|T_1|}\delta_{1/T_1}(f_1) \cdot \frac{1}{|T_2|}\delta_{1/T_2}(f_2) = \frac{1}{|T_1 T_2|}\delta_{1/T_1,1/T_2}(f_1,f_2)$$
$$= \frac{1}{|T_1 T_2|} \sum_{k_1=-\infty}^{\infty} \sum_{k_2=-\infty}^{\infty} \delta(f_1 - k_1/T_1, f_2 - k_2/T_2) \tag{2.54}$$

对空间上连续的二维信号 $s(t_1,t_2)$ 进行理想矩形网格采样,可以表示为信号与 $\delta_{T_1,T_2}(t_1,t_2)$ 的乘积。样点的宽高比为 T_1/T_2。离散信号 $s(n_1,n_2)$ 由幅度为 $s(n_1 T_1, n_2 T_2)$ 的样点组成,其频谱为

$$S_{\delta_{T_1 T_2}}(f_1,f_2) = \frac{1}{|T_1 T_2|}S(f_1,f_2) ** \delta_{1/T_1,1/T_2}(f_1,f_2)$$
$$= \frac{1}{|T_1 T_2|} \sum_{k_1=-\infty}^{\infty} \sum_{k_2=-\infty}^{\infty} S(f_1 - k_1/T_1, f_2 - k_2/T_2) \tag{2.55}$$

还可以直接根据离散的样点序列计算周期性频谱

$$S_{\delta_{T_1 T_2}}(f_1,f_2) = \int_{-\infty}^{\infty} \int_{-\infty}^{\infty} s_{\delta_{n_1,n_2}}(t_1,t_2) e^{-j2\pi f_1 t_1} e^{-j2\pi f_2 t_2} dt_1 dt_2$$
$$= \int_{-\infty}^{\infty} \int_{-\infty}^{\infty} \sum_{n_1=-\infty}^{\infty} \sum_{n_2=-\infty}^{\infty} s(n_1 T_1, n_2 T_2)\delta(t_1 - n_1 T_1, t_2 - n_2 T_2) e^{-j2\pi f_1 t_1} e^{-j2\pi f_2 t_2} dt_1 dt_2$$
$$= \sum_{n_1=-\infty}^{\infty} \sum_{n_2=-\infty}^{\infty} s(n_1 T_1, n_2 T_2) \int_{-\infty}^{\infty} \int_{-\infty}^{\infty} \delta(t_1 - n_1 T_1, t_2 - n_2 T_2) e^{-j2\pi f_1 t_1} e^{-j2\pi f_2 t_2} dt_1 dt_2$$
$$= \sum_{n_1=-\infty}^{\infty} \sum_{n_2=-\infty}^{\infty} s(n_1 T_1, n_2 T_2) e^{-j2\pi f_1 n_1 T_1} e^{-j2\pi f_2 n_2 T_2} \tag{2.56}$$

或者,通过设置 $T_1 = T_2 = 1$,进行归一化

$$S_\delta(f_1,f_2) = \sum_{n_1=-\infty}^{\infty} \sum_{n_2=-\infty}^{\infty} s(n_1,n_2) e^{-j2\pi f_1 n_1} e^{-j2\pi f_2 n_2} \tag{2.57}$$

二维脉冲网格采样沿**两个方向**(both directions)生成频谱的周期性副本。进行矩形采样时,傅里叶幅度谱 $|S(f_1,f_2)|$ 和 $|S_\delta(f_1,f_2)|$ 的例子,如图 2.10 所示。

为了利用二维低通滤波器进行重构,在采样之前需要对 $s(t_1,t_2)$ 的频带进行限制。如果

$$S(f_1,f_2) \overset{!}{=} 0, \quad \text{当}|f_1| \geqslant \frac{1}{2T_1} \text{或} |f_2| \geqslant \frac{1}{2T_2} \text{时} \tag{2.58}$$

则可以利用低通插值滤波器,对二维可分离采样进行完美重构,因此

$$S(f_1, f_2) = T_1 T_2 S_{\delta_{T_1 T_2}}(f_1, f_2) \cdot \text{rect}(T_1 f_1) \cdot \text{rect}(T_2 f_2)$$

$$
\begin{aligned}
s(t_1, t_2) &= s_{\delta_{T_1 T_2}}(t_1, t_2) ** \text{sinc}\left(\pi\frac{t_1}{T_1}\right) \cdot \delta(t_2) ** \text{sinc}\left(\pi\frac{t_2}{T_2}\right) \cdot \delta(t_1) \\
&= \sum_{n_1=-\infty}^{\infty} \sum_{n_2=-\infty}^{\infty} s(n_1 T_1, n_2 T_2) \text{sinc}\left[\pi\left(\frac{t_1}{T_1} - n_1\right)\right] \text{sinc}\left[\pi\left(\frac{t_2}{T_2} - n_2\right)\right]
\end{aligned}
\tag{2.59}
$$

这种可分离采样的方法可以直接扩展至任意数量的维度上。

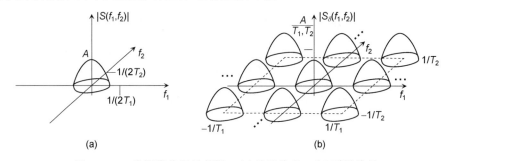

图 2.10　二维图像信号的频谱。(a)连续信号；(b)采样信号

2.3.2　不可分离的二维采样

　　等距的一维采样和可分离的多维采样，在改变采样距离 T 上，只具有一个自由度(每个维度)。在不可分离采样的情况下，采样位置仍然可以构成一个规则的图案，但是采样位置需要根据互相关性确定。图 2.11 中给出了不同的二维采样的规则网格。规则性是指基本结构在系统上的周期性，其中规则结构可以用一组**基向量**(basis vectors) $\mathbf{t}_1 = [t_{11}\ t_{21}]^T$，$\mathbf{t}_2 = [t_{12}\ t_{22}]^T$ 进行表示。这些向量是与整数向量索引 $\mathbf{n} = [n_1\ n_2]^T$ 相乘得到的线性组合，指向的有效位置为 $\mathbf{t(n)} = n_1 \mathbf{t}_1 + n_2 \mathbf{t}_2$，可以把 $\mathbf{t(n)}$ 理解为"采样胞腔的中心"。基向量是坐标变换矩阵 $\mathbf{T}$ 中的各列，在这里也将 $\mathbf{T}$ 称为**采样矩阵**(sampling matrix)：

$$
\underbrace{\begin{bmatrix} t_1(n_1, n_2) \\ t_2(n_1, n_2) \end{bmatrix}}_{\mathbf{t(n)}} = \underbrace{\begin{bmatrix} t_{11} & t_{12} \\ t_{21} & t_{22} \end{bmatrix}}_{\mathbf{T}} \cdot \underbrace{\begin{bmatrix} n_1 \\ n_2 \end{bmatrix}}_{\mathbf{n}}
\tag{2.60}
$$

　　对于可分离采样，水平方向上的采样距离 T_1 与垂直方向上的采样距离 T_2 是彼此独立的。对应的采样矩阵是对角阵，根据式(2.37)，可以得到其频率矩阵：

$$
\mathbf{T}_{\text{rect}} = \begin{bmatrix} T_1 & 0 \\ 0 & T_2 \end{bmatrix} \Rightarrow \mathbf{F}_{\text{rect}} = \begin{bmatrix} \dfrac{1}{T_1} & 0 \\ 0 & \dfrac{1}{T_2} \end{bmatrix}
\tag{2.61}
$$

对于**剪切采样**(shear sampling)(水平方向和垂直方向交替进行剪切)

$$
\mathbf{T}_{\text{shear}} = \begin{bmatrix} T_1 & v \cdot T_1\,|\,0 \\ 0\,|\,v \cdot T_2 & T_2 \end{bmatrix} \Rightarrow \mathbf{F}_{\text{shear}} = \begin{bmatrix} \dfrac{1}{T_1} & 0\,|\,-\dfrac{v}{T_1} \\ -\dfrac{v}{T_2}\,|\,0 & \dfrac{1}{T_2} \end{bmatrix}
\tag{2.62}
$$

当 v 是整数时,有效采样网格仍然为矩形[见图 2.11(b)]。可以把剪切采样理解为根据信号的方向特征对采样过程进行调整的一种方法,其中坐标系中的一个坐标轴向信号传播的方向倾斜。当在多维采样过程中,由于系统约束而不能改变某些维度中的采样位置时(比如,图像是逐行进行扫描的情况下,或者在视频采样中,时域采样位置是固定的情况下),这种方法是有用的。

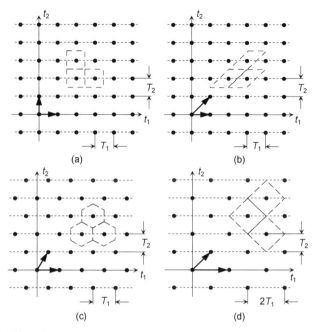

图 2.11 二维采样网格。(a)矩形;(b)水平剪切,$v=1$;(c)六边形;(d)五株(梅花形)

六边形采样方案[见图 2.11(c)]和五株采样方案[见图 2.11(d)]可以认为是剪切采样的两种特殊情况(使用非整数剪切因子 v)。二者的基向量都是倾斜的,使得每个样点分别与 6 个或 4 个最近的相邻样点间的距离是相等的。为此,对二者的基向量采用相同的采样距离 T(在这两种情况下,T 等于线与线之间的垂直距离)进行缩放。

$$\mathbf{T}_{\text{hex}} = T \cdot \begin{bmatrix} \dfrac{2}{\sqrt{3}} & \dfrac{1}{\sqrt{3}} \\ 0 & 1 \end{bmatrix} \Rightarrow \mathbf{F}_{\text{hex}} = \frac{1}{T} \begin{bmatrix} \dfrac{\sqrt{3}}{2} & 0 \\ -\dfrac{1}{2} & 1 \end{bmatrix}$$

$$\mathbf{T}_{\text{quin}} = T \cdot \begin{bmatrix} 2 & 1 \\ 0 & 1 \end{bmatrix} \Rightarrow \mathbf{F}_{\text{quin}} = \frac{1}{T} \begin{bmatrix} \dfrac{1}{2} & 0 \\ -\dfrac{1}{2} & 1 \end{bmatrix}$$

$$(2.63)$$

在不可分离采样的情况下,为了确定周期性频谱副本的位置,需要利用坐标变换,将不可分离的二维狄拉克脉冲网格(采样位置由 $\mathbf{T}$ 定义)映射为可分离的单位距离狄拉克脉冲网格[①] $\text{Ш}(\mathbf{t}) \equiv \delta_{\mathbf{I}}(\mathbf{t}) \circ\!\!-\!\!\bullet \delta_{\mathbf{I}}(\mathbf{f}) \equiv \text{Ш}(\mathbf{f})$,其中 $T_1 = T_2 = \cdots = 1$。利用式(2.38),可得

$$\text{Ш}(\mathbf{T}^{-1}\mathbf{t}) \circ\!\!-\!\!\bullet |\mathbf{T}| \text{Ш}(\mathbf{F}^{-1}\mathbf{f}), \qquad \mathbf{F} = \left[\mathbf{T}^{-1}\right]^{\text{T}}$$

$$(2.64)$$

---

① 使用俄语字母表中的单词"sheh"作为单位距离狄拉克脉冲网格的符号表示。

然而，应该注意的是，对"sheh"函数运用坐标变换，狄拉克脉冲会按照相应坐标变换矩阵的行列式值（在 **t** 和 **f** 域中）进行反比例缩放。

因此，可以将 $\text{III}(\mathbf{T}^{-1}\mathbf{t})$ 表示为未缩放的狄拉克脉冲之和

$$\text{III}(\mathbf{T}^{-1}\mathbf{t}) = \sum_{\mathbf{n}} |\mathbf{T}| \delta(\mathbf{t}-\mathbf{Tn}) \quad \text{及} \quad \text{III}(\mathbf{T}^{-1}\mathbf{f}) = \sum_{\mathbf{k}} |\mathbf{F}| \delta(\mathbf{f}-\mathbf{Fk}) \tag{2.65}$$

最后，得到

$$\underbrace{\sum_{\mathbf{n}} \delta(\mathbf{t}-\mathbf{Tn})}_{\delta_{\mathbf{T}}(\mathbf{t})} \circ\!\!-\!\!\bullet \frac{1}{|\mathbf{T}|} \underbrace{\sum_{\mathbf{k}} \delta(\mathbf{f}-\mathbf{Fk})}_{\delta_{\mathbf{F}}(\mathbf{f})} \tag{2.66}$$

利用采样矩阵 **T** 理想地对多维信号进行采样，得到的频谱为

$$s_{\delta_{\mathbf{T}}}(\mathbf{t}) = s(\mathbf{t}) \cdot \delta_{\mathbf{T}}(\mathbf{t}) \circ\!\!-\!\!\bullet S_{\delta_{\mathbf{T}}}(\mathbf{f}) = S(\mathbf{f}) * \frac{1}{|\mathbf{T}|} \delta_{\mathbf{F}}(\mathbf{f}) = \frac{1}{|\mathbf{T}|} \sum_{\mathbf{k}} S(\mathbf{f}-\mathbf{Fk}) \tag{2.67}$$

由此，可以给出二维信号的频谱为

$$S_{\delta_{\mathbf{T}}}(f_1, f_2) = \frac{1}{|\mathbf{T}|} \sum_{k=-\infty}^{\infty} \sum_{l=-\infty}^{\infty} S(f_1-k_1 f_{11}-k_2 f_{12}, f_2-k_1 f_{21}-k_2 f_{22}) \tag{2.68}$$

可以这样对式(2.67)和式(2.68)加以理解，即 **k** 中每 k 个整数值都通过相应的基向量线性组合 **Fk**，指向频谱的一个副本。此外，还可以像式(2.56)一样，根据样点序列直接计算 $S_\delta(\mathbf{f})$。

$$S_{\delta_{\mathbf{T}}}(\mathbf{f}) = \sum_{\mathbf{n}} s(\mathbf{Tn}) e^{-j2\pi \mathbf{f}^{\mathrm{T}} \mathbf{Tn}} = \sum_{\mathbf{n}} s(\mathbf{Tn}) e^{-j2\pi \left[\mathbf{F}^{-1}\mathbf{f}\right]^{\mathrm{T}} \mathbf{n}} \tag{2.69}$$

可以把式(2.64)中的 $\mathbf{F}^{-1}\mathbf{f}$ 理解为，频谱副本位于整数向量位置 **k** 的归一化频率，$\mathbf{n} = \mathbf{T}^{-1}\mathbf{t}$ 描述的是整数向量索引 **n** 上的离散信号，对应于坐标 **t** 的归一化与 **T** 的乘积。无论实际采用哪种采样结构，都可以根据信号样点 $s(\mathbf{n})$，直接计算归一化频率上的可分离傅里叶和，并将其作为式(2.57)的一般化形式

$$S_\delta(\mathbf{f}) = \sum_{\mathbf{n}} s(\mathbf{n}) e^{-j2\pi \mathbf{f}^{\mathrm{T}} \mathbf{n}} \tag{2.70}$$

然而，必须注意，在式(2.70)中假设的归一化可能会产生误导，因为关于频带限制（无混叠采样和重构所需的）的合理条件，在其中没有完全体现。在非矩形采样的情况下，式(2.58)中条件的映射关系，会不必要地约束带宽限制的自由度，因为矩阵 **F** 只能用来描述从方形低通频带到基带边界的线性坐标变换。对于式(2.63)中的五株采样，这种映射的两个例子如图 2.12 所示。图 2.12(b)中得到的基带限制是不对称的，对各方向具有不同的倾向性。此外，可以使用其他的采样矩阵 **T** 来定义具有相同采样点（尽管在 **k** 中的索引不同）的其他网格。例如，各个采样位置都相同的五株网格[如式(2.63)所示]的两种可能定义包括（情况 II 基于垂直剪切，情况 III 是坐标的旋转）

$$\mathbf{T}_{\text{quin-II}} = T \begin{bmatrix} 1 & 0 \\ -1 & 2 \end{bmatrix}; \quad \mathbf{T}_{\text{quin-III}} = T \begin{bmatrix} 1 & 1 \\ -1 & 1 \end{bmatrix} \tag{2.71}$$

当把式(2.64)中单位网格的反投影作为参考时，这些不同的定义将对频带限制产生显著影响。在五株采样的特殊情况下，旋转在某种程度上将给出最优的全向填充，下文中将会对此进行

介绍，但是对于任意的采样结构，不太可能根据采样矩阵给出这种定义，尤其在较高维度的情况下。

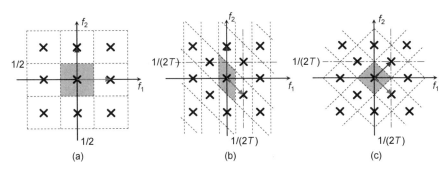

图 2.12 (a) 在归一化频率平面中，矩形网格采样的基带及其周期性副本；(b) 式 (2.63) 在五株采样的情况下相应的反向映射 $\mathbf{F}^{-1}\mathbf{f}$；(c) 式 (2.71) 在 quin-III 的情况下相应的反向映射 $\mathbf{F}^{-1}\mathbf{f}$

非矩形采样的最优全向低通频带限制，可以根据多维同形胞腔(面积或体积)的密集填充理论获得。为此，位于频率平面原点处的基带中心位置被视为与直接相邻的频谱副本的中心位置相关。为了使形状在不同方向上是相同且对称的，截止频率应该位于零频率与最近频谱副本中心之间的一半距离处。截止频率可以通过画出从 $\mathbf{f}=0$ 到那些频谱副本中心点的互连线(称为 Delaunay 线)来确定。在二维情况下，Voronoi 线［二维情况下是**平面**(planes)，在更高维度的情况下，变成**超平面**(hyper planes)］是相应的 Delaunay 线的垂直平分线(即 Delaunay 线的方向是 Voronoi 边界的法向量方向)。将最接近零频率的所有 Voronoi 线连接在一起，便构成了基带的边界。对于式 (2.63) 中的五株采样矩阵和六边形采样矩阵，基带的形状及其周期性副本如图 2.13 (a)/(b) 所示，采样条件在以下段落中明确确定。在五株采样的情况下，式 (2.71) 中 $\mathbf{F}_{\text{quin-III}}$ 的条件映射与式 (2.58) 中的是完全相同的；在六边形采样情况下，不存在这种直接的映射关系。

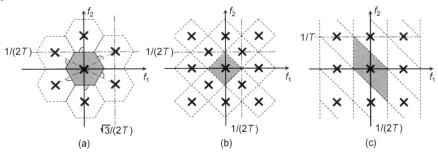

图 2.13 不同二维采样网格的基带和频谱副本的位置。(a) 六角形；(b) 五株形；(c) 剪切，$v=1$［- - - Delaunay 线；——— Voronoi 线］

六边形采样 基带的六边形需要分段地进行定义，但是它在全部 4 个象限上都是对称的。当 $|f_1|\leqslant \sqrt{3}/6T$ 时，基带的边界与 f_1 轴是平行的；而对于较高的频率 $|f_1|$，斜率为 $a=\pm\sqrt{3}$、截距为 $b=\pm 1/T$ 的 4 条线段定义了边界。得出采样条件为 (见习题 2.1)

$$S(f_1,f_2)\stackrel{!}{=}0,\quad |f_2|\geqslant\frac{1}{2T}\ \text{或}\ |f_1|+\frac{|f_2|}{\sqrt{3}}\geqslant\frac{1}{\sqrt{3}T} \tag{2.72}$$

五株采样 基带的边界由斜率为 $a=\pm 1$、截距为 $b=\pm 1/(2T)$ 的 4 条线段描述，采样条件为

$$S(f_1, f_2) \overset{.}{=} 0, \quad |f_1| + |f_2| \geqslant \frac{1}{2T} \tag{2.73}$$

在五株采样中，尽管样点的数量减少了一半，但是它可以对纯水平或垂直的正弦信号进行重构，且最高的采样频率与四边形（即矩形，其中 $T = T_1 = T_2$）采样的频率相同。然而对于对角线方向的正弦信号，最高的采样频率降低为水平/垂直最高采样频率的 $1/\sqrt{2}$。由于人眼对对角方向的精细细节不敏感，所以，五株采样能够更好地与人类感知相匹配。因此，在贝尔模板（见图 1.5）中，G（绿色）分量采用了五株采样网格。为了通过内插获得全分辨率信号，可以应用旋转 45°（或一个近似的角度）的二维 sinc 函数

$$h(t_1, t_2) = \text{sinc}\left(\pi \frac{t_1 - t_2}{4T}\right)\text{sinc}\left(\pi \frac{t_1 + t_2}{4T}\right) \tag{2.74}$$

对于所有二维和多维采样系统，所允许的信号带宽（图 2.13 中，基带覆盖的面积或体积）与频率采样矩阵 $\mathbf{F}$ 的行列式值是相同的。同样，每个"采样腔胞"的面积或体积都是采样矩阵 $\mathbf{T}$ 的行列式值。根据式（2.37）可知，采样的密度和无混叠信号的带宽是互为倒数的。基带的定义为在不同维度间权衡分辨率范围提供了一定的自由度。举个例子，无混叠的五株采样也可以通过使用水平通带截止频率为 $\pm 1/(4T)$、垂直通带截止频率为 $\pm 1/(2T)$（反之亦然）的可分离重构滤波器来实现。这样做是否可行，只能通过对信号特性进行分析，或者根据具体的采样目标（即，信号沿每个维度的有效带宽）来确定。

上文所述的最密填充理论，不仅可以用于确定基带的边界（分别确定低通插值滤波器的截止特性），还可以用于确定最优的二维或多维采样网格。假设采样的目标是，不管哪个方向都以最高的可能频率 $\mathbf{F}$ 表示式（2.1）和式（2.3）中的方向性正弦信号。从这个角度来看，基带的最优形状将是圆形，在更高的维度上，基带形状将变为球形或超球形。如果给定半径 r（比如，$r = 1/2$）的圆形或球形满足最小基带截止频率，则相应矩阵的行列式值 $|\mathbf{F}|$ 就是判断每个单元所需样点数量能否使得频率至少在 $f = 1/2$ 处截止的标准。例如，在式（2.61）中可分离二维采样〔见图 2.12（a）〕的情况下，当 $T_1 = T_2 = 1$，$|\mathbf{F}| = 1$ 时，可以使用 $r = 1/2$ 的圆形进行密集填充。对于式（2.63）中的六边形采样〔见图 2.12（c）〕，$|\mathbf{F}| = \sqrt{3}/2 \approx 0.866$，可以使用 $T = 1$ 的圆形密集填充。这被称为六边形结构的**球形填充优势**（sphere packing advantage），意味着对给定最大频率的任意方向的正弦信号进行采样时，采用六边形结构所需的样点数少于可分离采样所需样点数的 87%。或者说，使用相同数量的样点，截止频率增大的倍数为该因子的平方根倒数。在这个意义上，六边形方案是二维采样中最优的采样方案。而五株方案不具有球形填充优势。

此外，还可以通过叠加不同的基向量系统来构建二维和多维采样结构。例如，图 2.11（c）中的五株方案，可以看成两个矩形方案的叠加（见习题 2.2）。类似地，由大小相等的三角形腔胞构成的网格可以看成由图 2.11（c）中的两个六边形网格叠加构成，其中第二个六边形在垂直方向上偏移 $2T_2/3$。但是，在这种情况下，对应于两个子网格的腔胞具有不同的方向，并且每个点只有三个等距的最近相邻样点，这说明这种填充方式比单个六边形网格填充稀疏。

2.3.3 视频信号的采样

由图像构成的视频序列可以视为三维（二维空间+时间）信号（见图 2.14）。令连续采样的图像之间的时间距离为 T_3。将式（2.60）中的可分离采样扩展到第三维，会得到以下在时空连续体

中采样位置的映射关系：

$$
\begin{bmatrix} t_1(n_1,n_2,n_3) \\ t_2(n_1,n_2,n_3) \\ t_3(n_1,n_2,n_3) \end{bmatrix} = \begin{bmatrix} n_1T_1 \\ n_2T_2 \\ n_3T_3 \end{bmatrix} = \mathbf{T}_{\text{prog}} \begin{bmatrix} n_1 \\ n_2 \\ n_3 \end{bmatrix} \tag{2.75}
$$

对于图 2.14(a) 中的例子，在所有图像中，样点都具有相同的空间位置。这样的结构称为**逐行采样**(progressive sampling)，图 2.14(b) 中给出了沿垂直和时间方向上进行逐行采样的结构。与完全可分离的逐行采样相对应的采样矩阵，如式(2.76)所示

$$
\mathbf{T}_{\text{prog}} = \begin{bmatrix} T_1 & 0 & 0 \\ 0 & T_2 & 0 \\ 0 & 0 & T_3 \end{bmatrix} \Rightarrow \mathbf{F}_{\text{prog}} = \begin{bmatrix} 1/T_1 & 0 & 0 \\ 0 & 1/T_2 & 0 \\ 0 & 0 & 1/T_3 \end{bmatrix} \tag{2.76}
$$

然而，独立于两个空间维度对时间维度进行处理的所有采样方式都称为逐行采样(比如，只在两个空间维度上进行五株采样或六边形采样)。在模拟视频中，通常使用**隔行采样**(interlaced sampling)，并且在一些数字摄像机中仍然存在隔行格式。偶数行和奇数行以时间交错的方式进行采样，从而对于每个时间点，只有一半的行被采样出来并用于后续的处理。由偶数或奇数行组成的图像分别称为偶数或奇数**场**(fields)[见图 2.14(c)]。这种情况下，可以将采样矩阵定义为[1]

$$
\mathbf{T}_{\text{inter}} = \begin{bmatrix} T_1 & 0 & 0 \\ 0 & 2T_2 & T_2 \\ 0 & 0 & T_3 \end{bmatrix} \Rightarrow \mathbf{F}_{\text{inter}} = \begin{bmatrix} 1/T_1 & 0 & 0 \\ 0 & -1/(2T_2) & 0 \\ 0 & -1/(2T_3) & 1/T_3 \end{bmatrix} \tag{2.77}
$$

可以把式(2.77)看成应用于三维空间中垂直/时间连续体的五株采样网格[2]。因此，只有在不存在显著的时间变化(比如，由运动引起的)时，才能够支持较高的垂直频率。

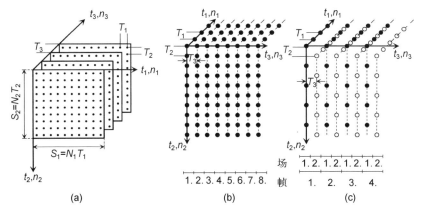

图 2.14   (a)逐行采样的图像序列；(b)沿垂直/时间方向的视频采样：
逐行方案；(c)沿垂直/时间方向的视频采样：隔行方案

---

① 由图 2.14(c)和式(2.77)采样矩阵给出的采样结构中，顶场(0, 2, 4, ...行)是在帧内首先被采样的场。在 NTSC TV 及其使用的 60 Hz 隔行数字视频中，首先对底场进行采样。然而，只有把两个场图像组合在一起成为一'帧'时，比如，分配绝对时序信息时，才有必要知道到底哪个场是首先被采样的。

② 事实上，式(2.77)中右下角的 2×2 子矩阵与式(2.63)是非常相似的，除了 T_2 和 T_3 表示的是不同的物理单位(空间和时间)。因此，这里设置 $T_1 = T_2$ (正如在二维情况下所做的)是没有意义的。

在逐行采样(其实是三维形式的可分离采样)中，用于避免混叠的采样定理的条件可以在每个维度中独立确定。在这种情况下，采样矩阵是对角阵，因此不存在维度间的相互关系

$$S(f_1,f_2,f_3)\overset{!}{=}0, \quad |f_1|\geqslant\frac{1}{2T_1} \text{ 或 } |f_2|\geqslant\frac{1}{2T_2} \text{ 或 } |f_3|\geqslant\frac{1}{2T_3} \tag{2.78}$$

在隔行采样中，只有第一个维度的采样条件是可以被分离出来的，因为水平采样位置是独立的

$$S(f_1,f_2,f_3)\overset{!}{=}0, \quad \text{当}|f_1|\geqslant\frac{1}{2T_1} \text{ 或 } \frac{|f_2|}{T_3}+\frac{|f_3|}{T_2}\geqslant\frac{1}{2T_2T_3} \tag{2.79}$$

在视频采集中，通常假设空间采样是没有混叠的，因为采集系统(镜头等)的元件本身就具有低通的效果。如式(2.45)所示，频率 f_3 取决于空间频率和运动的强度。假设信号中包含的频率基本上等于所允许的最大空间频率的正弦信号 $[F_1\approx1/(2T_1), F_2\approx1/(2T_2)]$。将式(2.78)中 f_3 的采样条件代入到式(2.45)中，为了实现无混叠采样，需要对速度施加以下限制条件：

$$|u_1|\cdot\frac{T_3}{T_1}+|u_2|\cdot\frac{T_3}{T_2}\overset{!}{<}1, \quad |k_1|+|k_2|\overset{!}{<}1, \quad k_i=u_i\cdot\frac{T_3}{T_1} \tag{2.80}$$

其中，如果连续信号在各个维度中的速度为 u_i，则 k_i 表示从一幅图像到下一幅图像的水平/垂直位移(以样点为单位)。单位时间内的位移不允许超过一个空间样点，这样严格的限制，乍看上去，令人非常惊讶，因为人类观看包含更加剧烈运动的移动图像，都不存在问题。但是，式(2.80)中的限制假设是，只对一个频率接近于所允许的最高空间频率的正弦信号进行采样。自然视频信号的频谱是非稀疏的，在低频范围内具有较高的能量，这使得人类能够可靠而且无混叠地感知运动。尤其是，观察者的眼睛能够对运动进行追踪，这样可以将频谱映射到频率 $f_3=0$ 的附近，从而对混叠进行补偿(或者将其视为使用了一个剪切重构带通滤波器)。

为了说明在逐行采样情况下所产生的混叠的影响，图 2.15 给出了三维频率空间中的垂直/时间截面 (f_2,f_3)。假设空间正弦信号的频率接近于垂直采样频率的一半，其频谱由两个狄拉克脉冲(◉)组成。周期性频谱副本的中心用"×"标记。图 2.15(a)给出了静止信号的频谱。图 2.15(b)表示当信号以每时间单位半个采样单元的速度向上移动时($u_2=-0.5T_2/T_3$)，样点位置在 f_3 方向上倾斜。图 2.15(c)给出了当信号以每时间单位 1.5 个采样单元的速度向上移动时的运动情况($u_2=-1.5T_2/T_3$)。在后一种情况下，混叠分量出现在基带中，会使观察者误认为信号是以每时间单位半个采样单元的速度在向下运动($u_2=0.5T_2/T_3$)。在任何情况下，信号的空间频率都保持不变，即在逐行采样的情况下，f_3 中的混叠只会引起对运动的错误感知。在电影中，这称为"车轮效应"，即装有辐条的车轮旋转起来之后，看上去就似乎转得较慢，或保持静止甚至向后旋转，这取决于时间采样的距离、辐条之间的角距离以及车轮速度的共同作用。

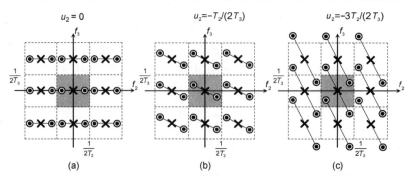

图 2.15　逐行采样的正弦信号进行垂直运动时，混叠产生的影响

    图 2.16 给出了对同一信号进行隔行采样时，混叠产生的影响[①]。首先，很明显，与逐行采样的情况相比，隔行采样信号中存在较慢运动时，就会产生混叠。其次，如果混叠频谱来自于对角相邻的频谱副本，并且正弦信号的垂直频率为 F_2，则频率为 $\tilde{F}_2 = 1/(2/T_2) - F_2$ 的混叠成分将会出现在基带中。尤其是当场景中存在移动的细节丰富的周期性条纹时，将会导致场景中出现奇怪的正弦分量，通常这些成分的方向还与原始信号不同，因为水平频率分量 F_1 不会受到影响，其方向仍由式 (2.2) 确定。

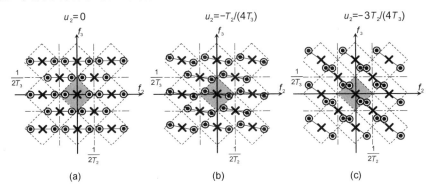

图 2.16   隔行采样的正弦信号进行垂直运动时，混叠产生的影响

    由于运动会造成频谱向 $f_3 \neq 0$ 的位置倾斜，但不会引起频谱的展宽，因此如果运动的状况对观察者来说是已知的，则完美的重构和正确的感知在原则上也是可以实现的。这可以通过剪切采样(其中，重构滤波器的频谱形状向 $f_3 = u_1 f_1 + u_2 f_2$ 对准)或者运动补偿(观察者根据运动的情况，对参考坐标系进行"变换")来完成。图 2.17 说明，以较高速度移动的单一正弦信号仍然可以被正确地感知；然而，根据**单一**(single)正弦信号，通常不可能确定真实的运动，因为正弦信号是周期性的，而且在连续图像之间会检测到多个对应关系(普通观察者会假定信号中存在的是最低可能的速度，这意味着在所有方向上，位移都不会大于信号的半个周期长度)。然而，对于包含显著点、边缘等的结构化信号，由于所有频率成分都会同样地进行移动(一致的线性相移)，因此，可以相应地对真实的运动进行追踪。视频压缩中的运动补偿执行类似的任务，它允许利用信号中沿时间轴真实的冗余，对信号进行压缩，从而避免出现混叠成分。

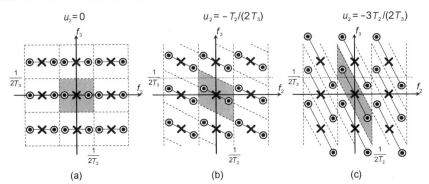

图 2.17   人类视觉系统进行自适应调整来避免混叠；眼睛的跟踪纠正了剪切采样中的重构信号

---

① 注意，根据式 (2.77) 中的采样矩阵，时间采样距离 T_3 指的是帧单元，即场之间的采样距离是 $T_3/2$。同样，根据这一定义，每个场的相邻行之间的垂直采样距离都为 $2T_2$。

2.4　离散信号处理

2.4.1　线性移不变系统

一维或多维运算[①]

$$g(\mathbf{n}) = \sum_{m \in \mathbf{Z}_\kappa} s(\mathbf{m})h(\mathbf{n}-\mathbf{m}) = s(\mathbf{n}) * h(\mathbf{n}) \tag{2.81}$$

称为**离散卷积**（discrete convolution）。它与连续时间卷积积分具有相似的性质，比如，结合律、交换律、分配律均成立。**单位脉冲**（unit impulse）

$$\delta(\mathbf{n}) = \begin{cases} 1, & \mathbf{n} = \mathbf{0} \\ 0, & \mathbf{n} \neq \mathbf{0} \end{cases} \tag{2.82}$$

又称为 Kronecker 脉冲（Kronecker impulse），是单位元

$$s(\mathbf{n}) = \delta(\mathbf{n}) * s(\mathbf{n}) = \sum_{m \in \mathbf{Z}_\kappa} s(\mathbf{m})\delta(\mathbf{n}-\mathbf{m}) \tag{2.83}$$

式（2.81）中的离散卷积是**线性的**（linear）［如式（2.14）所示］并且是**移不变的**（shift invariant），移不变性相当于式（2.15）中的时不变性。因此，进行离散卷积运算的系统被称为**线性移不变**（Linear Shift Invariance，LSI）系统，其中式（2.81）提供输入与输出之间的唯一映射，其行为可以由冲激响应 $h(\mathbf{n})$ 完整地进行描述。可以把某些类型的 LSI 系统的运算看成是有限阶**差分方程**（difference equations），其因果形式[②]为

$$\sum_{\mathbf{p} \in \mathcal{N}_\mathbf{p}^{0+}} \tilde{b}_\mathbf{p} g(\mathbf{n}-\mathbf{p}) = \sum_{\mathbf{q} \in \mathcal{N}_\mathbf{q}^{0+}} \tilde{a}_\mathbf{q} s(\mathbf{n}-\mathbf{q}) \tag{2.84}$$

给出输入/输出之间的关系（当归一化 $\tilde{b}_0 = 1$ 时，可以使关系简化）

$$g(\mathbf{n}) = \underbrace{\sum_{\mathbf{q} \in \mathcal{N}_\mathbf{q}^{0+}} a_\mathbf{q} s(\mathbf{n}-\mathbf{q})}_{\text{FIR部分}} + \underbrace{\sum_{\mathbf{p} \in \mathcal{N}_\mathbf{p}^{0+}} b_\mathbf{p} g(\mathbf{n}-\mathbf{p})}_{\text{IIR部分}}, \quad a_\mathbf{q} = -\frac{\tilde{a}_\mathbf{q}}{\tilde{b}_0}, b_\mathbf{p} = -\frac{\tilde{b}_\mathbf{p}}{\tilde{b}_0} \tag{2.85}$$

相应的数字滤波器由 FIR［有限冲激响应（finite impulse response）］部分和 IIR［无限冲激响应（infinite impulse response）］部分组成，其中，FIR 部分参考输入中 $|\mathcal{N}_\mathbf{q}^+|$ 个之前的样点，IIR 部分使用之前处理的 $|\mathcal{N}_\mathbf{p}^+|$ 个输出样点的反馈。

2.4.2　离散傅里叶变换

类似于式（2.47），频谱 $S(\mathbf{f})$ 应由样点进行表示，其中样点间的距离由频率轴上可分离的（对角线）采样矩阵 $\mathbf{F}$ 来描述[③]：

$$S_\mathbf{p}(\mathbf{f}) = \sum_{\mathbf{k} \in \mathbf{Z}_\kappa} S(\mathbf{Fk})\delta(\mathbf{f}-\mathbf{Fk}) = S(\mathbf{f})\sum_{\mathbf{k} \in \mathbf{Z}_\kappa} \delta(\mathbf{f}-\mathbf{Fk}) \tag{2.86}$$

[①] Z 网格 $\mathbf{Z}_\kappa$ 是一个无限向量集合，它由 κ 维上所有可能的整数组合构成。

[②] 其中，$\mathcal{N}^{0+}$ 是整数索引向量 $\mathbf{p}|\mathbf{q}$ 的有限集合，该集合对应于由之前可用输入样点构成的一个邻域，其中包括 $\mathbf{p}|\mathbf{q} = \mathbf{0}$ 的当前样点。比如，在一维的情况下，其取值范围为 $q = 0, \cdots, Q$。相似地，$\mathcal{N}^+$ 不包括当前样点，即在一维的情况下，其取值范围为 $p = 1, \cdots, P$。

[③] 原则上，接下来的讨论可以扩展用于对不可分离的频谱采样进行分析，但为简单见，此处从略。

应用傅里叶逆变换，得出

$$S_p(\mathbf{f}) = S(\mathbf{f}) \cdot \sum_{\mathbf{k} \in \mathbf{Z}_\kappa} \delta(\mathbf{f} - \mathbf{Fk})$$

$$且 \quad \mathbf{T} = \left[\mathbf{F}^{-1} \right]^{\mathrm{T}} \tag{2.87}$$

$$s_p(\mathbf{t}) = s(\mathbf{t}) * \frac{1}{|\mathbf{F}|} \sum_{\mathbf{n} \in \mathbf{Z}_\kappa} \delta(\mathbf{t} - \mathbf{Tn})$$

由 $\mathbf{F}$ 描述的频谱采样会影响由 $\mathbf{T}$ 描述的 $\mathbf{t}$ 域函数的周期性重复。如果 $s(\mathbf{t})$ 的持续时间落入了 $\mathbf{T}$ 的一个"周期胞腔"内，则可以用 $s_p(\mathbf{t})$ 与一个可分离矩形窗口函数相乘，从 $s_p(\mathbf{t})$ 中重构出 $s(\mathbf{t})$，其中窗口函数具有胞腔的形状，在频域中对应于可分离的 sinc 函数：

$$s(\mathbf{t}) = s_p(\mathbf{t}) \cdot |\mathbf{F}| \mathrm{rect}(\mathbf{Tt})$$

$$\tag{2.88}$$

$$S(\mathbf{f}) = S_p(\mathbf{f}) * \mathrm{sinc}(\pi \mathbf{Ff})$$

根据以上分析可知，周期信号具有离散的频谱，而在时间上被限制在相当于一个周期 $\mathbf{T}$ 范围内的信号，也可以由 $\mathbf{F}$ 上的频谱样点完整地表示。

由于带限信号可以由时间上的一系列样点来描述，因此可以进一步得出结论，一个有限的且在**时域和频域中** (in both time and frequency domains) 都相当于具有周期性的信号，也可以由时间或频域中**有限的样点序列** (finite series of samples) 完整地表示。在所有 κ 个维度上，如果信号 $s_d(\mathbf{n})$ 只在 $[0; M_i - 1]$ $(i = 1 \cdots \kappa)$ 的范围内具有非零值，或者说，在 M_i 个样本上具有周期性。那么，以距离 $F_i = 1 / M_i$ 从周期傅里叶频谱中取出的样点，可以给出唯一的表示，在下面的两个等式中，$\mathbf{F} = [\mathbf{M}^{-1}]^{\mathrm{T}}$ 是一个对角阵，矩阵元素是不同维度中的 F_i 个值（相似地，$\mathbf{M}$ 中包含 M_i 个元素值）。从而可以给出 κ 维离散傅里叶变换 (Discrete Fourier Transform，DFT)

$$S_a(\mathbf{Fk}) = S_d(\mathbf{k}) = \sum_{n_1=0}^{M_1-1} \cdots \sum_{n_\kappa=0}^{M_\kappa-1} s_d(\mathbf{n}) \mathrm{e}^{-\mathrm{j}2\pi \mathbf{n}^{\mathrm{T}} \mathbf{Fk}}, \ k_i = 0, \cdots, M_i - 1 \tag{2.89}$$

对全部 $|\mathbf{M}|$ 个样点进行重构的逆 DFT 为

$$s_d(\mathbf{n}) = \sum_{n_1=0}^{M_1-1} \cdots \sum_{n_\kappa=0}^{M_\kappa-1} S_d(\mathbf{k}) \mathrm{e}^{\mathrm{j}2\pi \mathbf{n}^{\mathrm{T}} \mathbf{Fk}}, \ n_i = 0, \cdots, M_i - 1 \tag{2.90}$$

2.4.3 z 变换

离散时间信号的傅里叶和 [如式 (2.57) 所示] 存在的条件是有限绝对值和

$$\sum_{\mathbf{n} \in \mathbf{Z}_\kappa} |s(\mathbf{n})| < \infty \tag{2.91}$$

傅里叶频谱 $S_\delta(f)$ 中包含狄拉克脉冲的周期信号是一个例外。另外，对于单边增长速度不超过指数增长速率的大多数信号，可以通过指数加权 $\mathrm{e}^{-\sigma^{\mathrm{T}} \mathbf{n}} = \mathrm{e}^{-\sigma_1 n_1} \cdots \mathrm{e}^{-\sigma_\kappa n_\kappa}$ (σ_i 为实值) 来实现收敛。

$$\mathrm{e}^{-\sigma^{\mathrm{T}} \mathbf{n}} s(\mathbf{n}) \circ\!\!-\!\!\bullet \sum_{\mathbf{n} \in \mathbf{Z}_\kappa} \left(s(\mathbf{n}) \mathrm{e}^{-\sigma^{\mathrm{T}} \mathbf{n}} \right) \mathrm{e}^{-\mathrm{j}2\pi \mathbf{f}^{\mathrm{T}} \mathbf{n}} = \sum_{\mathbf{n} \in \mathbf{Z}_\kappa} s(\mathbf{n}) \mathrm{e}^{-(\sigma + \mathrm{j}2\pi \mathbf{f})^{\mathrm{T}} \mathbf{n}} \tag{2.92}$$

用极坐标 $z_i = \rho_i \mathrm{e}^{\mathrm{j}2\pi f_i}$ 代替 $z_i = \mathrm{e}^{(\sigma_i + \mathrm{j}2\pi f_i)}$，其中 $\rho_i = \mathrm{e}^{\sigma_i} \geqslant 0$ ($\rho_i > 0$ 且 σ_i 为实值，$\sigma_i \to -\infty$ 时，$\rho_i \to 0$)，定义

$$^\kappa \mathbf{z}^{(\mathbf{l})} = \prod_{i=1}^\kappa z_i^{l_i} \tag{2.93}$$

信号 $s(\mathbf{n})$ 的双边 κ 维 z 变换为

$$S(\mathbf{z}) = \sum_{\mathbf{n} \in Z_\kappa} s(\mathbf{n})^\kappa \mathbf{z}^{(-\mathbf{n})} \tag{2.94}$$

存在解的 $\mathbf{z}$ 值包含在复 z 超空间的**收敛域**（Region of Convergence，RoC）内。z 变换在 LSI 系统的分析和合成中特别有用。时域中的卷积还可以通过 z 域中的乘法进行表示：

$$g(\mathbf{n}) = s(\mathbf{n}) * h(\mathbf{n}) \circ\!\!-\!\!\!\bullet \overset{z}{} G(\mathbf{z}) = S(\mathbf{z}) \cdot H(\mathbf{z}), \quad \mathrm{RoC}\{G\} = \mathrm{RoC}\{S\} \bigcap \mathrm{RoC}\{H\} \tag{2.95}$$

并且 $\mathbf{k}$ 个样点的延迟可以表示为

$$s(\mathbf{n} - \mathbf{k}) = s(\mathbf{n}) * \delta(\mathbf{n} - \mathbf{k}) \circ\!\!-\!\!\!\bullet \overset{z}{} S(\mathbf{z}) \cdot \sum_{\mathbf{n} \in Z_\kappa} \delta(\mathbf{n} - \mathbf{k})^\kappa \mathbf{z}^{(-n)} = S(\mathbf{z})^\kappa \mathbf{z}^{(-k)} \tag{2.96}$$

由式（2.84）中的差分方程表示的一个因果 FIR/IIR 滤波器，对其左边和右边分别应用 z 变换，可得

$$\sum_{\mathbf{q} \in \mathcal{N}_q^{0+}} a_{\mathbf{q}} s(\mathbf{n} - \mathbf{q}) \circ\!\!-\!\!\!\bullet \overset{z}{} S(\mathbf{z}) \cdot A(\mathbf{z}), \quad A(\mathbf{z}) = \sum_{\mathbf{q} \in \mathcal{N}_q^{0+}} a_{\mathbf{q}}^\kappa \mathbf{z}^{(-\mathbf{q})}$$

$$\sum_{\mathbf{p} \in \mathcal{N}_p^+} b_{\mathbf{p}} g(\mathbf{n} - \mathbf{p}) \circ\!\!-\!\!\!\bullet \overset{z}{} G(\mathbf{z}) \cdot B(\mathbf{z}), \quad B(\mathbf{z}) = \sum_{\mathbf{p} \in \mathcal{N}_p^+} b_{\mathbf{p}}^\kappa \mathbf{z}^{(-\mathbf{p})} \tag{2.97}$$

从而

$$G(\mathbf{z}) \cdot [1 - B(\mathbf{z})] = S(\mathbf{z}) \cdot A(\mathbf{z}) \Rightarrow H(\mathbf{z}) = \frac{G(\mathbf{z})}{S(\mathbf{z})} = \frac{A(\mathbf{z})}{1 - B(\mathbf{z})} = \frac{\displaystyle\sum_{\mathbf{q} \in \mathcal{N}_q^{0+}} a_{\mathbf{q}}^\kappa \mathbf{z}^{(-\mathbf{q})}}{1 - \displaystyle\sum_{\mathbf{p} \in \mathcal{N}_p^{0+}} b_{\mathbf{p}}^\kappa \mathbf{z}^{(-\mathbf{p})}} \tag{2.98}$$

滤波器的 FIR 部分对应于分子和 z 变换的零点位置，而 IIR 部分对应于分母以及 z 变换的奇异点（极点）。根据式（2.98）可以直接设计进行**反卷积**（de-convolution）的逆滤波器，即从 $g(\mathbf{n})$ 中重构 $s(\mathbf{n})$。

$$S(\mathbf{z}) = \frac{G(\mathbf{z})}{H(\mathbf{z})} = G(\mathbf{z}) \cdot H^{(-1)}(\mathbf{z})$$

$$\Rightarrow H^{(-1)}(\mathbf{z}) = \frac{S(\mathbf{z})}{G(\mathbf{z})} = \frac{1 - B(\mathbf{z})}{A(\mathbf{z})} = \frac{\dfrac{1}{a_0} - \displaystyle\sum_{\mathbf{p} \in \mathcal{N}_p^+} \dfrac{b_{\mathbf{p}}^\kappa}{a_0} \mathbf{z}^{(-\mathbf{p})}}{1 - \displaystyle\sum_{\mathbf{q} \in \mathcal{N}_q^+} \dfrac{a_{\mathbf{q}}^\kappa}{a_0} \mathbf{z}^{(-\mathbf{q})}} \tag{2.99}$$

多维 z 变换的性质　多维 z 变换的属性与傅里叶变换的属性非常相似。

（1）**线性**（Linearity）

$$\sum_i a_i s_i(\mathbf{n}) \circ\!\!-\!\!\!\bullet \overset{z}{} \sum_i a_i S_i(\mathbf{z}) \tag{2.100}$$

（2）**平移**（Shift）

$$s(\mathbf{n} - \mathbf{k}) \circ\!\!-\!\!\!\bullet \overset{z}{} \mathbf{z}^{(-\mathbf{k})} S(\mathbf{z}) \tag{2.101}$$

（3）**卷积**（Convolution）

$$g(\mathbf{n}) = s(\mathbf{n}) * h(\mathbf{n}) \circ\!\!-\!\!\!\bullet \overset{z}{} G(\mathbf{z}) = S(\mathbf{z}) \cdot H(\mathbf{z}) \tag{2.102}$$

（4）**逆变换**（Inversion[①]）

$$S(-\mathbf{n}) \circ\!\!-\!\!\!\bullet \overset{z}{} S(\mathbf{z}^{(-1)}) \tag{2.103}$$

---

① $\mathbf{z}^{(\mathbf{A})}$ 表示在多维 z 域中的坐标映射，因此，在第 i 个维度中，有 $z_i^{(\mathbf{A})} = \prod_j z_j^{a_{ji}}$。当 $z_i = \mathrm{e}^{\mathrm{j} 2\pi f_i}$ 时，在傅里叶域中，等价的映射为 $\mathbf{A}f$。

(5) 缩放①（Scaling）

$$s_{\mathbf{U}\downarrow}(\mathbf{n}) = s(\mathbf{U}\mathbf{n}) \circ\!\!-\!\!\overset{z}{\bullet} S(\mathbf{z}^{(\mathbf{U}^{-1})}) \tag{2.104}$$

(6) 扩展（Expansion）

$$s_{\mathbf{U}\uparrow}(\mathbf{n}) = \begin{cases} s(\mathbf{m}), \mathbf{n} = \mathbf{U}\mathbf{m} \\ 0, \qquad 其他 \end{cases} \circ\!\!-\!\!\overset{z}{\bullet} S_{\mathbf{U}\uparrow}(\mathbf{z}) = S(\mathbf{z}^{(\mathbf{U})}) \tag{2.105}$$

(7) 调制（Modulation）

$$s(\mathbf{n}) \cdot e^{j2\pi \mathbf{F}\mathbf{n}} \circ\!\!-\!\!\overset{z}{\bullet} S(\mathbf{z}e^{-j2\pi \mathbf{F}}) \tag{2.106}$$

2.4.4　多维线性移不变系统

二维和多维系统能够访问的样点集合称为"支持域"或邻域 $\mathcal{N}$。**一致性邻域**（homogeneous neighborhood）是一类比较有意思的对称二维支持域，根据阶数为 P 的最大距离范数可知，位置 (m_1, m_2) 处的信号样点属于 $\mathbf{n} = [n_1\ n_2]^T$ 处样点的邻域②

$$\mathcal{N}_C^{(P)}(\mathbf{n}) = \left\{ \mathbf{m} : 0 < \sum_i |m_i - n_i|^P \leqslant C \right\} \tag{2.107}$$

参数 $C \geqslant 0$ 影响邻域支持域的大小，$P \geqslant 0$ 影响形状。信号 $s(\mathbf{n})$ 与冲激响应 $h(\mathbf{n})$ 的离散**多维卷积**（multi-dimensional convolution）则被定义为有限邻域运算

$$g(\mathbf{n}) = \sum_{m\in\mathcal{N}(0)} s(\mathbf{m}) \cdot h(\mathbf{n}-\mathbf{m}) = \sum_{m\in\mathcal{N}(0)} h(\mathbf{m}) \cdot s(\mathbf{n}-\mathbf{m}) \tag{2.108}$$

式 (2.108) 中的支持域 $\mathcal{N}$ 可以指定冲激响应，该冲激响应既可以是有限长度的也可以是无限长度的。

可分离 LSI 系统可以采用与式 (2.26) 相似的方式实现。图 2.18 给出了 LSI 系统的原理，其中，首先沿每一行进行水平一维卷积，得到 $g_1(n_1, n_2)$。接下来，对 $g(n_1, n_2)$ 的每一列进行卷积，得到 $g_1(n_1, n_2)$。无限冲激响应（IIR）滤波器并不是通过式 (2.108) 中的卷积公式直接实现的，而是要使用来自前一个输出值 $g(n_1, n_2)$ 的反馈。由于存在递归关系，处理需要按照给定的顺序进行。对于一个二维几何图形，为了给当前位置提供输入，需要由先前进行处理的所有位置建立支持域 $\mathcal{N}$。图 2.19 给出了三种不同因果 IIR 滤波器的几何图形以及相应支持域 $\mathcal{N}$ 的几何形状：**楔形平面**（wedge plane）滤波器、**四分之一平面**（quarter plane）滤波器以及**非对称半平面**（asymmetric half plane）滤波器。对于四分之一平面滤波器模板和楔形平面滤波器模板，可以使用逐行递归扫描，也可以使用逐列递归扫描；这些滤波器还允许采用对角扫描的处理顺序，或者并行地计算在对角线位置上的所有样点（称为波前处理）。对于非对称半平面滤波器，只能采用逐行处理（从左上角位置开始）的迭代顺序。在矩形网格上，只有四分之一平面滤波器可以由可分离的因果一维滤波器进行定义。

---

① 当整数值 $U > 1$ 时，缩放便是下采样操作。当不存在任何信息损失时，即只有在 $s(n_1, n_2, \cdots)$ 中位置为 $n_i U_i$ 处的样点为非零值时，式 (2.104) 中的 z 变换映射关系才是严格成立的。

② 一致性邻域系统不但在形状上是对称的，而且在样点的相互关系上也是对称的，这说明，当把一致性邻域系统应用到其任意相邻样点 (m_1, m_2) 上时，(n_1, n_2) 位置处的当前样点也是同一邻域系统的成员，邻域还可以无限地进行扩展，比如，$P = 0$，$C \geqslant 2$。

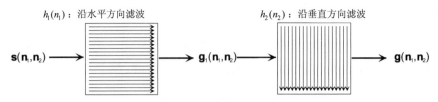

图 2.18　首先进行水平滤波的可分离二维 LSI 系统的原理

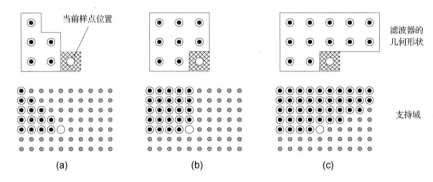

图 2.19　因果二维滤波器模板及其支持域的几何形状。(a)楔形平面(wedge plane)；
(b)四分之一平面(quarter plane)；(c)非对称半平面(asymmetric half plane)

对于递归二维四分之一平面滤波器，其滤波器支持域的几何形状定义了来自于$(P_1+1)(P_2+1)-1$个之前滤波后样点的反馈，产生的输出信号为

$$g(n_1,n_2)=s(n_1,n_2)+\sum_{\substack{m_1=0 \\ (m_1,m_2)\neq(0,0)}}^{P_1}\sum_{m_2=0}^{P_2}b(m_1,m_2)\cdot g(n_1-m_1,n_2-m_2) \qquad (2.109)$$

进行可分离递归滤波时，图像的行和列可以顺序地进行处理，沿着其中一个方向进行滤波的结果作为滤波器的输入，再沿另一个方向进行滤波，比如首先沿水平方向进行处理。

$$g_1(n_1,n_2)=s(n_1,n_2)+\sum_{m_1=1}^{P_1}b_1(m_1)\cdot g_1(n_1-m_1,n_2)，\text{所有 }n_2$$

$$g(n_1,n_2)=g_1(n_1,n_2)+\sum_{m_2=1}^{P_2}b_2(m_2)\cdot g(n_1,n_2-m_2)，\text{所有 }n_1 \qquad (2.110)$$

一维和二维滤波器的递归系数之间的实际关系由式(2.84)中的差分方程及式(2.85)确定，因此

$$b(m_1,m_2)=-\tilde{b}_1(m_1)\tilde{b}(m_2)，\text{其中 }\tilde{b}_i(0)=1，\tilde{b}_i(m_i)=-b_i(m_i)，\ 1\leqslant m_i\leqslant P_i \qquad (2.111)$$

图像信号是有限长度的，对其进行滤波的输出通常与用于显示目的的输入在尺寸上是相同的。然而，当对接近图像边界的样点进行处理时，式(2.108)中的索引 $\mathbf{n}-\mathbf{m}$ 的值可能会小于 0，也可能会大于最大的坐标值 M_1-1 或 M_2-1。因此，为了一致地计算卷积，需要定义超出输入信号边界的信号延拓方式。因为图像的均值往往不为零值，所以将扩展值设置为零并不合理。图 2.20(a)～图 2.20(c)①给出了三种为超出图像边界的部分复制样点的方法，这些方法也可应用于 FIR 滤波。

---

① 采用 IIR 滤波器时，需要根据 $g(\mathbf{n}-\mathbf{m})$ 值定义迭代的起始值，其中 $g(\mathbf{n}-\mathbf{m})$ 可能落在图像以外。通常该值应该反映平均期望值，比如，音频/语音信号中采用零值，图像信号中采用平均灰度值。

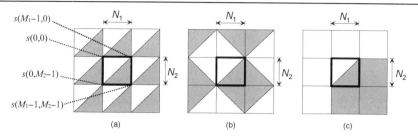

图 2.20 有限图像信号的边界扩展。(a)周期扩展；(b)对称扩展(反周期扩展)；(c)常数值扩展

多维滤波器的傅里叶传递函数 离散冲激响应的多维傅里叶变换为

$$H_\delta(\mathbf{f}) = \sum_{n_1=-\infty}^{\infty} \cdots \sum_{n_K=-\infty}^{\infty} h(\mathbf{n}) \cdot e^{-j2\pi \mathbf{f}^{\mathrm{T}}\mathbf{n}} \tag{2.112}$$

如果系统具有 FIR 或因果 IIR 性质，求和极限是有界的，因此可以直接确定复数传递函数。比如，对称邻域的尺寸为 $(Q_1+1)(Q_2+1)$（Q_1 和 Q_2 为偶数）的二维 FIR 系统，其传递函数为

$$H_\delta(f_1, f_2) = \sum_{n_1=-Q_1/2}^{Q_1/2} \sum_{n_2=-Q_2/2}^{Q_2/2} a(n_1, n_2) e^{-j2\pi n_1 f_1} e^{-j2\pi n_2 f_2} \tag{2.113}$$

对于二维四分之一平面 IIR 系统，傅里叶传递函数为

$$H_\delta(f_1, f_2) = \frac{1}{1 - \sum_{n_1=0}^{P_1} \sum_{\substack{n_2=0 \\ (n_1,n_2) \neq (0,0)}}^{P_2} b(n_1, n_2) e^{-j2\pi n_1 f_1} e^{-j2\pi n_2 f_2}} \tag{2.114}$$

式(2.113)和式(2.114)中的滤波器类型和几何形状通常在图像的空间预测和插值中使用。

2.5 统计分析

这里主要讨论**离散**(sampled)多媒体信号 $s(\mathbf{n})$ 的统计分析，而连续信号 $s(\mathbf{t})$ 也具有类似的特性。**平稳性**(stationarity)是一种理想假设，它是指统计特性与时间或空间中的位置无关。对于多媒体信号，平稳性通常不成立。但是，如果假设局部样点集合的统计特性是不变的，则可以对这些样点数据采用类似的分析方法，而这些方法可以提供足够可靠的经验测量值。为了避免上述情况之间出现差异，本章讨论的统计参数，都假设它们与测量时间、地点以及数据集的大小无关。

需要注意的是，在多媒体压缩技术的设计中，通常需要使用能够体现所有可能变化的测试数据集。还可以向数据测试集中补充某些"非典型"数据，以对压缩算法提出一些挑战。尽管在自适应方法中，通常利用的是局部统计特性，但是仍然需要提供可能的自适应状态，以支持送入编码器的各种数据类型。

2.5.1 样点的统计特性

信号中样点的统计特性，可以由**概率密度函数**(Probability Density Function，PDF) $p_s(x)$ 来表征，将观测信号的幅度视为随机过程 $s(\mathbf{n})$ 的**随机变量**(random variable) x 的值。对于连续幅度信号，PDF 提供的信息是某个范围的幅度预期会出现的概率。观测值 $s(\mathbf{n}) \leq x$ 的概率，由**累**

积分布函数(Cumulative Distribution Function，CDF)给出：

$$P_s(x) \equiv \Pr[s(\mathbf{n}) \leqslant x] = \int_{-\infty}^{x} p_s(\xi)\mathrm{d}\xi$$

CDF 是单调递增的，取值范围为 $P_s(-\infty) = 0 \leqslant P_s(x) \leqslant 1 = P_s(\infty)$。因此，信号幅度在区间 $[x_a; x_b]$ 内的概率为

$$\Pr[x_a < s(\mathbf{n}) \leqslant x_b] = \int_{x_a}^{x_b} p_s(\xi)\mathrm{d}\xi = P_s(x_b) - P_s(x_a) \geqslant 0 \tag{2.116}$$

另外

$$\int_{-\infty}^{\infty} p_s(x)\mathrm{d}x = P_s(\infty) - P_s(-\infty) = 1 \tag{2.117}$$

期望值(expected value) $\mathcal{E}\{f[x]\}$ 是指，将函数 $f[x]$ 应用于样点时，一组信号观察值的均值。它与 PDF 之间的关系为[①]

$$\mathcal{E}\{f[s(\mathbf{n})]\} = \lim_{N \to \infty} \frac{1}{N} \sum_{\mathbf{n}} f[s(\mathbf{n})] = \int_{-\infty}^{\infty} f(x) p_s(x)\mathrm{d}x \tag{2.118}$$

根据上面的定义，又引入了下列重要的参数来描述样点的**统计特性**(sample statistics)：

● $f(x) = x$：平均值　$m_s = \int_{-\infty}^{\infty} x \cdot p_s(x)\mathrm{d}x = \mathcal{E}\{s(\mathbf{n})\}$ (2.119)

● $f(x) = x^2$：均方值(功率)　$Q_s = \int_{-\infty}^{\infty} x^2 \cdot p_s(x)\mathrm{d}x = \mathcal{E}\{s^2(\mathbf{n})\}$ (2.120)

● 方差　$\sigma_s^2 = \int_{-\infty}^{\infty} (x - m_s)^2 p_s(x)\mathrm{d}x = \mathcal{E}\{(s(\mathbf{n}) - m_s)^2\} = Q_s - m_s^2$ (2.121)

对于数字处理，信号样点需要进行量化，这说明信号样点会被映射入某一离散幅度集合(见 4.1 节)。映射函数是一个具有**量化特性**(quantization characteristic)的阶梯函数(图 2.21 中给出的是一个量化步长为 Δ、幅度范围为有限正值的均匀量化的例子)。量化过程的**离散概率质量函数**(Probability Mass Function，PMF)值，可以通过未量化过程在相应量化区间 j 内(下边界为 x_j，上边界为 x_{j+1}，重构值[②]为 y_j)、PDF 值下方的面积来确定：

$$p_{s_Q}(y_j) = \int_{x_j}^{x_{j+1}} p_s(x)\mathrm{d}x \tag{2.122}$$

[①] 在有限数据集和无限数据集的情况下，均使用术语"期望值"。从数学上说，只有后者才是准确的。如果使用的是包含 N 个测量值的有限集合，则期望值为**经验值**(empirical)，如果 N 将进一步增加，而期望值不发生显著变化时，则该期望值可以视为是可靠的。

[②] 通常在量化步长为 Δ 的均匀量化中，重构值都位于量化区间的中心，即 $x_j = y_j - \Delta/2$ 和 $x_{j+1} = y_j + \Delta/2$ (见 4.1 节)。需要注意的是，在量化中，我们通常都假设可以通过有限字符集实现(编码)表示。一般来说，PMF 也可以由有限多个离散值组成。只要幅度范围两端的概率值趋于零，这也无妨。

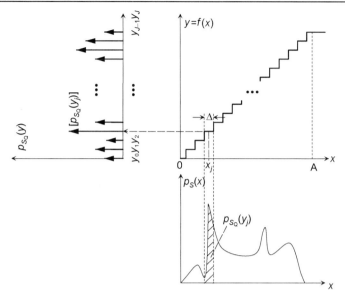

图 2.21 量化特性以及连续幅度信号的 PDF $p_{s_Q}(y_j)$ 与量化
（离散幅度）信号的概率质量函数 $p_s(x)$ 间的映射关系

PMF 表示的是量化（离散）幅度值 y_j 出现的概率。相应的 PDF 由狄拉克脉冲的加权和组成[①]

$$p_{s,\delta}(x) = \sum_j p_{s_Q}(y_j)\delta(x - y_j) \tag{2.123}$$

根据式（2.117），可得

$$\sum_j p_{s_Q}(y_j) = 1 \tag{2.124}$$

以及

$$\mathcal{E}\left\{f\left[s_Q(\mathbf{n})\right]\right\} = \int_{-\infty}^{\infty} f(x)\sum_j p_{s_Q}(y_j)\delta(x - y_j)\mathrm{d}x = \sum_j p_{s_Q}(y_j)f(y_j) \tag{2.125}$$

PDF 模型可以用于表征随机过程的统计特性。例如，在给定某个 PDF 形状的条件下，可以对均值和方差进行测量，并将其用作参数值。对于多媒体信号来说，通常可以利用广义高斯分布来表示样点的统计特性[②]

$$p_s(x) = a\mathrm{e}^{-|b(x-m_s)|^{\gamma}}, \quad \text{其中} \ a = \frac{b\gamma}{2\Gamma\left(\dfrac{1}{\gamma}\right)}, \quad b = \frac{1}{\sigma_s}\sqrt{\frac{\Gamma\left(\dfrac{3}{\gamma}\right)}{\Gamma\left(\dfrac{1}{\gamma}\right)}} \tag{2.126}$$

---

① 在后文中，下标 "Q" 通常被省略，因为从上下文中可以明显地看出，信号已经经过了量化。将**离散概率函数**（Discrete probability functions，PMF）写为 $p_s(y_j)$。在有限字符集中，还可以将其写为 $\mathrm{Pr}(S_j)$，其中 S_j 是索引为 j 的一个离散状态（不对幅度值进行显式表示）。

② 函数 $\Gamma(\cdot)$ 通过参数 γ 来改变 PDF 的形状，其定义如下：$\Gamma(u) = \int_0^{\infty} \mathrm{e}^{-x} x^{u-1}\mathrm{d}x$。

当 $\gamma = 2$ 时，式(2.126)给出的是高斯正态分布 PDF：

$$p_s(x) = \frac{1}{\sqrt{2\pi\sigma_s^2}} e^{-\frac{(x-m_s)^2}{2\sigma_s^2}}$$

利用式(2.127)，许多优化问题都可以通过解析的方法来解决。正态 PDF 具有非常重要的作用，因为根据中心极限定理，它是大量统计独立的随机信号叠加的结果。当 $\gamma = 1$ 时，式(2.126)给出的是拉普拉斯 PDF

$$p_s(x) = \frac{1}{\sqrt{2\sigma_s^2}} e^{-\frac{\sqrt{2}|x-m_s|}{\sigma_s}} \tag{2.128}$$

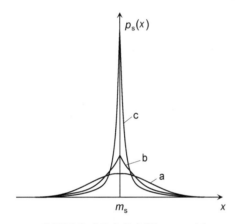

图 2.22 γ 为不同值时的广义高斯 PDF：(a) $\gamma = 2$，高斯 PDF；(b) $\gamma = 1$，拉普拉斯 PDF；(c) $\gamma = 0.5$

图 2.22 给出了高斯 PDF、拉普拉斯 PDF 以及 $\gamma = 0.5$ 时的 PDF。据称，静止图像[Reininger, Gibson, 1983] [Lam, Goodman, 2000]，以及视频编码中运动补偿残差信号[Bellifemine, et al., 1992] 的 DCT 块变换系数的概率密度可以比较准确地用拉普拉斯 PDF 进行描述。当 $\gamma \to \infty$ 时，式(2.126)给出的是均匀分布（见习题 2.4）：

$$p_s(x) = \frac{1}{\sqrt{12\sigma_s^2}} \mathrm{rect}\left(\frac{x-m_s}{\sqrt{12\sigma_s^2}}\right) \tag{2.129}$$

通过在式(2.122)中应用合理的量化，可以从解析的 PDF 模型中推导出离散的 PMF 模型。对 PDF 直接进行采样的结果与使用较小量化步长 Δ 的效果相似，但是，这样做通常会使式(2.124)无法得到满足，因此，需要对 PMF 值重新进行归一化。另一种方法是利用混合分布来表示连续 PDF，为此，通常采用混合高斯分布：

$$p_s(x) = \sum_i w_i \frac{1}{\sqrt{2\pi\sigma_{s_i}^2}} e^{-\frac{(x-m_{s_i})^2}{2\sigma_{s_i}^2}} \tag{2.130}$$

不同高斯函数的参数 m_{s_i}、σ_{s_i} 和权值 w_i，以及高斯函数的个数都需要进行估计。这可以通过如下方式实现，首先确定所要描述的 PDF 的局部峰值，然后分析峰值附近的斜率，再利用期望最大化或核密度估计算法来细化匹配（见 MCA，第 5 章）。

PMF 模型还可以直接在一个有限离散数空间中确定。例如，伯努利或二项式 PMF 定义了 J 个离散值的概率，则第 j 个值状态出现的概率为

$$\Pr(S_j) = \binom{J-1}{j-1} p^{j-1}(1-p)^{J-j}; \quad 1 \leqslant j \leqslant J \tag{2.131}$$

另外，伯努利分布 J 个离散状态的概率值可以通过对 $J-1$ 个连续的 $[p, 1-p]$ FIR 滤波器核进行卷积而得到。对于对称的伯努利分布（$p = 0.5$），随着 J 的增加，可以将其视为高斯正态 PDF 的离散形式，它可以通过对较窄的连续矩形脉冲迭代地进行卷积来逼近。

2.5.2 联合统计特性

联合概率函数(CDF、PDF 或 PMF)用于表示两个或多个随机值的联合观测值的统计特性。其中,这些随机值可以来自相同或不同的信号,以及/或者来自相同或不同的时间或空间。因此,联合概率函数可以表示存在于同一信号中样点之间的相关性,也可以表示存在于不同随机信号样点之间的相关性。当同时观测到 K 个值时,联合概率函数将具有 K 维相关性。在接下来的段落中,将会讨论 $K = 2$ 时的情况,假设 $s_1(\mathbf{n})$ 和 $s_2(\mathbf{n} + \mathbf{k})$ 是两个观测值,它们之间的相对位移为 $\mathbf{k}$ 个样点。当增加额外的观测值时,这些概念可以直接扩展至更高的 K 值。

联合 PDF $p_{s_1 s_2}(x_1, x_2; \mathbf{k})$ 是一个二维函数(对同一个 $\mathbf{k}$ 值来说)。本节给出的基本法则,同样适用于离散 PMF 或其他离散联合概率函数。首先,联合函数具有对称性:

$$p_{s_1 s_2}(x_1, x_2; \mathbf{k}) = p_{s_2 s_1}(x_2, x_1; \mathbf{k}) \tag{2.132}$$

假设观测样点基本是相同的,则有

$$p_{s_1 s_2}(x_1, x_2; \mathbf{k}) = p_{s_1}(x_1)\delta(x_2 - x_1) = p_{s_2}(x_2)\delta(x_1 - x_2) \tag{2.133}$$

假设观测样点是统计独立的,则有

$$p_{s_1 s_2}(x_1, x_2; \mathbf{k}) = p_{s_1}(x_1) p_{s_2}(x_2) \tag{2.134}$$

如果已知一个观测值为 x_2,可以用**条件概率**(conditional probabilities)表示在出现 x_2 条件下,随机变量 x_1 发生的概率值,表示为"**在 x_2 的条件下, x_1 的概率**(probability of x_1 given x_2)"。条件事件不存在不确定性,因此,利用条件概率对联合概率进行归一化,可以得到条件概率

$$p_{s_1 s_2}(x_1 \mid x_2; \mathbf{k}) = \frac{p_{s_1 s_2}(x_1, x_2; \mathbf{k})}{p_{s_2}(x_2)}; \quad p_{s_2 s_1}(x_2 \mid x_1; \mathbf{k}) = \frac{p_{s_1 s_2}(x_1, x_2; \mathbf{k})}{p_{s_1}(x_1)} \tag{2.135}$$

对于统计独立的过程,由式(2.134)和式(2.135),可得 $p_{s_1 s_2}(x_1 \mid x_2; \mathbf{k}) = p_{s_1}(x_1)$ 和 $p_{s_2 s_1}(x_2 \mid x_1; \mathbf{k}) = p_{s_2}(x_2)$,即给定的条件并不能降低不确定性。

这些概念可以相似地扩展至多于两个信号的,或同一个信号中多于两个样点的联合统计特性。如果将一个或多个连续幅值信号中的 K 个值组合成一个向量 $\mathbf{s} = [s_1, s_2, \cdots, s_K]^T$,则联合概率密度也是 K 维的,可以将其表示为**向量 PDF**(vector PDF)[①]

$$p_{\mathbf{s}}(\mathbf{x}) = p_{s_1 s_2 \cdots s_K}(x_1, x_2, \cdots, x_K) \tag{2.136}$$

如果向量中的各个元素是统计独立的,则有

$$p_{\mathbf{s}}(\mathbf{x}) = p_{s_1}(x_1) \cdot p_{s_2}(x_2) \cdots p_{s_K}(x_K) \tag{2.137}$$

如果给定了条件向量 $\mathbf{s}$ (不应该包括样点本身),则样点 $s(\mathbf{n})$ 的条件 PDF 被定义为

$$p_{s \mid \mathbf{s}}(x \mid \mathbf{x}) = \frac{p_{s\mathbf{s}}(x, \mathbf{x})}{p_{\mathbf{s}}(\mathbf{x})} \tag{2.138}$$

对于任意一个给定的 $\mathbf{x}$, $p_{s \mid \mathbf{s}}(x \mid \mathbf{x})$ 都是变量 x 的一维 PDF。在信号的联合分析中,还需要将联合期望值的定义扩展为多个变量(这些变量取自于信号中距离较远的位置)的函数,比如

---

① 为简单起见,这里没有明确指出向量中的样点可以来自不同的位置;原则上,可以为向量中的各个元素指明相应的位移参数 $\mathbf{k}$。

$$\mathcal{E}\{f[s_1(\mathbf{n}),s_2(\mathbf{n+k}),\cdots]\} = \lim_{N\to\infty}\frac{1}{N}\sum_{\mathbf{n}}f[s_1(\mathbf{n}),s_2(\mathbf{n+k}),\cdots]$$

$$= \int_{-\infty}^{\infty}\int_{-\infty}^{\infty}p_{s_1s_2\cdots}(x_1,x_2,\cdots;\mathbf{k})f(x_1,x_2,\cdots)\mathrm{d}x_2\mathrm{d}x_1$$

(2.139)

联合概率密度 $p_{s_1s_2}(x_1,x_2;\mathbf{k})$ 表示的是一个组合的概率，其中，一个随机样点 $s_1(\mathbf{n})$ 的值为 x_1，而另一个样点 $s_2(\mathbf{n+k})$ 的值为 x_2。由此，两个样点之间的统计相关性可以表示为**相关函数**(correlation function)[1]。

$$\varphi_{s_1s_2}(\mathbf{k}) = \mathcal{E}\{s_1(\mathbf{n})s_2(\mathbf{n+k})\} = \lim_{N\to\infty}\frac{1}{N}\sum_n s_1(\mathbf{n})s_2(\mathbf{n+k})$$

$$= \int_{-\infty}^{\infty}\int_{-\infty}^{\infty}x_1x_2p_{s_1s_2\cdots}(x_1,x_2;\mathbf{k})\mathrm{d}x_1\mathrm{d}x_2$$

(2.140)

当 $s_1 = s_2 = s$ 时［用于计算相关性的样点取自同一个信号 $s(\mathbf{n})$］，式 (2.140) 是**自相关函数** (AutoCorrelation Function，ACF)，否则，便是**互相关函数** (Cross Correlation Function，CCF)。通过分离均值，可以类似地计算**协方差函数** (covariance function)：

$$\mu_{s_1s_2}(\mathbf{k}) = \mathcal{E}\{[s_1(\mathbf{n})-m_{s_1}][s_2(\mathbf{n+k})-m_{s_2}]\} = \varphi_{s_1s_2}(\mathbf{k})-m_{s_1}m_{s_2}$$

(2.141)

当 $\mathbf{k} = \mathbf{0}$ 时，式 (2.140) 中的自相关函数和式 (2.141) 中的自协方差函数，分别为式 (2.120) 中的功率和式 (2.121) 中的方差。这些值是这些函数的最大值。当利用各自的最大值进行归一化后，得到的**标准自相关函数** (standardized autocorrelation function) 和**标准自协方差函数** (standardized autocovariance function) 的值介于 −1 和 +1 之间：

$$\alpha_{ss}(\mathbf{k}) = \frac{\varphi_{ss}(\mathbf{k})}{\varphi_{ss}(\mathbf{0})} = \frac{\varphi_{ss}(\mathbf{k})}{Q_s}; \quad \rho_{ss}(\mathbf{k}) = \frac{\mu_{ss}(\mathbf{k})}{\mu_{ss}(\mathbf{0})} = \frac{\mu_{ss}(\mathbf{k})}{\sigma_s^{2}}$$

(2.142)

式 (2.142) 中利用互功率和互方差 ($\mathbf{k} = \mathbf{0}$ 时的值) 进行了归一化，相似地，可以对互相关函数和互协方差函数进行归一化：

$$\alpha_{s_1s_2}(\mathbf{k}) = \frac{\varphi_{s_1s_2}(\mathbf{k})}{\sqrt{Q_{s_1}Q_{s_2}}}; \quad \rho_{s_1s_2}(\mathbf{k}) = \frac{\mu_{s_1s_2}(\mathbf{k})}{\sigma_{s_1}\sigma_{s_2}}$$

(2.143)

互相关函数和协方差函数分析的是**线性统计相关性** (linear statistical dependencies)。如果两个信号是**不相关的** (uncorrelated)，则对于所有的 $\mathbf{k}$，都有 $\varphi_{s_1s_2}(\mathbf{k}) = m_{s_1}m_{s_2}$ 和 $\mu_{s_1s_2}(\mathbf{k}) = 0$。除非信号中存在周期分量，随着 $|\mathbf{k}|$ 的增大，对于 ACF 和协方差，有以下条件成立[2]。

$$\lim_{|\mathbf{k}|\to\infty}\varphi_{ss}(\mathbf{k}) = m_s^{2}; \quad \lim_{|\mathbf{k}|\to\infty}\mu_{ss}(\mathbf{k}) = 0$$

(2.144)

需要注意的是，"不相关"的信号或信号样点不一定是统计独立的。更一般的**非线性相关性** (nonlinear dependencies) 不能通过相关函数确定。非线性相关性的情况包括：幅值相似但具有随机符号的两个实值信号，或者幅值相似但具有随机相位特性的两个复值信号。

下面给出了两个相关的和非相关的、零均值平稳高斯过程 $s_1(\mathbf{n})$ 和 $s_2(\mathbf{n})$。用标准差对它们

---

[1] 对于量化信号，期望值可以根据 PMF，采用与式 (2.125) 类似的方法计算得到，此处便采用了这种方法。

[2] 对于多维相关函数，只要向量 $\mathbf{k}$ 中的其中一个元素值增大，式 (2.144) 便成立。

的幅值进行归一化后，求和过程与求差过程如下所示：

$$\sum(\mathbf{n},\mathbf{k}) = \frac{s_1(\mathbf{n})}{\sigma_{s_1}} + \frac{s_2(\mathbf{n}+\mathbf{k})}{\sigma_{s_2}}; \quad \Delta(\mathbf{n},\mathbf{k}) = \frac{s_1(\mathbf{n})}{\sigma_{s_1}} - \frac{s_2(\mathbf{n}+\mathbf{k})}{\sigma_{s_2}} \tag{2.145}$$

求和过程与求差过程也都是零均值高斯过程，其方差如下所示：

$$\sigma_\Sigma^2(\tau) = \mathcal{E}\left\{ \left[\frac{s_1(\mathbf{n})}{\sigma_{s_1}} + \frac{s_2(\mathbf{n}+\mathbf{k})}{\sigma_{s_2}} \right]^2 \right\} = 2[1 + \rho_{s_1 s_2}(\mathbf{k})] \tag{2.146}$$

$$\sigma_\Delta^2(\tau) = \mathcal{E}\left\{ \left[\frac{s_1(\mathbf{n})}{\sigma_{s_1}} - \frac{s_2(\mathbf{n}+\mathbf{k})}{\sigma_{s_2}} \right]^2 \right\} = 2[1 - \rho_{s_1 s_2}(\mathbf{k})] \tag{2.147}$$

其中，根据式(2.142)，$\rho_{s_1 s_2}(\tau)$ 是标准互协方差。求和过程与求差过程之间的相关性为

$$\mathcal{E}\left\{ \sum(\mathbf{n},\mathbf{k})\Delta(\mathbf{n},\mathbf{k}) \right\} = \mathcal{E}\left\{ \left[\frac{s_1(\mathbf{n})}{\sigma_{s_1}} + \frac{s_2(\mathbf{n}+\mathbf{k})}{\sigma_{s_2}} \right]\left[\frac{s_1(\mathbf{n})}{\sigma_{s_1}} - \frac{s_2(\mathbf{n}+\mathbf{k})}{\sigma_{s_2}} \right] \right\}$$
$$= \frac{\mathcal{E}\{s_1^2(\mathbf{n})\}}{\sigma_{s_1}^2} - \frac{\mathcal{E}\{s_2^2(\mathbf{n}+\mathbf{k})\}}{\sigma_{s_2}^2} = 0 \tag{2.148}$$

由于高斯函数的性质，非相关的求和过程与求差过程进而是统计独立的。因此，联合 PDF 为

$$p_{\Sigma\Delta}(y_1, y_2, \mathbf{k}) = \underbrace{\frac{1}{\sqrt{4\pi[1 + \rho_{s_1 s_2}(\mathbf{k})]}} e^{-\frac{y_1^2}{4[1 + \rho_{s_1 s_2}(\mathbf{k})]}}}_{p_\Sigma(y_1)} \cdot \underbrace{\frac{1}{\sqrt{4\pi[1 - \rho_{s_1 s_2}(\mathbf{k})]}} e^{-\frac{y_2^2}{4[1 - \rho_{s_1 s_2}(\mathbf{k})]}}}_{p_\Delta(y_2)}$$
$$= \frac{1}{4\pi\sqrt{1 - \rho_{s_1 s_2}^2(\mathbf{k})}} e^{-\frac{y_1^2[1 - \rho_{s_1 s_2}(\mathbf{k})] + y_2^2[1 + \rho_{s_1 s_2}(\mathbf{k})]}{4[1 - \rho_{s_1 s_2}^2(\mathbf{k})]}} \tag{2.149}$$

由 y_1 和 y_2 到原始过程 $s_1(\mathbf{n})$ 和 $s_2(\mathbf{n})$ 中随机变量 x_1 和 x_2 的反向映射，可得

$$y_1 = \frac{x_1}{\sigma_{s_1}} + \frac{x_2}{\sigma_{s_2}} = \frac{\sigma_{s_2} x_1 + \sigma_{s_1} x_2}{\sigma_{s_1}\sigma_{s_2}}; \quad y_2 = \frac{x_1}{\sigma_{s_1}} - \frac{x_2}{\sigma_{s_2}} = \frac{\sigma_{s_2} x_1 - \sigma_{s_1} x_2}{\sigma_{s_1}\sigma_{s_2}} \tag{2.150}$$

因此

$$p_{s_1 s_2}(x_1, x_2; \mathbf{k}) = \frac{1}{2\pi\sigma_{s_1}\sigma_{s_2}\sqrt{1 - \rho_{s_1 s_2}^2(\mathbf{k})}} e^{-\frac{\sigma_{s_2}^2 x_1^2 + \sigma_{s_1}^2 x_2^2 - 2\sigma_{s_1}\sigma_{s_2}\rho_{s_1 s_2}(\mathbf{k}) x_1 x_2}{2\sigma_{s_1}^2\sigma_{s_2}^2[1 - \rho_{s_1 s_2}^2(\mathbf{k})]}} \tag{2.151}$$

进一步推广到非零均值过程，可得

$$p_{s_1 s_2}(x_1, x_2; \mathbf{k}) = \frac{1}{2\pi\sigma_{s_1}\sigma_{s_2}\sqrt{1 - \rho_{s_1 s_2}^2(\mathbf{k})}} e^{-\frac{\sigma_{s_2}^2 (x_1 - m_{s_1})^2 + \sigma_{s_1}^2 (x_2 - m_{s_2})^2 - 2\sigma_{s_1}\sigma_{s_2}\rho_{s_1 s_2}(\mathbf{k})(x_1 - m_{s_1})(x_2 - m_{s_2})}{2\sigma_{s_1}^2\sigma_{s_2}^2[1 - \rho_{s_1 s_2}^2(\mathbf{k})]}} \tag{2.152}$$

利用**协方差矩阵**(covariance matrix) $\mathbf{C}_{s_1 s_2}$，通过以下矩阵表达式，可以更简洁地对式(2.152)进行表示：

$$p_{s_1 s_2}(x_1, x_2; \mathbf{k}) = \frac{1}{\sqrt{(2\pi)^2 \cdot |\mathbf{C}_{s_1 s_2}(\mathbf{k})|}} \cdot e^{-\frac{1}{2}\xi^{\mathrm{T}} \mathbf{C}_{s_1 s_2}(\mathbf{k})^{-1} \xi} \quad \text{有 } \xi = \begin{bmatrix} x_1 - m_{s_1} \\ x_2 - m_{s_2} \end{bmatrix} \text{ 和}$$

$$\mathbf{C}_{s_1 s_2}(\mathbf{k}) = \mathcal{E}\{\xi \cdot \xi^{\mathrm{T}}\} = \begin{bmatrix} \sigma_{s_1}^2 & \mu_{s_1 s_2}(\mathbf{k}) \\ \mu_{s_1 s_2}(\mathbf{k}) & \sigma_{s_2}^2 \end{bmatrix}$$

$$\Rightarrow \mathbf{C}_{s_1 s_2}(\mathbf{k})^{-1} = \frac{1}{\underbrace{\sigma_{s_1}^2 \sigma_{s_2}^2 (1 - \rho_{s_1 s_2}^2(\mathbf{k}))}_{|\mathbf{C}_{s_1 s_2}(\mathbf{k})|}} \begin{bmatrix} \sigma_{s_2}^2 & -\sigma_{s_1}\sigma_{s_2}\rho_{s_1 s_2}(\mathbf{k}) \\ -\sigma_{s_1}\sigma_{s_2}\rho_{s_1 s_2}(\mathbf{k}) & \sigma_{s_1}^2 \end{bmatrix} \quad (2.153)$$

式(2.145)中，到求和过程与求差过程的变换，可以理解为是从笛卡儿 (x_1, x_2) 坐标空间到旋转 (y_1, y_2) 坐标空间的坐标变换，其中，坐标轴 y_1 和 y_2 仍然是正交的。根据式(2.149)中的指数可知，可以在主轴沿 y_1 和 y_2 轴[①]方向的椭圆上找到相等的 PDF 值（分别按照 $\sqrt{1 + \rho_{s_1 s_2}(\mathbf{k})}$ 和 $\sqrt{1 - \rho_{s_1 s_2}(\mathbf{k})}$ 进行缩放）。

图 2.23(a)给出了统计独立信号的二维高斯 PDF 的形状。图 2.23(b)/(c)说明了方差和协方差的影响。当协方差为负数时，椭圆的长轴（较高的方差）会沿着求差过程的 y_2 轴方向。

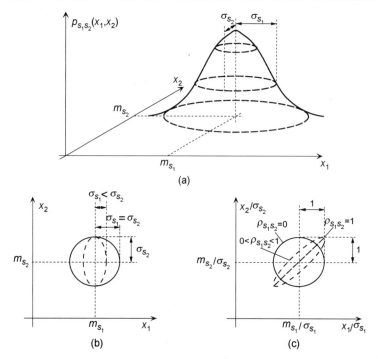

图 2.23　联合二维高斯 PDF $p_{s_1 s_2}(x, y)$。(a)统计独立的信号；(b)不同方差对形状的影响；(c)不同协方差对形状的影响

可以将式(2.153)直接推广至一般情况，其中，组成式(2.136)中向量表达式的 K 个随机测量值之间的相关性可以用协方差矩阵表示为

---

① 需要注意的是，y_1 和 y_2 轴是利用相应过程的标准差对 x 轴和 y 轴进行归一化后定义的。因此，椭圆的方向与归一化的 x 轴和 y 轴之间具有 $45°$ 的夹角。

$$\mathbf{C_{ss}} = \mathcal{E}\{\mathbf{ss}^T\} - \mathbf{m_s}\mathbf{m_s}^T = \left[\mathcal{E}\{s_i s_j\} - m_{s_i} m_{s_j}\right] \tag{2.154}$$

使用线性均值向量

$$\mathbf{m_s} = \mathcal{E}\{\mathbf{s}\} = \left[\mathcal{E}\{s_i\}\right], \quad 1 \leqslant i \leqslant K \tag{2.155}$$

这种情况下，联合 PDF 可以表示为**向量高斯 PDF**（vector Gaussian PDF）：

$$p_\mathbf{s}(\mathbf{x}) = \frac{1}{\sqrt{(2\pi)^K \cdot |\mathbf{C_{ss}}|}} \cdot e^{-\frac{1}{2}[\mathbf{x}-\mathbf{m_s}]^T \mathbf{C_{ss}}^{-1}[\mathbf{x}-\mathbf{m_s}]} \tag{2.156}$$

同样为了说明它的性质，需要通过对随机样点的归一化组合应用线性变换，找到一种其他的表达形式（与上文中求和与求差运算的情况一样）。之后，就可以得到 K 个统计独立的输出过程，如果这些过程都是高斯过程，则意味着它们是不相关的。式(2.279)～式(2.282)说明，可以通过计算协方差矩阵的特征向量集来实现，这些特征向量会建立一个新的正交坐标系，在此坐标系中，对随机向量 $\mathbf{s}$ 的幅度进行投影。在高斯 PDF 的情况下，可以在 K 维超椭球表面找到相等的 PDF 值，其中超椭球的主轴与相应特征向量具有相同方向，椭球轴向的宽度与相应特征值的平方根成正比：

$$\begin{aligned}
\mathbf{C_{ss}} &= \begin{bmatrix}
\mu_{ss}(0) & \mu_{ss}(1) & \mu_{ss}(2) & \cdots & \mu_{ss}(K-1) \\
\mu_{ss}(1) & \mu_{ss}(0) & \mu_{ss}(1) & \ddots & \vdots \\
\mu_{ss}(2) & \mu_{ss}(1) & \mu_{ss}(0) & \ddots & \\
\vdots & \ddots & \ddots & \ddots & \mu_{ss}(1) \\
\mu_{ss}(K-1) & \cdots & & \mu_{ss}(1) & \mu_{ss}(0)
\end{bmatrix} \\
&= \sigma_s^2 \cdot \begin{bmatrix}
1 & \rho_{ss}(1) & \rho_{ss}(2) & \cdots & \rho_{ss}(K-1) \\
\rho_{ss}(1) & 1 & \rho_{ss}(1) & \ddots & \vdots \\
\rho_{ss}(2) & \rho_{ss}(1) & 1 & \ddots & \\
\vdots & \ddots & \ddots & \ddots & \rho_{ss}(1) \\
\rho_{ss}(K-1) & \cdots & & \rho_{ss}(1) & 1
\end{bmatrix}
\end{aligned} \tag{2.157}$$

如果组成向量 $\mathbf{s}$ 的观察值是按照相等的时间间隔，取自同一平稳高斯过程的 K 个样点，在这种特殊的情况下，协方差矩阵则变成了自协方差矩阵，其具有式(2.157)中的 Toeplitz 结构[①]，其中，均值向量由恒定的均值构成：

$$\mathbf{m_s} = m_s \cdot \mathbf{1} = [m_s \quad m_s \quad \cdots \quad m_s]^T \tag{2.158}$$

2.5.3 随机信号的频谱特性

相关函数的傅里叶变换给出的是**功率密度谱**（power density spectrum）[②]

$$\varphi_{ss}(\mathbf{k}) = \mathcal{E}\{s(\mathbf{n})s(\mathbf{n}+\mathbf{k})\} \ \circ\!\!-\!\!\bullet\ \Phi_{ss,\delta}(\mathbf{f}) = \mathcal{E}\{|S_\delta(\mathbf{f})|^2\} \tag{2.159}$$

功率（均方）值与功率密度谱之间的关系可以通过 Parseval 定理（Parseval's theorem）来表示

---

① 如果满足平稳性，则方差和协方差的值只与距离有关，即 $\mathcal{E}\{s(0)s(1)\} = \mathcal{E}\{s(1)s(2)\} = \cdots$，从而得到这种结构。

② 需要注意的是，采样随机信号的功率谱是周期性的。此外，在式(2.159)对随机信号的频谱取期望值的表达式中，需要利用傅里叶变换的时间跨度进行归一化，以获得关于给定频率范围内，平均频谱功率密度的表达式。

$$Q_s = \varphi_{ss}(\mathbf{0}) = \int_{-1/2}^{1/2} ... \int_{-1/2}^{1/2} \Phi_{ss,\delta}(\mathbf{f}) \mathrm{d}^\kappa \mathbf{f} \tag{2.160}$$

如果一个随机过程的均值为零，则其自相关函数和自协方差函数是相同的。否则，自相关函数将会增大 m_s^2 倍。同样，当随机过程的均值不为零时，功率密度谱中，位于 $\mathbf{f}=\mathbf{0}$（及其所有周期性副本）处的狄拉克脉冲的权值为 m_s^2，对应于均值（直流分量）的功率。如果存在周期分量，则在功率密度谱的相应位置上会出现狄拉克脉冲。

功率谱的估计通常通过式(2.89)中的 DFT 完成，即在计算式(2.159)右边的期望值时，使用的是采样的频率轴。为此，需要将包含 M 个样点的块(对于二维和多维有限信号，样点数为 ΠM_i)变换为瞬时 DFT 能量谱 $|S_\mathrm{d}(k)|^2$。为了把 DFT 固有周期延拓的影响降到最低，需要使用窗口函数令信号在分析块的边界处衰减为零。另外，还可以通过**自回归建模**(autoregressive，AR)方法(见 2.6.1 节)完成对功率密度谱的估计。基于 DFT 和基于 AR 建模的频谱估计方法，可以局部地应用于有限数量的样点[比如，可以根据瞬时(局部)信号的特性，调整压缩算法]，还可以通过计算一个随机过程中足够大量的样点的期望值(功率密度谱或 ACF)，在全局上进行应用，这样便可以根据某一类型多媒体信号的典型统计特性，对压缩算法的一般属性进行相应的调整。

2.5.4　马尔可夫链模型

对于二进制信号 $b(n) \in \{0,1\}$（比如，二值图像）、码流或者比较抽象的特征，比如，空间或时间上的片段转换，其中，片段是指一个语法单元(话语、视频场景、图像中的区域等)，需要为这种离散随机过程的**状态变化行为**(state change behavior)进行建模。**马尔可夫链**(Markov chain)是一种简单的模型，可以用它来定义有记忆信号的有限状态，图 2.24(a)中给出了其中最简单的二态(二值)模型[1]。由于 $b(n)$ 只有两个状态 $S_0=$"0"和 $S_1=$"1"，因此，可以利用 $b(n)$ 时间序列的转移概率[2]，即 $\Pr(S_0|S_1)$(S_0 在 S_1 后)和 $\Pr(S_1|S_0)$(S_1 在 S_0 后)，给出模型完整的定义。在二态马尔可夫链中，表示连续出现两个相同状态的转移概率，即 $\Pr(S_0|S_0)$ 和 $\Pr(S_1|S_1)$，可以通过下式计算得到

$$\Pr(S_i|S_i) = 1 - \Pr(S_j|S_i) \tag{2.161}$$

如果随机过程具有"马尔可夫性"，则需要满足以下两个条件：

● 某一状态的概率只与产生这一状态的转移概率，以及这一状态的前一状态的概率有关；
● 模型应该是平稳的，状态的概率应该与观测的时间和位置无关。

根据状态转移矩阵 $\mathbf{P}$，可以给出二态模型的表达式

$$\begin{bmatrix} \Pr(S_0) \\ \Pr(S_1) \end{bmatrix} = \underbrace{\begin{bmatrix} \Pr(S_0|S_0) & \Pr(S_0|S_1) \\ \Pr(S_1|S_0) & \Pr(S_1|S_1) \end{bmatrix}}_{\mathbf{P}} \begin{bmatrix} \Pr(S_0) \\ \Pr(S_1) \end{bmatrix} \tag{2.162}$$

---

[1] 这里所要讨论的问题主要针对的是二进制序列 $b(n)$，但是可以将其扩展至由离散事件 $\mathbf{s}(n) \in \{S_j; j=1,\cdots,J\}$ 组成的任意序列。还可以通过**马尔可夫随机场**(markov random fields)(见 6.6.2 节)扩展至连续幅度信号 $s(n)$。

[2] 为了使表达式更加简洁，使用 $\Pr(S_i|S_j) \equiv \mathrm{Prob}[b(n)=S_i|b(n-1)=S_j]$。

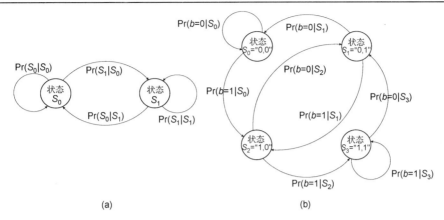

图 2.24 由 (a) 二态；(b) 四态 (与之前两个二进制状态相关) 马尔可夫链建模的二进制序列

由此，可以确定两种状态的全局概率：

$$\Pr(S_i) = \frac{\Pr(S_i \mid S_j)}{\Pr(S_i \mid S_j) + \Pr(S_j \mid S_i)} = 1 - \Pr(S_j), \quad [i, j] \in \{0, 1\} \tag{2.163}$$

一旦给定了某一状态，则其余长度为 l 的 "0" 或 "1" 序列的概率可以通过将状态改变的概率与状态不变的概率连乘 $l-1$ 次来确定：

$$\mathrm{Prob}[b(n) = \{..\underbrace{00..01}_{\text{长度}l}..\}] = \Pr(S_1 \mid S_0) \cdot [1 - \Pr(S_1 \mid S_0)]^{l-1}$$

$$\mathrm{Prob}[b(n) = \{..\underbrace{11..10}_{\text{长度}l}..\}] = \Pr(S_0 \mid S_1) \cdot [1 - \Pr(S_0 \mid S_1)]^{l-1} \tag{2.164}$$

这些概率随着长度 l 的增加呈指数衰减。如果 $\Pr(S_0 \mid S_1) = \Pr(S_0)$ 且 $\Pr(S_1 \mid S_0) = \Pr(S_1)$，则连续二进制样点是统计独立的。可以相应地定义具有两个以上状态的马尔可夫链，同样，可以利用所有状态之间转移概率的完整集合来定义马尔可夫链模型。对于具有 J 种状态的马尔可夫链，其状态转移模型的一般表达式可以写成式 (2.162) 的扩展形式：

$$\begin{bmatrix} \Pr(S_0) \\ \Pr(S_1) \\ \vdots \\ \Pr(S_{J-1}) \end{bmatrix} = \begin{bmatrix} \Pr(S_0 \mid S_0) & \Pr(S_0 \mid S_1) & \cdots & \Pr(S_0 \mid S_{J-1}) \\ \Pr(S_1 \mid S_0) & \Pr(S_1 \mid S_1) & & \vdots \\ \vdots & & \ddots & \\ \Pr(S_{J-1} \mid S_0) & & & \Pr(S_{J-1} \mid S_{J-1}) \end{bmatrix} \cdot \begin{bmatrix} \Pr(S_0) \\ \Pr(S_1) \\ \vdots \\ \Pr(S_{J-1}) \end{bmatrix} \tag{2.165}$$

由于马尔可夫性，转移到某一状态的概率只与**前一个状态** (one previous state) 有关，因此，对于二进制二态状态模型，有

$$\mathrm{Prob}\big[b(n) = S_i \mid b(n-1) = S_j, b(n-2) = S_k, b(n-3) = S_l, \cdots\big]$$
$$= \Pr(S_i \mid S_j, S_k, S_l, \cdots) = \Pr(S_i \mid S_j) \tag{2.166}$$

如果需要定义一个二进制序列 $b(n)$，其中，一个样点的状态与它之**前两个样点** (two previous samples) 有关，则需要将转移概率表示为 $\Pr(S_i \mid (S_j, S_k))$。另外，还需要定义一个具有 4 种状态的马尔可夫链，对应于 4 种 $\big[b(n-1) = S_j, b(n-2) = S_k\big]$ 组合。但是，由于在下一个状态中，当前的 $[b(n), b(n-1)]$ 将会变成 $[b(n-1), b(n-2)]$，因此，某些状态转移是不可能出现的。

图 2.24(b)给出了对应这种情况的状态图。可以直接对这一模型进行扩展，用来描述一个样点 $b(\mathbf{n})$ 的状态受到 K 维向量 $\mathbf{b}$（由之前的样点状态组成）制约的情形，其中，K 个样点是由一维或多维邻域上下文 $\mathcal{C}(\mathbf{n})$（包括 K 个成员，但不包括当前位置）构成的。从而，模型将包括 2^K 种不同的状态，并可以利用 2^{K+1} 种状态转移对其进行完整的描述：

$$\Pr(b(\mathbf{n}) = \beta \,|\, \mathbf{b}); \mathbf{b} = \{[b(\mathbf{i})] \,|\, \mathbf{i} \in \mathcal{C}(\mathbf{n}); \mathbf{i} \neq \mathbf{n}\}; \beta \in \{0,1\} \tag{2.167}$$

然而，如上文的例子中所示，如果在下一个步骤中，当前样点将会变成 $\mathbf{b}$ 中的成员，则只有 2^K 种状态转移是可以自由选择的

$$\Pr(b(\mathbf{n}) = 0 \,|\, \mathbf{b}) = 1 - \Pr(b(\mathbf{n}) = 1 \,|\, \mathbf{b}) \tag{2.168}$$

由于某些状态值并不是独立的，所以下一个状态还可能会受到零概率状态转移的限制。

尽管在到目前为止所讨论的情况中，状态的数量都是有限的，但是可以认为完整的 $b(n)$ 或 $b(\mathbf{n})$ 序列是无限长的。如果马尔可夫链模型允许在有限的步骤内，从任意状态以非零概率转移到任意其他状态，则这种马尔可夫链模型是**不可约的**(irreducible)。在某些马尔可夫链中，存在一个或多个状态 S_i，其全部转出转移概率 $\Pr(S_j|S_i) = 0$，而至少存在一个转入转移概率 $\Pr(S_i|S_j) > 0$，这样的马尔可夫链模型便不是不可约的。这种情况下，状态 S_i 是一种终止状态，一旦进入这一状态便无法离开。当需要对具有终止状态的有限长序列进行建模时，可以采用这种模型。

2.5.5 信息论的统计学基础

考虑信息的确定性和不确定性构成了**信息论**(information theory)的基础。一般来说，发送信息是为了减少不确定性(uncertainty)，比如，事件的不确定性、文本中字母的不确定性，以及信号状态的不确定性等。假设给定了一个离散集合 S，用 S_j 表征事件 J 种可能状态。每种状态出现的概率为 $\Pr(S_j)$。需要为信息 $I(S_j)$ 定义一种测度，其中 $I(S_j)$ 是指事件的状态为 S_j 时所获得的信息。因此，所有状态的平均信息为 $H(S) = \sum \Pr(S_j)I(S_j) = \mathcal{E}\{I(S_j)\}$。**完全信息**(complete information)的可用性是指关于事件状态的所有不确定性均被去除。当确定性的大小发生变化时，函数 $H(S)$ 应保持其一致性，比如，当已经确定了状态不会为 $S_2 \cdots S_{J-1}$ 时，仍然还不能确定状态为 S_0 还是 S_1。假设 $I(S_j)$ 应该与状态的概率对应，则必须满足以下条件：

$$\begin{aligned} H(S) &= H\{\Pr(S_0), \Pr(S_1), \Pr(S_2), \cdots, \Pr(S_{J-1})\} \\ &\overset{!}{=} H\{\Pr(S_0) + \Pr(S_1), \Pr(S_2), \cdots, \Pr(S_{J-1})\} \\ &\quad + \big(\Pr(S_0) + \Pr(S_1)\big) H\left\{\frac{\Pr(S_0)}{\Pr(S_0) + \Pr(S_1)}, \frac{\Pr(S_1)}{\Pr(S_0) + \Pr(S_1)}\right\} \end{aligned} \tag{2.169}$$

如果式 (2.169) 成立，则可以将信息任意地划分为关于所有事件状态的确定性和不确定性。可以发现，集合 S 中状态 S_j 的**自信息**(self information)是一个能够满足式 (2.169) 的函数，其定义为[①]

---

① 在式 (2.170) 中，对数的底可以选择任意值，其中，当底为 2 时，信息的单位是"比特"（统计二进制数字的数量）。概率 $P(S_j) = 0$ 将会产生无穷大的自信息。在后续关于熵的定义中，就不存在这个问题，因为 $\lim\limits_{x \to 0}\left(x \cdot \log\frac{1}{x}\right) = 0$。

$$I(S_j) = \log_2 \frac{1}{\Pr(S_j)} = -\log_2 \Pr(S_j) \tag{2.170}$$

所有可能状态的自信息的均值称为**熵**(entropy)

$$H(S) = -\sum_{j=0}^{J-1} \Pr(S_j) \log_2 \Pr(S_j) \tag{2.171}$$

如果定义在集合 S_1 和 S_2 中的两个不同事件同时发生，则它们的**联合信息**(joint information)和**联合熵**(joint entropy)可以通过联合概率进行定义

$$H(S_1, S_2) = \sum_{j_1=0}^{J_1-1} \sum_{j_2=0}^{J_2-1} \Pr(S_{j_1}, S_{j_2}) I(S_{j_1}, S_{j_2}), \quad \text{其中} \ I(S_{j_1}, S_{j_2}) = -\log_2 \Pr(S_{j_1}, S_{j_2}) \tag{2.172}$$

联合熵上下限分别为

$$\max\{H(S_1), H(S_2)\} \leqslant H(S_1, S_2) \leqslant H(S_1) + H(S_2) \tag{2.173}$$

如果两个事件是统计独立的，则联合熵达到上限，如果两个事件总是以相同的联合状态出现，则联合熵达到下限。

条件概率定义的是，假设集合 S_1 中一个事件的状态为 S_{j_1}，在此条件下，集合 S_2 中另一事件的状态为 S_{j_2} 的概率。有了条件概率，便可以用**条件信息**(conditional information)中的不确定性来反映状态 S_{j_2} 与 S_{j_1} 的统计相关性

$$I(S_{j_2} \mid S_{j_1}) = -\log_2 \Pr(S_{j_2} \mid S_{j_1}) = -\log_2 \frac{\Pr(S_{j_1}, S_{j_2})}{\Pr(S_{j_1})} \tag{2.174}$$

对于统计独立的事件，根据式(2.134)和式(2.135)，有 $\Pr(S_{j_2} \mid S_{j_1}) = \Pr(S_{j_2})$，这使得条件信息与自信息 $I(S_{j_2})$ 相等。自信息和条件信息之差是**互信息**(mutual information)。它表示的是状态 S_{j_2} 中已经由状态 S_{j_1} 提供的信息量。同样，也可以把互信息理解为，当利用统计相关性时，可以节省的信息量(即不需要编码或传输的)

$$I(S_{j_2}; S_{j_1}) = I(S_{j_2}) - I(S_{j_2} \mid S_{j_1}) \tag{2.175}$$

将式(2.170)和式(2.174)代入式(2.175)，并考虑式(2.135)，可得

$$I(S_{j_2}; S_{j_1}) = \log_2 \frac{\Pr(S_{j_2} \mid S_{j_1})}{\Pr(S_{j_2})} = \log_2 \frac{\Pr(S_{j_1}, S_{j_2})}{\Pr(S_{j_1}) \Pr(S_{j_2})} = \log_2 \frac{\Pr(S_{j_1} \mid S_{j_2})}{\Pr(S_{j_1})} = I(S_{j_1}; S_{j_2}) \tag{2.176}$$

这说明互信息具有对称性。如果两个事件是统计独立的，则所有状态的互信息都为零。这是统计独立性的极限条件，可以利用这一条件来测试是否存在非线性相关性，它是比互相关更加严格的判断准则。所有 S_{j_1} 和 S_{j_2} 状态组合的条件信息的均值称为**条件熵**(conditional entropy)[①]

$$
\begin{aligned}
H(S_2 \mid S_1) &= -\sum_{j_1=0}^{J_1-1} \sum_{j_2=0}^{J_2-1} \Pr(S_{j_1}) \Pr(S_{j_2} \mid S_{j_1}) \log_2 \Pr(S_{j_2} \mid S_{j_1}) \\
&= -\sum_{j_1=0}^{J_1-1} \sum_{j_2=0}^{J_2-1} \Pr(S_{j_1}, S_{j_2}) \log_2 \Pr(S_{j_2} \mid S_{j_1})
\end{aligned}
\tag{2.177}
$$

---

① 如果 $H(S_2 \mid S_1) < H(S_2)$，并且 S_1 的状态对于解码器来说是已知的，则通常可以通过利用这一先验信息来减小数据速率。预测编码(见 5.2 节)与基于上下文的熵编码(见 4.4.5 节)正是以此为基础。

利用式(2.175)和式(2.176)，还可以将**互信息的均值**(mean of mutual information)表示为[①]

$$H(S_2;S_1) = H(S_1;S_2) = \sum_{j_1=0}^{J_1-1} \sum_{j_2=0}^{J_2-1} \Pr(S_{j_1}, S_{j_2}) \log_2 \frac{\Pr(S_{j_1}, S_{j_2})}{\Pr(S_{j_1})\Pr(S_{j_2})} \tag{2.178}$$

$$= H(S_2) - H(S_2 \mid S_1) = H(S_1) - H(S_1 \mid S_2)$$

图2.25(a)通过信息流图的方式，给出了熵、条件熵与互信息均值之间的一般关系。原则上，整个框架都是可逆的，即S_{j_1}和S_{j_2}可以交换角色，而互信息不会发生改变。另外，图2.25(b)还从集合代数的角度作出了说明，其中圆圈表示由S_1和S_2定义的事件所包含的总信息量。交叉的部分是互信息的均值，它是被两个事件共享的，因此，这两个事件之间必然存在一定的统计相关性。

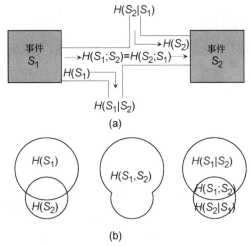

图2.25 信息论统计参数的图形解释。(a)信息流的角度；(b)从集合代数的角度

熵、条件熵与互信息可以用来表示通过**离散字符集**(discrete alphabets)对信息进行编码的问题。字母数字的有限集合，以及信号量化中重构值的集合都是典型的离散字符集。定义一个信源字符集$\boldsymbol{a}$，$\boldsymbol{a}$中包含离散信源能够产生的所有不同的字符。另外，给出重构字符集$\boldsymbol{\mathcal{B}}$。两个字符集并不一定是完全相同的(但是，如果$\boldsymbol{a}$与$\boldsymbol{\mathcal{B}}$完全相同，或者$\boldsymbol{a}$是$\boldsymbol{\mathcal{B}}$的一个子集，则完全可以进行无损编码和解码)。码字$\boldsymbol{c}$定义了由$\boldsymbol{a}$中的值到$\boldsymbol{\mathcal{B}}$中的值的映射关系。从而有

$$H(\boldsymbol{a};\boldsymbol{\mathcal{B}})\big|_e = H(\boldsymbol{a}) - H(\boldsymbol{a} \mid \boldsymbol{\mathcal{B}})\big|_e \tag{2.179}$$

由于互信息不能为负值

$$0 \leqslant H(\boldsymbol{a} \mid \boldsymbol{\mathcal{B}})\big|_e \leqslant H(\boldsymbol{a}) \tag{2.180}$$

当$H(\boldsymbol{a} \mid \boldsymbol{\mathcal{B}})\big|_e = 0$时，可以进行无损解码，而当$H(\boldsymbol{a} \mid \boldsymbol{\mathcal{B}})\big|_e = H(\boldsymbol{a})$时，在解码完成之后，仍然会对信源状态一无所知。当$H(\boldsymbol{a} \mid \boldsymbol{\mathcal{B}})\big|_e$的值介于两个极值之间时，可以进行有损解码，但是会产生**失真**(distortion)。令$\boldsymbol{c}_D$表示所有码字的集合，它可以在给定的失真D[②]下，完成从$\boldsymbol{a}$到$\boldsymbol{\mathcal{B}}$的映射。在所有$\boldsymbol{c}_D$中，可以以最低的码率表示信源的码字就是最优的码字，即在给定的失真下，在进行从$\boldsymbol{a}$到$\boldsymbol{\mathcal{B}}$的映射时，需要的互信息码字最少。对于给定的失真D，码率的下限为

---

① 式(2.178)本身通常也被称为**互信息**(mutual information)。因此，应该将其称为互熵，但是由于互信息这一叫法已被广泛使用，所以很难改变。

② 此处，需要以非常抽象的方式引入失真D，其更加具体的定义将在第4章中进行介绍。

$$R(D) = \min_{e \in \mathcal{e}_D} H(\mathcal{A}; \mathcal{B})\big|_e \tag{2.181}$$

然而,这一定义并不能提供一种设计码字的方法,但是它可以用来判断各种码字的性能。$R(D)$ 是**率失真函数**(Rate Distortion Function,RDF),它定义了码率 R 和失真 D 之间的相互关系。这一抽象形式的定义,适用于任意信源字符集以及任意失真的定义。根据式(2.179)~式(2.181)以及相关的推论,可以得出以下结论:

● 实现信源(信源字符产生于离散信源字符集 $\mathcal{A}$ 中)无损编码的最低码率为 $R_{\min} = H(\mathcal{A})$;
● 当最低码率为零时,解码器将对信源的状态一无所知,在这种情况下,将会产生最大的失真,当码率为任意正值时,都不会产生这一失真;
● 如果信源具有连续的幅度,则信源字符集 $\mathcal{A}$ 中字符的数量将会趋近于无穷大,因此,使用有限的码率无法做到无失真编码(无损编码),但是,如果重构字符集 $\mathcal{B}$ 足够大,则失真可以小到忽略不计。

对于连续幅度信源和离散幅度信源,图 2.26 中分别定性地给出了这两种情况下的率失真函数[1]。通常,率失真函数都是凸函数,而且是不断下降的,直到达到最大失真(码率为零)。

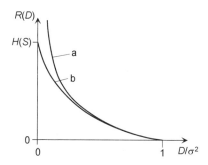

图 2.26   (a)连续信源的 $R(D)$;(b)离散信源的 $R(D)$

示例   马尔可夫过程的熵(entropy of a Markov process)   一个具有 J 种状态的马尔可夫链,由式(2.165)中的状态转移概率表达式定义。根据马尔可夫性,下一状态转移的概率与过去无关,因此,可以通过下一状态转移的概率,首先独立地计算出每个状态的熵值:

$$H(S_j) = -\sum_{i=0}^{J-1} \Pr(S_i \mid S_j) \log_2 \Pr(S_i \mid S_j); \quad j = 0, \cdots, J-1 \tag{2.182}$$

然后,计算所有状态熵值的概率加权均值,便可以得到马尔可夫过程的总熵值:

$$H(S) = \sum_{i=0}^{J-1} \Pr(S_j) H(S_j) = -\sum_{i=1}^{J} \sum_{j=1}^{J} \Pr(S_i, S_j) \log_2 \Pr(S_i \mid S_j) \tag{2.183}$$

高斯过程的微分熵和熵(differential entropy and entropy of Gaussian processes)   熵的概念可以扩展至连续幅度信源的 PDF。然而,原则上,表示一个连续信源(及其熵)所需的比特数是无穷大的。采用量化间隔为 $[(i-1/2)\Delta; (i+1/2)\Delta]$ 的均匀量化,根据式(2.122),可以将 PMF $p_s(i)$ 表示为

---

① 这里,用平方误差(即欧氏距离)来表示失真,并利用 $D_{\max} = \sigma_s^2$ 进行归一化,其中 σ_s^2 是重构值为零时的失真。

$$p_s(i) = \int_{(i-1/2)\Delta}^{(i+1/2)\Delta} p_s(x)\mathrm{d}x \approx \Delta p_s(i\Delta) \tag{2.184}$$

当 $\Delta \to 0$ 时，离散分布的熵为

$$
\begin{aligned}
H_s &= \lim_{\Delta \to 0}\left(-\sum_{i=-\infty}^{\infty} p_s(i)\log p_s(i)\right) = \lim_{\Delta \to 0}\left(-\sum_{i=-\infty}^{\infty} p_s(i)\log(p_s(i\Delta)\Delta)\right) \\
&= \lim_{\Delta \to 0}\left(-\sum_{i=-\infty}^{\infty} p_s(i\Delta)\Delta\log(p_s(i\Delta)) - \sum_{i=-\infty}^{\infty} p_s(i)\log(\Delta)\right) \\
&= -\int_{-\infty}^{\infty} p_s(x)\log p_s(x)\mathrm{d}x - \lim_{\Delta \to 0}\log(\Delta)
\end{aligned}
\tag{2.185}
$$

当 $\Delta \to 0$ 时，$-\log(\Delta)$ 趋近于无穷大，而且它与 PDF 是无关的，左边的项称为**微分熵**（differential entropy）[①]

$$H_s = -\int_{-\infty}^{\infty} p_s(x)\log p_s(x)\mathrm{d}x \tag{2.186}$$

式（2.186）不能作为信息论中评价信源所包含信息量多少的准则，而且 H_s 的值甚至可能是负数。然而，在对 PDF 的特性进行比较或者优化时，H_s 是非常有用的。联合熵、向量熵和条件熵都可以进行相似的定义。

具体而言，如果取自然对数（底为 e），则零均值高斯过程的微分熵为［使用单位"**奈特**"（nat），指采用欧拉数对符号进行计数，而不是采用二进制数］

$$
\begin{aligned}
H_s &= -\int_{-\infty}^{\infty} p_s(x)\left[-\frac{x^2}{2\sigma_s^2} - \log\sqrt{2\pi\sigma_s^2}\right]\mathrm{d}x \\
&= \mathcal{E}\left\{\frac{x^2}{2\sigma_s^2}\right\} + \frac{1}{2}\log(2\pi\sigma_s^2) = \frac{1}{2}\log(2\pi e\sigma_s^2) \quad (\text{nat})
\end{aligned}
\tag{2.187}
$$

相似地，将其扩展至 K 维向量高斯过程，可得

$$H_\mathbf{s} = \frac{1}{2}\log\left((2\pi e)^K |\mathbf{C_{ss}}|\right) \leqslant KH_s \quad (\text{nat}) \tag{2.188}$$

式（2.188）定量地说明了，相关信源的熵将低于单一信源熵的 K 倍。

2.6 线性预测

2.6.1 自回归模型

为了实现解析优化，多媒体信号处理算法通常都需要一个关于信源统计特性的模型（见 3.4 节）。如果所给的统计假设不符合样点的统计特性，则需要对样点间的统计特性进行建模。

[①] 需要注意的是，式（2.186）所定义的 H_s 不能与式（2.171）中的熵进行定量比较。

对于给定的目标，通常利用自协方差，便足以对**线性系统**(linear systems)进行优化，因为它可以表征样点之间的**线性统计相关性**(linear statistical dependencies)。

自回归过程[autoregressive（AR）process]的随机信号（见图 2.27）是由以平稳高斯白噪声过程 $v(\mathbf{n})$ 为输入、z 传递函数为 $B(\mathbf{z}) = 1/(1 - H(\mathbf{z}))$ 的迭代滤波器生成的。解码器输出端的过程 $s(\mathbf{n})$，其频谱分布特性只取决于滤波器的幅度传递函数。而这个平稳过程的 PDF 也是高斯分布的。

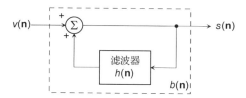

图 2.27　通过自回归过程生成样点的系统

多媒体信源通常不具有平稳性。而且，图像、语音和音频信号的局部特性差异非常大，因此，通常需要对模型参数进行局部调整。尽管如此，AR 模型仍然有助于使优化问题得到简化，因为其具有简单的解析性质。如果 AR 模型生成的是一个平稳高斯过程，则可以利用协方差矩阵对其进行完整的描述。在这种情况下，AR 过程将完全符合式(2.156)中的向量高斯PDF。

通常采用一阶自回归模型[AR(1)]对图像信号的全局统计特性进行建模。在一维情况下，将一个方差为 σ_v^2 的零均值高斯白噪声过程 $v(n)$，送入 z 传递函数为

$$B(z) = \frac{1}{1 - \rho z^{-1}} \tag{2.189}$$

的递归滤波器。输出的结果为

$$s(n) = \rho s(n-1) + v(n) \tag{2.190}$$

AR(1)过程的自协方差函数为[①]

$$\mu_{ss}(k) = \sigma_s^2 \rho^{|k|}; \quad \sigma_s^2 = \frac{\sigma_v^2}{1 - \rho^2} \tag{2.191}$$

功率密度谱为

$$\phi_{ss}(f) = \sigma_s^2 \sum_{k=-\infty}^{\infty} \rho^{|k|} e^{-j2\pi fk} = \frac{\sigma_s^2 (1 - \rho^2)}{1 - 2\rho \cos(2\pi f) + \rho^2} \tag{2.192}$$

输入为零均值过程时，滤波器的自回归输出也是零均值过程[②]。很明显，AR(1)模型完全可以由滤波器参数 ρ 以及方差 σ_s^2 或 σ_v^2 进行表征，其中 ρ 与标准自协方差系数 $\rho_{ss}(1)$ 相等。对于自然图像，$\rho(1)$ 的值通常介于 0.85～0.99 之间，这说明图像的频谱能量几乎全部集中于零频率附近。

$\rho(1)$ 为 0.75 和 0.5 时，AR(1)过程的功率密度谱如图 2.28(a)所示。可以观察到，用于调

---

① 关于式(2.191)和式(2.192)的证明，见习题 2.9。

② 或者，可以在输入或输出上加入均值，其中 $m_s = m_v \cdot B(\mathbf{z})|_{\mathbf{z}=1}$。

整 AR(1)过程的相关参数 ρ 的测量值还取决于样点密度(信号的分辨率)。如果忽略掉可能的混叠效应，则以因子 U 对 ACF 进行下采样，可得 $\rho_U(1)=\rho(U)=\rho(1)^U$。图 2.28(b) 说明了在功率密度谱中增加高频成分所带来的影响。

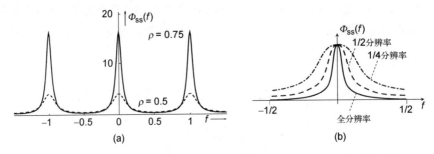

图 2.28　(a) $\rho(1)$ 为两个不同的值时， $\sigma_s^2=1$ 的 AR(1)过程的功率密度谱；(b)采样分辨率 U 降低为原来的 1/2 和 1/4 时，所产生的影响

为了将 AR(1)模型扩展至二维或多维，可以采用独立的标准协方差系数 $\rho_1 \equiv \rho_1(1)$ (水平方向)和 $\rho_2 \equiv \rho_2(1)$ (垂直方向)进行表示。图 2.29 说明了三种二维方法的特性，图中给出了在 (m_1, m_2) 平面中的等自协方差线(这里假设 ρ 只取正值)。

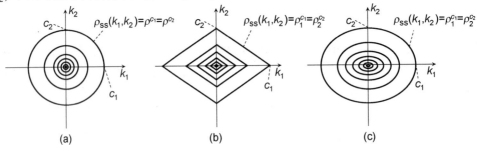

图 2.29　二维 AR(1)模型中的等自协方差线。(a)各向同性的；(b)可分离的；(c)椭圆形的

各向同性(isotropic)模型的自协方差函数为

$$\varphi_{ss}(m_1, m_2) = \sigma_s^2 \rho^{\sqrt{m_1^2 + m_2^2}} \tag{2.193}$$

假设 $\rho_1 = \rho_2$，则式(2.193)表示的是循环对称值。在半径为 $|\mathbf{m}| = \sqrt{m_1^2 + m_2^2}$ 的圆上， $\varphi_{ss}(m_1, m_2)$ 的值是不变的，见图 2.29(a)。各向同性模型的二维功率密度谱也是循环对称的[①]，

$$\phi_{ss}(f_1, f_2) = \frac{\sigma_s^2(1-\rho^2)}{1 - 2\rho\cos(2\pi\sqrt{f_1^2 + f_2^2}) + \rho^2} \tag{2.194}$$

其余的两种模型，在水平和垂直方向上自协方差的值是不同的。可以发现在自然图像中，各个方向上的自协方差有时是不同的。通常，沿垂直方向的协方差会低于沿水平方向的协方差。**可分离模型**(separable model)的自协方差函数为

$$\varphi_{ss}(m_1, m_2) = \sigma_s^2 \rho_1^{|m_1|} \rho_2^{|m_2|}; \quad \sigma_s^2 = \frac{\sigma_v^2}{(1-\rho_1^2)(1-\rho_2^2)} \tag{2.195}$$

---

① 需要注意的是，由于最近的频谱周期性副本只会出现在某些角度方向上，因此，这样说并不完全准确。当采用六边形采样，或者 $\rho \to 1$ 时，才能与这种说法较好地吻合。

其自协方差线是直线[①]。这些直线与 m_1 和 m_2 轴相交于位置 m_1' 和 m_2'，其中 $\rho_1^{|m_1'|} = \rho_2^{|m_2'|}$，见图 2.29(b)。可以通过可分离的递归滤波器生成离散的二维信号，滤波器的输出可以表示为

$$s(n_1, n_2) = \rho_1 s(n_1 - 1, n_2) + \rho_2 s(n_1, n_2 - 1) - \rho_1 \rho_2 s(n_1 - 1, n_2 - 1) + v(n_1, n_2) \tag{2.196}$$

相应的功率密度谱为

$$\phi_{ss}(f_1, f_2) = \sigma_s^2 \frac{1 - \rho_1^2}{1 - 2\rho_1(\cos 2\pi f_1) + \rho_1^2} \cdot \frac{1 - \rho_2^2}{1 - 2\rho_2(\cos 2\pi f_2) + \rho_2^2} \tag{2.197}$$

椭圆形模型(elliptic model)的自协方差函数为 $(0 < \rho_i < 1)$

$$\varphi_{ss}(m_1, m_2) = \sigma_s^2 e^{-\sqrt{(\beta_1 m_1)^2 + (\beta_2 m_2)^2}}, \quad \beta_i = -\ln \rho_i \tag{2.198}$$

由于上式中的指数是椭圆方程，所以等协方差值出现在椭圆形曲线上，见图 2.29(c)。也可以把这一模型看成各向同性模型的扩展，各向同性模型是 $\beta_1 = \beta_2$ 时的一个特例。等协方差图与坐标轴的交点和可分离模型中的交点是相同的。到目前为止所介绍的所有模型，都可以看成是自协方差为[②]

$$\varphi_{ss}(m_1, m_2) = \sigma_s^2 \cdot e^{-\left[(\beta_1 \cdot |m_1|)^\gamma + (\beta_2 \cdot |m_2|)^\gamma \right]^{\frac{1}{\gamma}}} \tag{2.199}$$

的广义二维 AR(1) 模型的特例。对于各向同性模型和椭圆形模型，$\gamma = 2$；而对于可分离模型，$\gamma = 1$。当 $\gamma > 1$ 时，等自协方差线在 m_i 坐标的所有 4 个象限上都是凸的。与坐标轴的交点仍然与可分离模型以及椭圆形模型中的交点是相同的，与 γ 无关。因子 β_i 与水平/垂直自协方差系数的关系与式 (2.198) 所示的关系是相同的。

高阶自回归模型(各个维度上的自协方差值都多于一个)通常应用于语音分析以及图像的纹理分析中。由于这些信号通常不具有平稳性，因此需要对各样点片段(有限时间窗口或二维区域)的自协方差函数进行估计。在有限因果邻域 $\mathcal{N}_{\mathbf{p}}^+$ 上，表示 AR 滤波的通用的合成表达式为[③]

$$s(\mathbf{n}) = \sum_{\mathbf{p} \in \mathcal{N}_{\mathbf{p}}^+} a(\mathbf{p}) s(\mathbf{n} - \mathbf{p}) + v(\mathbf{n}) \tag{2.200}$$

将白噪声作为输入，则输出过程的功率密度谱为

$$\phi_{ss}(\mathbf{f}) = \frac{\sigma_v^2}{\left| 1 - \sum_{\mathbf{p} \in \mathcal{N}_{\mathbf{p}}^+} a(\mathbf{p}) e^{-j2\pi \mathbf{f}^{\mathrm{T}} \mathbf{p}} \right|^2} \tag{2.201}$$

接下来，假设输入到 AR 合成滤波器的白噪声信号 $v(n)$ 应具有最小的方差：

[①] 如果对式 (2.195) 中的两个指数表达式进行调整，使其具有相同的底数，则指数中将会出现关于绝对值的直线方程，见 $\gamma = 1$ 时的式 (2.199)。

[②] 与椭圆形模型相似，只有当 ρ_1 和 ρ_2 都是正值时，这个模型才适用。在这两种情况下，由于混叠效应与方向有关，所以很难为功率密度谱定义精确的解析表达式。

[③] 需要注意的是，式 (2.201) 和式 (2.202) 并没有假设 AR 合成滤波器具有**因果性**(causality)。事实上，对于非因果滤波器，也可以类似地得到以下所有结论，并且不受任何限制。非因果递归滤波实际上非常适用于有限扩展的信号，比如，图像信号。只需要将当前位置 $\mathbf{n}$ 排除，即 $a(\mathbf{0}) = 0$。有关图像非因果 AR 建模的更多细节，可以参阅[Jain, 1989]。

$$\sigma_v^{\ 2} = \mathcal{E}\{v^2(\mathbf{n})\} = \mathcal{E}\left\{\left[s(\mathbf{n}) - \sum_{\mathbf{p}\in\mathcal{N}_{\mathbf{p}}^+} a(\mathbf{p})s(\mathbf{v}-\mathbf{p})\right]^2\right\}$$

$$= \mathcal{E}\{s^2(\mathbf{n})\} - 2\mathcal{E}\left\{\left[s(\mathbf{n})\sum_{\mathbf{p}\in\mathcal{N}_{\mathbf{p}}^+} a(\mathbf{p})s(\mathbf{n}-\mathbf{p})\right]\right\} + \mathcal{E}\left\{\left[\sum_{\mathbf{p}\in\mathcal{N}_{\mathbf{p}}^+} a(\mathbf{p})s(\mathbf{n}-\mathbf{p})\right]^2\right\} \overset{!}{=} \min \tag{2.202}$$

在此条件下，对因果模型进行优化。通过计算每个滤波器系数的偏导数

$$\frac{\partial \sigma_v^{\ 2}}{\partial a(\mathbf{k})} \overset{!}{=} 0 \Rightarrow \mathcal{E}\{s(\mathbf{n})s(\mathbf{n}-\mathbf{k})\} = \sum_{\mathbf{p}\in\mathcal{N}_{\mathbf{p}}^+} a(\mathbf{p})\mathcal{E}\{s(\mathbf{n}-\mathbf{p})s(\mathbf{n}-\mathbf{k})\} \tag{2.203}$$

可以求得 $\sigma_v^{\ 2}$ 的最小值。

上式为线性**维纳-霍普夫方程组**（Wiener-Hopf equation system，简写为 W-H 方程），最优滤波器系数需要满足下面的条件

$$\mu_{ss}(\mathbf{k}) = \sum_{\mathbf{p}\in\mathcal{N}_{\mathbf{p}}^+} a(\mathbf{p})\mu_{ss}(\mathbf{k}-\mathbf{p}) \tag{2.204}$$

具体来说，对于 P 阶一维滤波器

$$\mu_{ss}(k) = \sum_{p=1}^{P} a(p)\mu_{ss}(k-p), \quad 1\leqslant k\leqslant P \tag{2.205}$$

由于自协方差具有对称性，即 $\mu_{ss}(k-p)=\mu_{ss}(p-k)$，因此，可以利用更加规则的矩阵结构对这一问题进行简化，维纳-霍普夫方程可以写成如下形式，其中 $\mathbf{C}_{ss}$ 是式（2.157）中的自协方差矩阵：

$$\underbrace{\begin{bmatrix} \mu_{ss}(1) \\ \mu_{ss}(2) \\ \vdots \\ \vdots \\ \mu_{ss}(P) \end{bmatrix}}_{\mathbf{c}_{ss}} = \underbrace{\begin{bmatrix} \mu_{ss}(0) & \mu_{ss}(1) & \cdots & \cdots & \mu_{ss}(P-1) \\ \mu_{ss}(1) & \mu_{ss}(0) & \mu_{ss}(1) & \cdots & \mu_{ss}(P-2) \\ \vdots & \mu_{ss}(1) & \mu_{ss}(0) & \ddots & \vdots \\ \vdots & \vdots & \ddots & \ddots & \mu_{ss}(1) \\ \mu_{ss}(P-1) & \mu_{ss}(P-2) & \cdots & \mu_{ss}(1) & \mu_{ss}(0) \end{bmatrix}}_{\mathbf{C}_{ss}} \underbrace{\begin{bmatrix} a(1) \\ a(2) \\ \vdots \\ \vdots \\ a(P) \end{bmatrix}}_{\mathbf{a}} \tag{2.206}$$

利用自协方差的估计值（要么根据给定的信号局部地进行计算，要么根据信号集合全局地进行计算）[1]对向量 $\mathbf{c}_{ss}$ 和矩阵 $\mathbf{C}_{ss}$ 进行填充，然后再对矩阵求逆

$$\mathbf{a} = \hat{\mathbf{C}}_{ss}^{-1}\hat{\mathbf{c}}_{ss} \tag{2.207}$$

便可以得到方程的解。

在一维的情况下，$\mathbf{C}_{ss}$ 具有 Toeplitz **结构**（Toeplitz structure），这说明它是一个对角对称矩阵（与其转置矩阵相同），并且每条对角线上的值（主对角线及其平行的对角线）都是完全相同的。尽管矩阵不是稀疏的，但却是高度规则的，从而简化了矩阵求逆的问题。这主要是由于

---

[1] 当根据一个有限片段计算自协方差的估计值时，需要满足边界条件。使用之前片段（只要它们被用于预测当前片段中的样点）中的样点，可能会获得更好的预测结果，但也可能会导致合成滤波器具有不稳定性，见[Rabiner, Schafer, 1978]，[Maragos, Schafer, 1984]以及关于式（2.210）中自协方差矩阵正定性的说明。

上下三角矩阵以及许多子矩阵都是相同的，因此，只需要执行一次子矩阵求逆运算。而且，矩阵是满秩的并且是正定的（退化情况除外）。因此，还可以采用 Cholesky 分解算法或 Levinson-Durbin 递归算法等运算效率更高的解决方案。此外，后者可以将预测器映射为梯形结构的连续一阶滤波器，其中 PARCOR（偏相关）系数是逐步确定的，并且规定结构中每个系数的绝对值必须小于 1，从而保证了合成滤波器的稳定性（关于这些方法的更多细节，可以参考 [Rabiner, Schafer, 1978]）。

在采用一维 AR(P) 模型的情况下，新息信号的方差为[1]

$$\sigma_v^2 = \mathcal{E}\{v^2(n)\} = \mathcal{E}\left\{\left(s(n) - \sum_{p=1}^{P} a(p)s(n-p)\right)^2\right\} = \underbrace{\mathcal{E}\{(s(n))^2\}}_{=\sigma_s^2}$$

$$-2\sum_{p=1}^{P} a(p)\underbrace{\mathcal{E}\{s(n)s(n-p)\}}_{=\mu_{ss}(-p)} + \sum_{p=1}^{P}\sum_{q=1}^{P} a(p)a(q)\underbrace{\mathcal{E}\{s(n-p)s(n-q)\}}_{=\mu_{ss}(p-q)} \qquad (2.208)$$

$$= \sigma_s^2 - 2\sum_{p=1}^{P} a(p)\mu_{ss}(p) + \sum_{p=1}^{P} a(p)\underbrace{\sum_{q=1}^{P} a(q)\mu_{ss}(p-q)}_{=\mu_{ss}(p),\ 据 W\text{-}H 方程} = \sigma_s^2 - \sum_{p=1}^{P} a(p)\mu_{ss}(p)$$

由此，可以得到另一种形式的维纳-霍普夫方程，其中矩阵的第一行中包含了新息信号方差的计算：

$$\sigma_v^2\delta(k) = \mu_{ss}(k) - \sum_{p=0}^{P} a(p)\cdot\mu_{ss}(k-p), \quad 0 \leqslant k \leqslant P$$

$$\underbrace{\begin{bmatrix} \sigma_v^2 \\ 0 \\ \vdots \\ \vdots \\ 0 \end{bmatrix}}_{\mathbf{c}_{ss}} = \underbrace{\begin{bmatrix} \mu_{ss}(0) & \mu_{ss}(1) & \mu_{ss}(2) & \cdots & \mu_{ss}(P) \\ \mu_{ss}(1) & \mu_{ss}(0) & \mu_{ss}(1) & \cdots & \mu_{ss}(P-1) \\ \mu_{ss}(2) & \mu_{ss}(1) & \ddots & & \vdots \\ \vdots & \vdots & & \ddots & \vdots \\ \mu_{ss}(P) & \mu_{ss}(P-1) & \cdots & \cdots & \mu_{ss}(0) \end{bmatrix}}_{\mathbf{C}_{ss}} \underbrace{\begin{bmatrix} 1 \\ -a(1) \\ \vdots \\ \vdots \\ -a(P) \end{bmatrix}}_{\mathbf{a}} \qquad (2.209)$$

由此可得

$$\sigma_v^2 = \mathbf{a}^{\mathrm{T}}\mathbf{c}_{ss} = \mathbf{a}^{\mathrm{T}}\mathbf{C}_{ss}\mathbf{a} \qquad (2.210)$$

这说明，具有 Toeplitz 结构的自协方差矩阵一定是正定的，或者在退化的情况下（$\sigma_v^2 = 0$），至少是半正定的。如果满足 $\mu_{ss}(0) \geqslant |\mu_{ss}(k)|$，则可以保证 $\mathbf{C}_{ss}$ 的正定性，同时还可以保证滤波器的稳定性。当使用有限窗口内的样点来估计自协方差时，如果使用的是周期性延拓的窗口，或者将窗口的外部都用零值填充，则可以保证 $\mathbf{C}_{ss}$ 具有正定性。

对于可分离二维或多维模型，可以通过使用不同坐标轴上的一维自协方差测量值，求解一维维纳-霍普夫方程，从而对滤波器系数独立地进行优化。但是，分离的模型无法最优地适应多维信号的所有特性。例如，在二维的情况下，便无法考虑自协方差在对角方向上的特性。当使用不可分离的自协方差函数时，必须将不可分离的 IIR 滤波器定义为 AR 生成（或预测）

---

[1] 这是式 (2.191) 的推广形式，也涵盖了 AR(1) 的情况。

滤波器。如果使用二维自协方差函数，则可以将二维维纳-霍普夫方程定义为式(2.209)的扩展形式。对四分之一平面二维滤波器进行优化，可得

$$\sigma_v{}^2 \delta(k_1, k_2) = \mu_{ss}(k_1, k_2) - \sum_{p_1=0}^{P_1} \sum_{\substack{p_2=0 \\ (p_1, p_2) \neq (0,0)}}^{P_2} a(p_1, p_2) \mu_{ss}(k_1 - p_1, k_2 - p_2) \tag{2.211}$$

同样可以将其写成 $\mathbf{c}_{ss} = \mathbf{C}_{ss}\mathbf{a}$ 的形式，这里的 $\mathbf{C}_{ss}$ 是**块 Toeplitz 矩阵**（block Toeplitz matrix）[Dudgeon/Mersereau, 1984]：

$$\mathbf{C}_{ss} = \begin{bmatrix} \phi_0 & \phi_1 & \cdots & \cdots & \phi_{-P_2} \\ \phi_1 & \phi_0 & \cdots & & \phi_{1-P_2} \\ \vdots & \vdots & \ddots & & \vdots \\ \vdots & \vdots & & \ddots & \vdots \\ \phi_{P_2} & \phi_{P_2-1} & \cdots & \cdots & \phi_0 \end{bmatrix} \tag{2.212}$$

其中子矩阵为

$$\phi_p = \begin{bmatrix} \mu_{ss}(0, p) & \mu_{ss}(-1, p) & \cdots & \cdots & \mu_{ss}(-P_1, p) \\ \mu_{ss}(1, p) & \mu_{ss}(0, p) & \cdots & & \mu_{ss}(-P_1+1, p) \\ \vdots & \vdots & \ddots & & \vdots \\ \vdots & \vdots & & \ddots & \vdots \\ \mu_{ss}(P_1, p) & \mu_{ss}(P_1-1, p) & \cdots & \cdots & \mu_{ss}(0, p) \end{bmatrix} \tag{2.213}$$

按逐行的顺序将系数排列为向量

$$\mathbf{a} = \begin{bmatrix} 1, -a(1,0), \cdots, -a(P_1, 0), -a(0,1), \cdots, -a(P_1, P_2) \end{bmatrix}^{\mathrm{T}} \tag{2.214}$$

等式左边的"自协方差向量"为

$$\mathbf{c}_{ss} = \begin{bmatrix} \sigma_v{}^2, 0, 0, \cdots, 0 \end{bmatrix}^{\mathrm{T}} \tag{2.215}$$

向量的长度以及二次矩阵的行高和列宽均为 $(P_1+1)(P_2+1)$。需要确定 $\mathbf{a}$ 中的 $(P_1+1)(P_2+1)-1$ 个未知参数。这可以像式(2.208)一样，通过对自协方差矩阵 $\mathbf{C}_{ss}$ 求逆来实现。但是，由于式(2.213)中的子矩阵不是角对称矩阵，即 $\mu_{ss}(k, p) \neq \mu_{ss}(-k, p)$，所以完整的二维矩阵并不具有 Toeplitz 结构。因此，无法使用与一维情况下一样的高效分解算法来完成矩阵的求逆运算，而且在优化中所使用的协方差值的数量也大于需要确定的滤波器系数的数量；因此，模型参数和自协方差之间不再存在唯一可逆的映射。如果无法满足正定性，则还会导致合成滤波器具有不稳定性。[Marzetta, 1980]中提出了一种二维 PARCOR 结构作为替代方案。然而，据称，在不可分离的二维情况下，这种方法也无法保证合成滤波器的稳定性。

2.6.2　线性预测

信号的自回归建模与**线性预测**（linear prediction）密切相关，在线性预测中，使用预测滤波器来计算信号值 $s(\mathbf{n})$ 的估计值 $\hat{s}(\mathbf{n})$。$s(\mathbf{n})$ 与 $\hat{s}(\mathbf{n})$ 之间的差异是**预测误差**（prediction error）：

$$e(\mathbf{n}) = s(\mathbf{n}) - \hat{s}(\mathbf{n}) \tag{2.216}$$

利用预测误差和估计值，可以对信号进行重构：

$$\tilde{s}(\mathbf{n}) \overset{!}{=} s(\mathbf{n}) = e(\mathbf{n}) + \hat{s}(\mathbf{n}) \tag{2.217}$$

如果估计值 $\hat{s}(\mathbf{n})$ 只由过去的信号值决定，则预测误差 $e(\mathbf{n})$ 与 $s(\mathbf{n})$ 也是一一对应的[①]。预测通常是通过传递函数为 $H(\mathbf{z})$ 的 FIR 滤波器进行的 [见图 2.30(a)]；**预测误差滤波器** (prediction error filter) [见图 2.30(b)] 执行式 (2.216) 中的运算，其传递函数为

$$A(\mathbf{z}) = 1 - H(\mathbf{z}) \tag{2.218}$$

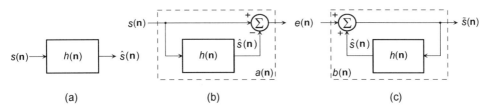

图 2.30　线性预测中的系统组件。(a) 预测滤波器 $h(\mathbf{n})$；(b) 预测误差滤波
器 (分析滤波器) $a(\mathbf{n})$；(c) 反向预测误差滤波器 (合成滤波器) $b(\mathbf{n})$

反向预测误差滤波器 (inverse prediction error filter) [合成滤波器，见图 2.30(c)] 执行式 (2.217) 中的运算。它是一个传递函数为

$$B(\mathbf{z}) = \frac{1}{A(\mathbf{z})} = \frac{1}{1 - H(\mathbf{z})} \tag{2.219}$$

的递归滤波器。

式 (2.219) 中的滤波器可以等效地视为 AR 模型的合成滤波器。因此，如果 AR 过程是最优预测的 (即，使用与生成 AR 过程的合成滤波器互逆的预测器)，则预测误差信号实际上是高斯白噪声。在线性预测的情况下，信号的方差和预测误差的方差之比称为**预测增益** (prediction gain)

$$G = \frac{\sigma_s^2}{\sigma_e^2} \tag{2.220}$$

对于 AR 模型，G 可以由式 (2.208) 确定。

后向自适应预测　维纳-霍普夫方程的假设是，自协方差的统计特性在全局或当前局部片段上是已知的，而预测滤波器的**后向自适应** (backward-adaptive) 方法假设统计特性只是缓慢变化的，从而对**过去的** (past) 样点进行分析。其中，经常使用的是**最小均方** (Least Mean Squares, LMS) 算法[Alexander, Rajala, 1985]。在预测方程中，当前位置 $\mathbf{n}$ 处使用的预测滤波器系数为 $a_{\mathbf{n}}(\mathbf{p})$

$$\hat{s}(\mathbf{n}) = \sum_{\mathbf{p}} a_{\mathbf{n}}(\mathbf{p}) \cdot s(\mathbf{n} - \mathbf{p}), \quad e(\mathbf{n}) = s(\mathbf{n}) - \hat{s}(\mathbf{n}) \tag{2.221}$$

得到预测误差之后，再对各个滤波系数进行调整，以获得更小的预测误差。$e^2(\mathbf{n})$ 对 $a_{\mathbf{n}}(\mathbf{p})$ 的偏导数为

$$\frac{\partial e^2(\mathbf{n})}{\partial a_{\mathbf{n}}(\mathbf{p})} = -2e(\mathbf{n}) \cdot s(\mathbf{n} - \mathbf{p}) \tag{2.222}$$

---

① 在实际应用中，当存在舍入误差时，无法达到数学意义上的等价。这可以通过进行系统舍入，并将其作为预测的一部分来避免，
但是，这样做又会引入无法通过 LSI 系统进行描述的非线性成分。

LMS 算法根据预测误差的负梯度，对下一个位置①将会使用的滤波器系数进行更新，从而减小预测误差

$$a_{n+1}(p) = a_n(\mathbf{p}) + \alpha e(\mathbf{n}) s(\mathbf{n} - \mathbf{p}) \tag{2.223}$$

其中，步长因子 α 会影响自适应的速度。

二维预测　对于二维 $(P_1+1)(P_2+1)-1$ 阶的四分之一平面预测滤波器，预测方程为

$$\hat{s}(n_1, n_2) = \sum_{\substack{p_1=0 \\ (p_1,p_2)\neq(0,0)}}^{P_1} \sum_{p_2=0}^{P_2} a(p_1, p_2) s(n_1 - p_1, n_2 - p_2) \tag{2.224}$$

该滤波器的 z 变换为

$$\begin{aligned}
H(z_1, z_2) = {}& a(1,0)z_1^{-1} + \cdots + a(P_1,0)z_1^{-P_1} + a(0,1)z_1^{-1}z_2^{-1} + \cdots + a(P_1,1)z_1^{-P_1}z_2^{-1} \\
& + \cdots + a(0,P_2)z_2^{-P_2} + \cdots + a(P_1,P_2)z_1^{-P_1}z_2^{-P_2}
\end{aligned} \tag{2.225}$$

对于二维信号，与一维(水平或垂直)预测相比，二维预测通常能够在更大程度上减小误差信号的方差。

假设对一个二维可分离 $AR(1)$ 模型应用二维预测，其中使用的是与模型生成器递归环路中相同的预测滤波器 $H(z_1, z_2)$。因此，预测误差滤波器 $A(z_1, z_2) = 1 - H(z_1, z_2)$ 将会精确地重现输入到 AR 过程发生器中的高斯白噪声。对于二维可分离 $AR(1)$ 模型，最优预测滤波器由两个一维(水平和垂直)滤波器构成，如下所示

$$\begin{aligned}
H(z_1) &= \rho_1 z_1^{-1} \Rightarrow A(z_1) = 1 - \rho_1 z_1^{-1} \\
H(z_2) &= \rho_2 z_2^{-1} \Rightarrow A(z_2) = 1 - \rho_2 z_2^{-1} \\
A(z_1, z_2) &= A(z_1)A(z_2) = 1 - \rho_1 z_1^{-1} - \rho_2 z_2^{-1} + \rho_1 \rho_2 z_1^{-1} z_2^{-1} \\
&\Rightarrow H(z_1, z_2) = 1 - A(z_1, z_2) = \rho_1 z_1^{-1} + \rho_2 z_2^{-1} - \rho_1 \rho_2 z_1^{-1} z_2^{-1}
\end{aligned} \tag{2.226}$$

图 2.31 给出了一幅原始图像、通过一维水平(逐行)和一维垂直(逐列)预测，以及二维可分离预测得到的预测误差图像。水平预测无法预测垂直边缘，垂直滤波器不能预测水平边缘，但是对于这两种情况，二维预测的表现都很不错。尤其是对于具有规则纹理结构的区域(例如，草地、水面、头发等)，如果高阶二维预测器能够很好地适应信号的特点[见图 2.31(e)]，则使用这种滤波器将是非常有利的。在给出的例子中，自适应块的大小为 16×16，并通过求解式(2.211)中的维纳-霍普夫方程组，对大小为 3×3 的四分之一平面预测滤波器进行了优化。

运动补偿预测　当需要根据视频信号中之前的图像进行时域预测时，自回归模型不能很好地捕捉由于物体或相机运动而在时域上引起的变化，因为自回归模型不能有效地考虑移动视频信号频谱[如式(2.44)所示]的稀疏性。在**运动补偿预测**(motion compensated prediction)中，预测器的自适应是通过**运动估计**(motion estimation)来实现的。对图像 n_3 中的当前样点进行预测时，如果在预测参考图像(比如，前一幅图像 $n_3 - 1$)中找到了最优匹配样点，并且最优

---

① 在二维和多维信号中，使用更新后的滤波器系数的"下一个"位置是由预测方向确定的，比如，根据上方样点进行垂直预测的系数，将在垂直向下的预测中使用。

匹配样点与当前样点之间在水平方向上的位移为 k_1 个样点, 在垂直方向上的位移为 k_2 个样点, 则预测方程为

$$e(n_1, n_2, n_3) = s(n_1, n_2, n_3) - \hat{s}(n_1, n_2, n_3), \quad \text{其中} \hat{s}(n_1, n_2, n_3) = s(n_1 + k_1, n_2 + k_2, n_3 - 1) \quad (2.227)$$

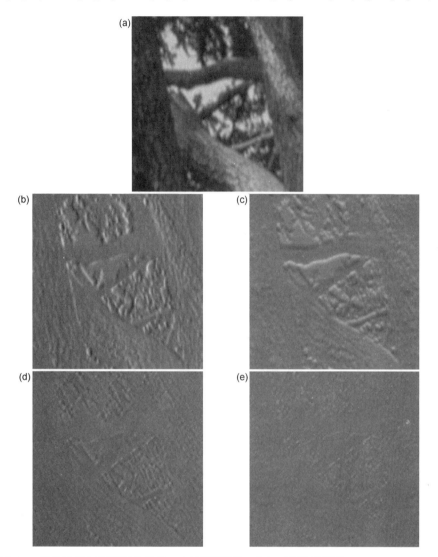

图 2.31 原始图像与预测误差图像。(a) 原始图像; (b) 一维逐行预测, $P_1 = 1$, $\rho_1 = 0.95$;
(c) 一维逐列预测, $P_2 = 1$, $\rho_2 = 0.95$; (d) 二维可分离预测, 固定系数 $P_1 = P_2 = 1$,
$\rho_1 = \rho_2 = 0.95$; (e) 局部自适应的二维不可分离四分之一平面预测, $P_1 = P_2 = 2$

该运动补偿预测滤波器可以由三维 z 传递函数[①]来表征:

$$H(z_1, z_2, z_3) = z_1^k z_2^l z_3^{-1} \quad (2.228)$$

式 (2.228) 描述了一个多维位移(或延迟), 因此, 运动补偿预测是一种特殊类型的线性预测。这种简单的滤波器使用前一幅图像中样点的副本, 并将它们移动整数个样点位置来生成估计

---

① 其实, 为了获得合理的视频模型, AR 合成滤波器中也可以包含随机运动偏移。

值。如果信号亮度发生了改变，则需要将幅度乘以一个额外的因子或者以某一偏移值进行移动。在更通用的预测方式中，可以把不同参考图像的预测值叠加在一起：每个预测值都可以利用权值因子 $a(p_3)$ 单独地进行加权，并且还可以选择加入偏移值 c。如果预测还进一步支持亚样点位移，则需要包含冲激响应为 $h_{\text{int}}(\mathbf{n})$ 的空间插值滤波器，其中，卷积方程中插值滤波器的系数 $a(p_1, p_2)$ 取决于亚样点的相位 $d_{1|2}$。然后，可以利用至多 P_3 幅参考图像对估计值进行计算[①]

$$
\hat{s}(n_1, n_2, n_3) = c(n_1, n_2, n_3) + \sum_{p_3=1}^{P_3} a(p_3)
$$
$$
\cdot \sum_{p_1=-Q_1/2}^{Q_1/2-1} \sum_{p_2=-Q_2/2}^{Q_2/2-1} a_{\text{int}}^{[d_1(p_3), d_2(p_3)]}(p_1, p_2) s\big[n_1 + k_1(p_3) - p_1, n_2 + k_2(p_3) - p_2, n_3 + k_3(p_3)\big]
$$
(2.229)

当偏移值 $c(\mathbf{n})=0$ 时，整个预测滤波器的 z 变换函数可以表示为

$$
H(z_1, z_2, z_3) = \sum_{p_3=1}^{P_3} a(p_3) A_{\text{int}}^{[d_1(p_3), d_2(p_3)]}(z_1, z_2) z_1^{k_1(p_3)} z_2^{k_2(p_3)} z_3^{k_3(p_3)}
$$
(2.230)

双线性插值(bilinear interpolation)是最简单的二维插值方法，它是一种可分离的方法，$h(t_1, t_2) = \Lambda(t_1)\Lambda(t_2)$，其中，$\Lambda(t) = \text{rect}(t) * \text{rect}(t)$。双线性插值的原理如图 2.32 所示。位置 (t_1, t_2) 处样点的估计值是根据 4 个相邻位置的样点计算得到的，其中，需要根据水平和垂直亚样点的相位 d_1 和 d_2（$0 \leqslant d_i < 1$），对相邻位置的样点值进行加权：

$$
\hat{s}(t_1, t_2) = s(n_1, n_2)(1-d_1)(1-d_2) + s(n_1+1, n_2)d_1(1-d_2)
$$
$$
+ s(n_1, n_2+1)(1-d_1)d_2 + s(n_1+1, n_2+1)d_1 d_2
$$
(2.231)

然而，双线性插值具有相对较强的低通效果，并且也不能很好地抑制混叠效应[②]。因此，在实际应用中，为了使亚样点精度的运动补偿预测（见 7.2.5 节）能够获得更好的性能，通常使用高阶插值滤波器。

在视频编码中，运动估计中通常使用**块匹配**(block matching)的方法。令 Λ 表示一个分块，如果参考图像为一幅与当前图像 n_3 的距离为 k_3 的图像，则需要为 Λ 确定一个统一的水平/垂直位移向量 $\mathbf{k} + \mathbf{d} = [k_1 + d_1, k_2 + d_2]$。$\Pi$ 表示的是一组候选位移向量。确定最优匹配块时，通常使用基于 Q 范数差异最小化准则的**代价函数**(cost functions)[③]，

$$
[\mathbf{k} + \mathbf{d}]_{\text{opt}}(k_3) = \arg\min_{[k_1, k_2] \in \Pi} \left| \frac{1}{\|\Lambda\|} \sum_{(n_1, n_2) \in \Lambda} \left| s(n_1, n_2, n_3) - \hat{s}(n_1 + k_1 + d_1, n_2 + k_2 + d_2, n_3 + k_3) \right|^Q \right|^{\frac{1}{Q}}
$$
(2.232)

[①] 假设在水平和垂直亚样点插值中，采用的是冲激响应长度为偶数 Q_1 和 Q_2 的二维 FIR 插值器。因为对于预测中使用的各个参考图像，样点位移和亚样点位移可能是不同的，因此，内插滤波器和样点运动偏移 k_i 均取决于参考索引 p_3。实际上，位移在局部是变化的，因此，预测滤波器是一个移变系统，并且参数 a、c 和 k_i 可能还与 n_1、n_2 有关。在视频编码中，参考图像不一定需要按照时间顺序进行排列（见 7.2.4 节）。可以通过定义任意列表映射的索引 $n_3 + k_3(p_3)$ 来表示参考图像。

[②] 由于采用的一维滤波器具有三角形冲激响应，它的频谱传递函数为 sinc^2，其第一个零点位于 $|f| = 1/2$ 处，前两个旁瓣位于第一个混叠频带 $1/2 \leqslant |f| \leqslant 3/2$ 内，而其他的旁瓣位于频率更高的混叠频带内。

[③] 当 $Q=1$ 时，表示**绝对误差和**(Sum of Absolute Difference, SAD)，当 $Q=2$ 时，表示**平方误差和**(Sum of Squared Difference, SSD)。这里采用亚样点精度的位移参数 $l_i = k_i + d_i$，这意味着，当 $d_i \neq 0$ 时，需要通过插值滤波器来计算 $\hat{s}$，见式 (2.229)/式 (2.230)。

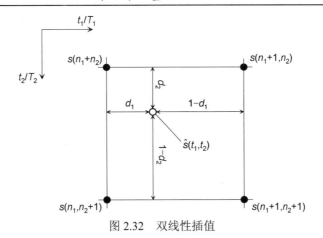

图 2.32 双线性插值

图 2.33 对块匹配方法进行了说明。如图 2.33 (a) 所示,当前图像中给定分块内的所有样点都具有相同的水平/垂直位移,将当前分块中的样点图案与给定参考图像中候选位置集合里的图案进行比较。从而选择出与最优匹配块相对应的位移向量。图 2.33 (b) 说明了严格的块划分方式所导致的不一致性,这是因为严格的块划分方式可能会在参考图像中运动不连续处(比如,在物体边缘)的相邻块之间产生不合理的重叠或间隙。一般来说,分块可以是固定尺寸的块(见图 2.33),也可以是可变尺寸的块。例如,如果采用全搜索,即对二维搜索窗口中所有可能的位置进行扫描,则需要进行比较的位置总数,将与搜索窗口的面积以及位置的密度(步长大小为 Δ 的平方值倒数,即相邻候选位置之间的距离)成正比。

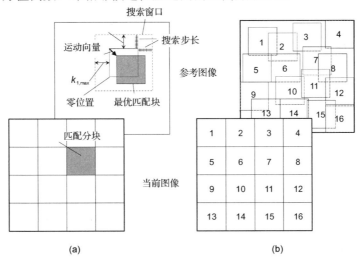

图 2.33 块匹配运动估计。(a) 在当前图像中,匹配分块、搜索范围和搜索步长的定义;(b) 参考图像中最优匹配块之间可能存在的重叠

图 2.34 给出了未采用/采用运动补偿对图像进行预测的结果,在后者中,通过双线性插值滤波获得了半样点精度(所有的块大小均为 16×16)。图 2.35 给出了采用四分之一样点精度时的结果,图 2.35 (a) 和图 2.35 (b) 中分别采用了双线性和更高质量的(8 抽头滤波器)插值,图 2.35 (c) 和图 2.35 (d) 中还使用了更小尺寸的块,即 8×8 块和 4×4 块(为了使残差图像更加清晰,将对比度增强了 1.5 倍)。

两幅图像之间真实的运动位移通常是以亚样点为单位的。然而,并没有必要测试在整个搜索窗口范围内的所有可能的亚样点位置，这是因为式(2.232)中的代价准则会随着 **k** 的改变而缓慢变化。因此，可以使用快速搜索策略，从较大的 Δ 值开始搜索，并只在最后几个步骤中，将估计得到的运动向量细化为样点精度或亚样点精度。

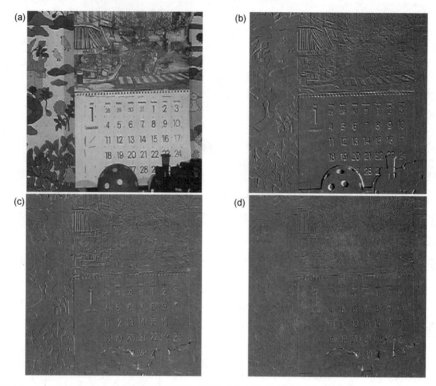

图 2.34　(a)视频序列中的一幅图像(叠加了运动向量)及其预测误差图像；(b)未进行运动补偿；(c)进行了全样点精度的运动补偿；d 进行了半样点精度的运动补偿((c)和(d)中的运动补偿均采用大小为16×16的固定块，(d)中的半样点通过双线性插值获得)

　　快速搜索算法没有测试所有可能的候选样点，因此，无法保证获得的运动向量在 **k+d** 参数空间中是全局最优的。然而，与穷举式(全搜索)方法相比，在复杂性相同的条件下，快速算法通常可以获得更好的结果，因为它们可以避免测试不合理的候选样点，同时还能测试扩展的参数空间。在本质上，快速运动估计算法总是以某种方式利用以下特性：

- 代价函数在 **k+d** 空间中具有光滑性，当搜索步长 Δ 较小时，参考图像中相邻候选位置处的样点图案几乎是相同的；从而，可以通过迭代步骤对运动估计的结果进行优化；
- 在空间坐标(较大物体的运动具有一致性)和时间坐标(沿运动轨迹)上，位移向量场具有光滑性，从而，可以根据之前的估计值，预测初始的候选位移向量；
- 图像和运动向量场具有共同的缩放特性，对于空间下采样的信号，可以减少样点运算的次数，减小搜索范围的大小[①]。

---

① 缩放特性还会使图像大小与运动估计的复杂度之间产生一种有趣的关系。如果图像的大小在水平和垂直方向上均翻倍，则样点的密度也随之翻倍。但是，由于本来相同的位移现在会被映射为两倍长度的运动向量 **k**，因此，搜索范围的大小也需要在水平和垂直方向上翻倍。考虑穷举式搜索的情况，当图像的大小翻倍时，复杂度将会增加 16 倍。可以认为，当进行下采样时，应该减小搜索步长 Δ(比如，由二分之一样点精度的运动补偿，变为四分之一样点精度)。但是，如果在下采样过程中进行合适的低通滤波，情况便不是这样了，因为低通滤波在某种程度上会损失空间细节。

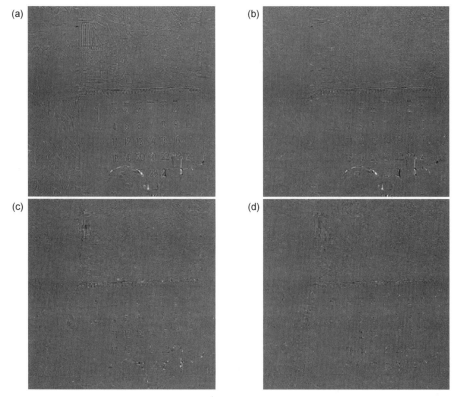

图 2.35 运动补偿中采用四分之一样点精度的例子。(a)双线性插值，块的大小为 16×16 块，以及采用 8 抽头插值滤波器的例子；(b)大小为 16×16 的块；(c)大小为 8×8 的块；(d)大小为 4×4 的块

另外，如果已经找到了足够好的位移向量(在代价函数的准则下)，则可以提前终止搜索。之前介绍的所有快速搜索方法都是互补的，可以联合使用。

多步搜索 图 2.36(a)/(b)给出了两种快速运动的估计算法。这两种方法都只对所有搜索位置的一个子集进行测试，并通过寻找改变 **k** 值的有利方向，在代价准则下，对位移向量进行优化。在图 2.36(a)/(b)中，每个步骤中进行测试的所有位置都用黑点表示，步骤用数字表示，在各个步骤中找到的最优位置用圆圈表示。在这两个例子中，最终确定的运动向量均为 $k_1 = -5$、$k_2 = 2$。这两种算法是各种类似方法中的典型代表，其中，最早的快速运动估计算法之一是在[Koga, et al., 1981]中提出的。

图 2.36(a)中的方法，最初在[Musmann, et al., 1985]中被称为**三步搜索**(three-step search)，在每个步骤中只测试 9 个候选位置。同时，搜索步长逐步减小(在给出的例子中，三个迭代步骤所使用的搜索步长 Δ 分别为 3、2、1)。在迭代步骤 r 中，搜索范围的中心是上一个迭代步骤 $r-1$ 的最优匹配位置，因此，在迭代步骤 2 和步骤 3 中，只需要对 8 个新位置的代价进行计算。如图 2.36(a)所示，三个迭代步骤共需要比较 9+8+8=25 个候选位置。在给出的例子中，最大搜索范围为 $k_{1,max} = k_{2,max} = \pm 6$。如果采用同样的搜索范围，则全搜索需要测试 $13^2 = 169$ 个候选位置。运算复杂度降低的比例随着搜索范围的增大(迭代步骤的增加)而增大。一般来说，这种算法的复杂度与 k_{max} 或 $\log(k_{max})$ 成比例(而全搜索算法的复杂度与 k_{max}^2 成比例)。

在如图 2.36(b) 所示的搜索方法中，第一次迭代步骤在 N_1 调整中需要比较 5 个不同的位置。在例子中，使用的搜索步长为 $\Delta = 2$。从 5 个候选位置中找到最优匹配位置后，在剩余的迭代步骤中，只需要与前一个最优位置的三个相邻位置进行比较。如果最优匹配位置不再发生改变，这说明代价函数已经达到局部最小值，则停止迭代过程。然后，在最后一个步骤中，将最优位置周围的 8 个位置，或者将亚样点位置作为候选位置，对其进行检查。如图 2.36(b) 所示，一共只需要测试 $5 + 2 \times 3 + 8 = 19$ 个候选位置。

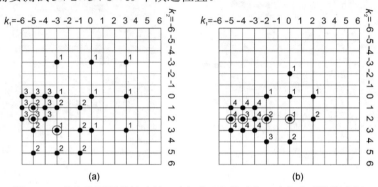

图 2.36 多步块匹配估计方法。(a) "三步搜索"；(b) "对数搜索"

如果代价函数是一个纯凸函数，并且能够使运动参数不断地向最优位置靠近，则这些方法便能够获得接近**全局最优**(globally-optimum)的结果(像全搜索一样)。如果代价函数存在局部极值，则可能会陷入局部最优位置。当存在若干相似的结构(比如，周期性结构)时，就可能出现这种情况。

位移向量预测 由于可以认为运动向量场具有连续性，因此，通常可以利用空间或时间邻域中之前位移向量的估计值，对真实的位移向量进行合理的预测。图 2.37 给出了相邻分块(或块)中的可能候选向量，这些向量可以用来预测当前分块的位移向量。可以将参考图像中"同位"位置的位移向量选作时间预测向量，也可以将参考图像中某一位置指向当前分块的位移向量选作时间预测向量[1]。

可以采用不同的方法来确定当前分块位移向量的最终估计值：

● 计算之前估计得到的向量(候选向量)的均值或中值，并将其作为起始点，然后，在此起始点周围的搜索范围内，测试候选向量，从而对新的位移向量进行优化[2]；
● 搜索范围由候选位移向量集合中，最小和最大的位移值来决定；
● 对几个候选位移向量周围的不同搜索范围进行测试(如果候选位移向量是不同的)。

当其中一个初始候选向量已经能够提供足够好的估计值时，通常的做法是终止运动估计，不再对运动向量进行细化，这样便可以进一步提高搜索速度[De Haan, et al., 1993]。

多分辨率运动估计 多分辨率估计从下采样的图像中确定候选运动向量。对于内容相同的图像，位移随着图像大小/分辨率的降低而缩小。因此，搜索范围也可以缩小，但是仍然可

---

[1] 需要根据当前图像与参考图像之间的时间距离(与使用这些候选向量的运动补偿中有效的时间距离相比)，对候选向量进行缩放。根据运动的局部变化情况，候选向量的数量也是可变的。

[2] 根据向量的长度，可以单独计算水平或垂直位移的中值，也可以联合计算二者的中值。但是，将位移中值合并后，有可能会产生一个并不存在的位移向量。

以采集到运动信息[Nam, et al., 1995]。在接下来的步骤中，随着图像的分辨率增加，运动估计将从上一个步骤中获得的运动向量开始，可以认为该运动向量与真正的运动向量比较接近，因此，可以采用较小的搜索范围。另外，还可以减小分块(其具有一个统一的位移向量)的大小，在这种情况下，有效位移向量的空间分辨率(即，向量场的密度)也会随着图像分辨率增加而增加。就图像的分层表示而言，可以把这种方法看成是高斯金字塔方法(见 2.8 节)。减小分块的尺寸，可以生成一个分辨率和精度均更高的**运动向量场金字塔**(pyramid of motion vector fields)。

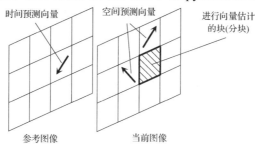

图 2.37 基于块匹配的预测运动估计中，时间上和空间上相邻的候选位移向量

全搜索运动估计中，对复杂度影响最大的是各个方向上搜索范围的大小 $k_{i,\max}$。就此而言，多分辨率估计与多步搜索具有相似的优点[1]，但是由于多分辨率估计中使用下采样图像进行运动估计，使得复杂度得到了进一步降低，并且由于下采样图像具有低通特性，因此，这种方法更加稳定。

当较高分辨率层级进行运动估计时，可以采用放大的较低分辨率层级的位移向量作为若干相邻分块运动估计的起始点，由于仅在候选位移向量附近较小的范围内进行搜索，所以位移向量之间的差异较小，因此，分层的运动估计可以生成空间上更加连续的运动向量场。两个不同层级中，匹配区域和估计得到的运动向量之间的关系，如图 2.38 所示。

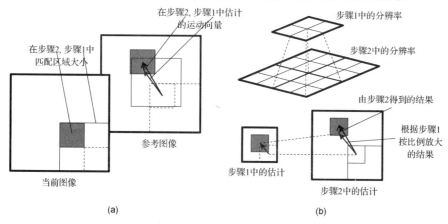

图 2.38 分层运动估计的两个步骤。(a) 从全分辨率的角度进行解释；
(b) 第一步中降低分辨率的原理，以及位移向量的放大

可变块尺寸估计 表示运动位移的向量场，在背景区域或较大的移动物体区域内是连续的(只有少量的变化)，而在物体边界处是不连续的。当具有统一运动向量的区域采用可变尺

---

[1] 有时，将多步搜索和多分辨率方法都称为**分层运动估计**(hierarchical motion estimation)。

寸的分块时，这两种属性便可以很好地得到反映。在对可变尺寸块的位移估计进行优化时，可以从较大的分块开始估计，如果就代价函数而言，较小的分块具有优势，则将较大的分块分割为较小的分块。但是需要注意的是，对于细节较少的区域，估计得到的运动向量通常都是不明确的[这称为**孔径问题**(aperture problem)[Jähne, 2005]]。因此，只有当较小的块在代价函数方面具有显著的优势时，才对较大的块进行分割，并且为了避免相邻分块的运动位移之间存在较大差异，还需要施加额外的约束(比如，平滑性准则，见下文)。除了分割策略，另一种方法是从较小的分块开始，如果较小的分块使用相同的位移向量不会对代价函数带来不利影响，则可以将这些较小的分块合并。同样，可以将平滑性约束作为代价函数的一部分加以利用。

受约束的估计　在块匹配中经常要引入**额外的约束**(additional constraints)，其中，需要利用**惩罚项**(penalty term) $\lambda\mathscr{P}$，对给定估计值的代价函数进行调整：

- 通过平滑度约束(考虑运动向量差异)，建立相邻块运动向量之间的相互关系。
- 对于无法确定唯一运动向量的少细节区域，通过将其与相邻多细节区域的位移向量进行比对，调整其估计值。
- 考虑编码位移向量所需的码率[Girod, 1994]。

这里给出一个约束优化准则的例子，类似于式(2.232)：

$$\mathbf{k}_{\text{opt}} = \arg\min_{\mathbf{k}\in\Pi}\left[\frac{1}{|\mathbf{\Lambda}|}\sum_{\mathbf{n}\in\Lambda}\left|s(\mathbf{n}) - s(\mathbf{n}+\mathbf{k})\right|^P + \lambda\mathscr{P}(\mathbf{k})\right] \tag{2.233}$$

视频编码中所采用的最先进的快速运动估计算法通常都综合使用了上述方法。

2.7　线性块变换

2.7.1　正交基函数

式(2.89)中的**离散傅里叶变换**(Discrete Fourier Transform，DFT)是用信号中的 M 个样点与复数基函数组成的一个正交集相乘得到的。有两个长度均为 M 的有限离散一维(实数或复数)函数 $t_i(n)$ 和 $t_j(n)$，如果二者的线性组合为零，那么这两个函数就是**正交的**(orthogonal)，

$$\mathbf{t}_i^{\mathrm{T}}\mathbf{t}_j^* = \sum_{n=0}^{M-1}t_i(n)t_j^*(n) = \varphi_{t_it_j}(0) = 0 , \quad \mathbf{t}_k = [t_k(0)\cdots t_k(M-1)]^{\mathrm{T}} \tag{2.234}$$

如果把函数 $t_k(n)$ 看成是线性滤波器的冲激响应，若在全部 n 值上进行运算 $c_k(n) = s(n)*t_k(n)$，则可以证明，当 $i\neq j$ 时，任意两个输出之间的互相关性系数 $\varphi_{c_ic_j}(0) = 0$。因此，使用正交基函数可以提供信号的**去相关表示**(de-correlated representation)[①]。

对于一个由基函数构成的**正交集**(orthogonal set)，集合中的所有基函数都是两两正交的。利用变换系数 $c_k = \mathbf{s}^{\mathrm{T}}\mathbf{t}_k$，可以完成由信号域到变换域(如果基函数具有合适的频率传递特性，

---

① 但是，如果对序列 $c_k(n)$ 进行亚采样(为了避免过完备的表示，在变换编码中通常会这样做)，则可能会产生相关性，而混叠效应是造成相关性的部分原因。

则可以将其视为采样的频域)的映射。如果可以对信号样点进行重构，则变换系数的离散集合便构成了信号的等价表示。在处理一个持续时间较长的信号时，通常可以应用**局部变换**(local transform)或**短时变换**(short-time transform)，采用**块变换**(block transform)对信号中长度为 M 的非重叠块片段(向量) $\mathbf{s}$ 进行处理，这是一种最简单的情况。在下文中，首先会对一维变换中的问题进行讨论，在一维变换的基础上，可以在不同坐标轴上进行可分离的处理，直接构造二维和多维变换。信号 $s(n)$ 中，包含 M 个连续样点的，起始位置为 mM 的片段被映射为 U 个变换系数

$$c_k(m) = \sum_{n=0}^{M-1} s(mM+n)t_k(n), \quad 0 \leqslant k < U \tag{2.235}$$

可以利用一组互补的合成函数(逆变换)，对信号的这一片段进行重构，因此

$$s(mM+n) = \sum_{k=0}^{U-1} c_k(m)r_k(n), \quad 0 \leqslant n < M \tag{2.236}$$

将式(2.236)代入式(2.235)，可得

$$\sum_{n=0}^{M-1} t_k(n) \sum_{l=0}^{U-1} \frac{c_l(m)}{c_k(m)} r_l(n) = 1, \quad 0 \leqslant (k,l) < U \tag{2.237}$$

只有当 c_l / c_k $(l \neq k)$ 为 0 时，上式中的条件对于所有的 k 才成立，因此

$$\sum_{n=0}^{M-1} t_k(n)r_l(n) = \begin{cases} 1, & k = l \\ 0, & k \neq l \end{cases}, \quad 0 \leqslant (k,l) < U \tag{2.238}$$

对于给定的正交集 $\{\mathbf{t}_k\}$[①]，为了满足式(2.237)，可以选择互为复共轭的 $\mathbf{t}_k$ 和 $\mathbf{r}_k$ 分别作为分析基函数和合成基函数，这样 $\mathbf{t}_k$ 便与所有其他的合成基函数 $\mathbf{r}_l$ 都是正交的。

可以用下面更一般的形式表示约束 $\mathbf{t}_k^{\mathrm{T}}\mathbf{r}_k = 1$

$$\mathbf{r}_k = \frac{\mathbf{t}_k^*}{A_k} \quad 使得 \quad \mathbf{t}_k^{\mathrm{T}}\mathbf{r}_k = A_k \quad (实值，正数) \tag{2.239}$$

将式(2.238)和式(2.239)结合，对于集合 $\{\mathbf{t}_k\}$，可以得到一个更加一般的正交性条件。

$$\mathbf{t}_k^{\mathrm{T}}\mathbf{t}_l^* = \sum_{n=0}^{M-1} t_k(n)t_l^*(n) = \begin{cases} A_k, & k = l \\ 0, & k \neq l \end{cases}, \quad 0 \leqslant (k,l) < U \tag{2.240}$$

对于式(2.89)中的 DFT 和式(2.90)中的 IDFT，$t_k(n) = \mathrm{e}^{-\mathrm{j}2\pi nk/M}$，$r_k(n) = \mathrm{e}^{\mathrm{j}2\pi nk/M}/M$，$A_k = M$ 均满足这些条件。可以用矩阵表达式表示由 M 个信号值到 U 个系数的变换

$$\underbrace{\begin{bmatrix} c_0(m) \\ c_1(m) \\ \vdots \\ \vdots \\ c_{U-1}(m) \end{bmatrix}}_{\mathbf{c}(m)} = \underbrace{\begin{bmatrix} t_0(0) & t_0(1) & \cdots & \cdots & t_0(M-1) \\ t_1(0) & t_1(1) & \cdots & \cdots & t_1(M-1) \\ \vdots & & \ddots & & \vdots \\ \vdots & & & \ddots & \vdots \\ t_{U-1}(0) & t_{U-1}(1) & \cdots & \cdots & t_{U-1}(M-1) \end{bmatrix}}_{\mathbf{T}} \underbrace{\begin{bmatrix} s(mN+N_0) \\ s(mN+N_0+1) \\ \vdots \\ \vdots \\ s((m+1)N+N_0-1) \end{bmatrix}}_{\mathbf{s}(m)} \tag{2.241}$$

---

① 需要注意的是，若要满足式(2.238)，分析基函数 $\mathbf{t}_k$ 或合成基函数 $\mathbf{r}_l$ 本身并不一定能够构成正交集，只需要满足，一个集合中的函数 k 与另一个集合中的函数 $(l \neq k)$ 是正交的即可。两个集合的这种联合属性称为双正交性(bi-orthogonality)，因此，选择的正交集 $\{\mathbf{t}_k\}$ 和 $\{\mathbf{r}_k\} = \{\mathbf{t}_k^*\}$ 只是其中的一个特例。

其中，信号向量 **s** 由 M 个样点组成，变换矩阵 **T** 的大小为 $M \times U$ ，**T** 中的各行构成了**基向量** (basis vectors) ，结果 **c** 中包含 U 个变换系数 c_k 。进行重构的最低要求是，所有块的变换表示 $\{\mathbf{c}(m)\}$ 中所包含的样点数量应该与信号 $s(n)$ 中的样点数量一样。当连续向量 $\mathbf{s}(m)$ 的起始位置间相距 $N = U$ 个样点时，可以实现这一点，其中 N_0 是可选的常数偏移量。对于非重叠块变换这种最简单的情况，$N = M = U$ 且 $M_0 = 0$ 。由于 $\mathbf{T} = [\mathbf{t}_0 \quad \mathbf{t}_1 \quad \cdots \quad \mathbf{t}_{U-1}]^T$ 中的各行都是一个正交集中的**基函数** (basis functions) ，因此，它们是线性独立的，**T** 是一个满秩的可逆方阵。由式 (2.241) 可知，根据 $\mathbf{c}(m)$ 中的系数 c_k 可以唯一地重构出 $\mathbf{s}(m)$ 中的 $s(n)$ 值

$$\mathbf{s}(m) = \mathbf{T}^{-1}\mathbf{c}(m) \tag{2.242}$$

如果式 (2.240) 中的 $A_k = 1$ ，则变换是正交的。对于实值标准正交变换基，式 (2.239) 中的分析和合成向量是完全相同的。更一般地，对于式 (A.26)[①] 中的复数正交变换，有

$$\mathbf{T}^{-1} = [\mathbf{T}^*]^T = \mathbf{T}^H \tag{2.243}$$

若式 (2.238) 中的合成函数 $\mathbf{r}_l$ 是 $\mathbf{T}^H$ 的各列，与式 (2.243) 结合，可得 $\mathbf{T}\mathbf{T}^{-1} = \mathbf{I}$ 。在标准正交线性变换中，可以直接计算出信号向量的二次范数 (能量) ，而不用对变换系数向量进行归一化

$$\mathbf{s}^T\mathbf{s} = \mathbf{s}^T \underbrace{\mathbf{T}^H\mathbf{T}}_{\mathbf{I}} \mathbf{s} = [\mathbf{c}^*]^T\mathbf{c} \quad \text{或} \quad \|\mathbf{s}\|^2 = \|\mathbf{c}\|^2 \tag{2.244}$$

另外，如果基向量的范数不为 1，当利用各个 A_k 值对 $\|\mathbf{c}\|^2$ 中的值进行缩放时，则仍然可以获得等价的表示。

变换向量 $\mathbf{c}(m)$ 是根据起始位置为 $n_0(m) = mN + N_0$ 的信号向量 $\mathbf{s}(m)$ 计算得出的。当起始位置之间的间隔 $N > U$ 时，则不能保证能够进行重构，当 $N < U$ 时，变换的结果将是过完备的。就编码而言，选择 $N = U$ 是最合适的。对于重叠块变换 (见 2.7.4 节) ，向量 **s** 比向量 **c** 长，即 $M > U$ 。在这种情况下，尽管可以利用相应的 $\mathbf{s}(m)$ 唯一地计算出 $\mathbf{c}(m)$ ，但是在重构时，可能需要其他向量 $\mathbf{c}(m)$ (同样是由 $\mathbf{s}(m)$ 中的样点确定的) 的参与，可以将加权的**重叠相加** (overlap-and-add) 过程作为第二个步骤来完成重构。在本节的剩余部分中，均假设 $N = U = M$ 。

可分离的二维变换 (separable two-dimensional transform) 可以表示为两个矩阵乘法的连乘，其中分别使用水平变换 $\mathbf{T}_h$ 和垂直变换 $\mathbf{T}_v$ ：

$$\underbrace{\begin{bmatrix} c_{0,0} & c_{1,0} & \cdots & c_{U_1-1,1} \\ c_{0,1} & c_{1,1} & \cdots & c_{U_1-1,1} \\ \vdots & \vdots & \ddots & \vdots \\ c_{0,U_2-1} & c_{1,U_2-1} & \cdots & c_{U_1-1,U_2-1} \end{bmatrix}}_{\mathbf{C}} = \underbrace{\begin{bmatrix} t_0(0) & t_0(1) & \cdots & t_0(M_2-1) \\ t_1(0) & t_1(1) & \cdots & t_1(M_2-1) \\ \vdots & \vdots & \ddots & \vdots \\ t_{U_2-1}(0) & t_{U_2-1}(1) & \cdots & t_{U_2-1}(M_2-1) \end{bmatrix}}_{\mathbf{T}_v} \cdot \cdots$$

$$\cdots \cdot \underbrace{\begin{bmatrix} s(0,0) & s(1,0) & \cdots & s(M_1-1,0) \\ s(0,1) & s(1,1) & \cdots & s(M_1-1,1) \\ \vdots & \vdots & \ddots & \vdots \\ s(0,M_2-1) & s(1,M_2-1) & \cdots & s(M_1-1,M_2-1) \end{bmatrix}}_{\mathbf{S}} \cdot \underbrace{\begin{bmatrix} t_0(0) & t_1(0) & \cdots & t_{U_1-1}(0) \\ t_0(1) & t_1(1) & \cdots & t_{U_1-1}(1) \\ \vdots & \vdots & \ddots & \vdots \\ t_0(M_1-1) & t_1(M_1-1) & \cdots & t_{U_1-1}(M_1-1) \end{bmatrix}}_{\mathbf{T}_h^T}$$

$$\tag{2.245}$$

[①] $\mathbf{T}^H$ 是 **T** 的厄尔密特矩阵 (共轭转置) 。

在第一步中，分别对图像矩阵 $\mathbf{S}$ 的所有列（长度为 M_2）进行变换，得到 $\mathbf{C}_v = \mathbf{T}_v\mathbf{S}$，将垂直变换的结果分别应用于所有列。接下来，使用转置变换矩阵 $\mathbf{T}_h^T$（而不是使用 $\mathbf{C}_v$ 的转置矩阵），对 $\mathbf{C}_v$ 进行水平变换[1]。可分离的二维变换以及相应的逆变换，可以用矩阵方程的形式表示为[2]

$$\mathbf{C} = \underbrace{[\mathbf{T}_v\mathbf{S}]}_{\mathbf{C}_v}\mathbf{T}_h^T \Rightarrow \mathbf{S} = [\mathbf{T}_v^{-1}\mathbf{C}][\mathbf{T}_h^{-1}]^T \tag{2.246}$$

与可分离二维变换 U_1U_2 个系数相对应的基函数为

$$t_{k_1,k_2}(n_1, n_2) = t_{k_1}(n_1)t_{k_2}(n_2)$$
$$0 \leqslant k_i < U_i; \quad \mathbf{T}_{k_1,k_2} = \mathbf{t}_{k_1}\mathbf{t}_{k_2}^T \tag{2.247}$$

二维基矩阵 $\mathbf{T}_{k_1,k_2}$ 也称为**基图像**（basis images）。二维或多维表达式通常可以写成 $t_k(\mathbf{n})$ 和 $\mathbf{T}_k$ 的形式，其中，相应的（标量）变换系数可以表示为矩阵或张量的 Frobenius 积（如式（A.10）所示）：

$$c_k = \mathbf{T}_k : \mathbf{S} \tag{2.248}$$

2.7.2　正交变换的类型

一些重要变换的基函数，将在这一节中以其一维形式着重进行介绍。可以根据式（2.246），将这些一维变换扩展为二维可分离变换：

$$\mathbf{T}^{Haar}(8) = \frac{1}{2\sqrt{2}}\begin{bmatrix} 1 & 1 & 1 & 1 & 1 & 1 & 1 & 1 \\ 1 & 1 & 1 & 1 & -1 & -1 & -1 & -1 \\ \sqrt{2} & \sqrt{2} & -\sqrt{2} & -\sqrt{2} & 0 & 0 & 0 & 0 \\ 0 & 0 & 0 & 0 & \sqrt{2} & \sqrt{2} & -\sqrt{2} & -\sqrt{2} \\ 2 & -2 & 0 & 0 & 0 & 0 & 0 & 0 \\ 0 & 0 & 2 & -2 & 0 & 0 & 0 & 0 \\ 0 & 0 & 0 & 0 & 2 & -2 & 0 & 0 \\ 0 & 0 & 0 & 0 & 0 & 0 & 2 & -2 \end{bmatrix} = \begin{bmatrix} \mathbf{t}_0^T \\ \mathbf{t}_1^T \\ \vdots \\ \vdots \\ \vdots \\ \mathbf{t}_7^T \end{bmatrix} \tag{2.249}$$

矩形基函数　以下矩形基函数变换的分析块长度 M 通常是二进的（$M = 2^l, l \in \mathbb{N}$）。通常（实现正交性所需的缩放除外），这些变换不需要乘法运算。哈尔变换使用不定长的基函数[3]，在块的不同位置重复使用相同的基函数（对相邻样点进行差异分析）。例如，$U = M = 8$ 的标准正交哈尔变换的变换矩阵，如式（2.249）所示。对于标准正交变换，不同基类型的缩放因子也是不同的。$M = 8$ 时的基函数如图 2.39(a) 所示。**沃尔什基**（Walsh basis）由 $U = M$ 个基函数组成，$M = 8$ 时的基函数如图 2.39(b) 所示。相应的变换矩阵为

---

[1] 另外，第二步也可以是 $\mathbf{C} = [\mathbf{T}_h\mathbf{C}_v^T]^T$，但是，这种表达式不能直接以正确的顺序（没有进行转置）给出输出。当然，也可以首先进行水平变换，得到的最终结果在数学上是完全相同的。

[2] 当满足标准正交性时，有 $\mathbf{S} = \mathbf{T}_v^H\mathbf{C}\mathbf{T}_h^{*}$。

[3] 习题 2.13 中给出了哈尔变换和沃尔什变换更加系统的表达式。根据式（2.312）中的滤波器基，还可以将哈尔变换定义为离散小波变换（见 2.8.4 节）。

$$\mathbf{T}^{\text{Walsh}}(8) = \frac{1}{2\sqrt{2}}\begin{bmatrix} 1 & 1 & 1 & 1 & 1 & 1 & 1 & 1 \\ 1 & 1 & 1 & 1 & -1 & -1 & -1 & -1 \\ 1 & 1 & -1 & -1 & -1 & -1 & 1 & 1 \\ 1 & 1 & -1 & -1 & 1 & 1 & -1 & -1 \\ 1 & -1 & -1 & 1 & 1 & -1 & -1 & 1 \\ 1 & -1 & -1 & 1 & -1 & 1 & 1 & -1 \\ 1 & -1 & 1 & -1 & -1 & 1 & -1 & 1 \\ 1 & -1 & 1 & -1 & 1 & -1 & 1 & -1 \end{bmatrix} = \begin{bmatrix} \mathbf{t}_0^{\text{T}} \\ \mathbf{t}_1^{\text{T}} \\ \vdots \\ \vdots \\ \\ \\ \vdots \\ \mathbf{t}_7^{\text{T}} \end{bmatrix} \tag{2.250}$$

由于过零点的数量随着索引值 k 的增加而逐渐增加，因此沃尔什变换可以对"频率"进行分析(基于切换的矩形而不是振荡的正弦)。

哈达玛变换(Hadamard transform)与沃尔什变换具有相同的基函数集，只是基函数的排列顺序(基函数的索引编号)不同，因此，它不具有"频率增加"的特性。递归构造的规则隐式地保证了正交性。从 $M'=1$ 的 1×1 单位矩阵开始，每经过一个迭代步骤，块长度都将加倍

$$\mathbf{T}^{\text{Had}}(1) = [1]$$

$$\mathbf{T}^{\text{Had}}(2M') = \frac{1}{\sqrt{2}}\begin{bmatrix} \mathbf{T}^{\text{Had}}(M') & \mathbf{T}^{\text{Had}}(M') \\ \mathbf{T}^{\text{Had}}(M') & -\mathbf{T}^{\text{Had}}(M') \end{bmatrix}, \quad M' = 1, 2, 4, \cdots, M/2 \tag{2.251}$$

$M = 8$ 时的哈达玛变换矩阵为[见图 2.39(c)]：

$$\mathbf{T}^{\text{Had}}(8) = \frac{1}{2\sqrt{2}}\begin{bmatrix} 1 & 1 & 1 & 1 & 1 & 1 & 1 & 1 \\ 1 & -1 & 1 & -1 & 1 & -1 & 1 & -1 \\ 1 & 1 & -1 & -1 & 1 & 1 & -1 & -1 \\ 1 & -1 & -1 & 1 & 1 & -1 & -1 & 1 \\ 1 & 1 & 1 & 1 & -1 & -1 & -1 & -1 \\ 1 & -1 & 1 & -1 & -1 & 1 & -1 & 1 \\ 1 & 1 & -1 & -1 & -1 & -1 & 1 & 1 \\ 1 & -1 & -1 & 1 & -1 & 1 & 1 & -1 \end{bmatrix} = \begin{bmatrix} \mathbf{t}_0^{\text{T}} \\ \mathbf{t}_1^{\text{T}} \\ \vdots \\ \vdots \\ \\ \\ \vdots \\ \mathbf{t}_7^{\text{T}} \end{bmatrix} \tag{2.252}$$

$$\mathbf{T}^{\text{DFT}} = \begin{bmatrix} 1 & 1 & 1 & 1 & 1 & \cdots & 1 \\ 1 & e^{-j\frac{2\pi}{M}} & e^{-j\frac{4\pi}{M}} & e^{-j\frac{6\pi}{M}} & \cdots & & e^{-j\frac{2\pi(M-1)}{M}} \\ 1 & e^{-j\frac{4\pi}{M}} & e^{-j\frac{8\pi}{M}} & & \ddots & & e^{-j\frac{4\pi(M-1)}{M}} \\ 1 & e^{-j\frac{6\pi}{M}} & & & & & \vdots \\ \vdots & \vdots & & \ddots & & \ddots & \\ 1 & e^{-j\frac{2\pi(U-1)}{M}} & e^{-j\frac{4\pi(U-1)}{M}} & & \cdots & & e^{-j\frac{2\pi(U-1)(M-1)}{M}} \end{bmatrix} \tag{2.253}$$

正弦基函数　离散傅里叶变换(Discrete Fourier Transform，DFT)的定义为

$$c_k = \sum_{n=0}^{M-1} s(n) W_M^{-mk}, \quad s(n) = \sum_{k=0}^{M-1} c_k W_M^{mk}, \quad \text{其中} \ W_M = e^{j\frac{2\pi}{M}} \tag{2.254}$$

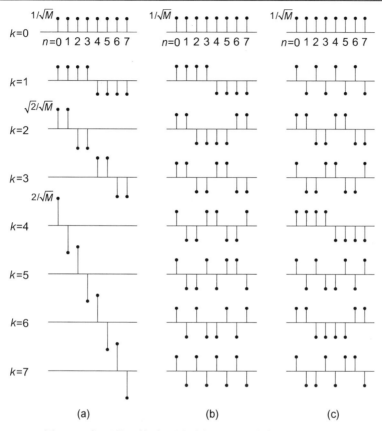

图 2.39 矩形基函数系。(a)哈尔；(b)沃尔什；(c)哈达玛

可以把复指数基函数视为具有特定频率和相位的正弦谐波。DFT 的变换矩阵如式(2.253)所示。需要注意的是，这种形式的 DFT 不是标准正交的。由式(2.240)可知，对于一维变换，有 $A_k = M$，对于可分离的二维变换[①]，有 $A_{k_1 k_2} = M_1 M_2$。另外，即使样点序列只表示较长信号中的一个片段，DFT 也将它们视为是周期性的。因此，信号片段左右边界之间偶尔出现的幅度差异，会被认为是不连续性[见图 2.40(a)]，频谱能量会出现在较宽的频率范围上。此外，当信号具有局部周期性，但波长(或其倍数)与 M 不匹配时，频谱能量也会分布在一定的频谱范围内。因此，DFT 的缺点是，在图像/视频和音频压缩使用 DFT 会产生伪影。避免这一缺点的一种方法是使用朝末端方向滚降的窗函数，这种方法通常与重叠块一起使用。

如果对信号进行(镜像)对称扩展，则可以避免幅度的不连续性，还会产生偶对称的实值 DFT 频谱。第一种方法可以在 $n = 0$ 和 $n = M - 1$ 点处实现偶对称，频谱的周期长度为 $2M - 2$(来自 M 个独立样点)，如图 2.40(b)所示。计算 DFT

$$c_k = \sum_{n=-M+1}^{M-2} s(n) \mathrm{e}^{-\mathrm{j}2\pi \frac{kn}{2M-2}}, \quad \text{其中，当 } n < 0 \text{ 时，} s(n) = s(-n) \tag{2.255}$$

得到的实值系数为

[①] 对于标准正交形式的一维 DFT，需要在分析和合成(IDFT)中以因子 $1/\sqrt{M}$ 进行归一化。相似地，对于二维变换，需要以 $1/\sqrt{M_1 M_2}$ 进行归一化。

$$c_k = s(0) + (-1)^k s(M-1) + \sum_{n=1}^{M-2} s(n)\left[e^{j2\pi\frac{kn}{2M-2}} + e^{-j2\pi\frac{kn}{2M-2}} \right]$$

$$= s(0) + (-1)^k s(M-1) + 2\sum_{n=1}^{M-2} s(n)\cos\left[\frac{\pi}{M-1}nk\right]$$

(2.256)

c_k 的值是关于 k 以 $2M-2$ 为周期的，其值同样在 $k=0$ 和 $k=M-1$ 处是偶对称的。因此，除归一化因子 $1/(2M-2)$ 外[①]，逆变换是完全相同的。这种实数变换称为第 I 类 DCT（关于不同类型的 DCT 及其实现的详细介绍，见[Britanak, et al., 2010] [Chen, Smith, Fralick, 1977]）。

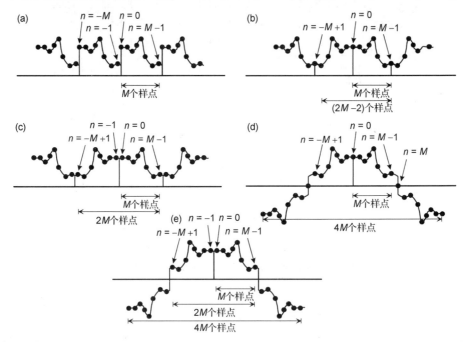

图 2.40　对信号中长度为 M 的有限分析片段在边界处进行扩展。(a)周期性扩展（DFT）；(b)第 I 类 DCT；(c)第 II 类 DCT；(d)第 III 类 DCT；(e)第 IV 类 DCT

但是，对数据压缩应用而言，DCT-I 并不是最合适的，这首先是因为 DCT-I 的所有基函数在 $n=0$ 处都具有最大幅度值，当变换系数被丢弃或被量化得很粗糙时，会在块的左边界处产生较大的误差。其次，基函数本身不具有对称性，这是由于 M 个样点的长度与余弦周期（以 $M-1$ 或其倍数为周期）不匹配。另外，由于最低频率在基函数的长度上近似地表示一个完整的余弦周期，因此，它无法有效地表示幅度增长较慢的信号（这在图像信号中非常常见）。

为了克服这些问题，还可以在 $n=-1/2$ 和 $n=M-1/2$ 处加入偶对称点，因此，对这两个点也进行复制，然后计算 $2M$ 个样点的傅里叶变换，此时正好有一半样点是冗余的[见图 2.40(c)]。这可以通过调整 DFT 的基函数来实现，在复指数中引入半个样点的移位。即

$$c_k = \sum_{n=-M}^{M-1} s(n)e^{-j2\pi\frac{k}{2M}\left(n+\frac{1}{2}\right)}, \text{ 其中 } s(n)=s(-n-1), \quad n<0$$

(2.257)

[①] 另外，如果满足标准正交性，则正变换和反变换是完全相同的，其中，需要以因子 $1/\sqrt{1/(2M-2)}$ 对式(2.256)进行归一化。

可以将其重写为第 II 类 DCT

$$c_k = \sum_{n=0}^{M-1} s(n)\left[e^{-j2\pi\frac{k}{2M}\left(-n-1+\frac{1}{2}\right)} + e^{-j2\pi\frac{k}{2M}\left(n+\frac{1}{2}\right)} \right] = 2\sum_{n=0}^{M-1} s(n)\cos\left[k\left(n+\frac{1}{2}\right)\frac{\pi}{M} \right] \tag{2.258}$$

在系数域中，可以发现：系数 c_M 和 c_{-M} 为零；另外，存在以下对称关系：

$$c_{-k} = c_k, \quad 0 < k < M$$

$$c_{|k|} = -c_{|2M-k|}, \quad M < |k| < 2M \tag{2.259}$$

这意味着，变换系数关于 $k = \pm M$ 具有奇对称性，且是关于 k 以 $4M$ 为周期的，但是，其中仍然只存在 M 个独立的系数，所有其他的系数均是冗余的。这可以通过以下事实加以解释：引入半个样点的移位，实际上会使采样率翻倍，并且 DCT 的块长度也将变为 $4M$，其中每两个样点中都有一个为零。因此，在频谱周期内将会出现混叠频谱（见 2.8.1 节）。逆 DCT 需要进行以下计算［形式上，需要对以 $1/(4M)$ 进行归一化的 $4M$ 个样点进行求和，但是对于 $|k| \geqslant M$ 的具有相应复指数的系数，由于其贡献是完全相同的，因此可以将它们省略］

$$s(n) = \frac{1}{2M}\left[\sum_{k=0}^{M-1} c_k e^{j2\pi\frac{k}{2M}\left(n+\frac{1}{2}\right)} + \sum_{k=-M+1}^{1} c_k e^{j2\pi\frac{k}{2M}\left(n+\frac{1}{2}\right)} \right], \quad \text{其中 } c_{-k} = c_k$$

$$= \frac{1}{M}\left(\frac{c_0}{2} + \sum_{k=1}^{M-1} c_k \cos\left[k\left(n+\frac{1}{2}\right)\frac{\pi}{M} \right] \right) \tag{2.260}$$

式 (2.260) 中的变换也称为第 III 类 DCT。其对称性如图 2.40 (d) 所示（在 $n = 0$ 处偶对称，在 $n = M$ 处奇对称）。其对应的逆变换为 DCT-II。

由于半个样点的移位以及对称基函数的使用，可以将 DCT-II 和 DCT-III 结合，用于完成对信号的线性插值（上采样）。对于 2 倍上采样情况，可以通过如下方式实现：将位置 $k = M+1,\cdots,2M-1$ 处符号相反的系数用零值代替[1]，然后对全部 $4M$ 个样点进行逆变换，从而通过逆变换生成 $2M$ 个样点。类似地，通过填充更多的零值，同时进一步增加逆变换的块长度，则可以获得更高的上采样比。

式 (2.258) 中的 DCT-II 和式 (2.260) 中的 DCT-III 都具有正交基向量，但是并不满足式 (2.240)，因为 $\mathbf{t}_0$ 的范数是不同的。通过进行以下调整，可以获得正交性，DCT-II 的基向量可以写为

$$t_k^{\text{DCT-II}}(n) = \sqrt{\frac{2}{M}}C_0 \cos\left[k\left(n+\frac{1}{2}\right)\frac{\pi}{M} \right], \quad 0 \leqslant \{n,k\} < M \tag{2.261}$$

其中，当 $k = 0$ 时，$C_0 = 1/\sqrt{2}$；当 $k \neq 0$ 时，$C_0 = 1$。

第 VI 类 DCT 是另一种类型的 DCT，它在某种程度上同时具有 DCT-II 和 DCT-III 的特性，在 $n = -1/2$ 处是偶对称的，在 $n = \pm M - 1/2$ 处是奇对称的［见图 2.40 (e)］。DCT-IV 关于 n 以 $4M$ 为周期（同样只有 M 个独立样点），但是此时，超过奇对称点的系数，其贡献是不同的。由于 $s(n)$ 是偶数，所以 $n < 0$ 的值贡献的是复共轭，因此，对 $4M$ 个样点进行 DFT，可得

---

[1] 这相当于在插值滤波中对混叠频谱进行抑制，见 2.8.1 节。

$$c_k = 2\,\mathrm{Re}\left\{\sum_{n=0}^{2M-1} s(n)\mathrm{e}^{-\mathrm{j}2\pi\frac{k}{2M}\left(n+\frac{1}{2}\right)}\right\}, \quad \text{其中} \quad s(n) = -s(2M-n-1), \quad n \geq M \tag{2.262}$$

可以将其重写为

$$
\begin{aligned}
c_k &= 2\,\mathrm{Re}\left\{\sum_{n=0}^{M-1} s(n)\left[\mathrm{e}^{-\mathrm{j}2\pi\frac{k}{4M}\left(n+\frac{1}{2}\right)} - \mathrm{e}^{-\mathrm{j}2\pi\frac{k}{4M}\left(2M-n-1+\frac{1}{2}\right)}\right]\right\} \\
&= 2\,\mathrm{Re}\left\{\sum_{n=0}^{M-1} s(n)\left[\mathrm{e}^{-\mathrm{j}\pi\frac{k}{2M}\left(n+\frac{1}{2}\right)} - \mathrm{e}^{-\mathrm{j}\pi k}\mathrm{e}^{\mathrm{j}\pi\frac{k}{2M}\left(n+\frac{1}{2}\right)}\right]\right\}
\end{aligned}
\tag{2.263}
$$

k 为偶数值时，该结果为零。用 $2k+1$ 替换 k，只考虑奇数位置的非零系数，最后可得

$$c_k = 4\sum_{n=0}^{M-1} s(n)\cos\left[\left(k+\frac{1}{2}\right)\left(n+\frac{1}{2}\right)\frac{\pi}{M}\right] \tag{2.264}$$

在 DCT-IV 中，n 和 k 对基函数具有相同的影响。此外，可以得出结论，在 n 和 k 上都应该存在零值样点，包括式(2.264)中 $k=-1/2$ 处的零频率。由于系数序列具有对称性(在 $k=-1/2$ 处偶对称，在 $k=\pm M-1/2$ 处奇对称)，因此逆变换与式(2.264)是完全相同的[除需要以 $1/(8M)$ 对幅度进行缩放外[①]]。具有最低离散频率的基函数 $\mathbf{t}_0$ 是以 $4M$ 为一个完整周期(或以 M 为四分之一周期)的余弦。

由于这些特性，DCT-IV 最适合压缩零均值信号，比如音频。它还可以用作重叠块变换的基(见 2.7.4 节)，其中，通常将基函数的长度扩展为 $2M$，并需要乘以一个窗口函数(向尾部衰减并完全将负镜像部分去掉)。由此，由 $n=\pm(M-1/2)$ 处的奇对称性引起的所有负面影响都可以被避免，这称为"时域混叠消除"[Princen, Bradley, 1986]。

还可以在 $n=0$ 或 $n=-1/2$ 处应用奇对称，从而获得 DFT 基函数对称扩展的其他形式。在这种情况下，DFT 的实部将为零，但是可以将虚部的值作为实值系数使用。然而需要考虑的是，只要 $n=0$ 或 $n=\pm M$ 是对称点，奇对称性便要求对称点本身必须为零值。然而，当有 M 个非零值时，扩展的 DFT 长度需要包含零值。由于奇信号分量对应于 DFT 复指数的(虚数)正弦分量，所以将这类变换归类为**离散正弦变换**(Discrete Sine Transform，DST)。与上面的讨论类似，DST 主要包括 4 种类型：

- 第 I 类 DST：在 $n=0$ 和 $n=\pm M$ 处奇对称，有效 DFT 周期(包括两个零值样点)为 $2M+2$，具有对称的基函数。

- 第 II 类 DST：在 $n=-\dfrac{1}{2}$ 和 $n=M-\dfrac{1}{2}$ 处奇对称，没有零值样点，有效 DFT 周期为 $2M$。

- 第 III 类 DST：在 $n=0$ 处奇对称，在 $n=\pm M$ 处偶对称，有效 DFT 周期(在 $n=0$ 和 $n=-2M$ 处包括两个零值样点)为 $4M$。

- 第 IV 类 DST：在 $n=-\dfrac{1}{2}$ 处奇对称，在 $n=M-\dfrac{1}{2}$ 处偶对称，没有零值样点，有效 DFT 周期为 $4M$。

---

① 当把 0 系数包括在内时，k 的实际周期就是 $8M$。另外，正变换和反变换均可以以 $\sqrt{2/M}$ 进行缩放。

同样，DST-II 和 DST-III 是互逆的，而 DST-I 和 DST-IV 分别与它们的逆变换相同。在数据压缩中，DST-I 和 DST-IV 是比较重要的变换，它们能够较好地解决边界预测问题，所谓边界预测问题是指，利用相同的边界样点预测一组 M 个连续样点，预测误差会随着与边界距离的增加而增大（见 5.2.4 节）——对于 AR(1) 过程，DST 能够以最优的方式去除预测误差中的相关性，具体说明如下：

- DST-I 最适合在双边预测（利用两边边界中的样点预测由 M 个样点组成的块）中使用[Jain, 1976]。在下面长度为 M 的集合中，第一个基函数是最大值位于块中心的半个正弦波。这是与预测误差的特性相匹配的，因为最大预测误差通常出现在 $M/2$ 位置附近（用于预测的，距离边界最远的样点）

$$t_k^{\text{DST-I}}(n) = \sqrt{\frac{2}{M+1}} \cdot \sin\left[\frac{\pi}{M+1}(k+1/2)(n+1/2)\right], \quad 0 \leqslant \{n,k\} < M \tag{2.265}$$

- DST-IV 最适合在单边预测（利用起始边界中的样点预测由 M 个样点组成的块）中使用。在下面长度为 M 的集合中，第一个基函数是最大值位于块末尾的四分之一个正弦波

$$t_k^{\text{DST-IV}}(n) = \sqrt{\frac{2}{M}} \cdot \sin\left[\frac{\pi}{M}(k+1/2)(n+1/2)\right], \quad 0 \leqslant \{n,k\} < M \tag{2.266}$$

二维 DCT 在图像和视频压缩中（比如，在 MPEG、JPEG、H.261/2/3 标准中）得到了广泛的应用。在大小为 $M_1 M_2$ 的矩形信号块上应用的，二维 DCT-II 及其逆二维 DCT-III 的精确数学表达式为（其中，两个维度上的因子 C_0 是根据式 (2.261) 分别进行定义的）

$$c_{k_1 k_2} = \frac{2}{\sqrt{M_1 M_2}} C_0^{(k_1)} C_0^{(k_2)} \sum_{n_1=0}^{M_1-1} \sum_{n_2=0}^{M_2-1} s(n_1, n_2) \cos\left[k_1\left(n_1+\frac{1}{2}\right)\frac{\pi}{M_1}\right] \cos\left[k_2\left(n_2+\frac{1}{2}\right)\frac{\pi}{M_2}\right] \tag{2.267}$$

$$s(n_1, n_2) = \frac{2}{\sqrt{M_1 M_2}} \sum_{k_1=0}^{M_1-1} \sum_{k_2=0}^{M_2-1} C_0^{(k_1)} C_0^{(k_2)} c_{k_1 k_2} \cos\left[k_1\left(n_1+\frac{1}{2}\right)\frac{\pi}{M_1}\right] \cos\left[k_2\left(n_2+\frac{1}{2}\right)\frac{\pi}{M_2}\right] \tag{2.268}$$

由式 (2.247) 定义的，不同的二维可分离变换的**基图像**（basis images），如图 2.41 所示。

整数变换 计算矩形（二进制）基变换不需要进行乘法运算。矩形基变换还可以从有限比特精度的变换系数中，完美地重构出信号[1]。另外，矩形变换的基函数还可以有效地表示不连续成分，比如，尖锐的边缘等，但是对于平缓增加的幅度或光滑的周期结构，它们只能提供较粗糙的表示。正弦变换能够以最小的误差，更好地逼近后一种类型的信号，而三角函数无法以足够的数学精度实现，可能会产生含入误差，从而会对正交性造成影响。作为一种折中方案，可以设计（非二进制）整数变换基，使其相比于矩形基函数能够更好地捕获平缓变化的信号行为，同时，可以利用较短字长的整数运算保持变换的正交性。下面这个长度 $M=4$ 的变换就是其中一个例子，它已被先进视频编码（Advanced Video Coding）标准（见 7.8 节）所采用[Malvar, et al., 2003]。

---

[1] 然而，需要注意的是，即使采用哈尔变换或沃尔什变换，与原始信号表示相比，无损编码表示所需的比特精度也会增加 $\log_2 M$ 比特。

$$\mathbf{T}^{\text{int}}(4) = \begin{bmatrix} 1 & 1 & 1 & 1 \\ 2 & 1 & -1 & -2 \\ 1 & -1 & -1 & 1 \\ 1 & -2 & 2 & -1 \end{bmatrix} \tag{2.269}$$

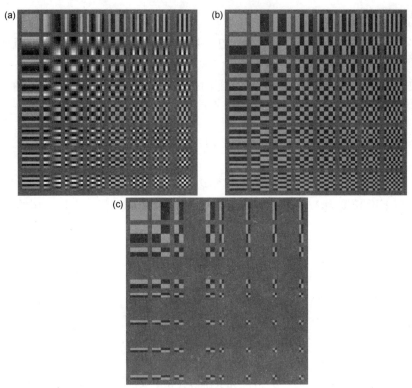

图 2.41 变换的二维基图像。(a)DCT 变换；(b)沃尔什变换；(c)哈尔变换

为了保证式(2.269)中各基向量之间的正交性，需要对各个基向量应用不同的归一化因子 $1/2$、$1/\sqrt{10}$、$1/2$、$1/\sqrt{10}$，而必要的缩放运算可以合并入量化中(如果用于压缩)。下面的矩阵给出了一个真正正交的/范数相同的整数变换(可以将平方根缩放因子传给逆变换)，它近似于长度为 4 的 DCT 变换

$$\mathbf{T}^{\text{int}}(4) = \frac{1}{\sqrt{676}} \begin{bmatrix} 13 & 13 & 13 & 13 \\ 17 & 7 & -7 & -17 \\ 13 & -13 & -13 & 13 \\ 7 & -17 & 17 & -7 \end{bmatrix} \tag{2.270}$$

$$\mathbf{T}^{\text{int}}(8) = \frac{1}{\sqrt{1352}} \begin{bmatrix} 13 & 13 & 13 & 13 & 13 & 13 & 13 & 13 \\ 19 & 15 & 9 & 3 & -3 & -9 & -15 & -19 \\ 17 & 7 & -7 & -17 & -17 & -7 & 7 & 17 \\ 9 & 3 & -19 & -15 & 15 & 19 & -3 & -9 \\ 13 & -13 & -13 & 13 & 13 & -13 & -13 & 13 \\ 15 & -19 & -3 & 9 & -9 & 3 & 19 & -15 \\ 7 & -17 & 17 & -7 & -7 & 17 & -17 & 7 \\ 3 & -9 & 15 & -19 & 19 & -15 & 9 & -3 \end{bmatrix} \tag{2.271}$$

式 (2.271) 中的变换矩阵定义了一个块长度 $M=8$ 的真正正交的整数变换，其结构与式 (2.270) 中的结构[Wien, 2003]类似。可以利用式 (2.270) 中变换的镜像对称扩展来构造式 (2.271) 中的基函数，或者可以利用式 (2.271) 中第 1、3、5、7 个基函数的前半部分来构造式 (2.270) 中的基函数，如式中的方框所示。

在必须满足严格正交性的前提下，还没有找到用于不同变换块尺寸的，长度大于 $M=8$ 的变换基函数的"嵌套"集合。但是，如果适当地放宽对正交性的限制，使得当 $i \neq j$ 时，有 $0 \neq \mathbf{t}_i^T \mathbf{t}_j^T \ll \mathbf{t}_i^T \mathbf{t}_i$，则可以构造出相似的变换基函数。HEVC 标准定义了块尺寸 $M=4$、8、16、32 的近似整数 DCT 变换。其中不同长度的基函数的嵌套方式与上文中的完全相同，而且对于不同的变换块尺寸，基向量的范数基本上也是相等的，因此不需要进行特殊的量化。例如，这里给出了 $M=16$ 的变换矩阵，其中，$M=8$ 的嵌套 DCT 函数在最左侧的 8 列中已被突出显示[Budagavi, et al., 2013]

$$
\mathbf{T}^{\text{int}}(16) = \begin{bmatrix}
64 & 64 & 64 & 64 & 64 & 64 & 64 & 64 & 64 & 64 & 64 & 64 & 64 & 64 & 64 & 64 \\
90 & 87 & 80 & 70 & 57 & 43 & 25 & 9 & -9 & -25 & -43 & -57 & -70 & -80 & -87 & -90 \\
89 & 75 & 50 & 18 & -18 & -50 & -75 & -89 & -89 & -75 & -50 & -18 & 18 & 50 & 75 & 89 \\
87 & 57 & 9 & -43 & -80 & -90 & -70 & -25 & 25 & 70 & 90 & 80 & 43 & -9 & -57 & -87 \\
83 & 36 & -36 & -83 & -83 & -36 & 36 & 83 & 83 & 36 & -36 & -83 & -83 & -36 & 36 & 83 \\
80 & 9 & -70 & -87 & -25 & 57 & 90 & 43 & -43 & -90 & -57 & 25 & 87 & 70 & -9 & -80 \\
75 & -18 & -89 & -50 & 50 & 89 & 18 & -75 & -75 & 18 & 89 & 50 & -50 & -89 & -18 & 75 \\
70 & -43 & -87 & 9 & 90 & 25 & -80 & -57 & 57 & 80 & -25 & -90 & -9 & 87 & 43 & -70 \\
64 & -64 & -64 & 64 & 64 & -64 & -64 & 64 & 64 & -64 & -64 & 64 & 64 & -64 & -64 & 64 \\
57 & -80 & -25 & 90 & -9 & -87 & 43 & 70 & -70 & -43 & 87 & 9 & -90 & 25 & 80 & -57 \\
50 & -89 & 18 & 75 & -75 & -18 & 89 & -50 & -50 & 89 & -18 & -75 & 75 & 18 & -89 & 50 \\
43 & -90 & 57 & 25 & -87 & 70 & 9 & -80 & 80 & -9 & -70 & 87 & -25 & -57 & 90 & -43 \\
36 & -83 & 83 & -36 & -36 & 83 & -83 & 36 & 36 & -83 & 83 & -36 & -36 & 83 & -83 & 36 \\
25 & -70 & 90 & -80 & 43 & 9 & -57 & 87 & -87 & 57 & -9 & -43 & 80 & -90 & 70 & -25 \\
18 & -50 & 75 & -89 & 89 & -75 & 50 & -18 & -18 & 50 & -75 & 89 & -89 & 75 & -50 & 18 \\
9 & -25 & 43 & -57 & 70 & -80 & 87 & -90 & 90 & -87 & 80 & -70 & 57 & -43 & 25 & -9
\end{bmatrix}
\tag{2.272}
$$

根据式 (2.272) 中的矩阵以及嵌套的较短变换的构造，可以发现，DCT 的基函数是由偶对称函数和奇对称函数交替构成的，并且矩阵两边系数的幅度是完全相同的(可以由第 II 类 DCT 构造得到，见上文)。只有偶函数可以用来构造更短的 DCT 变换，这是因为它们同样还可以给出交替的奇/偶函数集合。相似地，下一个尺寸较大变换的偶函数可以通过所有函数的对称扩展来构造。

式 (2.266) 中第 IV 类 DST 的近似变换是另一种基于整数系数基函数的准正交变换，在 HEVC 标准中，采用了块长度 $M=4$ 的整数 DST

$$
\mathbf{T}^{\text{int}}(4) = \begin{bmatrix}
29 & 55 & 74 & 84 \\
74 & 74 & 0 & -74 \\
84 & -29 & -74 & 55 \\
55 & -84 & 74 & -29
\end{bmatrix}
\tag{2.273}
$$

最优变换——KLT　多媒体信号压缩中所采用的线性变换，应该以尽可能少的变换系数，尽可能准确地逼近信号。通常，采用重构误差的能量作为优化准则。假设只使用 U 个系数中

的 T 个来表示信号，那么一维变换的重构误差为

$$e(n) = s(n) - \frac{1}{A} \sum_{k=0}^{T-1} c_k t_k^*(n) \tag{2.274}$$

由此，可以得到整个块的误差能量为

$$\|\mathbf{e}\|^2 = \sum_{n=0}^{M-1} e^2(n)$$
$$= \sum_{n=0}^{M-1} \left[s^2(n) - 2s(n)\frac{1}{A}\sum_{k=0}^{T-1} c_k t_k^*(m) + \left| \frac{1}{A}\sum_{k=0}^{T-1} c_k t_k^*(n) \right|^2 \right] \tag{2.275}$$

假设 $s(n)$ 是一个实值信号

$$s(n) = \frac{1}{A}\sum_{l=0}^{U-1} c_l t_l^*(m) = \left[\frac{1}{A}\sum_{l=0}^{U-1} c_l^* t_l(n) \right]^* = \frac{1}{A}\sum_{l=0}^{U-1} c_l^* t_l(n) \tag{2.276}$$

将其代入式 (2.275) 中，可得

$$\|\mathbf{e}\|^2 = \sum_{n=0}^{M-1} \left[s^2(n) - \frac{2}{A^2}\sum_{l=0}^{U-1}\sum_{k=0}^{T-1} c_k t_k^*(n) c_l^* t_l(n) + \left| \frac{1}{A}\sum_{k=0}^{T-1} c_k^* t_k(n) \right|^2 \right] \tag{2.277}$$

使用式 (2.240) 中的正交条件，可得

$$\|\mathbf{e}\|^2 = \sum_{n=0}^{M-1} s^2(n) - \frac{1}{A}\sum_{k=0}^{T-1} |c_k|^2 \tag{2.278}$$

式 (2.278) 表明，当 $T = U = M$ 时，$\|\mathbf{e}\|^2 = 0$，因此，M 个值上的信号能量同样可以根据线性正交变换的系数确定。这与式 (2.244) 中的条件是吻合的，只是式 (2.278) 更具有一般性，因为它说明，去掉一些变换系数后，重构信号中的误差能量将恰好等于这些变换系数的能量（经归一化因子 A 进行缩放）。

因此，如果根据有限数量的系数进行重构，则可以在误差能量**最小化**(minimized)的条件下，推导出最优变换。这相当于使前 T 个系数上的能量**最大化**(maximizing)。现在假设需要对平稳随机过程中的样点进行变换，计算前 T 个系数平方的期望值，可以得到以下条件（为简单起见，考虑标准正交的情况）：

$$\sum_{k=0}^{T-1} \mathcal{E}\left\{ |c_k|^2 \right\} = \sum_{k=0}^{T-1} \mathcal{E}\left\{ c_k c_k^* \right\} = \sum_{k=0}^{T-1} \mathcal{E}\left\{ \sum_{n=0}^{M-1} s(n) t_k(n) \sum_{m=0}^{M-1} s(m) t_k^*(m) \right\} \tag{2.279}$$
$$= \sum_{k=0}^{T-1} \mathcal{E}\left\{ \sum_{m=0}^{M-1} \left(\sum_{n=0}^{M-1} s(n) s(m) t_k(n) \right) t_k^*(m) \right\}$$
$$= \sum_{k=0}^{T-1} \left[\sum_{m=0}^{M-1} \left(\sum_{n=0}^{M-1} \mu_{ss}\left(|m-n| \right) t_k(n) \right) t_k^*(m) \right]$$

如果最里层括号内的表达式满足以下条件，则式 (2.279) 达到最大值

$$\sum_{n=0}^{M-1} \mu_{ss}\left(|m-n| \right) t_k(n) = \lambda_k t_k(m) \tag{2.280}$$

将离散自协方差序列的特征向量构造为变换基，则可以满足这一条件。将式(2.280)代入式(2.279)，可得

$$\sum_{k=0}^{T-1}\mathcal{E}\left\{\left|c_k\right|^2\right\}=\sum_{k=0}^{T-1}\lambda_k\underbrace{\left[\sum_{m=0}^{M-1}t_k(m)t_k^*(m)\right]}_{=1} \tag{2.281}$$

这表明，特征值 λ_k 体现的是系数 c_k 的能量。这种 KLT 变换(karhunen-loève transform)的基函数需要根据给定信号的自协方差进行调整，对于高斯(自回归)平稳过程，KLT 变换将是全局最优的。将式(2.280)应用于整个基函数集可知，可以将式(2.157)中自协方差矩阵的特征向量 ϕ_k 构造为基函数集[1]，其中，协方差矩阵是包含协方差值 $\mu_{ss}(0),\cdots,\mu_{ss}(M-1)$ 的 $M \times M$ 矩阵

$$\mathbf{C}_{ss}\phi_k=\lambda_k\phi_k, \quad \text{其中} \phi_k=\left[\phi_k(0)\phi_k(1)\cdots\phi_k(M-1)\right]^{\mathrm{T}}, \quad 0 \leqslant k < U \tag{2.282}$$

或者，可以将特征向量的共轭[2] ϕ_k^* 定义为变换矩阵 $\mathbf{T}^{\text{KLT}}$ [3] 的行

$$\left[\phi_k^*\right]^{\mathrm{T}}\mathbf{C}_{ss}^{\mathrm{T}}=\lambda_k\left[\phi_k^*\right]^{\mathrm{T}} \tag{2.283}$$

可以用矩阵的形式将式(2.283)表示为

$$\begin{bmatrix} \phi_0^*(0) & \phi_0^*(1) & \dots & \phi_0^*(M-1) \\ \phi_0^*(0) & \ddots & \ddots & \vdots \\ \vdots & \ddots & & \vdots \\ \phi_{U-1}^*(0) & \dots & & \phi_{U-1}^*(M-1) \end{bmatrix} \begin{bmatrix} \mu_{ss}(0) & \mu_{ss}(1) & \dots & \mu_{ss}(M-1) \\ \mu_{ss}(1) & \mu_{ss}(0) & \mu_{ss}(1) & \vdots \\ \vdots & \mu_{ss}(1) & \ddots & \\ \mu_{ss}(M-1) & \dots & & \mu_{ss}(0) \end{bmatrix}$$

$$=\begin{bmatrix} \lambda_0 & 0 & 0 & \cdots & 0 \\ 0 & \lambda_1 & 0 & & \vdots \\ 0 & 0 & \lambda_2 & \ddots & \vdots \\ \vdots & & \ddots & \ddots & 0 \\ 0 & \cdots & 0 & & \lambda_{U-1} \end{bmatrix} \begin{bmatrix} \phi_0^*(0) & \phi_0^*(1) & \dots & \phi_0^*(M-1) \\ \phi_0^*(0) & \ddots & \ddots & \vdots \\ \vdots & \ddots & & \vdots \\ \phi_{U-1}^*(0) & \dots & & \phi_{U-1}^*(M-1) \end{bmatrix} \tag{2.284}$$

$$\Leftrightarrow \mathbf{T}^{\text{KLT}}\mathbf{C}_{ss}=\mathbf{\Lambda}\mathbf{T}^{\text{KLT}}$$

式(2.284)的两边同时乘以逆变换矩阵，使等式右边只剩下一个由特征值 λ_k 组成的对角矩阵 $\mathbf{\Lambda}$

$$\mathbf{T}^{\text{KLT}}\mathbf{C}_{ss}\left[\mathbf{T}^{\text{KLT}}\right]^{\mathrm{H}}=\mathbf{\Lambda}=\text{Diag}\left\{\lambda_k\right\} \Rightarrow \sum_{k=0}^{U-1}\mathcal{E}\left\{\left|c_k\right|^2\right\}=\text{tr}\left\{\mathbf{\Lambda}\right\}=\mathcal{E}\left\{\sum_{n=0}^{M-1}s^2(n)\right\} \tag{2.285}$$

可以将式(2.285)中的 $\mathbf{\Lambda}$ 看作自协方差矩阵的"最优变换"，利用它，可以获得离散频谱样点 c_k 的统计特性。$\mathbf{C}_{ss}$ 不是对角矩阵，说明信号中存在相关性，而 $\mathbf{\Lambda}$ 的对角形状表明在频谱样点之间不再存在相关性。

---

① 在此处以及接下来的公式中，我们均假设系数的均值为零。但是，由于对应均值的能量成分通常都集中于系数 c_0 上，因此，有关 KLT 变换最优性的基本依据并没有改变。

② 利用特征向量的共轭进行定义，可以使 KLT 与 DFT 的定义以及互相关分析保持一致。实际上，对于完美的周期信号(比如，由正弦构成的信号，其中分析块长度恰好是每个正弦周期的整数倍)而言，DFT 就是最优变换。

③ 这样可以与到目前为止所定义的变换基保持一致，可以将其理解为信号样点与各个基函数之间的相关性检验。对于复数基函数，还需要对复共轭进行检验。

2.7.3 变换的效率

一种变换能否将尽可能多的信号能量，集中于尽可能少的变换系数上，是评价其效率的一项重要准则[Clarke, 1985]。**能量聚集效率**（energy packing efficiency）η_e 表示的是前 T 个变换系数所包含的能量与全部 U 个变换系数能量的归一化比值

$$\eta_e(T) = \frac{\sum_{l=0}^{T-1} \mathcal{E}\{c_l^2\}}{\sum_{k=0}^{U-1} \mathcal{E}\{c_k^2\}} \tag{2.286}$$

KLT 变换使能量聚集效率达到最大值，因为 KLT 变换正是根据这一准则进行优化的，见式（2.279）。另一个准则是**去相关效率**（decorrelation efficiency）η_c，它是由自协方差矩阵 $\mathbf{C}_{ss}$ 及其变换[1]

$$\mathbf{C}_{cc} = \mathcal{E}\{\mathbf{cc}^{\mathrm{H}}\} = \mathcal{E}\{(\mathbf{Ts})(\mathbf{Ts})^{\mathrm{H}}\} = \mathbf{T}\mathcal{E}\{\mathbf{ss}^{\mathrm{T}}\}\mathbf{T}^{\mathrm{H}} = \mathbf{TC}_{ss}\mathbf{T}^{\mathrm{H}} \tag{2.287}$$

确定的。

去相关效率的定义为[2]

$$\eta_c = 1 - \frac{\sum_{\substack{k=0 \\ (k \neq l)}}^{U-1} \sum_{l=0}^{U-1} |\mu_{cc}(k,l)|}{\sum_{\substack{k=0 \\ (k \neq l)}}^{M-1} \sum_{l=0}^{M-1} |\mu_{ss}(k,l)|} \tag{2.288}$$

对于 KLT 变换，$\mathbf{C}_{cc}$ 就是式（2.285）中的特征值矩阵 $\mathbf{\Lambda}$，其中所有 $k \neq l$ 的元素均为零，因此，η_c 取得最大值 1。这意味着，如果针对信号的自协方差统计特性进行优化，则 KLT 变换可以获得最优的去相关性能。对于除 KLT 外的其他变换，其离散变换系数之间还可能存在线性统计相关性（非零相关）。

2.7.4 重叠块变换

可以把线性变换看成信号与冲激响应（时间反转的复共轭基函数）的卷积。与传统的卷积不同，在变换块之间不存在重叠的情况下，只在每第 M 个位置处进行变换系数的计算，可以视为卷积输出的亚采样。因此，在频域中，生成的变换系数可以看成信号频谱与各个基向量傅里叶传递函数的乘积。变换系数携带着通过相应傅里叶传递函数的**全部频率**（all frequencies）的信息。根据 DCT 的基向量计算得到的幅度传递函数，如图 2.42 所示，其中块长度 $M = 8$。在通带下面，每个函数都有明显的旁瓣，这说明在这种情况下，DCT 的频率分离特性是相当差的。

---

① 当基函数的数量与样点的数量相等时，方阵 $\mathbf{C}_{ss}$ 和 $\mathbf{C}_{cc}$ 的尺寸也是相同的。

② 零相关性（白噪声）是一种例外的情况，这时会出现 0/0 的除法。在这种情况下，去相关效率在形式上为零。

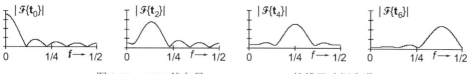

图 2.42 DCT 基向量 t_0、t_2、t_4、t_6 的傅里叶幅度谱

较长的冲激响应(Longer impulse responses)(或基函数)可以改善频谱截止和阻带抑制特性。与硬截断函数相比,加窗能使基函数向尾部的滚降比较平缓,还能使旁瓣中的频谱具有较少的能量。为了避免在窗口尾部出现信息损失,相邻块的基函数需要发生重叠,因此,可以通过重叠相加的方法进行合成。两个连续窗口起始位置之间的间隔不能大于变换系数 U 的数量,这样才能使信号中的样点数量不大于变换系数的数量。如果间隔小于 U,变换将是过完备的,因此,通常使用 U 作为间隔的大小。**重叠块变换**(block-overlapping transforms)的基函数仍然可以构成一个正交系。在**重叠正交变换**(Lapped Orthogonal Transform,LOT)[Malvar, Staelin, 1989]和**时域混叠消除**(Time Domain Aliasing Cancellation,TDAC)变换[Princen, Bradley, 1986]中,采用了实值余弦调制函数,并结合了一个合适的加权窗。这类变换通常称为**余弦调制滤波器组**(cosine modulated filter banks)或修正 DCT,音频信号压缩(见 8.2.1 节)通常采用这类变换。

例子 TDAC 变换[Princen, Bradley, 1986]。这里,将信号分解为 $U = M/2$ 个频带,基函数是式 (2.264)中第 IV 类 DCT 的标准正交形式,块长度为 $M = 2U$[①],

$$t_k(n) = \sqrt{\frac{4}{M}} w(n) \cos\left[\frac{2\pi}{M}(k+0.5)(n+0.5-U/2)\right] \tag{2.289}$$

当偶对称或奇对称的基函数与一个偶对称的窗函数 $w(n)$ 相乘时,所采用的 DCT 的正交性不会改变,因此,合成同样可以使用相同的基函数集。为此,窗函数中的对应值需要与整个信号流中的每个样点位置相乘两次。因此,当将所有块的窗口函数序列全部叠加在一起,只有在它们的平方值之和等于 1 时,才能够获得完美的重构(见图 2.44 中的例子)。假设窗口函数在 $0 \leq n < M-1$ 时具有非零值,在 $M \leq 2U$[②]且转换宽度为 $M-U$ 的情况下,如果以下条件成立,则可以满足完美重构的条件:

$$w^2(n) + w^2(n+U) = 1, \quad 0 \leq n < M-U$$
$$w(n) = 1, \quad M-U \leq n < U \tag{2.290}$$

当对所有块进行综合考虑时

$$\sum_{m=-M/U}^{M/U} \sum_{n=0}^{M-1} t_k(n+mU) t_l(n+mU) = \begin{cases} 1, & k=l \\ 0, & k \neq l \end{cases} \tag{2.291}$$

式(2.290)还保证了余弦基函数仍然是标准正交的。

通常,都使用对称的窗函数 $w(n)$,即 $w(n) = w(M-1+n)$[③]。当 $U = M/2$(M 为偶数)时,

---

① 只要满足式(2.290)中的条件,也可以选择其他的重叠因子。

② 当 $M > 2U$ 时,由于间隔太小会使两个以上的块发生重叠,在这种情况下,所有窗口函数序列的平方和必须为常数。

③ 当对所有变换块都使用相同的窗口函数时,这种对称性是合理的。但是,这种对称性又不是必须的,而且,只要所有方形窗口函数上的全部时间序列之和为 1,就能获得标准正交性。另外,还可以**只在分析的过程中**(only during analysis)或**只在合成的过程**(only during synthesis)中,应用方形窗口函数,而在另外一个过程中应用平坦加权(具有同样重叠范围的矩形窗)。利用这些特性,可以根据信号的属性自适应地切换窗口长度(正如音频压缩中通常使用的),或者自适应地在重叠变换和非重叠变换之间进行切换(正如在 JPEG-XR 图像压缩标准中使用的)。

正弦窗函数

$$w(m) = \sin\left(\frac{\pi}{M} \cdot (m + 0.5)\right) \tag{2.292}$$

就是一个能够满足式(2.290)的例子。

　　当 $U = 8$、$M = 16$ 时，采用正弦窗口的不同 TDAC 基函数的傅里叶域幅度，如图 2.43 所示。与图 2.42 相比，频谱的旁瓣得到了大幅度降低，但主瓣变得更宽了，这主要会引起直接相邻的频带之间的频谱混叠。

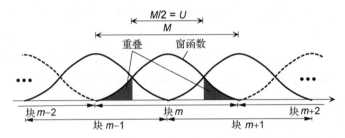

图 2.43　重叠块变换($M = 2U$)中，窗函数重叠的分析块的位置

　　在编码期间，如果变换系数被量化得非常粗糙或被丢弃，那么在时域中，重叠块变换会使相邻块之间的过渡很平滑，而非重叠块变换则会造成不连续性。重叠块变换对于跨越块边界的周期性信号(避免了相位的不连续性)，以及幅度恒定或平缓增加的信号(避免了不自然的幅度不连续性)，是非常有用的。另一方面，当信号具有不连续的幅度时，使用重叠块反而是不利的。

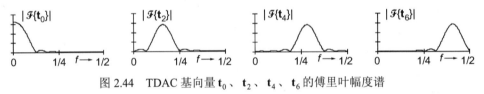

图 2.44　TDAC 基向量 t_0、t_2、t_4、t_6 的傅里叶幅度谱

　　原则上，窗口在左、右块边界处的过渡形状也可以是不同的，如果在相应的相邻块中使用互补的形状(平方和为 1)，则仍然能够实现完美的重构。这使得，在不同长度为 M 的窗口/变换之间，或者在重叠和非重叠变换基函数之间进行局部切换时，仍然可以获得完美的重构。

2.8　滤波器组变换

　　滤波器组变换(filterbank transform)(线性块变换和重叠块变换是其特例)的一般工作原理如图 2.45 所示。2.7.4 节将线性变换分解解释为亚采样的并行卷积运算；反变换(合成)也可以以相似的方式加以理解。在不考虑块分割和分析间隔大小的条件下，将这一原理进行推广，可以更加灵活地描述基函数(滤波器的冲激响应)的性质。

　　采用 U 个并行的滤波器进行频率分解。直接利用滤波器的输出样点，将给出一个 U 倍的**过完备**(over-complete)表示。因此，需要对不同频带的输出信号进行亚采样(抽取)，并将保留下来的信号作为变换系数。能够为任意信号提供完备表示并能获得完美重构的最大(临界)采样因子等于子带的数量(U:1)，因此，变换系数的总数等于 $s(n)$ 中的样点数量。合成的过程中，通过对不同子带信号进行**插值**(interpolation)，并将所有成分叠加在一起，可以完成信号的重构。

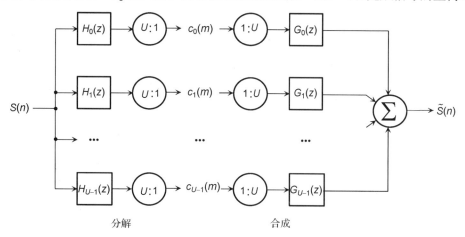

图 2.45   子带分解和合成系统，U 个频带

2.7.4 节对 DCT 及其重叠块变换进行了比较，并从频谱分离特性方面进行了讨论。有一组具有相同带宽的理想滤波器，每个滤波器的带宽为 $f_\Delta = 1/(2U)$，共覆盖 U 个不重叠的频带，根据采样定理，可以实现无混叠的临界亚采样和重构。然而，如果使用因果滤波器或有限冲激响应滤波器，则不可能实现完美重构。采用非理想滤波器和临界采样，会发生频带的重叠，如图 2.46 所示。图 2.46(a)给出了一个低通滤波器[①]的幅度传递函数，为了提供调制带通和高通滤波器的传递函数，对其在频率上进行了平移。相应的频率分布(直到原始信号采样率的一半)如图 2.46(b)所示。

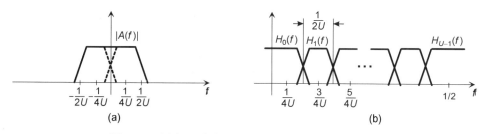

图 2.46   (a)低通滤波器；(b)重叠的调制带通滤波器

2.8.1   抽取和插值

对于离散时间信号，时间轴的缩放需要与亚采样(抽取)或上采样(插值)相结合。离散信号 $s_U(n)$ (以因子 U 对 $s(n)$ 进行抽取)的生成是通过丢弃样点完成的。其第一步可以描述为与一系列 Kronecker 脉冲的乘积：

$$s_{\delta_U}(n) = s(n) \sum_{m=-\infty}^{\infty} \delta(n - mU) \tag{2.293}$$

[①] 该低通滤波器实际上可以理解为，两个复共轭带通滤波器的传递函数在中心频率 $\pm 1/(4U)$ 处的叠加。这使得可以在 $0 \leqslant |f| < 1/2$ 的频率范围内定义相等带宽的频带。如果将频率的正值部分和负值部分视为是分开的，则相应的冲激响应将是复数。

因此，每第 U 个值(非零值之一)得到保留，同时不会产生额外的信息损失，

$$s_U(m) = s(mU) = s_{\delta_U}(mU) \tag{2.294}$$

当 $U=2$ 时，信号 $s(n)$、$s_{\delta_U}(n)$ 和 $s_U(m)$ 如图 2.47 的左侧图所示。离散 Kronecker 脉冲序列的傅里叶频谱是狄拉克脉冲的周期序列：

$$\sum_{m=-\infty}^{\infty} \delta(n-mU) \circ\!\!-\!\!\bullet \frac{1}{|U|}\sum_{k=-\infty}^{\infty} \delta\left(f-\frac{k}{U}\right) \tag{2.295}$$

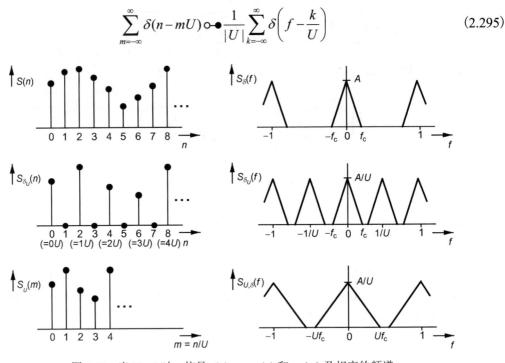

图 2.47　当 $U=2$ 时，信号 $s(n)$，$s_{\delta_U}(n)$ 和 $s_U(m)$ 及相应的频谱

信号 $s_{\delta_U}(n)$（以采样率 $1/U$ 进行采样）的频谱，可以通过信号 $s(n)$ 的频谱 $S_\delta(f)$ 进行表示，其中，信号 $s(n)$ 是频谱为 $S(f)$ 的信号 $s(t)$ 以归一化采样率 $f=1$ 采样获得的，即

$$\begin{aligned}
S_{\delta_U}(f) &= S_\delta(f) * \frac{1}{|U|}\sum_{k=0}^{U-1} \delta\left(f-\frac{k}{U}\right) \\
&= \frac{1}{|U|}\sum_{k=0}^{U-1} S_\delta\left(f-\frac{k}{U}\right) = \frac{1}{|U|}\sum_{k=-\infty}^{\infty} S\left(f-\frac{k}{U}\right)
\end{aligned} \tag{2.296}$$

如果信号原本就是以采样率 $1/U$（相对于 $f=1$）进行采样的，则可以恢复出完全相同的频谱 $S_{\delta_U}(f)$。如果在亚采样前，对信号的频带进行限制，将其最大频率限制为 $f_c = 1/(2U)$，则不会产生混叠。可以由亚采样信号直接计算频谱：

$$\begin{aligned}
S_{U,\delta}(f) &= \sum_{m=-\infty}^{\infty} s_U(m)\mathrm{e}^{-\mathrm{j}2\pi mf} = \sum_{m=-\infty}^{\infty} s_{\delta_U}(mU)\mathrm{e}^{-\mathrm{j}2\pi mf} \\
&= \sum_{n=-\infty}^{\infty} s_{\delta_U}(n)\mathrm{e}^{-\mathrm{j}2\pi n\frac{f}{U}} = S_{\delta_U}\left(\frac{f}{U}\right)
\end{aligned} \tag{2.297}$$

因此

$$S_{U,\delta}(f) = \frac{1}{|U|} \sum_{k=-\infty}^{\infty} S\left(\frac{f-k}{U}\right) \tag{2.298}$$

在式 (2.297) 和式 (2.298) 中，频率由新的采样率 $1/U$ 进行了归一化，这意味着与频率轴 $S_{U,\delta}(f)$ 相比，频率轴 $S_{\delta_U}(f)$ 按因子 U 进行了缩放。图 2.47 在信号的右侧给出了相应的频谱。

在插值中，通过在可用样点之间插入 $U-1$ 个零值，使采样率变为原来的 U 倍（见图 2.48）：

$$s_{\delta_{1/U}}(n) = \begin{cases} s\left(\dfrac{n}{U}\right), & m = \dfrac{n}{U} \in \mathbb{Z} \\ 0, & \text{其他} \end{cases} \tag{2.299}$$

与原始频谱 $S_\delta(f)$ 相比，对应的频谱以因子 $1/U$ 进行了缩放：

$$S_{\delta_{1/U}}(f) = \sum_{n=-\infty}^{\infty} s_{\delta_{1/U}}(n) e^{-j2\pi nf} \tag{2.300}$$

或者

$$\begin{aligned} S_{\delta_{1/U}}(f) &= \sum_{m=-\infty}^{\infty} s_{\delta_{1/U}}(mU) e^{-j2\pi mUf} = \sum_{m=-\infty}^{\infty} s(m) e^{-j2\pi mUf} \\ &= S_\delta(Uf) = \sum_{k=-\infty}^{\infty} S(Uf-k) = \sum_{k=-\infty}^{\infty} S\left[U\left(f-\frac{k}{U}\right)\right] \end{aligned} \tag{2.301}$$

当采样率重新归一化为 $f=1$ 时，U 个频谱副本（包括原始基带频谱）将会出现在 $-1/2 \leqslant f < 1/2$ 的频率范围内。需要进行截止频率为 $f_c = 1/(2U)$ 的低通滤波，来消除 $U-1$ 个混叠频谱，并产生插值信号 $s_{1/U}(n)$。另外，还需要以因子 U 对幅度进行缩放：

$$S_{1/U,\delta}(f) = S_{\delta_{1/U}}(f) H_a(f) = U，\text{其中 } H_a(f) = U\mathrm{rect}(Uf) * \sum_{k=-\infty}^{\infty} \delta(f-k) \tag{2.302}$$

在时域中，低通滤波器的冲激响应对缺失值进行插值，而式 (2.299) 中原有的采样位置 m 保持不变：

$$h(n) = \mathrm{sinc}\left(\frac{\pi n}{U}\right) \tag{2.303}$$

插值信号 $s_{1/U}(n)$ 的频谱为

$$S_{1/U,\delta}(f) = |U| \sum_{k=-\infty}^{\infty} S[(f-k)U] = |U| S(Uf) * \sum_{k=-\infty}^{\infty} \delta(f-k) \tag{2.304}$$

它与最初以 U 倍采样率进行采样的信号的频谱相同。

$$s_{\delta_{1/U}}(t) = s(t) \sum_{n=-\infty}^{\infty} \delta\left(t-\frac{n}{U}\right) = \sum_{n=-\infty}^{\infty} s_{1/U}(n)\delta\left(t-\frac{n}{c}\right)，\text{其中 } s_{1/U}(n) = s\left(\frac{n}{U}\right) \tag{2.305}$$

到目前为止，介绍抽取和插值运算仅适用于缩放因子 U 为整数的情况。然而，通过组合的方式可以实现缩放因子为任意有理数的亚采样和上采样，比如，想要实现 U_1/U_2 的采样率转换，可以按缩放因子 U_1 进行插值，然后以缩放因子 U_2 进行抽取。

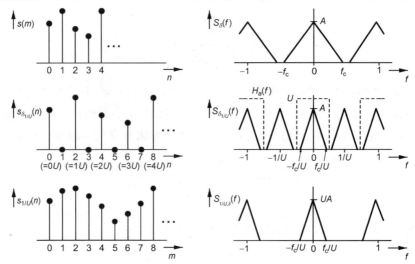

图 2.48　以 $U=2$ 进行上采样时，信号 $s(m)$、$s_{\delta_{1/U}}(n)$ 和 $s_{1/U}(n)$ 及相应的频谱

　　对离散时间插值的理解，类似于式 (2.51) 中的连续时间插值，但是离散时间插值仅在预先定义的位置上进行。在抽取之前，为了避免混叠，往往需要进行低通滤波，除非对于新的采样率，信号已经是合适的带限信号。

　　当采用有理数因子进行重采样时，只需要计算会在第二步 (抽取) 后被保留下来的样点。这可以通过定义一组具有目标截止频率的插值滤波器实现：

$$f_c = \min\left\{\frac{1}{2}, \frac{U_1}{2U_2}\right\} \tag{2.306}$$

其中，滤波器组中的滤波器，需要能够支持可能发生在已有采样位置之间的所有相移。需要为不存在的重采样相位位置定义的滤波器数量为 $N_{Ph} = \max\{U_1-1, U_2-1\}$。然而，由于在重采样因子为有理数的情况下，总有两个相位位置是关于原始采样网格镜像对称的 (比如，1/4 与 3/4=1–1/4)，一般情况下，只需要设计 $\lfloor N_{Ph}/2 \rfloor + 1$ 个不同的滤波器，相应的其他位置可以重用具有镜像冲激响应的滤波器 (表 7.1 中给出了 HEVC 中插值滤波器的一个例子)。

　　另外，取样和插值处理不仅限于目前为止所讨论到的低通信号，还适用于所有合适的带限信号 (比如，滤波器组的带通输出)，从而使其不会产生频谱重叠。对**低频** (low frequency) 和**高频频带** (high frequency band) 并行地进行 $U=2$ 的抽取，如图 2.49 所示，这里假设采用的是理想滤波器。图 2.49 (a) 给出了原始信号的频谱，图 2.49 (b) 是滤波后并与式 (2.293) 中的离散采样函数相乘后的频谱，记为 $S_k(f) = S_\delta(f)H_k(f)$，其中，$k=0$ 与 $k=1$ 分别表示低频成分和高频成分。将幅值为零的样点去除 [见图 2.49 (c)]，使得频谱 $C_k(f)$ 被展宽为原来的两倍。需要注意的是，经过亚采样后，高通频谱 $C_1(f)$ 出现在**反向频率轴** (inverted frequency axis) 的零频率附近。比如，亚采样后，原本接近于 $f=1/2$ 的频率成分，现在出现在 $f=1$ 附近，而原本在 $f=1/4$ 附近的频率成分被映射到 $f=1/2$ 附近。在多频带滤波器组的各个**奇数索引** (odd-indexed) 频带中，这种频率倒置现象也同样存在[①]。

---

① 这为关于偶数索引和奇数索引系数对之间存在的相关性提供了另一种理解的依据，这种相关性在块变换中经常会被观察到。频带在频率上的重叠是亚采样后本应正交的分量之间存在相关性的原因之一。另一方面，由于偶数频带和奇数频带以原始频率顺序和反向频率顺序出现，因此，它们之间失去了线性关系，从而使相关性又被抵消了。

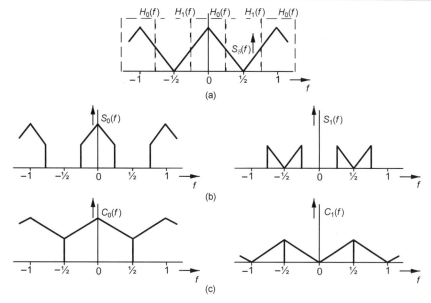

图 2.49 信号分解为抽取的低通成分和高通成分。(a)信号频谱;(b)低通/高通滤波并与 Kronecker 脉冲序列相乘后的频谱;(c)亚采样后的频谱

在接下来的章节中,可以看到,即使某些特殊频带的亚采样中存在混叠,确实也可以进行完美重构,比如,与图 2.49 不同,频谱分离中可以采用非理想滤波器。然而,这需要为分解和合成过程联合设计滤波器组,这样在对插值信号进行叠加时,混叠成分便可以消除,而不同频带信号的无混叠插值是无法独立完成的。

2.8.2 子带滤波器的性质

当使用具有有限冲激响应的非理想滤波器时,临界采样滤波器组中分解滤波器的频率传递函数是重叠的,因此,亚采样会导致频率混叠。令 $H_k(z)$ 表示分解滤波器的 z 域传递函数,$G_k(z)$ 表示合成(插值)滤波器的 z 域传递函数。当 $U=2$ 时,图 2.50 中的子带系统只产生一个低通频带($k=0$)和一个高通频带($k=1$)。因此,由式(2.296)可知,滤波操作 $H_k(z)S(z)$ 之后进行的亚采样,只会在 $f=1/2$ 或 $z=-1$ 处产生一个额外的频谱。经过整个系统后,合成滤波之后获得的频谱为

$$\tilde{S}(z) = \underbrace{\frac{1}{2}\left[H_0(z)G_0(z) + H_1(z)G_1(z)\right]S(z)}_{\text{基带成分}} + \underbrace{\frac{1}{2}\left[H_0(-z)G_0(z) + H_1(-z)G_1(z)\right]S(-z)}_{\text{混叠成分}} \quad (2.307)$$

正交镜像滤波器组(Quadrature Mirror Filter,QMF) 式(2.307)等号右边的左半部分表示基带频谱中的成分,而右半部分中包含的是需要消除的混叠成分。如果能够使右半部分的值为零,则可以消除混叠成分。在 QMF 重构中,高通分解滤波器 $H_1(f)$ 是由低通滤波器,通过时间反转、$f=1/2$ 的离散余弦调制以及冲激响应平移而得到的。由于低通传递函数是关于频率 $f=0$ 对称的,所以调制后,低通和高通传递函数是关于频率 $f=1/4$ 对称的。调制、时间反转以及平移将其构建为一个**正交函数**(orthogonal functions)组。表 2.1 中给出了信号域以及 f 传递函数和 z 传递函数的频谱域中,不同滤波器典型的 QMF 关系。该表的下半部分还给出了冲激响应与傅里叶传递函数和 z 传递函数之间相应的映射关系。

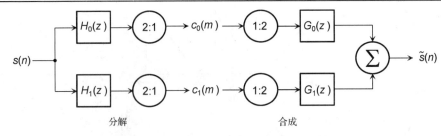

图 2.50　具有 $U=2$ 个频带的子带分解系统

表 2.1　正交镜像滤波器组（QMF）的定义：由冲激响应、z 频谱和傅
里叶频谱表示的，正交低通和高通分解与合成滤波器的关系

	$a(n)$	$A(f)$	$A(z)$
H_0	$h_0(n) = a(n)$	$H_0(f) = A(f)$	$H_0(z) = A(z)$
H_1	$h_1(n) = (-1)^{1-n} \cdot a(-1-n)$	$H_1(f) = \mathrm{e}^{-\mathrm{j}2\pi f} \cdot A(1/2 - f)$	$H_1(z) = z^{-1} \cdot A(-z^{-1})$
G_0	$g_0(n) = a(-n)$	$G_0(f) = A(-f)$	$G_0(z) = A(z^{-1})$
G_1	$g_1(n) = (-1)^{1+n} \cdot a(1+n)$	$G_1(f) = \mathrm{e}^{\mathrm{j}2\pi f} \cdot A(f - 1/2)$	$G_1(z) = z \cdot A(-z)$
反转	$h(-n)$	$H(-f) = H^*(f)$	$H(z^{-1})$
调制	$(-1)^n h(n)$	$H(f - 1/2) = H^*(1/2 - f)$	$H(-z) = H(z \cdot \mathrm{e}^{-\mathrm{j}\pi})$

将 $z = \exp(\mathrm{j}2\pi f)$ 代入式 (2.307)，有

$$\tilde{S}(f) = \frac{1}{2}\big[H_0(f)G_0(f) + H_1(f)G_1(f)\big]S(f) \\ + \frac{1}{2}\big[H_0(f-1/2)G_0(f) + H_1(f-1/2)G_1(f)\big]S(f-1/2) \tag{2.308}$$

如果采用表 2.1 中定义的滤波器通用模型 $A(f)$，则有

$$\tilde{S}(f) = \frac{1}{2}\big[A(f)A(-f) + A(1/2-f)A(f-1/2)\big]S(f) \\ + \frac{1}{2}\big[A(f-1/2)A(-f) + \mathrm{e}^{\mathrm{j}\pi}A(-f)A(f-1/2)\big]S(f-1/2) \tag{2.309}$$

去除了 $f = 1/2$ 处的混叠成分，根据以下条件

$$A(f)A^*(f) + A(1/2-f)A^*(1/2-f) = |A(f)|^2 + |A(1/2-f)|^2 = 2 \tag{2.310}$$

可以在输出端获得完美重构。通过下式，可以将式 (2.310) 推广到子带数量 U 为任意值的情况：

$$\sum_{k=0}^{U-1}|H_k(f)|^2 = U \tag{2.311}$$

尽管混叠成分可以被完全消除，但是数学上对信号进行完美重构的条件，即式 (2.311)，只有在 QMF 的两种特例中才能得到满足：

● 冲激响应的长度与子带的数量 U 相等（块变换的特例，比如，$U=2$ 的哈尔滤波器基）；
● 使用具有无限展宽冲激响应的理想带通/带阻滤波器（比如，sinc 函数及其调制形式）。

例子 哈尔滤波器基(Haar filter basis) 当 $U=M=2$ 时，哈尔滤波器定义了几乎所有标准正交块变换的基函数，包括 DCT、沃尔什、哈达玛、哈尔变换以及为 AR(1)过程优化的 KLT。根据表 2.1，其 z 传递函数为[①]

$$H_0(z) = F(z) = \frac{\sqrt{2}}{2} + \frac{\sqrt{2}}{2} z^{-1}$$

$$H_1(z) = z^{-1} \cdot F(-z^{-1}) = -\frac{\sqrt{2}}{2} + \frac{\sqrt{2}}{2} z^{-1} \tag{2.312}$$

根据式(2.311)给出的傅里叶谱

$$\left| H_0(f) \right|^2 + \left| H_1(f) \right|^2 = \left(\frac{\sqrt{2}}{2} \right)^2 (2\cos\pi f)^2 + \left(\frac{\sqrt{2}}{2} \right)^2 (2\sin\pi f)^2 = 2 \tag{2.313}$$

然而，由于滤波器的长度较短，造成了其幅度传递函数具有衰减较慢的缺点，这会导致较差的频率分离特性，最终会在亚采样信号中存在较强的混叠。根据表 2.1 中的条件构建的其他有限长度滤波器也不能完全满足式(2.311)。设计这种滤波器时，需要在频谱分离特性(用于抑制子带中的混叠)和重构误差(应尽可能保持较低水平)之间作出妥协，因此

$$U - \sum_{k=0}^{U-1} | H_k(f)^2 | \stackrel{!}{=} \min \tag{2.314}$$

图 2.51 给出了式(2.312)中滤波器的幅度传递函数，以及最初在[Johnston, 1980]中提出的一组 16 抽头 QMF 滤波器的幅度传递函数，对于后者，根据式(2.314)计算得到的值在 10^{-4} 的范围内。

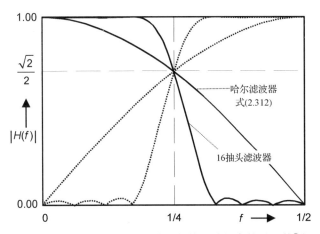

图 2.51 式(2.312)中的滤波器及一个 16 抽头滤波器的傅里叶幅度传递函数[②](—：低通；⋯：高通)

---

① 还可以采用另一种定义方式(进行了符号置换)：

$$H_1(z) = \frac{\sqrt{2}}{2} - \frac{\sqrt{2}}{2} z^{-1}$$

② 16 抽头低通 FIR 滤波器的 z 传递函数为

$$H_0(z) = 0.007z^7 - 0.02z^6 + 0.002z^5 + 0.046z^4 - 0.026^3 - 0.099z^2 + 0.118z + 0.472$$
$$+ 0.472z^{-1} + 0.118z^{-2} - 0.099z^{-3} - 0.026z^{-4} + 0.046z^{-5} + 0.002z^{-6} - 0.02z^{-7} + 0.007z^{-8}$$

为了给无混叠和无损重构定义更一般的条件，可以放宽 QMF 的约束，即 H_0 和 H_1 不必是镜像对称的。由式(2.307)可知，如果能够满足下列条件[1]，混叠成分也可以得到消除：

$$G_0(z) = \pm z^m \cdot H_1(-z)$$
$$G_1(z) = \mp z^m \cdot H_0(-z) \tag{2.315}$$

将式(2.315)代入式(2.307)，有

$$\tilde{S}(z) = \frac{1}{2}\big[H_0(z)H_1(-z) - H_1(z)H_0(-z)\big]S(z)z^m \tag{2.316}$$

该式给出了完美重构的条件：

$$K(z) - K(-z) = 2z^{-m}，其中 K(z) = H_0(z)H_1(-z) \tag{2.317}$$

在接下来的章节中，将会介绍由式(2.315)～式(2.317)确定的两种类型的滤波器。z^{-m} 项表示可能在分解/合成链路中任意位置处产生任意相移。在图像处理中，一般在进行滤波时，信号的当前样点由冲激响应的中心样点（奇数长度的情况下）或两个中心样点之一（偶数长度的情况下）进行加权。由于到目前为止所介绍的滤波器都属于 FIR 类型[2]，因此产生的效果是，重构图像中不存在相移。

完美重构滤波器（Perfect Reconstruction Filters，PRF）　对于这种类型的滤波器，低通滤波器和高通滤波器的基函数可以是正交的，但是，高通滤波器的冲激响应可以不再是低通滤波器冲激响应的调制形式，即不具有镜像对称性。一般情况下，产生频带的带宽是不相等的。除保证完美重构的性质外，完美重构滤波器还应具有线性相位特性，通过整数运算便可以选择出合适的滤波器系数。式(2.317)可以利用以下条件进行表示。

$$\det(\mathbf{K}(z)) = 2z^{-m}，其中 \mathbf{K}(z) = \begin{bmatrix} H_0(z) & H_0(-z) \\ H_1(z) & H_1(-z) \end{bmatrix} \tag{2.318}$$

那么，将 $P(z)$ 分解为 $H_0(z)$ 和 $H_1(-z)$ 可以简化为对矩阵 $K(z)$ 进行分解的问题，$K(z)$ 对应的行列式，表示平移 m 个样点同时乘以 2 的乘法运算。如果可以将 z 多项式分解为多项成分，则分解便会简化，其中 A 下标项和 B 下标项的子响应中分别只包含冲激响应的偶数样点和奇数样点：

$$H_k(z) = H_{k,\mathrm{A}}(z^2) + z^{-1}H_{k,\mathrm{B}}(z^2) \tag{2.319}$$

把滤波器组的多相成分写成以下多相矩阵的形式[3]：

$$\mathbf{H}(z) = \begin{bmatrix} H_{0,\mathrm{A}}(z) & H_{0,\mathrm{B}}(z) \\ H_{1,\mathrm{A}}(z) & H_{1,\mathrm{B}}(z) \end{bmatrix} \tag{2.320}$$

如果式(2.320)有 $\det(\mathbf{H}(z^2)) = z^{1-m}$，则满足式(2.318)。以下对多相矩阵的重构方法在[Vetterli, Legall, 1989]中提出。需要注意的是，最左侧的矩阵是式(2.312)中哈尔滤波器的多相矩阵，矩阵乘积表示哈尔滤波器由 z 多项式进行了进一步展开。

---

① 两种组合（±/∓）都是可以的。在之后说明 PRF 的公式中使用前一种表达方式（±），而在式(2.325)中使用（∓）。

② 对于 IIR 子带滤波器，见[Smith, 1991]。

③ 关于多相系统的进一步探讨，见 2.8.3 节。

$$\mathbf{H}(z) = \begin{bmatrix} 1 & 1 \\ 1 & -1 \end{bmatrix} \cdot \prod_{p=1}^{p-1} \begin{bmatrix} 1 & 0 \\ 0 & z^{-1} \end{bmatrix} \cdot \begin{bmatrix} 1 & \alpha_p \\ \alpha_p & 1 \end{bmatrix} \tag{2.321}$$

与 $\mathbf{H}(z)$ 互补的是其逆矩阵, 它表示合成滤波器的多相成分:

$$\mathbf{G}(z) = \begin{bmatrix} G_{0,A}(z) & G_{1,A}(z) \\ G_{0,B}(z) & G_{1,B}(z) \end{bmatrix}$$

$$= \frac{1}{2} \begin{bmatrix} 1 & 1 \\ 1 & -1 \end{bmatrix} \cdot \prod_{p=1}^{p-1} \left[\begin{bmatrix} z^{-1} & 0 \\ 0 & 1 \end{bmatrix} \cdot \begin{bmatrix} 1 & -\alpha_p \\ -\alpha_p & 1 \end{bmatrix} \cdot \frac{1}{1-\alpha_p^2} \right] \tag{2.322}$$

滤波器 $H_k(z)$ 和 $G_k(z)$ 的冲激响应长度为 $2P$[①]。

例子 当 $P=1$ 时, 式 (2.321) 式 (2.322) 的结果是式 (2.323) 中的哈尔滤波器组, 其中采用的是在第 93 页脚注中定义的 $H_1(z)$。当 $P=2$ 时, 计算得出下列滤波器组[Legall, Tabatabai, 1988]:

$$H_0(z) = \frac{1}{\sqrt{2(\alpha^2-1)}}(1+\alpha z^{-1}+\alpha z^{-2}+z^{-3})$$

$$H_1(z) = \frac{1}{\sqrt{2(\alpha^2-1)}}(1+\alpha z^{-1}-\alpha z^{-2}-z^{-3})$$

$$G_0(z) = -H_1(-z) = \frac{1}{\sqrt{2(\alpha^2-1)}}(-1+\alpha z^{-1}+\alpha z^{-2}-z^{-3}) \tag{2.324}$$

$$G_1(z) = H_0(-z) = \frac{1}{\sqrt{2(\alpha^2-1)}}(1-\alpha z^{-1}+\alpha z^{-2}-z^{-3})$$

举例来说, 当 $\alpha = 3$ 时, 归一化因子为 $1/4$, 这便给出了一种无除法的整数实现。根据式 (2.317), 有 $K(z) - K(-z) = 2z^{-3}$。

双正交滤波器 上面介绍的 PRF 重构中, 由于将哈尔多相矩阵与式 (2.321) 中其他对称矩阵的元素相结合, 所以低通和高通滤波器核总是具有相同的长度, 同时仍然满足正交性。H_0 和 H_1 之间甚至可以不必满足正交关系[②], 式 (2.316) 只要求分解高通滤波器 H_1 是合成低通滤波器 G_0 的 "$-z$" 调制形式, 而合成高通滤波器 G_1 是分解低通滤波器 H_0 的 "$-z$" 调制形式。因此, 分解高通/合成低通滤波器以及分解低通/合成高通滤波器组之间, 仍然需要满足双正交关系。在此情况下, 以下面的滤波器组为例, 低通和高通滤波器的冲激响应也可以具有不同的长度。当滤波器自身具有对称的冲激响应时, 线性相位特性仍然得以保持, 但是通常情况下并不需要这种特性[③]:

$$H_0^{(5/3)}(z) = \frac{1}{8}(-z^2+2z+6+2z^{-1}-z^{-2}); \quad H_1^{(5/3)}(z) = \frac{1}{2}(-1+2z^{-1}-z^{-2})$$

$$G_0^{(5/3)}(z) = \frac{1}{2}(z+2+z^{-1}); \quad G_1^{(5/3)}(z) = \frac{1}{8}(-z^3-2z^2+6z-2-z^{-1}) \tag{2.325}$$

---

① 书中缺式 (2.323)。——译者注

② 然而, 就编码频率系数而言, 正交性是很重要的特性, 见式 (5.47)。

③ 有时要对两个滤波器进行调整, H_0 乘以 $\sqrt{2}$, H_1 除以 $\sqrt{2}$, 这样可以近似获得标准正交性, 至少对于 9/7 滤波器是这样。对于式 (2.315), 采用的平移值为 $m=1$。根据低通/高通分解滤波器核的长度, 这两组滤波器组分别被称为 5/3 和 9/7 滤波器。

$$H_0^{(9/7)}(z) = 0.027z^4 - 0.016z^3 - 0.078z^2 + 0.267z + 0.603$$
$$+ 0.267z^{-1} - 0.078z^{-2} - 0.016z^{-3} + 0.027z^{-4}$$
$$H_1^{(9/7)}(z) = 0.091z^2 - 0.057z - 0.591 + 1.115z^{-1}$$
$$- 0.591z^{-2} - 0.057z^{-3} + 0.091z^{-4}$$

(2.326)

双正交滤波器通常在**离散小波变换**(discrete wavelet transform)中使用(见 4.4.4 节)。在设计滤波器时,需要遵循某些约束条件,尤其是,对缩放的(亚采样的)信号反复应用低通滤波器应该产生(更强的)低通滤波效果。

2.8.3　滤波器组结构的实现

如果根据到目前为止所介绍的直接结构实现滤波器组,那么子带分解与合成的实现复杂度要远高于采用快速变换算法的块变换实现方式。一些能够降低计算复杂度的方法将在这里进行介绍。

级联二进系统　如果以包含 T 个连续层级的级联树的方式实现图 2.50 中的二进系统,级联中前一层级的输出信号又被分解为两个更窄的子带,将信号完整地分解为 $U = 2^T$ 个子带可以通过图 2.52 中的方式实现。中间结果作为后续层级中若干滤波器的输入,后续层级使用进一步亚采样的信号,与采用并行滤波器的系统相比,这种系统能够明显减少运算量。由于发生在高通频带亚采样信号中的频率倒置现象(见图 2.49),由奇数高通滤波器/抽取步骤中产生的所有频带都会发生频率倒置。因此,如果希望以频率增加的顺序排列子带,在后续的层级中需要交换滤波器 H_0 和 H_1 的顺序[①]。

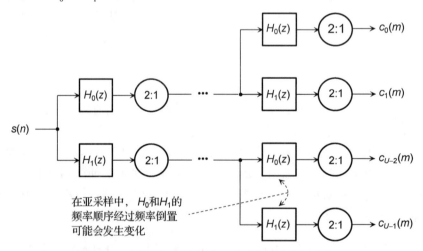

图 2.52　子带分解滤波器以二进系统级联的形式实现

滤波器对称性的应用　如果采用的是对称(线性相位)滤波器,便可以避免重复的乘法(即样点需要与同一因子多次相乘)运算。如果高通滤波器的基函数是低通滤波器基函数的调制形式或者使用相同的乘子(比如,QMF 和 PRF 类型),若将结果联合使用,还存在将乘法操作进一步至多减少一半的可能性(见习题 2.18)。

---

① 这与沃尔什和哈达玛变换之间的区别相似,其中迭代的哈达玛变换不考虑频率反转。

多相系统　滤波和亚采样后，通过子带分解只有每第 U 个样点会得到保留。因此，最终会被去除的位置处不需要进行卷积。这将使运算量减少为 $1/U$。以 $U=2$ 为例，一个**多相系统**（polyphase system）的结构如图 2.53 所示。在滤波之前进行亚采样，从而信号被分解为 U 个**多相成分**（polyphase components），这样便确立了一组样点序列，其中每个样点都是在不同的相位位置处亚采样获得的。而且，需要将滤波器冲激响应分解为多相成分，这样便可以获得 U 个长度为 $\lfloor P/U \rfloor$ 或 $\lfloor P/U+1 \rfloor$ 的部分滤波器，而不是长度为 P 的滤波器。如果子带滤波器的冲激响应 h_k 被分解为 U 个多相成分 $h_{k,A}(m)$，$h_{k,B}(m)$，…则可以得到传递函数为 $H_{k,A}(z)$，$H_{k,B}(z)$，…的 U 个部分滤波器［当 $U=2$ 时，见图 2.53（a）］。相似地，不需要与在合成阶段插值滤波中插入的零值进行乘法运算。这可以通过在多相成分中进行插值滤波实现，并且只需要在最后一个步骤中将不同的相位信息组合进重构信号中。事实上，信号的扩展是在**滤波后**（after filtering）进行的，而实际上并没有插入零值，因为所有部分滤波器的多相成分会填补相应的空缺位置。在子带合成中，乘法/加法运算的次数同样也可以减少为原来的 $1/U$［见图 2.53（b）］。

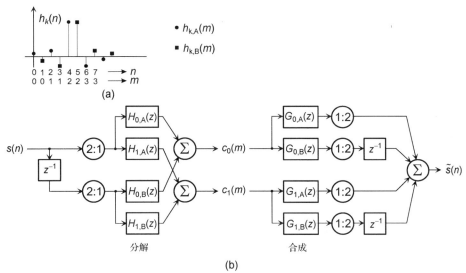

图 2.53　当 $U=2$ 时，利用多相系统实现子带分解与合成。(a)冲激响应分解为部分项 $h_A(n)$ 和 $h_B(n)$；（b）多相系统的整体结构

对于 $U=2$ 的系统，信号 $s(n)$ 的多相成分是偶数样点 $s(2m)$ 序列和奇数样点 $s(2m+1)$ 序列。在 z 变换域，有以下关系成立。

$$s(2m) = S_A(m) \overset{z}{\circ\!\!-\!\!\bullet} S_A(z) = \frac{1}{2}\Big[S(z^{1/2}) + S(-z^{1/2}) \Big]$$

$$s(2m+1) = S_B(m) \overset{z}{\circ\!\!-\!\!\bullet} S_B(z) = \frac{1}{2}\Big[z^{1/2} S(z^{1/2}) - z^{1/2} S(-z^{1/2}) \Big] \tag{2.237}$$

$$s(n) \overset{z}{\circ\!\!-\!\!\bullet} S(z) = S_A(z^2) + z^{-1} S_B(z^2); m = \left\lfloor \frac{n}{2} \right\rfloor$$

这里，下标 A 和 B 分别代表偶相成分和奇相成分。在形式上，z 变换的成分可以合并到下面的向量表达式中：

$$\mathbf{S}(z) = \begin{bmatrix} S_A(z) \\ z^{-1} S_B(z) \end{bmatrix} \tag{2.328}$$

可以将同样的过程应用于滤波器冲激响应的 z 多项式。由于在信号域中的卷积与 z 域中的乘法运算相对应，利用相应滤波器的传递函数对奇/偶信号谱的滤波可以表示为

$$\underbrace{\begin{bmatrix} C_0(z) \\ C_1(z) \end{bmatrix}}_{\mathbf{C}(z)} = \underbrace{\begin{bmatrix} H_{0,\mathrm{A}}(z) & H_{0,\mathrm{B}}(z) \\ H_{1,\mathrm{A}}(z) & H_{1,\mathrm{B}}(z) \end{bmatrix}}_{\mathbf{H}(z)} \underbrace{\begin{bmatrix} S_{\mathrm{A}}(z) \\ z^{-1} S_{\mathrm{B}}(z) \end{bmatrix}}_{\mathbf{S}(z)} \tag{2.329}$$

对于合成部分，采用相似的原理。写出重构信号

$$\tilde{\mathbf{S}}(z) = \begin{bmatrix} \tilde{S}_{\mathrm{A}}(z) \\ z^{-1} \tilde{S}_{\mathrm{B}}(z) \end{bmatrix}, \quad \tilde{S}(z) = 2 \left[\tilde{S}_{\mathrm{A}}(z^2) + z^{-1} \tilde{S}_{\mathrm{B}}(z^2) \right] \tag{2.330}$$

合成滤波过程可以表示为

$$\underbrace{\begin{bmatrix} \tilde{S}_{\mathrm{A}}(z) \\ z^{-1} \tilde{S}_{\mathrm{B}}(z) \end{bmatrix}}_{\tilde{\mathbf{S}}(z)} = \underbrace{\begin{bmatrix} G_{0,\mathrm{A}}(z) & G_{1,\mathrm{A}}(z) \\ G_{0,\mathrm{B}}(z) & G_{1,\mathrm{B}}(z) \end{bmatrix}}_{\mathbf{G}(z)} \cdot \underbrace{\begin{bmatrix} C_0(z) \\ C_1(z) \end{bmatrix}}_{\mathbf{C}(z)} \tag{2.331}$$

联立式 (2.329) 和式 (2.331)，完美重构的条件为

$$\begin{bmatrix} G_{0,\mathrm{A}}(z) & G_{1,\mathrm{A}}(z) \\ G_{0,\mathrm{B}}(z) & G_{1,\mathrm{B}}(z) \end{bmatrix} \begin{bmatrix} H_{0,\mathrm{A}}(z) & H_{0,\mathrm{B}}(z) \\ H_{1,\mathrm{A}}(z) & H_{1,\mathrm{B}}(z) \end{bmatrix} = \mathbf{G}(z)\mathbf{H}(z) = \mathbf{I} \tag{2.332}$$

由此，确定了下列关系

$$\begin{aligned} G_{0,\mathrm{A}}(z)H_{0,\mathrm{A}}(z) + G_{1,\mathrm{A}}(z)H_{1,\mathrm{A}}(z) &= 1 \\ G_{0,\mathrm{A}}(z)H_{0,\mathrm{B}}(z) + G_{1,\mathrm{A}}(z)H_{1,\mathrm{B}}(z) &= 0 \\ G_{0,\mathrm{B}}(z)H_{0,\mathrm{A}}(z) + G_{1,\mathrm{B}}(z)H_{1,\mathrm{A}}(z) &= 0 \\ G_{0,\mathrm{B}}(z)H_{0,\mathrm{B}}(z) + G_{1,\mathrm{B}}(z)H_{1,\mathrm{B}}(z) &= 1 \end{aligned} \tag{2.333}$$

满足这些关系需要有下列条件

$$\begin{aligned} H_{0,\mathrm{A}}(z) &= G_{1,\mathrm{B}}(z); \quad & H_{0,\mathrm{B}}(z) &= -G_{1,\mathrm{A}}(z) \\ H_{1,\mathrm{A}}(z) &= -G_{0,\mathrm{B}}(z); \quad & H_{1,\mathrm{B}}(z) &= G_{0,\mathrm{A}}(z) \end{aligned} \tag{2.334}$$

将其代入式 (2.333)，得到附加条件

$$H_{0,\mathrm{A}}(z)H_{1,\mathrm{B}}(z) - H_{0,\mathrm{B}}(z)H_{1,\mathrm{A}}(z) = \det(\mathbf{H}(z)) = 1 \tag{2.335}$$

用式 (2.328) 表示（非亚采样的）z 域的多相滤波器，则式 (2.333) 与式 (2.315) 等价，而式 (2.335) 与式 (2.317) 等价。当 $\mathbf{H}(z) = \mathbf{G}(z) = \mathbf{I}$ 时，会得到多相变换的一个特例，即所谓的懒变换，其中"子带"信号 $c_0(m)$ 和 $c_1(m)$ 仅仅是未经低通滤波或高通滤波而产生的多相成分。

提升实现　　通过多相成分描述的子带滤波器可以利用**提升结构**(lifting structure) 实现[Daubechies, Sweldens, 1998]，如图 2.54 所示。提升滤波器的第一步是利用懒变换将信号分解为偶数索引和奇数索引的多相成分。接下来的两个基本步骤是**预测**(prediction steps) $P(z)$ 和**更新** (update steps) $U(z)$。预测滤波器和更新滤波器的冲激响应都比较简单，冲激响应长度一般为 2 或 3，所需的步骤数量以及每个步骤中的系数值均取决于双正交滤波器组的分解。最后，由因子 a_{Low} 和 a_{High} 进行归一化。

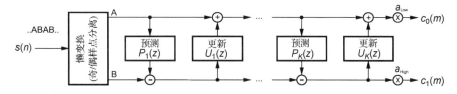

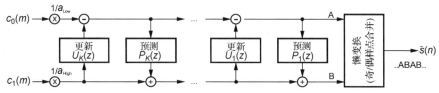

A: 奇数索引样点　　B: 偶数索引样点

图 2.54　子带滤波器的提升结构(上图：分解；下图：合成)

预测和更新滤波器核的构造最好能从多相表示开始。假设信号已由多相滤波器矩阵 $\mathbf{H}^0(z)$（对于懒变换，该矩阵可以是单位阵 $\mathbf{I}$）进行了分解。如果**预测步骤**(prediction step)中，采用的滤波器传递函数为 $P(z)$，则所得的结果与一个用多相矩阵表示的滤波器完全相同，

$$\mathbf{H}^{\mathrm{pr}}(z)=\underbrace{\begin{bmatrix}1 & 0\\ -P(z) & 1\end{bmatrix}}_{\mathbf{P}(z)}\cdot\mathbf{H}^0(z)$$

$$=\begin{bmatrix}H_{0,\mathrm{A}}(z) & H_{0,\mathrm{B}}(z)\\ H_{1,\mathrm{A}}(z)-P(z)H_{0,\mathrm{A}}(z) & H_{1,\mathrm{B}}(z)-P(z)H_{0,\mathrm{B}}(z)\end{bmatrix} \tag{2.336}$$

互补的合成滤波器可以保证完美重构，当 $\mathbf{G}^0(z)\mathbf{H}^0(z)=\mathbf{I}$ 时，有 $\mathbf{G}^{\mathrm{pr}}(z)\mathbf{H}^{\mathrm{pr}}(z)=\mathbf{I}$，

$$\mathbf{G}^{\mathrm{pr}}(z)=\mathbf{G}^0(z)\cdot\begin{bmatrix}1 & 0\\ P(z) & 1\end{bmatrix}=\begin{bmatrix}G_{0,\mathrm{A}}(z)+P(z)G_{1,\mathrm{A}}(z) & G_{1,\mathrm{A}}(z)\\ G_{0,\mathrm{B}}(z)+P(z)G_{1,\mathrm{B}}(z) & G_{1,\mathrm{B}}(z)\end{bmatrix} \tag{2.337}$$

相似地，单次**更新步骤**(update step)可以表示为

$$\mathbf{H}^{\mathbf{up}}(z)=\underbrace{\begin{bmatrix}1 & U(z)\\ 0 & 1\end{bmatrix}}_{\mathbf{U}(z)}\cdot\mathbf{H}^0(z)$$

$$=\begin{bmatrix}H_{0,\mathrm{A}}(z)-U(z)H_{1,\mathrm{A}}(z) & H_{0,\mathrm{B}}(z)-U(z)H_{1,\mathrm{B}}(z)\\ H_{1,\mathrm{A}}(z) & H_{1,\mathrm{B}}(z)\end{bmatrix} \tag{2.338}$$

其中互补的合成滤波器为

$$\mathbf{G}^{\mathbf{up}}(z)=\mathbf{G}^0(z)\begin{bmatrix}1 & -U(z)\\ 0 & 1\end{bmatrix}=\begin{bmatrix}G_{0,\mathrm{A}}(z) & G_{1,\mathrm{A}}(z)-U(z)G_{0,\mathrm{A}}(z)\\ G_{0,\mathrm{B}}(z) & G_{1,\mathrm{B}}(z)-U(z)G_{0,\mathrm{B}}(z)\end{bmatrix} \tag{2.339}$$

从懒变换开始，反复地运用式(2.336)～式(2.339)，在进行数次连续的预测和更新步骤后，等效的多相矩阵为所有矩阵的连乘，比如，对于 L 次连续的预测和更新步骤

$$\mathbf{H}(z)=\begin{bmatrix}a_{\mathrm{Low}} & 0\\ 0 & a_{\mathrm{High}}\end{bmatrix}\prod_{l=1}^{L}\begin{bmatrix}1 & U_l(z)\\ 0 & 1\end{bmatrix}\begin{bmatrix}1 & 0\\ -P_l(z) & 1\end{bmatrix} \tag{2.340}$$

反过来也一样，可以将给定的包含高阶 z 多项式的多相矩阵分解为一系列仅包含简单的低阶

多项式的预测/更新矩阵。根据式(2.336)和式(2.338)，由一个给定的(完整)多相矩阵 $\mathbf{H}(z)$ 分离出单次预测步骤和单次更新步骤，可以得到下列表达式：

$$\mathbf{H}(z) = \begin{bmatrix} 1 & 0 \\ -P(z) & 1 \end{bmatrix} \cdot \mathbf{H}^{-\mathrm{pr}}(z); \quad \mathbf{H}(z) = \begin{bmatrix} 1 & U(z) \\ 0 & 1 \end{bmatrix} \cdot \mathbf{H}^{-\mathrm{up}}(z) \tag{2.341}$$

由于所有单次预测和单次更新矩阵的行列式值均为 1，因此，总是有可能把多相矩阵进行分解，同样，相反的过程也是可行的。利用多项式分解，可以逐步计算结果，当只剩下一个归一化因子为 a_{Low} 和 a_{High} 的对角矩阵时，则停止分解。

例子　式(2.325)中的正交 5/3 滤波器可以表示为下面的多相矩阵，这个矩阵又可以进一步分解为一个归一化矩阵、一个预测矩阵和一个更新矩阵：

$$\mathbf{H}(z) = \begin{bmatrix} -\dfrac{1}{8}z + \dfrac{3}{4} - \dfrac{1}{8}z^{-1} & \dfrac{1}{4}z + \dfrac{1}{4} \\ -\dfrac{1}{2} - \dfrac{1}{2}z^{-1} & 1 \end{bmatrix} = \underbrace{\begin{bmatrix} 1 & 0 \\ 0 & 1 \end{bmatrix}}_{\mathbf{A}} \cdot \underbrace{\begin{bmatrix} 1 & \dfrac{1}{4}z + \dfrac{1}{4} \\ 0 & 1 \end{bmatrix}}_{\mathbf{U}(z)} \cdot \underbrace{\begin{bmatrix} 1 & 0 \\ -\dfrac{1}{2} - \dfrac{1}{2}z^{-1} & 1 \end{bmatrix}}_{\mathbf{P}(z)} \tag{2.342}$$

这里，$a_{\mathrm{High}} = a_{\mathrm{Low}} = 1$，$P(z) = \dfrac{1}{2}(z^{-1}+1)$，$U(z) = \dfrac{1}{4}(1+z)$。另外，以哈尔滤波器为例[①]，其中 $a_{\mathrm{Low}} = \sqrt{2}$，$a_{\mathrm{High}} = \sqrt{2}/2$，$P(z) = -1$，$U(z) = 1/2$，

$$\mathbf{H}(z) = \dfrac{\sqrt{2}}{2} \begin{bmatrix} 1 & 1 \\ -1 & 1 \end{bmatrix} = \underbrace{\begin{bmatrix} \sqrt{2} & 0 \\ 0 & \sqrt{2}/2 \end{bmatrix}}_{\mathbf{A}} \cdot \underbrace{\begin{bmatrix} 1 & \dfrac{1}{2} \\ 0 & 1 \end{bmatrix}}_{\mathbf{U}(z)} \cdot \underbrace{\begin{bmatrix} 1 & 0 \\ -1 & 1 \end{bmatrix}}_{\mathbf{P}(z)} \tag{2.343}$$

提升结构还可以通过信号流图加以理解，图 2.55 以哈尔滤波器[式(2.343)]和双正交 5/3 滤波器[式(2.342)]为例，分别给出了信号流图。

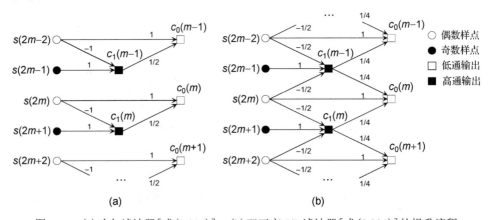

图 2.55　(a)哈尔滤波器[式(2.312)]；(b)双正交 5/3 滤波器[式(2.325)]的提升流程

提升结构还允许使用非线性子带滤波器(nonlinear subband filters)。一个简单的例子是，在预测和更新步骤中，可以使用比如中值滤波器或加权中值滤波器等排序滤波器[Claypoole, et al., 1997]。

---

① 对于哈尔滤波器，就信号分解的复杂度而言，采用提升方法并不具有优势，这是因为在分解之前，多相多项式已经成为零阶。但是，这种方法在运动补偿时域小波滤波中很重要，见 7.3.2 节，另外它还可以用来避免变换表示的比特深度扩展。

2.8.4　小波变换

连续时间**小波变换**(Wavelet Transform，WT)是由卷积方程

$$\boldsymbol{w}_s(t,f) = \int_{-\infty}^{\infty} s(\tau)\psi_f(t-\tau)\mathrm{d}\tau \tag{2.344}$$

定义的，它以带通滤波器核

$$\psi_f(t) = \frac{1}{\sqrt{\alpha}} \cdot \psi\left(\frac{t}{\alpha}\right), \quad \text{其中} \ \alpha = \frac{f_0}{f} \tag{2.345}$$

为基础。函数 $\psi(\cdot)$ 是**母小波**(mother wavelet)，它是中心频率为 f_0 的带通滤波器，当其作用在不同的频率上时，需要对母小波以缩放因子 α 进行时间尺度缩放[Rioul, Vetterli, 1991]。

式(2.344)中的连续小波变换不能用于实际的信号分解。因为它是高度过完备的，是针对无限多个时间和频率位置所定义的。**离散小波变换**(Discrete Wavelet Transform，DWT)中，分解只能在离散的(抽取的)信号位置和离散的频率位置处进行。通常采用的方法是利用**二进频率采样方案**(dyadic frequency sampling scheme)定义一组基函数，其中相应频带的频带上限 f_k 和采样位置的间距 t_k 满足 2 的指数倍关系，这样频率分割便具有倍频带关系。假设通过下式定义了 U 个频带[1]

$$\alpha_k = 2^{U-k}, \quad f_k = \frac{1}{\alpha_k T}, \quad t_k(n) = \alpha_k nT, \quad \text{其中} \ 0 \leqslant k < U \tag{2.346}$$

分解滤波器离散中心频率之间的距离不再是常数，k 的值每增加 1，频带的有效带宽[2] $\Delta f_k = [f_k - f_{k-1}]$ 便增加一倍。同时，分解位置之间的距离 $\Delta t_k = [t_k(n) - t_k(n-1)]$ 减小为一半。这说明，频带越宽(k 值较大)，时间分辨率越精确，获得的频率分辨率越不精确。图 2.56 以理想 DWT 和离散短时傅里叶变换(STFT)为例进行了说明，STFT 通常通过加窗 DFT 或 DCT 分解实现。利用式(2.346)中的定义，离散频率为 k、位置为 n 处的 DWT 系数为

$$c_k(n) = \frac{1}{\sqrt{\alpha_k}} \int_{-\infty}^{\infty} s(\tau)\psi\left(\frac{\tau - nT}{\alpha_k}\right)\mathrm{d}\tau \tag{2.347}$$

需要注意的是，这里为进行 DWT 运算所定义的基函数是时间连续函数，并且以对带限信号进行滤波为目的，而卷积只能在离散的位置进行，因此需要进行采样操作。如式(2.346)所示，当所有频带都被使用时(比如，在进行 DWT 分解之前，对原始信号进行采样)，T 为对应于分辨率精度的采样距离。

DWT 可以以不同的分辨率等级(尺度)重构信号。从抽象意义上来说，可以通过一组**尺度空间**(scale spaces)和一组**小波空间**(wavelet spaces)重构出最高频率为采样频率一半的频域表

---

① 原则上，U 值可以是任意大的值，但是对于有限长度 N 的离散信号而言，在最后一个步骤中需要至少保留一个采样位置 $t_u(m)$。由条件 $t_1(1) - t_1(0) \leqslant NT$ 可知，若 N 为 2 的幂，则 $U_{\max} = \log_2 N$，否则 $U_{\max} = \lfloor \log_2 N \rfloor + 1$。实际应用中，所使用的离散小波分解的子带(预定义的)数量要低得多。为了与之前的表示方法保持一致，我们使用变量 k 作为索引，k 随频率的增加而增加($k = 0$ 表示最低频率，$k = U$ 表示未进行小波分解的原始信号)。

② 除了对理想滤波器，"有效带宽"并没有明确的定义。可以这样理解"有效带宽"，它是与滤波器的傅里叶传递函数具有相等最大幅度和总积分面积的矩形函数的宽度。

示，其中每个空间均与二进分辨率等级中的一个等级相关。当尺度空间 $\boldsymbol{v}_k$ 表示（采样的）信号 $s_k(n)$ 的某一带宽分辨率时，下一较低的尺度空间 $\boldsymbol{v}_{k-1}$ 表示样点数量和带宽均为其一半的信号 $s_{k-1}(n)$。尺度空间 $\boldsymbol{v}_U$ 代表具有最大可能分辨率的信号 $s(n)=s_U(n)$，其对应的采样距离为 $T=1$，对应的截止频率为 $|f|=1/2$，见图 2.57。为了获得良好的近似，小波空间 $\boldsymbol{w}_k$ 必须是正交补空间，其中包含两个相邻尺度空间的残差，

$$\boldsymbol{v}_{k+1}=\boldsymbol{v}_k\oplus\boldsymbol{w}_k \quad 且 \quad \boldsymbol{v}_k\perp\boldsymbol{w}_k \tag{2.348}$$

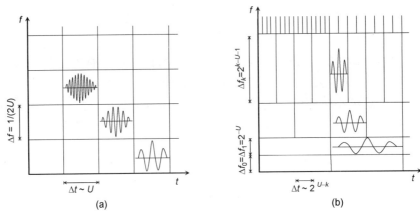

图 2.56　信号域和频域中的分辨率精度。（a）STFT；（b）DWT

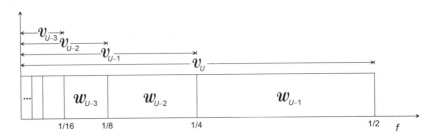

图 2.57　通过分割频率轴得到的二进尺度空间和小波空间的分布

　　如果式（2.348）中的条件为真，则所有低频小波空间也一定是正交的。当分辨率由 $\boldsymbol{v}_k$ 减小为 $\boldsymbol{v}_{k-1}$ 时，所有丢失的细节都可以在 $\boldsymbol{w}_{k-1}$ 中找到。任意一个尺度空间都可以迭代地表示为所有较低小波空间之和，其中求和运算一直要进行到最低分辨率的尺度空间为止[①]，

$$\boldsymbol{v}_k=\boldsymbol{w}_{k-1}\oplus\boldsymbol{w}_{k-2}\oplus\cdots\oplus\boldsymbol{w}_1\oplus\boldsymbol{v}_1 \tag{2.349}$$

　　信号的分解（即分解为与相应尺度空间和小波空间相关的成分）是通过**尺度函数**（scaling functions）$\varphi(\tau)$ 和**小波函数**（wavelet functions）$\psi(\tau)$ 实现的。尺度函数基本上是用于生成低分辨率表示的低通滤波器，即由 $\boldsymbol{v}_k$ 重构 $\boldsymbol{v}_{k-1}$。

　　由于 $\boldsymbol{v}_{k-1}\subset\boldsymbol{v}_k$，$\boldsymbol{v}_{k-1}$ 的所有函数都可以表示为与尺度空间 $\boldsymbol{v}_k$ 中相关基函数 $\varphi_k(\tau)$ 的线性组合。因此，$\boldsymbol{v}_{k-1}$ 中的尺度函数也可以通过**细分方程**（refinement equation）（表示 $\boldsymbol{v}_k$ 中尺度函

[①] 如果所分解信号的长度是有限的，或者由分解引起的延迟是有限的，则需要求和运算进行到某一尺度空间时终止，多媒体信号处理和分解中通常都是这样的情况。理论上，也可以通过无限多个子坐标小波空间建立一个尺度空间。为了与之前所介绍的频率表示所使用的符号保持一致，用 $s_1(n)$ 或 $c_0(n)$ 表示最低分辨率尺度空间 $\boldsymbol{v}_1$ 中的信号。

数的叠加) 来描述:

$$\varphi_{k-1}(\tau) = \sum_m h_0(m) \varphi_k(\tau - m\alpha_k T) \tag{2.350}$$

由于对于小波空间,$\boldsymbol{W}_{k-1} \subset \boldsymbol{V}_k$ 同样成立, 相关的小波函数可以通过**小波方程**(wavelet equation)类似地生成:

$$\psi_{k-1}(\tau) = \sum_m h_1(m) \varphi_k(\tau - m\alpha_k T) \tag{2.351}$$

同样, 也可以反过来进行式(2.350)和式(2.351)中的运算, 这样上一层级的尺度函数(表示具有更高分辨率的信号)能够由当前层级的尺度函数和小波函数进行重构, 即

$$\varphi_k(\tau) = \sum_m g_{0,\mathrm{A}}(m) \cdot \varphi_{k-1}(\tau - m\alpha_{k-1}T) + \sum_m g_{1,\mathrm{A}}(m) \cdot \psi_{k-1}(\tau - m\alpha_{k-1}T)$$

$$\varphi_k(\tau - \alpha_k T) = \sum_m g_{0,\mathrm{B}}(m) \cdot \varphi_{k-1}(\tau - m\alpha_{k-1}T) + \sum_m g_{1,\mathrm{B}}(m) \cdot \psi_{k-1}(\tau - m\alpha_{k-1}T) \tag{2.352}$$

其中, A 和 B 分别表示离散滤波器函数的偶相成分和奇相成分。

现在可以利用最简单的正交小波基, 即哈尔小波基, 来对尺度函数和小波函数的迭代过程加以说明。采用式(2.312)中的离散滤波器系数, 将 $\boldsymbol{V}_{k+1}$ 映射为 $\boldsymbol{V}_k$ 和 $\boldsymbol{W}_k$ 的细化方程和小波方程可以表示为

$$\varphi_{k-1}(\tau) = \underbrace{\frac{\sqrt{2}}{2}}_{h_0(0)} \varphi_k(\tau) + \underbrace{\frac{\sqrt{2}}{2}}_{h_0(1)} \varphi_k(\tau - \alpha_k T)$$

$$\psi_{k-1}(\tau) = \underbrace{\frac{\sqrt{2}}{2}}_{h_1(0)} \varphi_k(\tau) - \underbrace{\frac{\sqrt{2}}{2}}_{h_1(1)} \varphi_k(\tau - \alpha_k T) \tag{2.353}$$

$\boldsymbol{V}_U$ 中的尺度函数 $\varphi_U(\tau)$ 是一个长度为 T, 幅度为 1 的矩形函数(采样中的"保持操作")。两个尺度函数的加权叠加如图 2.58 所示, 分别产生 $\boldsymbol{V}_{U-1}$ 和 $\boldsymbol{W}_{U-1}$ 中的尺度函数和小波函数。如果迭代地进行叠加, 每次进行迭代, 这两个函数的宽度都变为原来的两倍, 同时幅度变为原来的 $\sqrt{2}$ 倍。对于这种情况, 在一次迭代后, 就可以得知尺度函数和小波函数最终会具有的形状(这是因为尺度函数的形状始终都是矩形, 无论其变得多宽)。

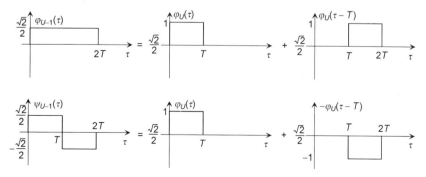

图 2.58 哈尔小波基上一层级尺度函数和小波函数的形成

现在，需要利用 $\boldsymbol{v}_{k-1}$ 和 $\boldsymbol{w}_{k-1}$ 中的尺度函数和小波函数对 $\boldsymbol{v}_k$ 中不同层次的尺度函数进行重构。相关的等式为

$$\varphi_k(\tau) = \underbrace{\frac{\sqrt{2}}{2}}_{g_0(0)}\varphi_{k-1}(\tau) + \underbrace{\frac{\sqrt{2}}{2}}_{g_1(0)}\psi_k(\tau); \quad \varphi_{k+1}(\tau - \alpha_k T) = \underbrace{\frac{\sqrt{2}}{2}}_{g_0(1)}\varphi_{k-1}(\tau) - \underbrace{\frac{\sqrt{2}}{2}}_{g_1(1)}\psi_{k-1}(\tau) \tag{2.354}$$

这一重构过程如图 2.59 所示。

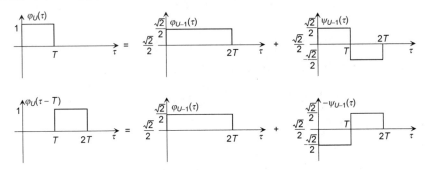

图 2.59　哈尔小波基下一层级尺度函数的重构

式 (2.350) 和式 (2.351) 是 DWT 的关键方程。可以利用这两个方程确定滤波器组中离散低通和高通分解滤波器的系数 $h_0(k)$ 和 $h_1(k)$。假设连续时间尺度函数和小波函数是正交的。如果这些函数可以通过离散滤波器系数 $h_0(k)$ 和 $h_1(k)$ 迭代地进行重构，即使冲激响应 $h_0(k)$ 和 $h_1(k)$ 不是正交的，利用滤波器组的这些系数进行的任何信号分解也将是正交的，在迭代的次数非常多的情况下，也同样如此。而且，尽管在概念上尺度函数与传统采样中带限低通滤波器起到的作用类似，但是尺度函数不一定能够完美地将频带分离。在小波表示中，只有当空间的全部集合都相关时，连续的尺度函数和小波函数之间才需要服从正交性，这一条件与非重叠频带相比较弱。如果下列条件成立，便可以保证分解的正交性[①]：

$$\int_{-\infty}^{\infty}\varphi(\tau)\psi(\tau)\mathrm{d}\tau = 0 \text{，其中 } \varphi(\tau) = \lim_{U \to \infty}\varphi_1(\tau) \text{ 且 } \psi(\tau) = \lim_{U \to \infty}\psi_1(\tau) \tag{2.355}$$

由此，可以引出设计双正交滤波器组的条件。可以使用连续的尺度函数和小波函数，从 DWT 域的样点中重构(插值)出连续信号。根据式 (2.350) 和式 (2.351)，还可以利用离散系数直接在采样信号域中进行全部运算(比如，计算采样信号的 DWT)。假设在某分辨率尺度 k 下，已知信号的离散近似值为 $s_k(n)$。那么可以根据

$$s_{k-1}(n) = \sum_m h_0(m) s_k(2n - m) \tag{2.356}$$

计算下一个更粗糙近似值(表示分辨率为一半的信号，或样点数量为一半的信号)的尺度系数，互补的小波系数为

---

① 下列等式中，取极限运算是假设对尺度函数和小波函数的迭代重构可以无限地进行下去($k = 0$ 时不停止，而是变为负值继续进行，具有 U 个有限数量的频带正是如此)。与之前在式 (2.350)~式 (2.354) 中的定义不同，为了避免无限次展开，在对连续尺度函数和小波函数的每次迭代过程中，都以缩放因子 2 对时间轴进行缩放(与离散滤波器组中的亚采样对应)。这也意味着，如果初始函数具有低通特性，即使初始函数是一个矩形尺度函数，通过合适的选取系数 h 和 g，最终的函数 $\varphi(\tau)$ 和 $\psi(\tau)$ 也会变得比较光滑。

$$c_{k-1}(n) = \sum_m h_1(m)s_k(2n-m) \tag{2.357}$$

这一分解可以从 $s_U(n) \equiv s(n)$ 开始，迭代地进行计算。实际上，这一分解的每个层级与在 4.4.2 节所介绍的，将信号分为低频和高频子带的分解是完全相同的。然而，与图 2.52 中的级联系统不同的是，只有低频输出(下一级尺度信号为 s_{k-1})需要进行进一步分解。利用相应的合成函数，可以通过反转递归的顺序[定义了**逆离散小波变换**(Inverse DWT，IDWT)]计算信号的重构值：

$$s_k(n) = \sum_m g_0(n-2m)s_{k-1}(m) + \sum_m g_1(n-2m)c_{k-1}(m) \tag{2.358}$$

需要注意的是，式(2.356)~式(2.358)在离散卷积的表达式中隐式地包含了多相运算。如上所述，如果合成系数 $g_0(k)$ 和 $g_1(k)$ 与 $h_0(k)$ 和 $h_1(k)$ 之间满足式(4.170)中的双正交性，则可以实现完全重构。然而，如果选择的 $h_0(k)$ 和 $h_1(k)$ 能够使连续尺度函数和小波函数是正交的，则可以认为，离散尺度系数和小波系数序列也是正交的，即便滤波器基可能只是双正交的(后者足以实现完美重构)。

DWT 分解/合成滤波器组的框图，以及频率分解的示意图如图 2.60 所示，可以将其看作一个**倍频程结构**(octave-band structure)。为了和其他变换所使用的符号保持一致，与尺度空间 $\boldsymbol{v}_1$ 相关的信号用 c_0(而不是 s_1)来表示，而与小波空间 $\boldsymbol{w}_k$，$k=1,\cdots,U-1$ 相关的小波系数的符号与之前所使用的符号相同，仍然用 c_k 表示。

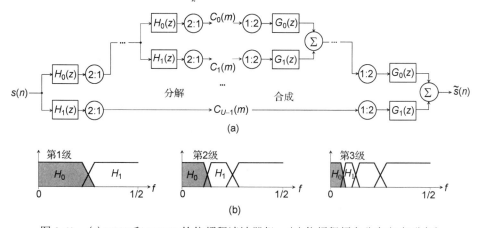

图 2.60　(a)DWT 和 IDWT 的倍频程滤波器组；(b)倍频程频率分布(3 级分解)

如果采用式(2.312)中的哈尔小波基，则分解的结果与哈尔变换的结果完全相同，见式(2.249)。但是，较长的滤波器冲激响应能够取得更好的频率分离特性，还能够更好地消除缩放信号中的混叠。

对于许多类型的信号，尤其是自然图像信号，为较低的频带提供较高的频率分辨率，与信号模型是相符合的。对于 $\rho \to 1$ 的 AR(1)模型，可以认为低频成分要明显多于高频成分。对于高频成分，对频率的准确分解没有对**细节的准确定位**(accurate localization of detail)重要，尤其是信号有可能具有不连续性时，这正是边缘区域中存在的情况。信号的不连续性出现在不同的分辨率等级上，因此不连续性也出现在小波子带之间的相同位置处，这称为**尺度特性**(scaling property)。

2.8.5 二维与多维滤波器组

可分离的(separable)方法是实现二维或多维滤波器组最简单的方式,其中分解滤波器和合成滤波器是水平滤波器和垂直滤波器的乘积。对于二维滤波器组,水平方向索引为k_1,垂直方向索引为k_2的频带,其基函数可以表示为

$$h_{k_1,k_2}(n_1,n_2) = h_{k_1}(n_1)h_{k_2}(n_2) \text{ 且 } g_{k_1,k_2}(n_1,n_2) = g_{k_1}(n_1)g_{k_2}(n_2) \tag{2.359}$$

共有U_1U_2个频带,在临界采样的情况下,总亚采样因子为$|\mathbf{U}|=U_1U_2$。在各个维度上都采用二进分解结构的可分离二维系统可以顺序地实现,首先对一个维度先进行滤波和亚采样。然后,只有较少的样点会进入到另一个方向的分解步骤中。当$U_1=2$,$U_2=2$,$|U|=4$时,分解系统的框图如图2.61所示。

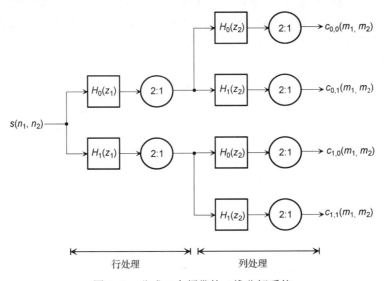

图 2.61　分成 4 个频带的二维分解系统

图 2.62(a)给出了二维频域内子带的分布。图 2.61 中基本的 4 子带分解结构可以再一次迭代地作用于前一层级相应的(亚采样)输出。针对全部 4 个子带在下一层级进行同样分解的情况,图 2.62(b)以 16 个频带为例给出了频带的分布。在图 2.62(c)给出的例子中,小波形式的八带分解完全可分离地应用在两个维度上,它相当于图 2.41(c)中的哈尔变换方案。图 2.62(d)中的分布通常称为二维 DWT,其中只有 4 个子带中的低通输出c_{00}需要进一步进行 4 子带分解。图 2.62(c)/(d)中,S 表示最低分辨率的尺度子带,它表示图像的亚采样形式。

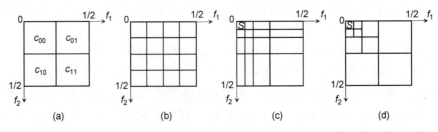

图 2.62　二维频带的分布。(a)4 个初步分解的频带; (b)16 个等带宽的频带; (c)可分离的倍频带, 共 16 个频带; (d)二维 DWT, 共 10 个频带(S=尺度频带)

对图像信号进行子带和小波分解的结果如图 2.63 所示，其中不同的亚采样子带图像显示在图 2.62 中相应的频率分区上。

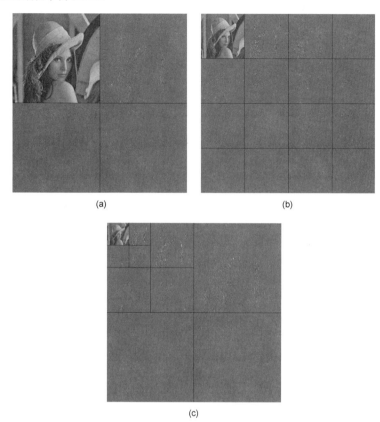

图 2.63　将图像分解为子带图像(除 c_{00} 外，均放大了 4 倍)。(a)对应图 2.62(a)；(b)对应图 2.62(b)；(c)对应图 2.62(d)

还可以实现不可分离的二维滤波器组。图 2.64 给出了采样因子为 2 的二维抽取的例子，其中子带系统将矩形网格的(可分离的)采样信号分解为五株采样的两个成分。可以用在多维信号采样中介绍的原理来描述这样的系统。如果 $s_k(\tilde{n}_1,\tilde{n}_2)$ 是原始信号，$s_{k-1}(n_1,n_2)$ 是亚采样信号，则可以用采样矩阵 $\mathbf{U}$ 来表示索引之间的关系[①]。

$$\begin{bmatrix} \tilde{n}_1 \\ \tilde{n}_2 \end{bmatrix} = \begin{bmatrix} u_{11} & u_{12} \\ u_{21} & u_{22} \end{bmatrix}\begin{bmatrix} n_1 \\ n_2 \end{bmatrix}; \quad \tilde{\mathbf{n}} = \mathbf{U}\mathbf{n}; \quad \mathbf{n} = \mathbf{U}^{-1}\tilde{\mathbf{n}} \in \mathbb{Z} \tag{2.360}$$

亚采样因子，以及频谱副本(原始频谱+混叠频谱)的个数等于行列式的绝对值：

$$| \mathbf{U} | = | u_{11}u_{22} - u_{21}u_{12} | \tag{2.361}$$

相应的频率采样矩阵 $\mathbf{F} = [\mathbf{U}^{-1}]^{\mathrm{T}}$ 指向周期频谱副本的位置，其中可能存在混叠。与式(2.297)类似，抽取信号的 z 变换为

$$S_{k-1}(z_1,z_2) = \frac{1}{|\mathbf{U}|}\sum_{k_1=0}^{U_1-1}\sum_{k_2=0}^{U_2-1} S(W^{-(f_{11}k_1+f_{12}k_2)}z_1{}^{f_{11}}z_2{}^{f_{12}}, W^{-(f_{21}k_1+f_{22}k_2)}z_1{}^{f_{21}}z_2{}^{f_{22}})$$

---

① 对于整数采样因子 u_{ij}，以下各点均是严格成立的，否则将需要额外的亚采样相移，还需要另外的插值步骤。

$$其中 W = e^{j2\pi} \quad 且 U_i = \max_{j=1,2}\{|u_{ij}|\} \tag{2.362}$$

其逆运算是以因子 U^* 进行的插值，其中使用了 $\mathbf{U}$ 中的参数，是式(2.299)的一种推广：

$$S_k(z_1,z_2) = S_{k-1}(z_1^{u_{11}} z_2^{u_{21}}, z_1^{u_{12}} z_2^{u_{22}}) \tag{2.363}$$

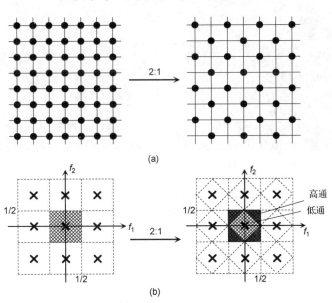

(a)

(b)

图 2.64　2:1 五株抽取的不可分离二维系统。(a)空域中的亚采样方案；(b)频带的分布

例子　与式(2.63)类似，五株取样的采样矩阵为 $\mathbf{T}_q$，相应的频率采样矩阵为 $\mathbf{F}_q$，图 2.64 可以表示为

$$\mathbf{U}_q = \begin{bmatrix} 2 & 1 \\ 0 & 1 \end{bmatrix}; \quad \mathbf{F}_q = \left[\mathbf{U}_q^{-1}\right]^T = \begin{bmatrix} 1/2 & 0 \\ -1/2 & 1 \end{bmatrix} \tag{2.364}$$

抽取信号的 z 变换为

$$S_{k-1}(z_1,z_2) = \frac{1}{2}\sum_{k=0}^{1} S_k\left(W^{-\frac{1}{2}k} z_1^{\frac{1}{2}}, W^{-\frac{1}{2}k} z_1^{-\frac{1}{2}} z_2\right), \quad 其中 W = e^{j2\pi} \tag{2.365}$$

为了实现不可分离的抽取，往往需要使用不可分离的滤波器。可以利用下面的双正交二维滤波矩阵完成五株采样[Kovacevic, Vetterli, 1992]，其中，根据双正交滤波器的条件，在水平方向或垂直方向上，高通滤波器 $\mathbf{H}_1$ 比低通滤波器 $\mathbf{H}_0$ 有一个样点的滞后：

$$\mathbf{H}_0 = \frac{1}{32}\begin{bmatrix} 0 & 0 & -1 & 0 & 0 \\ 0 & -2 & 4 & -2 & 0 \\ -1 & 4 & 28 & 4 & -1 \\ 0 & -2 & 4 & -2 & 0 \\ 0 & 0 & -1 & 0 & 0 \end{bmatrix}; \quad \mathbf{H}_1 = \frac{1}{4}\begin{bmatrix} 0 & -1 & 0 \\ -1 & 4 & -1 \\ 0 & -1 & 0 \end{bmatrix} \tag{2.366}$$

如式(2.325)所示，低通滤波器和高通滤波器具有不同的尺寸。根据式(2.316)中的关系式 $G_0(\mathbf{z}) = H_1(-\mathbf{z})$ 和 $G_1(\mathbf{z}) = -H_0(-\mathbf{z})$，合成滤波器可以由正负号交替的乘法(调制)确定。对于对称二维滤波器，索引之和为奇数的冲激响应值要乘以-1，即

$$g_0(n_1, n_2) = (-1)^{n_1+n_2} h_1(n_1, n_2)$$

$$g_1(n_1, n_2) = (-1)^{n_1+n_2+1} h_0(n_1, n_2) \tag{2.367}$$

得到的合成滤波器矩阵为

$$\mathbf{G}_0 = \frac{1}{4}\begin{bmatrix} 0 & 1 & 0 \\ 1 & 4 & 1 \\ 0 & 1 & 0 \end{bmatrix}; \quad \mathbf{G}_1 = \frac{1}{32}\begin{bmatrix} 0 & 0 & 1 & 0 & 0 \\ 0 & 2 & 4 & 2 & 0 \\ 1 & 4 & -28 & 4 & 1 \\ 0 & 2 & 4 & 2 & 0 \\ 0 & 0 & 1 & 0 & 0 \end{bmatrix} \tag{2.368}$$

2.8.6 金字塔分解

DWT 是信号表示中的一种**多分辨率方案**(multi-resolution scheme)。这意味着,使用频率更高的小波子带,可以使重构信号的分辨率增加。在临界采样(通常为二进小波)的小波表示中,无论小波树的深度是多少,系数样点的总数总是等于全分辨率信号中样点的数量。**金字塔方案**(pyramid schemes)是另一类多分辨率表示方法。除原始(全)分辨率信号外,采样分辨率不同的 U 种信号表示可以通过滤波和亚采样产生。尽管亚采样因子原则上可以是任意值,但是由于复杂度的原因以及为了避免过度的过完备性,在压缩中采用金字塔方案时,通常选择二进因子,除非为了支持多种空间分辨率,需要进行不同的上采样/亚采样。

高斯金字塔(Gaussian pyramid)方案产生的不同分辨率表示是独立的(二进分辨率的情况下,对应于图 2.57 中的尺度空间),而**拉普拉斯金字塔**(Laplacian pyramid)方案构成了差分表示,可将其理解为一组带通信道(大致对应于图 2.57 中的小波空间)。但是,与 DWT 方法不同,拉普拉斯金字塔不对带通成分进行亚采样,这意味着多分辨率表示(就样点的数量而言)是过完备的,这是因为各个通带以外几乎不存在频谱。另一方面,省略了亚采样,可以避免混叠和频率反转,从编码的角度来看,这样是有好处的,比如,当运动补偿预测需要满足移不变性时。

高斯金字塔 全部分辨率层级可以独立地使用,例如,在需要使用较精细的分辨率层级时,则不需要较低分辨率层级。高斯金字塔表示的生成是由低通滤波器以及抽取滤波器(由采样矩阵 $\mathbf{U}$ 描述)组成的基本模块完成的[见图 2.65(a)],以水平/垂直亚采样因子 $U_1 = U_2 = 2$ 的二维信号为例,总亚采样率为 4:1,即 $|\mathbf{U}| = 4$]。高斯金字塔的生成是在各层级上以迭代级联的方式完成的,从金字塔底部开始,到顶部停止[见图 2.65(b)]。通过级联的 U 个基本模块,产生 $U+1$ 个分辨率层级(包括原始分辨率 $s(\mathbf{n}) = s_U(\mathbf{n})$)。信号 $s_{k-1}(\mathbf{U}^{-1}\mathbf{n})$ 是通过低通滤波和亚采样获得的,$s_{k-1}(\mathbf{U}^{-1}\mathbf{n}) = s_k(\mathbf{n}) * h(\mathbf{n})$[①]。高斯金字塔类似于小波变换中对尺度空间成分的处理(见图 2.57),但是由于较粗糙的分辨率构成了较精细分辨率的子空间,而非正交补,所以高斯金字塔表示中存在冗余。由于得到的表示中存在明显冗余而且是过完备的,因此,高斯金字塔表示不是非常适用于压缩。

---

① 该卷积运算涉及 $\mathbf{n}$ 个坐标,但是只在 $\mathbf{U}^{-1}\mathbf{n}$ 为整数的位置上进行(即亚采样后仍然存在的位置)。对于非二进亚采样,$\mathbf{U}$ 本身可能包含非整数值。这种情况下,可能需要在低通滤波器的冲激响应中加入与位置相关的亚采样相移(插值)。

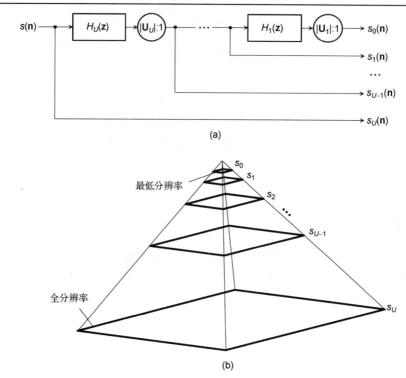

图 2.65   (a)高斯金字塔表示的生成(通常在所有层级中采用相同的滤波器和相同的亚采样
         方案,其中,亚采样方案用 U 表示);(b)用金字塔等级表示图像尺寸(二进方案)

这种方法被称为高斯金字塔,是因为在抽取之前,所使用的低通滤波器通常是具有接近高斯形状冲激响应的滤波器。两个高斯函数进行卷积可以得到一个响应长度更长的高斯函数。因此,后期阶段的级联系统所产生的效果基本相当于使用一个冲激响应长度更长的高斯滤波器(具有较小截止频率的低通滤波器)[1]。但是,由于中间过程的亚采样运算,级联金字塔系统的实现复杂度要低得多。

下面的滤波器矩阵可以近似地看成一个短核不可分离二维高斯滤波器[2]:

$$\mathbf{H}_G = \frac{1}{8}\begin{bmatrix} 0 & 1 & 0 \\ 1 & 4 & 1 \\ 0 & 1 & 0 \end{bmatrix} \tag{2.369}$$

拉普拉斯金字塔   每个分辨率层级(除了最小的尺度图像)都是由差分信号表示的。产生差分信号的原理如图 2.66(a)所示。首先,和高斯金字塔一样产生低分辨率信号 $s_{k-1}(\mathbf{n})$。接着,进行上采样,利用低通插值滤波器进行滤波,产生预测值,然后计算差值(预测误差)信号[3]。

---

[1] 这句话忽略了因亚采样产生的混叠,其中混叠取决于信号的频谱。另一方面,高斯函数是非负的,这使得其截止频率的陡峭程度较低,但是这可以防止在信号不连续处(比如,图像的边缘)出现振铃效应。

[2] 系数向量为 $\mathbf{h} = [1/4 \quad 1/2 \quad 1/4]^T$ 的二项式滤波器是高斯滤波器函数的一种典型的一维近似。式(2.369)表示一个水平二项式滤波器和一个垂直二项式滤波器的叠加。迭代卷积可以给出较长的二项式函数,根据中心极限定理,从趋势上来说,可以得到采样高斯滤波器的近似形式。二维情况下,通常采用可分离的滤波器。

[3] 在 $\mathbf{n}$ 为整数的所有位置上都进行这种卷积,其中 $\mathbf{U}^{-1}\mathbf{n}\uparrow\mathbf{n}$ 表示在上采样的 s_{k-1} 中,在 $\mathbf{U}^{-1}\mathbf{n}$ 不是整数的位置插入零值。对于非二进亚采样,$\mathbf{U}$ 本身可能包含非整数值,并且还需要在滤波器冲激响应中,额外地加入与位置相关的亚采样相移。

$$\hat{s}_k(\mathbf{n}) = s_{k-1}(\mathbf{U}^{-1}\mathbf{n}\uparrow\mathbf{n})*g(\mathbf{n}), \quad e_k(\mathbf{n}) = s_k(\mathbf{n}) - \hat{s}_k(\mathbf{n}) \tag{2.370}$$

重构时，把差值信号与下一粗糙层级信号的预测值相加（见图 2.66(b)）。如果把 U 个基本模块组成一个级联结构，则利用 U 个差值信号 $e_1(\mathbf{n}),\cdots,e_U(\mathbf{n})$ 和一个严重缩放的信号 $s_0(\mathbf{n})$，一共可以表示 $U+1$ 个分辨率层级。各不同金字塔层级上的重构信号 $s_1(\mathbf{n}),\cdots,s_U(\mathbf{n})$ 与高斯金字塔相应的输出相同。重构始终要从最低的分辨率层级开始，需要进行 U 次连续运算。

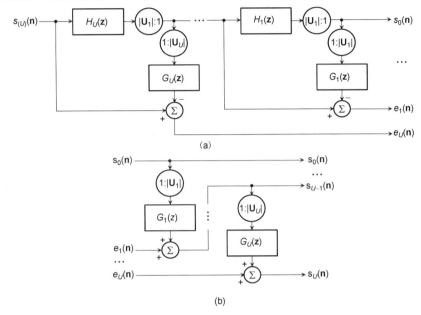

图 2.66 拉普拉斯金字塔表示。(a) 分解；(b) 合成

假设可以实现（几乎）无混叠的亚采样以及高质量的插值，信号 $s_k(\mathbf{n})$ 和式(2.369)中滤波器输出之间的差值将会与式(2.370)中的预测值 $\hat{s}_k(\mathbf{n})$ 非常接近，那么预测值可以利用下面的滤波器直接产生：

$$\mathbf{H}_{\mathrm{L}} = \begin{bmatrix} 0 & 0 & 0 \\ 0 & 1 & 0 \\ 0 & 0 & 0 \end{bmatrix} - \mathbf{H}_{\mathrm{G}} = \frac{1}{8}\begin{bmatrix} 0 & -1 & 0 \\ -1 & 4 & -1 \\ 0 & -1 & 0 \end{bmatrix} \tag{2.371}$$

这个滤波器核为信号的局部二阶导数提供一种近似，称为**拉普拉斯滤波算子**（Laplacian filter operator）。由此，差分金字塔也称为**拉普拉斯金字塔**[Burt, Adelson, 1983]。原则上，拉普拉斯金字塔代表不同尺度空间中信号的二阶导数，还可以将其理解为带通滤波后的 $s(\mathbf{n})$（或高通滤波后的 $e_U(\mathbf{n})$）[1]。

与小波变换不同，拉普拉斯金字塔的差分信号 $e_k(\mathbf{n})$ 并不是正交补。首先，由于预测误差包含所有细节信息，而这些信息不能通过 $s_{k-1}(\mathbf{n})$ 进行预测，所以 $e_k(\mathbf{n})$ 和 $s_k(\mathbf{n})$ 必定是相关的。其次，由于使用了非理想滤波器，不同层级的预测误差 $e_k(\mathbf{n})$ 和 $e_{k-1}(\mathbf{n})$ 之间也可能是相关的。而且，像边缘、脉冲这种具有宽频谱的结构也会在各个层级的预测误差中出现。然而，一般

---

[1] 当忽略亚采样并通过级联高斯冲激响应完成滤波时，信号 $e_k(n)$ 还称为**高斯差分**（Differences of Gaussians，DoG），$e_k(n)$ 近似等于经过高斯函数的二阶导数滤波后的结果（**高斯拉普拉斯**，Laplacian of Gaussian，LoG）。从样点数量的角度而言，这种表示是高度过完备的，这种表示在编码中不常用，而在利用多分辨率表示进行特征分析时比较常用（见 MCA，4.4 节）。

来说，与高斯金字塔相比，这其中的冗余要明显少得多。而且，就样点数量而言，过完备性是金字塔方案的固有特性。比如，如果采用 U 级金字塔结构表示二维(图像)信号，与原始信号中的样点数量相比，样点总数量将会增加的倍数为

$$\sum_{u=0}^{U}\left(\frac{1}{4}\right)^{u} < \frac{4}{3} \tag{2.372}$$

与此不同，块变换、重叠块变换、滤波器组和 DWT 变换都可以采用临界采样，这样频率系数的总数和信号样点的总数相等。尽管块变换和小波变换不是过完备的，但是为了获得完全重构，还需要在低通滤波器和高通滤波器之间作出权衡。这会引起其他负面影响(尤其是频带之间的混叠以及高通频带中的频率反转)，这些影响可能比样点数量增加的缺点更加严重。当在编码中采用金字塔表示时，过完备性貌似是金字塔表示的缺点，但是能够避免上文所述的由于临界采样表示而产生的混叠效应。而且，编码中可以利用金字塔表示各成分间的冗余，并将其去除。因此，尤其是在图像和视频信号的可伸缩(多分辨率)表示中，差分金字塔成为了一种有效的压缩方法，其中可以利用其他的编码方法(比如，在维度间进行预测)将冗余去除。但是，需要注意的是，由于需要处理更多的样点，过完备性会造成较高的运算复杂度。

2.9　习题

习题 2.1

a) 为无混叠六边形采样[见图 2.11(c)]确定采样条件。

b) 当矩形采样的水平和垂直采样距离与六边形采样的垂直采样距离相等时，六边形采样与矩形采样的基带面积之比为多少？

c) 六边形采样与 b) 中的矩形采样相比，水平采样距离之比为多少？

d) 计算由垂直采样距离归一化的采样矩阵 $\mathbf{T}_{\text{hex}}$ 的行列式值，讨论该值与 b) 和 c) 所得结果之间的关系。

习题 2.2

a) 证明五株网格[见图 2.11(d)]可以通过叠加偏移为 $T_1|T_2$ 的两个矩形网格进行重构，其中两个矩阵的水平|垂直采样距离分别为 $2T_1|2T_2$。

b) 根据重构值计算周期频谱，并证明该周期频谱与利用式(2.63)中采样矩阵得到的频谱相同。

习题 2.3

水平频率 $F_1 = 1/(3T)$ 的二维余弦信号(如式(2.1)所示)由五株网格进行采样。

a) 计算二维傅里叶频谱。

b) 为了保证无混叠采样，确定垂直频率 $|F_2|$ 的上限。

c) 如果垂直频率为 $F_2 = 1/(3T)$，对采样信号进行理想低通滤波重构后，哪一水平频率会变得可见？

习题 2.4

对于式(2.126)中的广义高斯概率密度函数，

a) 证明 $\gamma = 2$ 时，可以得到式(2.127)中的高斯正态概率密度函数。

b) 证明 $\gamma = 1$ 时，可以得到式(2.128)中的概率密度函数。

c) 若 $\Gamma(c) = \Gamma(c+1)/c$ ，求 $\gamma \to \infty$ 时的概率密度函数。

[使用下列数值 $\Gamma(3) = 2; \Gamma(1) = 1; \Gamma(1.5) = \sqrt{\pi}/2; \Gamma(0.5) = \sqrt{\pi}$]。

习题 2.5

概率密度函数为高斯分布的一维平稳零均值过程 $s(n)$ ，其自协方差函数为 $\mu_{ss}(k) = \sigma_s^2 \rho^{|k|}$ 。

a) 写出维度为 3×3 的自协方差矩阵。

b) 证明，当 $\rho = 0$ 时，有 $p_3(\mathbf{x}) = p_N(x_1) p_N(x_2) p_N(x_3)$ 。其中，对于向量随机变量 $\mathbf{x} = \begin{bmatrix} x_1 & x_2 & x_3 \end{bmatrix}^T$ ，$p_3(\mathbf{x})$ 是式 (2.156) 中的向量高斯概率密度函数，$p_N(x_i)$ 为式 (2.127) 中的高斯正态分布。

习题 2.6

a) 由两个事件集 S_1 和 S_2 组成的联合随机实例是统计独立的，即 $\Pr(S_1, S_2) = \Pr(S_1)\Pr(S_2)$ 。证明在此条件下，以下关系成立：$H(S_1|S_2) = H(S_1)$; $H(S_2|S_1) = H(S_2)$; $I(S_1;S_2) = 0$ 。

b) 若要求来自两个事件集 S_1 和 S_2 中的实例始终相同。证明 $H(S_1|S_2) = 0$ ；$H(S_2|S_1) = 0$ ；$I(S_1;S_2) = H(S_1) = H(S_2)$ 。

习题 2.7

两个高斯过程 $s_1(n)$ 和 $s_2(n)$ 的联合概率密度函数由式 (2.153) 定义。并且有 $\sigma_{s_1} = \sqrt{2}\sigma_{s_2}$ 。

a) 确定非相关信号（$\rho_{s_1 s_2}(\mathbf{0}) = 0$）的联合概率密度函数，以及完全相关信号（$\rho_{s_1 s_2}(\mathbf{0}) = 1$）的概率密度函数。

b) 首先对于一般情况，确定条件概率密度函数 $p_{s_2 s_1}(x_2 | x_1; \mathbf{0})$ ，然后，对于 a) 中的两种情况，确定条件概率密度函数。

习题 2.8

矩阵 $\mathbf{C} = \begin{bmatrix} 1 & \rho \\ \rho & 1 \end{bmatrix}$ 的特征值为 $\lambda_1 = 1 + \rho$ 和 $\lambda_2 = 1 - \rho$ 。

a) 按照式 (A.20)，确定 $\mathbf{C}$ 的 $\mathbf{\Phi}_1$ 和 $\mathbf{\Phi}_2$ ，使 $\mathbf{\Phi}_1$ 和 $\mathbf{\Phi}_2$ 根据式 (A.24) 组成标准正交基向量 $\mathbf{\Psi} = \begin{bmatrix} \mathbf{\Phi}_1 & \mathbf{\Phi}_2 \end{bmatrix}$ 。

b) 写出坐标轴为 x_1 、x_2 的坐标系下的特征向量。

c) 确定 $\mathbf{\Psi}$ 的逆 $\mathbf{\Psi}^{-1}$ 。

d) 计算 $\mathbf{C}$ 的行列式，并与特征向量的乘积进行比较。

习题 2.9

对于式 (2.189) 和式 (2.190) 中的 AR(1) 模型，证明式 (2.191) 中自相关函数和方差的正确性，以及式 (2.192) 中功率谱的正确性。

习题 2.10

采用方差为 σ_s^2 、相关系数为 $\rho_{ss}(1) = 0.95$ 的 AR(1) 模型对一维信号进行统计建模。通过使用模型的自相关函数，可以对线性预测器进行优化。通过求解式 (2.207) 中的维纳-霍普夫方程，确定阶数 $P=2$ 的预测滤波器的系数 $a(1)$ 和 $a(2)$ 。

习题 2.11

采用预测方程为 $\hat{s}(n_1, n_2) = 0.5s(n_1 - 1, n_2) + 0.5s(n_1, n_2 - 1)$ 的不可分离预测滤波器，对于可分离的 AR(1) 过程（$\rho_1 = \rho_2 = 0.95$）进行二维线性预测，确定预测误差信号的方差，并与新息信号 $v(n_1, n_2)$ 的方差进行比较。

习题 2.12

一个视频序列所包含的图像中只包含全局平移运动。图像信息是二维可分离 AR(1) 模型生成器的输出，参数为 $\rho_1 = \rho_2 = 0.95$。一幅图像和下一幅图像之间，水平平移量为 $k_1 = 7$，垂直平移量为 $k_2 = 3$。以预测误差方差为准则，对不同的线性预测方法进行对比。

a) 空间预测，可分离预测器如式 (2.226) 所示。

b) 时域预测 $\hat{s}(n_1, n_2, n_3) = s(n_1, n_2, n_3 - 2)$。

c) 运动补偿时域预测 $\hat{s}(n_1, n_2, n_3) = s(n_1 - k_1, n_2 - k_2, n_3 - 1)$。

习题 2.13

当把哈尔变换定义为块变换时，哈尔变换具有 $U^* = \log_2 M + 1$ 个"基类型"，这些基类型通过 $u^* = 0, 1, \cdots, \log_2 M$ 进行描述。对于每种基类型，存在 M^* 个基函数，在 $u^* > 0$ 的情况下，每个基函数只有一次符号的内部翻转。$u^* = 0, 1$ 时，M^* 为 1，对于其他的基类型 M^* 为 2^{u^*-1}。由相同基类型确定的基函数通过 $i = 0, 1, \cdots, M^* - 1$ 进行索引。从而，这些基类型便是非重叠的。标准正交变换基集为

$$t_k^{\text{Haar}}(n) = \begin{cases} \text{ha}\left(n - i\dfrac{M}{M^*}\right), & i\dfrac{M}{M^*} \leqslant n < (i+1)\dfrac{M}{M^*} \\ 0, & 其他 \end{cases}$$

其中

$$k = \begin{cases} k^*, & k^* = 0, 1 \\ M^* + i, & k^* > 1 \end{cases}$$

且

$$\text{ha}(n) = \sqrt{\dfrac{M^*}{M}} \cdot (-1)^{\left\lfloor \frac{2^{k^*} n}{M} \right\rfloor}$$

沃尔什基（Walsh basis）包含长度为固定值 M 的 $K = M$ 个基函数。第 k 个基函数有 k 次正值和负值之间的符号翻转。$k = 0$ 的基函数包含 M 个正常数值。其余的沃尔什函数由 $t_1(n)$ 开始迭代地执行。产生所有基函数所需的迭代次数为 $\log_2 M - 1$。在每个迭代步骤中，对其上一个步骤中获得的全部基函数进行缩放（通过在每两个样点中去除一个来实现），然后一次周期地、一次"反周期地"（镜像的）结合为新的基函数。每次迭代步骤后，新的基函数的个数都会翻倍，缩放的函数中具有 v 次符号翻转，产生两个新的函数，其中一个含有 $2v-1$ 次符号翻转，另一个含有 $2v$ 次符号翻转。迭代的过程可以描述如下，其中周期/反周期组合是通过将缩放函数与 ± 1 相乘实现。

令

$$t_k^{\text{Wal}}(n) = t_k^{\text{Rad}}(n), \quad 0 \leqslant k < 2, \quad 0 \leqslant n < M$$
$$k^* = 1, \quad M^* = 2, \quad K^* = \log_2 M, \quad P(0) = -1$$

当 $k^* < K^*$ 时，

{

对于 $0 \leqslant i < \log_2 M^*$：

$$t_{\text{scal}}(n, i) = t_{(M^*+2i)/2}^{\text{Wal}}(2n, i)$$

对于 $j = 0, 1$，$\quad t_{M^*+2i+j}^{\text{Wal}}(n) = \begin{cases} t_{\text{scal}}(n, i), & 0 \leqslant n < M/2 \\ P(i)^{j+1} \cdot t_{\text{scal}}(n - M/2, i), & n \geqslant M/2 \end{cases}$ (2.273)

下一个步骤中，令 $P(2i+j) = -P(i)^{j+1}, M^* = 2M^*, k^* = k^* + 1$

}

因子 $P(i)$ 的作用是，在下一个步骤中由周期基函数产生反周期函数，反之亦然。这可以保证翻转的数量是一直增加的，并与函数的索引值相等。当 $M = 8$ 时，迭代过程如图 2.67 所示。

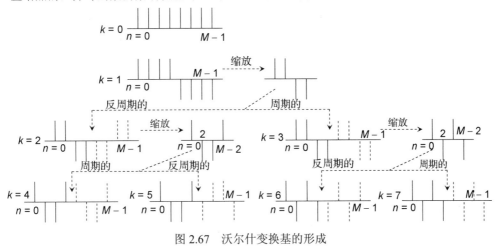

图 2.67　沃尔什变换基的形成

a) 构建 $M = 4$ 时的一维哈尔变换和一维沃尔什变换的变换矩阵。

b) 利用式 (2.246)，通过可分离的二维变换对下面的图像矩阵进行变换。

$$\mathbf{S} = \begin{bmatrix} 18 & 4 & 2 & 4 \\ 18 & 4 & 2 & 4 \\ 2 & 4 & 2 & 4 \\ 2 & 4 & 2 & 4 \end{bmatrix}$$

c) 对计算结果加以解释。着重讨论哪种变换方法能够更好地压缩给定的图像。

习题 2.14

a) 确定 $M = 3$ 时一维 DCT 的变换矩阵，并证明变换是标准正交的。

b) 为 AR(1) 模型建立如式 (2.157) 所示的、维度为 3×3 的自相关矩阵。然后根据式 (2.287) 利用 a) 中的一维 DCT 对矩阵进行变换。

c) 对于方差为 $\sigma_s{}^2$ 的模型，考虑 $\rho = 0.9$ 和 $\rho = 0.5$ 的两种不同情况，对矩阵 $\mathbf{C}_{cc}$ 进行填充。对矩阵元素之间的差异加以说明。

d) 对于 c) 中的两种情况，计算式 (A.21) 中的自相关矩阵及其变换矩阵的迹。对计算结果加以说明。

习题 2.15

a) 确定 $M = 4$ 时一维哈尔变换的变换矩阵。

b) 为 AR(1) 模型建立如式 (2.157) 所示的、维度为 4×4 的自相关矩阵，利用式 (2.287) 通过 a) 中的哈尔变换对矩阵进行变换。

c) 对变换系数之间剩余的相关性加以解释。

习题 2.16

a) 变换的基向量为

$$\mathbf{t}_0 = \begin{bmatrix} \dfrac{\sqrt{2}}{2} & \dfrac{\sqrt{2}}{2} \end{bmatrix}^{\mathrm{T}}, \quad \mathbf{t}_1 = \begin{bmatrix} -\dfrac{\sqrt{2}}{2} & \dfrac{\sqrt{2}}{2} \end{bmatrix}^{\mathrm{T}}$$

确定傅里叶传递函数 $\mathcal{F}\{\mathbf{t}_k\}$。

b)证明该基系统的正交性。

c)证明两个基向量的传递函数 $|\mathcal{F}\{\mathbf{t}_k\}|$ 关于频率 $f=1/4$ 是镜像对称的。

d)证明 $|\mathcal{F}\{\mathbf{t}_0\}|^2 + |\mathcal{F}\{\mathbf{t}_1\}|^2 =$ 常量。

习题 2.17

a)当 $U=2$、$M=4$ 时，根据式 (2.289)～式 (2.292)，确定重叠块变换的基向量。[提示：利用 $\cos(3\pi/8)=\sin(\pi/8)=A$ 和 $\cos(\pi/8)=\sin(3\pi/8)=B$ 为常数值，以简化表示三角函数。考虑其他哪种情况下，会出现相同的 $\pm A$ 或 $\pm B$。]

b)证明该基系统的正交性。

c)确定傅里叶传递函数 $\mathcal{F}\{\mathbf{t}_k\}$。该基函数是否具有线性相位特性？

d)此变换是否可以通过快速算法实现？

习题 2.18

a)验证采用下列滤波器的线性相位 QMF 系统的正交性。

i) $H_0(z) = A \cdot z^2 + B \cdot z + C + C \cdot z^{-1} + B \cdot z^{-2} + A \cdot z^{-3}$

ii) $H_0(z) = A \cdot z^2 + B \cdot z + C + B \cdot z^{-1} + A \cdot z^{-2}$

b)对 a)中两种滤波器，根据图 2.53，确定多相滤波器 $H_{0,A}$、$H_{0,B}$、$H_{1,A}$ 和 $H_{1,B}$ 的 z 变换表示。每个样点至少需要多少次乘法运算？

习题 2.19

一个零均值随机信号 $s(n)$ 可由 AR(1) 过程进行建模。为了描述 AR(1) 过程的参数，给出频谱功率密度值 $\Phi_{ss,\delta}(f=1/2)=\sigma_s^2/9$。

a)确定白噪声新息关于 σ_s^2 的相关系数 ρ、方差 σ_v^2。

信号可以分解为两相成分，其中偶数索引和奇数索引的样点序列可以利用一阶预测滤波器 $H(z)=az^{-1}$ 独立地进行处理，如图 2.68 所示。

b)确定最优预测系数 a。

c)当使用最优系数 a 时，确定偶数索引样点的预测误差信号 $e_e(n)$ 的方差。由此，计算编码增益 $G=\sigma_s^2/\sigma_{e_e}^2$。与采用 AR(1) 模型(不进行多相分解)取得最优预测时相比，该增益小多少？

d)当使用最优系数 a 时，计算信号 $e_e(n)$ 与 $e_o(n)$ 之间的协方差。

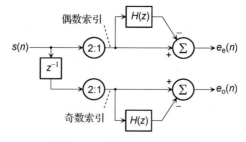

图 2.68　多相成分间的预测

习题 2.20

一个 AR(1) 过程 $s_{AR}(n)$ 的互相关系数 $\rho=0.75$，高斯新息信号的方差 $\sigma_v^2=7$。

a) 确定 AR 过程的方差。

为了对 $s_{AR}(n)$ 实现线性预测，使用传递函数为 $A(z)=1-z^{-1}$ 的、不合适的预测误差滤波器 (见图 2.69)。

图 2.69　AR(1) 过程的预测

b) 计算预测误差信号 $e(n)$ 的方差以及编码增益。

c) 在最优预测的情况下，编码增益为多少？采用 b) 中不合适的预测残差滤波器时，编码增益会差多少？

d) 确定功率密度 $\Phi_{ss,\delta}(f)$。$e(n)$ 是否可以是白噪声过程？

e) 确定一个系统 (z 传递函数和框图)，该系统能够由 $e(n)$ 产生具有最小方差的最优预测误差信号。

习题 2.21

根据图 2.70 中给出的框图，合成二值信号。其中，$v(n)$ 是方差为 σ_v^2 的不相关零均值高斯过程。**T** 是阈值判决电路，参数如下

$$b(n)=\begin{cases}0, & s(n)\leqslant C \\ 1, & s(n)>C\end{cases}$$

假设 $b(n)$ 可以近似地视为一阶马尔可夫过程，

a) 根据 C，确定概率 $\Pr(0)$ 和 $\Pr(1)$。

b) 当 $C=0$ 时，根据 ρ 确定概率 $\Pr(1|0)$ 和 $\Pr(0|1)$。

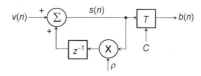

图 2.70　产生二值信号的电路

第3章 感知与质量

为了获得最优的主观质量，对多媒体信号编码算法的优化需要考虑视觉和听觉的感知特性。这样便可以将信号中包含的信息划分为重要成分和非重要成分。其中人类感知系统的生理特征，比如，人类视觉和听觉系统的特性，对此具有直接影响。本章将着重讨论被广泛认为对视觉和听觉具有影响的掩蔽效应。人类底层视觉和听觉系统中的某些组成部分与信号采集与识别技术系统具有高度的相似性，因而可以将其理解为信号与信息分析和处理的方法。然而，即使是底层感知系统，个体之间的差异也比较大。衡量多媒体信号客观和主观质量的指标将在本章的最后一部分进行介绍。

3.1 视觉特性

3.1.1 眼生理学

光线将来自外部世界的自然场景投影入眼睛中（见图 3.1）。光线通过由角膜保护着的晶状体进入视网膜。视网膜中，将来自外界的图像投影到感光受体，进行采样。存在两种类型的感光受体，分别是**视杆细胞**(rod cells)（大约 1.2 亿个）和**视锥细胞**(cone cells)（大约 6 百万个）。两种类型的感光受体都含有色素细胞，其中视杆细胞专门用来获取亮度，而视锥细胞对亮度和颜色都很敏感。存在 3 种不同类型的视锥细胞，它们分别对彩色光谱中的红色、绿色和蓝色区域具有最高的灵敏度。感光受体在视网膜上的分布也是不均匀的。大多数视锥细胞存在于感光受体密度最高的区域，即**视网膜中心凹**(fovea centralis)处。在视网膜的边缘区域，视杆细胞和视锥细胞两种细胞都存在。视杆细胞和视锥细胞在人类视网膜中的典型密度，如图 3.2 所示。

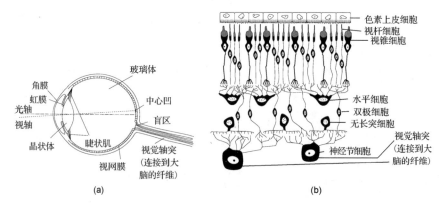

图 3.1 人眼生理学。(a)整体构造；(b)视网膜结构

感光受体接收到的信息，需要经由神经传递给大脑。为此，光照强度被转换为电信号。根据感光受体接收到的光通量，电化学反应对短时电脉冲频率进行调制。只有相邻的受体细

胞之间存在差异时，信息才会被传送到下一层。视网膜的组织结构层次中包含 4 种不同类型的神经元，逐层地对局部(非)相似性进行分析：**水平细胞**(horizontal cells)、**双极细胞**(bipolar cells)、**无长突细胞**(amacrine cells)和**神经节细胞**(ganglion cells)[①]。只有当相邻感光受体输入之间的差值**大于某一阈值**(above a threshold)时，第一层神经元才会将激励信号传播到下一层。然后再对来自前一层神经元的输入进行分析，相似地处理后续层次。视觉信息从眼睛向大脑的传递，由大约 800 000 个神经纤维共同完成，由于感光受体的数量大约是神经纤维数量的 150 倍，这说明在视网膜中已经完成了某种数据压缩。视网膜与神经纤维相连但是不存在感光受体的区域，就是所谓的**盲点**(blind spot)。

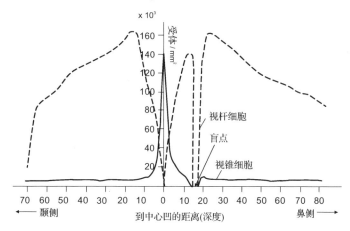

图 3.2　视杆细胞和视锥细胞在视网膜中的密度(摘自[Purves, et al., 2012])

　　视觉神经将信息传递给大脑的视觉中枢，即**视觉皮层**(cortex praestriata)。假设视觉皮层的某个区域负责处理和分析来自视网膜相应区域的信息。根据输入的信息，视觉感知理论假设每个区域都有专门的结构负责检测分辨率以及不同方向的边缘、线条和狭缝等[Hubel, Wiesel, 1962] [Marr, 1982]。这一视觉理论认为，大脑在视觉初期处理阶段的行为与计算机视觉系统或图像处理系统类似，比如，对边缘的方向性以及细节(频率)进行分析，来确定结构的宽度。为证明这一理论，对灵长类动物和猫进行了实验，实验说明，若将水平或竖直条带展示给受试动物，大脑中的特定区域[称为**超柱状体**(hypercolumns)]就会变得活跃。假设人类的大脑也具有类似的性质，在采集大脑活动信息时，只利用脑电信号(Electroencephalogram，EEG)获得的准确度，则没有采用基于电极的方法的准确度高。

　　此外还发现，视觉皮层的特定区域分别负责对左、右眼输入单独地进行信息处理和基本结构检测。据推测，对视觉信息的进一步处理是在大脑中视觉皮质以下的某个区域进行的。这些处理包括对较复杂形状、物体以及立体视觉等的检测和识别。最后，由于**激励的差异**(differences of excitations)是按优先级进行处理的，同一场景中，随时间移动的物体比静态的物体会引起更多注意。

3.1.2　灵敏度函数

　　人类视觉系统(Human Visual System，HVS)的幅度灵敏度遵循**韦伯定律**(Weber's Law)[Weber, 1834]，

---

① 从生理学上来看，图 3.1b 中的示意图并不完全正确，因为水平细胞和双极细胞更多地存在于视网膜的外层。

韦伯定律指出，可察觉的亮度差异 ΔL 与绝对亮度之比为常数：

$$\frac{\Delta L}{L} = \text{const.} \approx 0.02 \tag{3.1}$$

在处理和显示视觉信息的技术系统中往往采用这一关系。以摄影机、阴极射线管以及胶片材料的非线性幅度传递特性为例，在明亮区域，它们允许包含视觉信息的媒介中存在加性噪声。除了全局的 $\Delta L / L$，在细节较多的区域，噪声和局部波动都被掩盖了，而它们在平坦（恒定）幅值的区域会变得比较明显。然而，这一性质在某种程度上与定义在空间频率上的灵敏度函数一致，后面将对其进行讨论。

对反差的主观感受取决于结构的角取向和空间频率（或细节）。对于角取向，实验证明，与具有相同条纹周期的水平和竖直条状结构相比，人类识别斜条纹结构幅度差异的能力较弱。由于这一现象，应该更加关注结构中的水平和竖直取向。

由于视觉灵敏度取决于空间频率和方向性，通常让测试对象观察周期信号（比如，正弦信号或条带信号），然后对视觉灵敏度进行测量。对于给定的条带波长和方向，视觉临界幅度差异被映射为与频率相关的灵敏度函数值。在对规则条带或正弦图案进行观察时，需要对空间频率的度量单位进行归一化，才能使其与观察距离无关。**周/观测角度**（cycles per degree, cy/deg）是一种适合于度量视觉灵敏度的单位，如图 3.3(a) 所示。假设从距离为 D 的位置对条带结构进行观察，使一个条带到下一个相邻条带的距离，即波长 λ，映射为角度 φ。如果观察距离为 $D/2$，同一条带投影到视网膜上的宽度将会翻倍，或者当条带结构的波长变为原来的一半，即 $\lambda/2$ 时，则观察到的条带宽度是相等的。将空间频率 f_{cy} 定义为 φ 的倒数值：

$$\varphi = 2\arctan\frac{\lambda}{2D} \quad \Rightarrow \quad f_{\text{cy}} = \frac{1}{\varphi}\left[\frac{\text{cy}}{\text{deg}}\right] \tag{3.2}$$

习题 3.1 给出了关于显示尺寸、样点密度以及可见空间频率（以 cy/deg 为单位）三者之间关系的一个例子。

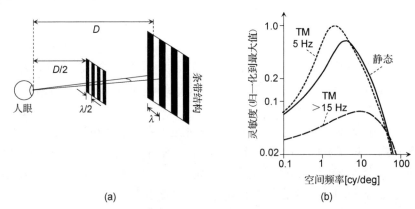

$$\text{(a)} \qquad\qquad\qquad\qquad \text{(b)}$$

图 3.3 　(a) 空间频率（以 cy/deg 为单位）的定义；(b) 静态下以及进行两种不同的
时间调制时，空间频率与对比灵敏度间的关系曲线（摘自[Robson, 1966]）

图 3.3(b) 给出了典型的灵敏度随空间频率变化的曲线。对此，相关文献中给出了稍有不同的结果，但是这些文献都一致给出了如图 3.3(b) 所示的定性性质。尤其是，度量单位往往是不统一的，这就需要对最大灵敏度水平进行归一化。对于静态条带图案（不随时间发生变

化），最大灵敏度通常认为是在 3～5 cy/deg 左右，而随着频率的升高和降低，可以观察到灵敏度函数会出现明显的衰减。较高频率处灵敏度较低，可以直接利用人类视觉系统的极限分辨率来解释，即视网膜上感光受体细胞的数量是有限的。频率降低时，出现的衰减也可以通过视网膜的生理学特性加以解释，即在神经元处理的初期阶段，幅度上较小的变化低于差异感知阈值。正因为如此，在变换编码中，高频系数中允许存在较高的编码误差，因为这些误差有可能会被人类视觉系统所忽略。这一性质往往应用在静止图像编码和视频编码中。然而，需要注意的是，实际感知到的空间频率还与观察者与被观察物体/显示器之间的距离有关[见图 3.3(a) 与习题 3.1]，而在编码信号之前这一距离是未知的。当观察者交互地放大图像中某一区域的细节时，这一距离也是变化的。因此，比较好的做法是，假设一些最坏的情况，比如，为找到数字显示器的最小观察距离，即在这一距离上观察者已经不能再区分像素点间的差异，然后，在灵敏度曲线上，将每度对应的像素数量 NP 与灵敏度曲线上的 $NP/2$ 点相连（根据抽样定理，这可能是最大的频率）。

空间灵敏度与时间灵敏度不是独立的。例如，在隔行扫描视频中会观察到**行闪烁**(line flicker)的现象。一场图像与另一场图像在幅度上微小的变化，被认为是相邻行间的空间差异，大面积均匀区域中可以观察到这种差异。然而，隔行显示设备会出现这种特殊的现象，而且确实会造成混叠问题。如果一场中的各行都是黑色，而另一场中的各行都是白色，那么会给眼睛造成非常难受的感觉。为了测量人类视觉系统的时空传递函数，需要对具有一定频率的空间图样（比如正弦图样或条带图样）随时间进行调制。图 3.3(b) 说明了这一现象，此外，图中还给出了在时间灵敏度最大值附近的空间频率灵敏度函数。据称，对于典型的受试者，时间灵敏度的最大值介于 5～10 Hz 之间。其定性行为与静态情况下是相同的，但是最大值稍微向较低空间频率的方向移动。当时间频率大于 10 Hz 时，时间灵敏度函数会急剧降低[1]，然而，在这种情况下，即使整体上都处于较低的水平，空间灵敏度的最大值也会向更高的空间频率移动[Robson, 1966]。

到目前为止，在视频数据的压缩中几乎还没有使用时空灵敏度函数，一部分原因是因为它们严重依赖于观察条件。[Girod, 1993]中指出，如果让观察者**对运动进行跟踪**(track the motion)，时间频率的灵敏度会发生非常大的变化。眼睛会进行运动补偿，因此眼睛能够发现相当高的空时频率成分。原则上，需对时间频谱成分进行“纠偏”，这与 2.1.2 节中所讨论的内容是相反的。只有对电影或视频中快速移动物体进行追踪时，才能够感知到其结构。当目标对象被强制固定在屏幕中的某一位置，便会观察到奇怪的视觉（由混叠引起的）现象。因此，可以得出结论，与“混乱的”运动（比如，亮度或形状快速变化的物体）相比，存在于场景中能够准确追踪的部分的编码误差（比如，平缓运动的物体），会更容易被发现。

到目前为止，在图像和视频压缩中尚未考虑到对**视觉上显著差异**(visually relevant differences)的感知。人类视觉系统可能对图像中的**规则结构**(regular structures)具有良好的感知能力，比如，边缘、线条以及周期性重复的图案，当因编码失真而出现不希望存在的不规则结构时，就很恼人。当规则结构（比如，块网格）出现在预计不会出现的位置上时，也同样如此。另一方面，只要感知到的结构具有相同的视觉效果，不规则的纹理结构的波动和噪声在某种程度上都是不重要的。局部平稳性和高斯性能够说明是否存在不规则的结构类型[Ballé, 2012]，而规则

---

① 如果没有时间灵敏度的降低，便不可能感知到电影中流畅的运动。

结构要么在时间上是稀疏的(比如,边缘、线条等),要么在频率上是稀疏的(比如,周期性重复的图案),并且相位通常还具有较高的正则性。对于视频,在时间维度上也会存在该问题,当视频内容中的运动在某种程度上是不规则的(局部变化或剧烈抖动),而观察者期望观察到的却是平滑的运动时,往往会很恼人。这种情况下,伪影随时间的波动也很恼人,并且这种波动通常比在单幅图像中更加严重。

3.1.3　彩色视觉

视网膜拥有三种不同类型的锥细胞,这三种细胞分别适合获取红、绿和蓝三原色。但是,整个彩色光谱是由许多不同色调(频率)的可见光成分构成的。可见光光谱包括的波长范围大约介于 400 nm(紫外波段的边界)和 700 nm(红外波段的边界)之间。不同的光谱成分混合在一起会呈现出某种独特(非三原色)色调的混色,由于感光受体对三原色进行的不是窄带分析,所以视觉系统可以感知到这些混色,可以近似地把三原色的波长理解为光谱重叠的带通滤波器的中心频率。图 3.4 定性地给出了感光受体对三原色的感光能力,分别对应于红色、绿色和蓝色感光受体的带通滤波器函数,其中感光受体对绿色的灵敏度最高。一般而言,由于存在光谱重叠,三原色处的色调具有很高的饱和度,而介于某两种原色之间的混色也可能具有较高的饱和度。但是,在某些特殊情况下,并不能唯一地确定色调。包含多个窄峰并且具有尖锐截止特性的光谱就是这种情况。这会使对某些颜色的感知受到限制,比如金色和棕色,其颜色自然感在相当程度上会受到主观判断的影响。

一般认为对颜色的初步感知是在视网膜神经元中视觉形成的初期阶段完成的。由于视锥细胞的数量小于视杆细胞,所以色彩感知的空间分辨率小于亮度感知的空间分辨率。因而,对图像中色度分量的编码时采用的分辨率通常低于亮度分量所采用的分辨率(见 1.3.1 节)。将 RGB 颜色转换为亮度和色度分量所采用的乘法因子中,还考虑到了人类视觉系统的一些特性。可以发现,占主导地位的分量会抑制其他两种分量的影响。对于绿色成分更是如此,其位于人类视觉系统灵敏度最高的光谱区间,而对于蓝色成分,其所处的光谱区间人类视觉系统的灵敏度最低。因此,在各种色调中,高饱和度的绿色色调比蓝色色调更容易区分。

颜色感知是人类视觉系统中存在主观偏见最严重的部分之一,同时也是最容易受到主观偏见影响的。即使观察者观察到的是伪彩色,在一小段时间之后,视觉也能够适应并认为这种颜色就是 "本身的颜色"。人类还能够适应亮度条件,这使得对已知颜色的物体,主观上就认为它好像具有(having)这种颜色,这可能主要是由于大脑中的联想过程造成的。而且,对于不同的观察者,颜色灵敏度曲线也有很大的区别。为了给出颜色"在物理上客观的"表达,需要使用 3 个颜色通道来表示可

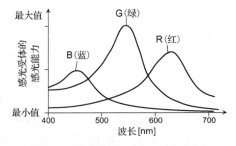

图 3.4　三种类型的视锥细胞感光受体的灵敏度传递函数(定性的)

见光的彩色光谱,同时还需要使用与亮度条件相关的物理参考量(见 MCA,4.1 节)。

3.1.4　双目视觉与重现

人类视觉系统能够通过双目视觉感知到场景中物体的深度距离。基本原理如图 3.5(a)所示。如果某一物体(A)离眼睛较近,另一物体(B)离眼睛较远,则物体 A 在视网膜上的投影与

光轴之间的距离大于由物体 B 形成的投影与光轴之间的距离。同一物体在左眼和右眼中投影位置上的差异被称为双目**视差**(parallax)，它与深度距离是成反比的。然而，这只适用于两条光轴互相平行汇聚于无限远处的情况下，即只有当观察者注视无限远处的某一点上时才适用。通常，观察者会注视感兴趣的目标，光轴将会聚在这一有限的距离上。目标的投影将与两只眼睛中视网膜中央凹的距离很近，这一点处的视差接近于零。而小于会聚距离的深度距离，视差为正数，而大于会聚距离的深度距离，视差为负数。而且，眼睛中的晶状体也会根据观察者与目标之间的距离进行调节，使得场景中的其他部分是失焦的。视差同样为零的其他点都处于一个被称为**双眼单视界**(horopter)的椭圆平面上，很显然，双眼单视界上的点也是聚焦的。会聚点的深度距离决定了双眼单视界的实际位置和凸性。

实际上，大脑实际估计深度距离的过程可能是从估算视差、视线汇聚和晶状体调节的经验中得到的。立体摄像系统利用深度分析的方法完成类似的过程(见 MCA，4.8 节)。但是，需要注意的是，随着深度距离的增加，视差准则变得越来越不重要。当观察者对较大的深度距离进行估计时，比如已知物体的常见尺寸、透视关系或光照条件等其他因素将会起到很重要的作用。当深度距离超过 5 m 时，这些次要因素起到的作用相对更加重要。

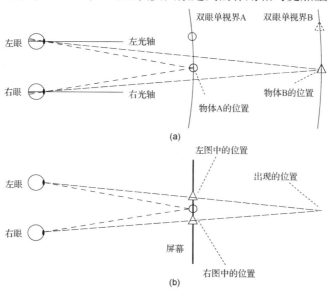

图 3.5　(a)双目视觉原理；(b)双目显示原理

双目显示的原理与双目视觉的原理是互逆的。假设，一个显示器能够独立地向左眼和右眼发射光线[①]。那么，视差取决于展示给左眼和右眼对应信息的位置之间距离有多大，观察者是否了解显示器深度平面上的内容(在这种情况下，物体 A 的视差位移为 0)，或者是否知道对象会显示在显示器平面的前方还是后面。但是，如果同一场景中的视差范围过大，就会与主观经验产生矛盾(本来聚焦于屏幕的深度位置，而目光却汇聚于屏幕的前方或后面)。如果这种反差很明显，就会造成疲倦感和视疲劳。正因为如此，在立体和三维影视作品中，应该避免这种情况。

[①] 这可以通过特殊的眼镜实现，这种眼镜基本上可以将来自显示器的复合光信号分离开。但是，还出现了自动立体显示器和全息立体显示器，这些显示器通常都是基于多视图的密集空间复用而实现的(见 MCA，7.5 节)。

两只眼睛对失真的感知存在差异，这是在编码时可以加以利用的双目视觉的另一个性质。一般来说，可以利用这一性质，仅以最高质量或最高分辨率对其中一个视图进行编码，而不会对立体感产生任何影响。然而，如果受试者其中一只眼睛的视力较差，这可能就不再适用了。而且，还需要随时间不断地改变主视图，以避免疲倦感。

3.2 听觉特性

3.2.1 耳生理学

图 3.6 给出了人耳的整体示意图。人耳大致上可以分为**外耳**(outer ear)、**中耳**(middle ear)及**内耳**(inner ear)。外耳的作用是从外部世界接收声波并通过**耳道**(auditory canal)将它们传递给**耳膜**(eardrum)。耳道的长度和形状影响其谐振频率，还会影响听觉的频率灵敏度峰值，该值介于 1～4 kHz 之间。中耳从耳膜开始，它的主要作用是完成由空气声压向流体压力的转换，进而由内耳进行处理。这种转换由三块**听小骨**(ossicles)〔**锤骨**(hammer)、**砧骨**(anvil)、**镫骨**(stirrup)〕完成，它们将压力由耳膜传导至作为内耳入口的**卵圆窗**(oval window)。内耳中完全是液体，其中的所有过程都受到流体力学振荡的影响。内耳的中心部分是**耳蜗**(cochlea)(看起来很像蜗牛的壳，环绕 $2\frac{1}{2}$ 圈)。它包括三个平行的通道，又称为**阶**(scales)。各个阶由薄膜隔开，与**前庭阶**(scala vestibuli)和**鼓阶**(scala tympani)中的物质不同，**中阶**(scala media)(位于中间的那一个)内充满的是另外一种液体。

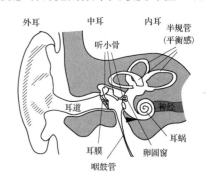

图 3.6 人耳示意图

基底膜(basilar membrane)在听觉感知中发挥核心作用，它与鼓阶相连。它进而又与**科蒂氏器官**(Corti"s organ)相连，科蒂氏器官中包含受体细胞。从输入到耳蜗的内部，各阶的宽度是不同的，利用这种构造，基底膜完成**频率-空间的转换**(frequency-space-transformation)。这说明，不同的声音频率将在基底膜中的不同位置产生最大谐振，体现出来的效果，就好像是通过了一个带通滤波器组系统。科蒂氏器官通过**毛细胞**(hair cells)接收基底层的震荡，附着的突触通过化学反应将其转换为神经脉冲。神经脉冲再通过大约 30 000 根神经纤维传递至大脑。非常有意思的是，大量的听觉信息处理过程都已经在信息传递到大脑之前完成了。尤其是由基底层完成的初始频率分析，会对心理声学灵敏度函数产生重要影响，在后续的章节中将对此展开讨论。

3.2.2 灵敏度函数

频谱特性(涉及一维时域信号分析)和振幅(声级和响度)是对听觉的主观感受影响最大的两个参数。当在包含混合频谱的声音中，只有个别音色可以被感知时，听觉能够根据频谱特征和时间特性，将这些音调或声音精细地分离出来。对于**谐音**(harmonic sounds)来说更是如此，它的频谱是由基波频率及其谐波频率构成的，许多类型的乐器以及语音中的浊音片段都是如此。**声压级**(sound pressure level)是度量声音信号强度的一个重要指标。

$$L = 20 \cdot \log \frac{p}{p_0} \ \text{dB} \qquad\qquad (3.3)$$

其中归一化系数 $p_0 = 20 \ \mu\text{Pa}$ 与声强 $10^{-12} \ \text{W/m}^2$ 有关，声强指的是频率为 1 kHz 时人类**听觉阈值**(threshold of hearing)的统计平均值。一般来说，听觉阈值是与频率有关的。尤其是，只有当声压级相当高时，才可能听到非常低和非常高频率的声音。图 3.7 给出了与频率相关的听觉阈值、**疼痛阈值**(threshold of pain)，以及音乐和语音典型的频率和声级范围。人类能听得见的声音，其频率范围大约介于 16 Hz～16 kHz 之间。

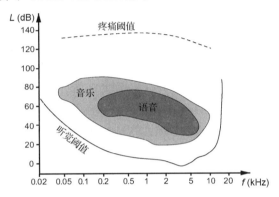

图 3.7   不同声压级和频率下的人类听觉参数(改自[Zwicker, 1982])

　　在音频信号压缩中，可以利用到的大多数心理声学效应都基于人耳听觉的识别和掩蔽特性。不同的声音是通过其频谱特性进行区分的。然而，只有当不存在其他声源作为干扰信号或**掩蔽信号**(masking signal)时才是这样的。而且，掩蔽效应的强度取决于掩蔽信号的声压级。图 3.8(a)给出了与频率相关的**听觉掩蔽阈值**(masked threshold of hearing)，其中掩蔽信号是声压级介于-10～+50 dB 的宽带白噪声。很显然，随着掩蔽信号声压级的增加，可听到其他声音的阈值大幅提高，远高于原始听觉阈值。然而，编码音乐信号时，把白噪声作为掩蔽信号并不是特别有效。为了确定自然信号间的相互掩蔽效应，通常把窄带噪声信号作为掩蔽信号，然后再对听觉阈值进行研究。图 3.8(b)中给出了干扰信号为 1 kHz 的中频窄带信号、声压级为不同值时的一个例子。其中，掩蔽效应对高于干扰信号频率的频率会产生较大的影响。

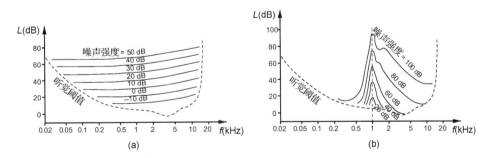

图 3.8   不同声压级的干扰信号下的听觉掩蔽阈值。(a)白噪声；(b) 1 kHz 的中频窄带噪声(改自[Zwicker, 1982])

　　当干扰信号不是窄带类型的信号而是谐波信号时，掩蔽效应也是不可忽视的。如图 3.9 所示，掩蔽效应从基音频率开始作用于整个谐波频谱范围。同样会发现，随着频率的增高，干扰效应也增强。

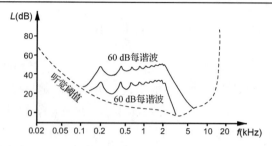

图 3.9　干扰信号是基音频率为 200 Hz 的谐波信号时，掩蔽效应与频率之间的关系（改自[Zwicker, 1982]）

　　通过心理声学实验，可以进一步发现，频带很窄的一组纯正弦信号可以被认为是该频带中的一个窄带噪声信号。还可以发现，两个纯音的频率之间的差异需要足够大，才能认为它们是分开的。因此得出结论，听觉的频率分辨率是有限的。为了给出能够更好地反映心理声学属性的标准，下面介绍**频率组**（frequency groups）的概念。在此背景下，需要假设人类听觉系统不能分析离散频率的声音，而是以类似于带通滤波器组系统的方式进行工作。每个滤波器的中心频率都为某一特定的中频 f_0，带宽为 Δf_G。需要定义带宽才能使在同一频率组的离散频率（正弦）不被认为是不同的声音。结果证明，各个中频 f_0 不满足线性关系，同时所有频率组带宽 Δf_G 也不都是相等的。图 3.10(a) 给出了听觉实验中获得的结果，其中可区分的频率组的宽度基本上可以近似为常数 $f = 500$ Hz（$\Delta f_G \approx 100$ Hz），当频率大于 500 Hz 时，频率组的宽度基本上是随频率的增大而线性增加的。据此，可以得出结论，需要将声音频谱范围划分为大约 24 个可区分的频率组，前提是根据一系列离散频率组的信号功率的谱壳，人类听觉能够分辨出宽带声音的频谱（比如，复杂的音乐信号）。基于这种假设，定义了 **Bark 尺度**（Bark scale），其中单位 Bark[1]代表一个声音的**音性**（tone-ness），在感知上相当于频率。图 3.10(a) 中的粗线可以通过下面的公式近似地表示（摘自[Zwicker, 1982]；[Traunmüller, 1990]中给出了其他近似的表达式）：

$$\frac{f}{\text{Bark}} = 13\arctan\left(0.76\frac{f}{\text{kHz}}\right) + 3.5\arctan\left(\frac{1}{7.5}\frac{f}{\text{kHz}}\right) \tag{3.4}$$

接着，将结果量化为整数值。图 3.10(b) 给出了可听见的频率范围到 Bark 尺度下的离散值之间的映射关系，Bark 值的范围是 0～24，它定义了 24 个频率组的下界和上界。利用与频谱能量分布相关的 Bark 尺度对比两种声音，可以得到相似性测度，它更接近人类听觉系统的特性。

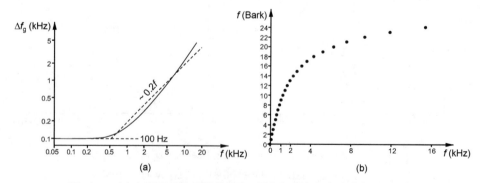

图 3.10　(a) 在可听见的频谱范围内，频率与频率组宽度之间的关系；
　　　　　　(b) Bark 尺度下，离散频率的定义（改自[Zwicker, 1982]）

---

① 以声学家 BARKHAUSEN 的名字命名。

Mel 尺度(Mel scale)(在[Stevens, Volkman, 1940]中首次被提出)采用了一种类似的方法，它对谐波信号的感知进行建模(并非在定义 Bark 尺度时所采用的用于度量的窄带噪声信号)，在大约 1 kHz 以下采用线性频率映射，1kHz 以上采用对数映射。

到目前为止，听觉效果的**静态**(static)属性主要是在频域进行表征的。此外，掩蔽还具有**动态**(dynamic)行为，尤其在开启或关闭掩蔽声时，这种特性非常明显。需要在时域中分析掩蔽效应的动态特征。图 3.11 给出了**时域上的前掩蔽效应和后掩蔽效应**(temporal pre and post masking effects)(动态变化的)以及**同时掩蔽效应**(simultaneous masking effect)(较为静态的)。这里，干扰声(噪声信号)被开启并持续了 200 ms。后掩蔽效应产生的效果是非常合乎常理的，这是因为听觉系统会进行调整使其适应掩蔽声，这使得需要花费一小段时间才能检测到其他声音(之前也被掩蔽)。前掩蔽效应很可能是因为从耳朵到大脑的整个处理过程存在延迟，而较响的声音时间具有较高的优先级，可能会打断对之前声音事件的处理。

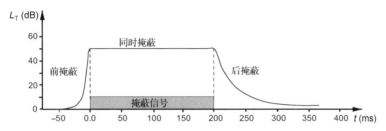

图 3.11　干扰信号(白噪声)开启和关闭时的前掩蔽效应和后掩蔽效应(改自[Zwicker, 1982])

3.3　质量测度

在对多媒体编/解码器的优化中，可以利用质量指标来评价由压缩算法引入的失真。因此，质量测度对于评价增益、比较压缩算法以及作出编码器决策(即对给定数量的比特数，给出具有最小失真的编码表示，或对给定的失真，给出需要最少比特数的编码表示)，都是很重要的。如果多媒体压缩的目的是供人类使用，那么应该选择合适的质量测度，该测度应该尽可能地与人类感知特性相匹配[1]。根据计算的基本方法，可以将质量测度分类如下：

● 全参考质量测度，用处理过的(解码)信号与参考信号(原始信号或理论值)进行对比。这种测度往往直接计算相似性度量，获得的量值可以为感知质量提供准确的预测。然而，这种测度只能给出相对于参考信号的质量，在一些应用场景中，参考信号可能并不存在，比如，当需要在接收端进行单机测试时。

● 弱参考质量测度，解决了前面提到的问题，这种测度通过传输从参考信号中抽取出来的额外参数(元数据)，并与从解码信号中抽取出来的对应参数进行对比。然后，可以从参数之间的差异推断出参考信号和解码信号之间的偏差。弱参考方法中常用的参数是底层特征描述符，比如局部均值或方差、频率结构、谐波特性、颜色分布、边缘锐度等。另一种做法是，选取信号中的一部分作为边信息，单独对其进行无损传输，这

---

[1] 如果是供机器使用的(比如，在计算机视觉系统里)，可能需要其他标准，比如，重要视觉特征的保留。

样做可以与解码器输出完成部分的全参考比较。当然，这需要所选取的部分具有足够的代表性，能够反映总体质量。

● 无参考质量测度，只需要处理过的(解码)信号作为评价过程的输入。这些测度一般都是基于一些关于压缩会产生的瑕疵(比如，块效应、模糊、噪声等)的先验知识，通过在解码信号中进行检测和定量测量，计算总体质量指标。因此，无参考度量通常用于评价一系列特定的失真类型，而不能进行推广用于评价其他类型的失真。

基本上，这些原则既适用于客观方法(通过信号处理衡量质量)，又适用于主观方法(通过人类的主观判断衡量质量)[①]。在测试压缩算法时，最常用的是全参考度量。此时，既可以采用自动测量，又可以利用主观评价，其中，在后一种情况下，通常将已知质量的参照物展示给测试对象。弱参考度量和无参考度量通常用在有损传输的情况下，对总体质量作出评价。

3.3.1　客观信号质量测度

对于不同类型的多媒体信号，使参考信号幅度 $s(\mathbf{n})$ 与重构信号幅度 $\tilde{s}(\mathbf{n})$ 之间的**平方误差**(squared error)或**欧氏距离**(Euclidean distance)取得最小值，得到了广泛应用，而且易于计算。如果把参考样点与重构样点之间的差异

$$\mathcal{E}\left\{\left(s(\mathbf{n})-\tilde{s}(\mathbf{n})\right)^2\right\} \tag{3.5}$$

理解为一个均值为零的噪声过程[②]，则相应的质量度量可以用**信噪比**(Signal-to-Noise Ratio，SNR)来表示，经常将其映射到对数尺度(deciBel = dB)下：

$$\mathrm{SNR}\left[\mathrm{dB}\right]=10\lg\frac{\mathcal{E}\left\{\left(s(\mathbf{n})-m_s\right)^2\right\}}{\mathcal{E}\left\{\left(s(\mathbf{n})-\tilde{s}(\mathbf{n})\right)^2\right\}}\approx 10\lg\frac{1}{|\mathbf{N}|}\sum_{\mathbf{n}}\frac{\left(s(\mathbf{n})-m_s\right)^2}{\left(s(\mathbf{n})-\tilde{s}(\mathbf{n})\right)^2} \tag{3.6}$$

式(3.6)以信号的方差作为参考，在经验度量中，$|\mathbf{N}|$ 是样点的数量。SNR 度量与信号功率或能量相关(对于有限信号)，不是很常用，这是由于计算结果会受信号均值的影响，从而导致较大偏差。音频和语音信号总是具有零均值特性。而图像和视频信号完全都是正值[③]，而且都在 $A_{\max}$ 的幅度范围内。一幅给定图像的均值本身可以认为是一个具有局部方差的随机变量。**峰值信噪比**(Peak SNR，PSNR)是不会因图像的均值或方差而造成偏差的一种测度：

$$\mathrm{PSNR}\left[\mathrm{dB}\right]=10\lg\frac{1}{|\mathbf{N}|}\sum_{\mathbf{n}}\frac{A_{\max}^2}{\left(s(\mathbf{n})-\tilde{s}(\mathbf{n})\right)^2} \tag{3.7}$$

PSNR 作为常用的测度已经在图像和视频失真的比较中，得到了广泛的应用。**SNR 的更一般形式是加权信噪比**(Weighted SNR，WSNR)，它可以根据位置的不同对误差分别进行加权：

---

① 在后一种情况下，可以让测试对象在对无瑕疵的参考没有任何先验知识的情况下，通过询问测试对象关于解码信号中所观察到的、不自然的某些特定瑕疵，从而实现弱参考方法。

② $q(\mathbf{n})$ 具有零均值特性，是一个合理的假设，除非 $\tilde{s}(\mathbf{n})$ 的幅度被系统地调整过，才会使差值中存在偏差。

③ 事实上，色度成分即 C_b 和 C_r 并非如此。然而，实际上往往通过增加偏置量以补偿最大负幅度值，将数字色度成分表示为正整数值。例如，如果采用的是 8 比特表示，则增加的偏置量为 128。一幅给定图像的色度成分通常并不是均值为零的信号，这是因为受个别颜色特征的影响，会导致色度成分的均值偏离零值。对于一幅"红色"图像，式(1.6)中 C_r 成分的均值显然是一个正数。

$$\text{WSNR}[\text{dB}] = 10\lg\frac{1}{|\mathbf{N}|}\sum_{\mathbf{n}}\frac{r(\mathbf{n})w(\mathbf{n})}{w(\mathbf{n})\big(s(\mathbf{n})-\tilde{s}(\mathbf{n})\big)^2} \qquad (3.8)$$

其中，在计算 PSNR 时，参考值 $r(\mathbf{n})=A^2$，而在式 (3.6) 中，$r(\mathbf{n})=[s(\mathbf{n})-m_s]^2$。根据局部结构，可以采用权值 $w(\mathbf{n})$（比如，图像中的边缘样点或纹理区域可以采用不同权值）。还可以通过设置重要位置的权值为 1，非重要位置的权值为 0，利用加权 PSNR 对选定的样点位置进行 SNR 的计算。这样就可以对两幅图像当中任意形状的区域进行比较，而不仅限于尺寸为 $N_1\times N_2$ 的矩形图像。

PSNR 中，$A_{\max}$ 是最大幅值，或者也可以将其理解为信号 s 和 $\tilde{s}$ 中两个不同幅度值之间可能产生的最大差值。因此，即使是在比较两幅完全不同的图像时，PSNR 也永远不可能小于 0，尽管 SNR 度量大致上可以与主观质量评价对应起来，但仍然可以得到如下结论：

● 逐像素的差值度量对相移非常敏感，而延迟（图像中的空间位移），即线性相移，对视觉质量的好坏影响不大，但是延迟会造成 SNR 值的降低，因此从 SNR 的角度来看，质量较差。

● 对于 $s(\mathbf{n})$ 中较大的幅值，PSNR 并没有考虑掩模噪声和其他伪影的影响（或者更具体地说是图像中细节较多的结构）。从这个角度看来，式 (3.6) 中给出的度量是更合适的，但是它又过于简单而不能反映较复杂的噪声掩蔽关系，这一关系可能与频率属性相关，也可能与空间-时间属性相关，又或者与二者都相关。比如，可以观察到，在一幅视频图像中，即使随时间变化的编码噪声不容易被注意到，但是这些噪声也是非常恼人的。

分段信噪比的计算 SNR 是一种平均度量，并不考虑质量的**波动**（fluctuations）。如果一个信号中的某段或某个区域失真很严重，那么我们就认为这个信号的质量很差，但是通过计算整体的 SNR，根本就不会反映出这一点（在整个信号上进行平均）。一些准则，比如，局部分段的 SNR 度量、计算最小值/最大值，或者其他能够反映波动情况的准则纷纷被提出，并作为可能解决这一问题的方法。**分段信噪比**（segmental SNR）是相同长度信号分段的 SNR 平均值或期望值[Jayant, Noll, 1984]，它最初被提出并应用于语音和音频的失真分析中，利用信号的方差除以各个分段 n_s 中有限数量样点 $\mathbf{n}$ 上的失真，得到比值，其中 xSNR 表示式 (3.6)～式 (3.8) 中的某一个失真测度，N_s 是分段的总数。

$$\begin{aligned}\text{SNRSEG} &= \frac{1}{N_s}\sum_{n_s=0}^{N_s-1}\text{xSNR} = 10\lg\frac{1}{|\mathbf{N}|}\sum_{\mathbf{n}}\frac{r(\mathbf{n},n_s)}{(s(\mathbf{n},n_s)-\tilde{s}(\mathbf{n},n_s))^2}\\[4pt] &= 10\lg\left[\prod_{n_s=0}^{N_s-1}\frac{1}{|\mathbf{N}|}\sum_{\mathbf{n}}\frac{r(\mathbf{n},n_s)}{(s(\mathbf{n},n_s)-\tilde{s}(\mathbf{n},n_s))^2}\right]^{\frac{1}{N_s}} = -10\lg\left[\prod_{n_s=0}^{N_s-1}\frac{1}{|\mathbf{N}|}\sum_{\mathbf{n}}\frac{(s(\mathbf{n},n_s)-\tilde{s}(\mathbf{n},n_s))^2}{r(\mathbf{n},n_s)}\right]^{\frac{1}{N_s}}\end{aligned}$$

$$(3.9)$$

其中，$r(\mathbf{n},n_s)$ 是计算中采用的参考值，在计算 PSNR 时，它是一个常数，而在计算普通 SNR 值时，它是瞬时方差。式 (3.9) 的第二行中，SNRSEG 是根据各分段非对数信噪比的几何平均值求得的。在对数（dB）平均值相等的情况下，对比 SNRSEG 会发现，当分段之间存在较大的波动时，SNRSEG 随之增加。计算 SNRSEG 时，比较适合采用式 (3.6) 中的 SNR，因为这样可以兼顾到在信号方差较高的分段中不易被发现的失真（由于掩蔽效应）。

集合的 SNR 平均值　　分段 SNR 也常常用于对视频序列的质量评估，其中每 N_3 个图像都可以理解为一个分段，出于计算简单的原因，对每幅图像分别计算对数(dB)值，然后取平均。只要全部图像的 PSNR 值基本上接近一个常数，是否采用分段 SNR 便无关紧要。但是，如果出于某种目的，通过重新分配码率，使某些图像的 PSNR 较低，而另外一些图像的 PSNR 较高，分段 SNR 便会有误导性。因此，在对比不同的视频压缩算法时，还应该比较相对于 PSNR 平均值的波动程度的大小。

在对算法进行比较时，最好能够参考单值标准，比如，在不同码率下对某一算法的性能进行评价。为了做到这一点，[BjøNtegaard 2001]为编/解码器提出了一种方法，并在[BjøNtegaard 2008]中进行了改进。最好是通过图形的方式理解这种方法，在对数码率坐标轴上，画出 PSNR 的度量值。利用多项式函数对图形进行插值(比如，如果有 4 个度量值，则采用三阶函数)。当比较两个编/解码器时，通过分析两个插值图像之间面积的大小，计算码率的平均差值，或者 PSNR 的平均差值。这两个值通常也称为"Bjøntegaard 码率增量"(BD rate)和"Bjøntegaard PSNR 增量"(BDPSNR)。若插值获得的图形之间是互相交叉的，或者度量值中存在异常值时(比如，在某些码率点上出现不正常的数值，不满足凸性)，那么在计算这两个值时则需要格外注意，因为，在这种情况下，多项式插值可能会得到不合理的结果。

通常还对测试数据集中不同类别数据的 SNR 值取平均，这是因为只对某一个参数进行评价，可以简化算法之间的比较。与式(3.9)中相同的考虑也适用于此处，即只取决于某一参数波动程度的对数平均值可能会产生误导。

另一个情况下可能需要计算平均值，比如当一个信号中包含多种成分，比如图像中的亮度和色度成分、多视图，或音频中的多声道。同样，如果各成分具有相同的意义以及相似的重构质量，就没有必要这样做了。然而，具体而言，色度分量(B-Y 和 R-Y 色差信号)在结构上往往比亮度成分简单，因而更容易对色度成分进行压缩，利用明显低得多的比特数便能获得相同甚至更高的 PSNR。以不同的质量等级对亮度和色度进行解码的压缩算法之间进行比较时，往往会被误导。对于这种情况，没有理想的解决方案，尤其是考虑到对亮度和色度伪影的感知差异很大的情况时，则更没有好的解决方法。一种可能的解决方案是，通过对所有成分的所有样点计算平均均方误差(因为下采样，本身就相当于给色度成分分配较小的权值)，然后将所有成分同时变换到对数(dB)域。然而，即使 PSNR 是在采用 4:4:4 采样方式的 RGB 域中测得的平均值，它也不能完全反映主观的视觉质量，这是因为人类视觉系统对光谱中的绿色成分具有较高的灵敏度。

适应感知的测度　　除上述原因外，由于基于样点的度量并不能完全与人类感知相匹配，所以 SNR 度量不能直接反映主观质量感受，尽管它通常能够反映合理的趋势。设计更好的感知加权的质量评价准则是一个正在深入研究的课题，然而，至少对于静止图像和视频来说，尚没有建立一种作为公认标准的方法。尽管在标准化机构的一些建议书中已经介绍了若干方法，下文将对这些方法进行进一步的讨论，但是这些建议书大多都包含丰富的信息，通常都规定了若干方法，这些方法可以联合使用，也可以交替使用，而且建议书中通常不会明确规定测度的具体计算方法。通过进行主观测试得到**平均意见得分**(Mean Opinion Score，MOS)值(见 3.3.2 节)，并与质量测度的结果进行比较，观察二者是否吻合，这便是评估各种方法的典型方式。通过回归分析完成曲线拟合后，计算得到的归一化相关系数，以及斯皮尔曼等级相关系数[Spearman, 1904]①是进行这种比较的准则。一些测度通常能够比 PSNR 更有效，但是很难有一个明确的判断标准，因为得到的结果很大程度上与用于主观测试(就质量范围、内容丰富性、失真类型而言)的数据集有关。有关对不同方法进行定量评价的方法，感兴趣的读者可以 参 考 ITU-R Rec. BT.1676： *Methodological framework for specifying accuracy and cross-calibration of video quality metrics*。本书主要是为可能提高测度指标与人类感知之间一致性的方法提供一个综述。对各种方法更加系统的研究可以参考以下文章：

- ITU-T Rec. J.144： *Objective perceptual video quality measurement techniques for digital cable television in the presence of a full reference*，其中包括 PSNR 与 8 种不同的与视觉相关的全参考度量之间的比较。

- ITU-R Rec. BT.1683： *Objective perceptual video quality measurement techniques for standard definition digital broadcast television in the presence of a full reference*，规定和比较了 4 种不同的方法。

- ITU-R Rec. BT.1907： *Objective perceptual video quality measurement techniques for broadcasting applications using HDTV in the presence of a full reference signal*，将后者进行了扩展，用于全高清视频。

能够提高测度和主观质量评价的一致性，但是需要进行有机结合和合理加权的一些具体因素包括(此处，不对各种方法的细节进行介绍)：

- 参考匹配，比如，在时间序列中确定匹配图像(如果是未知的)，并在参考图像中搜索某一区域，使其与失真图像中的某一区域最匹配；基于此，计算 PSNR 或其他指标；
- 在参考图像和失真图像之间，对全局或局部增益(对比度)、等级(亮度)以及颜色(色度、饱和度)进行调整，或者比较这些参数，从而对失真进行量化；
- 从 PSNR 或其他指标的计算中排除掉 0 误差的区域；
- 分析整个序列的 PSNR 或其他指标的波动；
- 进行频域变换(通常采用二维金字塔分解或类小波变换)，并计算基于频率加权的 PSNR 值，分析产生模糊的程度，或在与频率相关掩蔽函数中使用局部特性；
- 进行边缘分析和生成边缘图，然后在参考图像和失真图像之间对其进行对比，或用其计算在边缘附近的失真感知(或掩蔽)的指标；作为一个简单的变形，在计算 PSNR 时，可以只考虑经检测为边缘的样点("边缘 PSNR")；
- 编/解码器特有失真的识别，比如块效应，通过识别在块边缘位置处较大的偏差实现；
- 将图像分割成平滑区域、边缘和纹理区域，对不同区域采用不同的掩蔽/可见度准则；
- 为了运用时域掩蔽模型(比如，在快速运动的情况下，误差不易被发现)或识别抖动(比如，随帧率变化不一致的局部运动)的出现，对运动状况进行分析；
- 考虑到时-空掩蔽效应，运用时-空滤波器；
- 识别更容易引起人眼注意的感兴趣区域(比如，人脸)，对这部分的误差赋予更大的权值。

另一类测度是**结构相似性指数**(Structure Similarity Index，SSIM)(参阅[Wang, Bovik, 2009]

---

① 后者中，将主观质量与计算质量测度所得的结果按增序排列成有序列表，通过比较表中的顺序而不是表中的值本身，求得归一化的协方差系数。

中的概述），它可以理解为上述一些方法的变形或子集，而且这一指数相对容易计算。它的核心是度量（原始）参考信号 s 及其对应的失真信号 $\tilde{s}$ 的均值 m、方差 σ^2，以及协方差 μ。下列指标 $\alpha_1 \cdots \alpha_3$ 分别对应"亮度"、"对比度"和"结构"[①]：

$$\alpha_1(s,\tilde{s}) = \frac{2m_s m_{\tilde{s}} + \beta_1}{m_s^2 + m_{\tilde{s}}^2 + \beta_1}; \quad \alpha_2(s,\tilde{s}) = \frac{2\sigma_s \sigma_{\tilde{s}} + \beta_2}{\sigma_s^2 + \sigma_{\tilde{s}}^2 + \beta_2}; \quad \alpha_3(s,\tilde{s}) = \frac{\mu_{s\tilde{s}} + \beta_3}{\sigma_s \sigma_{\tilde{s}} + \beta_3} \tag{3.10}$$

参数 β_i 的目的是为了提供一个非线性阈值，可以使运动剧烈程度较低的区域得到较小的权值。典型的设置是 $\beta_1 = \beta_2 = 1$ 和 $\beta_3 = \beta_2/2$。最后，s 与 $\tilde{s}$ 之间的 SSIM 可以通过下式求出：

$$\text{SSIM}(s,\tilde{s}) = \left[\alpha_1(s,\tilde{s})\right]^{\gamma_1} \left[\alpha_2(s,\tilde{s})\right]^{\gamma_2} \left[\alpha_3(s,\tilde{s})\right]^{\gamma_3} \tag{3.11}$$

其中指数权值可以为三个指标赋予不同的权值，但是，经常采用 $\gamma_i = 1$。

SSIM 质量在两个层次上进行度量：区域层次和图像层次。在区域层次，首先分别计算 Y、C_b 和 C_r 分量的 SSIM，使用加权求和，将 3 个分量的贡献合并为区域 j 的局部质量指标：

$$\overline{\text{SSIM}}_j(s,\tilde{s}) = w_Y \text{SSIM}(s_Y,\tilde{s}_Y)_j + w_{C_b} \text{SSIM}(s_{C_b},\tilde{s}_{C_b})_j + w_{C_r} \text{SSIM}(s_{C_r},\tilde{s}_{C_r})_j \tag{3.12}$$

在图像层次，通过对全部 N_R 个区域的值加权组合求得[②]：

$$Q_P = \frac{\sum_{j=1}^{N_R} w_j \overline{\text{SSIM}}_j(s,\tilde{s})}{\sum_{j=1}^{N_R} w_j} \tag{3.13}$$

或者，对于视频序列，可以对各图像的 Q_P 值进一步取平均。

由于人类视觉系统对不同空间频率的灵敏度是不一样的，因此可以直接将 SSIM 扩展用于度量带通信道中的指标。复小波 SSIM（CW-SSIM）[Wang, Si-Moncelli, 2005]便是这样的一种方法。由于小波系数往往具有零均值，因此式(3.10)中只有 α_2 和 α_3 是有用的，其中前者比较原始图像和重构图像中的幅度，后者比较复小波系数的相位。对于边缘等比较重要的结构，相移应该保持一致，但是对于类噪声纹理，相移的变化更加具有随机性，鉴于此，可以通过不同的权值对后者加以利用。

弱参考模型仅用于在接收端对视频的质量进行评价，在 ITU-T Rec. J.246：*Perceptual visual quality measurement techniques for multimedia services over digital cable television networks in the presence of a reduced bandwidth reference* 中对其进行了介绍。ITU-T Rec.J.144（见上文）中探讨的"边缘 PSNR"方法仅计算选定边缘样点的 PSNR，就匹配主观质量而言具有不错的性能，ITU-T Rec. J.246 中的方法正是基于这一观察而提出的。使用弱参考测度时，可以将一些边缘样点的原始幅度作为边信息进行传输，通过比较原始幅度和其对应的解码样点，就能够近似地估计质量。ITU-R Rec. BT.1908：*Objective video quality measurement techniques for broadcasting applications using HDTV in the presence of a reduced reference signal* 将这种方法进行扩展用于 HDTV 分辨率的信源。

当对特定的编/解码器进行测试时，编/解码器所产生的典型失真（比如，块效应、振铃

---

① 这里，α_1 和 α_2 基于度量均值和方差"平坦度"的思想，当 s 和 $\tilde{s}$ 的值相等时，它们的值为 1。α_3 是归一化协方差。

② 通常 $w_j = 1$，但是，如果假设应该对某一区域（比如图像的中心部分）赋予不同的权值，则可以对参数进行调整。

效应或抖动)是否存在以及其强度也可以用来作为实现无参考测度的指标。然而，这需要应用运动轨迹模型和边缘模型，还需要关于编/解码器特性的先验知识，比如分块网格的位置等。

在音频领域，由于对人类听觉感知特性进行了更加系统的研究和分析，在 ITU-R Rec. BS.1387：*Method for objective measurements of perceived audio quality* 中给出了一种得到比较广泛接受并据称是更可靠的测度[①]，称为 PEAQ。建议书规定了 PEAQ 测度的提取方法，并提供了基本版本的软件实现方法。然而，需要注意的是，基于完整 PEAQ 架构的商业版本的实现方法能够更好地匹配人类感知。基本版本在傅里叶(FFT)域实现了一个听力模型，就频率掩蔽(用噪掩比表示)而言，该模型还考虑了调制、响度和误差的谐波结构以及通用的失真检测概率(涉及感知上的无损压缩，即不存在可察觉的失真)。不同指标的组合通过人工神经网络执行。增强版本中除了 FFT 方法，还实现了基于滤波器组的频率分析，考虑到了因完全丢失的频率成分而发生的附加干扰，尤其可以为编码噪声响度建立更好的感知模型。

在 ITU-T Rec. P.862：*Perceptual evaluation of speech quality*（PESQ）：*An objective method for end-to-end speech quality assessment of narrow-band telephone networks and speech codecs* 中定义了一种质量评价方法，其中同样假设存在全参考信号。这种方法在一定程度上是以之前在 Rec.P.830 中定义的**中间参考系统**(Intermediate Reference System，IRS)为基础的，为了模拟进行主观测试时可能产生的典型失真，可以利用这种方法，在比较参考值与被测信号时，研究典型失真。在进行比较之初，首先要进行时间对准。在比较中，要将静默期剔除。其他的判定依据还包括基音功率密度的比较、响度密度的比较以及扰动密度，即叠加噪声(所有值都是在 Bark 频率尺度下以适应感知的方式计算得到的)的计算。

3.3.2 主观评价

如果需要对所感知的信号质量给出可靠的评价结果，难免要进行由一批具有代表性的实验对象参与的正规主观评价测试。对于某些类型信号的压缩算法，比如试图获得透明(听觉上无损的)音质的音频压缩算法，主观评价是唯一可行的评价方法，因为根本无法采用包括 SNR 在内的客观评价。

主观评价中，实验对象需要对感知质量给出他们各自的意见。再将他们给出的意见进行统计分析，计算意见的均值和方差等指标，以确定平均结果及其意义。将明显的"异常值"进行剔除通常也是整个处理过程的一部分。实验对象(专家或非专家)的素质也是非常重要的，但是他们能否做出合理的选择还在一定程度上取决于测试的目的。

而且，用于质量评价的任何方法都需要定义某个质量评定表。如果需要调查的是信号是否具有透明质量，两个选项便足够了。当被测材料中预计存在质量损失时，如表 3.1 中所定义的五分制质量/损伤评分标准被广泛用于对各种单模媒体信号(语音、音频、图像、视频)及其多媒体组合的质量评价中。

通过对实验对象给出的答案进行评估，便可以得到**平均意见得分**(Mean Opinion Score，MOS)的结果。典型的主观测试包括训练阶段和测试阶段。在测试真正开始之前，对实验

[①] 至少，较高的音频质量正是音频编/解码器所希望达到的目标。

对象进行筛选，确定其是否具有某些缺陷，比如，听力缺陷、视力缺陷或色盲等。对每个对象的测试结果都进行统计分析，如果某一实验对象的测试结果被认为是异常值，则将该实验对象剔除，另外，如果对同一测试材料进行两次评估的结果是完全不同的，也需将实验对象剔除。

分数的设置需要具有足够的通用性，以使其可用于各种评价目的，比如，一般意义下的质量、语音的可辨性、文本的可读性等，但是也可以从一些特殊的角度评价质量，比如多声道音频或立体视频中，空间错觉的自然度、彩色伪影等。当然，这需要在训练中为实验对象提供一些具体的提示。另外，就算法测试而言，采用的方法应该是非常通用的，可以用于评估压缩方法，也可以用于评估信道误差校正、去噪等。

表 3.1　MOS 测试中采用的得分及相应的主观评价指标

得　　分	语音质量	失真程度
5	优	不易觉察
4	良	刚刚觉察但不恼人
3	一般	有些恼人
2	差	恼人
1	极差	非常恼人

主观测试应该是可重复的，否则测试的价值就会非常有限。对不同类型多媒体信号的评估条件进行规定，已有一段相当长的历史了。以 ITU-R Rec. BT.500-13: *Methods for the Assessment of the Quality of Television Pictures*[①]中规定的方法为例，这里对其给出比较详细的介绍。基本上，标准中对以下方面做出了规定：

● 分别规定了家庭观赏和实验室环境下，用于评估的观察条件。其中包括环境照明条件、建议的观察距离和角度、显示器的属性（比如亮度、分辨率和宽高比）等。

● 如何合理地选择测试材料和视频序列长度。

● 选择一组实验对象，根据给定测试的目的，这些对象可以是专家观众，也可以是非专家观众，为了进行评估并获得统计上有效的结果，通常一组中最少需要有 15 名实验对象。实验对象有可能因其在测试中的表现而被剔除，考虑到这一点，实验对象的人数最好更多一些。

● 质量/损伤评分表，如表 3.1 所示。

● 由于对评分的理解可能是与具体应用有关的，为了调整评分，在测试中可以给出所谓的"基准"作为示例（可以是标示出的，也可以是隐含的），这些"基准"对应于预期质量的最高得分和最低得分，同时在训练阶段指导实验对象合理地利用所有得分[②]。

---

① 最初，ITU-R BT.500 仅涉及标清(SD)分辨率的质量评估。对于高清(HD)分辨率视频，相应的建议书是 ITU-R BT.710，但是，除观察条件和环境条件的设置外，该建议书还规定了与 ITU-R BT.500 中完全相同的测试方法。另外，ITU-R BT.2022 介绍了在对平板显示器的主观测试中对观察设置的修正，而最初的 BT.500 是在 1974 年提出的，当时只有 CRT 显示技术。

② 在训练过程中，所使用的训练材料应该与后续测试中的不同，以避免在表决中具有倾向性。一般来说，测试环节应该有时间限制，避免让受测者疲劳，因为这样会造成非理性表决。

- 测试方法（BT.500 的主要部分，见下文），以及这些方法与其适用的应用场景的对应关系，测试环节的安排与持续时间。
- 评价评估结果的过程，包括计算平均得分、置信区间以及剔除某实验对象的标准。

根据需要进行评估的材料的质量、应用环境（比如，离线的或直播的），以及是否存在一个或若干参考，定义了以下几种不同的测试方法：

- **双刺激损伤评价法**（Double Stimulus Impairment Scale，DSIS）：受测观众观看多个由**参考**（reference）视频（R）和**测试**（test）视频（T）组成的视频对，每段视频序列的长度为 10 s。要求受测者对测试视频相较于参考视频的失真度进行评分，评分采用表 3.1 中的**损伤评分表**（impairment scale）。测试序列显示的顺序为 R-中间休息-T-(中间休息-R-中间休息-T-) 表决 [R-break-T-(break-R-break-T-) vote]。在中间休息的 3 s 内，受测者观看中等灰度的图像，投票的时间较长（5～11 s）。可以进行也可以不进行第二轮测试。这类测试通常用于评价用于较低数据速率的编码算法，很显然，相较于原始信源，失真都会比较严重。或者，参照物也可以是能够获得合理视频质量的（不低于其他被测算法）标准编码算法。

- **双刺激连续质量评价法**（Double Stimulus Continuous Quality Scale，DSCQS）：与 DSIS 不同，这种方法适用于对较高视频质量进行测试，甚至可能包括对感知上的无失真特性进行研究。时长为 10 s 的测试视频 A 和 B，以 A-中间休息-B-中间休息-A-中间休息-B-表决（A-break-B-break-A-break-B-vote）的顺序展示给受测者。在第二轮测试开始时，便可以开始表决。A 和 B 当中有一个是原始信源，而另外一个是经过处理的测试视频，但是受测者并不知道哪个是原始信源，哪个是测试视频。用来打分的属性由表 3.1 中的**质量评分**（quality scale）给出。

- **单刺激法**（Single Stimulus，SS）：不存在参照物，要么直接给出质量评分或损伤评分，要么把测试序列重复放映多次，并验证表决的一致性，然后再给出质量评分或损伤评分。或者，还能够以数值的形式进行打分，以获得具有更高精度的结果。

- **刺激比较法**（Stimulus Comparison，SC）：当仅对两个算法 A 和 B 进行比较时，可以直接完成，要么在分屏模式下，在两个不同的屏幕中同时放映视频对，要么以 A-B/B-A 的顺序[1]进行播放。同时不再使用质量评分或损伤评分，而是采用 7 分制直接比较评分表 –3,…,+3，其中 0 表示质量相同，+/–表示较好/较差，分数 1/2/3 表示稍微/明显/非常。

- **连续质量评价法**（Continuous Quality Evaluation，CQE）：这种测试方法可用于测试直播所用的视频，也可以用于评价通过互联网传送的视频流的质量，其质量可能会出现快速的波动。不存在共同的参考序列。将一系列视频序列为受测者放映一次，受测者立即（实时的）通过在指示滑板上调节指示位置，对图像质量做出评价。这种方法与单刺激法结合成为单刺激连续质量评价法（SSCQE），其中滑块位置对应主观质量的评分，与同时双刺激法结合，可以用来衡量相对于参照物的失真程度。通常，滑块上的评分数字每秒钟采集两次。若需要对多个算法进行比较，在放映相同视频时，对

---

[1] 需要特别注意是，在所有这些情况下，为了补偿测试环境可能产生的影响，A 和 B 的位置是随机改变的。

应时间点的滑块位置应该保持一致。对受测者随时间所作的表决取平均值（求合），便可以获得总体质量，此外，对变化（如标准差）进行分析可以用来评估质量的波动程度。

ITU-T P.910：*Subjective Video Quality Assessment Methods for Multimedia Applications*（2008）与此相似，规定了以下测试方法，可以代替经典的 5 分制 MOS 并获得更连续的质量评价值：

- **绝对质量评级**（Absolute Quality Rating，ACR）：与 BT.500 中的 SS 法类似，ACR-HR（参考视频是隐藏的）可以用来确定相对于参照视频的差分 MOS（DMOS），其中参考视频与其他被测视频混在一起放映并且受测者对此并不知情。
- **退化质量评级**（Degradation Quality Rating，DCR）：与 BT.500 中的 DSIS 法类似，将被测视频与原始参考视频的质量进行对比，并且原始参考视频对受测者来说是已知的。
- **成对比较**（Pair wise Comparison，PC）：可以通过两个不同的系统依次放映相同的序列，也可以将相同的序列在同一块屏幕上同时放映（图像尺寸比较小的情况下）。对多于两个（$N>2$）算法进行比较时，需要进行 $N(N-1)$ 次比较（两两比较）。还可以使用类似于 BT.500 中 SC 法的评级方式。

虽然最初是为（模拟）标清电视所作的规定，但是 BT.500 中的一般方法适用于许多种类的视频，必要时，可以对评价过程作出一些微调。对于立体和 3D 视频，需要考虑更多的问题，比如，如何将由算法造成的影响与由显示器产生的影响分开，是否有必要研究在显示中由立体视觉所产生的影响，以及何时对受测者进行筛选等。建议书 ITU-R BT.1438：*Subjective assessment of stereoscopic television pictures* 和 BT.2021：*Subjective methods for the assessment of stereoscopic 3DTV systems* 对这些问题都予以了考虑。

在对语音的压缩和处理中，ITU-T Rec. P.800：*Methods for subjective determination of transmission quality* 规定了相似的内容。其中包含了对收听环境的规定，以及被测语句的要求等。在此情况下，语音的可理解性也是一条重要的标准。

对于一般音频信号，涉及以下规定：

- ITU-R BS.1116: *Methods for the subjective assessment of small impairments in audio systems including multichannel sound systems*
- ITU-R BS. 1284: *General methods for the subjective assessment of sound quality*

评价音频质量的具体指标包括噪声大小，以及影响信号本身的标准，比如音色的保留、透明度、声音均衡、立体感等。

涉及测试不同媒体组合的质量的其他具体建议书有：

- ITU-R BT.1788: *Methodology for the subjective assessment of video quality in multimedia applications*
- ITU-R BS.1286: *Methods for the subjective assessment of audio systems with accompanying picture*

同样，这些方法都是以之前提到的规定为基础的，因此这里无须再赘述。

3.4 习题

习题 3.1

竖直的正弦测试图样显示在高为 H 的 HD 显示器(N_2=1080 行)上,受测者在距离为 $D = 3H$ 处进行观察。

a) 若空间频率为 5 cy/deg,根据式(3.2),确定显示器上正弦的波长。

b) 以采样单元为单位,正弦的周期是多少?

c) 如果 H 变为原来的两倍,a)和 b)的结果会发生变化吗?

d) 式(2.258)中的 I 类 DCT 的块长度为多少时,才能使基向量 $\mathbf{t}_1$ 近似地表示 5 cy/deg 的空间频率?

e) 假设观察者的视觉系统具有理想的截止频率 60 cy/deg。当观测距离 $D = xH$ 时,交替的(黑/白)线图样看上去会变为灰色?

第4章 量化与编码

经过采样，多媒体信号成为在空间和/或时间上离散的信号。这些信号的等价变换形式，比如，频率系数或预测误差信号以及与这些信号相关的特征值或参数，通常由连续的（或大量离散的）幅值表示。为实现简洁的编码还需要进行量化，但是这会引起失真。量化步长和幅值范围决定了所需量化等级的数量以及二进制表示所需的码率。码率和失真之间的关系由率失真函数表示，码率的下限通过信源编码定理确定。对于平稳过程，R-D 界限的分析推导比较容易，这有助于理解对现实世界中的信号进行信源编码所存在的局限性。在率失真相关性中，还需要考虑信源中的统计相关性。适合逼近率失真界限并能以最低码率表示连续和离散信源的基本方法也将在本章进行讨论，包括熵编码、向量量化、树形编码和网格编码等多种编码方法。

4.1 标量量化与脉冲编码调制

由连续值采样的信号 $s(n)$ 变换到离散值 $\tilde{s}(n)$ 需要进行量化，完成到离散字符集的映射［见式(2.122)～式(2.125)］。对于数字表示，量化器输出 y_j（字符集中的字符）的每一种状态需要由一个码字（唯一可区分的比特序列）来表示。如果量化和编码过程独立地作用于样点，则这种表示称为脉冲编码调制（Pulse Code Modulation，PCM）。

由于量化特性（见图 2.21）是一个不可逆的映射函数，因此，一般不可能唯一地重构原始值，即存在量化误差

$$s_D(n) = s(n) - \tilde{s}(n) \tag{4.1}$$

用有限数量的比特进行编码时，需要定义一个量化值的有限集。因此，仅支持宽度为 A_{max} 的有限幅值范围。当信源中存在此范围之外的值时，则会发生过载，其中量化误差不存在上限，除非信源本身被限制在最大幅度范围内。为了避免这种影响，首先要考虑的是假定要进行量化的信号在给定范围 A_{max} 内应该是均匀分布的，并且该范围被均匀地划分为宽度为 Δ 的量化间隔，因此需要表示的间隔总数为 A_{max} / Δ。直接编码表示需要的二进制数的长度为

$$B = \left\lceil \log_2\left(\frac{A_{max}}{\Delta}\right) \right\rceil \quad \text{bit} \tag{4.2}$$

量化误差信号 $s_D(n)$ 可以理解为叠加［根据式(4.1)中的定义，符号为负］到原始信号上的加性噪声。如果根据量化样点进行重构，则该噪声也将通过低通滤波器，并且它在重构的带宽内表现为具有平坦频谱特性的加性噪声（假设对信号样点的量化是独立进行的，则相应的量化误差样点也将是统计独立的[①]）。

假设信号 $s(n)$ 来自具有均匀概率密度的平稳过程，并且重构值 y_j 位于量化间隔（距每个边界的距离均为 $\Delta / 2$）的中心，则随机值 $s_D(n)$ 的概率密度为

[①] 信源的情况并非如此，在信源中，样点之间本身是高度相关的，相邻的样点具有相似的幅值，并且也会由相同的量化值进行表示。

$$p_{s_{D}}(q) = \frac{1}{\Delta} \text{rect}\left(\frac{q}{\Delta}\right) \tag{4.3}$$

根据式(2.121)，量化误差的方差为

$$\sigma_{s_{D}}^2 = D = \mathcal{E}\left\{s_{D}^2(nT)\right\} = \frac{1}{\Delta}\int_{-\Delta/2}^{\Delta/2} q^2 \, \mathrm{d}q = \frac{\Delta^2}{12} \tag{4.4}$$

该值随量化步长的增加呈平方增长。同样，信号 $s(\mathbf{n})$ 的功率为

$$\sigma_{s_{D}}^2 = A_{\max}^2 / 12 \tag{4.5}$$

由式(4.2)，有 $A_{\max} = \Delta 2^B$，则信噪比为

$$\frac{\sigma_{s}^2}{D} = \frac{(\Delta 2^B)^2 / 12}{\Delta^2 / 12} = 2^{2B} \tag{4.6}$$

或表示为对数[分贝(deciBel，dB)]

$$10\lg(\sigma_{S}^2 / D) \approx B \cdot 6.02 \, \text{dB} \tag{4.7}$$

当量化步长的数量翻倍时，直接编码则需要增加一个比特，并且 SNR 大约提高 6 dB。还可以把所需的最小比特数表示为(可能为非整数值)

$$B \geqslant \frac{1}{2}\log_2(\sigma_{S}^2 / D) \tag{4.8}$$

对均匀分布信源的量化，到目前为止所讨论的内容都是严格成立的，不会发生过载，并且量化误差也是均匀分布的。当信源的幅度没有限制(例如高斯分布信源)时，需要定义幅度范围 $A_{\max}$，合理地减小过载发生的概率。

对于具有 J 个重构值 y_j，且量化间隔边界为 x_j 的任意量化器，以下映射规则成立：

$$\text{对于 } x_j \leqslant s(\mathbf{n}) < x_{j+1}，\text{有 } \tilde{s}(\mathbf{n}) = y_j，\text{其中 } x_0 = -\infty，x_J = +\infty \tag{4.9}$$

式(2.123)中给出了量化信号的概率密度函数，而量化误差的概率密度函数可以通过逐段叠加所有量化间隔的概率密度函数来表示：

$$p_{s_{D}}(q) = \sum_{j=0}^{J-1} p_{s_{D}}^{(j)}(q) \tag{4.10}$$

可以利用式(2.12)，从原始概率密度函数的移位片段映射得到 $p_{s_{D}}^{(j)}(q)$：

$$p_{s_{D}}^{(j)}(q) = p_s(q - y_j)\left[\varepsilon(y_j - x_j - q) - \varepsilon(y_j - x_{j+1} - q)\right] \tag{4.11}$$

尤其是对 $x_{j+1} - x_j = \Delta = \text{const.}$，$y_j = x_j + \Delta / 2 = x_{j+1} - \Delta / 2$ 的均匀信源进行均匀量化时，得到的概率密度函数如式(4.3)所示。

当原始信号具有非均匀的概率密度函数时，可以通过设计幅度范围 $A_{\max}$，使得过载的发生可以被忽略(例如，当信号具有高斯概率密度函数时，通常选择宽度 $A_{\max} = 2 \times (3 \times \cdots \times 4)\sigma_s$)。此外，如果 Δ 足够小，可以使 $p_s(x)$ 在任意区间内基本保持不变，当采用均匀量化时，用式(4.3)和式(4.6)近似地描述量化误差的特性，仍然是合理的。

用索引值 $0 \leqslant j < J$ 唯一地表示离散字符集中的值。量化过程是 $s(\mathbf{n}) \to j(\mathbf{n})$ 的映射，重构[①]

---

① 有时候也称为"反量化"，这种说法有一定的误导性，因为量化处理是一种不可逆的操作。

是 $j(\mathbf{n}) \to s_Q(\mathbf{n}) = y_{j(\mathbf{n})}$ 的逆映射。如果对精度较高的离散样点再次进行量化，获得其有损表示，则基本效果与连续信号的量化没有显著不同。因此，这里不把它作为一种单独的情况进行考虑。

均匀量化 图 4.1 给出了几个均匀量化特性和相应的量化误差特性的例子，量化误差特性给出了输入信号幅值 $s(\mathbf{n})$ 到量化误差幅值 $s_D(\mathbf{n})$ 的映射关系，即量化特性和零失真函数 $y = x$ 之间的差异。这里包括几种不同的量化器，一种是量化区间只包含正幅度的量化器（例如用于单色图像信号的 PCM 表示），以及两种量化区间关于零点对称的量化器，其中一种支持零值重构。

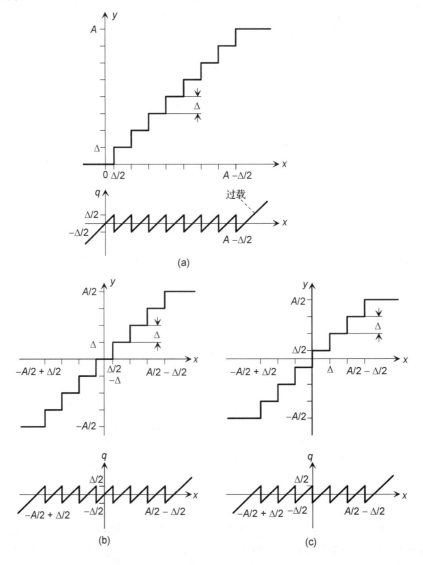

图 4.1 与信号幅值有关的均匀标量量化特性和量化误差特性。(a)用于正值信
号的量化器；(b)/(c)关于零值对称的量化器（支持/不支持零值重构）

如果使用均匀量化，由于重构值和索引之间满足线性关系，因此，量化和重构过程是非常简单的。由信号值 $s(\mathbf{n})$ 计算索引值 $j(\mathbf{n})$，只需要用信号值除以 Δ，然后再进行（向下）取整即可。或者，可以在量化过程中加入一个偏移值 OFFQ，在重构过程中加入另一个偏移值

OFFR[①]。计算重构值 $\tilde{s}(\mathbf{n})$ 时，必须用 Δ 乘以索引值并去掉偏移。为了使正、负值区间具有对称性，可以将符号分开进行处理[②]：

$$j(\mathbf{n}) = \min\left(\left[\frac{|s(\mathbf{n})| - OFFQ}{\Delta}\right], J_{\max}\right) \tag{4.12}$$

$$\tilde{s}(\mathbf{n}) = (j(\mathbf{n})\Delta + OFFR)\,\mathrm{sgn}(s(\mathbf{n}))$$

图 4.1 所示的例子中，当在所有情况下都满足 $\Delta = A_{\max}/J$ 时，则在图 4.1(a)/(b)中，有 $OFFQ = -\Delta/2$，$OFFR = 0$，在图 4.1(c)中，有 $OFFQ = 0$，$OFFR = \Delta/2$。在图 4.1(a)中，$J_{\max} = J - 1$ 可以是奇数也可以是偶数，同时由于对称性，图 4.1(b)中的 J 必须是偶数 $[J_{\max} = (J-1)/2]$，图 4.1(c)中的 J 必须是奇数 $(J_{\max} = J/2 - 1)$。

非均匀量化 如果信号 $s(\mathbf{n})$ 具有非均匀的概率密度函数，则比较适合采用具有非均匀步长的量化器[见图 4.2(a)]。此外，非线性幅度映射函数与量化的结合可以通过具有非均匀步长的量化器实现。在低幅度范围内，如果量化误差比较严重，则比较适合采用非均匀量化。例如，语音信号的 PCM 编码中，通常采用具有对数映射特性的非均匀量化，已知人耳对较高幅值中噪声的灵敏度较低(掩蔽效应)，因此，可以对较高幅度采用较大的量化步长。然而，采用非均匀量化会使量化误差的方差增加，因此，当考虑感知质量时，主要采用非均匀量化。

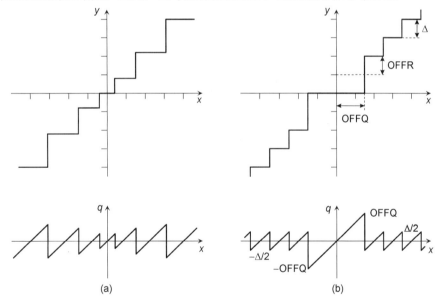

图 4.2 (a)非均匀量化的量化特性；(b)死区量化的量化特性

举个例子，所谓的 a 律(a-law)压扩(通常应用于量化之前的连续幅度)由下式定义[③]：

$$k(x) = \begin{cases} x/A_{\max} \cdot a/(1 + \ln a), & 0 \leqslant |x/A_{\max}| \leqslant 1/a \\ (1 + \ln(a|x/A_{\max}|))/(1 + \ln a)\,\mathrm{sgn}(x), & 1/a \leqslant |x/A_{\max}| \leqslant 1 \end{cases} \tag{4.13}$$

---

① 可以通过 OFFQ 调整量化区间的边界，还可以利用 OFFR 规定图 4.2(b)中量化的"死区"。

② 对于图 4.1(a)中只有正值的量化，以及图 4.1(b)中的重构值零，则不需要编码符号(可以设置为 1)。

③ 根据 ITU-T G.711 标准(见 8.1.3 节)，欧洲国家使用 a 律压缩/扩展(压扩)，而其他国家(比如美国)使用 μ 律压扩，虽然 μ 律压扩与 a 律压扩在形式上不同，但是都遵循相似的对数压扩的概念。

在语音量化中，使用值 $a = 87.56$。很容易得出扩展特性的定义，重构出原始样点。

可以利用 **Lloyd-Max 算法**（Lloyd-Max Algorithm）[Lloyd, 1957, Max, 1957]设计最优非均匀量化（使失真最小），尤其对于给定概率密度函数的信号，利用 Lloyd-Max 算法进行量化可以使平方误差最小。如果信号值 x 由任意量化器映射为码书 $\mathcal{C} = \{y_j; j = 0, \cdots, J-1\}$ 中最接近的重构值 y_j，则索引为

$$j(\mathbf{n}) = \arg\min_{y_j \in \mathcal{C}}(s(\mathbf{n}) - y_j)^2 \tag{4.14}$$

利用

$$\text{Prob}\left[x < s(\mathbf{n}) \leqslant x + dx\right] \approx p_s(x)dx \tag{4.15}$$

当 $s(\mathbf{n})$ 在无穷小区间 $[x;\ x+dx]$ 内 y_j 的附近时，$s(\mathbf{n})$ 对平方量化误差的贡献是

$$(y_j - x)^2 p_s(x)dx \tag{4.16}$$

通过在每个区间的边界内进行积分并对所有区间进行求和，可以得到量化误差的方差为

$$\sigma_{s_\mathrm{D}}^2 = \sum_{j=0}^{J-1} \underbrace{\int_{x_j}^{x_{j+1}} (y_j - x)^2 p_s(x)dx}_{\Pr(S_j)D_\mathcal{C}(S_j)} \tag{4.17}$$

根据最小化条件

$$\frac{d\sigma_{s_\mathrm{D}}^2}{dy_j} \overset{!}{=} 0, \quad j = 0, 1, \cdots, J-1 \tag{4.18}$$

对式（4.17）求导数可得

$$\int_{x_j}^{x_{j+1}} 2(y_j - x)p_s(x)dx = 0 \Rightarrow y_{j,\mathrm{opt}} = \int_{x_j}^{x_{j+1}} xp_s(x)dx \Big/ \int_{x_j}^{x_{j+1}} p_s(x)dx \tag{4.19}$$

最优量化器的重构值 y_j 等于相应量化区间内由概率密度函数确定的线性平均期望值。在给定的量化区间边界内，获得最小量化误差的条件为

$$\frac{d\sigma_{s_\mathrm{D}}^2}{dx_j} \overset{!}{=} 0, \quad j = 0, 1, \cdots, J-1$$
$$\Rightarrow \frac{d}{dx_j}\left[\int_{x_{j-1}}^{x_j} (y_{j-1} - x)^2 p_s(x)dx + \int_{x_j}^{x_{j+1}} (y_j - x)^2 p_s(x)dx\right] = 0 \tag{4.20}$$

根据

$$\frac{d}{du}\int_a^u f(x)dx = f(u) \Rightarrow (y_{j-1} - x_j)^2 p_s(x_j) - (y_j - x_j)^2 p_s(x_j) = 0 \tag{4.21}$$

可得

$$x_j = \frac{1}{2}(y_{j-1} + y_j) \tag{4.22}$$

最优决策阈值 x_j 是与两个相邻重构值距离相等的点。

与均匀量化不同，最优的重构值不再位于量化区间的中心位置，而是等于该量化区间中信号值的平均值，即位于相应的 PDF 区域的质心[见图 4.3(a)]。当根据式(4.19)计算得到一组新的 $y_{j,\mathrm{opt}}$ 值时，还要根据式(4.22)[见图 4.3(b)]移动最优边界，两个步骤都可以使失真减小。因此，可以通过迭代得到近似最优的重构值，其中经过每次迭代后得到的新的 y_j 和 x_j 值，都会使重构值更加接近原始值。如果总失真 D 不再明显变化，则认为达到了最优值，终止迭代过程。量化区间内的期望值可以通过信号的概率密度函数或由代表性样点组成的训练集确定。

非均匀量化的缺点是量化决策比均匀量化更复杂，均匀量化中，对信号值进行简单的缩放便可以确定码字索引，见式(4.12)。另外，可以通过在所有量化区间上定义一个共同的固定偏移，使重构值偏离中心值，因此，由式(4.19)给出的获得最小失真的条件在这种情况下仍然部分适用。这可以通过适当地调整式(4.12)中的 OFFQ 和 OFFR 值来实现偏移。

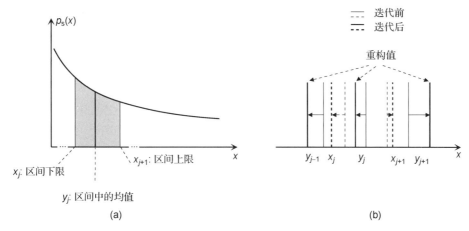

图 4.3　(a)取决于量化区间内 PDF 形状的重构值最优位置；(b)经过一次迭代后重构值与量化区间边界的更新

非均匀量化方法提供了如图 4.2(b) 所示的**死区量化特性**(dead zone quantization characteristic)，增加了量化值为零的概率。如果与非零值相比，零值可以用非常低的码率进行编码时，则很适合采用这种方法(例如，图像的变换系数编码就是这种情况)。但是，利用这种方法进行最优决策时，不仅需要考虑失真指标，还必须同样考虑码率指标(见 4.3 节)。

4.2　编码理论

4.2.1　信源编码定理与率失真函数

信源编码定理[Shannon, 1959]可以总结如下：

- 编码离散无记忆信源时，若要求所允许的失真不大于 D，则不能以低于率失真下限 $R(D)$ 的码率进行编码，可以设计一种码使码率 $R = R(D) + \varepsilon$，其中 $\varepsilon > 0$；
- $R(D)$ 是一个凸函数，它可以唯一地转换为失真率函数 $D(R)$。这意味着也可以规定失真的下限，即如果已知码率 R，则编码引起的失真不可能低于 $D(R)$；
- 利用一种码字对 K 个样点进行联合编码，若块长度 K 需要足够大，才可以获得接近 $R(D)$ 的码率。

　　一般信源**率失真函数**(Rate-Distortion Function，RDF) $R(D)$ 的确定只能通过数值近似的方法[1]获得。对于非相关的平稳高斯过程 $v(n)$ ，如方差为 σ_v^2 的高斯白噪声，则可以获得其 $R(D)$ 的解析描述。如果平方误差失真为 D ，则编码每个样点所需的最小码率为[Berger, 1971]

$$R_v(D) = \frac{1}{2}\log_2 \frac{\sigma_v^2}{D} \tag{4.23}$$

对具有均匀 PDF 的信源进行均匀标量量化，根据式(4.4)，当失真 D 等于量化误差的方差时，有时会发现，式(4.23)和式(4.8)中的码率是相等的。然而，对于高斯信源，如果不进行有效的量化和熵编码，则不可能获得率失真下限。

　　非相关高斯信源很重要，因为在考虑能够到达率失真下限的编码系统的率失真行为和复杂度时，非相关高斯信源是所有方差为 σ^2 的无记忆采样信源中**最坏的一种情况**(Worst Case)[Berger, 1971]。此外，式(4.23)仅适用于 $D \leqslant \sigma_v^2$ 的情况，否则对数函数给出的码率将是负数。因此，更通用的表达式为[2]

$$R_v(D) = \max\left(0, \frac{1}{2}\log_2 \frac{\sigma_v^2}{D}\right) \Rightarrow D_v(R) = \sigma_v^2 \cdot 2^{-2R}, \quad R \geqslant 0 \tag{4.24}$$

4.2.2　相关信号的率失真函数

　　一维相关(AR 类型)高斯过程 $s(n)$ 的 RDF 可以通过计算频谱的平均值得到[Berger, 1971]：

$$R_s(\Theta) = \int_{-1/2}^{1/2} \max\left(0, \frac{1}{2}\log_2 \frac{\phi_{ss}(f)}{\Theta}\right)\mathrm{d}f = \int_0^{1/2} \max\left(0, \log_2 \frac{\phi_{ss}(f)}{\Theta}\right)\mathrm{d}f \tag{4.25}$$

由于功率谱可以把相关过程分解为无限多个独立的频谱分量，其中这些分量也是高斯分布的，因此可以把式(4.24)作为被积函数来计算频谱积分[3]。如果在给定的频率范围 Δf 内的频谱功率大于阈值 Θ ，则根据式(4.23)分配码率，否则与频率相关的码率函数下的面积将为零。在后一种情况下，给定的频率 f 对失真的贡献等于功率谱下相应的面积；前一种情况下，失真等于 $\Theta \cdot \Delta f$ 。在 $0 \leqslant |f| < 1/2$ 的范围内，当功率谱的值只有其中一部分大于阈值时，则必须分段计算式(4.25)中的积分。如果所有值都大于阈值，则总失真 D 等于 Θ 。对于更一般的情况，失真 $D_s \leqslant \Theta$ 需要通过分段积分确定：

$$D_s(\Theta) = \int_{-1/2}^{1/2} \min[\Theta, \phi_{ss}(f)]\mathrm{d}f \tag{4.26}$$

　　图 4.4(a)通过式(4.26)中被积函数下面的阴影面积给出了总失真 $D_s(\Theta)$ 。在任何频率上，失真都不应大于信号的功率密度。丢弃掉黑色阴影区域的频谱分量：在给出的例子中，丢弃了信号的高频分量，在对具有低通特性的信源进行低码率编码时，这是一种合适的策略，如

---

① [Blahut, 1987]中提出了一种根据一组数据样点计算近似的 RDF 的方法。

② 当 $R = 0$ 时，不包含信号中的任何信息。平方失真测度的上限是 σ_v^2 ，即关于信号的最大可能的不确定性。

③ 假设功率谱中不包含狄拉克脉冲，因为对数函数对狄拉克脉冲没有定义。

果将其与下采样结合使用，则效果更好。图 4.4(b) 还给出了**频率加权阈值函数**(frequency-weighted threshold function)①的一个例子。

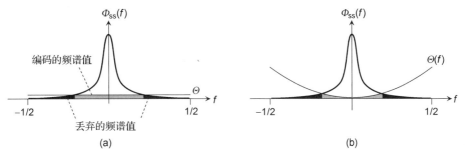

图 4.4 对 AR(1) 过程的率失真函数的解释。(a) 所有频谱分
量上具有相同的分布；(b) 频谱加权失真阈值函数

例子 AR(1) 过程的 $R(D)$ AR(1) 过程 (见 2.6.1 节) 由新息信号的相关系数 ρ 和方差 σ_v^2 描述。根据式 (2.159)，如果在 $0 \leqslant |f| < 1/2$ 的范围内，有 $\phi_{ss}(f) > \Theta$，则率失真函数为

$$
\begin{aligned}
R_s(D) &= \frac{1}{2} \int_{-1/2}^{1/2} \log_2 \frac{\sigma_s^2(1-\rho^2)}{D(1-2\rho\cos(2\pi f)+\rho^2)} \mathrm{d}f \\
&= \frac{1}{2} \int_{-1/2}^{1/2} \log_2 \frac{\sigma_s^2(1-\rho^2)}{D(1+\rho^2)} \mathrm{d}f - \frac{1}{2} \int_{-1/2}^{1/2} \log_2 \left(1 - \frac{2\rho\cos(2\pi f)}{1+\rho^2}\right) \mathrm{d}f \\
&= \frac{1}{2} \log_2 \frac{\sigma_s^2(1-\rho^2)}{D} = \frac{1}{2} \log_2 \frac{\sigma_v^2}{D} = R_v(D)
\end{aligned}
\tag{4.27}
$$

因此，方差为 σ_s^2 的相关 AR(1) 过程的 $R_s(D)$ 可以直接表示为 AR(1) 过程的白噪声新息信号②的 RDF $R_v(D)$。然而，这只有当信号的所有频率分量都大于 Θ 时才成立。由于式 (2.192) 中 AR(1) 过程的功率谱随着 f 的增加而逐渐减小，并在 $|f|=1/2$ 处取得最小值，因此，式 (4.27) 只在较低的失真范围内成立：

$$
D \leqslant \frac{1-\rho}{1+\rho}\sigma_s^2 = D_{\max}(\rho)\sigma_s^2
\tag{4.28}
$$

如果该条件成立，则有 $D = \Theta$。当失真 D 较大时，对于 AR(1) 过程，关于参数 Θ 的式 (4.25) 和式 (4.26) 可以通过如下方式求解，其中，可以找到一个 f_Θ 值，使得当 $|f| > f_\Theta$ 时，有 $\phi_{ss}(f) < \Theta$，因此

$$
R_s(\Theta) = \int_0^{f_\Theta} \log_2 \frac{\phi_{ss}(f)}{\Theta} \mathrm{d}f; \quad D_s(\Theta) = 2\left[\int_0^{f_\Theta} \Theta \mathrm{d}f + \int_{f_\Theta}^{1/2} \phi_{ss}(f)\mathrm{d}f\right]
\tag{4.29}
$$

$$
\text{其中 } \Theta = \frac{\sigma_v^2}{1-2\rho\cos(2\pi f_\Theta)+\rho^2} \Rightarrow f_\Theta = \frac{1}{2\pi}\arccos\frac{1}{2\rho}\left(1+\rho^2-\frac{\sigma_v^2}{\Theta}\right)
$$

图 4.5(a) 给出了参数 ρ 为不同值时的 AR(1) 过程的 $R_s(D)$。D 轴由 AR(1) 过程的方差进

---

① 频率加权函数通常用于多媒体信号的编码。由于人类视觉和听觉中固有的频谱掩蔽效应，允许某些成分中存在较大失真。原则上，还可以定义能够更好地适应人类感知的失真测度和相应的 RDF。

② 适用于所有 AR(P) 过程。

行归一化，并采用对数尺度，从而使 $R_v(D)$ 关系映射为一条直线。虚线将式(4.28)中的 $D_{\max}(\rho)$ 值连接在一起。根据式(4.27)，在 $D_{\max}$ 以上时，相关过程 $R_s(D)$ 的图像平行于非相关过程 $(\rho=0)$ $R_s(D)$ 的直线。相应的最小码率值为

$$R_{\min}(\rho)=R(D_{\max}(\rho))=\log_2(1+\rho) \tag{4.30}$$

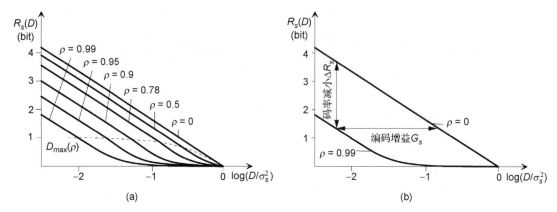

图 4.5　(a) AR(1) 过程的参数 ρ 为不同值时的 $R(D)$；(b) 利用相关性获得的码率增益和失真增益(改自[Clarke, 1985])

当 $\rho=0$ 和 $\rho>0$ 时，对应的 $R(D)$ 曲线之间的距离可以理解为码率增益(垂直)或失真增益(水平)，如图 4.5(b) 所示。但是，当失真大于 $D_{\max}(\rho)$ 时，增益就会减小。由此造成的率失真性能的下降，确实会在以较低码率编码多媒体信号时观察到。利用 AR(1) 过程样点之间相关性的编码方案(与 PCM 不同)，根据式(4.28)中的约束，如果产生的失真与对样点进行独立编码时的失真相同，则码率最多可以减少

$$\Delta R_s=\frac{1}{2}\log_2(\sigma_s^2/D)-\frac{1}{2}\log_2(\sigma_v^2/D)=-\frac{1}{2}\log_2(1-\rho^2) \tag{4.31}$$

式(2.208)可以用于确定新息信号的方差。另一种表达式为 $\Delta R_s=-\frac{1}{2}\log_2(|\mathbf{C}_{ss}|/\sigma_s^2)$，此式对所有 AR 过程均成立，其中式(2.209)中自协方差矩阵行列式的绝对值给出了新息信号的方差。如果分别减少相同的码率，则对于 $K=2$ 的 AR(1) 过程，式(2.188)中的熵为

$$H_s=\frac{1}{2}\log\left((2\pi e)^2\left\|\begin{bmatrix}\sigma_g^2 & \rho\sigma_g^2\\ \rho\sigma_g^2 & \sigma_g^2\end{bmatrix}\right\|\right)=\log(2\pi e\sigma_g^2)+\frac{1}{2}\log(1-\rho^2) \tag{4.32}$$

与式(2.187)进行对比，可以发现，$K=2$ 的高斯 AR(1) 向量过程的熵比具有相同方差的高斯白噪声向量过程小 $\frac{1}{2}\log(1-\rho^2)$[①]。

另外，**编码增益**(coding gain)为

$$G_s=\frac{1}{\gamma_s^2}=\frac{\sigma_s^2}{\sigma_v^2}=\frac{1}{\sigma_s^2-\sum_{p=1}^{P}a(p)\mu_{ss}(p)} \tag{4.33}$$

[①] 当对向量 $(K=2)$ 进行编码时，码率减少 $-\log_2(1-\rho^2)$ 仅适用于两个样点中的其中一个，这是因为仍然需要编码另外一个样点的全部信息。如果对更多个样点进行联合编码，则码率的减少会收敛于式(4.31)。

这说明在相同的码率下，独立(PCM)编码样点的编码方案引起的失真是利用样点间相关性[①]的编码方案引起失真的 G_s 倍。

将式(4.28)代入式(4.27)，可以发现当 $R \geqslant R_{\min}$ 时，可以实现这一增益。编码增益也是**频谱平坦度**(Spectral Flatness Measure，SFM) 的倒数值[Jayant, Noll, 1984]：

$$\gamma_s^2 = \frac{2^{\left(\int\limits_{-1/2}^{1/2} \log_2 \phi_{ss}(f)\mathrm{d}f\right)}}{\sigma_s^2} = \frac{2^{\left(\int\limits_{-1/2}^{1/2} \log_2 \phi_{ss}(f)\mathrm{d}f\right)}}{\int\limits_{-1/2}^{1/2} \phi_{ss}(f)\mathrm{d}f}, \tag{4.34}$$

如果所有频谱成分对总功率的贡献是相等的，则编码增益的分子和分母是相等的，即编码增益变为 1，这正是(通常是高斯)白噪声的情况，即频谱平坦度最大的情况。在所有其他情况下(非平坦频谱分布)，几何平均值将小于算术平均值，因此可以实现编码增益大于 1。可以观察到，只有所有功率谱成分都大于 0 的过程，才能够确定给定形式的 SFM。

式(4.25)可以改写为

$$R_s(\Theta) = \frac{1}{2}\int\limits_{-1/2}^{1/2} \log_2\left[\max\left(\Theta, \phi_{ss}(f)\right)\right]\mathrm{d}f - \frac{1}{2}\log_2\Theta \tag{4.35}$$

显然，式中的积分与式(4.34)分子中的积分相似，然而这里认为小于 Θ 的频谱成分对码率没有贡献，而且对编码增益也没有贡献，因为它们不能用于预测。因此，考虑到频谱成分被丢弃的情况，对式(4.34)进行调整，将其改写为

$$\gamma_s^2(\Theta) = \frac{2^{\left(\int\limits_{-1/2}^{1/2} \log_2 \max[\phi_{ss}(f),\Theta]\mathrm{d}f\right)}}{\int\limits_{-1/2}^{1/2} \max[\phi_{ss}(f),\Theta]\mathrm{d}f} = \frac{1}{G_s(\Theta)} \tag{4.36}$$

4.2.3 多维信号的率失真函数

把式(4.25)进行推广，可以得到 κ 维 AR 模型的 RDF：

$$R_s(\Theta) = \int\limits_{-1/2}^{1/2} .. \int\limits_{-1/2}^{1/2} \max\left(0, \frac{1}{2}\log_2 \frac{\phi_{ss}(\mathbf{f})}{\Theta}\right)\mathrm{d}^\kappa\mathbf{f} \tag{4.37}$$

同样将式(4.26)进行推广，得到

$$D_s(\Theta) = \int\limits_{-1/2}^{1/2} \cdots \int\limits_{-1/2}^{1/2} \min[\Theta, \phi_{ss}(\mathbf{f})]\mathrm{d}^\kappa\mathbf{f} \tag{4.38}$$

即使 AR 模型及其频谱是可分离的，也不能隐式地给出 $R(D)$，除非在较低的失真范围内，这时编码过程中没有丢弃任何频率成分。举个例子，一个二维可分离 AR(1)过程，由水平相关

[①] 对于高斯(AR)过程，所有的**统计相关性**(statistical dependencies)都是线性的，并且可以表示为**相关性**(correlations)。关于对数频谱积分与协方差矩阵之间的关系，可见式(5.45)。

系数 ρ_1 和垂直相关系数 ρ_2 确定，其中，过程 $s(n_1, n_2)$ 与新息信号 $v(n_1, n_2)$ 二者方差之间的关系为

$$R_s(D) = \frac{1}{2}\log_2 \frac{\sigma_s^2(1-\rho_1^2)(1-\rho_2^2)}{D} = \frac{1}{2}\log_2 \frac{\sigma_v^2}{D} \tag{4.39}$$

只有在低失真的情况下，式 (4.39) 才具有有效性[①]：

$$D \leqslant D_{\max}(\rho_1, \rho_2) = \frac{(1-\rho_1)(1-\rho_2)}{(1+\rho_1)(1+\rho_2)}\sigma_s^2 \tag{4.40}$$

该值比式 (4.28) 中一维情况下的值要小。利用沿水平和垂直方向的相关性，可以获得的最大编码增益是

$$G_s = \frac{1}{(1-\rho_1^2)(1-\rho_2^2)} \tag{4.41}$$

只有当码率 $R \geqslant R(D_{\max}) = \log_2(1+\rho_1) + \log_2(1+\rho_2)$ 时，才能够获得这一编码增益。码率的减少为 $\Delta R_s = -\frac{1}{2}\log_2(1-\rho_1^2) - \frac{1}{2}\log_2(1-\rho_2^2)$。在较低的失真范围内，如果 AR 模型是可分离的，则两个维度中的相关性对总增益的贡献是独立的。

例子　对于 $\rho_1 = \rho_2 = 0.95$ 的二维可分离 AR(1) 信源，与一维信源相比，失真可以进一步减小 10.1 dB 或码率可以进一步降低 1.68 比特/样点。与 PCM（没有利用任何相关性）相比，失真可以减小 20.2 dB 或码率可以减小 3.36 比特/样点[②]。

对于真实世界的多媒体信源，通常不能满足平稳性假设。这些信源可以利用**可切换的信源模型**（switched source models）或**复合信源模型**（composite source models）来描述，其中统计特性在局部是变化的。例如，细节丰富的区域和细节较少的区域共同存在于图像当中。对于这些情况，还需要另外编码和发送**边信息**（side information），在确定率失真行为时，必须对这些边信息同样加以考虑。

"局部"率失真函数对总体码率/失真的贡献是不同的。一种合理的策略（就优化全局率失真行为而言）是，对所有局部成分进行编码使得额外比特开销带来相等的增益，这可以通过选择使所有"局部"失真函数具有相同斜率的操作点来实现。

4.3　量化器的率失真最优化

连续幅度的信号通过量化被映射成离散幅值的信号。另一种情况是原始信号本来就具有离散幅值，这就是**重量化**（re-quantized），即映射为幅值较的信号。在数字传输中，为了表示代表重构值的索引值 i，式 (2.171) 中的**熵**（entropy）速率需要达到最小值，其中，索引的集合构成了包含有限个符号的字符集。作为实际的编码方法，不同的熵编码方案将在 4.4 节中进行介绍。只有在较高的码率范围下（字符集中符号的数量很大），将量化和熵编码看成独立的才有意义（尽管仍然是次优的）。尤其在码率较低的情况下，对**量化和编码**（quantization and encoding）的优化最好视为一个**联合问题**（combined problem）。比如，假设有一个接近两个量化区间边界

[①] 见习题 4.1。
[②] 通过该模型分析得到的编码增益，与对静止图像进行无损编码可以获得的编码增益符合得非常好。通常，8 比特/样点的 PCM 图像可以通过线性预测编码的方法，无损地编码（样点不会发生任何改变）为 3～5 比特/样点。

的值，如果较低的码率是有利的，则可以选择会造成稍高失真的重构值。对量化进行优化［例如式(4.16)～式(4.22)］时或量化过程本身，都需要考虑额外的码率约束。令 $R_e(S_j)$ 为选择量化索引 j 时码字 $\mathcal{C}$ 消耗的比特数，即离散源的状态为 S_j。那么，平均码率为

$$R_e = \mathcal{E}\{R_e(S_j)\} = \sum_{j=0}^{J-1} \Pr(S_j)R_e(S_j) \tag{4.42}$$

将式(4.17)转化为可以通过**拉格朗日优化**(Lagrangian optimization)求解的约束问题，量化器引起的失真为 $D_{\mathcal{Q}}$，码字消耗的码率为 R_e

$$D^*_{\mathcal{Q},e} = D_{\mathcal{Q}} + \lambda R_e = \sum_{j=1}^{J} \Pr(S_j)\Big[D_{\mathcal{Q}}(S_j) + \lambda R_e(S_j)\Big] \tag{4.43}$$

根据拉格朗日乘子 λ 的不同，可以改变 $D_{\mathcal{Q}}$ 和 R_e 对 $D^*_{\mathcal{Q},e}$ 的影响，其中当 $\lambda = 0$ 时，可以得到式(4.17)，即没有码率约束。最优乘子 λ 可以利用式(4.43)对码率求导数得到

$$\frac{\partial D^*_{\mathcal{Q},e}}{\partial R_e} = \frac{\partial D_{\mathcal{Q}}}{\partial R_e} + \lambda_{\mathrm{opt}} \overset{!}{=} 0 \Rightarrow \lambda_{\mathrm{opt}} = -\frac{\partial D_{\mathcal{Q}}}{\partial R_e} \tag{4.44}$$

因此，对于给定的码率，最优乘子 λ 由失真率函数 $D_{\mathcal{Q}}(R_e)$ 的斜率给出[1]。对于某些类型的平稳过程，可以通过解析的方法确定率失真的界限，与此不同，$D_{\mathcal{Q}}(R_e)$ 的局部斜率只能进行估计。这可以通过引入**操作率失真函数**(Operational Rate Distortion Function，ORDF)来实现，在对量化器进行迭代优化的过程中或在量化决策的过程中，对 ORDF 进行搜索。为简单起见，可以认为存在一种码字使得在量化后得到的码率接近于熵，即 $R_e(S_j) = I(S_j)$。那么，对于给定的量化器和信源概率统计特性，可以在 R-D 平面上确定式(4.17)中的 $D_{\mathcal{Q}}$ 点和式(4.42)中的 R_e 点。测试量化器的不同配置，不满足凸性(任何 RDF 必须保持的)假设的所有 $R_e / D_{\mathcal{Q}}$ 点可以被排除，并认为它们是次优的。这是通过如下方式做到的，通过线性插值将一组量化器的所有 R/D 点逐对地连接在一起，只有属于最低连线上的点才被保留为 ORDF(见图 4.6)。还可以根据 ORDF 当前的斜率调整 λ，获得更加精细的结果(可能会找到更低的界限)。

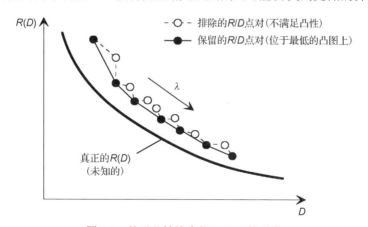

图 4.6　基于凸性约束的 ORDF 的形成

---

[1] 由于 $R(D) = D^{-1}(R)$，还可以把最优乘子 λ 理解为，对于给定的失真点 D，RDF 斜率的负倒数。

　　尤其在通过式(4.18)～式(4.22)中的劳埃德算法对量化器进行优化的过程中，也可以使用拉格朗日乘子法[Chou, Lookabaugh, Gray, 1989]。这种方法通常称为**熵约束量化**(Entropy Constrained Quantization，ECQ)。通过给定的量化器/编码器配置进行编码的过程中，需要满足码率约束的限制，实际的码率分配也可以用来代替基于熵的估计值。

　　如果在给定的码率预算下，对具有局部变化统计特性的信源进行编码，则应该首先确定能够使失真减小最多的成分，即在给定目标点处，ORDF 斜率最大的成分。为了完成所有成分的码率约束量化，通常为式(4.43)中的 λ 选择一个固定的值，而不去考虑这些成分的局部统计特性。

　　如果非相关信源具有指数概率密度函数，更确切地说，具有拉普拉斯概率密度函数，在这种特殊的情况下，可以系统性地找到接近最优的率失真性能。[Sullivan, 1996]中指出，可以通过合理地选择死区量化器(式(4.12)中的 OFFR 和 OFFQ 值)，以非迭代的方式找到率失真意义上的最优值。

　　嵌入式量化　　由量化导致的失真与量化步长 Δ 之间具有近似平方的关系，见式(4.4)[①]。现在假设由量化步长原来一半($\Delta/2$)的另一个量化器对残差进行**重量化**(re-quantized)。当第二个量化器将每个之前的量化区间划分为等宽的两部分时，重构值 J 的数量则会翻倍。如果重构值位于量化区间的中心，量化步长为 Δ 时的每个重构值 y_j 都会被划分到量化步长为 $\Delta/2$ 时的 $y_j \pm \Delta/4$ 处。在这些假设条件下，两种量化特性的嵌入方式如图 4.7 所示。虚线表示量化步长为 $\Delta/2$ 时的量化。图 4.7(a)给出了只有正值的量化，而图 4.7(b)给出了死区量化的例子[见图 4.2(b)]；其中死区的宽度为 2Δ，零量化阈值为 Δ。在下一个更精细的重量化中，死区被分成三个量化区间，其中一个是宽度为 Δ 的新死区，另外两个是宽度为 $\Delta/2$ 的"正常"量化区间。

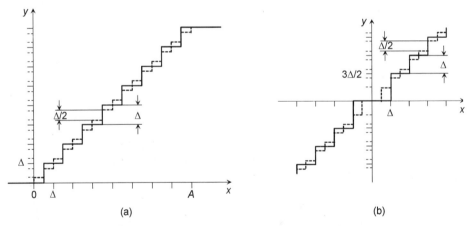

$$(a) \qquad\qquad\qquad (b)$$

图 4.7　以量化步长 $\Delta/2$ 进行再量化时的量化特性。(a)不对称的量化(只包含正值)；(b)对称的死区量化

　　完全的嵌入式量化可以通过在多个层级上运用重量化实现，对于正值信号，只从两个量化区间开始，对于死区量化，则从三个量化区间开始。如图 4.8 所示，重构值总是位于量化区间的中心。量化的最终结果是整数值索引，索引值的字长与层级的数量相等。第一层对应整数值的**最高重要性位**(Most Significant Bit，MSB)，最后一级对应**最低重要性位**(Least Significant Bit，LSB)。可以从 LSB 开始将索引值截断，然后会得到较少的层级数量，对应较

[①] 这一关系还可能取决于信号的统计特性，比如，如果信号中有许多值都接近于零值，这些值会被量化为零重构值，则平均失真将明显小于 $\Delta^2/12$。

粗糙的量化。实际上，整个量化过程可以通过二叉树判决来进行。一种更加简单的方式是利用普通均匀量化的方法，采用最后一个层级(LSB)的量化区间宽度(量化步长)进行量化，其中，量化区间的总数应该是 2 的幂，即 2^B。这样，每个嵌入式量化的层级都隐式地对应于字长为 B 的正整数中相应的比特位置。这恰好对应于图 4.8(a)中的方法，其中给出的是对正负值信号的量化。

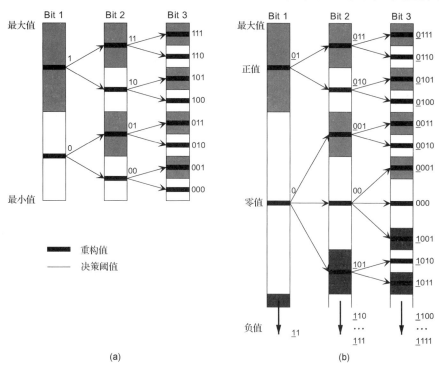

图 4.8 嵌入式量化的结构以及相应的位平面码字。(a)用于正值信号的量化结构；
(b)具有死区的用于符号/幅度信号的量化结构，其中带下画线的是符号位

    介于 MIN 和 MAX 之间的幅度的量化表示在每获得一个额外的比特时，都会变得更加准确。这种表示方法被称为**位平面表示**(bit-plane representation)，其中位平面由一个信号的所有可用样点在某一有效层级中的全部比特构成。每一个单独的位平面都可以理解为由二值样点组成的信号，通过将所有位平面合并，可以获得样点完整的多层级表示。

    图 4.8(b)的死区方案中，重构值可以是 0、正数和负数，其中 0 值不需要符号位。在幅度/符号表示中，符号只需要与非零最高重要性位(可能出现在任意位平面中)一起传送一次。因此，符号位的重要性还取决于样点重要性位所在的位平面位置。

    应该注意到，这里介绍的嵌入式量化器，都是假设重构值位于量化区间的中心处[见图 4.8(b)]。否则，量化分区可能并不是以如下方式不断地被嵌入的：每增加一个额外比特，量化误差都会随之减小，并且相邻量化区间中不存在更好的重构值。能够获得与嵌入式量化类似效果的另一种方法是对之前量化器产生的量化误差进行重量化(通常具有量化间隔的数量较少)。除非采用均匀量化步长并且重构值位于量化区间中心，否则这种方法可能会导致量化区间的重叠。其中的冗余是否会对码率产生影响还高度依赖于后续熵编码的设计。

    嵌入式量化和位平面编码可用于对量化信号的**可伸缩表示**(scalable representation)，其中较高重要性位能够以较高的失真和较低的码率表示重构值。然而，不可能通过从位平面表示

中添加或删除比特，实现在率失真曲线上的自由移动。更具体地说，即使对位平面信息进行有效的熵编码，率失真曲线也只能**恰好**(exactly)映射到完整的位平面所对应的码率点上，否则，编码性能将受到损失。这种现象称为**分数位平面**(fractional bit-planes)问题[Taubman, 2000]。

通过率失真优化的位平面截断，可以在位平面上进行信息的重排序，因此，可以首先传送那些能以最小比特开销使失真减少最多的样点或成分。这种策略可以部分地补偿分数位平面现象。然而，这只有当位平面编码方法能够将信息聚集到有效性大小相当的分量中时才可以实现。JPEG 2000 标准中使用的 EBCOT 算法正是采取了这样一种策略（见 6.4.4 节）。

4.4 熵编码

4.4.1 变长码字的特性

式(2.171)中的**熵**(entropy) $H(S)$ 是可以对离散信源 S（信源符号集 $S = \{S_0, S_1, \cdots, S_{J-1}\}$）进行无损压缩所需的最小码率。**熵编码**(entropy coding)的目的是定义一种平均码字长度基本接近熵速率的码字 $\mathcal{C} = \{C_0(S_0), C_1(S_1), \ldots\}$。原则上，可以通过使用**变长码字**(Variable-Length Codes，VLC)实现。利用码字 $\mathcal{C}$ 进行编码意味着信源符号集中的每一个元素 S_j 都唯一地被映射为一个由 $R_e(S_j)$[①]个比特组成的码字 C_j（二进制序列），而 C_j 应该尽量与 S_j 的自信息相匹配，即 $R_e(S_j) \approx I(S_j) = -\log_2 \Pr(S_j)$。变长码字不仅应该能够一个码字一个码字地被解码，而且如果解码器收到的是一连串**码字流**(stream of codewords)，变长码字也应该能够被解码。这就需要满足以下限制条件：

- **非奇异性**(non-singularity)，即不应该存在重复的码字；
- **唯一可译性**(unique decoding)，即如果收到一个比特序列，应该可以确定码流中每个码字的开始和结束位置。

解码的即时性(instantaneous decoding)是另一个简单的特性，即只要完整地接收到了码字，就可以唯一地将其识别出来，而不需要参考码流中的后续元素。**无前缀码**(prefix-free codes)是非常重要的一类即时唯一可译码。在构造这些码字时，要求任意一个表示完整码字的有效比特序列都不应该是其他码字比特序列的前缀。举个例子，有两个码字，$\mathcal{C} = \{0, 10, 110, 111\}$ 和 $\mathcal{C} = \{0, \underline{10}, \underline{10}0, 111\}$，其中前者是唯一码，而后者不是，因为后者中的比特序列"10"既是整个第二个码字，又是第三个码字的前缀。可以把解码过程理解为对**码树**(code tree)（见图 4.9）进行解析的过程。当进行二进制编码时，码树通常由两路**分支**(branches)构成，每个分支都代表接收到的一个比特。原则上，一个分支可以没有同级分支，如果将这样的分支删除，也不会对码字的可解码性产生任何影响。分支与**节点**(nodes)相连，**根**(root)和**叶**(leaves)分别代表有效码字的起点和终点[②]。根和叶之间分支的完整**路径**(path)代表一个码字的比特序列。

对于一个给定的包含 J 个二进制码字的集合（比特序列为 S_j），其中码字的长度为 $R_e(S_j)$

---

① 这里需要对二进制码字字符集给出一些限制，然而，编码一般可以利用多符号字符集实现。电报中使用的**摩尔斯电码**(Morse code)就是一个例子，摩尔斯电码由 4 种"符号"组成(短滴，长滴，短间隔，长间隔)。每个符号都对应一定的时间长度，因此，码字字符集本身就包含可变长度的符号，同时还包括数目可变的码元符号，可以利用这些字符，根据不同信源符号出现的概率对其进行表示。

② 如果考虑对整个**码字流**(stream of codewords)的解析，作为一个码字终点的叶，通常又是下一个码字的根。对于非即时码，可能会出现这种情况，即一个节点只能被随后的比特当成叶。举个例子，$\mathcal{C} = \{00, 10, 11, 110\}$ 并不是无前缀码但却是唯一码。

（对应于码树中由根到相应叶之间分支的数量），如果满足**克劳夫特不等式**（Kraft's inequality）[Cover, Thomas, 1991]，则总是可以构造一种有效的无前缀码[1]，

$$\sum_{j=0}^{J-1} 2^{-R_e(S_j)} = C \leqslant 1 \qquad (4.45)$$

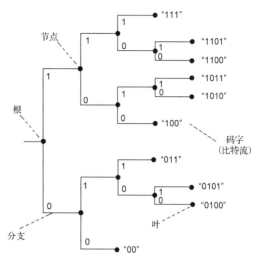

图 4-9　表示 $J=10$ 码字的无前缀码的码树

$C=1$ 表示相应的码树是被完全填满的，即从所有节点产生的分支总是具有同级分支。$C<1$ 时，说明码字中存在一定的冗余，这些冗余可以用来避免错误的发生（当可能接收到错误的比特时），而 $C>1$ 时，将无法满足以下条件，即"每个码字都应该分配到一个唯一的分支（从根到相应的叶）序列"。

利用变长码对信源字符集 $S=\{S_j; j=0,\cdots,J-1\}$ 进行编码时，平均码率的期望值为

$$R = \mathcal{E}\{R_e\} = \sum_{j=0}^{J-1} \Pr(S_j) R_e(S_j) \geqslant H(S) = -\sum_{j=0}^{J-1} \Pr(S_j) \log_2 \Pr(S_j) \qquad (4.46)$$

自信息 $I(S_j) = -\log_2 \Pr(S_j)$ 一般都不是整数值，而正常来讲，比特的单位不可能是分数，即由一个固定的码字集合进行映射时，$R_e(S_j)$ 应该是一个整数值。这意味着，只在所有 $\Pr(S_j)=2^{-m}$ （2 的分数幂）的特殊情况下，才能通过简单的码字映射准确地达到式(2.171)中的熵速率。

下面以**香农码**（Shannon code）为例，介绍变长码的设计。在香农码中

$$R_e(S_j) = \begin{cases} I(S_j), & \Pr(S_j)=2^{-m} \\ \lfloor I(S_j) \rfloor +1, & \text{其他} \end{cases} \qquad (4.47)$$

可以肯定，存在一种满足这种比特分配的无前缀码，但是，可能会使克劳夫特不等式中的 $C<1$，这意味着，某些码字比唯一可解码所需要的码字长度要长。但是，这种设计可以保证使平均码字长度接近于熵

$$H(S) \leqslant R_e \leqslant H(S)+1 \qquad (4.48)$$

能够使平均码字长度更加接近熵的一种简单方法是将 K 个信源符号合并为向量 $\mathbf{s}=[s(1)\ s(2)\ \cdots\ s(K)]^{\mathrm{T}}$。那么，式(4.48)中过多的比特代价将被分散到 K 个信源符号上，应该存在一种香农码，使每个信源符号所需的码率为

$$\frac{1}{K}\cdot H_K(S) \leqslant R_e < \frac{1}{K}\cdot H_K(S) + \frac{1}{K} \leqslant H(S) + \frac{1}{K} \qquad (4.49)$$

其中 $H_K(S)$ 表示每个向量的熵，它被定义为式(2.172)中联合熵的 K 维形式，其中，如果 $\mathbf{s}$ 中的信源符号 $s(k)$ 是统计独立的，则根据式(2.173)，联合熵的上限为 $H_K(S)=K\cdot H(S)$。在所有其他情况下，向量的熵都会低于单一信源符号的 K 倍，在设计码字时，可以利用信源符号的联合统计特性。因此，在所有情况下，平均码字长度都可以以 $\varepsilon=1/K$ 的差距

---

[1] 在式(4.45)中，只有当码树被完全占满时，条件 $C=1$ 才成立，即在码树中不存在"空的分支"。如果 $C<1$，说明有些比特序列没有用来表示字符集中的字符。有时候，在构造码字时，确实需要保留一些比特序列用于再同步或其他目的。

接近信源熵，当 $K \to \infty$ 时，理论上可以无限地接近信源熵。但是由于需要支持所有的组合，向量码一共需要 J^K 个不同的码字。因此，这种码的复杂度（就码表的尺寸作出决策的复杂度等方面而言）将随向量长度的增加呈**指数**（exponentially）增长，所以很难对这种码进行处理。

熵编码方法不仅要求尽量接近熵速率，而且还需要保证计算复杂度和内存占用率保持在较低水平。另外，熵编码方法还需要尽量利用信源样点之间的统计相关性，并且应该具备根据不同的信源统计特性进行自适应调整的能力，式(4.46)可以重写为

$$R_e = -\sum_{j=0}^{J-1} \Pr(S_j) \log_2 2^{-R_e(S_j)} = -\sum_{j=0}^{J-1} \Pr(S_j) \log_2 \left[C \cdot \Pr^*(S_j) \right],$$

$$\text{其中} \Pr^*(S_j) = \frac{2^{-R_e(S_j)}}{C} \tag{4.50}$$

其中，常数 C 与在式(4.45)中的定义相同。变长码产生的码率与熵之间的差值为

$$R_e - H(S) = -\sum_{j=0}^{J-1} \Pr(S_j) \log_2 \left[C \cdot \Pr^*(S_j) \right] + \sum_{j=0}^{J-1} \Pr(S_j) \log_2 \Pr(S_j)$$

$$= \sum_{j=0}^{J-1} \Pr(S_j) \log_2 \frac{\Pr(S_j)}{\Pr^*(S_j)} + \log_2 \frac{1}{C} \tag{4.51}$$

对于满足式(4.45)中克劳夫特不等式上限(C=1)的变长码，等式最右边的项为 0，左边的项是**相对熵**（relative entropy）。事实上，这种变长码，对于 $\Pr(S_j) = \Pr^*(S_j)$ 的信源是最优的，其中相对熵表示的是，实际信源的概率分布与设计变长码时所假设的概率分布之间存在偏差时所产生的码率代价。

4.4.2　哈夫曼码的设计

哈夫曼码的设计[Huffman, 1952]比香农方法更加有效，因为它允许使用的码字长度 $R_e(S_j) < I(S_j)$，同时还保留了无前缀且可即时解码的特性。在接下来的过程中，只需要知道符号 S_j 在符号字符集 S 中的概率。

1. 构造由概率 $\Pr(S_0), \Pr(S_1), \cdots, \Pr(S_{J-1})$ 构成的列表 $\mathcal{L}$。最初，每一个列表字段都准确地对应一个信源符号。信源符号的索引 j 对应于码字 $\mathcal{C}$ 的比特序列 $\{\mathrm{C}_j; j = 0, \cdots, J-1\}$。最开始，每个比特序列中包含 0 比特。
2. 在列表 $\mathcal{L}$ 中找到概率最小的两个列表项。分别为对应于这两个列表项的比特序列添加前缀 "0" 和 "1"。
3. 然后把在第 2 步中处理的两个列表项从 $\mathcal{L}$ 中移除。这两个列表项的概率之和对应于一个新的列表项。这个新的列表项又进一步对应于之前被删除的两个列表项所表示的全部信源符号的索引和比特序列。
4. 如果 $\mathcal{L}$ 中只包含一个列表项，则这个列表项将作为根节点，从而完成码字的设计。否则，重复步骤 2～4 中的过程。

需要注意的是，码字是按逆序生成的，如果利用码树进行表示，则意味着，码字设计从

叶开始，然后朝着根的方向进行扩展[①]。

对于信源符号概率为 $\Pr(S_0) \leqslant \Pr(S_1) \leqslant \cdots \leqslant \Pr(S_{J-1})$ 的有序列表，最优的码字应该按照 $R(S_0) \geqslant R(S_1) \geqslant \cdots \geqslant R(S_{J-1})$ 进行分配。另一方面，对于每个分支都有一个同级分支的码树（即式(4.45)克劳夫特不等式中，$C=1$），两个最长码字的码字长度应该总为偶数。在哈夫曼码设计的每次迭代中，如果上述两个条件始终都能满足，则得到的哈夫曼码在无前缀即时码中是接近最优的。

以概率不同的 8 个信源符号为例，图 4.10 给出了哈夫曼码的设计过程，图中还给出了构建码树的迭代步骤①~⑦。另外还给出了在设计过程的每个步骤中、当前存储于列表中的概率值。

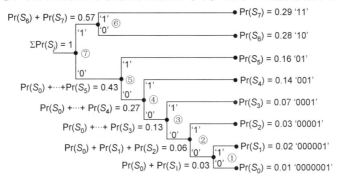

图 4.10　构造哈夫曼码树的例子(7 个步骤)

在进行哈夫曼编码时，式(4.48)和式(4.49)中码率的上限基本上仍然适用，但是，可以发现，码率永远不会达到这一上限。下面的式子中给出了最大熵速率代价的估计值[Cover, Thomas, 1991]：

$$
\left.
\begin{aligned}
R_e &< \frac{1}{K}(H_K(S) + \Pr_{max}), & \Pr_{max} &< 0.5 \\
R_e &< \frac{1}{K}(H_K(S) + \Pr_{max} + 0.086), & \Pr_{max} &\geqslant 0.5
\end{aligned}
\right\}
\quad ; \quad \Pr_{max} = \max_{j=1\cdots J^K}\left[\Pr(S_j)\right]
\tag{4.52}
$$

当把信源样点组合成长度为 K 的向量时，$\Pr_{max}$ 通常较小，因此，可以非常接近熵速率。但是，$\mathcal{C}$ 中码字符号的数量、码字设计、编码以及码树的解析/解码的复杂度都会随着 K 的增加而呈指数增长[②]，通常来说，这是得不偿失的。

4.4.3　系统变长码

对于出现概率很低的特殊信源符号(或者信源符号向量)，哈夫曼码会生成特别长的码元序列。首先，如果所有特殊信源符号的概率之和 $\Pr^*$ 在一定范围之内，这些符号的出现将不会对码率产生明显影响，尽管分配给这些特殊信源符号的码字长度与它们原本的自信息之间存在偏差(因为 $x \to 0$ 时，$-x\log x \to 0$)。其次，从复杂度的角度而言，在设计 VLC 时，完全没有必要考虑这些特殊的信源符号。这里将介绍一些符合这一原则的方法，这些方法在良好的编码性能和适中的复杂度之间取得了平衡。通过在码字设计中引入更多的**规律性**

---

① 香农-法诺方法是另一种码字设计方法，其中码字是从树的根节点开始生成的(由 C. E. Shannon 和 R. M. Fano 在 1949 年分别提出)。这种方法中，概率的有序列表被迭代地划分为概率之和基本相等的两部分。如果在一个划分的分区中只剩下一个列表项，则该列表项成为一个叶。哈夫曼码的设计并不是根据初始概率的排序预先确定子树的划分方式，因此更加灵活，在很多情况下都可以提供比较接近熵的码元速率。

② 包含所有组合的码表的尺寸大小应该为 J^K。

(regularity)，不但可以减小码表的尺寸，还可以使解码的复杂度得到降低。比如，具有相同前缀的符号子集能够被识别出来，从而可以简化对码元序列的解析。另一方面是码字设计的**通用性**(universality)，这意味着，相同的码元语法能够适应概率分布不同的信源，或者可以相似地用于编码表示中不同的成分。在需要采用自适应熵编码时，这一方面显得尤其重要。但是当要求相同的解码单元(硬件或软件)能够解码不同的信源成分时，也会带来较高的复杂度，而且这种特性对于一种具体的 VLC 来说，并不是"与生俱来的"。

部分定长编码　只用于表示特殊信源符号的定长编码可以通过使用一种表示 ESCAPE 符号的特殊 VCL 码字实现，将表示 ESCAPE 的码字作为前缀，后面紧接着的是**定长后缀**(fixed-length suffix)。如果需要支持的特殊符号的数量为 $J*$，则定长码的长度必须为 $\log_2 J*$ 比特。为了简单起见，在构造定长码时，还可以令定长码能够涵盖所有的信源符号(包括具有 VLC 码字的正常符号)。在这种情况下，要么一些码字是无效的，要么由编码器决定是使用 VLC 码，还是使用 ESCAPE/定长码，而后者通常是一种不合理的选择。

这种类型的码是即时码，并且可以通过码树来表示，其中在超过对应于 ESCAPE 符号的节点之后，将具有定长码位深的二叉树进行展开。根据特殊符号的总体概率 $\text{Pr}^*_{\text{untyp}}$，应该将 ESCAPE 码字的 VLC 长度近似地设置为 $-\log_2(\text{Pr}^*_{\text{untyp}})$。作为一个例子，表 4.1 给出了从 MPEG-1 标准中摘录出来的一个 VLC 码表(用于编码 8×8 变换块中的 DCT 系数)。其中将信源符号 RUN 和 LEVEL 组成了一个向量(见 5.3.1 节)。由于变换系数的统计特性，可以认为由较短 RUN 和较小 LEVEL 构成的组合出现的频率较高，因此，可以用最短的码字表示这些组合。当出现 ESCAPE 码字(6 比特码)时，将对 RUN 和 LEVEL 单独进行编码，其中用 6 比特定长码表示 RUN，用 8 或 16 比特(取决于 LEVEL 的幅值)定长码表示 LEVEL。因此，对于特殊符号，码字的总长度为 20 或 28 比特。

表 4.1　编码"AC"系数的 VLC 码表，单独编码没有包含在 VLC 码
表中的特殊 RUN/LEVEL 组合的码表(摘自 MPEG-1 标准)

1. 用于编码行程长度和量化索引的 VLC，"s"= 符号

*)对于第一个系数和最后一个系数，其定义不同；

)表中最大的 LEVEL 值；*)表中最大的 RUN 值

RUN	LEVEL	码　字	RUN	LEVEL	码　字
EOB	--	10	9	1	0000101s
0	1	1s/11s*)	0	5	00100110s
1	1	011s	…	…	…
0	2	0100s	13	1	00100000s
2	1	0101s	0	7	0000001010s
0	3	00101s	…	…	…
3	1	01111s	21	1	000000010110s
4	1	00110s	0	12	0000000011010s
1	2	000110s	…	…	…
5	1	000111s	0	40**)	000000000010000s
…	…	…	…	…	…
ESCAPE	--	000001	31***)	1	0000000000011011s

续表

2. 定长码，单独编码行程长度和量化等级索引。由 ESCAPE 调用并出现在 ESCAPE 之后的码字：6 比特表示游程长度，8 比特表示 |index| < 128 的索引，16 比特表示 128 ≤ |index| ≤ 256 的索引

RUN	码　字	LEVEL	码　字
0	000000	−255	1000000000000001
1	000001	...	...
2	000010	−128	1000000010000000
...	...	−127	10000001
...	...	...	...
...	...	127	01111111
...	...	128	0000000010000000
...	...	...	...
63	111111	255	0000000011111111

通用变长码　高斯 PDF 的信源模型及其广义扩展（如式(2.126)所示）说明，随着幅值的升高，其概率呈指数衰减。马尔可夫链是描述相关二元信源的有效模型，根据式(2.164)可知，随着行程长度的增加概率也呈指数衰减。因此，对于这种信源，最优 VLC 提供的变长码字的长度应该随着信源符号幅值的增加呈指数增长。根据式(2.122)，一个量化信源符号的概率 $\Pr(S_j)$ 等于其量化区间内连续 PDF 下的面积，那么分配给这个符号的最优比特数应该为 $-\log_2 \Pr(S_j)$（等于自信息）。对于指数分布，其 PDF 的切线斜率随着幅值的增加而减小。因此，当采用均匀量化时（见图 4.11），不难发现，相邻量化信源符号（需要利用相同比特数的 VLC 码字进行编码）的数量也随着幅值的增加而呈指数增加。

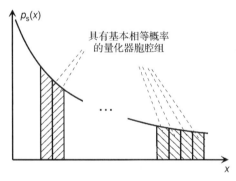

图 4.11　对 PDF 呈指数衰减的信源进行均匀量化时，在 VLC 码字中以相同比特数进行编码的量化器胞腔组

一元码（unary codes）是 UVLC 的一个简单例子，在最简单的构造中，一元码为信源符号 S_j 分配由 j 个 "0" 比特组成的序列以及一个终止比特 "1"（"A 码" 构造），其中假设信源符号 S_j 出现的概率随着 j 的增加而降低。另一种构造方式是，开始和结束用 "1" 比特表示，然后在中间插入 $j-1$ 个 "0" 比特；对于 $j = 0$ 的特殊情况，只使用一个 "0" 比特表示（"B 码" 构造）。这两种情况下，都为 S_j 分配 $j+1$ 个比特，因此，对于呈二元指数式衰减的概率分布 $\Pr(S_j) = 2^{-j-1}$（见表 4.2），一元码可以达到熵值。原则上，可以将一元码扩展至任意长度。如果符号 $J = 4$ 的数量是固定的，则最后一个符号的最后一个比特可以被跳过，即当 $J = 4$ 时，表 4.2 中给出的码字仍然可以被解码，可以用 "000"（A 码）或 "100"（B 码）表示 S_3，这是一种**截断一元码**（truncated unary code）。

哥伦布莱斯码(Golomb-Rice codes，GR)和**指数哥伦布码**(Exponential Golomb codes，EG)是可以提供码字长度和/或等长码字数量系统性增长的码字，它们通过将一元码的码元序列和一个定长的码元序列合并，构造出码字。对于 GR 码，等长码字的数量是常数，而对于 EG 码，码字的数量随码字长度的增加而呈指数增长。因此，从支持如图 4.11 所示的信源特性的角

表 4.2　一元码的构造

表 4.2　一元码的构造

信源符号	码字 A	码字 B
0	1	0
1	01	11
2	001	101
3	0001	1001
…	…	…

度而言，EG 码是更好的选择。图 4.12 中的例子给出了基于 EG 码的码字构造过程，其中作为一个附加选项，UVLC 的码元序列(模式：1、01、001 等)与定长码的码元序列(比特的数量 b_i 是根据一元码而变化的)是交错的。这种码的优点是每个码字都以"1"结尾，并且两个连续的"1"只会出现在码字的结尾(例如，码元序列"11|0"唯一地表示两个码字间的分界线)，而且，所有的码字都由奇数个比特组成。这样，码字还具备了检测传输误差并从中恢复的能力。但是，由于不存在偶数长度的码字，所以在最坏的情况下，码字长度分配与自信息之间的偏差最大可达 1 比特。GR 码的另一种变形可以由一个变长的一元码前缀和一个定长的后缀构造，然而，这种码将不再具有误差检测和再同步的能力。

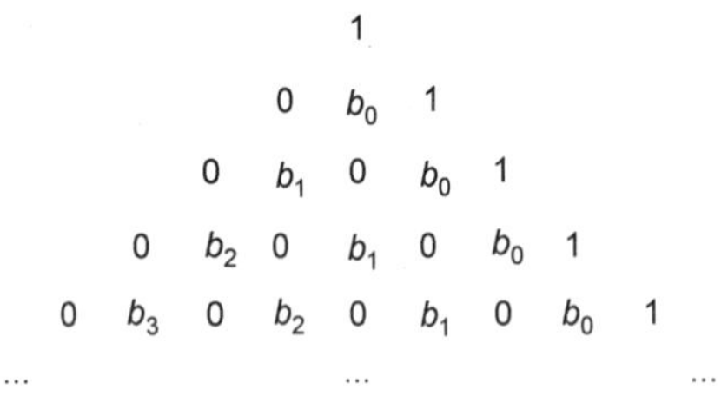

信源符号	码字
0	1
1	001
2	011
3	00001
4	00011
5	01001
6	01011
7	0000001
8	0000011
9	0001001
10	0001011
…	

图 4.12　基于交错 EG 码的通用变长码的构造。(a)构造方案；(b)码表

可逆变长编码　到目前为止所介绍的变长码都是无前缀码。解码器需要顺序地解析比特序列(对应于码树中由根开始的路径)。当达到码树的叶节点时，当前的码字终止。如果发生比特错误，则可能会选择具有不同码字长度的错误路径，因此，解码器可能会过早或过晚地认为已到达码字的结尾，从而导致接下来的码字会被错误地解码。传统的无前缀码不能被逆向解析。**可逆变长码**(Reversible Variable-Length Codes，RVLC)允许进行逆向解码[Takashima, Wada, Murakami, 1995][Wen, Villasenor, 1997][Girod, 1999]。除了前缀条件，它还制定了**后缀条件**(suffix condition)，其中要求码字的后缀(从最后一个比特开始)不能与任何更长码字的后缀相同，这样码字序列就可以按照逆序进行即时解码。哈夫曼码、GR 码和 EG 码都是 RVLC 的设计方法，其中后两者是有效性最高的方法。对于长度为 $R_e(S_j)$ 的码字，可以系统地构建 RVLC，将码字划分为长度为 $R_e(S_j) - L$ 的前缀和 L 比特的定长扩展。如果前缀都以"1"作为开始和结束，而前缀的其他所有比特都为"0"[①]，则 GR 码可以满足后缀条件。对于 EG 码，可以对这一条件进行调整，使得前缀还是以"1"作为开始和结束，但是要求前缀中奇数位置

---

① 如果将"0"和"1"进行互换，则也满足后缀条件。

的比特为"0"［对应于图 4.12(a)中没有发生改变的比特位置］。使用 GR 码或 EG 码作为前缀的比特序列也满足这些条件。表 4.3 中给出的例子分别为 $L=2$ 的 GR 码和 $L=1$ 的 EG 码[①]。

表 4.3　RVLC 的构造（基于 GR 码和 EG 码）

信 源 符 号	可逆 GR 码		可逆 EG 码	
	前　　缀	后　　缀	前　　缀	后　　缀
0	0	00	0	0
1	0	01	0	1
2	0	10	101	0
3	0	11	101	1
4	11	00	111	0
5	11	01	111	1
6	11	10	10001	0
7	11	11	10001	1
8	101	00	10011	0
9	101	01	10011	1
10	101	10	11001	0
11	101	11	11001	1
12	1001	00	11011	0
13	…	…	11011	1
…	…	…	…	…

由于 RVLC 对码字长度的分配施加了限制，因此，应用 RVLC（与其他的系统码设计一样）会造成编码效率的损失，损失的大小可以根据式(4.51)来计算。[Girod, 1999]中提出了一种 RVLC 的设计方法，基本上可以消除这一损失（但是系统性较差）。

4.4.4　算术编码

算术编码被广泛应用于最新的多媒体信号压缩标准中。与哈夫曼码或系统变长码不同，这些方法通过码表或表格式构造将信源符号直接映射为码流中单独的码字，而算法的解码更应该被理解为一种**滑动窗**(sliding window)方法，其中编码器和解码器在每一个解码步骤中都处于一种唯一的状态，但是直到编码器根据信源符号的状态将比特释放之前，都不可能进行即时解码。解码器将新到达的比特所携带的信息与之前的解码状态一起进行解析，只要能够满足接下来将要介绍的区间边界规则，就可以将解码的信源符号进行输出。为了获得接近熵速率的编码性能，所要进行的计算需要具有足够高的算术精度，**算术编码**(arithmetic coding)因此而得名。

这里以比较简单的**埃利斯码**(Elias code)[Elias, 1975]为例，介绍对具有非均匀概率分布的二值信源进行算术压缩的过程。二值信源中，符号"A"和"B"出现的概率分别为 Pr("A")和 Pr("B")=1−Pr("A")。假设连续的信源输出之间是统计独立的，那么序列"AA"、"BB"、"BA"和"AB"出现的概率分别是 Pr("A")^2、(1−Pr("A"))^2、(1−Pr("A"))Pr("A")和 Pr("A")(1−Pr("A"))。为了进行码字映射，需要构建**概率区间**(probability intervals)，其宽度等于相应信源符号或符号序列出现的概率。最初（位于码的"根"部），只存在一个宽度为 1 的概

[①] RVLC 的前缀是完整的 EG 码字。为了满足后缀条件，图 4.12 中的变长码金字塔必须调整为"0"，"$1b_01$"，"$1b_10b_01$"，"$1b_20b_10b_01$"等。

率区间 $i_0 = [0,1]$。然后，这一区间被划分为连续的较窄区间，每个区间都通过其宽度表示给定信源符号序列出现的概率。例如，如果第一个信源符号是 $s(1) =$ "A"，则相应的概率区间为 $= ip_1 = [0; \mathrm{Pr}("A")]$，而对于信源符号 $s(1) =$ "B"，相应的概率区间为 $ip_1 = [1 - \mathrm{Pr}("B"); 1] = [\mathrm{Pr}("A"); 1]$。如果第一个信源符号为 $s(1) =$ "B"，第二个信源符号为 $s(2) =$ "A"，则在下一个细分步骤中，概率区间将是

$$ip_2 = [\mathrm{Pr}("A"); \mathrm{Pr}("A") + \mathrm{Pr}("B")\mathrm{Pr}("A")] = [\mathrm{Pr}("A"); \mathrm{Pr}("A") + (1 - \mathrm{Pr}("A"))\mathrm{Pr}("A")]$$

原则上，算术编码表示的是概率区间的位置，该位置唯一地对应于给定序列中的相应信源符号。如果信源具有非均匀的概率分布，则概率区间的栅格也是非均匀的。有效的熵编码方法应该能够提供不存在更多冗余的码流，即应该具有一阶伯努利过程的性质。

通过在**非均匀**（non-uniform）的概率区间 ip_n 和**均匀栅格的码字区间**（uniform grid of code intervals）ic_m 之间进行比较，可以获得非均匀分布的信源符号序列与均匀分布的独立二进制码元序列之间的唯一映射。

对应于由 m 个比特构成的 $\mathbf{b}_m = [b_1, b_2, b_3, \cdots, b_m]$ 序列的一个码字区间被定义为

$$
\begin{aligned}
ic_m &= \left[0.5b_1 + 0.25b_2 + \cdots + 2^{-m}b_m; 0.5b_1 + 0.25b_2 + \cdots + 2^{-m}b_m + 2^{-m} \right] \\
&= \left[\sum_{k=1}^{m} 2^{-k}b_k, \sum_{k=1}^{m} 2^{-k}b_k + 2^{-m} \right]
\end{aligned}
\tag{4.53}
$$

编码的规则是，当概率区间 ip_n 被完全包含在码字区间 ic_m 内时，即如果下面的条件成立（通过区间的上、下边界进行表示）

$$ip_{n,\mathrm{lo}} \geq ic_{m,\mathrm{lo}} \quad 且 \quad ip_{n,\mathrm{up}} \leq ic_{m,\mathrm{up}} \tag{4.54}$$

则释放比特 $b_1, \cdots, b_m$。

此外，由于区间 ip_n 的宽度等于长度为 n 的信源符号序列的概率，则相应的自信息可以表示为

$$I(ip_n) = -\log_2(ip_{n,\mathrm{up}} - ip_{n,\mathrm{lo}}) \geq -\log_2(ic_{m,\mathrm{up}} - ic_{m,\mathrm{lo}}) = -\log_2 2^{-m} = m \tag{4.55}$$

由式 (4.54) 可知，码字区间 ic_m 总是大于等于概率区间 ip_n。由式 (4.55) 可知，到当前步骤为止所释放的比特数量总是小于等于信源序列的自信息。因此，

● 发出的比特数量小于等于全部信源符号序列的累积自信息。

● 利用当前为止所释放的比特，还不能对信源符号序列进行完全地解码，除非概率区间与码字区间是完全匹配的，在这种情况下，所释放的码字比特数量等于自信息。

解码采用的是与编码相反的原理。检查码字区间 ic_m（对应于接收到的码字比特序列）与概率区间 ip_n（对应于信源序列）是否完全匹配，即下列条件是否成立，

$$ip_{n,\mathrm{lo}} \leq ic_{m,\mathrm{lo}} \quad 且 \quad ip_{n,\mathrm{up}} \geq ic_{m,\mathrm{up}} \tag{4.56}$$

如果信源符号序列足够长，则区间会变得任意小，因此，可以任意地接近熵速率。但是，算术编码存在以下基本约束条件：由于区间边界只能通过有限的算术精度进行计算，因此不可能恰好达到熵速率。但是即使采用有限的算术精度，平均码字长度与熵速率之间的差距也可以非常小（见下文）。

图 4.13 以图形的方式给出了当 Pr（"A"）= 1/4 时的概率区间栅格和码字区间栅格。下面两个例子实际上是在步骤 $n = 3$ 中，信源符号概率分别为最低和最高的情况。

- 序列"AAA"：当 $s(1)$ = "A" 时，概率区间 $ip_1 = [0; 1/4]$ 正好落入码字区间 $ic_2 = [0; 1/4]$。则编码 $b_1 = 0$ 和 $b_2 = 0$。同样，$ip_2 = [0; 1/16]$ 正好落入 $ic_4 = [0; 1/16]$，$ip_3 = [0; 1/64]$ 正好落入 $ic_6 = [0; 1/64]$，这意味着到这一点为止总共释放的码字比特序列为"000000"。这是一种特殊情况，即编码和解码都可以即时进行，但是这种情况是由概率区间和码字区间完全匹配造成的。其中，概率 Pr（"A"）=1/4 是 2 的整数次幂，对于这种情况，可即时解码的哈夫曼码也可以达到最优的性能。

- 序列"BBB"：$ip_1 = [1/4; 1]$ 和 $ip_2 = [7/16; 1]$ 都没有完全地落入任何码字区间，二者表示的自信息都小于 1 比特。下一个细分区间 $ip_3 = [37/64; 1]$ 包含在 $ic_1 = [1/2; 1]$ 中。当 $s(3)$ = "B" 时，b_1 = "1" 被释放。这个例子说明，对于出现概率较高的序列，所需发送的比特数量明显较少。但是，当接收到 b_1 = "1" 时，解码器只能对前两个信源符号 $s(1)$ = "B" 和 $s(2)$ = "B" 进行解码：$ic_1 = [1/2; 1]$ 完全落入概率区间 $ip_1 = [1/4; 1]$ 和 $ip_2 = [7/16; 1]$ 中，第三个信源符号还不能被解码。由 b_1 携带的关于 $s(3)$ 的部分信息仍被保留在解码器中，因此，$s(3)$ 只有在某个以后的解码步骤中被唯一地解码。

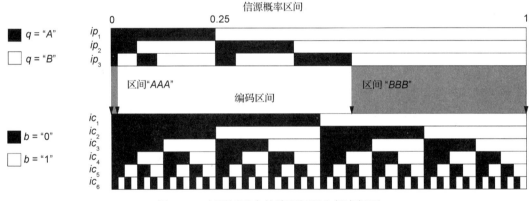

图 4.13　上面例子中的编码间隔和概率间隔

这个例子说明，算术编码可以将**可变的信源符号数量**（variable number of source symbols）映射为**可变的码字比特数量**（variable number of code bits）。可以发现，特殊的信源符号序列，比如由一长串字母"A"组成的出现概率较小的序列基本上可以即时地被编码，而不会造成编码复杂度的明显增加。其中并不需要对较深的码树进行解析。

然而，由于间隔会逐渐变窄，因此无法通过有限数量的比特获得精确的表示（甚至不能由任意算术精度推导出来），从而只能使用离散位置。下文中，将介绍一种方法，这种方法能够将整数运算和区间边界位置的均匀量化联系在一起。

当概率区间的边界被表示为比特深度为 $B \geqslant m$ 的整数（覆盖 $0\cdots 1$ 的幅度范围）时，很容易对式（4.54）中的条件进行检验，其中式（4.54）相当于检验分别代表 $ip_{n,\mathrm{lo}}$ 和 $ip_{n,\mathrm{up}}$ 的 m 个前导比特（从 MSB 开始）之间的差值是否为零。然后，将代表 $ip_{n,\mathrm{lo}}$ 的 m 个前导比特立刻释放。解码时，只需要重构区间边界并对相应及以上区间的信源序列进行解码。

在具体实现中，编码器和解码器都不需要对完整的区间集合进行构建，而只需要对到达编码器的当前信源符号序列和解码器收到的比特序列的相应路径进行追踪。一种解释是，在成功地完成每个编码或解码步骤后(即找到了匹配的区间)，将最近有效的概率区间扩展为整个区间[0,1](见图 4.14)。区间的计算同样也是以整数精度完成的。区间扩展的步骤可以隐式地合并入概率区间的取整运算中[①]。通过比较概率区间上、下边界的整数表示，确定了对应于一个信源符号的概率区间后，可以将全部先导比特都释放，如上所述。图 4.14 给出了一个以 8 比特无符号整数精度进行编码的例子。图中还给出了概率区间的比特表示。当 $ip_2 = [01000000, 01110000]$ 时，前导的两个比特是相同的，将其释放用来表示相应的码字区间。接下来，可以通过向整数表示中加入两个 0 比特，将剩余的区间放大 4 倍。但是，这会使大于 0.75 的范围成为闲置范围。原则上，只要剩余的概率区间范围小于等于 0.5，就可以放大区间并释放比特。但是，当闲置范围位于剩余区间的左侧时，则需要将剩余区间向左对齐，对于 $ip_4 = [01010100, 11000000]$，可以通过减去区间的下边界实现对齐，从而使新的区间变为 $[00000000, 01101100]$，前导的一个 0 比特是相同的，可以将其释放，然后通过插入一个 0 比特，将区间放大两倍。在给出的例子中，$\Pr(A) = 0.25$ 和 $\Pr(B) = 0.75$，二者都具有无误差的整数表示，因此不会出现区间量化误差。

通常来说，不太可能通过整数精度来表示所有的概率值，如果通过 B 比特精度的整数运算进行计算时，舍入运算会造成与熵之间出现偏差，这通常是与实现方式相关的(即与舍入策略相关，除这里介绍的方法外，还可以采用其他舍入方法)。在最坏的情况下，可以保证的差距为(见[Pennebaker, et al., 1988])

$$R_e \geq H + 2^{2-B} \text{ bit} \tag{4.57}$$

与最小的整数步长 2^{-B} 相比，之所以会有 2 比特的"损失"，可以解释为舍入误差可能发生在区间的上、下边界，在区间宽度上的最大总偏差为 2^{-B}，并且，区间对齐后，闲置范围的宽度最高可达 0.5，实际上这正好对应于另一个比特精度的损失。然而，如果运算精度足够高，通常与哈夫曼码或系统码相比，算术编码能够以更小的差距接近熵，同时，算术编码和解码过程的实现复杂度适中。

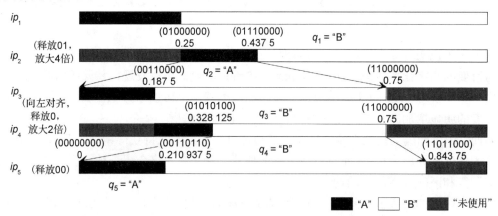

图 4.14　整数缩放，比特释放以及概率区间与较大的[0,1]区间的对齐。信源序列为"BABBA"

算术编码方法不仅限于编码到目前为止所讨论的二元信源。当需要对包含任意有限 J 个

[①] 关于算术编码器和解码器有效实现的更多细节，可以参考 [Witten, Mcneal, Cleary, 1987]和[Pennebaker, et al., 1988]。

信源符号的信源字符集进行编码时，二进制码区间仍然是完全相同的，只是对于 J 个符号的信源字符集，每个细分步骤都会产生 J 个新的概率区间。图 4.15 给出了一个例子，其中信源字符集中，三个字符出现的概率分别为 Pr（"A"）=0.4、Pr（"B"）=Pr（"C"）=0.3。

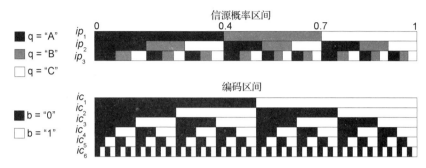

图 4.15 具有三种不同符号的信源，概率区间栅格和码字区间栅格的例子

与哈夫曼编码或其他基于前缀的变长编码方法不同，算术编码不需要使用或存储码表。在编码和解码中，直接使用概率值执行区间细分过程。算术编码简化了对**动态变化的**（dynamically changing）概率值的使用，这意味着，算术编码和解码设备对所有信源统计特性以及字符集都是**普遍适用的**（universally applicable），并且对于变化的信源特性，也很**容易实现自适应**（easily adaptable）。

4.4.5 自适应与基于上下文的熵编码

之前介绍的熵编码方法，都假设信源的概率分布是已知的，并且在编码的过程中不会发生变化。对于平稳信源，可以设计出一种有效的可以接近熵速率的码。由于多媒体信号包含非平稳成分，这会导致编码方案是次优的。在最坏的情况下，可能会由于变长码设计得很糟糕，不符合信源的统计特性，从而导致码率显著增加。这一问题可以通过**自适应熵编码**（adaptive entropy coding）来解决。

压缩的核心方法与到目前为止所介绍的方法并没有什么不同，只是需要对码表或概率参数进行调整以适应实际信源的特性。这可以通过以下方法之一实现。

● **前向自适应**（forward adaptation）［见图 4.16(a)］：对于给定的信源片段，统计信源符号出现的概率并将其用于自适应编码。需要把统计得到的概率图或相应的编码参数作为边信息传送给解码器。这种方法具有两方面的缺点：需要临时存储信源信号，从而确定出现的概率，这会引入时延；为了实现自适应编码，更好的压缩质量必然会引起码率的增加。

● **后向自适应**（backward adaptation）［见图 4.16(b)］：由于熵编码是无损的，因此编码器和解码器可以根据**已解码数据**（already decoded data）通过相同的窗口统计信源符号出现的概率。如果信号的统计特性没有明显的变化，则可以在自适应熵编码中利用已解码数据的统计特性预测当前的统计特性。这种方法的缺点是，在出现传输误差时，编码器和解码器在实现自适应时可能会采用不同的参数，从而失去同步，这会导致不可控的解码误差。另一方面，这种方法不需要传输边信息。

到目前为止介绍的所有熵编码算法中，一阶概率、联合概率或条件概率都可以用来设计编码方法。由于信源符号或信源向量之间是**统计相关的**(statistically dependent)，所以如果使用条件概率，则可能实现对信源更加有效的编码。即使信源符号或向量没有作为联合单元进行编码，这也是同样适用的。基于上下文的熵编码方法广泛用于多种编码标准的算术编码部分，比如 JPEG 2000、AVC 和 HEVC。

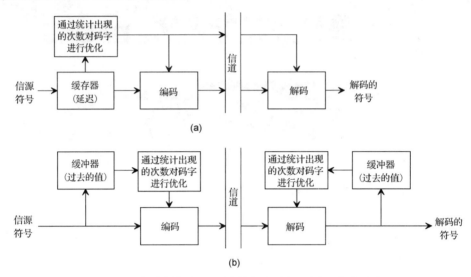

图 4.16　自适应熵编码。(a) 前向自适应；(b) 后向自适应

假设**上下文**(context) $\mathcal{C}$ 是由之前解码的信源符号构成的。最简单的情况下，上下文可以是直接相邻的前一信源符号，然后利用这一上下文预先确定当前状态为不同值时的概率。其目标是获得接近信源字符集 S 关于已知上下文 $\mathcal{C}$ 的**条件熵**(conditional entropy)，根据式 (2.178) 可得

$$H(S\,|\,\mathcal{C}) = H(S) - I(S;\mathcal{C}) \leqslant H(S) \tag{4.58}$$

如果编码器的输出具有 K 种不同的信息成分，则需要多个上下文 $\mathcal{C}_k, k = 1, \cdots, K$，每个上下文都需要 M_k 个不同的条件概率值。在进行编码和解码时，需要根据接下来将要解码的信息成分，切换到相应的上下文及其相关的概率值。另外，在**上下文自适应的熵编码**(context adaptive entropy coding) 中，根据信源的特性，或者之前解码的信源符号，完成上下文定义或上下文选择的自适应。尽管编码和解码过程的概念和实现基本上没有区别，仍然需要在管理码表(例如，哈夫曼编码) 或概率表(例如，算术编码)，以及保持编码器与解码器之间的同步性方面作一些额外的工作。

利用熵编码方法对多字符信源进行编码还可以分成两个步骤完成。第一步是**二值化**(binarization)，完成到中间二进制码字的唯一映射，第二步是基于上下文的自适应二值编码，对二值符号("bins")进行压缩，使其接近熵速率。由于只从二值上下文中得到下一个 bin 的概率，因此与多字符集相比，对统计相关性的分析变得更加简单，对具有不同意义的多种成分可以运用相同的过程。**二值化**(binarization) 步骤中可以采用以下方法：

● 信号 $s(\mathbf{n})$ 的整数表示被分成符号和幅度，即 $|s(\mathbf{n})| = b_0(\mathbf{n}) \cdot 2^0 + b_1(\mathbf{n}) \cdot 2^1 + \cdots + b_{B-1}(\mathbf{n}) \cdot 2^{B-1}$，$s(\mathbf{n}) = |s(\mathbf{n})| \cdot \mathrm{sgn}(\mathbf{n})$。$B$ 个位平面的值 $b_i(\mathbf{n})$ 构成了二进制表示，其中一个元素为 "0" 或为 "1" 的概率可以与上一位平面中的值或同一位平面中之前解码的值相关联。这一概念应用于 JPEG 2000 的 EBCOT 算法中(见 6.4.4 节)。

- 通过简单的变长码进行表示，在完成由信源符号到二进制码字的映射后，可以系统性地去除统计相关性。在 4.4.3 节中介绍的通用和系统 VLC 方法就是这样的例子。通过定义二进制码字内或二进制码字间的上下文，基于上下文的二进制算术编码器能够进一步明显地对二进制码字进行压缩。接下来将要介绍的 CABAC 算法就是这样的例子。
- 另外，二值化本身也可以根据幅值进行切换。比如，当发现较多不同信源符号具有相似的概率时，在哥伦布-莱斯码中使用的后缀比特的数量能够根据幅值的不同而变化，甚至还能够以与信号相关的方式发生变化。

上下文自适应的二进制算术编码（Context-Adaptive Binary Arithmetic Coding，CABAC）[Marpe, et al., 2003] 是 AVC 和 HEVC 视频压缩标准的核心部分。这一方案可以用来表示信源信号的不同成分和语法元素（编码模式、运动向量、变换系数等）。如图 4.17 所示，CABAC 应用于二值化之后，利用二值化所产生的"bins"的上下文模型，并以二进制算术编码为核心。二值化将非二进制语法元素映射为称为 bin 串的二进制序列。然后，一个 bin 串中的比特要么以算术编码模式，要么以**旁路**（bypass）模式进行处理，其中那些利用算术编码也只能带来很小收益的比特，将采用旁路模式进行编码（比如，符号信息以及通过二值化本身就已经进行了有效熵编码的 bins）。可以对上下文模型进行表征，从而利用解码器中给定的信息状态（比如，从相邻块获得的 a/b 值，这些值只能从之前解码的 bin 中确定），可以确定下一个 bin 将为"0"或"1"的概率。在算术编码模式中，对 bin 进行编码时，算术编码引擎仅仅使用由上下文模型确定的概率。在很多情况下，只有语法元素中出现概率最高的值（比如，由 UVLC 二值化的一个或几个前导比特表示的较低幅值）才是真正利用外部上下文模型进行编码的。利用每次出现的上下文模型，根据 bin 值，对相应的概率估计值进行更新，可以使对 bin 的算术编码压缩性能不断得到提高（见下文）。旁路编码引擎将旁路编码的 bins 插入到码流当中，通过插入宽度为 0.5 的区间，以一种简化的方式保持算术编码引擎的概率区间范围，并且当比特被释放时（与图 4.14 类似），仍然执行区间范围的扩展和左对齐。通过这种方式，当 bins 以旁路模式进行编码时，避免了算术编码引擎的停止和重启。

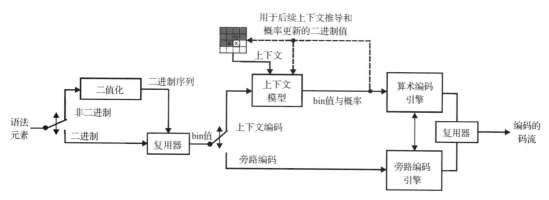

图 4.17　CABAC 的框图

码字交换（codeword swapping）是另一种简单的、不需要重新设计码表的自适应熵编码方法（因此，比较容易在哈夫曼编码以及其他基于码表映射的编码方法中使用）。其中，根据概率统计，为语法元素重新分配码字，从而将最短的码字分配给出现频率最高的信源字符。这种方法还可以与基于上下文的编码方法联合使用。但是，由于码字是提前设计的，所以不能保证码字长度和所有信源符号的自信息都匹配。因此，与更加灵活多变的算术编码方法相比，通常这些方法的性能较差。

后向自适应概率估计方法　自适应熵编码可能需要确定不同信源符号在上下文中出现的概率。这里以二进制编码（二符号字符集）为例，对各信源符号的出现频率进行统计。假设 $Ct(0|\mathbf{b};\mathcal{C}_k)$ 和 $Ct(1|\mathbf{b};\mathcal{C}_k)$ 是当上下文 $\mathcal{C}_k$ 的值为 $\mathbf{b}$ 时，0 和 1 出现的次数（进行后向估计时，由之前的值累积得到的）。概率的**比例计数估计值**（scaled-count estimate）为

$$\widehat{Pr}(0|\mathcal{C}_k=\mathbf{b})=1-\widehat{Pr}(1|\mathcal{C}_k=\mathbf{b})$$
$$=\frac{Ct(0|\mathcal{C}_k=\mathbf{b})+\Delta\cdot Pr_{init}(0|\mathcal{C}_k=\mathbf{b})}{\sum\limits_{j=0}^{1}\left[Ct(j|\mathcal{C}_k=\mathbf{b})+\Delta\cdot Pr_{init}(j|\mathcal{C}_k=\mathbf{b})\right]}(\Delta>0) \tag{4.59}$$

Pr_{init} 的值影响概率估计值的初始化，即使之前没有出现任何一个实例时，也可以利用该值得到一个合理的结果。Pr_{init} 的值反映了在进行二进制编码时，0 和 1 出现概率的初始假设[1]。实际上，只需要估计 0 和 1 其中一个的概率。自适应的速度由因子 Δ 控制。如果 Δ 较大，概率估计值将基本上等于初始值，除非 0 或 1 出现的次数非常多。

将上述思想直接应用于具有 J 种不同信源符号、上下文状态为 $\mathcal{C}_k=\mathbf{x}$ 的非二进制信源，

$$\widehat{Pr}(S_j|\mathcal{C}_k=\mathbf{x})=\frac{Ct(S_j|\mathcal{C}_k=\mathbf{x})+\Delta\cdot Pr_{init}(S_j|\mathcal{C}_k=\mathbf{x})}{\sum\limits_{i=1}^{J}\left[Ct(S_i|\mathcal{C}_k=\mathbf{x})+\Delta\cdot Pr_{init}(S_i|\mathcal{C}_k=\mathbf{x})\right]} \tag{4.60}$$

式（4.59）和式（4.60）中的概率估计方法，需要为每个上下文中的每种可能状态维护一个计数器，每当出现某个状态时，都需要对概率进行更新。

尽管对于式（4.59）中的二进制信源来说，只需要为信源的两种状态（"0"或"1"）的其中之一维护计数器，但是当上下文的数量较大时，这种方法也是非常耗费内存资源的。概率的估计也可以通过查表的方式实现，其中，对于给定的上下文，每当出现可能性较小或可能性较大的信源符号（bin）时，只需要对有限数量的离散"概率状态"进行更新。在 AVC 和 HEVC 中实现的 CABAC[Marpe, et al., 2003]方法，采用了 64 种离散的概率状态。用来存储每个上下文模型中当前概率估计值的内存（被限制为 6 比特），并且每当出现**概率较小的二进制符号**（Less Probable Bin，LPB）或**概率较大的二进制符号**（More Probable Bin，MPB）时，都可以利用预定义的下一状态转移更新表代替乘法和除法运算，使计算变得更加简单。

4.4.6　熵编码与传输误差

变长码对传输误差是相当敏感的。一个比特的丢失或反转，都可能造成对码字的错误解释，本来属于不同长度码字的前缀可能会被识别出来。哈夫曼类型的变长码以及算术码都存在类似的问题[2]。对一个码字的错误解释可能会扩散到下一个码字，直到最终识别出一个无效

---

[1] 如果概率的初始化状态是以边信息的形式显式发送的，那么从解码器的角度来看，这在原则上是一种前向自适应和后向自适应相结合的方案。这种初始化也可以作为再同步机制的一部分，其中在发生数据丢失后，为了使编码器和解码器重新开始同步工作，编码器需要不时地发送概率状态（从后向自适应中借鉴而来）。

[2] 可以设计系统变长码（见 4.4.3 节）使误差扩散的影响最小化，或者可以在解码器端对传输误差进行部分恢复。

的码字符号，或者直到发现解码的信源符号数量大于预期的符号数量。在这两种情况下，几乎不可能识别出原始错误的位置，所以通常需要将整个解码序列视为是无效的。下面的例子说明了当采用无前缀码字时的几种不同情况。

　　例子　采用不同（截断一元）类型无前缀变长码时的误差扩散。具有 4 种信源符号的码元序列表示为"A" → "0"，"B" → "10"，"C" → "110" 和"D" → "111"。举个例子，如果信源序列为"ABCD"，则发送的比特序列为"0|10|110|111"。在下列情况下，带下画线的比特分别对应发生错误的比特。

　　情况 A： 接收到"011110111"，编码器解释为："0|111|10|111" ⟺ "ADBD"。其中两个字符是错误的，但是错误偶尔会得到弥补，比如，最后一个字符"D"得到了正确的解码结果。但是因为码流可以被分割为有效的码字，所以解码器没有检测出来任何错误。解码出的信源符号的数量也是正确的。

　　情况 B： 接收到"110110111"，解码器解释为："110|110|111" ⟺ "CCD"。解码出来的所有字符都是错误的，由于码流可以被分割为有效的码字，所以错误没有被检测出来，除非解码器知道将会收到 4 个字符，才可以检测出错误。事实上，虽然最后一个字母"D"得到了正确地解码，但是仍然是被错误解释的，因为这个字母出现在了错误的位置。

　　情况 C： 接收到"010010111"，编码器的解释为："0|10|0|10|111" ⟺ "ABABD"。与情况 B 类似，但是字符的数量太多了。

　　情况 D： 接收到"010110101"，编码器的解释为："0|10|110|10|1" ⟺ "ABCB"。解码出来的最后一个字符是错误的，但是可以识别出这个错误，因为码流不能完全对应于有效的码字，最后一个比特是孤立的。

　　在 A～C 的情况下，可以利用有效码字序列的一个正确起始比特，使解码过程再次得到同步。然而，在起始比特出现之前，很有可能解码出来的信源符号的数量是错误的（情况 B 和情况 C）。为了检测错误并且至少部分地从错误中恢复出来，最有效的应对措施之一就是引入再同步（resynchronization）机制。再同步码字必须由一个唯一的比特序列构成，它即不可以是任何其他变长码序列的一部分，也不可以通过连接不同码字序列而获得。对码字进行系统的构造时，通常将只包含"0"或"1"的较长比特序列作为再同步码字[①]。通过采用再同步机制，可以高度可靠地检测出是否发生传输误差，并且能够从发生错误的位置，重新开始解码过程。

4.4.7　伦佩尔-齐夫编码

　　伦佩尔-齐夫（Lempel-Ziv, LZ）码可以在通用无损压缩中使用。由于其灵活的自适应机制，LZ 码原则上适用于压缩所有类型的数字数据。但是对于通用的多媒体信号压缩，LZ 码的价值比较有限，因为直接利用信号统计特性的编码机制往往可以获得更好的编码效果；另外，**有损**（Lossy）压缩通常需要将量化和熵编码紧密地集成在一起。

---

① 当下一个码字产生的比特序列中可能会出现多于 N 个"0"比特时，为了避免与包含 N 个"0"的起始码之间出现竞争，一种简单的做法就是插入一个填充比特"1"。解码器可以将填充比特识别出来，并在正常的解码操作中将其忽略。

LZ 码通常用于压缩文本文件，LZ78 还用于调制解调器标准 V.42 以及图形/图像表示格式 GIF 中。就技术而言，与到目前为止所介绍的熵编码方法相比，LZ 编码采用了一种不同的编码方法，因为 LZ 编码采用**定长码字**(fixed-length codewords)对合并为**变长**(variable length)向量的信源进行编码。这是通过使用字典来实现的，其中字典中包括期望概率较高的信源符号向量。值得一提的是 LZ 编码的自适应改进算法，包括：LZ77(字典的长度是固定的，但是字典中的内容可以自动地调整)[Ziv, Lempel, 1977]、LZ78[Ziv, Lempel, 1978]和 LZW(字典的大小可以动态地调整和增长)[Welch, 1984]。其中，根据最近解码的信源符号出现的次数，采用基于过去数值的滑动窗对字典进行更新(见图 4.18)。利用"ESCAPE"字符后的定长码把字典中无法找到的信源符号向量(单词)作为单独的字符进行编码。

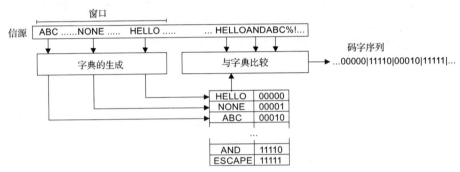

图 4.18　伦佩尔-齐夫-韦尔奇(Lempel-Ziv-Welch)编码中字典自适应的原理

由于码字具有固定的长度，在发生传输误差时，错误地识别码字起始点，不会引起误差扩散，但是解码的信源符号的数量可能是错误的，并且在解码器端可能会造成字典错误地调整。由于信源符号被组合为长度可变的向量，因此重构信源序列中的元素可能确实会比原始信源中的少或多，当预计的信源符号数量与解码出来的符号数量不符时，解码器可以将这样的错误识别出来。

可以根据不同的熵编码方法如何获取可变码字长度(尽可能地接近信源符号的自信息)的方式，对这些方法进行分类。从抽象的角度来看，熵编码方法可以采用**定长或变长的信源符号向量**(fixed or variable length of source-symbol vectors)和/或**定长或变长的码字**(fixed or variable length of codewords)。表 4.4 对此进行了总结，其中行程编码和算术编码具有最高的灵活性，因此码字的输入和输出都是基于变长编码方法的。这可能正是这些方法非常具有竞争力的原因之一。为了获得较低的复杂度，一个基本策略就是将精力集中于出现概率较高的信源状态上，并且争取尽可能地接近这些信源状态的自信息，这只有将信源状态组合为向量，才有可能实现；另一方面，对于极少出现的"特殊"信源状态，即使在编码后它们的码率并不接近其自信息，也不会造成明显的编码效率损失。

表 4.4　不同熵编码方法的属性

码　字	信源向量	
	定　长	变　长
定长	定长编码(FLC)，"ESCAPE"条件下的系统 VLC	使用 FLC 的行程编码，LZ 编码
变长	香农&哈夫曼编码，"TYPICAL"条件下的系统 VLC	使用 VLC 的行程编码，算术编码

4.5 向量量化

向量量化在量化步骤中便已将样点进行组合完成了联合编码。图 4.19 说明了向量是如何由一维或二维信号形成的。如果以 K 个样点为一组合并为向量，则可以对向量 $\mathbf{s(m)}$ 组成的序列进行量化和编码。对于一维信号，向量通常由样点按照自然顺序排列组成，$\mathbf{s(m)} = [s(mK), s(mK+1), \cdots, s(K(m+1)-1)]^T$，其中 $m = \lfloor n/K \rfloor$，如图 4.19(a) 所示。还可以采用其他的向量形成方法，比如，将样点交替地或交错地填入向量[1]。对二维图像进行向量量化时，向量大多定义成维度为 $K = M_1 \times M_2$ 的矩形块或方块[见图 4.19(b)]。向量量化不仅可以直接应用于信号，还可以用于变换系数、预测误差信号、滤波器系数、运动向量或者其他需要进行编码的参数等。

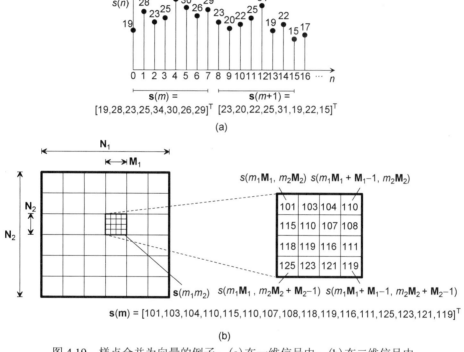

图 4.19 样点合并为向量的例子。(a)在一维信号中；(b)在二维信号中

4.5.1 向量量化的基本原理

向量量化的典型框图如图 4.20 所示。**码书**(codebook) $\mathcal{C} = \{\mathbf{y}_j; j=1, \cdots, J\}$ 包含 J 个不同的 K 维**码字**(codewords)(重构向量) $\mathbf{y}_j = [y_j(0), y_j(1), \cdots, y_j(K-1)]^T$。编码器需要找到与输入向量 $\mathbf{s} \equiv \mathbf{s(m)}$ 最相似的码字 $\mathbf{y}_i$。编码器的输出是与码字相对应的索引 $i \equiv i(\mathbf{m})$。如有必要，可以对离散的索引值进一步进行熵编码[2]。如果采用欧氏距离作为失真测度

---

[1] 这样做有利于实现可伸缩性、传输的鲁棒性等，但是当直接相邻的样点之间具有较高的统计相关性时，这种方法会使压缩效率降低。

[2] 在设计码书时，还可以施加一些额外的限制，比如在整个集合上需要以相等的概率使用码字，或者基于熵约束进行优化(见 4.3 节)。如果采用定长编码对索引进行编码，尤其在通过易错信道进行传输时，可以获得较高的鲁棒性。传输误差不会对后续的信源符号重构产生影响，而如果采用的是变长码，通常会对后续重构产生影响。

$$i = \underset{\{j|y_j \in \boldsymbol{c}\}}{\arg\min}\left[d_2^2(\mathbf{s}, \mathbf{y}_j) \right], \quad \text{其中 } d_2^2(\mathbf{s}, \mathbf{y}_j) = \sum_{k=0}^{K-1}\left[s(k) - y_j(k) \right]^2 = \left[\mathbf{s} - \mathbf{y}_j\right]^T\left[\mathbf{s} - \mathbf{y}_j\right] \tag{4.61}$$

解码器使用索引 i 从完全相同的码书中找到向量 $\mathbf{y}_i$；然后把输出 $\tilde{\mathbf{s}}(m) = \mathbf{y}_{i(m)}$ 放入重构信号的位置 m 处。可以把向量 $\mathbf{s}$ 和 $\mathbf{y}$ 理解为 K 维欧氏信号空间 $\mathcal{R}^K$ 中的点。范数 $\|\mathbf{s}\|_2$ 和 $\|\mathbf{y}\|_2$ 表示与 $\mathcal{R}^K$ 原点之间的距离。式(4.61)中的平方根是 $\mathbf{s}$ 和 $\mathbf{y}$ 之间的距离。对于二维向量，图 4.21 中给出了相应的说明。

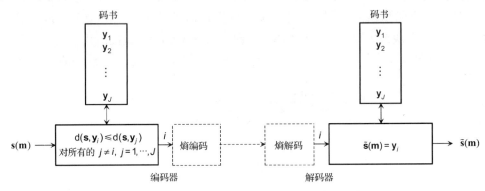

图 4.20　向量量化器的结构(编码器和解码器)

搜索最优重构值 $\mathbf{y}$ 的过程是 VQ 编码器中运算复杂度最高的部分。而解码器的复杂度非常低(使用索引进行查表)，存储码书所需的内存取决于码表的大小。

图 4.22 的例子中，通过重构向量 $\mathbf{y}_j$ 的位置给出了 $\mathcal{R}^2$ 中码书的示意图。根据式(4.61)，可以确定 $\mathcal{R}^2$ 中对应码字 $\mathbf{y}_j$ 的 J 个不同分区的边界。如果采用欧氏距离准则，则这些分区称为 Voronoi 域(Voronoi regions)。由边界构成的网称为 Voronoi 网(Voronoi net)。它与

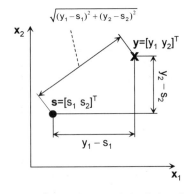

图 4.21　在 $\mathcal{R}^2$ 中向量 $\mathbf{s}$ 和 $\mathbf{y}$ 之间欧式距离的解释

Delaunay 网(Delaunay net)是互补的，Delaunay 网是由直接相邻的向量 $\mathbf{y}_j$ 之间的连线构成的。Voronoi 网中的连线与 Delaunay 网中的连线是互相垂直的，并且前者将后者分为相等的两部分。位于 Voronoi 网上任意位置的向量 $\mathbf{s}$ 到任何一个相邻的 $\mathbf{y}_j$ 向量之间的欧氏距离都是相等的。

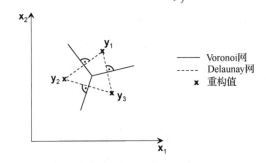

图 4.22　$\mathcal{R}^2$ 中的 Voronoi 网和 Delaunay 网，以包含 $J = 3$ 个码字 $\mathbf{y}_j$ 的码书为例

与标量量化相比,当使用相同数量的重构值时,向量量化的优点如图 4.23 所示。图 4.23 (a) 给出了一个信号的非均匀概率密度函数 $p_s(x)$,该信号服从式 (2.126) 中的**广义高斯分布** (Generalized Gaussian Distribution,GGD)。假设平稳过程的样点是统计独立的,将随机变量 x_1 和 x_2 表示的两个样点合并为一个随机向量 $\mathbf{x}$,则得到的联合(向量)概率密度函数为 $p_s(\mathbf{x}) = p_s(x_1)p_s(x_2)$ 。图 4.23 (b)/(c) 中分别给出了当 $\gamma = 1$ 时(拉普拉斯分布)和 $\gamma < 1$ 时的联合概率密度函数。如果用 $J = 3$ 的标量量化器对样点进行单独量化,可能的重构值位置如图 4.23 (d) 所示,其中在一些重构值所在的位置,两个样点的幅值都较大,而根据联合概率密度函数可知,较大的幅值出现的可能性很小。

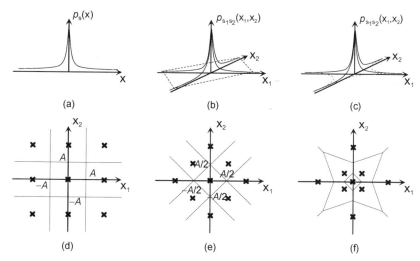

图 4.23　关于向量量化有效性的解释。(a)信号的概率密度函数;(b)/(c)两组统计独立样点的联合概率密度函数 [(b) $\gamma = 1$ 的 GGD 和 (c) $\gamma < 1$ 的 GGD];(d)标量量化器的 Voronoi 域;(e)/(f)具有相同码字数量($J = 9$)码书的 Voronoi 域 [(e) 重构值均匀分布,(f) 重构值非均匀分布]

向量量化器通过建立重构值之间的相关性,使其具有更高的自由度将重构值放入可能性较大的位置。举例来说,如果 x 服从拉普拉斯分布, $p_s(x)$ 是 x 的概率密度函数,则在 $|x_1| + |x_2| =$ 常数的位置处, $p_s(\mathbf{x})$ 是相等的,对于这种情况,图 4.23 (e) 中的码书将是更合适的选择。由于相邻重构值之间的距离依然是相等的,所以这种量化仍然属于均匀量化,但是该量化将不再能通过独立的标量量化进行描述[①]。这种具有相同形状 Voronoi 胞腔的分布方式可归类为**均匀**(uniform)或**格型向量量化**(Lattice VQ)码书。如果像 $\gamma < 1$ 的 GGD 一样,同时出现两个较高幅值的可能性微乎其微,则图 4.23 (e) 中重构值的配置方式可能更加合适。但是图 4.23 (e) 中的重构值是**非均匀分布的**(non-uniformly)。向量量化通过将重构值集中在概率较高的子空间内,从而获得更好的性能,这称为**码书形状优势**(codebook shape advantage)。比如,对于高斯分布的相关信源,其外部界限应该是 K 维的超椭球体,特殊情况下,如果样点是非相关的,外部界限则是超球体。对于拉普拉斯分布的非相关信源,在平面上 $\sum|x_k| =$ 常数的位置处,概率的大小是相等的,相应的码书方案在 [Fischer, 1986] 中称为**金字塔向量量化**(pyramid VQ)。

假设,向量中的值为同一平稳过程(比如,通过式 (2.156) 中高斯向量 PDF 表征的)的实例,

① 实际上,利用 $U = 2$ 的哈尔变换将 $\mathcal{R}^2$ 的坐标轴旋转 $45°$,然后再对变换系数进行标量量化,也可以得到相同的重构值集合,见习题 4.7。

并且这些值是相关的(线性统计相关的)。那么预计 $\mathscr{R}^K$ 中的随机向量会集中在主轴 $x_1 = x_2 = \cdots$ 的附近。在为图 4.23(d) 中的**均匀**(uniform)码书向量量化设计熵编码算法时,可以考虑这一点,即使用较短的 VLC 码字编码图 4.24(a) 中颜色较深的 Voronoi 域。还可以直接对**非均匀** (non-uniform)码书进行优化,考虑到信号中的相关性或联合/向量 PDF 的形状,将重构值仅放入可能性最大的子空间[见图 4.24(b)]。向量量化具有利用**非线性统计相关性**(nonlinear statistical dependencies)的能力,其中,全局协方差可能为零,但是 $p_s(x_1, x_2) \neq p_s(x_1)p_s(x_2)$; 对混合分布的信号进行非均匀码书优化的例子如图 4.24(c) 所示。

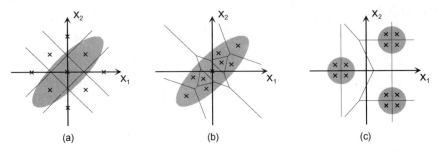

图 4.24   向量量化利用统计相关性的能力。(a)均匀码书的示意图(处理相关信号时,
颜色较深的是可能性最高的 Voronoi 域);(b)对于相关信号,非均匀码书
的示意图;(c)利用混合分布中非线性统计相关性的非均匀码书的示意图

如果使用具有 J 个重构值的码书,则在没有进行熵编码的情况下,可以以 $\log_2 J$ 比特/向量或 $(\log_2 J)/K$ 比特/样点的码率表示信息。在接下来的章节中,将对向量量化码书(具有均匀和非均匀特性的)的设计原理进行介绍。

4.5.2   使用均匀码书的向量量化

如果码书描述的是重构值的规则栅格,则相应的向量量化方案称为**均匀码书** (uniform-codebook)或**格型向量量化**(lattice VQ)[1]。接下来的图例使用二维空间 $\mathscr{R}^2$。图 4.25(a) 给出了重构值的矩形栅格——$\mathbf{Z}_2$ 格。重构值代表一个二维整数栅格。这些栅格表示的是对应于均匀标量量化器的均匀向量量化器,其中坐标轴需要根据量化步长 Δ 进行缩放。图 4.25(b) 给出了 $\mathbf{A}_2$ 格,它描述了 $K = 2$ 时最优的均匀向量量化,Voronoi 域为六边形结构[2]。

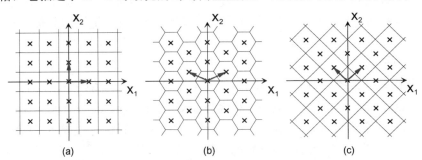

图 4.25 $K = 2$ 的格型结构。(a) $\mathbf{Z}_2$ 格;(b)六边形 $\mathbf{A}_2$ 格;(c) $\mathbf{D}_2$ 格

---

[1] [Conway, Sloane, 1988]是一部有关格型向量量化的优秀参考书。

[2] 对于给定的重构值数量(或 Voronoi 域中给定的区域),这种格描述了二维空间内最密集的填充方式,因此,Voronoi 域的质心与落入该 Voronoi 域的点之间的平均距离小于在 $\mathbf{Z}_2$ 格中相应的距离。

格型向量量化与规则的多维采样(见 2.3 节)存在类似之处。格型向量量化可以理解为在随机向量空间 $\mathcal{R}^K$ 中的**规则采样**(regular sampling)。$\mathbf{Z}_2$ 格相当于矩形(可分离的)采样，$\mathbf{A}_2$ 格对应于六边形采样。$\mathbf{D}_K$ 格是由 $\mathcal{R}^K$ 中全部整数集合组成的另外一组格型结构，其中向量的元素之和为偶数。$\mathbf{D}_2$ 格[见图 4.25(c)]相当于 $\mathcal{R}^2$ 中的五株采样。

对于任意的向量尺寸 K，最优的格型结构应该为相同形状的 Voronoi 胞腔提供最密集的填充方式。从而，Voronoi 胞腔的形状将成为 K 维超球体的最优近似(其中，如果胞腔的形状是真正的超球体，则不能进行无缝填充，在球面上会出现空白区域)。通常来说，与超球体相比，近似误差随着向量维度 K 的增加而减小。最优的格型结构通常可以由纠错分组码系统性地确定，其中纠错系统码中最近的有效码字对之间的汉明距离是相等的。比如，$K = 16$ 时最优的 $\mathbf{\Lambda}_{16}$ 格是基于**雷德-密勒**(Reed-Muller)码构建的，而 $\mathbf{\Lambda}_{24}$ 格是通过扩展**格雷**(Golay)码获得的[Conway, Sloane, 1988]。

可以利用**生成矩阵**(generator matrix) $\mathbf{G} = [\mathbf{g}_0 \ \mathbf{g}_1]$ 来描述重构值的规则格型结构，以 $\mathbf{Z}_2$ 格、$\mathbf{A}_2$ 格和 $\mathbf{D}_2$ 格为例，可以将其生成矩阵分别定义为[1]

$$\mathbf{G}_{\mathbf{Z}_2} = \begin{bmatrix} 1 & 0 \\ 0 & 1 \end{bmatrix} = \mathbf{I}; \quad \mathbf{G}_{\mathbf{A}_2} = \frac{2}{\sqrt{3}} \begin{bmatrix} \dfrac{\sqrt{3}}{2} & -\dfrac{\sqrt{3}}{2} \\ \dfrac{1}{2} & \dfrac{1}{2} \end{bmatrix}; \quad \mathbf{G}_{\mathbf{D}_2} = \frac{\sqrt{2}}{2} \begin{bmatrix} 1 & 1 \\ -1 & 1 \end{bmatrix} \tag{4.62}$$

就像式(2.60)中的采样矩阵 $\mathbf{T}$ 一样，$\mathbf{G}$ 的列是格的**基向量**(basis vectors) $\mathbf{g}_k$，可以利用整数索引值 $i_k, k = 1, \cdots, K$ 构成的 K 维向量获得重构值的集合

$$\mathbf{\Lambda} = \{\mathbf{y} : \mathbf{y} = i_1 \mathbf{g}_1 + i_2 \mathbf{g}_2 + \cdots + i_K \mathbf{g}_K\} \Rightarrow \mathbf{y} = \mathbf{G}\mathbf{i}, \quad \mathbf{i} = [i_1 \ i_2 \ \cdots \ i_K]^{\mathrm{T}} \tag{4.63}$$

由于通过 $\mathbf{\Lambda}$ 定义的离散点的数量在原则上是无限的，因此在编码时，需要限制 i_k 值的范围。这样就可以得到具有有限个重构值 $\mathbf{y}_i$ 的码书。格型向量量化的编码过程非常简单，因为可以把生成矩阵理解为定义在 $\mathcal{R}^K$ 中的坐标转换。在量化中可以使用以下策略(也可以联合使用)：

- 将逆变换 $\mathbf{G}^{-1}$ 应用于信号值，然后在 $\mathbf{Z}_K$ 格(标量)中进行量化，得到索引值。这种策略只有当 $\mathbf{G}$ 构成一组正交基时才适用，否则，映射将不能保持欧氏距离，同时 Voronoi 域的形状也会发生改变。

- 将重构值的栅格分解成 I 个矩形采样的"陪集"。第一步，通过标量量化找到每个陪集中的最优值；第二步，只需要显式地计算并比较 I 个最优值与要进行量化的向量 $\mathbf{s}$ 之间的欧氏距离。

对于最常见的格类型(尤其对于 $K = 2$，3，4，8，12，16 和 24 时的最优格)，都存在实现快速量化的有效算法。根据式(4.63)可以直接进行解码。

对于给定的胞腔体积，当胞腔的形状尽可能地接近球体时，胞腔的质心与胞腔中的点之间的平均欧氏距离达到最小值，从这个意义上说，对于给定的 K，能够最密集地填充 Voronoi 胞腔的格型向量量化是最优的。这称为向量量化的**空间填充优势**(space filling advantage)，这一优势连同

---

[1] 通常存在几种**对偶格**(dual lattices)的定义，原则上它们是对相同的格型网格进行处理，但是当根据式(4.63)对索引值 $\mathbf{i}$ 的有限集合进行处理时，将会得到另一个量化范围。需要注意，Voronoi 胞腔的面积或体积由 $|\mathbf{G}|$ 确定，其中在式(4.62)中的所有情况下，$|\mathbf{G}|$ 都被归一化为 1。然而，量化的快速算法并不需要利用无理数进行缩放。

前面提到的**码书形状优势**(codebook shape advantage)一起便是向量量化+熵编码通常优于标量量化+熵编码(即将独立量化的标量合并为向量，然后再进行熵编码)的第二个原因。

为了使格型量化能够更好地编码非均匀 PDF 的信号，可以对信号值进行**压扩**(companding)，一种方法是在量化之前对信号幅值运用非线性幅度映射函数，然后通过均匀栅格中的点完成重构后，再进行逆映射[Simon, 1998]。重构值为非均匀分布的等效向量量化器如图 4.26(b)所示。另一种方法是利用非均匀标量量化器单独地编码向量的幅度增益 a，并且，通过将半径为 a 的 $K-1$ 维球壳上的位置映射为 $K-1$ 维格型 VQ 的重构栅格，再对这些位置进行编码，如图 4.26(c)所示[Krüger, et al., 2011]。这两种方案都不能提供由通用非均匀 VQ 码书给出的全部自由度，但是这些方案的优点是复杂度较低。

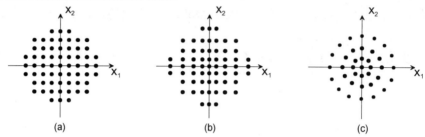

图 4.26　具有球形形状的格型向量量化码书的结构。(a)均匀格；(b)采用压扩的非均匀格；(c)球体半径具有单独增益因子的非均匀格

4.5.3　使用非均匀码书的向量量化

为了设计非均匀向量量化的码书，通常采用又被称为**林德-布佐-格雷算法**(Linde-Buzo-Gray algorithm)的**广义劳埃德算法**(Generalized Lloyd Algorithm，GLA)[Linde, Buzo, Gray, 1980]或者其多种变形形式中的一种。广义劳埃德算法的原理是，将式(4.16)~式(4.22)中描述的用于设计最优标量量化器的劳埃德算法进行扩展，并应用在向量上。在向量量化器的设计中，通常使用**训练集**(training set)而不是模型分布，其优点是可以隐式地对信源的经验统计特性(包括向量中样点之间的相关性)进行建模。与标量量化不同，GLA 并不能保证会收敛于全局最优值，这是因为存在多维相关性，可能会在多个局部最小值点使欧氏失真函数最小化。

需要仔细地选择训练集，使得选择出来的训练集应该体现出信号(将由量化器编码的)的典型发生概率以及典型变化。否则，码书可能是过度训练的，当对训练集以外的数据进行编码时，编码质量可能会下降。

与原始的劳埃德算法一样，GLA 调用一个迭代的过程。在一次迭代中，令 $S_j = \left\{{}^{i}\mathbf{s}_j\right\}$ 表示由 M_j 个向量构成的可列集，该集合落在 Voronoi 域 $\mathbf{y}_j$ 中。不再使用式(4.16)~式(4.22)中的统计期望值，在我们的例子中，将各个值出现的次数作为经验概率的估计值，因此

$$D_j = \frac{1}{M_j}\sum_{i=1}^{M_j}\sum_{k=1}^{K}({}^{i}s_j(k) - y_j(k))^2;\quad \hat{\mathrm{Pr}}(S_j) = \frac{M_j}{\sum_j M_j} \tag{4.64}$$

D_j 对 $\mathbf{y}_j$ 求导可以得到使失真最小的重构向量①。

---

① 可以对模型(比如，高斯向量 PDF)应用相同的方法，与式(4.19)类似，最优向量将变为 $\mathbf{y}_{j,\mathrm{opt}} = \mathcal{E}\{\mathbf{x}^{(j)}\}$，即当前 Voronoi 域的期望值。

$$y_{j,\text{opt}}(k) = \frac{\sum_{i=1}^{M_j} {}^i s_j(k)}{M_j} \Rightarrow \mathbf{y}_{j,\text{opt}}(k) = \frac{\sum_{i=1}^{M_j} {}^i \mathbf{s}_j}{M_j} \tag{4.65}$$

$\mathbf{y}_{j,\text{opt}}$ 是 S_j 中向量的算术平均值，或者 $\mathbf{y}_{j,\text{opt}}$ 渐进地等于 $\mathcal{E}\{\mathbf{s}_j\}$。对于 $K=2$、$J=4$ 的向量量化器，图 4.27 中的例子说明了 GLA 算法是如何处理一个小的训练集的。将训练数据样点 ${}^i\mathbf{s}_j$ 标记为"●"，重构值 $\mathbf{y}_j$ 被标记为"×"。进行初始化时，这里采用了对称均匀的码书[见图 4.27(a)]；在这种情况下，Voronoi 域的边界是 $\mathcal{R}^2$ 的坐标轴。用之前 Voronoi 域中的样点平均值（质心）替换 $\mathbf{y}_j$，会使 Voronoi 网[见图 4.27(a)]发生改变。这样做可以把一些训练向量重新分配到一个不同的集合 $\{\mathbf{s}_j\}$ 中。因此，在下一次迭代中[见图 4.27(c)]，通过进一步优化重构值，进而对边界（Voronoi 网）进行优化，可以进一步减小总失真 D。从一次迭代到下一次迭代，失真 D 绝对不会增加。

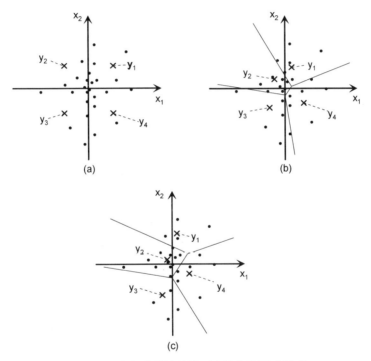

图 4.27　广义劳埃德算法两次迭代的图形说明

正常来讲，需要根据式(4.61)中的准则，用每个信源向量 $\mathbf{s}$ 与每个 $\mathbf{y}_j$ 进行比较。由此产生的复杂度（就乘法和加法运算的次数而言）为 J 次运算/样点，或者 KJ 次运算/向量。由 $R = (\log_2 J)/K \Rightarrow J = 2^{RK}$ 可知，码书的大小以及搜索的复杂度随着码率和向量尺寸的增加而呈指数增长。因此，当需要得到一个较高的码率时，在 VQ 算法中使用未截断的非均匀码书是不切实际的。一种可能的方案是减小 K，但是这会使性能变差[1]。采用以下策略解决这一问题，可以将那些最不可能用来编码给定 $\mathbf{s}$ 的候选值 $\mathbf{y}_j$ 从搜索范围中排除，即需要确定在 $\mathcal{R}^K$ 中与 $\mathbf{s}$ 之间的距离较远的候选值 $\mathbf{y}_j$。这可以通过设计**结构化码书**(structured codebooks)（见 4.5.4

---

[1]　如果包含在向量中的信号样点是统计相关的，使用较小的向量长度 K 是比较不利的。另外，对于非平稳信源，根据所要编码数据的特性，使用不同的码书，或者不同的码率以及向量长度，可能是更加有利的。

节)实现，但是这种方法的压缩性能较差。另一种能够确定重要子空间区域同时又不损失压缩性能的方法将在接下来的段落中进行介绍，但是这种方法通常只能使搜索的复杂度大约减小为原来的1/2。

定义一个**固定点**(fix point) $\mathbf{z}$，提前计算固定点与所有码书条目 $\mathbf{y}_j$ 之间的距离 $\|\mathbf{z}-\mathbf{y}_j\|$，并将这些距离与码书一同存储起来。然后，从码书中任意选择一个**初始向量**(initial vector)，即向量 $\mathbf{y}_1$。接下来，根据**三角不等式**(triangular inequality)[见图4.28(a)中的图形解释]，对向量 $\mathbf{s}$ 有以下条件成立：

$$\|\mathbf{z}-\mathbf{y}_1\| \geqslant \|\mathbf{z}-\mathbf{s}\|-\|\mathbf{s}-\mathbf{y}_1\| =: r_1$$
$$\|\mathbf{z}-\mathbf{y}_1\| \leqslant \|\mathbf{z}-\mathbf{s}\|+\|\mathbf{s}-\mathbf{y}_1\| =: r_2 \tag{4.66}$$

现在，可以在码书中找到最匹配的向量 $\mathbf{y}_i$

$$\|\mathbf{s}-\mathbf{y}_i\| \leqslant \|\mathbf{s}-\mathbf{y}_1\| \tag{4.67}$$

与式(4.66)合并，可得

$$\|\mathbf{z}-\mathbf{y}_i\| \geqslant \|\mathbf{z}-\mathbf{s}\|-\|\mathbf{s}-\mathbf{y}_i\| \geqslant r_1$$
$$\|\mathbf{z}-\mathbf{y}_i\| \leqslant \|\mathbf{z}-\mathbf{s}\|+\|\mathbf{s}-\mathbf{y}_i\| \leqslant r_2 \tag{4.68}$$

因此，只需要对满足以下条件的 $\mathbf{y}_j$ 进行搜索

$$r_1 \leqslant \|\mathbf{z}-\mathbf{y}_j\| \leqslant r_2 \tag{4.69}$$

很容易对这一条件进行检验，只需要计算一次 r_1 和 r_2，然后用 $\mathbf{y}_j$ 与固定点之间的距离(预先计算得到的)与 r_1、r_2 所表示的范围进行比较即可。但是这种方法的有效性，即实际可以排除的 $\mathbf{y}_j$ 的比例，取决于所选择的 $\mathbf{z}$，同时根据所选择的初始向量 $\mathbf{y}_1$，该算法的有效性在某种程度上是随机的。图4.28(b)给出了相应的图形解释。最好是测试多个候选向量，而不是仅仅只测试一个 $\mathbf{y}_1$，然后从中选择出能使 r_1 和 r_2 之间的差距尽量小的向量。此外，当码书的尺寸较大时，可以使用多个固定点 $\mathbf{z}$，但是基本原理仍然是相似的。

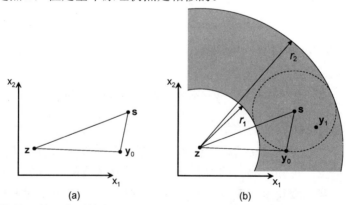

图4.28　图形解释。(a)三角不等式；(b)根据式(4.69)将搜索限制在码书中某一具体范围的方法

4.5.4　结构化码书

为了降低复杂度，可以将决策过程划分为一系列的部分决策，这样的决策过程可以用决策树来表示，并对应于码书中预先定义的结构，因此，并不需要所有的分支都参与决策。其

中的一些方法还可以隐式地提供**可伸缩表示**(scalable representation)，其中初始层级可以用于提供粗糙的近似，而其余层级用来作为细化(增强)信息使失真降低。

如图 4.29 所示的**多级向量量化**(multi-stage VQ)[Ho, Gersho, 1988]级联了 T 个连续的向量量化器层级。第 2 个层级以及更高的层级对之前层级的残差进行编码。初始设置为 $\tilde{\mathbf{s}}_0 = 0$ 和 $\mathbf{s}_0 = \mathbf{s}$，层级 t 中编码器的输入信号为 $\mathbf{s}_t = \mathbf{s}_{t-1} - \tilde{\mathbf{s}}_{t-1}$。每一个层级都提供一个包含 J_t 个重构向量的特殊码书 $\mathbf{c}_t$。当 $t \geq 2$ 时，需要为编码残差值向量设计码书。完整的表示由部分码书的索引 i_t 的集合构成。总数据速率(不对索引进行熵编码)为

$$R = \frac{1}{K} \sum_{t=1}^{T} \log_2 J_t \ [\text{比特/样点}] \tag{4.70}$$

重构值 $\tilde{\mathbf{s}}$ 是所有层级中向量的叠加

$$\tilde{\mathbf{s}} = \sum_{t=1}^{T} \mathbf{y}_{i_t} \tag{4.71}$$

解码过程可以在任意层级终止，索引信息本身就是可伸缩的。但是，当采用非均匀码书时，并不能保证不同层级的输出是统计独立的。第一层级选择出来的重构值的 Voronoi 胞腔形状决定了最大编码误差，因此，通常不需要考虑下一层级的码书条目(为较大的编码误差而设计的)。可以对索引进行基于上下文的编码或联合编码，但是由于可能的组合数量太大，所以难以实现。由于在码书训练之前就必须要选择码书的大小 J_t，而且只能从第 1 层级开始依次对码书进行优化，因此导致编码的结果是次优的。由于 Voronoi 域的形状是不规则的，因此，对于发生在之前层级中的错误，无法保证残差码书向量的集合具备对其纠错的能力。这其中的大部分影响都可以在设计码书时通过增加额外的约束加以避免，比如，要求 Voronoi 域的大小是基本相等的，但是与原始 GLA 设计(尤其在第 1 层级)相比，这样做又会造成次优性。归纳起来，与通过单层设计得到的 VQ 码书相比，多级 VQ 方法的编码性能通常较差，但是当采用相同的码率表示时，前者需要的存储量要大得多。

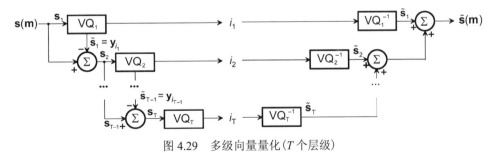

图 4.29　多级向量量化(T 个层级)

树形结构码书(tree-structured codebook)的方案如图 4.30(a)所示。这种方案与多级向量量化相似，通过若干细化步骤逐步地完成最优重构向量的搜索，但是搜索是在更加通用的**码树**(code tree)结构中进行的，其中每个父节点都有各自的同级节点(不同于多级 VQ，其中使用相同的细化码书，独立于之前层级的重构值)。如果码树由 T 个层级构成，在第 $t-1$ 层中的每个节点都可以分成第 t 层的 I_t 个同级节点，则需要进行向量比较的次数为

$$M = \sum_{t=1}^{T} I_t \tag{4.72}$$

而被存储在码书第 t 层中的向量总数为[①]

$$J_t = \prod_{u=1}^{t} I_u \Rightarrow J_{\text{total}} = \sum_{t=1}^{T} J_t \tag{4.73}$$

其中，J_{total} 表示被存储在树形结构码书中的向量总数。

如果到最后一个层级为止，可能的选择的总数为 J_T，则（未进行熵编码）所需的码率为

$$R = \log_2 J_T = \sum_{t=1}^{T} \log_2 I_t \tag{4.74}$$

对于**二叉树**（binary tree），在所有层级上都有 $I_t = 2$，只需要进行 $M = 2\log_2 J_T$ 次比较（并非在具有 J 个相同向量的单层码书中进行全搜索时的 $J = J_T$）。利用树形结构码书，VQ 的复杂度只随着码率的增加呈**线性**（linearly）增长，与穷举式（全）搜索不同，其中 VQ 的复杂度只随着码率的增加呈指数增长。这种方案的缺点是，存储式(4.73)中的树形结构码书所需的存储空间大于单层码书所需的，因为所有中间层级的重构向量都需要进行存储，即随着码率的增加，存储量的增长会超过指数式增长[②]。

树形结构码书可以通过**分裂法**（splitting）[见图 4.30(b)]来设计，从第 t–1 层中一个节点分支出来的同级分支的数量需要提前设定。在图 4.30(b)的例子中，码树的所有层级都是 $I_t = 2$ 的规则二叉树结构。可以计算出训练集的整体均值，并将其作为树根处的初始重构向量 $\mathbf{y}_{0,1}$。相应的 Voronoi 域是整个空间 $\mathcal{R}^K$，它被划分为两个子空间[见图 4.30(b)][③]。在每个半球内，再对同级向量 $\mathbf{y}_{1,1}$ 和 $\mathbf{y}_{1,2}$ 根据式(4.65)进行优化，见图 4.30(c)。两个新的 Voronoi 域都再次进行分裂，从而获得 4 个重构向量，形成码树的第二个层级[见图 4.30(d)]。在给出的例子中，分裂过程采用了**加性分裂**（additive splitting）

$$\mathbf{y}_{\text{split},1} = \mathbf{y} - \varepsilon \cdot \mathbf{1}; \quad \mathbf{y}_{\text{split},2} = \mathbf{y} + \varepsilon \cdot \mathbf{1}, \quad 0 < \varepsilon \ll 1 \tag{4.75}$$

另一种方法是**乘性分裂**（multiplicative splitting）

$$\mathbf{y}_{\text{split},1} = \mathbf{y} \cdot (1 + \varepsilon)^{-1}; \quad \mathbf{y}_{\text{split},2} = \mathbf{y} \cdot (1 + \varepsilon), \quad 0 < \varepsilon \ll 1 \tag{4.76}$$

如果需要分裂为多于两个向量，则在式(4.75)/式(4.76)中可以利用一组正交基函数代替单位向量，比如，使用式(2.251)中的哈达码变换（需要用 $\pm\varepsilon$ 对函数进行加权）。这里介绍的分裂过程还可以在设计单层 VQ 时，用于生成**初始码书**（initial codebooks），其中位于码树层级 $t<T$ 中的向量随后会被丢弃。另外，在这种情况下，在每次分裂步骤之后，通过对码书进行多次迭代优化，可以得到更加优化的码书。

然而，还可能发生以下情况，即在之后的层级中存在向量 $\mathbf{y}_{t,j}$，这一向量比通过树形决策得到的向量 $\mathbf{y}_{t,i}$ 离信号向量 $\mathbf{s}$ 更近（就欧氏距离而言）。这是因为之前决策层级的量化器分区限

[①] 这里假设在每个层级中分叉的数量 I_t 是固定的，这样可以获得一个均匀的树形结构。但是，对于非均匀树形结构，分叉的数量也可以是变化的（见 4.5.6 节）。

[②] 对于多级 VQ，其存储需求随着码率的增加呈线性增长，即与单层码书相比，所需的内存较小。存储量的增加正是允许在码树中的每个节点处进行单独细化所要付出的代价，但是这种方法可以避免造成多级 VQ 的次优性。通过下面关于 VQ 设计过程（其中每个量化器胞腔都将在下一步中被独立地分成更加精细的分区）的介绍，这一点将变得更加清晰。

[③] 如果向量中的样点具有相关性，最好沿与训练集密集分布的主轴相正交的方向进行划分。原则上，下面所介绍的加性分裂过程和乘性分裂过程都能够实现这样的划分。

制了之后进行搜索的子空间。举个例子，信号向量"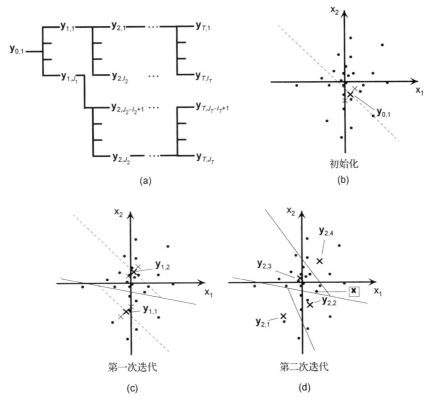"本来离重构向量 $\mathbf{y}_{2,2}$ 最近；但是实际上选择了 $\mathbf{y}_{2,3}$，这是因为在码树的第一层级选择的是 $\mathbf{y}_{1,2}$。量化器分区 $\mathbf{y}_{2,2}$ 和 $\mathbf{y}_{2,3}$ 之间（$\mathbf{y}_{2,2}$ 和 $\mathbf{y}_{2,3}$ 是由不同节点分支出来的同级分支）的边界并不是 Voronoi 线（not a Voronoi line）。因此，就实现失真的最小化而言，与遍历码树中所有节点的全搜索相比，树形结构 VQ 是次优的。

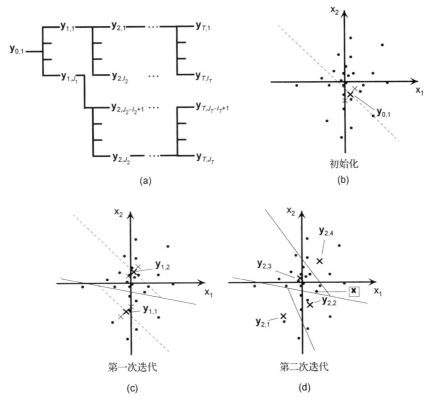

图 4.30　(a)树形结构码书；(b)～(d)采用二叉树结构的情况下，量化器分区进行"分裂"的最初迭代步骤

增益/形状 VQ　这一方案[Sabin, Gray, 1984]使用范数 $\|\breve{\mathbf{y}}_j\| = 1$ 的标准重构向量 $\breve{\mathbf{y}}_j$，信号向量为 $\breve{\mathbf{y}}_j$ 与增益因子 σ_i 的乘积。向量量化的任务是寻找与输入向量 $\mathbf{s}$ 之间欧氏距离最小的一对 $(\sigma_i, \breve{\mathbf{y}}_j)$。这一测度可以表示为

$$d_2(\mathbf{s}; \breve{\mathbf{y}}_j, \sigma_i) = \left\| \mathbf{s} - \sigma_i \cdot \breve{\mathbf{y}}_j \right\|_2^2 = \mathbf{s}^{\mathsf{T}}\mathbf{s} - 2\sigma_i \mathbf{s}^{\mathsf{T}}\breve{\mathbf{y}}_j + \sigma_i^2 \breve{\mathbf{y}}_j^{\mathsf{T}}\breve{\mathbf{y}}_j \tag{4.77}$$

如果 $\mathbf{s}^{\mathsf{T}}\breve{\mathbf{y}}_j$ 取得最大值，则无论增益因子选择为何值，式(4.77)都会达到最小值；$d_2(\mathbf{s}; \breve{\mathbf{y}}_j, \sigma_i)$ 是输入向量和相应码书向量之间的**交叉相关系数**（cross correlation）。最后，利用式(4.77)对 σ_i 求导，由于 $\breve{\mathbf{y}}_j^{\mathsf{T}}\breve{\mathbf{y}}_j = 1$，因此与 $\mathbf{s}^{\mathsf{T}}\breve{\mathbf{y}}_j$ 最接近的量化值表示被选为最优的 σ_i。

均值分离 VQ　如果一个信号中存在局部变化的均值（比如，图像），那么在进行 VQ 编码之前，可以将均值去除，因此，残差码书向量只表示细节的变化。在**均值分离** VQ（mean separating VQ）[见图 4.31(a)]中，先计算向量 $\mathbf{s(m)}$ 的块均值，然后将其从向量的元素中减去，并进行独立编码。解码完成之后，再将重构的均值加回零均值重构向量的各个样点。如果使用 R_M 比特对均值进行编码，则每个向量所需的总码率（未进行熵编码）为 $R_M + \log_2 J$。另外，对均值还可以使用预测编码。

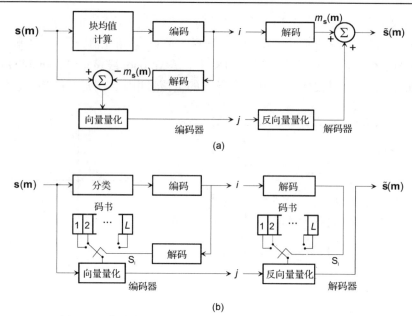

图 4.31　特殊类型的 VQ。(a)均值分离 VQ；(b)分类 VQ

4.5.5　自适应向量量化

码书也可以自适应地调整，其效果与自适应熵编码相似(即，对于统计特性存在变化的信号，可以提供更好的压缩)。但是自适应往往是前向驱动的(需要将码书作为边信息传输)，因为 VQ 通常是有损的并且解码器中不存在会在码书训练中使用的原始信号重构值。如果码书尺寸较大，则边信息的数量可能会非常大，因此，可以根据需要，只对码书的一个子集进行调整，以及/或者采用去相关压缩方案(比如，预测编码或变换编码)对码书条目进行编码(如果向量中的样点具有相关性)。

对于统计特性存在局部变化的信号，根据信号的局部方差对码率进行分配(比如，变化的码书尺寸)往往是比较有益的。可变码率编码可以隐式地通过熵编码或者显式地通过码书切换实现。后者带来的益处尤其明显，因为可以额外地使用较小的子码书，从而降低编码器进行搜索的复杂度(假设，在进行 VQ 编码前就已经完成了码书切换的决策)。

分类 VQ　在分类 VQ[Ramamurthy, Gersho, 1986]中，在对信号向量进行编码之前需要进行**基于特征的分类**(feature-based classification)[见图 4.31(b)]。假设信源由具有各自统计特性的不同类型的子信源构成，则可以利用混合信源模型实现分类；然后，可以为每一种类型的子信源单独地对码书进行优化。分类的准则包括：**块方差**(block variances)，块中的主要**边缘方向**(edge direction)(对于图像而言)，或浊音/清音分类(对于语音而言)。根据分类结果，从 L 个类别中选出一个类别标签 S_l。为每个类别都提供一个特殊的**子码书**(sub-codebook) $\mathcal{C}_l = \{\mathbf{y}_{j,l}, \ j = 1, 2, \cdots, J_l\}$。需要将**向量索引**(vector index)j 和**类别索引**(class index)l 传送到解码器。然后通过超码书获得重构向量，其中超码书是全部子码书的联合

$$\mathcal{C} = \bigcup_{l=1}^{L} \mathcal{C}_l = \left\{ \mathbf{y}_{j,l}, \ j = 1, 2, \cdots, J_l; l = 1, 2, \cdots, L \right\} \tag{4.78}$$

最低的码率取决于不同类别的概率 $\Pr(S_l)$ 和对应码字符号的概率 $\Pr(j\,|\,S_l)$ 与各自熵值的乘积，

$$R \leqslant -\sum_{l=1}^{L} \frac{\Pr(S_l)}{K_l} \left[\underbrace{\log_2 \Pr(S_l)}_{\text{类别索引熵}} + \underbrace{\sum_{j=1}^{J_l} \Pr(j\,|\,S_l) \log_2 \Pr(j\,|\,S_l)}_{\text{向量索引熵}} \right] \leqslant \sum_{l=1}^{L} \frac{\Pr(S_l)}{K_l} \log_2 \frac{J_l}{\Pr(S_l)} \tag{4.79}$$

此处，仍然考虑以下情况，即不同的类别中使用不同的块尺寸（每个向量中样点的数量为 K_l）。如果 S_l 类中的失真为 D_l，则所有类别的总失真为

$$D = \sum_{l=1}^{L} \Pr(S_l) \cdot D_{S_l} \tag{4.80}$$

分类 VQ 允许让较难编码的类别使用较高的码率。由于进行了预先分类，因此，码书能够更好地适应局部变化的（非平稳）信源统计特性，同时由于只需要对式(4.78)中超码书的一个子集 $\boldsymbol{c}_{s_l}$ 进行搜索，所以编码复杂度得到降低。

有限状态 VQ（Finite State VQ，FSVQ）　当对向量 $\mathbf{s(m)}$ 进行处理时，编码器和解码器处于某种状态 $S_{i(\mathbf{m})}$，可以通过邻域中之前解码得到的重构向量的分布状态，或者通过从重构向量中推断出来的特性信息确定编码器和解码器的状态。如果在 $S_{l(\mathbf{m})}$ 中，可能值 l 的数量被限制为 L，则可以把编码器和解码器理解为**有限状态机**（finite-state machines）。假设在任意状态 S_l 下，只能访问码书向量中的一个子集[被组织在**状态码书**（state codebook）$\boldsymbol{c}_{s_l}$ 中]。所有状态码书的联合组成了超码书

$$\boldsymbol{c} = \bigcup_{l=1}^{L} \boldsymbol{c}_{s_l}; \quad \boldsymbol{c}_{s_l} = \left\{ \mathbf{y}_{j,s_l}, \ j = 1, 2, \cdots, J_{s_l} \right\} \tag{4.81}$$

利用式(4.81)中的公式，还无法确定重构向量是否是不同状态码书中的成员，状态码书的大小还有可能是变化的。如果 $\boldsymbol{c}_{s_l}$ 是重叠的集合，则重构向量的总数将会小于各个码书中重构向量的个数 J_{s_l} 之和，并且通过使用映射表还可以减小所需的存储量。码字符号 $j(\mathbf{m})$ 和后续状态 $S_{i(\mathbf{m}+1)}$ 可以根据下面的公式进行计算[1]：

$$j(\mathbf{m}) = \underset{\mathbf{y}_j \in \boldsymbol{c}_{s_{i(m)}}}{\arg\min}\, d(\mathbf{s(m)}, \mathbf{y}_j); \quad i(\mathbf{m}+1) = f(j(\mathbf{m}), i(\mathbf{m})) \tag{4.82}$$

在状态 S_{s_l} 下，有 J_{s_l} 个不同的码字符号可以选择。与整个超级码书 $\boldsymbol{c}$ 所需的地址空间相比，所需的码率要低得多。FSVQ 的性能高度依赖于**次态函数**（next-state function）$f(j, S_l)$ 的定义。利用这个函数，根据之前的状态以及之前传输的码字符号，能够确定状态码书 $\boldsymbol{c}_{s_l}$。在某个组态下最有可能选择的重构向量的子集应该被包含在这些码书当中。在[Dunham, Gray, 1985]、[Foster, Gray, Dunham, 1985]中，介绍了一些优化 FSVQ 码书的通用方法。

图 4.32 给出了 FSVQ 编码器与解码器的框图。可以发现，FSVQ 与分类 VQ[见图 4.31(b)]具有结构上的相似性——实际上，可以把 FSVQ 理解为后向自适应的分类 VQ，只是不需要编码和传输关于所选择的子码书的信息。

---

[1] 在逐行顺序处理的情况下，对于 $\mathbf{m} = (m_1, m_2)$，$\mathbf{m}+1$ 表示 (m_1+1, m_2)。

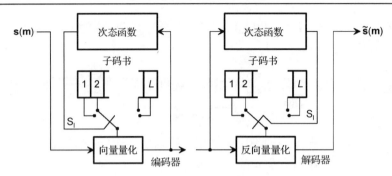

图 4.32　FSVQ 编码器与解码器

4.5.6　码率约束向量量化

考虑到码率约束的标量量化的优化方案在 4.3 节中进行了介绍,类似的方法也可以应用在向量量化中。在 GLA(见 4.5.3 节)算法中,每个迭代步骤都可以保证**失真的最小化**(minimization of distortion),但是,在生成码书的失真最小化迭代步骤中,会出现**码率增加**(rate increases)的情况(以向量索引的熵作为度量)。在每次迭代后,并不能保证率失真性能能够得到提高。因此,与式(4.43)类似,考虑到码率 $R_e(S_j)$,可以使用改进的失真测度[①]

$$D_{@,e}^*(\mathbf{s}, \mathbf{y}_j) = \left[\mathbf{s} - \mathbf{y}_j\right]^{\mathrm{T}}\left[\mathbf{s} - \mathbf{y}_j\right] + \lambda R_e(S_j) \tag{4.83}$$

拉格朗日乘子 λ 表示权值,通过改变 λ,可以使码率对决策产生影响,最优重构向量由式(4.44)给出。在两个量化器分区之间的决策边界处,关于两个重构向量,这一距离测度必须是互相平衡的。因此,根据 λ,量化器胞腔(分别对应于索引为 j_1 和 j_2 的重构向量)之间的边界可以由下面的条件确定,其中 $\mathbf{s}_b$ 表示决策边界上的任意向量[②],

$$\left[\mathbf{s}_b - \mathbf{y}_j\right]^{\mathrm{T}}\left[\mathbf{s}_b - \mathbf{y}_j\right] + \lambda R_e(S_{j_1}) = \left[\mathbf{s}_b - \mathbf{y}_j\right]^{\mathrm{T}}\left[\mathbf{s}_b - \mathbf{y}_j\right] + \lambda R_e(S_{j_2}) \tag{4.84}$$

可以将其重写为

$$
\begin{aligned}
\mathbf{y}_{j_1}{}^{\mathrm{T}}\mathbf{y}_{j_1} - \mathbf{y}_{j_2}{}^{\mathrm{T}}\mathbf{y}_{j_2} + 2\mathbf{s}_b{}^{\mathrm{T}}(\mathbf{y}_{j_2} - \mathbf{y}_{j_1}) &= 2\left(\mathbf{s}_b - \frac{\mathbf{y}_{j_1} + \mathbf{y}_{j_2}}{2}\right)^{\mathrm{T}}(\mathbf{y}_{j_2} - \mathbf{y}_{j_1}) \\
&= \lambda(R_e(S_{j_2}) - R_e(S_{j_1}))
\end{aligned}
\tag{4.85}
$$

图 4.33 中说明了 $K = 2$ 时的情况。$\lambda = 0$ 时(没有码率约束的"普通"VQ),边界是一条包含点 $(\mathbf{y}_{j_1} + \mathbf{y}_{j_2})/2$ 的 Voronoi 线,并且垂直于 Delaunay 向量 $\mathbf{y}_{j_2} - \mathbf{y}_{j_1}$。当 $\lambda > 0$ 时,边界沿 Delaunay 线朝需要较高码率的重构向量移动,但是仍然垂直于 Delaunay 线。当重构向量需要相同的码率时,无论 λ 为多少,边界都是一条 Voronoi 线。否则,当 $\mathbf{s}$ 与两个重构向量间的欧氏距离大致相等时,则会选择需要较少码率的向量。

对于特定的熵编码码率,也可以通过调整参数 λ,实现 VQ 的优化[③]。

---

① 在设计码书的过程中,码字 S_j 的码率最好通过式(2.170)中的自信息进行估计,其中自信息可以根据归一化的出现次数求得。
　如果在编码过程中应用码率约束,则可以使用由 VLC 方案来编码码书索引所需的实际码率。
② 决策边界表示 $\mathcal{R}^2$ 中的一条线,在更高维度的 $\mathcal{R}^K$ 中表示一个平面或超平面。
③ 码率随着 λ 的增加而减小,并且当 $\lambda \to \infty$ 时,$R \to 0$。

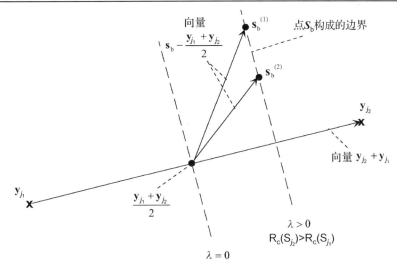

图 4.33 码率约束 VQ 中，两个相邻重构向量的位置以及量化器分区之间的边界

树形结构码书的率失真优化 4.5.4 节所介绍的树形结构 VQ，对具有相同码树深度的所有路径都使用对称的分裂。码树路径的二值表示对应于定长码字。如果像在熵编码中一样(见 4.4.1 节)，使用路径长度不同的非对称码树，则在率失真准则下，直接将其与变长编码结合可能会获得更好的编码结果。在**树剪枝算法**(tree pruning algorithms)中[Chou, Lookabaugh, Gray, 1989] [Kiang, et al., 1992]，根据分支的有效性，将分支从完整的规则树中移除。与码率代价相比，对失真的降低作用最小的分支将首先被移除。这些分支在操作率失真函数(见 4.3 节)上只能提供较小的斜率。为实现相同的目标，还可以采用相反的设计方法，一步一步地**生成**(growing)一棵树[Riskin, Gray, 1991]。在生成过程中，量化器分区不会在树中的某一深度层次一次性分裂，而是每次都只分裂一次，这样做可以使失真与码率之比得到最大程度的减少。令 D_j 表示式(4.64)中的失真，$\mathrm{Pr}(S_j)$ 表示到目前为止生成算法所接受的树节点(叶)的概率。这两个值可以根据训练集凭经验确定。此外，令 $t(j)$ 表示给定位置处树的深度。如果分区 S_j 将被分为 I 个子分区 $S_{j_1}\cdots S_{j_I}$(通常 $I = 2$)，则减小的失真为

$$\Delta D(S_j) = D_j - \sum_{i=1}^{I} \frac{\mathrm{Pr}(S_{j_i})}{\mathrm{Pr}(S_j)} D_{j_i} \tag{4.86}$$

通过向父节点的索引码字 j 添加 $\log_2 I$ 个比特，可以得到新的索引码字 j_i。具有最大 $\Delta D(S_j)$ 的胞腔(可能出现在树中的任何位置/深度)会一直进行分裂。这个过程会不断继续下去，直到满足某些预先设定的终止条件(比如，失真的界限)。需要注意，对于位于树中叶节点上的向量，这种方法会给出非对称的树结构以及变长码字表示。最终的索引码字可以直接用作变长码序列，并表示唯一的无前缀码字。

4.6 网格编码量化

在 VQ 中，编码器完成由样点块到码字的即时映射，其中码字是由基本码元符号(比特或比特组)构成的。码字序列是独立的，分组码通常正是这种情况。**滑动分组编码**(sliding block coding）是另外一种编码方法，其中码元符号由若干码字共享或者可能会影响其后若干样点的重构。因此，编码器不能即时地选择码元符号，而是具有一定的决策延迟[①]。图 4.34 给出了在滑动分组方法中进行解码的原理。其中，码元符号 $i(m)$ 与其前面的 L 个码元符号 $i(m-1)\cdots i(m-L)$ 进行组合，生成一个输出 $\tilde{s}(m)$，$\tilde{s}(m)$ 本身可以是一个标量值也可以是一个向量值。进行组合时，可以采用线性或非线性映射函数。参数 L 是滑动分组码的**约束长度**（constraint length）。

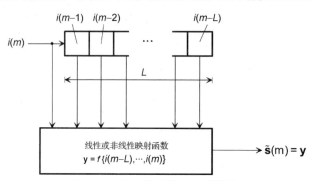

图 4.34　滑动块编码中的解码器

网格码（trellis codes）是应用于信源编码中的滑动分组码的一个重要子类。在**网格编码量化**（trellis coded quantization）中[Marcellin, Fischer, 1990]，映射函数是一个由标量或向量重构值组成的码书，并且码字（码书索引）是由 $L+1$ 个码元符号序列构成的。如果每个码元符号可以由 I 个不同的值实例化，则在重构时，码书 $\mathcal{C}=\left\{\mathbf{y}_j; j=1,2,\cdots,I^{L+1}\right\}$ 会将长度为 $L+1$ 的序列映射为码书 J^{L+1} 个条目中的一个。图 4.35 的例子中给出了可能的解码器状态，其中 $J=2$，$L=2$。如图 4.35（a）所示的状态转换图给出了一个**网格图**（trellis diagram）。在每个解码步骤中，从 $2^3=8$ 个不同的重构向量中，生成 1 个 $\tilde{s}(m)$，其中 8 个重构向量对应于网格中 8 个**分支**（branches）（分别指向网格图中接下来的 $J^L=4$ 种可能状态）。对应的映射表如图 4.35（b）所示。由于 $L=2$ 时的有限状态特性，$i(m-2)$ 之前的码元符号将不会对 $\tilde{s}(m)$ 产生任何直接影响。通过由 L 个码元符号组成的**序言**（prologue）进行初始化，直到获得与编码相关的第一个状态为止。

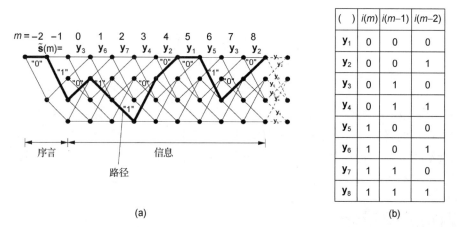

	$i(m)$	$i(m-1)$	$i(m-2)$
$\mathbf{y}_1$	0	0	0
$\mathbf{y}_2$	0	0	1
$\mathbf{y}_3$	0	1	0
$\mathbf{y}_4$	0	1	1
$\mathbf{y}_5$	1	0	0
$\mathbf{y}_6$	1	0	1
$\mathbf{y}_7$	1	1	0
$\mathbf{y}_8$	1	1	1

（a）　　　　　　　　（b）

图 4.35　(a)$J=2$，$L=2$ 的网格图；(b)对应的映射表，组成码字的码元符号以及相应的重构值

① 解码器中存在递归（状态）相关性的情况下（比如，预测编码[Modestino, Bhaskaran, 1981]，基于上下文的编码等），也可以应用“延迟决策编码”。在本节中，只有当码字设计本身与其使用联系在一起时，才可以使用“滑动分组编码”这一术语。

如果把可能的码元符号 $i(m)$ 序列映射为网格图中的**路径**（paths）[见图 4.35(a)]，则可以更好地理解网格编码器的操作。原则上，为了找到最优的码元符号序列，需要比较网格图中所有可能的路径。根据不同路径上累计的代价，然后作出决策（通常都是选择失真最小的路径）。但是在编码器可以确定最优码元符号 $i(m)$ 之前，至少还需要对另外 L 个解码步骤进行比较。利用将在下一节介绍的**维特比算法**（Viterbi algorithm），可以使网格编码中需要进行比较的路径数量总是以 J^{L+1} 为**上限**（upper bounded），这一上限与码书中码字的数量是相同的。

维特比算法　在网格图（见图 4.35 和图 4.36）中，每个节点都可以通过 J 种不同的路径到达，并且每个路径都可以扩展至下一状态中的 J 个节点。然而，由于一个节点的某一扩展会使此节点的所有输入路径都增加等量的失真，因此，到此节点位置为止，产生失真最小的路径将是该节点所有输入路径中最优的。**全局最优路径**（globally optimum path）必然是网格图当前层级中通向 J^L 个不同节点的最优路径之一。因此，[Viterbi, 1967]中提出，在每个编码步骤中，在每个节点处只需要对 J 个不同的输入路径进行比较，然后选择其中最优的一个。如果在某一层级上所有节点的 $M = J^L$ 个候选路径都来自**同一根节点**（one identical root node），则分配给该根节点以前路径的所有码元符号必然属于全局最优路径，因此，在这一编码步骤中，可以将这些码元符号释放。根节点存在于过去的 L^* 个编码步骤中，其中 L^* 的值是可变的（见图 4.36(a)/(b) 中的例子），不过搜索的复杂度都是有限的。每个编码步骤中，总共只需要不超过 $JM = J^{L+1}$ 次的比较操作（关于失真测度）。

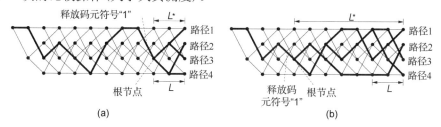

图 4.36　维特比算法，从网格图中保留的路径以及根节点的位置。
(a) L^* 为最小的可能值 $L^* = L = 2$ 时；(b) $L^* > L$ 时

M 算法　这种算法在多路径搜索的每个搜索步骤中，都会保留固定数量的 M（预先选择的）个最优路径。因此，与单路径搜索相比，其复杂度随着 M 的增加而线性地增长，因此，这种算法复杂度不高，并具有较好的并行性，非常适合硬件实现[Mohan, Sood, 1986]。这种算法可以根据多路径、树形，或网格编码方法的具体需求进行灵活的调整。在后一种情况下，当 $M < J^L$ 时，这种方法的复杂度甚至比维特比算法还要低，只是并不能保证能获得全局最优路径。尽管增加 M 值通常可以获得更好的性能，但是考虑到会在一定程度上增加额外的复杂度，这样做可能是不可取的。

码书优化　可以利用在 4.5.3 节中介绍的 GLA 方法的变形形式，对**网格编码量化**（Trellis-Coded Quantization，TCQ）的码书进行优化。这里，维特比算法被用于编码步骤的每次迭代当中，但是对码字的优化仍然是类似的[Stewart, Gray, Linde, 1982]、[Ayanoglu, Gray, 1986]。还可以利用**熵约束**（entropy constraints）或**码率约束**（rate constraints）对 TCQ 的码书进行优化[Fischer, Wang, 1992]，而不需要对 4.5.5 节中的方法进行过多的改动。

4.7 习题

习题 4.1

a) 对于 AR(1) 过程，在"低失真"的假设下，根据式 (4.28)，证明频谱平坦度 $\gamma_s^2 = \sigma_v^2 / \sigma_s^2$。

b) 证明式 (4.31) 的正确性。如果在编码二维可分离 AR(1) 过程时，利用了二维相关性，码率增益可以达到多少？当 $\rho_1 = \rho_2 = 0.95$ 时，在一维和二维情况下，计算增益的值。

c) 对于二维可分离 AR(1) 过程，根据式 (4.40)，在"低失真"范围的边界处，码率为多少？当 $\rho_1 = \rho_2 = 0.95$ 时，计算该码率的值。

d) 在编码一维 AR(1) 过程时，需要选择式 (4.25) 中的失真参数 Θ，使频率被限制在 i) $f_{max} = 1/8$、ii) $f_{max} = 1/4$、iii) $f_{max} = 1/2$。为这些频率 f_{max} 分别确定 Θ 值，其中 AR(1) 过程分别由 I) $\rho = 0.5$ 和 II) $\rho = 0.95$ 定义。

习题 4.2

离散信源字符集中 4 个符号的概率分别为：$\Pr(A) = 0.4$，$\Pr(B) = \Pr(C) = \Pr(D)$。确定香农码的码字符号长度，并画出码树。另外，设计哈夫曼码，计算信源熵以及两种码所需的码率。为什么哈夫曼码更加有效？

习题 4.3

一个无记忆二值过程 [0,1] 由一阶概率 $\Pr(0) = 0.25$ 和 $\Pr(1) = 0.75$ 表征。

a) 计算熵值。

b) 计算样点对，即 $\Pr(0,0)$，$\Pr(0,1)$，$\Pr(1,0)$ 和 $\Pr(1,1)$ 的联合概率，以及三个样点的组合，即 $\Pr(0,0,0)$，$\Pr(0,0,1)$，…和 $\Pr(1,1,1)$ 的联合概率。

c) 采用哈夫曼熵编码方法，根据一阶概率确定码率，然后根据 b) 中确定的二阶、三阶联合概率分别确定样点向量的码率。计算码率与熵之间的差值。

若样点之间是统计独立的（具有相同的一阶概率），并由二值马尔可夫链表征（见图 2.24）。两个转移概率中的一个为 $\Pr(1|0) = 0.5$。

d) 确定概率 $\Pr(0|1)$、$\Pr(1|1)$ 和 $\Pr(0|0)$。

e) 找到样点对 $\Pr(0,0)$、$\Pr(0,1)$、$\Pr(1,0)$ 和 $\Pr(1,1)$ 的概率值。然后，确定哈夫曼码的码字符号长度，计算码率并与 c) 中的结果进行比较并且加以分析说明。

f) 根据式 (5.3) 计算熵，与 c) 和 e) 中的结果进行比较并加以分析说明。

习题 4.4

对一个离散信源进行算术编码。信源输出两个不同的字符"A"和"B"，概率分别为 $\Pr(A) = 0.8$，$\Pr(B) = 0.2$。

a) 计算信源的熵。

b) 假设信源符号是统计独立的，对于 3 个连续信源符号的所有组合，在 [0,1] 的范围内，画出这些组合的概率区间示意图。计算每个概率区间的下限和上限。

若需要以精度为 3 比特的运算单元进行编码。

c) 画出三个连续码元比特的码元区间栅格。根据 3 比特精度，对 b) 中概率区间边界进行舍入。在这种情况下，由于之后的编码过程可以独立地开始，因此，与码元区间完全匹配的概率区间，将不再进行进一步细分。画出与所有保留的区间相对应的码树。对于码树中的每条路径，确定沿路径传输的码元比特序列，以及所表示的信源符号序列。

d) 得到的(每个信源符号的)码率为多少？对于给定的算术运算精度，用得到的码率值与熵进行比较，判断该值是否满足式(4.57)中算术编码所保证的界限。

习题 4.5

采用行程码对有记忆二进制信源进行编码。对信源进行分析后，得到二态马尔可夫链模型的参数为：$\Pr(0|1) = 0.8$，$\Pr(1|0) = 0.4$。

a) 信源输出序列 "0110000101011000"。利用图 5.1(a)/(b) 中所介绍的两种方法进行编码，确定两种方法生成的行程码。

b) 计算序列长度分别为 1、2、3 时的 "0" 序列和 "1" 序列的概率。

c) 对于图 5.1(b) 中的方法，确定行程长度分别为 0、1、2 和 3 时的概率。采用哈夫曼码对行程长度进行编码，其中 ESCAPE 符号表示行程长度大于 3。确定行程长度为 0~3 以及 ESCAPE 的码元序列长度。

d) 如果直到 63 为止的其余行程长度都由定长码进行编码，则行程长度符号的平均码率为多少？

习题 4.6

向量量化中采用的向量长度为 $K = 2$，重构值的数量为 $J = 2$，使用广义劳埃德算法(见 4.5.3 节)对码书进行优化。训练集为 $\boldsymbol{\chi} = \{[-1\ 0]^T; [-3\ -2]^T; [1\ 1]^T; [-5\ -4]^T; [0\ 1]^T; [1\ 0]^T; [2\ 2]^T\}$。

最初，码书中使用的向量为 $\boldsymbol{y}_0 = [-1\ -1]^T$ 和 $\boldsymbol{y}_1 = [1\ 1]^T$。

a) 确定两个迭代步骤中优化的 $\boldsymbol{y}_0$ 和 $\boldsymbol{y}_1$。

b) 对于第二次迭代，确定通过 $\lambda = 65$ 的熵约束 VQ 方法(见 4.5.5 节)得到的优化向量。需要根据在第一次迭代中 $\boldsymbol{y}_j$ 出现的次数确定自信息 $I(S_j)$。当 $\lambda = 0$ 和 $\lambda = 65$ 时，确定第一次迭代后，两个量化器胞腔之间的边界线。画出 $\mathcal{R}^2$ 中的边界线以及重构向量。

习题 4.7

如图 4.37 所示，二维随机向量 $\boldsymbol{s}(n)$ 是均匀分布的，其概率密度函数为 $p_s(x_1, x_2)$。

a) 写出 x_1 和 x_2 的概率密度函数。

b) 确定信号值 $|x_1| \geqslant A/2$ 的概率。

量化中使用的向量量化器具有以下重构值：$\boldsymbol{y}_1 = [-a, 0]^T$；$\boldsymbol{y}_2 = [a, 0]^T$；$\boldsymbol{y}_3 = [0, -a]^T$；$\boldsymbol{y}_4 = [0, a]^T$。

c) 画出 Voronoi 域并确定最优的 a 值。

d) 在量化之前，需要进行线性块变换，因此，可以使用标量量化器代替向量量化器，并对变换系数进行量化。为此，采用哪种标准正交块变换比较合适？画出变换信号空间中的 Voronoi 域。

e) 对于最优的 a 值，确定量化误差的方差。

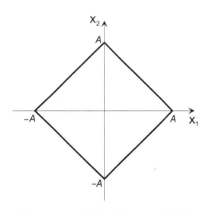

图 4.37 二维均匀向量 PDF 的边界

第5章　信号压缩方法

本章将介绍信号编码的基本概念，这些概念在各种不同类型的多媒体信号(图像、视频、图形、音频、语音)及其相关成分(比如，图像/视频的深度图)中广泛使用。样点间的相关性是一种常见属性，可以通过信号处理将其去除，将信号进行映射获得其等价表示，在获得的表示中，样点之间的统计相关性较小而且是稀疏的，即将信息集中于少量样点上。为此，所使用的最主要的方法是预测编码和变换编码，其中，预测编码是将原始信号映射为预测残差信号，变换编码完成向变换系数的映射。稀疏性很重要，因为它使得许多值都可以表示为零值，而零值能够被非常有效地编码。另一方面，不能将多媒体信号归类为平稳随机过程，因为其局部统计特性往往是变化的。因此，在预测编码和变换编码中，采用合适的压缩方法是至关重要的。但是，所采用的压缩方法往往对某一特定类型的多媒体信号有效，后续的章节将会对与此相关的问题展开更加详细的讨论，本章将介绍一些基本原理。

5.1　行程编码

大多数类型的多媒体信号及其相关成分都需要用多个幅度等级表示。需要通过二进制表示的例子包括二值图像以及各种开关型信息，比如，表示形状和轮廓的图像，或表示开关通断状态的信号。熵编码算法能够直接应用于二值信号，对于顺序依赖关系这种简单的情形，条件概率可以用离散马尔可夫链进行建模(见 2.5.4 节)。

还可以利用**行程编码**(Run-Length Coding，RLC)将二值信号用较少的样点编码成多值信号，RLC 记录的是二值样点序列中两个幅值间发生变化时的位置。这种由二值信号到多值信号的变换是无损的而且是可逆的，其中多值信号通常具有较少的样点数量。如果与变长编码结合使用，也可以将 RLC 视为用于二值信号的条件熵编码方法。行程变换的一个优势是对二值样点的隐式联合编码，码字的复杂度只随行程的最大值呈现线性增长[①]。行程的长度指的是在二值信号中具有相同幅值的连续样点的个数。常用的有两种不同的方法，如图 5.1 所示，二值信号的特性决定了选择哪种方法更加合适。

- 方法 A：行程码表示具有相同幅值的连续样点数量，原则上标记幅值发生变化("0" → "1"，"1" → "0")的位置[见图 5.1(a)]。此外，还需要为解码器传输起始值(这里是 "1")。行程最小的可能值是 1。如果两个幅值出现的概率基本相同，或者幅值保持不变的概率远大于幅值发生变化的概率，那么这种方法比较好。
- 方法 B：行程码只描述某一默认幅值的连续样点数量[在图 5.1(b)中，该幅值为零]，非默认幅值的连续样点数量在其后隐式地给出。行程长度值零用来表示其后面紧跟着的是另一个幅值为非默认值的样点。不需要为解码器传输起始幅值：假定起始值就是

---

① 相反地，如果在进行熵编码时，将二值样点组合为向量，则复杂度将随着向量的长度呈指数增长。即使将 RLC 与行程 VLC 级联组合，设计行程码字的复杂度也比直接对二值序列直接进行 VLC 编码的复杂度低。

默认幅值，否则第一个行程必须是零，如图所示。如果默认幅值出现的概率要远大于非默认幅值出现的概率，或者当概率较小的幅值通常不出现较长的行程长度时，则这种方法更加有效。

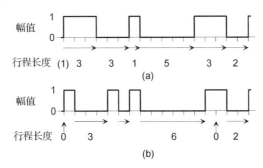

图 5.1　行程编码。(a) 方法 A；(b) 方法 B [默认幅值为 0，$\Pr(0) > \Pr(1)$]

一维二值序列的行程编码可以用二态马尔可夫链进行建模 (见 2.5.4 节)，它的熵根据式 (2.182) 计算。相应地，一个二值信号两种状态的熵分别是

$$H(S_1) = -\Pr(0|1)\log_2 \Pr(0|1) - \Pr(1|1)\log_2 \Pr(1|1) \tag{5.1}$$

$$H(S_0) = -\Pr(1|0)\log_2 \Pr(1|0) - \Pr(0|0)\log_2 \Pr(0|0) \tag{5.2}$$

总熵是二者的均值

$$H(S) = \Pr(0)H(S_0) + \Pr(1)H(S_1) \tag{5.3}$$

马尔可夫链模型的转移概率可以根据某一给定信号的统计信息，通过统计训练集中各行程长度出现的次数获得，然后根据式 (2.164) 确定最优拟合参数。通过定义如式 (2.167) 所示的二值关系 $\mathcal{C} = \mathbf{b}$，可以对二维或多维信号的行程长度值实现更有效的编码，在计算转移概率时会涉及更多的样点，例如，来自二值图像内上一行中的样点 (见 6.1 节)。

利用由式 (2.164) 确定的行程长度概率，可以设计编码方案，获得接近由式 (5.3) 确定的熵速率。注意，式 (2.164) 定义了一个指数分布的概率，所以较长的行程长度具有较高的自信息，需要较长的码字表示。通常，这涉及码字的构造，包括哥伦布-莱斯码或指数哥伦布码 (见 4.4.3 节) 等系统码能够满足其要求。

式 (2.164) 给出了长度为 l 的 "0"、"1" 序列的概率 $\Pr_0(l)$、$\Pr_1(l)$。可以根据式 (2.164) 确定图 5.1 两种方法中行程符号的概率。尽管在图 5.1(a) 的方法中，"0" 和 "1" 行程的数量是相等的，但是两种状态的行程长度的概率可能是不同的。对于状态 "0" 和 "1" 中长度 $l > 0$ 的行程，需要根据概率

$$\Pr_0(l) = \Pr(1|0)[1 - \Pr(1|0)]^{l-1}; \quad \Pr_1(l) = \Pr(0|1)[1 - \Pr(0|1)]^{l-1} \tag{5.4}$$

设计熵编码方法。

对于图 5.1(b) 中的方法，两个连续的符号 "1" (用行程长度 $l=0$ 表示) 的概率为

$$\Pr(l = 0) = \Pr(1|1) \tag{5.5}$$

假定状态由 "1" 变为 "0"，并且接下来是行程长度为 l 的状态 "0"，则行程长度 $l > 0$ 的概率由式 (2.164) 给出。

$$\Pr(l) = \Pr(0\,|\,1)\Pr_0(l) = \Pr(0\,|\,1)\Pr(1\,|\,0)\underbrace{\left[1 - \Pr(1\,|\,0)\right]^{l-1}}_{\Pr(0|0)} \tag{5.6}$$

行程长度信息对传输损耗非常敏感。在行程编码与变长编码相结合时，这种情况就变得更加严重。因此，很有必要引入在 4.4.6 节中所讨论的同步机制。

5.2 预测编码

预测编码普遍应用于语音、图像和视频等多种信息的压缩方案中，要么用于对信号本身的压缩，要么用于对边信息参数的压缩，比如运动向量、量化步长等。变换系数通常也需要进行预测编码。此外，在对信号和参数的无损压缩中，预测编码往往用来去除冗余。

5.2.1 开环和闭环预测系统

图 2.30 给出了线性预测的一般原理。一般来说，即使输入幅度 $s(\mathbf{n})$ 是离散值（PCM 表示），预测误差样点 $e(\mathbf{n})$ 也可能具有连续幅值，所以不能对预测误差信号直接进行熵编码。通过在编码器端和解码器端都令量化估计值 $\hat{s}(\mathbf{n})$ 与 $s(\mathbf{n})$ 的 PCM 表示取自同一有限离散集，这样，$e(\mathbf{n})$ 便也属于某一有限离散集，可以直接对其进行熵编码，解码得到的 $e(\mathbf{n})$ 可以用来实现对 $s(\mathbf{n})$ 的完全重构（无损编码的情况下）。与独立逐样点编码（PCM）相比，在自回归过程中，可以获得的编码增益大小应该与式(4.33)、式(4.31)和式(4.41)所得的结果相当。

有损压缩中，当需要对 $e(\mathbf{n})$ 进行较粗的量化时，情况便不一样了。如图 5.2(a)[①]所示，预测误差样点被映射成为重构值 $e_Q(\mathbf{n})$，则量化误差为 $e_D(\mathbf{n}) = e(\mathbf{n}) - e_Q(\mathbf{n})$。对于任意线性预测系统，可以在频域对其所产生的影响进行表示，其中原始信号所定义的频谱为 $S(\mathbf{f})$，重构信号的频谱为 $\tilde{S}(\mathbf{f})$，预测误差信号的频谱为 $E(\mathbf{f})$，量化的预测误差信号的频谱为 $E_Q(\mathbf{f})$，预测滤波器的频谱为 $H(\mathbf{f})$，量化误差的频谱为 $E_D(\mathbf{f})$。那么，$S(\mathbf{f})$ 和 $\tilde{S}(\mathbf{f})$ 之间的差值由下式确定。

$$\tilde{S}(\mathbf{f}) = \frac{E_Q(\mathbf{f})}{1 - H(\mathbf{f})} = \frac{E(\mathbf{f})}{1 - H(\mathbf{f})} - \frac{E_D(\mathbf{f})}{1 - H(\mathbf{f})} = S(\mathbf{f}) - \frac{E_D(\mathbf{f})}{1 - H(\mathbf{f})} \tag{5.7}$$

由此可得

$$S(\mathbf{f}) - \tilde{S}(\mathbf{f}) = \frac{E_D(\mathbf{f})}{1 - H(\mathbf{f})} \Rightarrow s(\mathbf{n}) - \tilde{s}(\mathbf{n}) = e_D(\mathbf{n}) * b(\mathbf{n}) \tag{5.8}$$

式(5.8)中，$b(\mathbf{n})$ 是递归合成滤波器的冲激响应，其传递函数为式(2.219)，$B(\mathbf{f}) = 1/[1 - H(\mathbf{f})]$。量化误差与合成滤波器的冲激响应进行卷积，所产生的结果称为**漂移**（Drift）。如果信源 $s(\mathbf{n})$ 是高度相关的，正如图像信号，滤波器往往具有很长的冲激响应，那么漂移就会很严重，从而导致重构误差显著增大。

图 5.2(a) 中的系统具有**开环**（Open Loop）结构，解码器端的递归不受编码器端的控制。因此，估计值 $\hat{s}(\mathbf{n})$ 和 $\tilde{s}(\mathbf{n})$ 之间存在差异，其中，后者由重构值得出。图 5.2(b) 给出了**差分脉冲编码调制**（Differential Pulse Code Modulation，DPCM）系统的示意图，DPCM 是一种闭环方法，它能够弥补上述开环结构的不足。对于样点 $s(\mathbf{n})$，预测器使用的估计值 $\hat{s}(\mathbf{n}) = \tilde{\hat{s}}(\mathbf{n})$，该估计值是根据已有的重构值 $\tilde{s}(\mathbf{n})$ 计算得到的，而 $\tilde{s}(\mathbf{n})$ 在编码器端和解码器端是完全相同的。

---

① 图 5.2(a) 所示的系统也称为 D*PCM[Jayant, Noll, 1984]。

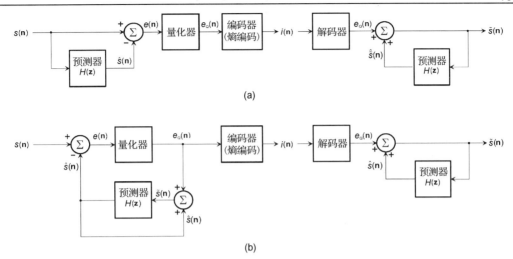

图 5.2 对预测误差信号进行量化的预测系统的编码器和解码器。(a)开环；(b)闭环(DPCM)

预测误差(prediction error) 为

$$\tilde{e}(\mathbf{n}) = s(\mathbf{n}) - \hat{\tilde{s}}(\mathbf{n}) \tag{5.9}$$

对 $\tilde{e}(\mathbf{n})$ 进行量化后的值是 $\tilde{e}_{\mathrm{Q}}(\mathbf{n})$，接下来对该值进行编码和传输。解码器进行如下运算，获得重构值：

$$\tilde{s}(\mathbf{n}) = \tilde{e}_{\mathrm{Q}}(\mathbf{n}) + \hat{\tilde{s}}(\mathbf{n}) \tag{5.10}$$

为了获得完全相同的估计值 $\hat{\tilde{s}}(\mathbf{n})$，在编码端也必须执行式(5.10)中的解码步骤。因此，$\tilde{e}(\mathbf{n})$ 和 $\tilde{e}_{\mathrm{Q}}(\mathbf{n})$ 之间的量化误差与 $s(\mathbf{n})$ 和 $\tilde{s}(\mathbf{n})$ 之间的重构误差(编码误差)便完全相同：

$$\tilde{e}(\mathbf{n}) - \tilde{e}_{\mathrm{Q}}(\mathbf{n}) = \left[s(\mathbf{n}) - \hat{\tilde{s}}(\mathbf{n}) \right] - \left[\tilde{s}(\mathbf{n}) - \hat{\tilde{s}}(\mathbf{n}) \right] = s(\mathbf{n}) - \tilde{s}(\mathbf{n}) = s_{\mathrm{D}}(\mathbf{n}) \tag{5.11}$$

只有当 $\tilde{e}_{\mathrm{Q}}(\mathbf{n}) = \tilde{e}(\mathbf{n})$ 时，即，当对 $\tilde{e}(\mathbf{n})$ 进行的是无损编码时，闭环方法和开环方法才会得到相同的结果。

预测滤波器的传递函数仍然满足式(2.219)，但是，不能再用线性系统描述 DPCM 编码器环路的输入输出关系，因为在 $s(\mathbf{n}) \to e_{\mathrm{Q}}(\mathbf{n})$ 的映射过程中，量化是非线性运算。与式(4.33)类似，将原始信号和预测误差信号的方差之比定义为 DPCM 系统的编码增益：

$$G = \frac{\sigma_s^2}{\sigma_{\tilde{e}}^2} \tag{5.12}$$

DPCM 是为解决偏移问题所采用的方案，它也会产生一些负面效应。这种效应称为**量化误差反馈**(quantization error feedback)。在频域将式(5.9)~式(5.11)表示为

$$\tilde{E}_{\mathrm{D}}(\mathbf{f}) = \tilde{E}(\mathbf{f}) - \tilde{E}_{\mathrm{Q}}(\mathbf{f}) = S(\mathbf{f}) - \tilde{S}(\mathbf{f}) \text{ 和 } \tilde{E}_{\mathrm{Q}}(\mathbf{f}) = \tilde{S}(\mathbf{f})(1 - H(\mathbf{f})) \tag{5.13}$$

由此可得

$$\tilde{E}_{\mathrm{Q}}(\mathbf{f}) = \left[S(\mathbf{f}) - \tilde{E}_{\mathrm{D}}(\mathbf{f}) \right] \left[1 - H(\mathbf{f}) \right]$$
$$\tilde{E}(\mathbf{f}) = \tilde{E}_{\mathrm{Q}}(\mathbf{f}) + \tilde{E}_{\mathrm{D}}(\mathbf{f}) = \underbrace{S(\mathbf{f}) \left[1 - H(\mathbf{f}) \right]}_{E(\mathbf{f})} + \tilde{E}_{\mathrm{D}}(\mathbf{f}) H(\mathbf{f}) \tag{5.14}$$

其中，$E(\mathbf{f})$ 是在开环结构中使用相同预测器时的预测误差频谱。在闭环 DPCM 结构中的预测

误差是

$$\tilde{e}(\mathbf{n}) = e(\mathbf{n}) + \tilde{e}_D(\mathbf{n}) * h(\mathbf{n}) \tag{5.15}$$

这说明，DPCM 的预测误差信号 $\tilde{e}(\mathbf{n})$ 中（与开环结构相比）还包括量化误差 $\tilde{e}_D(\mathbf{n})$ 与预测滤波器冲激响应的卷积。由于该卷积与 $e(\mathbf{n})$ 是相互统计独立的，所以不可避免地会造成方差的增加以及 DPCM 的预测增益（如式（4.33）所示）低于有损编码时的最大可能增益（如式（5.12）所示）。卷积还会产生的效应是使预测误差变得具有相关性，这不同于自回归过程中的新息信号，它是高斯白噪声。这意味着，可以利用反馈现象对预测误差进行进一步压缩，但是这并不容易实现，因为在超前决策中，可能需要跟踪大量的状态。而且，对于码率较低的情况，这一效应会更加明显。极端情况下，所有的样点都被量化为零，那么所有的信息都丢失了，即 $\tilde{E}_Q(\mathbf{f}) = 0$，$\tilde{E}_D(\mathbf{f}) = S(\mathbf{f})$，并且 $\tilde{S}(\mathbf{f}) = 0$。$D = \sigma_s^2$，$R = 0$ 正是图 4.5 中所有率失真图形均收敛的点。由于解码器不能获得关于之前已有样点的任何信息，因此，预测也就失去了意义。

5.2.2 非线性移变预测

尽管在预测中采用 LSI 系统有利于分析在频域产生的影响，但是也可以通过非线性移变系统实现预测。当信号具有局部变化的统计特性时，以及/或者不能利用协方差分析对高阶统计相关性进行建模时，非线性移变系统则尤其有用。一些常用的非线性和/或移变预测器包括[①]以下几种：

- 中值和加权中值预测器。
- 在预测中制定规则控制某些样点影响的预测器，比如，剔除那些被视为"异常值"的样点，或者根据方向、运动信息、基音频率等，优先考虑那些预期能够获得最优外推的样点。
- 采用基于非线性函数拟合外推的预测器。
- 高阶多项式（例如，Volterra 滤波器）预测器。
- 系数具有局部适应性的线性预测器。
- 采用与信号相关的偏移或者采样位置调整的预测器。
- 采用神经网络的预测器。

无论预测方法是线性的还是非线性的，只要信号是非平稳的，合理地利用**局部自适应性**（local adaptation）的方案往往都能够提高预测性能。图 5.3 中的框图给出了预测器自适应的组件。在对信号统计特性的局部分析和估计中，往往把最小化预测误差的方差作为目标，来确定预测器的参数。基于自协方差统计特性（见 2.6.2 节）和运动估计的线性预测器优化便是一个例子。自适应预测中采用的基本方法有以下两种：

- 前向自适应。利用将要进行编码的块/区域中的样点对预测器的参数进行优化，同时，还需要将预测滤波器的参数作为边信息传送给解码器。
- 后向自适应。利用解码器已经获得的信号值和预测误差值（以前接收到的和重构的）调整预测器系数。不需要编码和传输预测器的参数，因为在编码器端和解码器端能够完成完全相同的运算。没有额外的信息使码率增加，但是这种方法可能会对信号统计特性的局部变化和传输误差更加敏感。

---

① 对预测值 $\hat{s}(\mathbf{n})$ 的量化也会引入非线性，然而，如果预测的精度足够高，这种非线性便可以忽略。

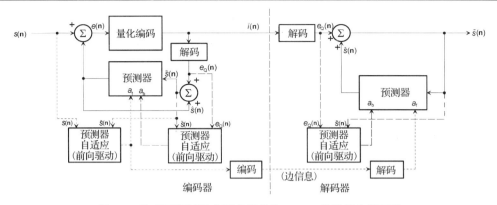

图 5.3 集成了预测器自适应组件的 DPCM 编码器和解码器

前向自适应和后向自适应方法的使用并没有排他性，将二者当中的某些组件联合起来使用可能更有优势。例如，在解码器中，调用某一后向自适应组件会很有益处，是否调用该组件由编码器通过衡量其带来的增益决定。同样，由于后向自适应方法往往能省去对边信息的传输，由解码器拥有的信息所确定的参数还能够用于实现高效的编码（"边信息的预测"）。这种方案中，编码器需要完全复制解码器的行为，这是因为若编码器端和解码器端的自适应之间存在偏差，将会造成额外的漂移效应。

5.2.3 传输损耗的影响

正如上面所讨论的，预测编码中，当在编码器端和解码器端所进行的预测不同时，往往会发生漂移。即使采用的是闭环结构，当在易错信道中发生**传输损耗**(transmission losses)时，在解码器端的预测中实际所使用的信息，与编码器端假设其所使用的信息是不同的。为了避免讨论量化误差反馈和传输损耗扩散间的相互影响，接下来的分析中，我们仅考虑无损编码，即在信道中如果没有发生传输错误，有 $E_Q(\mathbf{f}) = E(\mathbf{f})$ 和 $\tilde{S}(\mathbf{f}) = S(\mathbf{f})$ 。假设，由于数据丢失，在输入合成滤波器之前，重构预测误差上又叠加了 $\hat{E}(\mathbf{f})$ 。受此影响，重构信号如下所示：

$$\tilde{E}(\mathbf{f}) = E(\mathbf{f}) + \hat{E}(\mathbf{f})$$

$$\tilde{S}(\mathbf{f}) = \frac{E(\mathbf{f})}{1 - H(\mathbf{f})} + \frac{\hat{E}(\mathbf{f})}{1 - H(\mathbf{f})} = S(\mathbf{f}) + \frac{\hat{E}(\mathbf{f})}{1 - H(\mathbf{f})} \tag{5.16}$$

重构信号中的其他干扰成分是信道误差成分 $\hat{E}(\mathbf{f})$ 与（递归）合成滤波器冲激响应的卷积。如果 $\hat{e}(\mathbf{n})$ 具有类脉冲噪声的特性（比如，随机误码），则重构值中包含叠加的合成滤波器冲激响应（在错误发生位置产生的）。就总损耗而言，有 $\hat{E}(\mathbf{f}) = -\tilde{E}_Q(\mathbf{f})$ ，产生的（随时间增加的）漂移效应与采用开环编码时相似，如式 (5.8) 所示，

$$S(\mathbf{f}) - \tilde{S}(\mathbf{f}) = \frac{-\hat{E}(\mathbf{f})}{1 - H(\mathbf{f})} = \frac{\tilde{E}_Q(\mathbf{f})}{1 - H(\mathbf{f})} \Rightarrow s(\mathbf{n}) - \tilde{s}(\mathbf{n}) = \tilde{e}_Q(\mathbf{n}) * b(\mathbf{n}) \tag{5.17}$$

5.2.4 向量预测

预测编码可以应用于一组样点，所以向量预测值 $\hat{\mathbf{s}}(\mathbf{m})$ 可以根据之前的（解码的）样点 $\tilde{\mathbf{s}}(\mathbf{m'})$ 计算，得到残差向量：

$$\mathbf{r(m)} = \mathbf{s(m)} - \mathbf{\hat{s}(m)}，其中 \quad \mathbf{\hat{s}(m)} = f\{\mathbf{\tilde{s}(m')}\,|\,\mathbf{m'} < \mathbf{m}\} \tag{5.18}$$

DPCM 向量扩展的框图如图 5.4 所示。这种方法所带来的好处，类似于向量量化（VQ）相对于标量量化所具有的好处。而且，可以设计残差向量的码书，使预测残差信号的统计特性（包括在较低码率时，产生的量化误差反馈特性）能够得到更好的利用。

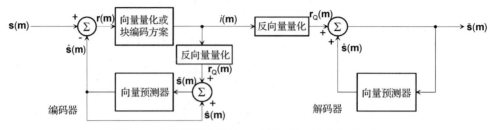

图 5.4　向量预测编码（闭环方案，编码器与解码器）

事实上，向量中的样点并不能由同一向量中的其他样点进行预测，这意味着，预测误差样点不再是由**一步**（one-step）预测获得的，这与 DPCM 中所假设的不同。这里要考虑的是，AR(1) 过程中样点的一维向量预测，其中对当前的 K 维向量 $\mathbf{s} = [s(n+1) \;\cdots\; s(n+K)]^T$ 进行预测并映射为一个残差向量 $\mathbf{r} = [r(1) \;\cdots\; r(K)]^T$。根据自回归过程的特性，只有通过前一向量中距离当前向量最近（最后）的样点 $s(n)$ 才能最好地预测当前向量中的所有样点[1]。

考虑到样点之间的协方差，当前向量中样点的最优预测值为

$$\hat{s}(n+k) = \rho^k s(n) \Rightarrow r(k) = s(n+k) - \rho^k s(n), \quad k > 0 \tag{5.19}$$

例如，对于离 $s(n)$ 较远的样点而言，方差变大，预测变差。预测残差中，第 k 个样点的方差为[2]

$$\mathcal{E}\{r^2(k)\} = \mathcal{E}\{s^2(n+k)\} + \rho^{2k}\mathcal{E}\{s^2(n)\} - 2\rho^k \underbrace{\mathcal{E}\{s(n)s(n+k)\}}_{\sigma_s^2 \rho^k} = \sigma_s^2(1 - \rho^{2k}) \tag{5.20}$$

它的值随 k 的增加而增加。$\mathbf{r}$ 中样点之间自协方差的值为

$$\begin{aligned}
\mathcal{E}\{r(l)r(k)\} &= \mathcal{E}\{(s(n+l) - \rho^l s(n))(s(n+k) - \rho^k s(n))\} \\
&= \underbrace{\mathcal{E}\{s(n+l)s(n+k)\}}_{\sigma_s^2 \cdot \rho^{|k-l|}} - \rho^l \underbrace{\mathcal{E}\{s(n)s(n+k)\}}_{\sigma_s^2 \cdot \rho^k} \\
&\quad - \rho^k \underbrace{\mathcal{E}\{s(n)s(n+l)\}}_{\sigma_s^2 \cdot \rho^l} + \rho^l \rho^k \underbrace{\mathcal{E}\{s^2(n)\}}_{\rho^l} \\
&= \sigma_s^2(\rho^{|k-l|} - \rho^{|k+l|})
\end{aligned} \tag{5.21}$$

这样，预测误差向量中的样点仍具有相关性，但是与原始 AR(1) 随机向量中样点间的相关性相比，其相关性较弱[3]。因此，在对 $\mathbf{r}$ 进行去相关后［例如，进行线性变换或者联合量化（VQ）］可以获得更大的压缩增益。在后一种情况下，向量量化的码书设计应该考虑残差向量 $\mathbf{r}$ 中的统计相关性。

为了使码书和预测残差信号的统计特性获得更好的匹配（其中，向量内的相关性和与码率

---

[1] 事实上，在闭环方法中，应该根据重构点 $\tilde{s}(n)$ 进行预测。这里我们假设的是无损压缩，而且在没有量化误差反馈的条件下，研究向量预测的影响。

[2] 而且，向量预测是移变的，例如，残差与向量的起始位置有关。

[3] 二维向量预测也同样存在这一现象（见 6.3.2 节）。

相关的量化误差反馈特性是尤其重要的)，在 GLA 迭代中，采用如图 5.5 所示的**闭环码书设计**（closed-loop codebook design）。这种情况下，每次迭代都更新原始图像信号值与预测误差向量的映射关系[Cuperman, Gersho, 1985]。

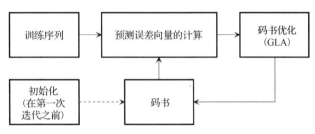

图 5.5　向量 DPCM 中的码书设计

如果进行的是无损编码，可以由原始样点得到稳定的预测值(这是因为解码器可以对这些样点进行无失真重构)。这种情况下，可以用向量 $\mathbf{s(m)}$ 内前面的样点预测后面的样点，残差向量 $\mathbf{r}$ 可以由一系列预测误差样点 $e(\mathbf{n})$ 通过 $e(\mathbf{n}) = s(\mathbf{n}) - \hat{s}(\mathbf{n})$ 进行预测，其中有 $\hat{s}(\mathbf{n}) = f\{s(\mathbf{n}')|\mathbf{n}' < \mathbf{n}\}$，像传统的逐点预测一样，相当于图 2.30(b) 中所示的系统。对于一维情况，如果 $\mathbf{s}(m)$ 是 AR(1) 过程的一个随机向量，与式 (5.21) 不同，残差向量 $\mathbf{r}(m) = \mathbf{e}(m)$ 中的样点将是非相关的，方差 $\sigma_e^2 = \sigma_s^2(1 - \rho^2)$ 将与样点在向量中的位置及起始位置无关(具有移不变性)。

把预测误差样点组织为向量 $\mathbf{e(m)}$，可以将一步(逐像点)预测的方法扩展用于有损编码。很容易利用向量序列中的样点对图 2.30(c) 中的合成滤波器进行激励。然而，进行有损编码时，由于式 (5.8) 中量化误差的卷积也会发生在当前向量的样点之间，因此，$\mathbf{e(m)}$ 与它的编码表示 $\tilde{\mathbf{e}}$ (即码书中的向量)之间的直接映射不再与重构误差 $\mathbf{s(m)} - \tilde{\mathbf{s}}(\mathbf{m})$ 相一致。一种可能的解决方案是，编码器根据激励的各个可能编码表示 $\tilde{\mathbf{e}}$ 对向量 $\tilde{\mathbf{s}}(\mathbf{m})$ 进行重构，这称为**合成分析**（Analysis by Synthesis，A/S）编码。然而，这种方法的复杂度相当高，因为除对失真进行比较外，还需要对每个 $\tilde{\mathbf{e}}$ 进行卷积运算(递归滤波器)。

把预测值分解为两部分，其中"确定性"部分 $\hat{\mathbf{s}}$ 仅利用式 (5.18) 中以前解码的向量样点 $\tilde{\mathbf{s}}(\mathbf{m}')$ 进行预测，而另一部分包含当前向量 $\mathbf{e(m)}$ 中以前预测误差样点所产生的影响。这样做可以实现一种可行的简化方法。在线性预测的情况下，由于适用于叠加原理，所以这种分解是可行的。无损编码时，由预测误差(新息)样点 $\mathbf{e}$ 到信号样点向量 $\mathbf{s}$ 的映射，能够表示为线性矩阵运算 $\mathbf{s} = \mathbf{Be} + \hat{\mathbf{s}}$，其中 $\hat{\mathbf{s}}$ 表示由以前解码的样点得到的初始预测值，$\mathbf{Be}$ 表示 $\mathbf{s}$ 中样点之间预测的影响，这部分是由合成滤波器确定的。需要注意的是，对于任何样点 $\mathbf{e}$，$\hat{\mathbf{s}}$ 都是相同的，并且重构值与原始值 $\mathbf{s}$ 也是相同的。因此，可以定义如下映射关系得到式 (5.18) 中的残差信号，而该信号只能从"确定性"部分中获得，

$$\mathbf{r} = \mathbf{s} - \hat{\mathbf{s}} = \mathbf{Be} \Rightarrow \mathbf{e} = \mathbf{B}^{-1}\left[\mathbf{s} - \hat{\mathbf{s}}\right] \tag{5.22}$$

这样做带来的好处是，在 $\mathbf{r}$ 域中，即使在有损编码的情况下，编码误差和重构误差 $\mathbf{s} - \tilde{\mathbf{s}}$ 也是相同的。线性矩阵映射进一步说明，如果用量化表示 $\mathbf{e}$ 对 $\tilde{\mathbf{e}}$ 进行表示，那么重构误差为

$$\mathbf{s} - \tilde{\mathbf{s}} = \mathbf{r} - \tilde{\mathbf{r}} = \mathbf{B}\left[\mathbf{e} - \tilde{\mathbf{e}}\right] \tag{5.23}$$

可以得到平方误差(欧几里得距离)

$$\left[\mathbf{s} - \tilde{\mathbf{s}}\right]^{\mathrm{T}}\left[\mathbf{s} - \tilde{\mathbf{s}}\right] = \left[\mathbf{e} - \tilde{\mathbf{e}}\right]^{\mathrm{T}}\mathbf{B}^{\mathrm{T}}\mathbf{B}\left[\mathbf{e} - \tilde{\mathbf{e}}\right] \tag{5.24}$$

因此，当在预测误差 **e** 域中[①]确定平方误差时，可以把 $\mathbf{B}^{\mathrm{T}}\mathbf{B}$ 用作一个加权矩阵。如果 $\mathbf{B}^{\mathrm{T}}\mathbf{B}$ 可以预先计算得到(即不是自适应预测)或 $\mathbf{B}^{\mathrm{T}}\mathbf{B}$ 是相对稀疏的(当它表示的递归滤波器的冲激响应长度大于当前向量的长度时，便不是这种情况)，那么与 A/S 方法相比，这种方法的复杂性较低。另外，也可以在频域进行加权(称为"频域噪声整形")，其中采用的平方编码误差的权值是通过合成滤波器的平方傅里叶传递函数获得的。由于在自适应线性预测中，合成滤波器的冲激响应是编码信号频谱形状的近似表示，这些权值可以进一步用于对掩蔽效应(量化误差不易被察觉)的利用。这正是为什么当部分地忽略漂移效应时，开环预测特别适用于语音信号的原因之一。

5.2.5　延迟决策预测编码

当用 VQ 或其他码书类型的方法表示新息向量 **e** 时，需要根据式(5.24)在离散集中寻找最匹配的量化向量。然而，候选量化向量的个数一般是趋于无穷大的，当 **e** 是变换编码的输入且具有大量的候选量化向量时，或者如果利用一个与"延迟决策编码"相似的方法评价当前的量化决策对后续样点的影响时，都可能是这种情况。例如，[Schumitsch, et al., 2003]中提出了一种视频编码器，把运动补偿预测的结果映射为一个线性矩阵(在概念上类似于 **B**，但是由于每个样点只对其后图像中的少量样点产生影响，所以该线性矩阵相对稀疏)，并利用线性递归方法找出 $\tilde{\mathbf{e}}$，使 $\tilde{\mathbf{e}}$ 满足 $\|\mathbf{r} - \mathbf{B}\tilde{\mathbf{e}}\|^2 = \min$。在优化中也可以加入码率约束。然而，就计算量而言，这种方法是极其复杂的。

在解码器端，A/S 编码的复杂度适中，无论其是否在向量预测中使用，也无论其是否用于编码器的延迟决策运算[②]。如果编码递归相关样点的自由度较大(多维信源通常正是这种情况)，则很难控制采用全搜索算法的 A/S 编码的复杂度。除此之外，还可以只在最有可能成为最优量化向量的候选向量之间进行比较，并通过进行多次编码选出最优量化向量。如果能够把决策之间的相关性映射为图形结构，比如，树形结构或网格结构(见 4.6 节)，则可以采用多路径搜索编码算法实现最优向量搜索。**相关信源的树形编码**(tree coding of correlated sources)便是一个例子，其中使用 AR 合成滤波器作为码字生成器(见图 2.27)，它的输入是码书中的新息信号。其中信号可以由标量值表示，也可以由向量值表示。如果在每一个编码/解码步骤中使用 J 个不同的码字符号，那么解码器中的可能状态就可以看成是 J 叉树(见图 5.6)。

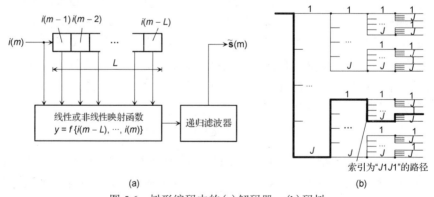

(a)　　　　　　　　(b)

图 5.6　树形编码中的(a)解码器；(b)码树

---

① 式(5.23)相当于式(5.8)中的卷积，表示单个向量的矩阵运算。
② 通常通过多次编码实现，以研究各种编码器选项产生的影响。

确定树形结构的全局最优路径是非常复杂的，而次优算法在每个层级中保留 M 个最优候选节点，次优算法的复杂度与决策约束长度 L 无关，因此是比较有效的方法，见[Anderson, Mohan, 1984] [Ohm, Noll, 1990]。

5.2.6　多分辨率金字塔中的预测

如果已知的是一个低分辨率信号，可以利用该信号获得高分辨率信号当前位置处的信号估计值 $\hat{s}(\mathbf{n})$。在最简单的情况下，低分辨率信号是通过跳过一些样点产生的，而这些样点应该能够利用其他保留下来的样点预测获得。图 5.7[1]给出了一个例子，其中将一个两层的分级结构应用于一维信号上(利用 4:1 下采样的样点预测 2:1 下采样中缺失的样点，利用 2:1 下采样的样点预测全分辨率中缺失的样点)。

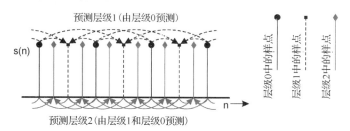

图 5.7　一维信号多分辨率金字塔预测(3 个层级，由 4 个样点进行双边预测)的原理

其原理与图 2.66(a)中的拉普拉斯金字塔方法相同，只是忽略了抗混叠下采样滤波器 $H(\mathbf{z})$。预测上一层中缺失的样点时，仍然需要使用内插滤波器 $G(\mathbf{z})$[2]。与原始拉普拉斯金字塔方案不同，由于保留下来的样点是不变的，重构这些样点不需要差分信息，因此此里的多分辨率金字塔是临界采样的多分辨率表示(金字塔各个层级上积累的样点数量与原始信号所具有的样点数量相同)。

还可以这样理解，下采样信号建立了一个多相成分，并用其预测其他多相成分。但是，如果不对下采样信号进行滤波，往往会产生混叠，当信号中包含高频成分时，通常会使预测的质量下降。在频域中能够更好地对此特性进行分析。由于没有对下采样信号进行滤波，便会产生混叠，所以对于一维信号，有

$$\hat{S}(f) = \frac{1}{2}\big[S(f) + S(f-1/2)\big]G(f) \tag{5.25}$$

其中，$G(f)$ 是内插滤波器的傅里叶传递函数。图 5.7 中所示的例子中，有 $G(f) = 2\cos^2(\pi f)$。

$$E(f) = S(f) - \hat{S}(f) = S(f)\big[1-\cos^2(\pi f)\big] - S(f-1/2)\cos^2(\pi f) \tag{5.26}$$

如果 $S(f)$ 具有极端的低通特性，余弦平方滤波器会在很大程度上压缩混叠频谱 $S(f-1/2)$，其中，余弦平方滤波器是一个 $f \to 1/2$ 时，响应趋近零的梳状滤波器。否则，混叠成分会使预测的质量降低[3]。

---

① 本节只详细分析了二进(亚采样因子为 2)亚采样的情况，但其他情况与此类似。

② 图 5.7 所示的例子中，对相邻的两个样点取平均，来预测二者中间的样点，而保留的样点保持不变。那么内插滤波器便是一个 $\mathbf{g} = [1/2\ 1\ 1/2]^{\mathrm{T}}$ 的线性内插器，$|G(f)| = [1+\cos(2\pi f)] = 2\cos^2(\pi f)$。使用保持插值法(样点复制)，即 $\mathbf{g} = [1\ 1]^{\mathrm{T}}$，$|G(f)| = 2\cos(\pi f)$，产生的信号质量较差，信号中存在较多混叠。也可以使用质量较好的内插器。

③ 这里所讨论的方法在视频压缩的分级 B 帧预测[见图 7.8(b)]中得到了应用。其中，通过使用运动补偿，时间轴上的频谱通常能够满足这里提到的优良特性。

　　如果在下采样前使用低通滤波器对混叠成分进行压缩，则下采样信号便不再是高分辨率信号的多相成分，信号重构时，不能将低分辨率样点直接插入，而是需要对高分辨率信号的所有位置都进行预测。因此，这种表示是过完备的(拉普拉斯金字塔，见 2.8.6 节)。预测值为

$$\hat{S}(f) = \frac{1}{2}\big[S(f)H(f) + S(f-1/2)H(f-1/2)\big]G(f) \tag{5.27}$$

所以[①]

$$\begin{aligned}
E(f) &= S(f) - \hat{S}(f) \\
&= S(f)\big[1 - H(f)G(f)\big] - S(f-1/2)H(f-1/2)G(f)
\end{aligned} \tag{5.28}$$

在预测中通过使用理想低通滤波器 $H(f) = G(f) = \mathrm{rect}(2f)$ 压缩混叠成分并保留信号中小于 $|f| = 1/4$ 的所有成分，可以获得最优预测。在这种情况下，残差信号中将只包含高频成分[②]。在金字塔各个层级上，残差信号和原始信号具有相同的分辨率，而且进行理想滤波时，残差信号将是相关的

$$\phi_{ee}(f) = \phi_{ss}(f)\mathrm{rect}(2f-1/2)\bullet\!\!-\!\!\circ\varphi_{ee}(m) = \varphi_{ss}(m) * \left[\frac{1}{2}\mathrm{sinc}(\pi m/2)(-1)^m\right] \tag{5.29}$$

　　开环预测和闭环预测的概念在金字塔预测结构中同样适用。闭环系统中，在使用低分辨率信号对高分辨率信号进行预测之前，编码器必须先对低分辨率信号进行本地解码。为了克服过完备金字塔的不足，同时为了避免码率过度增加，应该合理地利用残差样点间的冗余[③]。采用多分辨率方法比采用逐像点预测方法得到的相关预测值序列的长度要短。因此，假如通过信道编码机制合理地保护那些会对多个样点产生影响的样点(例如，低分辨率层中的样点)，则可以减小可能的信道损耗对解码结果所产生的影响。

　　在**开环预测**(open-loop prediction)中，与式(5.8)类似，量化误差会扩散到之后的相关解码步骤中。金字塔预测结构中，预测合成滤波器就是内插滤波器，其中，量化误差扩散的方差由内插器的冲激响应确定。使用理想内插器(正弦函数)时，各样点量化误差的方差放大倍数取决于上采样率，而相邻更高分辨率层级中的样点将是带限的。因此，当重构全分辨率信号时，频谱中的低频区间往往具有较大的总误差(见图 5.8，4:1 下采样，$K = 3$，即两个差分金字塔层级)。

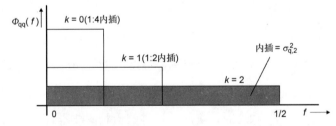

图 5.8　多分辨率金字塔中开环量化误差扩散的影响，其中各个层级进行相同的量化，并假设对一维信号采用理想内插滤波器(图中给出了 $K = 3$ 个层级)。总误差增加为原来的 K 倍，但在频率上并不是均匀分布的

----

① 根据信号的特点，可以采用具有半个像点相移的下采样滤波器，以便在预测全分辨率信号的(奇/偶)多相位置时获得对称性。

② 这意味着，在使用理想滤波器的情况下，原则上预测误差信号也可以是下采样的，类似于子带系统，见图 2.49(c)。但是，这样做会引入移变特性，在一些使用场景中(比如，与运动补偿联合使用时)，这一特性会带来不利影响。

③ 可以通过变换编码或基于上下文的熵编码实现。需要注意的是，在给定的某一金字塔层级内的残差样点之间，不进行预测递归。由于高分辨率层级中相邻的样点是由低分辨率层级中相同的样点进行预测得到的，那么对应的残差信号是冗余的。

由于在差分金字塔中，所有层次的误差逐渐累积，同时各层次的误差可以看成是统计独立的，最高分辨率层级的总重构误差的方差是所有层级的量化误差方差之和(其中，$k=0$ 表示缩小的信号，$k=1,\cdots,K-1$ 表示预测的差分层级)

$$\sigma_{q,tot}^2 = \sum_{k=0}^{K-1} \sigma_{q,k}^2 \tag{5.30}$$

然而，由于来自较低层次的量化误差具有低通特性，所以总重构误差的频谱不是平坦的(尽管在某些个别层次上频谱是平坦的，如图 5.8 所示)。因此，在对低分辨率层级进行量化时，应该使失真较小，这将在接下来的部分进行讨论。

假设需要编码一个高斯 PDF 过程(其中残差也是高斯分布的，满足式(4.23)中的率失真函数)，不同层级中，各成分的方差可以根据功率谱以及下采样滤波器和上采样滤波器的传递函数求得。比如，进行二进分解，得到一个下采样信号($k=0$)和一个残差信号($k=1$)：

$$\sigma_{e,0}^2 = \int_{-1/4}^{1/4} \left[H^2(f)\Phi_{ss}(f) + H^2(f-1/2)\Phi_{ss}(f-1/2) \right] df$$

$$\sigma_{e,1}^2 = \int_{-1/2}^{1/2} \Phi_{ss}(f) - \left[H^2(f)\Phi_{ss}(f) + H^2(f-1/2)\Phi_{ss}(f-1/2) \right] G^2(f) df \tag{5.31}$$

现在，以"低失真情况"为例，金字塔中的各个层级一直到全分辨率残差，都分配到一个正的码率。那么，由于每增加一个分辨率层次，样点的数量将翻倍

$$R \sim \frac{1}{2} \sum_{k=0}^{K-1} 2^k \log_2 \frac{\sigma_{e,k}^2}{\sigma_{q,k}^2} = \frac{1}{2} \sum_{k=0}^{K-1} 2^k \log_2 \sigma_{e,k}^2 - \frac{1}{2} \log_2 \prod_{k=0}^{K-1} \left(\sigma_{q,k}^2 \right)^{2^{-k}} \tag{5.32}$$

当右侧表达式取得最大值时，总的码率取得最小值，这正对应于量化低分辨率层级时使失真较小的情况

$$\left(\sigma_{q,k}^2 \right)^{2^{-k}} = \text{const.} \Rightarrow 2^{-k} \log_2 \sigma_{q,k}^2 = \text{const.} \Rightarrow \sigma_{q,k} \sim 2^{k-1} \tag{5.33}$$

从这一结果可见，量化步长的大小线性地影响量化误差的标准差，在金字塔中，每增加一个层级，量化步长的大小应该增加一倍。因此，可以计算出式(5.30)中最高分辨率层次的总量化误差

$$\sigma_{q,tot}^2 = \sum_{k=0}^{K-1} 2^{k-K+1} \sigma_{q,K-1}^2 = 2^{-K+1}(2^K-1)\sigma_{q,K-1}^2 = (2-2^{1-K})\sigma_{q,K-1}^2 \tag{5.34}$$

式(5.34)的上限是只编码最高分辨率层级信号时所产生的量化误差方差的两倍。然而，只有当需要编码的信号具有平坦的频谱(白噪声)时，产生的量化误差方差才会达到上限。考虑一般情况下的相关信号，由于式(5.32)中的预测误差方差 $\sigma_{e,k}^2$ 比较小，因此可以节省码率，节省下来的码率可以补偿由于总量化误差方差的增加带来的影响。然而，需要注意的是，二进过完备金字塔结构的另一个缺点是，需要对多达两倍数量的样点(与全分辨率相比)进行编码。极端情况下，若信号中含有低频结构(全局上是平稳过程，或局部是真实信号)，则在较高层级中残差的方差接近于零。这种情况下，编码较高层级不需要消耗码率，它们对总误差的贡献远低于前面假设的 $\sigma_{q,k}^2$。如果下采样和上采样中均不出现混叠，则由较低

层级扩散来的量化噪声较少，但是仍然有必要尽可能减小这种噪声，也就是说，应该利用门限来决定某一层级的残差是彻底丢弃掉还是量化为非零值，其中，该门限的大小随着层级 k 的增加而增加。

采用闭环预测的金字塔层级，量化误差并不累积，所以重构误差等于最高分辨率层级的量化误差 $\sigma_{q,K}^2$。然而，根据式(5.15)，由于相邻较低分辨率层级产生的量化误差 $\sigma_{q,k-1}^2$ 会使较高分辨率层级的预测误差样点的方差 $\sigma_{e,k}^2$ 增加 $\sigma_{q,k-1}^2$，从而导致估计值 $\hat{s}_k(\mathbf{n})$ 的质量下降。所得的总码率为

$$R_{\text{total}} = \frac{1}{2}\sum_{k=0}^{K-1} 2^k \log_2 \frac{\sigma_{e,k}^2 + \sigma_{q,k-1}^2}{\sigma_{q,k}^2} = \frac{1}{2}\sum_{k=0}^{K-1} 2^k \log_2(\sigma_{e,k}^2 + \sigma_{q,k-1}^2) - \frac{1}{2}\log_2 \prod_{k=0}^{K-1}(\sigma_{q,k}^2)^{2^{-k}} \tag{5.35}$$

同样，在式(5.33)的条件下，等式右边最后一项取得最大值。但是，这种设置并不能保证 R_{total} 取得最小值，因为等式中的另一项引入了与各个金字塔层级中残差信号方差分布的相关性，并且该项还与量化误差本身的值有关，即它是与码率相关的。但是，各层次的量化误差方差采用式(5.33)中的值，只会使码率略有增加，这是因为

$$R_{\text{total}} = \frac{1}{2}\sum_{k=0}^{K-1} 2^k \log_2 \frac{\sigma_{e,k}^2 + \sigma_{q,k-1}^2}{\sigma_{q,k}^2} = \frac{1}{2}\sum_{k=0}^{K-1} 2^k \log_2\left(\frac{\sigma_{e,k}^2}{\sigma_{q,k}^2} + \frac{1}{4}\right) \tag{5.36}$$

对于那些可以准确预测的信号(包含较少细节的内容)，甚至更应该将全部码率预算都用于对最低分辨率成分进行更加精细的量化，从而得到较准确的预测值，并在重构高分辨率成分时获得较小的重构误差。

然而，到目前为止所讨论的问题，在下采样和上采样滤波器中，均忽略了以下几点：

- 理想情况下，第 k 层级中的残差信号中并不包含任何低频成分，但是由于对用于预测的下采样信号进行量化，第 k 层级中会出现低频成分[1]。
- 在低频区间内，下采样信号量化误差的功率谱被放大两倍，但是其中并不包含任何高频成分(见图5.7)。

从这个角度来说，对相邻的第 $k-1$ 层级进行量化时，应该把量化精度提高为第 k 层级的 $\sqrt{2}$ 倍，这可以使由低频成分扩散的量化误差方差等于高频成分在第 k 层级本身所产生的量化误差方差。然而，需要注意的是，实际上最优的编码设置与下采样滤波器、上采样滤波器以及所编码信号的功率谱有关。因此，对于一个给定的信号，在给定的率失真函数的某一工作点上，只有通过合理的率失真优化(采用 $D+\lambda R$ 准则)才能确定最优编码配置。

5.3　变换编码

变换编码(Transform Coding, TC)包括基于正交块变换的编码方法和基于滤波器组/小波变换的编码方法。2.7节和2.8节介绍了这些变换的基本原理。本节将着眼于离散变换编码[比如，变换系数的**量化**(quantization)和**编码**(encoding)]所带来的增益，所讨论的内容并不针对某种具体类型的多媒体信号。

---

[1] 这里还涉及式(5.15)中的量化误差反馈。

在图像和视频变换编码中,通常首先把信号区域划分为相对较小的片段。在图像编码中,这些片段通常是固定尺寸或可变尺寸的方块或矩形块。在音频编码中,信号被划分为具有固定长度或可变长度的片段,这些片段也可以是重叠的。

变换编码方案的通用框图如图 5.9 所示。需要把信号存储在缓冲区里,直到达到执行变换所需样点数量的要求。完成变换以后,对变换系数进行量化和编码(通常通过熵编码实现)。在解码端,首先对量化系数进行解码和重构,然后进行逆变换,最后,将解码得到的片段放置在相应的位置并进行整合,得到最终的输出。

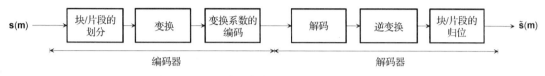

图 5.9　基于块的变换编码与解码的总体框图

5.3.1　离散变换编码的增益

2.7.3 节对离散线性变换的去相关作用进行了详细的分析。在接下来的部分,我们主要讨论的是标准正交变换。对于其他正交变换,为了获得失真在信号域中和频域中的对应关系,需要进行归一化/缩放。假设实值系数 $c_\mathbf{k}$ 满足高斯性,以预期失真 D_{TC} 对 $c_\mathbf{k}$ 进行编码,则根据式(4.24),至少需要码率

$$R_\mathbf{k} = \max\left[0, \frac{1}{2}\log_2\frac{\mathcal{E}(c_\mathbf{k}^2)}{D_{\mathrm{TC}}}\right] \tag{5.37}$$

如果忽略掉 $\max(\cdot)$ 函数[1],并且假设每个系数都具有相同的失真,则平均码率为

$$R_{\mathrm{TC}} = \frac{1}{|\mathbf{U}|}\sum_\mathbf{k}\frac{1}{2}\log_2\frac{\mathcal{E}\{c_\mathbf{k}^2\}}{D_{\mathrm{TC}}} = \frac{1}{2|\mathbf{U}|}\log_2\left[\prod_\mathbf{k}\frac{\mathcal{E}\{c_\mathbf{k}^2\}}{D_{\mathrm{TC}}}\right], \quad |\mathbf{U}| = U_1 U_2 \cdots U_\kappa \tag{5.38}$$

如果在编码图像时没有利用相关性(从严格定义上来说,若利用 PCM 编码,也需要假设图像具有高斯 PDF),根据式(4.23),码率和失真 D_{PCM} 之间满足如下关系:

$$R_{\mathrm{PCM}} = \frac{1}{2}\log_2\frac{\sigma_s^2}{D_{\mathrm{PCM}}} \Rightarrow D_{\mathrm{PCM}} = \frac{\sigma_s^2}{2^{2R_{\mathrm{PCM}}}} \tag{5.39}$$

假设码率相同 $R_{\mathrm{TC}} = R_{\mathrm{PCM}}$,将式(5.38)代入式(5.39),可得

$$D_{\mathrm{PCM}} = \frac{\sigma_s^2}{2^{2\frac{1}{2|\mathbf{U}|}\log_2\prod_\mathbf{k}\frac{\mathcal{E}\{c_\mathbf{k}^2\}}{D_{\mathrm{TC}}}}} \tag{5.40}$$

D_{PCM} 与 D_{TC} 之比可以理解为由离散变换带来的**编码增益**(coding gain),可以证明,它是离散系数集平方期望值的**算术**(arithmetic)平均值与**几何**(geometric)平均值之比[2]。

---

① 当码率较高时,即对所有 $\mathbf{k}$,都满足 $\mathcal{E}\{c_\mathbf{k}^2\} \geqslant D_{\mathrm{TC}}$,这样做是可行的。

② 在标准正交变换中,一个块中系数的算术平均值与系数能量的期望值之比等于(零均值)信号的功率(方差)。下文的条件对于所有正交变换均成立,由于式(2.237)中的因子 A 会同时出现在分子和分母中,因此,在计算编码增益时,可将其忽略。

$$G_{TC} = \frac{D_{PCM}}{D_{TC}} = \frac{\frac{1}{|\mathbf{U}|}\sum_{\mathbf{k}}\mathcal{E}\{c_{\mathbf{k}}^2\}}{\left[\prod_{\mathbf{k}}\mathcal{E}\{c_{\mathbf{k}}^2\}\right]^{\frac{1}{|\mathbf{U}|}}} \tag{5.41}$$

还可以把式(5.41)中块变换编码的编码增益理解为式(4.33)的离散形式以及式(4.34)中对应的频谱平坦度。当越多的频谱能量集中于少量系数上时,编码增益便越高。根据频谱平坦度的定义,对于一个AR过程,有

$$\log_2 \sigma_v^2 = \int_{-1/2}^{1/2}\cdots\int_{-1/2}^{1/2}\log_2 \phi_{ss}(\mathbf{f})\mathrm{d}^{\kappa}\mathbf{f} \tag{5.42}$$

对于标准正交变换,根据式(2.159)和式(2.160)可以推导出式(5.41)中的分子等于σ_S^2,分母可以写成如下形式[1]

$$\log_2\left[\prod_{\mathbf{k}}\mathcal{E}\{c_{\mathbf{k}}^2\}\right]^{\frac{1}{|\mathbf{U}|}} = \frac{1}{|\mathbf{U}|}\sum_{\mathbf{k}}\log_2\mathcal{E}\{c_{\mathbf{k}}^2\} \geqslant \frac{1}{|\mathbf{U}'|}\sum_{\mathbf{k}'}\log_2\mathcal{E}\{c_{\mathbf{k}'}^2\}, \quad |\mathbf{U}'|\geqslant|\mathbf{U}|$$

$$\Rightarrow \lim_{|\mathbf{U}|\to\infty}\frac{1}{|\mathbf{U}|}\sum_{\mathbf{k}}\log_2\mathcal{E}\{c_{\mathbf{k}}^2\} = \int_{-1/2}^{1/2}\cdots\int_{-1/2}^{1/2}\log_2\phi_{ss}(\mathbf{f})\mathrm{d}^{\kappa}\mathbf{f} \tag{5.43}$$

当对一个相关高斯过程进行最优去相关变换时,$\mathcal{E}\{c_{\mathbf{k}}^2\}$的值是协方差矩阵$\mathbf{C_{SS}}$的特征向量。而根据线性代数的运算规则,特征向量的乘积等于协方差矩阵的行列式值,那么可以进一步得到

$$\sum_{\mathbf{k}}\log_2\mathcal{E}\{c_{\mathbf{k}}^2\} = \log_2|\mathbf{C_{SS}}| \tag{5.44}$$

根据式(2.209)中协方差矩阵的定义,或采用渐进等价矩阵的方法(对维度较大的协方差矩阵),可以得到[2]

$$\lim_{|K|\to\infty}\frac{1}{|K|}\log|\mathbf{C_{SS}}| = \int_{-1/2}^{1/2}\log\phi_{ss}(f)\mathrm{d}f \tag{5.45}$$

对于标准正交变换,块的总能量和系数的数量都随块的大小$|\mathbf{U}|$呈线性增长。因此,只有当信号的频谱能量具有均匀分布时,对同一信号采用不同大小的变换块,式(5.43)中的上半部分表达式才会保持不变。如果信号的频谱能量分布不均匀,当块的长度增加时[3],采用对数缩放可以获得较小的平均值。然而,式(5.43)中"谱熵"(对于AR过程)的下限由式(4.34)中的连续频率表达式确定。还可以这样理解,即使采用式(2.284)中的最优变换,离散值$\mathcal{E}\{c_{\mathbf{k}}^2\}$也是由**有限**(Finite)自协方差序列变换而来的,它是周期性或对称性扩展的,这与变换基的性质有关。与此相反,$\phi_{ss}(\mathbf{f})$是一个**无限**(Infinite)扩展的自协方差序列的傅里叶变换,且会逐渐衰减为零。这意味着较短的块变换无法考虑那些超出块/片段尺寸(比如,相邻块之间)的信号间的统计相关性。可以得出如下结论(对于AR过程)

---

① 假设,系数$c_{\mathbf{k}}$组成的序列可以为功率密度谱提供近似。

② 这里仅考虑一维信号。关于这一性质的讨论,参见 R. M. GRAY 的 *Toeplitz and Circulant Matrices* 一书(http://ee.stanford.edu/~gray/toeplitz.pdf),或者参考式(2.188),它给出了关于减少码率的并与此类似的关系。

③ 见习题 5.2 中的例子。

$$\lim_{|\mathbf{U}|\to\infty}\left[\prod_k \mathcal{E}\left\{c_\mathbf{k}^2\right\}\right]^{\frac{1}{|\mathbf{U}|}}=\sigma_\nu^2 \Rightarrow \left[\prod_\mathbf{k}\mathcal{E}\left\{c_\mathbf{k}^2\right\}\right]^{\frac{1}{|\mathbf{U}|}}\geqslant\sigma_\nu^2 \Rightarrow G_{\text{TC}}\leqslant G_{\text{AR}} \tag{5.46}$$

其中，G_{AR} 是 AR 模型最大可能的编码增益，如式 (4.33) 所示。然而，这一结论并不能无条件地推广到所有信号中，因为需要假设随机过程具有平稳性。例如，图像中局部细节的多少是变化的，均值和边缘等也是变化的。音频信号中也包含瞬变、响度的变化等。这些变化说明使用较小的变换块尺寸是合理的，然而在选择变换块的尺寸时，还应该考虑由于没有利用相邻块之间的长期统计相关性而造成的影响，如式 (5.46) 所示。

5.3.2　变换系数的量化

在完成一维或多维变换之后，需要对变换系数进行量化和编码。为了重构信号，需要对量化系数进行逆变换 (见图 5.10)。原始信号 $\mathbf{s}$ 与重构信号 $\tilde{\mathbf{s}}$ 之间的误差能量，取决于量化误差 $\mathbf{q}$ 的能量，量化误差 $\mathbf{q}$ 是系数向量 $\mathbf{c}$ 与其量化值 $\tilde{\mathbf{c}}$ 之间的差值。根据式 (2.244)，可以得到[1]

$$\sigma_e^2 = \mathcal{E}\left\{(\mathbf{s}-\tilde{\mathbf{s}})^{\text{T}}(\mathbf{s}-\tilde{\mathbf{s}})\right\}=\frac{1}{A}\mathcal{E}\left\{(\mathbf{s}-\tilde{\mathbf{s}})^{\text{T}}\mathbf{T}^{\text{H}}\mathbf{T}(\mathbf{s}-\tilde{\mathbf{s}})\right\}$$
$$=\frac{1}{A}\mathcal{E}\left\{(\mathbf{c}-\tilde{\mathbf{c}})^{\text{H}}(\mathbf{c}-\tilde{\mathbf{c}})\right\}=\frac{1}{A}\mathcal{E}\left\{\mathbf{q}^{\text{H}}\mathbf{q}\right\}=\frac{1}{A}\sigma_q^2 \tag{5.47}$$

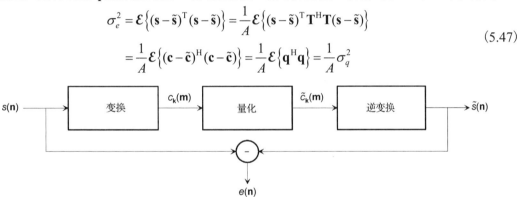

图 5.10　利用变换编码进行数据压缩的原理

式 (5.47) 不适用于非正交变换，这说明，对系数进行编码时所引入的失真不能直接映射为出现在重构信号中的失真，而是

$$\sigma_e^2 = \mathcal{E}\left\{(\mathbf{s}-\tilde{\mathbf{s}})^{\text{T}}(\mathbf{s}-\tilde{\mathbf{s}})\right\}=\mathcal{E}\left\{(\mathbf{c}-\tilde{\mathbf{c}})^{\text{H}}\mathbf{T}^{-\text{H}}\mathbf{T}^{-1}(\mathbf{c}-\tilde{\mathbf{c}})\right\}=\frac{1}{A}\mathcal{E}\left\{\mathbf{q}^{\text{H}}\mathbf{W}\mathbf{q}\right\},\quad \mathbf{W}=\mathbf{T}^{-\text{H}}\mathbf{T}^{-1} \tag{5.48}$$

这说明，为了获得失真最小的最优决策，需要利用矩阵 $\mathbf{W}$ 对各个变换系数的平方误差向量进行加权。当 $\mathbf{T}^{-1}$ 的合成基向量是正交的但具有不同的模时，这很容易做到。这种情况下，$\mathbf{W}$ 仍是一个对角矩阵，不同变换系数的量化结果之间是不相关的，同时，通过对系数 $c_\mathbf{k}$ 采用不同的量化步长大小进行量化，则很容易实现加权，此时，加权矩阵 $\mathbf{W}=\text{diag}\left\{\Delta_\mathbf{k}^{-2}\right\}$。如果情况并非如此，比如采用双正交变换时，就对重构误差 $\mathbf{e}$ 的影响而言，矩阵 $\mathbf{W}$ 会造成变换域量化误差向量 $\mathbf{q}$ 的元素之间具有相关性。

最终，为了获得总体上的最优决策，可能需要比较各个变换系数量化值的所有可能组合，这样做会使标量量化的复杂度接近向量量化的复杂度。因此，在设计变换时，应该尽量使 $\mathbf{W}$ 接近对角矩阵，这样就可以忽略剩余的相关性。

---

[1] 需要注意的是，以下证明基于 $\mathbf{T}^{\text{H}}\mathbf{T}\sim\mathbf{I}$ 这一条件，只有当正交变换的基函数具有相同的模时，变换域中的量化误差与重构误差才具有严格的线性相关性。

可以根据变换系数的 PDF，很方便地对标量量化进行调整(如有必要)。首先，可以利用熵编码或自适应量化逼近某一给定变换系数的量化表示所需的比特数量。其次，可以利用加权矩阵 **W** 实现与**频率相关的**(frequency dependent)量化(比如，基于感知模型的、与频率相关的量化)。然而，需要注意的是，这样做通常会使平方误差增加。

还可以使用频域向量量化的方法。进行变换编码时，这种方法可以保留向量量化的优点(见4.5.1节)。原则上，向量可以由**同一频带**(one frequency band) k 内不同位置处的频谱系数构成

$$\mathbf{c_k} = \left[c_k(m), c_k(m+1), \cdots\right]^T \tag{5.49}$$

也可以由**不同频带**(different frequency band)同一位置处 $\mathbf{n}$ 处的频率系数构成

$$\mathbf{c(n)} = \left[c_k(n), c_{k+1}(n), \cdots\right]^T \tag{5.50}$$

式(5.49)所示的方法称为**带内向量量化**(intra-band VQ)，而(5.50)所示的方法称为**带间向量量化**(inter-band VQ)。

- 在带内向量量化中，把样点排列成向量，使向量具有最大的统计相关性，例如，应该使用较长的水平向量表示水平低频系数。
- 带间向量量化将来自相同空间位置、不同空间频带的系数组合成向量。因此，如果带间相关性在变换后仍然存在，可以通过合理地设计码书，对这些相关性加以利用。

变换系数的自适应量化——"能量挑选" 当变换域中采用类似于 PCM 的均匀量化时，分配给某一变换系数的比特数量由随机过程的方差确定，见式(4.24)。然而，只有系数满足平稳性时，即过载发生的比例是可控的，这种方法才适用。由于多媒体信号通常具有局部变化的统计特性，因此逐片段或逐块地调整码率分配是很有好处的。选择固定失真时，利用变换系数的局部方差直接运用式(4.24)，这是可变码率编码的典型情况。除编码系数所用的比特数量可变外，还需要以边信息的形式传输比特分配情况，比如可以通过用简洁的方式表示频谱形状(或其他属性，比如基音频率的谐波倍数)实现。而如何有效地实现，与具体的信号类型有关，因此在这里不再进行深入的讨论。若不能采用可变码率编码，将固定预算的比特数分配给变换系数集的一种典型算法称为"能量挑选"，见[Jayant, Noll, 1984]。这种方法所依据的是率失真(RD)函数的对数性质，在产生相同失真的条件下，变换系数的方差增加至原来的 4 倍时，则需要增加 1 个比特。可以通过下面的方式完成：

1. 给定某一系数集，找到 c_k^2 取得最大值的系数，从比特预算中再分配 1 个比特。然后，将 c_k^2 替换为 $c_k^2/4$。
2. 如果已经用完全部比特预算，则比特分配完毕。否则，循环至 1。

需要注意的是，这种方法也会导致分配的比特数为 0，这种情况下，相应的变换系数会被量化为 0。可以逐块地使用这种方法，也可以利用 $\mathcal{E}\left\{c_k^2\right\}$ 把系数作为整体使用这种方法。

小波编码中对量化的调整 在 5.3.1 节中介绍块变换编码时，关于编码增益的讨论，不能直接套用在小波编码上，主要有如下原因[①]：

[①] 既可以把式(2.249)中的哈尔变换理解为块变换也可以理解为小波变换，式(5.41)中的编码增益计算公式同样成立。但是，块中高频子带的系数间可能具有相关性，比如，在斜坡形信号的情况下(见习题2.15)。

- 如式 (5.47) 中所介绍的，频域系数的编码误差与图像域中的重构误差之间的直接映射关系，只有采用正交变换时才严格成立，如果采用正交滤波器组，只有小波变换树的深度较深时，这种映射关系才可能近似成立；
- 计算编码增益的式 (5.41) 假设频域表示具有相等的带宽以及相同的样点数量。

为了研究在小波域中信号的量化误差或编码误差所带来的影响，可以将产生于双带系统中低通和高通频带内的量化误差 $Q_0(f)$ 和 $Q_1(f)$ 与重构误差 $E(f)$ 之间的映射关系描述为

$$E(f) = G_0(f)Q_0(2f) + G_1(f)Q_1(2f) \tag{5.51}$$

等式两边取绝对值的平方，并假设两种变换量化误差是统计独立的，可以得到

$$\begin{aligned}
\left|E(f)\right|^2 = &\left|G_0(f)\right|^2\left|Q_0(2f)\right|^2 + \left|G_1(f)\right|^2\left|Q_1(2f)\right|^2 \\
&+ 2\mathrm{Re}\left\{G_0^*(f)Q_0^*(2f)G_1(f)Q_1(2f)\right\}
\end{aligned} \tag{5.52}$$

由此，可以得出结论

$$\sigma_e^2 = \int_{-1/2}^{1/2} \mathcal{E}\left|E(f)\right|^2 \,\mathrm{d}f = \sigma_{q_0}^2 \underbrace{\sum_n g_0^2(n)}_{w_0} + \sigma_{q_1}^2 \underbrace{\sum_n g_1^2(n)}_{w_1} + 2\mu_{q_0 q_1}(0)\underbrace{\sum_n g_0(n)g_1(n)}_{w_{12}} \tag{5.53}$$

假设 $Q_k(f)$ 具有平坦的频谱，基于这一简化的条件，可以得到

$$\sigma_e^2 = \sigma_{q_0}^2 w_0 + \sigma_{q_1}^2 w_1 + 2\mu_{q_0 q_1}(0)w_{12} \tag{5.54}$$

首先，式 (5.54) 说明量化误差由重构滤波器冲激响应的平方范数进行加权。如果低通和高通插值滤波器是正交的，即 $w_{12}=0$，则其他协方差成分为 0。这同样适用于量化误差是统计独立的并且其频谱为均匀分布的情况，高码率时通常可以作此假设。然而，如果丢掉部分子带，量化误差便与信号相关，并且它还会变成互相关的，尤其是在分解滤波器的频率重叠部分中。这一现象既与信号的属性有关又与失真工作点有关，为简单起见，在接下来的段落中将其忽略，同时还假设量化误差的协方差对重构没有影响。如果不直接对尺度频带 "0" 进行编码，而是在小波树中进一步分解 (其中需要假定小波树的深度足够深)，上述假设才会比较合理。

由于通过整个小波树进行重构，各个小波子带中样点的数量是不同的且满足两倍关系，小波树中较低频率等级的量化误差将由多次滤波操作进行加权。对于 T 级小波树的一维小波变换，尺度系数为 c_0、小波系数为 $c_1 \cdots c_T$，获得的重构误差为 (见图 5.11 中简化的信号流框图)

$$\sigma_e^2 = \sigma_{q_0}^2 w_0^T + \sum_{t=1}^{T} \sigma_{q_t}^2 w_0^{T-t} w_1 \tag{5.55}$$

很容易将其扩展为多维小波方案。

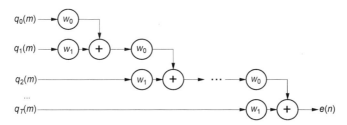

图 5.11　一维小波树中，由小波子带到重构信号的信号流以及量化误差的加权值

　　由于量化步长的平方与量化误差的方差成正比，需要根据式(5.55)中各个子带加权值的平方根倒数来调整量化步长，可以得到通过全局量化器尺度因子 Δ 归一化的各个小波子带的最优量化步长[1]

$$\Delta_0 = \frac{\Delta}{\sqrt{w_0^T}}; \quad \Delta_t = \frac{\Delta}{\sqrt{w_0^{T-t}w_1}} = \Delta_0 \cdot \sqrt{\frac{w_0^t}{w_1}}, \quad \text{其中} t > 0 \tag{5.56}$$

当 $w_0 = w_1 = 1$ 时，各个小波子带的量化步长都是相等的。当低通滤波器与高通滤波器满足标准正交性或具有单位增益时，才会出现这种情况。一些双正交滤波器，比如式(2.326)中的 9/7 滤波器，基本满足标准正交性，所以大体上可以对量化误差采用均匀加权。

5.3.3　变换系数的编码

　　可以采用与 PCM 中类似的方式，实现变换系数的量化(不同的是这里对变换域中的离散系数样点进行量化)。除了量化步长 Δ，还需要根据不同系数的统计特性，选择量化的幅度范围。可以从式(5.41)中编码增益的角度对这种编码方法加以理解，将有用的信息集中于少量系数，就可以为不同的系数(比如，表示不同频带的系数)分配不同的比特数量。这可以通过以下方式实现：

- **方法 1**　可以为已知概率密度函数(比如拉普拉斯分布、高斯分布)和方差的信号，确定最优的量化区间(对给定的量化等级数量，使失真最小)。但是，如果某个频带的方差较小而量化区间被设置得很窄，则具有较高幅值的系数(很少出现)会造成量化器过载，导致逆变换后误差的增加(平均编码误差几乎不会增加)。
- **方法 2**　如果对全部系数都采用相同的全幅值区间和均匀量化，熵编码能够自然地根据不同频带的统计特性，为各频带分配不同的比特数量。对于方差较小的频带，更多的系数值会落入量化器较低的量化等级或零重构区，这些系数可以用较少的比特数进行编码。

　　对于平稳过程(比如 AR 模型)，可以基于全局统计特性设计量化器，上述两种方法能够取得基本相同的平均率失真性能。然而，多媒体信号通常不满足平稳性，符合某一统计模型的样点组的数量是有限的，而且各样点组之间的模型参数也是不同的。例如，声音和音频信号的瞬时功率谱密度随所讲的话或所演奏的音调的变化而变化，而在瞬变(时间稀疏性)的时刻会出现更快速的变化。尽管图像中包含大量的平坦或纹理区域，这些区域的频谱与平稳过程的频谱相似，但是在局部边缘位置也存在幅值的变化。除了瞬变信号，所得的频谱通常都极其稀疏，即有用信息仅集中于少数变换系数上，但是需要确定它们是哪些变换系数。对于瞬变信号，如果可以确定瞬变的位置，采用较短的基函数，利用较少的变换系数也可以使非零值的总数较少。一般来说，各局部获得某一最小失真($R(D)$ 函数)所需的比特数量是不同的，取决于细节的多少、响度、出现变化的频率等[2]。

　　如果大部分变换系数有可能被量化为零值，则在熵编码中需要着重考虑如何有效地表示

---

[1] 在平方误差准则下，并不对编码误差进行频率加权。

[2] 这里没有考虑到的一种情况是，在时域/空间域(比如，瞬变)不稀疏，在频域也不稀疏的一类信号。类噪声成分就是这种信号，然而这些成分通常对于细节的感知是不重要的，可以对这些成分进行压缩或合成，同时并不会改变重构信号的主观质量。

零值。在编码其余(非零)系数之前，通常采用一些特殊的方法表示零值系数所在的位置。这样的方法有以下几种：

- 利用行程编码表示或利用标识符显式地标记"重要性"。采用行程编码时，在每个非零系数之后，发送关于连续零系数个数的信息[比如，图像变换编码中通常采用图 5.1(b)所示的方法]。采用显示标记时，假设很多系数均不重要，而这些标识符的熵通常较低。

- 如果只有少量有用的高频成分(比如，图像信号中局部细节很少时)，可以通过在局部区域标记"last"非零系数，规定一个截止频率，大于该频率的所有系数都被设置为零。

- 可以把系数组成"频率组"，设计特定的标记机制，用来表示整组系数都为零。基本上这种方法利用频谱形状的粗糙近似，将系数谱划分为"零"和"非零"。

需要注意的是，上述所有方法都可以与率失真准则相结合，例如，当只有一个或少量孤立系数落入非零区域，并且表示这些系数会使码率开销非常大时，则可以把整个系数组都设置为零。

典型的线性(基于块的或基于子带/小波的)变换只能利用变换表示中的线性统计依赖性(相关性)。就编码局部特性而言，上述方法在编码中还可以利用非线性相关性。举个例子，可以根据局部邻域或相邻频域子带内其他(非)零系数出现的情况，推断出(非)零系数出现的可能性，因为在局部细节较少时，将不会出现任何系数。在条件(上下文相关的)熵编码中可以利用这种相关性，比如，用于标记变换系数的重要性。

如果变换系数的概率密度函数是关于零值对称的(多媒体信号中通常都是这种情况)，则需要编码符号(正负号)，但是就概率统计特性而言，每出现一个非零幅值，符号都具有 1 比特的自信息。因此，非零量化变换系数的符号通常都与量化幅值信息分开进行编码。

如果局部地应用离散变换(比如对信号的各区块或块分别应用)，相邻块的系数之间的统计相关性往往依然存在。可以通过对块边界进行预测编码(比如，DPCM)利用这种相关性。然而，是否能在变换域进行预测则取决于变换的性质。

4.3 节介绍的嵌入式量化和位平面编码也可以应用于变换系数。如果系数的概率密度函数关于零对称，可以对幅度和符号分开进行编码。一些简单的方法将基于上下文的熵编码算法或行程编码算法与位平面编码相结合，这种方法从最高重要性位(MSB)开始，向下进行至最低重要性位(LSB)。在对标准正交变换系数的幅度(四舍五入为整数表示)进行编码的整个过程中，不需要明确的量化步长，其中完整地表示所有位平面可以获得最低的失真水平。符号的相关性取决于包含重要非零幅值的最高位平面。对于概率集中于零值附近的典型概率密度函数(高斯、拉普拉斯)，一般来说，位平面的重要性越高，其中包含的有效值越少，同时如果系数所在的频率位置的方差较低，有效值则更少。

对包含 15 个系数的系数组采用行程编码/位平面编码的典型方法如图 5.12 所示。用 End of Plane(EOP)符号表示各位平面扫描的结尾，它与上述系数编码方法中"last"的作用相似。在给定的位平面上，利用行程值表示存在重要系数，当有系数幅度的最高重要性位出现时，在行程值后用"S"表示需要编码一个符号位。如果系数幅度已在某一较高的位平面上成为重要系数，则在较低的位平面上的所有系数都不再进行行程的重要性扫描。已成为重要系数的所有较低重要性位在相应位平面信息的末尾用二进制符号"B"编码(细化扫描)。通过细化编码将概率密度函数的形状分解得越来越细，因此，随着位平面的降低，在这部分信息中"0"值和"1"值出现的次数越来越均匀，采用熵编码的有效性也越来越低，因此可以省去对这部分信息的熵编码。

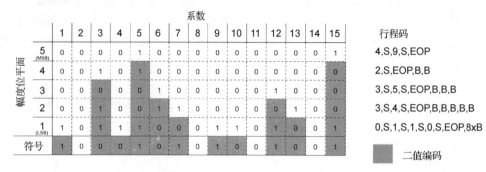

图 5.12 采用行程编码(重要性扫描)、二值符号编码以及二值幅度细化编码的变换系数位平面编码

需要注意的是，重要性扫描还可以通过基于上下文的熵编码实现。另外，尤其对于较高的位平面，使用(基于上下文的)熵编码能够更好地压缩信息的细化部分。一般来说，解码器可以从之前的解码步骤中获得的上下文信息包括：较高编码平面的所有信息，或同一位平面、其他频带系数以及相同频带中相邻位置处系数的先验信息。

位平面编码的方法尤其适用于变换系数的**可伸缩**(scalable)编码。然而，与单级熵编码方法相比，它的缺点是复杂度较高，因为在编码器端和解码器端都需要多次扫描。

5.3.4 有损传输下的变换编码

由于编码中变换的合成，等效于把系数输入非递归滤波器(具有冲激响应，又称基函数)，误差(编码误差或传输误差)会影响到合成基函数的扩展所涉及的所有样点。误差以合成基函数的模式叠加在解码信号上。所有的变换类型都会产生这种影响，无论是块变换、重叠块变换、还是小波/子带变换。因此，从率失真的角度来看，当受到信道误差干扰时，能够使失真减少最多的比特也会对失真产生最大的影响。如果各比特的重要性程度是未知的，则可以用频谱模型来确定哪些系数具有最多的能量，从而确定哪些系数是最脆弱的，即丢失这些系数会产生很大的误差。在传输中对这些重要成分给予更强的(不平等的)差错保护，是一种合理的做法。

可以系统地将码流分割为代表不同重要程度的子码流。这通常称为**数据分割**(data partitioning)，如果分割的是变换编码中不同的频率成分，则称为**频率分割**(frequency partitioning)。

5.4 具备多重解码能力的码流

到目前为止所讨论的编码方法，通常都假设信号的分辨率在编码器的输入端是给定的，在解码器的输出端以相同的目标分辨率进行解码，并在给定的码率下获得最高的质量。如果在传输链路中需要对码流的某些部分进行特殊保护，或者为了适应不同性能或分辨率的重放设备需要能够对码流进行灵活解码和部分解码，此时，需要码流可以很容易地进行调整，这样的编码表示有利于信道状况(吞吐量、误差)或客户设备类型(比如，解码器或显示设备支持不同的空间-时间分辨率)具有不确定性时的传输服务。在这种情况下，给定的码流需要具有某种结构，这种结构能够将码流分解为分离的或嵌套的部分，其中的每一部分码流都能够根据给定的码率及相应的分辨率单独地解码为相同的信号。

5.4.1　联播与转码

联播(simultaneous broadcast，联合播放)为各种码率和/或分辨率单独提供码流。每个码流都不依赖于其他码流，能够独立地进行解码，而且，用于传输或存储的总码率等于各个码流的码率之和。为了避免过多的信息重复和开销，联播码流通常只能提供粗粒度的码率和分辨率。如果需要较细粒度的瞬时码率，则需要进行**转码**(transcoding)，这意味着要对信号进行解码，并根据目标码率对信号再次进行编码。

为了保持较低的复杂度，通常采用下列方法：

- 重用边信息参数(比如，视频中的运动向量和运动信息，语音中的 LPC 参数，音频中的频谱形状/与频率有关的量化信息)；
- 采用变换编码的情况下，通过对变换系数重新进行量化，在变换域完成转码。这样做，在解码时能够避免进行逆变换，并且在随后的编码中也能避免正变换。

由于递归的预测合成过程，在预测编码中不能采用相似的方法，因为对预测误差值进行重新量化将会引起漂移。为了获得更好的压缩性能，将预测编码方法与变换编码结合时，同样不能采用这种方法。一般来说，当转码需要考虑不同的信息成分时，通常会引起率失真性能的损失。

5.4.2　可伸缩编码

与联播不同，可伸缩性通过**码流的嵌入**(embedding of bit streams)实现，这意味着为了获得全分辨率或最高质量的信号，通常需要解码全部码流，而分辨率较小的信号则需要解码嵌套的子码流。但是，与不具备多种解码能力的码流(即只能完全解码为单一分辨率的单层码流)相比，可伸缩性通常会导致码率增加，而与联播相比，可伸缩性码流需要的码率往往较少，这是因为在解码较高分辨率的码流时，还可以利用较低分辨率码流中的信息，因此，在信号的总体表示中存在的冗余较少。

可伸缩信息包括，具有最低分辨率和最低质量的基本层以及一个或几个增强层，其中，最高的增强层可以提供全分辨率和最高的质量。原则上，存在可以获得细粒度子码流的可伸缩方法，能够产生很多个编码层(至少会以增加额外标记信息开销为代价)。可伸缩编码应该允许在编码后对码流的大小和解码器的输入进行调整，使其有效性比联播高，同时复杂度比转码低。

产生可伸缩表示有两个重要原则：

- 分层编码(见图 5.13)，其采用由低到高的分层递归编码，因此，在预测和编码一个或几个较高编码层的信号时，可以利用由较低编码层解码出的信息。多分辨率金字塔方法是在分层编码中采用的常用方法，利用这种方法可以获得多种不同的分辨率(见5.2.6 节)以及多级量化(对量化误差进行重新量化)。

● 嵌入式编码,这种编码方法从一开始便产生压缩信息,从而使得只利用一部分码流就可以隐式地获得分辨率较低或质量较差的信号。这种方法的例子有:提供不同分辨率的小波分解方法(见 2.8.4 节)和产生不同量化失真的位平面编码方法(见 4.3 节)。

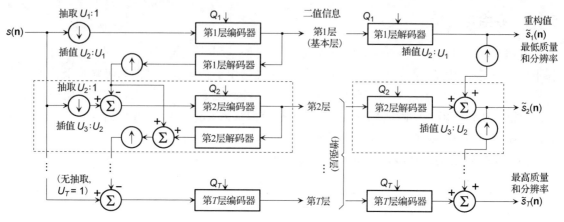

图 5.13 T 个编码层的分层编码原理①

在分层编码中,下采样操作可以并行地实现(如图 5.13 所示),也可以从最高分辨率层开始按级联顺序(如图 2.66 中拉普拉斯金字塔分解所介绍的)实现,从而将具有不同下采样分辨率的信号送入相应的编码过程。

如果相邻的两层具有相同的分辨率,则可以省略抽取/插值。一般来说,补充更多的中间层模块,可以实现任意数量的可伸缩层。显然,需要在抽取和插值中采取的具体操作取决于可伸缩性的类型,比如,帧率上采样可以利用运动补偿处理实现。

5.4.3   多描述编码

多描述编码(Multiple-Description Coding,MDC)利用多个独立的码流表示一个信号,这些码流之间的相关性不强,因此,用于解码的码流越多,解码信号的质量越高。如果可以独立地收到某些码流,就可以保证一定的信号质量,即 MDC 不遵循可伸缩编码的分层原理(包含基本层和从属的增强层)。三种基本方法为 **MDC 量化方法**(MDC quantization)、**MDC 变换方法**(MDC transforms)以及 **MDC 预测方法**(MDC prediction)。这里仅以两个描述码流的 MDC 方法为例,但是可以对例子中的方法进行扩展使其包含更多描述。

MDC 量化器   MDC 量化的思想是采用两个量化器,而这两个量化器的量化步长都比较粗糙而且偏移量不同[Vaishampayan, 1993]。如果把从两个量化器中得到的信息结合起来,则可以更加准确地得到关于系数值在量化器单元中(即上半部分或下半部分)所在原始位置的信息。这等效于利用一个量化步长更精细的量化器来表示信息。可以以图 5.14 中的矩阵为例,系统地设计量化器。等效的精细量化器有 22 个量化步长,在码字符号 i_1 和 i_2 都被接收到时,可以唯一地确定量化步长。每个独立的 MDC 码流只能用 8 个粗糙的量化步长表示信息。例如,若只接收到了 $i_1 = 2$,则实际精细的量化值可能是 5、7 或 8。那么,选择的最优重构值取决于信源的统计特性,例如,当信源服从均匀概率分布时,最优输出应该是索引值对应的三个重构值

---

① 抽取和插值操作是可选的。在这些操作步骤中,需要采用合适的滤波器。

的均值。MDC 量化器对信源压缩的有效性(与单个量化器相比)与分布在矩阵当中的单元个数有关。在给出的例子中，MDC 传输每个样点需要 $2 \times 3 = 6$ 比特，而如果采用单个量化器传输每个样点只需要 $\log_2 22 \approx 4.45$ 比特，即 MDC 的额外开销大约是 33%。极端的情况包括，索引值只分布在矩阵的主对角线上(这意味着两个信道中所传输的信息是重复的)，以及分布在矩阵的所有单元上(不对压缩效率产生任何影响，但是如果只收到一个码字索引，则从中获得的信息也较少)。

MDC 变换　这里，每个描述都应该产生一个非相关的变换系数集，而两个不同描述的系数之间具有相关性[Goyal, et al., 1998]。举一个符合这一原则的极端例子，即在两个信道中发送完全相同的描述，很明显总码率会翻倍，就算只收到其中一个码流也能保证信号的完全重构。再举个简单的例子，产生信号样点的多相(偶数/奇数索引)序列，然后利用变换编码器分别编码两个序列并在两个信道上传输。这意味着如果只收到一个码流，每隔一个样点，都有一个样点丢失。另外，由于单独的多相序列中

索引 i_1，通过第一个码流接收到的

	0	1	2	3	4	5	6	7
0	**1**	**3**	X	X	X	X	X	X
1	**2**	**4**	**5**	X	X	X	X	X
2	X	**6**	**7**	**9**	X	X	X	X
3	X	X	**8**	**10**	**11**	X	X	X
4	X	X	X	**12**	**13**	**15**	X	X
5	X	X	X	X	**14**	**16**	**17**	X
6	X	X	X	X	X	**18**	**19**	**21**
7	X	X	X	X	X	X	**20**	**22**

索引 i_2，通过第二个码流接收到的

图 5.14　为两个单独码流设计的 MDC 量化器框图，粗体数字代表相应单独描述量化器的量化索引值

相关性较低，所以进行两次变换的效率低于一次变换[①]。在[Wang, et al., 2001]中，根据 KLT 变换的设计方法提出了最优**成对去相关变换**(pair-wise decorrelating transforms)。然而，因为有意使 MDC 码流之间存在相关性，所以与经过单一码流传输优化的变换相比，MDC 变换的压缩效率较低。

MDC 预测　如果在预测链中的任意样点上产生了传输误差，所有后续的样点都会受到影响，除非对解码器状态进行系统刷新将预测链终止。类似上面讨论的变换原理，为了得到两个单独的 MDC 码流，可以将偶数索引样点和奇数索引样点分别组成单独的预测序列。一旦丢失了一个码流，至少还可以解码出一半样点。另外，还可以尝试通过内插操作，部分地恢复其他样点，与错误的预测相比，这样做通常能够获得更好的质量。图 5.15 的例子中给出了类似于在[Apostolopoulos, 2000]中介绍的方法，这种方法可用于采用运动补偿预测的易错视频。相同的原理也适用于多维样点序列，比如，将样点排列为两个二维五株网格，或者排列为交替的样点组(一维向量或二维块)。

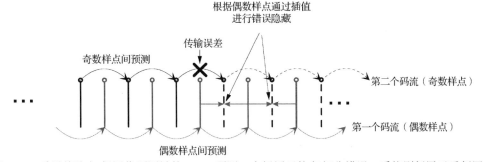

图 5.15　采用单独奇/偶图像预测链的 MDC 预测，内插用于恢复部分错误，系统刷新用于重新同步

[①] 关于奇/偶多相序列中相关性的统计分析，见习题 2.19。

5.5　分布式信源编码

在大多数信源编码的概念中，编码器所作的最优决策要求解码算法具有"确定性"行为。这适用于不同类型的预测，包括可伸缩编码中的层间预测。这也同样适用于对不同信息成分的基于上下文的熵编码算法，可以把它重新解读为：可以利用解码器已经获得的信息减小数据速率。图 5.16(a) 给出了一个抽象框图，根据信息论的基本理论，码率应大于等于条件熵 $H(\mathbf{S}|\hat{\mathbf{S}})$，其中 $\hat{\mathbf{S}}$ 中包含解码器已知的关于 $\mathbf{S}$ 的全部先验知识，也就是把解码器理解为一个状态机，它的次态转移行为受到编码器所发送信息的控制。

举一个简单的例子，假设一个视频序列中的两幅图像 $\mathbf{S}_1$ 和 $\mathbf{S}_2$ 是统计相关的。根据信息论的基本理论，编码 $\mathbf{S}_2$ 所需的合理码率应该落在 $H(\mathbf{S}_2) \geqslant R_2 \geqslant H(\mathbf{S}_2|\mathbf{S}_1)$ 的范围内，编码 $\mathbf{S}_1$ 所需的码率应该落在 $H(\mathbf{S}_1) \geqslant R_1 \geqslant H(\mathbf{S}_1|\mathbf{S}_2)$ 的范围内，而总码率不能小于 $\mathbf{S}_1$ 和 $\mathbf{S}_2$ 的联合熵 $R_1 + R_2 \geqslant H(\mathbf{S}_1,\mathbf{S}_2)$。根据**分布式信源编码**(Distributed Source Coding，DSC) 理论，根据给定的单信源码率界限，两个相关信源可以由**独立编码器**(independent encoders)进行编码，当只有一个解码器且其接收到的总码率等于联合熵的最小值时，无论码率如何在两个码流中分配[见图 5.16(b)]，只要合理地为分布式信源编码设计码字，解码器就应该可以无失真地解码出两个信源。利用 Slepian-Wolf 定理(Slepian-Wolf theorem)[Slepian, Wolf, 1973]可以得到无损解码的码率界限，Wyner-Ziv 定理(Wyner-Ziv theorem)[Wyner, Ziv, 1976]将其扩展用于有损解码。这两个定理适用于两个相关信源，也适用于任意多个相关信源，但是只有具有明确的率失真函数且满足高斯性和平稳性的信源才符合上述定理。

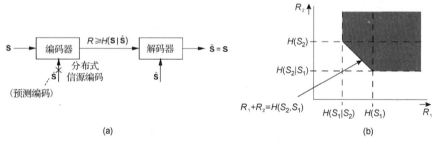

图 5.16　(a) 分布式信源编码(无损)，与预测编码不同，只有解码器拥有
关于信源的先验信息；(b) 独立编码两个相关信源时的码率下界

DSC 的基本思想和信道编码类似，即假如存在冗余，解码器就可以估计出失真符号的真实状态。因此，与信道编码类似，在 DSC 中，编码器确定性地进行编码，并能以较低的复杂度实现(例如，编码器不对样点间的冗余进行全面的分析和系统的消除，而是独立地编码在一定程度上不完整的信息，并希望解码器能识别出不完整性，且尝试利用冗余恢复完整信息)，而解码器需要根据接收到的信息，解决估计问题。这种方法适用于使用容量较小的电池电源为编码器供电的情况，比如监控应用中的无线传感器网络。

除这里给出的对样点进行独立编码和非独立解码的例子外，与可伸缩性编码类似，还可以以不同的分辨率独立地进行编码，DSC 理论说明，原则上应该可以以一个总码率编码一个多分辨率表示，其中总码率不大于单独编码最高分辨率表示时所需的码率(因为它包含了所有其他分辨率)。

　　真正的问题是如何在实际中实现 DSC。已经证明对于两个相关的高斯信源，将量化空间分割为陪集，然后只传输第二个信源的陪集信息(要求没有很大的幅度偏差)是一种可行的策略。也有人研究了类似于 turbo 解码的方法，其中信源用于彼此间的交替估计。令人遗憾的是，根据 DSC 理论，大多数能够获得最优性能的方法都不适用于非平稳信源。例如，视频压缩中所采用的实际的 DSC 方法只有当图像之间的相关性极高时才能获得较好的效果。关于视频编码领域所采用的 DSC 的介绍，请参阅[Girod, et al., 2005]。

　　DSC 理论一般对多媒体信号编码特别是视频信号(由于相邻图像间存在高度冗余，使其有效性最高)缺乏实用性，除此以外，DSC 理论说明解码器进行信源估计时，能够获得最优的性能，即使在数据丢失或存在重构误差等恶劣的条件下，解码器也能采用与信源估计相似的方法实现差错隐藏。

5.6　习题

习题 5.1

　　利用 DPCM 对一个 AR(1) 过程进行编码，该 AR(1) 过程的相关系数 $\rho = \sqrt{3}/2$，方差 $\sigma_s^2 = 4$。进行一维线性预测时，如图 5.17 所示；进行二维预测时，需要假设 AR(1) 过程是可分离的并且有 $\rho_1 = \rho_2$，另外对预测进行合理优化。

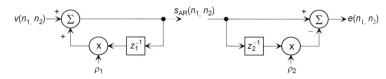

图 5.17　AR(1)过程的预测与合成

a) 计算预测误差 $e(n_1, n_2)$ 的方差，并计算一维线性预测和二维线性预测的编码增益。

b) 在满足式(4.28)或式(4.40)中的低失真范围内，码率能够降低多少比特/样点？ i) 采用一维 DPCM 时； ii) 采用二维 DPCM 时。

c) 如果不采用传统的 DPCM 编码器结构(见图 5.2(b))，而是采用如图 5.18 所示的改进结构。在求和符号处，补充上"+"与"–"号，使图 5.2(b)和图 5.18 中所示的结构能够产生完全一样的码流 $i(\boldsymbol{n})$。

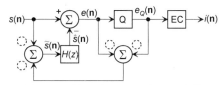

图 5.18　另一种 DPCM 编码器结构

习题 5.2

　　计算一维或可分离二维 AR(1) 过程 DCT 变换编码的编码增益，相关系数为 $\rho_i = 0.5$，$\rho_i = 0.95$。需要考虑 4 种一维和二维可分离变换的情况：$U = 2$，$U = 3$，$U_1 \times U_2 = 2 \times 2$，$U_1 \times U_2 = 3 \times 3$。对于一维和二维的情况，将算得的编码增益与 AR(1) 模型可获得的最大编码增益进行比较。[提示：利用习题 2.14 的结果，确定 DCT 块长度 $U_i = 3$ 时系数的方差]

习题 5.3

下面的变换矩阵定义了块大小为 $M = U = 2$ 的线性块变换。

$$\mathbf{T}(2) = \begin{bmatrix} 1/2 & 1/2 \\ 1 & -1 \end{bmatrix}$$

a) 确定逆变换矩阵 $\mathbf{T}^{-1}$。

b) 变换的基向量是正交的吗？给出标准正交变换 $\mathbf{R} = [\mathbf{r}_0^T \mathbf{r}_1^T]^T$ 的变换矩阵，使得 $\mathbf{r}_0 \sim \mathbf{t}_0$ 和 $\mathbf{r}_1 \sim \mathbf{t}_1$。

c) AR(1) 过程的方差为 σ_s^2，相关系数为 ρ。利用变换矩阵 $\mathbf{T}$ 逐块对其进行变换。计算变换系数 $\mathcal{E}\{c_0^2\}$ 和 $\mathcal{E}\{c_1^2\}$ 的方差。

d) 量化误差向量 $\mathbf{q} = [q_0\ q_1]^T$ 叠加在变换系数上。计算重构信号中产生的误差 $\tilde{\mathbf{s}} - \mathbf{s}$（用二维向量表示）。如何选择均匀量化器的量化步长，使得 q_0 和 q_1 对重构误差能量的贡献是相等的？

e) 以 $\mathbf{T}$ 作为小波变换的变换基，进行 2 级分解，即小波树的深度为 2。可以将其理解为是 $M = 4$ 的块变换。画出把一个块进行分解的信号流图。另外，给出相应的变换矩阵 $\mathbf{T}(4)$。该变换是正交的还是标准正交的？

第6章 帧内编码

静止(或者帧内)图像编码包括二值图像压缩和多幅值图像压缩，后者一般是指通过相机拍摄或者扫描仪扫描得到的黑白或彩色图像。除此之外，帧内压缩方法还适用于其他传感器采集到的数据，如医学成像中的核磁共振图像、红外线图像、X射线图像以及通过距离传感器采集到的深度图像，或者通过电脑制图、屏幕截图得到的合成图像。本章中将比较详细地介绍一些帧内编码的方法，比如用于二值图像的行程编码和条件熵编码；用于多幅值图像的向量量化、预测编码和变换编码。之后的章节将讨论无损图像压缩、基于合成的编码、分形编码和三维图像编码。并以 JPEG、JPEG 2000 等静态图像压缩标准，以及 AVC 和 HEVC 视频编码标准的帧内编码方法为例，对上述编码方法的组合进行详细的讨论。

6.1 二值图像压缩

二值图像只有两个幅度值，比如纯黑白图像、扫描的文本页面或双色文本是典型的二值图像。另外，表示内容几何性质的形状面也通常可以表示为二值图像。二值图像的传输在电信领域经历了较长的发展历史。在 19 世纪，就已经开始在电报中使用特殊的编码方法对二值图像进行远距离传输，另外，传真服务是第一个通过传统（模拟）电话线传输二值图像信息并得到广泛使用的应用。

6.1.1 二级图像的压缩

通过阈值操作，二值图像可以从一个多幅值图像中产生，比如

$$b(\mathbf{n}) = \begin{cases} 0, & s(\mathbf{n}) < \Theta \\ 1, & s(\mathbf{n}) \geqslant \Theta \end{cases} \tag{6.1}$$

通过确定最优阈值 Θ，可以避免丢失图像中的重要结构。从统计的角度来看，可以认为，二值图像从原始灰度图像中继承了相邻样点间(如相关性)的统计相关性(如习题 2.21 所示)。在二值信号中，相邻图像间的连贯性可以利用马尔可夫链进行建模(见 2.5.4 节)。

行程编码 在 5.1 节所介绍的行程编码方法，可以通过顺序地逐行进行处理应用于二维信号上。但是，还需要其他的机制来去除垂直方向上的冗余(相关性)，即相邻行之间的冗余。可以采用下面的方法。

● 预测(prediction)：当前行或者上一行中以前编码的样点可以用来预测当前样点(标记为 X)。只需要使用解码端的已知样点，就可以完成与编码端相同的预测。在图 6.1(a)中，假设使用 4 个样点 A～D，则一共有 16 种不同的配置。对于每种配置，都需要制定一种预测规则，图 6.1(a)也给出了三种不同预测规则的例子。当无法根据相邻样点的值进行合理的预测时，采用的方法是，显式地标记出样点的值。当实际值与预测值相符合时，则编码为"0"，否则编码为"1"。如果预测性能良好，则零值出现的概率

较高，这将有利于在接下来使用图 5.1(b)中的行程编码方法[①]。

● **相对地址编码**(Relative Address Coding，RAC)和相对元素地址指定编码(Relative Element Address Designate，READ)：对发生转换(白→黑，黑→白)的地址(相对于前一行中发生转换的地址)进行编码[见图 6.1(b)]，只需要对第一行进行直接的行程编码。

● **跳行**(line skipping)：如果当前行与前一行完全相同，那么当前行可以用一个特殊的标识或者代码表示。

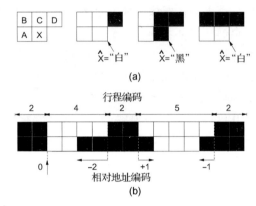

图 6.1　(a)二值样点的预测，预测拓扑结构(左图)和
三种不同预测规则的例子；(b)相对地址编码

在变换编码中，**改进的顺序扫描**(modified sequential scans)也可以与一维行程编码结合使用，从而利用在水平和垂直方向上邻域内的相似性。通常，扫描在较小的二维块中进行，进而对一系列二维块进行扫描(见图 6.19 和图 6.22)。Peano-Hilbert 扫描方法[见图 6.19(c)]以分层的方式在正方形区域内建立样点组，并从两个维度上尽可能快地访问相邻样点。另一种方法是在 JPEG 2000(见图 6.27)中采用的逐条带按列扫描的方法，这是一种折中的方法，基本上可以同时访问水平方向和垂直方向上的相邻样点。

　　模板预测　利用半色调技术或者基于模式的渲染技术生成结构精细的图画和图形，展现出黑白样点之间的频繁变化，这种变化可能是有规律的，但是采用 RLC 进行处理的效果并不好，游程长度预计会呈指数形式下降(暗含在一阶马尔可夫模型中)。在这种情况下，**模板预测**(template prediction)的方法可以用来代替基于规则的预测(见图 6.2(a))；模板是由当前样点相邻位置上的样点构成的模式，在之前传输的样点的某一相邻范围内，搜索这个模板的最优匹配模式[②](不包括当前样点本身)。在编码器和解码器中需要采用相同的搜索方式。当前样点的预测值是最优匹配模式中相应参考位置的值。如果当前样点的实际值与预测值之间存在偏差，则把"1"作为预测误差进行编码，否则编码"0"。虽然这个方法更加复杂(在编码端和解码端都需要进行搜索)，但是与图 6.1(a)中的基于规则的最近邻预测方法相比，可以获得更

---

① 这种预测方法不仅可以与行程编码结合，还可以与任意其他的熵编码方法结合，其中利用熵编码方法来编码预测误差信号，残差信号中，"0"和"1"以一定的概率出现，其中"0" = 预测成功，"1" = 预测失败。与基于上下文算术编码方法相结合，可以分别为所有 16 个相邻样点更加准确地估计"X=0"和"X=1"的概率。这种"统计预测"甚至可以根据特定图像的属性进行自适应的调整，从而可以进一步降低编码码率，这与基于上下文的算术编码非常相似(见图 6.2(b))。

② 通常以汉明距离(样点的值与模板的值不相同的样点数量)作为匹配标准。如果存在几个具有相同汉明距离的匹配模式，也可以将在参考位置上"0"和"1"出现的次数作为后续熵编码中的概率估计值。

好的预测结果。当对二值图像进行无损编码时，根据"预测成功"和"预测失败"发生的概率，对符号"0"和"1"进行编码。

并不一定总是需要对二值图像进行无损编码，例如，如果误差是可以容忍的并且可以用较少的编码比特表示图像，则可以对落入"预测失败"分类中的样点进行翻转。另外，模板预测同样适用于对局部相邻样点组（向量）的预测。

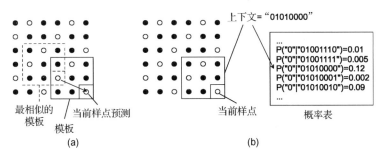

图 6.2 （a）模板预测；（b）基于上下文的算术编码

基于上下文的算术编码（Context-based Arithmetic Encoding，CAE）。CAE 利用条件概率进行编码，并同时考虑到局部区域内已解码相邻样点的状态（见 4.4.5 节）。当利用相同的邻域进行编码时，CAE 与预测方法（尤其是模板预测）的编码效果相类似。但是，

● 首先，CAE 直接把（非线性的，即基于条件概率的）预测步骤和熵编码步骤结合在一起。

● 其次，预测并不是"可靠的"，而是在统计意义下完成的，对于给定的模板状态，估计当前样点的状态为"0"或"1"的概率，而预测方法通常使用"预测成功"和"预测失败"的总体概率。

● 再次，在模板预测中，根据搜索范围内的区域以特定的方式对预测模型进行经验性训练，其中在搜索区域内，有些可能的模板状态也许根本没有出现过。与此不同，CAE 为每种可能的模板状态都建立一个表，其中包含当前样点为"0"或"1"的概率，可以利用 4.4.5 节所介绍的传统方法对表进行更新。

图 6.2（b）给出了一个例子。上下文 $\mathcal{C}$ 通常是一个预定义的相邻样点组，但是，也可以根据由解码值推导出的某些规则（比如，方向特征）对上下文 $\mathcal{C}$ 进行调整。如果定义的领域中包括 P 个样点，则根据这些样点各自的二进制状态，可以产生 2^P 种不同的配置。图 6.2（b）中，$P=8$。对于每一种可能的配置，都可以获得条件概率，并利用这一概率推断出当前样点值将会是"0"或"1"。由于 $\Pr(1|\mathcal{C})=1-\Pr(0|\mathcal{C})$，因此可以采用一个固定的概率表，概率表中只需要存储两个概率值中的一个。可以利用这一概率表，直接使用算术编码。此外，还可以使用在 4.4.5 节中讨论的方法调整概率表中的概率值。CAE 同样也适用于二值信号编码或位平面编码（比如，后者在 JPEG 2000 标准中得到了应用）。

一般来说，在无损编码模式下不需要进行 CAE 编码。例如，如果可以减少编码所需的比特数，则可以将当前样点编码为其相反值。然而，只有在考虑当前样点的值对后续样点的编码所产生的影响时（当前样点值将会成为上下文中的成员），这样做才是有意义的。例如，去掉孤立的具有相反值的样点或者对边缘进行修正，可能会使结构简化，从而降低预期的比特数量。相应的失真准则同样是汉明距离。

多幅值编码中的二值平面堆栈　在图 6.3(b)给出的例子中,显示了一幅灰度级图像的前三个位平面,图 6.3(a)说明了相应的映射关系。越接近 LSB,结构细节越多,这是由于在较小的幅度范围内局部变化比较大,或者是由于噪声的影响(见习题 6.6)。因此,当对重要程度较低的位平面进行编码时,利用信号中一致性特征的二值编码方法往往需要较高的码率。另一方面,还可以利用位平面之间的一致性,比如,如果已经发现上一位平面的某个区域中存在大量的变化时,那么可以预计在当前位平面的相应区域中也会存在较大的局部变化。

图 6.3　(a) 3 比特离散幅值表示中,单个比特对总体灰度级的贡献;
(b) 从左至右: 3 比特 PCM 信号的位平面 1(MSB),2 和 3(LSB)

半色调　此类方法通常用于印刷,其目的是把一个多幅值信号映射为一个具有较高样点密度的二值图像信号,从而获得灰度级图像的视觉感受。为此,在深色区域需要增加黑色样点的密度,而在明亮区域则降低黑色样点的密度。如果图像中填充的网点足够稠密,则可以构成局部高频图案,由于观察者视觉系统具有低通特性,会对图案进行平滑滤波,因此,白点与黑点之间不同的比例会被感知为深浅不同的灰色①。由于由基本样点群组构成的图案得到了系统性的应用,因此,可以使用基于邻域上下文模型的方法或模板预测方法进行系统的数据压缩。就建模而言,可以将半色调理解为马尔可夫随机场(见 6.6.2 节),其中,可能只会出现少量的状态转换。

6.1.2　二值形状编码

通过给定位置、宽度和长度的边界矩形通常可以描述一个区域的大体位置。关于任意区域形状的准确信息,可以从整体上进行定义,也可以在**边界矩形**(bounding rectangle)的坐标系中进行定义,为此还需要额外地表示形状在图像中的绝对位置及其宽度/高度(以样点为单位)。为每个样点设置一个二进制标识,含义如下

$$b(\mathbf{n}) = \begin{cases} 0, & \text{属于该区域的样点} \\ 1, & \text{不属于该区域的样点} \end{cases} \tag{6.2}$$

在 6.1 节所介绍的二值图像编码方法可以直接用于二值形状编码。例如,MPEG-4 标准中采用二值**基于上下文的算术编码**(Context-based Arithmetic coding, CAE)来描述单幅图像或图像序列中任意区域的形状,其中在后一种情况下,上下文信息被扩展到第三(时间)维。

四叉树表示法　这种方法[Samet, 1984]为区域提供了一种基于块的近似表示,但是也可以以样点精度的粒度来表示二值形状。在原始的四叉树方法中,码字表示的是,是否将一个大小为

---

① 半色调方法是目前已知的,能够提供最优主观感受的方法,见[Meşe, Vaidyanathan, 2000]。

$M_1 \times M_2$ 的块划分为 4 个大小均为 $M_1/2 \times M_2/2$ 的较小块，还是保持原样不进行划分。这些较小的块还可以再分为 4 个更小的块，这样，就可以把分层的树形结构映射为四分块划分的分层结构。图 6.4(a) 给出了区域形状的一个例子。图 6.4(a) 中画出了对应的四叉树。如果对块进行进一步划分，树中对应的节点则有四个分支。如果没有对块进行划分，则四叉树终止，将其标记为叶子。

利用**四叉树码**(quad tree code) 表示划分的信息，在图 6.4 的例子中，节点(四边形)用 "0" 表示，而叶子(圆圈)用 "1" 表示。这种码和无前缀码一样，是唯一码，因为每个 "0" 的后面一定跟着至少 4 比特。如图 6.4 中的例子所示，下面给出解码器对四叉树的解释过程，其中括号表示的是解析的分层结构等级：$0(10(1111)10(1110\mathbf{1111}))$。如果预先定义了四叉树层级的最大深度(比如，在给出的例子中为 3 个层级)，则可以忽略掉一些比特(在给出的例子中加粗显示的比特)，因为最大深度隐式地说明了，在超过最大深度的层级上不会发生进一步的划分。如果一幅图像可以被划分最大尺寸为 64×64 的块、最小尺寸为 8×8 的块，则最短的码字中只会包含 1 比特(一个 "1" 表示最大的单元没有被划分)，而全部都划分为 8×8 的块时，最大的比特数量将会达到 21(1 个 "0" 表示划分 64×64 的块，4 个 "0" 表示划分 32×32 的块，16 个 "0" 表示划分 16×16 的块。然后，这个码字就可以唯一地表示所有块都需要划分为最小的 4×4 的块)。所有在较高层级上停止划分的其他划分形式都将消耗较少的比特。

四叉树编码方法中还可以包括非方形划分，为简单起见，只允许在划分的最后一个层级中使用非方形划分。HEVC 标准中预测单元的划分模式就是一个例子，如后文图 7.31 所示[①]。

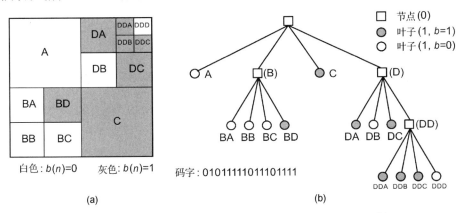

图 6.4　(a) 图像的四叉树划分；(b) 相应的带有码字的四叉树

如果需要用四叉树来表示二值形状，则需要将式 (6.2) 中的信息 b 分配给叶子，这意味着相应四边形中的所有样点都对应于 $b(\mathbf{n}) = 0$ 或 $b(\mathbf{n}) = 1$。可以用图 6.4 中的灰色区域和节点来说明。如果需要表征多个区域(比如，多个对象的形状)，则可以直接使用多个标签。

类似四叉树的分割标记方式在可变块尺寸编码中的应用也十分广泛，例如，可变块尺寸变换编码、可变块尺寸预测等。在这种情况下，编码变换系数或编码预测参数(比如，运动向量)将会与四叉树的叶子相关。

根据划分/不划分的概率，可以将所有的信息成分(树划分的信息，以及附加的区域特性信息)通过熵编码进行进一步压缩。对区域内的成员而言，可以根据已解码的相邻成员的概率，

---

① 包括两个原始四叉树划分选项(不划分，普通的四叉树划分)，分别为 "$M \times M$" 和 "$M/2 \times M/2$"。

进行基于上下文的熵编码。另外，如果当前叶子与表示相邻分区的其他叶子(这些叶子也可以处于四叉树中的其他层级或其他分支中)完全相同时，则可以使用**合并**(merge)标识来实现对附加信息的有效编码。

为了更好地与样点精度的区域边界保持一致，除了基于块的划分与合并，还可以以更加精细的粒度构建分块。如图 6.5 中给出了**几何划分**(geometric partitioning)的一个例子，其基本思想是用直线来表示边界。需要用两个参数来表示分隔线，要么一个表示块边界的起点，一个表示终点，要么一个表示位置参数，一个表示角度参数。当只能使用与块边界严格平行的分隔线对块进行划分时，则只需要一个参数和一个代表水平/垂直方向的标识(即 0 或 90 度角)来标记分隔线。几何划分也可以与四叉树码联合使用，但是，它只能在四叉树划分的最后一个层级作为另一种划分方式使用。

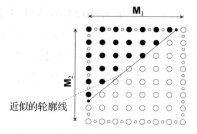

图 6.5 基于分隔线的几何划分，将一个矩形块划分为两个子区域

将二维图像划分为规则矩形块结构的方法，不仅限于在图像形状或者结构表示中使用。将这些方法扩展至第三(时间或体积)维，则可以获得"**八叉树**"(octree)码[Meagher, 1980]。

6.1.3 轮廓编码

链码 可以用**链码**(chain codes)对离散的轮廓[见图 6.6 (a) 中的例子]从起点到终点进行编码[Freeman, 1970]。链码将直接相邻的轮廓位置连接在一起，在矩形采样的情况下，这些直接相邻的位置被限制为 8 个相邻位置之一[见图 6.6 (b)][1]。如果轮廓的起点和终点是直接相邻的，那么该轮廓是**闭合的**(closed)。当把轮廓与图像中的一个位置关联在一起时，则至少需要对一个点(通常为起点)的坐标参考进行显式的编码。

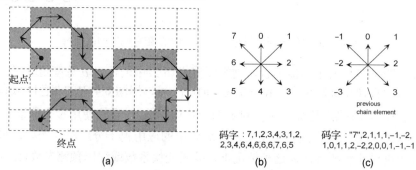

图 6.6 (a) 离散轮廓及其链状描述；(b) 直接链码编码中 8 邻
域的互连方向；(c) 差分链码编码中 8 邻域的互连方向

---

[1] 这对应于式(2.107)中的 $\mathcal{N}_2^{(2)}$ 系统。只使用 4 个相邻位置(采用 $\mathcal{N}_1^{(1)}$ 系统)的类似方法也是可行的，但是在表示对角方向的轮廓时，将需要两个连接。假设所有轮廓方向出现的概率都是相等的，则对于这两种类型的邻域系统，预期的平均码率都是相等的。

对于直接链码，只有某些轮廓方向出现的概率很高时，使用**熵编码**(entropy coding)才有意义，规则的几何轮廓就是这种情况，其中的轮廓比较平滑，而且具有明确的方向，对于这种轮廓，下面将要介绍的差分编码是更加有效的。

差分链码 差分链码描述的是由一个链单元到下一个链单元轮廓方向的变化[Kaneko Okudaira, 1985]。如果不允许 $180°$（向后）转向，当采用 $\mathcal{N}_1^{(1)}$ 系统时，差分码只需要支持 3 个不同的延续方向，当采用 $\mathcal{N}_2^{(2)}$ 系统时，需要支持 7 个不同的方向。尤其对于平滑的轮廓，将差分链码和熵编码结合使用是非常有效的，其中认为 $0°$ 方向（直线延续）出现的概率最高，只有在拐角的位置才会选择 "+3" 和 "–3" 的方向，而这种情况很少出现。当采用 $\mathcal{N}_2^{(2)}$ 系统时，通常可以用差分链码/熵编码的方法以大约 1.5 比特/轮廓位置来表示离散轮廓。

为了进一步降低码率，可以将链码扩展，对连续链单元的组合进行编码。同样在这种情况下，表示比较平滑的轮廓将需要更少的比特，这是因为在相同方向上双重延续或三重延续的链出现的概率较高。在较低码率的情况下，进行有损编码时，还可以系统地对轮廓进行平滑。

可用于有损轮廓编码的其他方法还包括基于轮廓**插值**(interpolation)的方法。这种方法根据稀疏分布的控制点对轮廓进行插值，这些控制点不需要直接相邻，也不需要与离散坐标位置保持一致。利用这些方法，还可以实现以可变的精度表示轮廓的分层方案[1]。这种情况下，可以把轮廓表示为点坐标的序列，然后将其作为有限的或（对于闭合轮廓）循环的信号进行处理。由于相邻的点坐标本身就是相似的，所以这些信号通常都是平滑的。因此，可以将其变换到频域并用变换系数进行表示，这样可以得到更加简洁的表示（见 MCA, 4.5 节）。

6.2　图像的向量量化

向量量化可以直接应用于图像信号，如图 4.19(b) 所示。将方块内的值定义为 VQ 编码器的向量输入，如果这些值是统计相关的，则可以利用广义劳埃德算法（见 4.5.3 节）设计合适的码书，隐式地利用这些相关性。

如果传输码书所需的开销不是很高，则可以通过使用自适应码书（专门为某一幅图像设计的）（见 4.5.5 节）来提高编码性能。这种方法也适用于图像序列，可以认为每一个镜头中的图像都是非常相似的，这使得与总码率相比，传输整个码书或某些自适应向量所需的码率非常小。

图 6.7 说明了码书设计对重构质量的影响。为图像域 VQ 设计的码书（具有 $J=256$ 个重构向量，向量大小为 $M_1 \times M_2 = 4 \times 4$ 样点），如图 6.7(a)/(c) 所示，每个小方块都是一个码书条目。图 6.7(a) 中的例子是使用一个由 15 幅图像组成的训练集生成的。图 6.7(b) 给出的是一幅未包含在训练集中的图像的重构图像。与此不同，图 6.7(c) 给出的是为这一幅图像专门设计的码书，相应的重构图像如图 6.7(d) 所示。某些向量具有特别适用于这幅图像的结构，比如，针对帽檐对角边缘进行优化的结构。因此，重构图像中存在的块效应要少得多，然而，这需要将码书作为边信息进行表示。

这里介绍的独立块 VQ 方法具有以下缺点：

---

① 判断两个轮廓或形状的相似度的一个评判准则就是**二者之间面积**(area between)的大小，它可以通过将相应二值形状图像进行异或运算来确定。另一种方法是计算**豪斯多夫距离**(Hausdorff distance)（见 MCA, 5.3 节），这种方法把轮廓上的点理解为一个集合，通过计算最近的两两匹配距离，确定这两个集合之间的距离。

- 在重构信号中可能会观察到**块效应**(blocking artifacts)，多数情况下会出现在平坦区域和边缘周围；
- 由于为了控制码书的大小以及获得较低的算法复杂度，只能使用相对较小的块尺寸，因此，相邻块间存在显著的冗余。

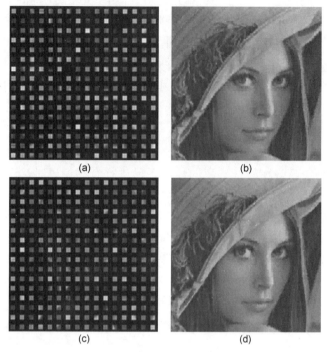

图 6.7　图像域中的向量量化，码书大小 $J = 256$。(a)利用训练集中的 15 幅图像通过 GLA 算法生成的码书；(b)一幅未包含在训练集中的图像的 VQ 重构；(c)由单幅图像生成的码书；(d)该图像的 VQ 重构

可以根据以下方法减少这些缺点带来的影响(见 4.5.4 节、4.5.5 节和 6.9 节)：

- 使用**边界滤波**(boundary filtering)(后处理)或在向量重构中使用重叠块；
- 利用均值分离向量量化(Mean-Separating Vector Quantization，MSVQ)单独对均值进行编码，通过预测均值来消除冗余；
- 使用预分类，尤其是在边缘区域，使用为更好地重构具有相似取向的边缘而专门设计的码书；
- 使用有限状态向量量化[Aravind, Gersho, 1986]，由于图像具有二维结构，所以与一维信号相比，有更多的信息可以用来定义次态函数[见下文介绍的**边缘匹配**(side match)方法]。

例子　边缘匹配 FSVQ(side-match FSVQ)。最早在[Kim, 1992]中提出了这种方法，使用具有 J 个重构值的超级码书(与为传统 VQ 设计码书一样)。在所有状态下，码元符号的数量 $J_S = J^*$ 都被设置为常数。为了确定依赖于左侧和上方相邻块所使用的重构向量的次态函数，选择 J^* 个向量作为当前块的候选向量，在实际向量与之前解码的左侧和上方相邻向量(见图 6.8 中的箭头和阴影区域)之间的

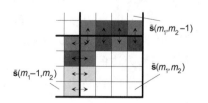

图 6.8　边缘匹配 FSVQ

边界处，这 J^* 个向量会使幅度上产生的差异最小(lowest differences)。

6.3 图像的预测编码

在图像的预测编码中，通常避免使用开环编码(见 5.2.1 节)(除非是进行无损编码，此时开环编码方法和闭环编码方法是一样的)。根据相邻图像样点的高度相关性，最优一维和二维合成滤波器将具有较长的冲激响应，因此，当使用开环结构时，式(5.8)中的量化误差会被放大得很大，所以，闭环编码(DPCM)是更好的选择。下文将介绍针对二维图像信号的预测编码方法。

6.3.1 二维预测

考虑到因果关系，只能使用解码器已知的值计算估计值。举个例子，假设从左上角开始处理序列并对图像进行逐行处理，当使用 $P_1 P_2 - 1$ 阶四分之一平面滤波器时(见式(2.224))，在 DPCM 中，有以下预测方程成立：

$$\hat{s}(n_1, n_2) = \sum_{\substack{p_1=0 \\ (p_1, p_2) \neq (0,0)}}^{P_1-1} \sum_{p_2=0}^{P_2-1} a(p_1, p_2) \tilde{s}(n_1 - p_1, n_2 - p_2) \tag{6.3}$$

预测滤波器可以是可分离的，也可以是不可分离的，通过使用式(2.207)中的前向自适应方法或式(2.223)中的后向自适应方法，可以获得滤波器系数的局部自适应能力，从而得到最小的预测误差方差。除此之外，非对称半平面滤波器(如图 6.9 所示)仍然需要遵守因果处理顺序，它们可以利用右上角的相邻样点提供额外信息。

举一个非常简单的图像样点预测的例子，这种预测方法使用水平和垂直方向上距离最近样点的(加权)均值作为预测值(通常 $a_1 + a_2 = 1$)

$$\hat{s}(n_1, n_2) = a_1 s(n_1 - 1, n_2) + a_2 s(n_1, n_2 - 1) \tag{6.4}$$

另一个例子是中值预测，其中使用某个因果邻域中已解码样点值的中值作为预测值

$$\hat{s}(n_1, n_2) = \text{median}\{\tilde{s}(m_1, m_2) \mid (m_1, m_2) \in \mathcal{N}_{\text{causal}}(n_1, n_2)\} \tag{6.5}$$

对于中值预测，通常使用 3 个或 5 个相邻样点；还可以使用加权中值滤波器或混合中值/FIR 滤波器。对于自然图像，预测系数固定的预测器通常不是最优的。除式(2.206)中的维纳-霍普夫方程以及采用 LMS 算法(见式(2.223))的后向自适应方法外，比较简单的方式是，根据一小组候选模式，实现预测模式的自适应切换。在后向自适应切换中，可以对因果邻域中，是否存在边缘，以及边缘的方向进行分析，从而根据预先设定的规则，调整预测器的几何形状[Richard, Benveniste, Kretz, 1984]。图 6.9 给出了一个例子。样点 $\hat{X}$ 需要由已解码相邻样点 A～D 的组合进行预测。根据对局部边缘方向的分析(可以只对样点 A～D 进行分析，也可以对包括之前已解码样点的较大区域进行分析)，在确定估计值 $\tilde{X}$ 时，可以避免跨过边缘进行预测。

在前向自适应切换中，预测器的选择必须作为边信息进行编码。通常需要为样点组编码这些边信息。例如，在 JPEG 标准的无损模式下，预测器信息对一组连续的样点一直是有效的，直到应用了新的设置。通常，前向自适应切换中还应该包括**不进行预测**(no prediction)的情况。在无损和近似无损编码标准 JPEG-LS 中，实现了一种后向自适应切换的预测方案。也可以将后向自适应与前向自适应进行组合，其中，只有当通过隐式后向分析确定的模式是次优模式

时，才会显式地标记预测模式。一般来说，到目前为止所介绍的所有方法都不具有排他性，比如，还可以将在边缘位置的切换预测与其他位置的中值预测进行组合。

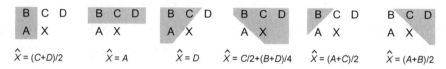

$$\hat{X} = (C+D)/2 \qquad \hat{X} = A \qquad \hat{X} = D \qquad \hat{X} = C/2+(B+D)/4 \qquad \hat{X} = (A+C)/2 \qquad \hat{X} = (A+B)/2$$

图 6.9　边缘位置和方向的例子以及预测规则的例子

另一种非线性预测方法是**模板预测**（template prediction）。假设，在一个比较大的邻域内系统性地存在相似的结构（比如，由于纹理相似性引起的）。需要根据解码器已经获得的样点对邻域进行定义（"搜索区域" Π）。模板 Θ 是当前样点的一个因果邻域（不包括样点本身）。根据相应的模板（见图 6.10），将最优匹配位置处的样点值作为预测值，其中 $\Delta(\bullet)$ 是距离或者相似度函数，

$$\hat{s}(n_1, n_2) = \{\tilde{s}(m_1, m_2) \mid \min_{(m_1, m_2) \in \Pi} \Delta(\Theta(n_1, n_2), \Theta(m_1, m_2))\} \tag{6.6}$$

可以将这一方法扩展用于向量预测，其中通过相邻的模板对样点组进行预测。

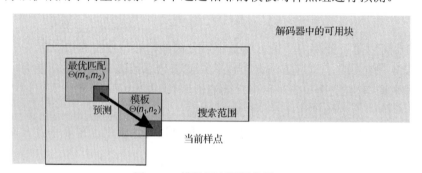

图 6.10　模板匹配预测的原理

6.3.2　二维块预测

当利用局部样点组之间的冗余可以获得较低的数据速率时，对局部样点组进行联合预测则是特别有效的。由于向量预测或块预测之后得到的残差信号通常具有相关性（见 5.2.4 节），因此，可以使用 VQ[Bhaskaran, 1987]或变换编码完成后续的压缩。

在进行联合预测时，通常将矩形块或方块中的样点组合在一起[见图 6.11(a)]，但是也可以将一维排列的样点组织在一起，比如，同一行、同一列[Cao, et al., 2013]或对角相邻的样点[Ohm, Noll, 1990]①。

编码器中哪些相邻块是可用的，取决于解码器的处理顺序。大多数情况下，只会使用来自上方块或左边块边界处的样点（即，使用与当前块中的样点距离最近的相邻样点）。对整个局部块中样点的预测可以利用下列编码工具完成。

● 一组为当前块中的每个样点单独设计的专用线性预测器[见图 6.11(b)的例子]，可以将这些预测器理解为对可用边界样点的加权平均；还可以使用或不使用边信息实现自适应的预测。

---

① 这种一维排列的好处是，可以利用直接相邻的样点，对向量中所有的样点进行预测，同时对向量仍然保持因果处理顺序。

- 对已解码边界样点进行联合插值得到的二维表面函数[见图 6.11(b)]；最简单的情况下，函数 $f(A,B,\cdots,H,I)$ 可以是边界样点的平均值[称为 **DC 预测**（DC prediction）]，但是也可以使用高阶函数，比如线性幅度平面或斜坡函数[称为**平面预测**（planar prediction）]。

- 复制预测，使用解码器中其他可用块来预测当前块[见图 6.11(c)]；在这种情况下，位移偏移可以显式地标记为边信息[称为**位移预测**（displacement prediction）[Kondo, et al., 2004]]，也可以标记为**帧内块复制**（Intra Block Copy，IBC）。或者，还可以在编码器和解码器中通过模板匹配获得位移[Tan, et al., 2006]。

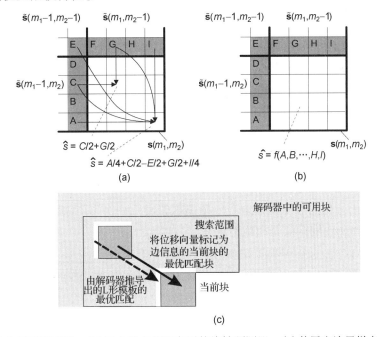

图 6.11　块向量预测方法。(a)每个样点使用专用的线性预测器；(b)使用由边界样点确定的幅度（多项式）表面函数；(c)通过模板匹配或显式的位移信息，复制解码器中其他可用块

　　方向预测（directional prediction）是一种具体的自适应线性预测方法，其中自适应信息被作为边信息进行标记，这种方法在 AVC 和 HEVC 标准中用来进行帧内压缩。其中，通过对可用边界样点沿某一具体方向进行插值来完成预测。在 HEVC 中，根据相邻预测块中已解码的边界样点，帧内预测提供了 33 种方向预测模式（相比之下，在 AVC 中只有 8 种），以及 DC 预测模式和平面预测模式。HEVC 中不同的方向预测模式如图 6.12 所示。如果位于当前块右上方或左下方的样点是可用的，则这些样点也可用于预测。如果这些样点不可用，则首先利用其他可用块中的样点进行插值，然后将插值结果用于预测。当方向性插值与当前块的实际样点位置不完全一致时，需要进行亚样点插值。此外，在利用边界样点进行插值之前，可以对这些样点进行低通平滑滤波。

　　为了实现更加有效的编码，还可以利用由已解码相邻预测块得到的最有可能模式（相同或相似的方向），对帧内预测模式（方向模式或 DC/平面模式）的边信息进行预测。此外，由于具有同一方向性轨迹的所有样点都使用相同的预测值，因此，二维残差信号的相关性与式(5.19)～式(5.21)所分析的相似。HEVC 采用基于式(2.273)的第 IV 类二维 DST，利用其基函数可以描述残差信号的特性(残差信号的幅度随着与预测参考之间距离的增加而增加①),从而实现进一步的压缩。

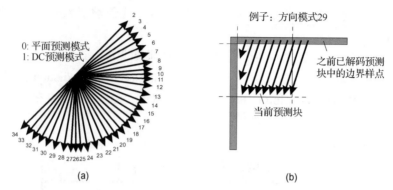

(a)　　　　　　　　　　　　　　(b)

图 6.12　　(a)HEVC 帧内预测模式;(b)根据边界样点对当前预测块进行的帧内方向性预测

6.3.3　预测误差的量化与编码

图 6.13 给出了预测误差信号的概率分布,这些误差近似地符合式(2.128)中的拉普拉斯分布。假设采用重构值为 $\mathcal{v} = \{v_j; j = 1, \cdots, J\}$ 的均匀量化和熵编码。由于 PDF 主要集中于 $e = 0$ 附近,因此,熵 $H(\mathcal{v})$ 远低于 $\log_2 J$。当未量化的预测误差来自一个离散幅度集合(通过对预测值 $\hat{s}(\mathbf{n})$ 进行取整和裁剪运算)时,可以利用 DPCM 对 PCM 信源进行无损压缩(在这种情况下,由于能够获得完美的重构,所以 DPCM 与开环方法是完全相同的)。JPEG(无损模式)和 JPEG-LS 标准都采用了这种方法。

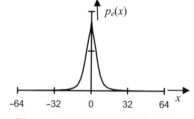

图 6.13　预测误差信号的概率密度函数(可分离二维预测)

从形式上来看,B 比特无符号整型 PCM 的取值范围为 $0 \sim 2^B - 1$,而表示预测误差所需的比特深度要比其多 1 位。然而,尽管预测误差值 $e(\mathbf{n})$ 通常可以在 $(-2^B + 1) \sim (2^B - 1)$ 的范围内取任意值,但是考虑到实际预测值 $\hat{s}(\mathbf{n})$,情况就不是这样了,因为只有 2^B 个不同的 $e(\mathbf{n})$ 值出现在 $-\hat{s}(\mathbf{n}) \cdots [2^B - 1 - \hat{s}(\mathbf{n})]$ 的范围内。在 2 的补码表示中,甚至可以忽略 MSB(符号)比特,因为当与相同的预测值 $\hat{s}(\mathbf{n})$ 相加时,用来表示 $e(\mathbf{n})$ 负值范围的进位标志在重构期间总会得到补偿。因此,没有必要增加运算的比特深度[Bostelmann, 1974]。

图 6.14 给出的是通过 DPCM(具有不同 J 值以及相应的熵值 $H(\mathcal{v})$)得到的重构图像。图 6.14(a)表示的是无损编码的情况,图 6.14(c)只使用了 $J = 3$ 个重构值 $\mathcal{v} = \{-V, 0, V\}$,随着 V 值的增加,重构值中将会出现更多的零值,同时熵也会低于 1 比特/样点。

超前 DPCM　在闭环(DPCM)预测编码方案中,由于重构值会被用于预测,因此编码决策会对后续样点产生影响。为此,可以采用超前编码或多次编码,从而利用编码决策对后续样点的影响。但是,由于可能的决策数量过多,因此通常无法得到最优的决策。切实可行的方法是,对由性能最优的候选决策组成的集合进行多次编码。在[Hang, Woods, 1985]和[Ohm,

---

① 当内部块可以由全部 4 个边界样点进行预测时,式(2.265)中的第 I 类 DST 能够更好地匹配残差信号的特性,因此可以用于实现更有效的压缩,见[Meiri, Yudilevich, 1981]和[Farrelle, Jain, 1986]。

Noll, 1990]中，介绍了将有效的树形搜索与向量预测相结合的方案。通常来说，多次编码方法只会增加编码器的复杂度，而解码器的操作并不会因此而改变。

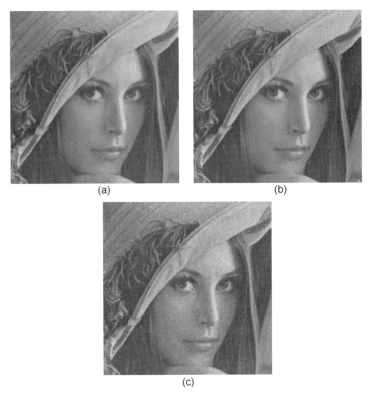

(a)　　　(b)

(c)

图 6.14　使用标量量化和熵编码的 DPCM。(a) $J = 511$，$H(\mathbf{\mathcal{V}}) = 4.79$ b/s；(b) $J = 15$，$H(\mathbf{\mathcal{V}}) = 1.98$ b/s；(c) $J = 3$，$H(\mathbf{\mathcal{V}}) = 0.88$ b/s

6.3.4　二维 DPCM 中的误差扩散

根据式(5.17)，当信道误差对解码产生影响时，将会造成合成滤波器冲激响应的扩散，但是信道误差对编码器来说是未知的。图 6.15 给出了在使用一维和二维预测器的情况下，误差扩散的例子。可以观察到，在第一种情况下，误差只会沿着水平或垂直方向扩散，在后一种情况下，干扰是沿着两个方向同时扩散的。

与可分离预测器相比，图 6.15 (d) 中的不可分离预测器产生的可见伪影较少，这是因为它使用的滤波器系数为 $a = a_1 = a_2 = 0.5$，误差在两个方向上产生的影响以 a^l 为系数呈指数式衰减 $(0.5; 0.25; 0.125; \cdots)$ [1]。对于 $\rho_i \to 1$ 的可分离滤波器，其衰减的速度通常要慢得多。另一方面，不可分离滤波器具有误差恢复的优点，但是就压缩性能而言，其表现较差 [2]。通常来说，因为存在迭代相关性，所以漂移和误差扩散在 DPCM 方案中是比较关键的问题。因此，预测环路的状态需要周期性地进行重新初始化，或者在发生错误时需要进行重新初始化。但是，后一种方案将需要一条通向编码器的回发信道。这两种方案都会增加码率和/或降低压缩性能。

---

① 可以采用与习题 6.2 (c) 中类似的方法，对此进行分析。

② 见习题 2.11。

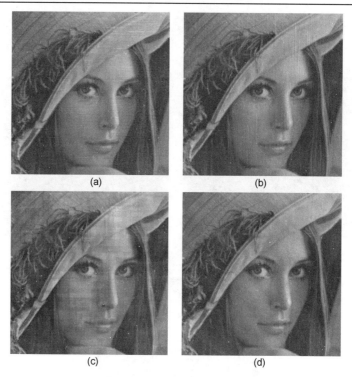

图 6.15 DPCM 中的传输误差扩散，在未进行 VLC 编码的情况下，随机比特误差概率 $P_{err} = 10^{-3}$。(a)一维水平预测；(b)一维垂直预测；(c)式(3.15)中的可分离二维预测；(d)式(3.17)中的不可分离二维预测

6.3.5 二维预测编码中边信息的编码

在采用前向自适应预测的情况下，编码器作出关于预测器自适应的决策，同时需要将编码参数发送给解码器。影响解码过程但本身不属于样点数据流的参数，称为**边信息**(side information)。这些边信息包括但不仅限于以下类别：量化步长参数、滤波器系数、预测滤波器形状信息(比如，在方向预测中，用于预测的之前样点的位置)、在可变块尺寸编码中的分块划分信息、小波树深度、码字自适应/预选/切换的信息等。

先进的压缩方案为局部图像内容提供了很大程度的自适应能力，边信息在总码率中占据相当大的比例。因此，在使用自适应组件时，需要仔细权衡压缩中获得的收益和对复杂度所产生的影响(编码器和解码器)。这在理论上可以通过**率失真优化**(rate distortion optimization)实现，由于具体的自适应性是通过边信息表示的，因此，压缩中获得的收益都是以额外的码率消耗为代价的(见 4.3 节和 7.2.7 节)。

另外，由于边信息可能在总码率中占据较大的比例，而且参数的所有状态并不都是等可能性出现的，因此，对边信息进行基于上下文的熵编码也起到非常重要的作用。

最后，由于边信息通常与预先定义的局部图像区域相对应，因此，边信息本身在空间上就存在冗余。参数的空间预测(线性预测或非线性预测，比如，中值预测)是利用这种冗余的典型方案，这种方法显式地利用从相邻空间位置获得的信息。还可以从邻域中选择一些可能性较大的参数，然后在此基础上，显式地标记编码时所选择的那个参数。为了解释和说明这些原理，在接下来的段落里将会讨论一些边信息参数的编码方法。

滤波器参数的编码　通常，在自适应滤波或自适应预测中的滤波器参数都具有很高的数学精度，在通用计算机上可以通过浮点运算近似地实现。在专用的硬件实现中，为了获得较低的复杂度，需要使用整数精度。实现这一目标的一种简单方式就是，对滤波器系数在期望的取值范围内进行均匀(标量)量化。然而，对量化器系数进行舍入运算，并不会直接映射为滤波信号的偏差。而且，进行滤波后滤波器的频谱(幅度和相位传递)特性能够得到保留通常是更加重要的。采用 FIR 滤波器时，根据式(2.113)，对于所有滤波器系数具有均匀概率分布的量化误差，都仍然会给出平坦分布的频率误差，而在式(2.114)中，滤波器系数通过分母影响频谱的形状。因此，在使用预测合成(IIR 滤波器)的情况下，采用保持滤波器频谱形状的准则是至关重要的。由于这相当于将预测误差的方差保持得尽可能低，因此，可以将能使式(2.209)的第一行达到最小值的准则应用于滤波器系数的量化中[①]。另一种能够尽可能多地保持频谱形状的准则是 Itakura 距离[Itakura, 1975]，这一准则可以直接扩展至二维[Balle, 2012]。

当滤波器系数具有系统行为时(比如，对称滤波器的幅度从其中心向外缘逐渐衰减)，还可以用较少的比特来表示预期会比较小的系数。另外，也可以使用向量量化，其中，编码器决策本身就允许使用联合应用于所有系数上的失真测度，同时，还可以根据 PDF 统计特性对码书进行优化。

方向预测中滤波器形状的编码　在 HEVC 标准的帧内编码部分，方向预测器用于预测方向的选择，如图 6.12 所示。由于某些方向出现的概率较高(与领域中的预测方向有关)，因此可以使用基于上下文的熵编码算法对方向预测模式进行有效的压缩。由于共有 33 种方向预测模式以及 planar 和 DC 预测 2 种模式，对于给定的预测块，首先根据已解码相邻块中的可用信息，确定三个**最有可能的模式**(Most Probable Modes，MPM)。然后再加入其他的候选模式，这些候选模式要么是相近的预测方向，要么是(如果上述预测方向不适用)默认的 planar 和 DC 预测模式。大多数情况下，根据率失真优化准则，这 3 个 MPM 很可能会被选择成为最优预测模式，然后通过基于上下文的熵编码算法对 MPM 进行编码，但是如果选择了其余 32 种模式之一，则需要 5 比特定长码表示模式信息。

量化参数编码　在标量量化中，最重要的量化参数是步长。通常，都会预先定义一定数量的量化步长。步长的"码书"可以具有均匀分布或非均匀分布的特性，例如，在 AVC 和 HEVC 中，**量化参数**(Quantization Parameter，QP)值每增加 6，量化步长就会增加一倍，二者之间近似地满足对数关系。比较重要的其他参数还有：

● 重构值的偏移[尤其是式(4.12)中的 OFFR]；
● 色度与亮度成分之间量化步长的额外偏移；
● 量化步长的总数(允许向更高的比特深度扩展，直至无损编码)。

还需要建立能够对量化步长进行局部调整的机制，比如允许以较高的质量编码感兴趣区域。在采用这种机制时，为了节省码率，还需要对量化步长(相对于之前的设置)进行差分编码，或者规定在一幅图像中，只有在必要时才允许量化步长发生变化。

在使用任意的非均匀量化器时，均需要明确地标记所有重构值，除非这些重构值是系统

---

① 对于二维的情况，相当于式(2.213)～式(2.215)。

性样点(比如,对数分布的重构值),这种情况下,使用简洁的参数表示就足够了。当采用非均匀向量量化器时,如果码书需要根据当前图像的内容进行调整,还应该对码书进行编码。然而,由于针对图像域 VQ 设计的块向量中通常存在较多的冗余,因此,同样可以采用预测编码或变换编码等压缩方案,从而获得更加简洁的表示方式(见 6.2 节)。

通常来说,还可以采用参数的**后向自适应**(backward adaptation)编码方法,只使用之前解码的信息来推断编码的参数。在某种程度上,标记通过前向自适应和后向自适应获得参数的,利用局部参数之间冗余(从已解码信息中获取的)的,以及进行显式表示的预测和基于候选值/基于上下文的方法,在解码器端进行推导时,都可能会失败。就技术的发展水平而言,将这些方法进行组合可能会得到最有效的自适应编码方案。

6.4　图像的变换编码

在图像的二维变换编码中,最重要的变换类型包括(非重叠)块变换、重叠块变换和子带编码,尤其是后一种类型中的小波变换。

6.4.1　块变换编码

对于块变换编码,图像信号被划分为大小为 $M_1 \times M_2$ 的块(见图 6.16)。如果块的大小固定,就像图中所示的一样,索引为 (m_1, m_2) 的块,其起始点坐标(左上角的样点)位于图像中 $(n_1, n_2) = (m_1 M_1, m_2 M_2)$ 处。对于线性块变换,每个块需要计算 $U_1 \times U_2$ 个变换系数,通常有 $U_i = M_i$。在重叠块变换中,通常所使用的 U_i 值为 $U_i < M_i \leq 2U_i$。在自然图像变换编码中,块的大小介于 4×4 和 32×32 之间是比较合理的,不过块的大小还取决于图像的大小。最合适的块大小主要取决于信号的空间相关性,较大的块比较适合编码高度相关的信号,而对于相关性较低的信号,较小的块则比较合适。

- 如果信号是高度相关的并且块的尺寸过小,则可能仍会存在较多的冗余,但是由于变换的移变性,使得这些冗余很难在变换域中被识别和利用;
- 如果信号的相关性较低,或者如果变换块覆盖了包含大量变化内容(比如,在边缘处)的图像子区,则应该选择较小的块,这样可以将信息集中于少量系数上。

上述两种情况中都可以使用可变大小的块,根据图像的局部特性,在不同大小的块之间进行切换。

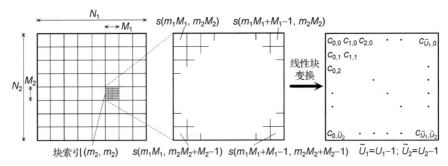

图 6.16　子图像块大小相同的二维变换编码

尽管在线性变换后，已经完成了"去相关"，但是仍然存在以下统计相关性。

- 块内：局部图像结构(比如，边缘)具有方向性，因此，预计会同时出现具有较高幅值的变换系数。但是，对于大多数实值可分离变换而言，只有存在纯水平或纯垂直结构时，才会出现这种情况。另外，如果一个块中包含较多的随机细节(比如，非结构性的或杂乱的纹理区域)，则具有较高幅值的系数将很有可能较多地出现在更宽的频率范围内；反过来，在细节较少的区域，大多数系数都会接近于零，并且孤立的非零系数通常不会出现在周围存在很多零系数的频率位置上。可以计算相同局部位置的频率，然后根据频率(变换系数)间的上下文相关性，合理地设计熵编码算法，使这类局部相关性得到有效利用。
- 相邻块之间：由于图像结构通常会延伸至(固定的)块边界以外，因此，相邻块之间也存在冗余，然而，在变换域内很难利用这种冗余(由于基函数无法准确地表示超出块边界的信号)。如果简单的预测方法不适用，则可以考虑采用相邻块中系数特征的熵编码算法，从而实现基于上下文的编码。

当块间的依赖关系比较简单时，可以将 DPCM 编码与变换编码结合使用。可以把预测理解为编码和解码过程的一部分。可以在 DCT 域(以及其他相似的实值可分离变换域)中应用的具体预测技术包括：

- **均值("DC 系数")预测**   系数 $c_{0,0}$ 反映的是信号的局部均值信息，在局部邻域内 $c_{0,0}$ 通常是逐渐变化的，可以利用任何之前已解码块的 DC 系数对 $c_{0,0}$ 进行预测，如图 6.17(a) 的所示；
- **水平/垂直细节("AC 系数")预测**   如果当前块中的纯水平或纯垂直结构延伸到了块边界之外的下一个块中，则下一个块中的变换系数与当前块中的变换系数具有相似性。例如，对于水平边缘，可以认为垂直频率系数 c_{0,u_2} 与其左边块的垂直频率系数是相似的，而对于垂直边缘，水平频率系数 $c_{u,0}$ 可以由上方块的水平频率系数进行预测。由于水平方向上和垂直方向上的结构同时出现的情况并不多见，因此，可以通过切换的方式进行预测[见图 6.17(b)]，其中，可以直接标记主要方向，也可以利用相邻块中变换系数的能量分布推导出主要方向。

在变换域中，很难对对角结构进行预测，尤其在采用实值可分离变换(比如，DCT 变换)的情况下，这是因为其基函数并不具有唯一的对角方向。因此，方向性结构在图像域中可以得到更好的预测(见 6.3.2 节)。

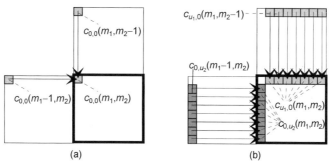

图 6.17　块变换系数的预测。(a)DC 系数；(b)AC 系数

6.4.2 变换系数的量化与编码

图 6.18 给出了一个大小为 8×8 的块进行二维 DCT 变换后，变换系数 $c_{0,0}$、$c_{1,0}$ 和 $c_{2,0}$ 的概率分布。对于一个足够大的图像集合，DC 系数 $c_{0,0}$ 的幅度分布范围较宽，并且分布范围中心位置处的概率高于范围末端的概率，类似于相应图像的 PDF。对于单幅图像，峰值通常在某一幅度上[图 6.18(a) 中的点状图]。另一方面，相邻块的 DC 系数间存在较高的相关性，因此，可以通过预测编码对其进行进一步有效的压缩，其中，可以认为预测误差的 PDF 与图 6.13 中的 PDF 相似(虽然其方差较大)。对大型图像集合或单幅图像进行分析，可以发现，AC 系数的概率分布始终集中于零值附近，并且关于零值对称。根据 AC 系数的全局统计特性，可以假设其基本符合拉普拉斯分布[见式(2.128)，不同的系数位置具有不同的方差][Reininger, Gibson, 1983]。当利用块的方差对 AC 系数进行归一化时，则 PDF 接近于高斯(正态)分布，因此，可以断定，二者 PDF 之间的差异是由于图像信号中局部变化的细节造成的。

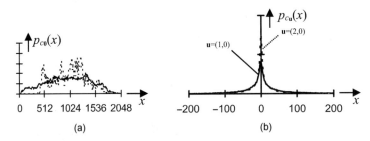

图 6.18   2D DCT 系数的 PDF。(a) 单幅图像的 $c_{0,0}$ 系数(⋯)以及 15 幅
图像的平均 $c_{0,0}$ 系数(—)；(b) $c_{1,0}$ 系数(—)和 $c_{2,0}$ 系数(⋯)

变换系数的量化   即使在采用整数类型[比如，式(2.270)和式(2.271)]或矩形的变换基函数时(比如，沃尔什变换，哈达玛变换)，与数字图像信号的原始(PCM)样点相比，变换系数的离散幅度通常具有更大的范围。由于每个变换系数都通过样点的加权叠加而计算得出，因此，需要支持样点幅度的所有可能组合。从理论上讲，如果将 M 个样点进行合并，且每个样点具有 J 种可能的离散幅度，那么只会产生 J^M 种不同的组合，对应的量化变换系数集也同样如此。然而，即使变换中采用整数基函数，比如，哈尔变换或哈达玛变换，也不存在能够以 $\log_2 J$ 比特表示每个变换系数的系统性方法，这是因为样点的叠加增加了所需的整数字长。通过逆变换进行完全重构所需的比特深度取决于信号和被乘的基函数的比特深度[①]。因此，与预测编码相比，变换编码不太适用于无损压缩。

在典型的工作范围内(可能接近无损)，在变换之后要对系数进行量化。逆变换的合成基 $r_u(\mathbf{n})$ (这里向量坐标表示二维基图像)会影响量化误差从给定的变换系数 c_u 到重构信号的传播。由于重构值是所有变换系数进行叠加得到的，变换系数的量化误差也会被叠加，但是当采用正交变换时，可以认为这些量化误差是统计独立的。这并不意味着重构误差在全部样点位置上是均匀分布的，而取决于变换的特性。比如，采用 DCT 变换时，越靠近块边界，重构基函数的平方和越大。接近块边界位置产生的最大重构误差也比块中心位置的大。当采用 DCT

---

① 提升算法可以系统地限制变换所需的比特深度，在每个提升步骤后对 LSB 进行截断/舍入，而提升步骤仍然是完全可逆的(见 2.8.3 节)。但是，如果大量地使用提升算法，则可能会失去变换的正交性。

等独立块变换时，忽略掉较高频率的基函数通常会导致所谓的块效应，而且当图像中存在边缘结构时，还会出现振铃效应。

重叠块变换使用向两端衰减的基函数，利用重叠块变换可以尽可能地减少块效应，但是当只使用低频基函数时，则会导致边缘平滑。即使使用重叠块变换，也仍然可能会存在振铃效应，尤其在边缘结构位于块的中心位置时。

任何量化方法，包括均匀或非均匀标量量化以及向量量化，都可以应用于变换系数。由于变换系数的幅度值被认为集中于零附近，因此应该使用具有零重构值的量化器，其中，可以将零值的选择理解为"不用于重构的系数"。在进行均匀量化的情况下，假设变换系数具有类拉普拉斯分布，可以通过合理地使用式(4.12)中的偏移值，将最优重构值移动到偏离中心的位置，从而获得最优的率失真性能(见 4.3 节)。具体而言，当 OFFQ < 0，OFFR = 0 时，可以在量化中引入死区，增加零量化值的数量，并为非零值提供稍低的平均重构误差。

考虑到心理视觉方面的原因(见 3.1.2 节)，进行**频率加权量化**(frequency-weighted quantization)是合理的。根据感知特性，对低频系数进行量化时，所采用的量化步长需要小于高频系数量化时所采用的量化步长，判定一个系数是否被量化为非零值的阈值也同样取决于频率。系数 c_u 的量化步长为 $\Delta_u = w_u \Delta$，其中 Δ 为全局量化尺度因子，w_u 为局部因子。但是，如果以平方误差失真测度进行评价时[1]，频率加权量化并不一定能够提高率失真性能。

对于大小为 8×8 的 DCT，表 6.1 中给出了一个与频率相关的**量化器加权矩阵**(quantizer weighting matrix)。但是，需要注意的是，最优的加权值高度依赖于具体应用的特性、典型的观看距离，另外，还可能与图像内容相关。

表 6.1 大小为 8×8 的帧内编码 DCT 块的量化器加权矩阵[2]

对应 c_u 的 G_u	$u_1 =$							
$u_2 =$	0	1	2	3	4	5	6	7
0	8	16	19	22	26	27	29	34
1	16	16	22	24	27	29	34	37
2	19	22	26	27	29	34	34	38
3	22	22	26	27	29	34	37	40
4	22	26	27	29	32	35	40	48
5	26	27	29	32	35	40	48	58
6	26	27	29	34	38	46	56	69
7	27	29	35	38	46	56	69	83

关于图像压缩中变换编码的总结 量化后，比特级编码对编码码率具有很大的影响。在设计变换系数的编码策略时，需要考虑以下方面：

● 根据局部细节的多少，分配给图像中不同区域的比特数量应该是可变的。
● 尤其在低码率的情况下，大部分系数通常应该由零重构值进行表示[见图 6.18(b)]。因此，需要找到一种机制，该机制能以相当低的比特数量表示"是否重要"。这样的例

---

[1] 见习题 6.3；这种比较是不公平的，因为 SNR 是一个平方失真测度(在绝对偏差相等的情况下)，当信号中所有样点上的偏差相等时，或者频域中所有频率上的偏差都相等时，SNR 可以取得最大值。这一点可以利用式(2.160)中的帕斯瓦尔定理证明。

[2] 这个例子是在 MPEG-1 和 MPEG-2 标准中所推荐的，用于变换块帧内编码的默认配置参数。表内所示的数值需要除以 16，然后再乘以量化器尺度因子。

子包括，对系数全为零的整个变换块或子块（系数组）的标记机制，以及使用行程编码或基于上下文的熵编码对有效图进行编码的机制。

- 自然图像与 AR(1) 等统计模型之间最重要的一个区别就是缺乏平稳性。对于自然图像，其中普遍存在差异较大的细节较少区域和细节较多区域。

- 统计相关性会存在于同一个块的变换系数间（"带内相关性"）或相邻块的变换系数间（"带间相关性"），或同时存在于两者之中。空间依赖关系可以通过相关性进行描述（并通过预测方法对其加以利用），不同频带间的相关性通常是非线性的，可以将其表述为，当已经有许多非零系数存在时，出现非零系数的可能性较大。不同块间的相关性也同样如此，即具有相似细节的一些块很有可能彼此之间的距离非常近。基于上下文的熵编码方法可以有效地利用这一点。

"区域"编码　图像变换编码的早期方法主要以**区域编码**(zonal coding)为基础，其中假定非零系数只会出现在变换域的特定区域，在信号具有平稳特性的假设下，这种编码方法在统计意义上是最优的，但是当不同局部中包含细节的多少各不相同时，这种编码方法并非是最优的。在此背景下，根据块的活动性进行分类的自适应方法[Gimlett, 1975] [Chen, Smith, 1977]可以明显获得更好的编码性能。但是每个活动性类别中各个系数量化范围的决策是根据平均能量的分布特性确定的，因此，不能保证各个变换块的失真会控制在一定范围以内，从而导致局部可见的伪影。

行程编码　以**行程编码**(run-length coding)为基础的编码方案，能够更加准确地描述编码块中重要系数（量化为非零值）的位置。[Chen, Pratt, 1981/1984]中首次提出，将这种编码方法与 zig-zag 扫描相结合对图像进行二维变换编码。由于 RLC 本来只适用于一维二值序列，因此，将其运用在二维系数块上时，需要定义一种**扫描**(scan)方式。如果采用图 5.1(b) 中的行程编码方法，则行程的数量等于非零系数的数量。由于图 6.19(a) 中所示的 zig-zag 扫描可以尽早检测出重要系数，所以，这种扫描方式比较适合于二维 DCT 以及类似的二维变换，zig-zag 扫描基本能够按照频率增加的顺序对系数进行扫描，而与方向无关，而且系数的频率越高，越有可能被量化为零值。

二维变换块的扫描　只要是在采用顺序处理的情况下，都需要利用标记非零系数重要性、符号和级别信息的方法，来完成对二维变换系数块唯一扫描顺序的定义。合理的扫描顺序会影响到解码器（预测编码或基于上下文的算术编码）对已有信息的利用。

对不同编码块**进行扫描模式的切换**(switching of the scan mode)是很有用的。如果块中具有垂直的（相对的：水平的）边缘结构，则比较适合采用图 6.19(b) 中的逐行扫描顺序（旋转 90°，相对的：逐列扫描顺序），在这种情况下，能量较高的系数主要集中在水平（相对的：垂直）方向。皮亚诺-希尔伯特扫描[见图 6.19(c)]能够以最短的曲线长度对二维场进行密集的空间填充[Peano 1980][Hilbert, 1981]，它可以通过子扫描的嵌套分层结构构建（由图中的数字 1~4 进行表示，其中给出了前两个嵌套层级）。尽早访问近邻的性质非常适合对它们之间相关性的利用。

在二值表示中，如果某个块的所有系数全部为零，则还可以在较高层次上定义扫描顺序。当采用较大的变换块时，则可以在**子块**(sub-blocks)级上定义扫描顺序。另外，这里还需要定义子块间和子块内的扫描方式。举个例子，HEVC 标准采用可变大小的 DCT 变换块，变换块的大小介于 4×4 和 32×32 之间,其中扫描是在一系列 4×4 大小的子块上进行的(即大小为 32×32 的变换块中有 64 个 4×4 子块)。基本上,在子块(块内)层次和系数(子块内)层次上都采用相同的扫描方案(对角的、水平的或垂直的)。

在扫描期间,需要检查系数的幅度是否低于零量化器胞腔的阈值(见图 6.20)。图 6.20 中的行程值表示在两个量化值为非零值的系数之间,量化值为零的系数的个数。依照这一方案,图 6.19 的例子中还给出了不同扫描模式的行程长度。如果直到块的末尾,都没有再出现非零系数,则通常可以用"**块结束**"(End of Block,EOB)符号或者"最后系数"符号来表示[1]。

DC 系数 c_0 与 AC 系数的统计特性差异很大,因此通常采用 DPCM 编码对它们分别进行处理。

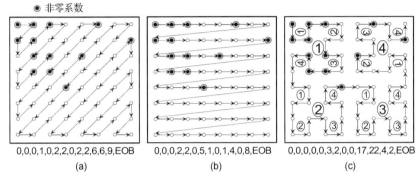

● 非零系数

0,0,0,1,0,2,2,0,2,2,6,6,9,EOB
(a)

0,0,0,2,2,0,5,1,0,1,4,0,8,EOB
(b)

0,0,0,0,0,3,2,0,0,17,22,4,2,EOB
(c)

图 6.19 变换块中行程编码的扫描方案。(a) zig-zag 扫描;(b) 逐行扫描;(c) 皮亚诺-希尔伯特扫描

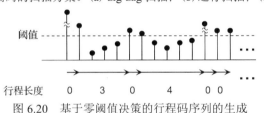

阈值

行程长度   0   3   0   4   0 0

图 6.20 基于零阈值决策的行程码序列的生成

全零块的标记 当采用粗糙量化时(较低的数据速率),很有可能会出现一个变换块中所有系数都为零的情况[2],应该以尽量少的比特表示这种变换块。可以达到这一目的的方法包括:

- 采用"编码块标志"(Coded Block Flag,CBF),当处于"on"状态时,表示块中包含非零系数,此时还要进行熵编码,或者将若干编码块的 CBF 联合编码为"**编码块模式**"(Coded Block Pattern,CBP);
- 显式地编码下一个非零块的地址;
- 行程编码,即在一个扫描序列中,标记下一个非零块出现之前的零块个数。

需要注意的是,这里的行程编码可以用于对 CBF 进行更有效的编码,也可以对下一个块的地址以差分模式进行编码。可以定义不同的扫描顺序,其中在某些整体层次上,最可行的扫描顺序就是逐行扫描。但是,也可以将若干变换块组成一个**宏块**(macroblock)(例如,在 MPEG-1/-2/-4/AVC 标准中)或者一个**码树块**(coding tree block)(在 HEVC 标准中)结构,在这种结构中顺序地标记当前组中所有变换块的零/非零信息。

---

① 或者,可以显式地标记"最后"的位置,然后可以从此处开始进行扫描。HEVC 的变换系数编码中采用了这种方法。

② 当在变换编码(被设计用来编码预测残差)之前进行某种预测时(DC 预测、AC 预测、块预测;视频编码中的运动补偿预测),这种情况则更有可能会出现。

重要性图编码　一旦已知一个变换块中包含非零系数，则需要确定这些非零系数的位置。除前面介绍的行程编码方法外，还可以通过二进制**重要性图**(significance map)显式地表示这些系数的位置。如果有效图是稀疏的，则可以认为重要性标志的熵将会小于 1 比特/系数。与行程编码不同，对有效图进行基于上下文的熵编码时，可以考虑到同一个块中(或者相邻块中)不同系数组之间的统计相关性，即如果邻域中存在之前发现和解码的其他重要系数，则当前系数很有可能也是重要系数。

符号与级别编码　一旦找到了一个重要(非零)的系数，则需要对其幅度和符号进行编码。如果系数的 PDF 是对称的，幅度相同的正系数值和负系数值则具有相同的概率，因此符号位的熵不可能低于 1 比特，从而可以以二进制形式对符号进行编码。另外，由于系数的幅度近似服从拉普拉斯分布，所以，较大的幅度值出现的概率较小，VLC 编码非常适合于对这种特性的系数进行编码。典型的编码方法将在接下来的段落中进行介绍。

例 1　行程、符号和级别的联合编码　在多种图像和视频编码标准中[①]，熵编码所使用的码字中合并了行程信息(run-length information)和非零系数的(绝对)量化器级别信息(quantizer level information)，在维度 $K = 2$ 的 VLC[②]中表示为 {RUN; LEVEL}。还存在合并了 $K=3$ 个信源符号 {RUN; LEVEL; EOB} 的类似方法。假设符号位服从关于零对称的 PDF，则可以简单地将其添加到码字中去。这样，整个信息由三种成分组成，即重要性(significance)(由 RUN 和 EOB 标记)、非零系数的符号(sign)及幅度(amplitude)(LEVEL)。

根据 RUN/LEVEL 组合出现的概率定义合理的熵编码表或者使用自适应的熵编码算法，可以对变换系数间的统计相关性加以利用。

例 2　变换系数的上下文自适应算术编码　HEVC 中采用的变换系数编码方案将变换块(TB，大小可以为 4×4、8×8、16×16 和 32×32)中最后一个非零变换系数的位置编码为第一个语法元素。无论 TB 的尺寸是多大，都对一系列 4×4 子块进行编码，当 TB 的大小大于 4×4 时，这些 4×4 子块则构成系数组(coefficient groups)。对于不全为零的每个子块，需要对非零变换系数的有效图、符号位和级别进行编码。

需要对 TB 中最后一个非零系数的坐标位置进行一次编码，然后，为每个在最后一个系数位置之前，至少还有一个非零系数的 4×4 子块(系数组)发送一个重要组标志，表明在该系数组中至少还有一个非零系数。然后从包含最后一个系数的对角线开始沿对角线(与 zig-zag 扫描相似，但不交错)对系数组进行扫描。如果一个系数组被标识为重要的，则为其中每个系数(假设这些系数位于最后一个系数之前)都编码一个重要性标志，然后再利用基于上下文的熵编码方法(CABAC，见 4.4.5 节)对其进行进一步压缩。重要系数标识的上下文模型取决于系数的位置以及左侧和下方两个重要系数组标志的值。图 6.21 给出了一个例子，其中沿对角线朝右上方进行扫描，根据若干之前解码的变换系数样点，来确定当前系数为零值或非零值的概率。

图 6.21　从最后一个系数(按频率顺序)开始，沿对角线朝右上方，向第一个系数进行扫描，获得由之前编码的系数组构成的上下文信息

---

① 比如 JPEG，MPEG，H.26X，见 6.10 节和 7.8 节。
② 见表 4.1 中的例子。

如图 6.22(a)所示，对一个大小为 16×16 的 TB，从右下角开始，以大小为 4×4 的子块为单位，沿对角线方向朝右上方进行系数扫描。对于大小为 4×4 和 8×8 的 TB 以及帧内预测，也可以根据预测的方向进行水平和垂直扫描。图 6.22(b)的例子中给出了在大小为 8×8 的 TB 中，水平和垂直扫描的顺序。

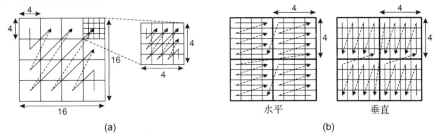

(a)   水平   垂直   (b)

图 6.22   (a) 4×4 对角子块扫描(以大小为 16×16 的 TB 为例)，以及在 HEVC 中子块内的系数扫描顺序；(b)接近水平与接近垂直帧内预测方向所分别调用的水平扫描与垂直扫描(见图 6.12，以大小为 8×8 的 TB 为例)

对于每个重要系数标志等于 1 的位置，还需要额外编码一个标志，用来表示等级值是否大于 1，如果等级值大于 1，则需要编码另一个标志，用来表示等级值是否大于 2。最终，如果后一个条件也是成立的，则剩余的等级值采用一种变形形式的哥伦布-莱斯码进行编码，而对于两个"大于"标志，则利用之前解码系数的上下文信息，采用 CABAC 进行编码。

在 HEVC 中，符号位同样被编码为纯二进制标志。但是，为了获得更好的压缩效果，编码时采用了一种称为"**符号数据隐藏**"(sign data hiding)的方法。根据编码系数的数量和位置，对符号位进行有条件的编码。如果在 4×4 的子块中至少存在两个非零系数，并且第一个和最后一个非零系数扫描位置之间的距离大于 3，则可以从系数幅度之和的奇偶性中推断出第一个非零系数的符号位，否则，对符号位进行正常的编码。在编码器端，可以通过如下方式实现：选择一个幅度值接近两个量化区间边界的系数，如果奇偶性不能正确地反映出第一个系数的符号，则强制这个系数使用其他的量化区间。这样做可以节省一部分符号位——编码器需要选择哪些变换系数的幅度可以被改变，因此，可以使率失真代价达到最小值。

JPEG 标准   JPEG 标准的正式名称为 ISO/IEC 10918|ITU-T Rec.T.81：**连续色调静止图像的数字压缩和编码**(*digital compression and coding of continuous-tone still images*)，采用基于块变换(DCT)的方案(见 6.10 节)，已经成为应用最广泛的静止图像压缩方法。

典型 JPEG 编码器的结构如图 6.23 所示。其核心的编码方法是基于二维 DCT(块大小为 8×8 样点)的自适应块变换编码。DC 系数可以由 DPCM(使用左侧和上方编码块的 DC 系数计算预测值)进行预测编码。AC 系数以 zig-zag 顺序进行扫描，如图 6.19(a)所示，非零系数值采用均匀量化。

在**基本版本**(baseline version)的 JPEG 中，采用了两种熵编码方法，分别为信息的亮度和色度定义了固定的 VLC 表。

- **DC 系数的编码**(coding of DC coefficients)(预测编码或非预测编码)：使用系统 VLC，其中表示量化器索引值所需的比特数由前缀指明，且后缀就是索引值本身，它被编码为一个给定比特深度的整数。
- **AC 系数的编码**(coding of AC coefficients)：使用与表 4.1 中类似的 RUN/LEVEL 组合

VLC，系数按照 zig-zag 序列进行扫描。只有典型的 RUN/LEVEL 组合才被映射为 VLC 符号，否则发送 ESCAPE 符号，在这种情况下，采用单独的定长码对 RUN 和 LEVEL 值进行编码。如果没有检测到其他的非零系数，则释放**块结束**（End of Block，EOB）字符。

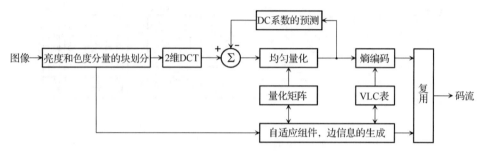

图 6.23　基于 DCT 的 JPEG 标准编码器（顺序 DCT 模式）

在 JPEG 标准的扩展定义中[①]，编码器可以为单个图像确定优化的 VLC 码表，然后在码流的导言中传送该自适应熵编码所需的参数。除了基于码表的 VLC，为进一步提升压缩性能和/或质量，还可以将自适应二值算术编码和位平面细化方法（每个系数最高可达 12 比特）定义为可选项。最重要的运行模式有如下几种。

- **顺序 DCT 模式**：这是 JPEG 中最常用的模式，其中变换块是按照从左到右，从上到下的顺序进行扫描的。在给定的块序列中，块内采用 zig-zag 扫描的方式，将每个块中系数的所有编码信息立即写入码流中。如果接收到码流，则需要按照相同的顺序完成解码过程，逐块地、一行一行地生成重构图像，直到传输完成。可以规定不同的编码过程，最常见的就是"基本顺序"过程。另一种"扩展顺序"过程使用自适应哈夫曼算法和自适应算术编码算法，且最高可以达到 12 比特的采样精度，但在实际应用中，这一过程很少使用。

- **渐进 DCT 模式**：原则上，该模式下的压缩算法与顺序 DCT 模式中的是完全相同的，只是信息比特不再按照"块顺序"进行释放。在**频谱选择递进**（spectral-selection progression）中，是按照频率增加的顺序，因此，首先写入对应于所有块 DC 系数的比特，然后再写入对应于 zig-zag 扫描中第一、第二、第三……对角线上的所有 AC 系数。如果渐进的码流是被连续发送的，在只接收到很少量信息比特的情况下，就已经可以进行初步解码了，此时可以得到**整幅图像**（entire image）的粗糙近似。当使用低速率信道时，这种**渐进传输**（progressive transmission）和解码的方法是特别有用的，利用这种方法可以提前显示完整的图像。与顺序 DCT 模式相比，数据速率基本上没有增加（除了为保证正确的渐进排序而增加的码率开销）。然而，需要执行若干次解码过程（每次递进，显示器都需要执行一次解码）。渐进 DCT 模式还可以用于差错保护，其中，根据出现在码流中的顺序，确定哪些比特需要进行保护，然后将数据划分与不等差错保护联合使用（见 9.3.2 节）。除频谱选择递进外，还定义了**完全渐进模式**（full progression），它还允许在后续递进步骤中对量化精度进行细化（通过一个或多个位平

[①] 这些先进的编码方法很少在实际应用中使用，它们不属于 JPEG 标准基本版本（ISO/IEC 10918-1 | ITU-T Rec. T.81），而只在 JPEG 标准的扩展中进行了定义（ISO/IEC 10918-3 | ITU-T Rec. T.84）。

面层级）。JPEG 标准中还规定了不同的编码过程，其中包括：哈夫曼编码或者算术编码、频谱选择递进或完全递进，以及 8 比特或 12 比特样点精度。然而，完全递进模式通常会产生相当大的比特率开销。

除两种 DCT 模式之外，JPEG 还采用多分辨率预测的**分层模式**（hierarchical mode）（见 5.2.6 节），如图 6.24 所示。利用顺序或渐进 DCT 模式的编码器对金字塔特定空间分辨率层级中的残差信号分别进行编码。这一过程通常从下采样信号开始，其中水平方向和垂直方向的亚采样因子分别为 4（总亚采样因子为 16）。量化步长可以独立地进行选择，这些量化步长会影响每个金字塔层级的码率。与顺序 DCT 模式相比，分层模式会使全分辨率信号的比特率显著增加，因此，到目前为止尚未得到广泛的应用。

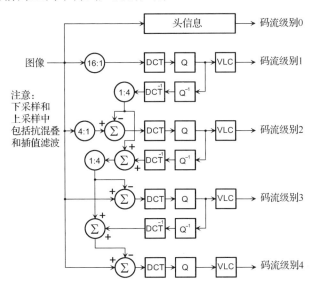

图 6.24　JPEG 的分层渐进模式

HEVC 标准的静止图像档次　高效视频编码标准（High Efficiency Video Coding，HEVC）（ISO/IEC 23008-2 | ITU-T Rec. H.265）是最新的、最高效的视频压缩标准，当用其处理单个图像时，也可以完成对静态图像的压缩。HEVC 采用的是一种基于二维空间块预测和二维变换编码的混合编码方案，其基本框图如图 6.25 所示[1]。

在块划分阶段，在树形编码块（Coding Tree Block，CTB）中对输入信号进行处理，对于亮度分量，CTU 的大小一般是 64×64。CTB 可以进一步划分为正方形的编码块（Coding Block，CB），最大的 CB 可以与 CTB 的大小相同，最小的 CB 是 8×8 的编码块。利用四叉树码（见 6.1.2 节）标记 CB[2] 的划分，利用图 6.12 中的帧内预测模式来标记与 CB 一致的预测块，如果已经使用了最小的 CB，则可以分别为四个正方形子块确定帧内预测模式。在 CB 层以下，编码块可以进一步划分为变换块（Transform Blocks，TB）。通常，实际的预测环路处理都是在变换块上进行的（变换块的大小必须小于等于预测块的大小，而预测块已经完成了预测模式的选择）。

---

① 需要注意的是，JPEG 标准并没有采用空间域预测（除了在无损模式下），但是，它在变换域中对块间的 DC 系数使用 DPCM。

② 从形式上看，CB 只会参考一种分量（亮度或色度），但编码单元（coding unit）一词被用于表示同一位置处所有成分的 CB。类似的术语还包括对应于 TB 的**变换单元**（Transform unit，TU）以及对应于 PB 的**预测单元**（prediction unit，PU）。

对于大小为 8×8、16×16 或者 32×32 的 TB，采用整数近似的可分离 DCT 变换(见 2.7.2 节)，对于大小为 4×4 的 TB，则采用式(2.273)中的第 IV 类 DST，这种变换更符合预测残差的统计特性。尽管几个相邻的 TB 可以使用相同的帧内预测模式，但是，为了保证相邻样点的可用性，预测环路本身还是以 TB 为单位进行处理的。对于变换残差，还需要进行进一步量化和熵编码(如第 237 页例 2 所述)。

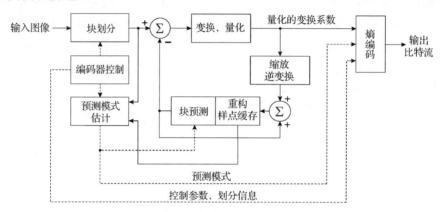

图 6.25　混合静止图像编码(二维块预测/二维变换)

当在空间可伸缩性模式下使用 HEVC 编码时，使用多分辨率差分金字塔(见 5.2.6 节)，还可以实现有效的分层或渐进编码，这意味着对较高分辨率图像进行编码时，可以对相应位置的低分辨率信号重构值进行上采样，从而得到另一个预测值。

6.4.3　重叠块变换编码

就量化和编码而言，利用重叠块变换计算得到的系数(见 2.7.4 节)，可以采用与处理普通块变换系数相类似的方式进行处理。重叠块的变换表示是临界采样的。根据基函数，变换系数代表着信号中的某些频率分量。当把重叠块变换应用于二维图像压缩[Malvar, Staelin, 1989] [Malvar, 1991]时，与块变换相比，重叠块变换的优点是不存在不连续的块边缘，或者说，不会造成压缩损伤从而使块边缘变得可见，并且其最大的编码误差会出现在基函数的中心位置(而不是在边缘)，这会降低编码误差的可见性。但另一方面，当所编码的信号本身存在不连续性(边缘)时，由于基函数较长，因此，振铃效应也会变得更加明显。

在 JPEG XR 标准(ITU-T Rec. T.832|ISO/IEC 29199-2)中已经实现了重叠块编码，但是重叠块变换是在非重叠核心变换的基础上，通过前置滤波和后置滤波的形式实现的，同时，重叠块变换是可以自适应调用的。核心变换采用的是一个类似于 DCT 的 4×4 整数变换[称为**图像核心变换**(Photo Core Transform，PCT)]。如果需要进行重叠变换，则进行第二个变换[称为**图像重叠变换**(Photo Overlap Transform，POT)]。为此，需要将块边界在水平和垂直方向上同时偏移两个样点。然后，对两次变换的系数求平均值，得到的结果便与真正的重叠变换相似。通过另一个 PCT/可选择的 POT 步骤对 16 个块的 DC 系数进行处理，从而使"低通"成分在形式上与 16×16 的宏块类似。接着再通过量化和(基于自适应霍夫曼编码的)熵编码来表示变换系数。

还可以通过对解码器的输出进行后置滤波，从而减小块效应(见 6.9 节)，然而，如果将后置滤波加入到变换编码中，则在编码器进行量化决策的过程中，就可以直接获得更低的编码误差(与原始的变换编码相比)。

6.4.4 子带和小波变换编码

通常来说，系数的量化和编码表示无论是由滤波器组产生的，还是通过重叠块变换或块变换产生的，从本质上看它们并没有什么区别。然而，从变换系数排列方式的角度来看，块(或重叠块)变换，其分解单元是相同位置处代表不同频率的变换系数的集合("关于位置的频率")，通常认为滤波器组变换可以提供给定频带的下采样信号，并使其成为具有代表性的信号("关于频率的位置")。因此，第一种针对二维图像子带编码(在所有频率上使用相等的带宽)的方法被设计了出来，这种方法中各个子带被认为是独立的，因此只考虑到了带内的相关性(见[Woods, O'neill, 1986] [Westerink, et al.,1988] [Gharavi, Tabatabai, 1988])。值得一提的是，可以对最低频率的系数进行预测编码(DPCM)，从而进一步提高压缩性能，这与块变换中对"DC"系数的编码是同样的道理。最低频率的信号，尽管是经过下采样获得的，但在水平方向和垂直方向上，仍然存在显著的空间相关性。相似地，如果在频带内某一空间方向具有低通特性，则该频带内存在**方向相关性**(directional correlation)。可以在相应的频带内进行水平/垂直方向预测，从而利用方向相关性，这种方法在概念上与块变换编码中的"AC 预测"相似(见图 6.17)。在频带内和频带之间，非零系数值会在局部同时出现，可以利用这一特性对高频系数进行更加有效的熵编码，其中，还可以根据给定频带的方向性，对基于上下文的编码方案进行调整。

总之，与块变换相似，如果能够充分利用**带间**(inter-band)和**带内**(intra-band)的统计相关性[分别对应于块变换编码中的**块内**(intra-block)和**块间**(inter-block)]，就可以获得最优的压缩性能。下采样产生的混叠，是阻碍对同一子带内相邻样点之间的统计相关性进行有效利用的一个障碍。重构中也存在混叠的问题，这是因为在编码过程中消除混叠所需的某些频率成分(参见式(2.307))被抑制了。除混叠外，高频分量的缺失通常还会在编码信号幅度不连续处(边缘)引起**振铃响应**(ringing artifacts)[1]。

小波变换编码(wavelet transform coding)[Antonini, et al., 1992]已经成为二维图像中最主要的子带编码方法。主要原因如下：

- 存在有效的方法，能够同时利用尺度(低通)和小波(带通/高通)系数之间的带间、带内相关性；
- 小波变换可以针对高频成分使用具有良好局部化特性的较短基函数，因此，在边缘的附近，小波变换可以获得较好的压缩性能，并可以有效克服振铃效应；小波变换还可以针对低频成分使用较长基函数，从而能够更好地利用较大平坦区域中的相关性；
- 当丢弃较高的频率分量时，小波变换会为图像信号提供一种隐式的可伸缩表示，同时这种表示仍然是临界采样的，不会引入额外的样点开销(但是需要注意，由于滤波器的选择受限，因此下采样图像中可能会存在混叠)。

零树编码 图 6.26(a)中说明了小波变换的**局部化特性**(localization property)，这使得可以对频带之间的统计相关性加以利用。小波系数表示的是图像中特定位置的频率分量，可以认

---

[1] 当若干层次的小波系数被丢弃时，小波变换中也会出现"低频振铃"效应，这可能会造成图像中出现斑点等不自然的视觉效果。一般来说，子带变换中的振铃效应比块变换中的更严重，特别是当使用的滤波器冲激响应较长并具有尖锐的截止频率时。冲激响应中偏离中心的负值(类似于 sinc 函数)是造成不连续处出现振荡和过冲现象的原因。

为这些系数在不同方向上是统计独立的。如果在特定位置且给定方向的较低频带中存在振幅较高的样点，那么在具有相同或相似方向的下一个较高频带内很可能在上述位置附近存在重要信息，只是在这一位置处样点的数量是原来的 4 倍[①][见图 6.26(b)]。尤其对于垂直、对角线和水平结构，可以观察到这一现象[见图 6.26(a)]。因此，条件熵编码的好处在于，它可以提供以下信息，即在方向上相邻的下一个较低频率的小波子带中是否在相应位置处包含重要能量。

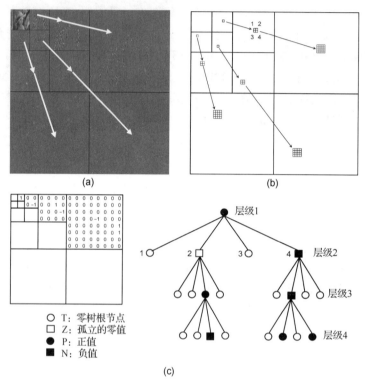

图 6.26　(a)二维小波分解；(b)零树编码的几何参考；(c) 水平方向上 MSB 位平面内的树形结构关系

[Lewis, Knowles, 1992]中提出了一种使用类似于四叉树的数据结构(见 6.1.2 节)进行小波变换的早期方法。**嵌入式零树小波**(Embedded Zero-tree Wavelet，EZW)编码技术的发展，又使相关技术向前迈进了重要的一步[Shapiro, 1993]。如图 6.26(b)所示，分别为水平、对角线和垂直方向上的系数组定义一棵树。这种方法将嵌入式量化(见 4.3 节)和位平面编码整合在一起，在每个位平面内对零树中的系数进行扫描。每个父节点在下一个分辨率层级上分成 4 个子分支，数字 1~4 表示子分支的排序，如图 6.26(b)/(c)所示。在图 6.26(c)中给出了在最重要位平面内水平方向上进行扫描的方式。量化器的决策值[见图 4.8(b)中的方法]可能是正值、负值或零值，这些值可能会在 MSB 的任何系数位置上出现。在**主扫描**(dominant pass)中，定义了以下 4 种符号，用于编码给定位平面内给定节点的信息。

- **零树根**(zero-tree root)（"T"）：在位平面中给定位置处的值为零，而且整棵树的所有后续分支都为零。

---

① 在图 6.26 中，为了使小波成分中的结构完全可见，幅值被放大了 4 倍。

- **孤立零值**(isolated zero)("Z"):在给定节点位置处的值为零,但在下面树的一个或多个后续分支中可能存在重要节点。
- **正的重要系数**(positive)("P"):幅值为正数的值(但同一系数在更重要的位平面上为零)。
- **负的重要系数**(negative)("N"):与"P"相同,只是幅值为负数。

"P"/"N"编码都是表示(与之前的扫描结果相比,新成为重要系数的)系数的符号和信息。就这样,朝着更高的分辨率对树进行进一步的分解。对于在较高位平面中已经成为重要的(正的或负的)系数,需要进行**从扫描**(sub-ordinate)(细化),其中根据系数是落在下一个更精细的嵌入式量化器的上半部分还是下半部分,采用二进制符号"0"和"1"进行编码(与图 5.12(c)中编码二进制信息的方法一样)。

在一个位平面内各个系数位置处产生的这些信息符号"T"、"Z"、"P"、"N"、"0"和"1",会被重新排序从而获得由粗糙到精细空间分辨率等级的序列。考虑各个位平面中不同符号出现的概率[1],并对得到的符号序列进行算术编码。通过重排序,当不需要以全分辨率进行解码时,则可以丢弃对应于较高频带的比特。

EZW 为一系列之后的算法提供了原型,而这些算法又使性能得到了进一步提高。在[Said, Pearlman, 1996]中,提出了**多级树集合划分算法**(Set Partitioning Into Hierarchical Trees,SPIHT)。SPIHT 算法的主要思想是,使用集合分割排序算法,根据幅值对变换系数进行部分排序,按顺序对细化比特的位平面进行传输(不进行算术编码)。对信息进行重新排序,是为了将重要的比特首先进行传输,这会引入一定量的附加信息。尽管如此,在大多数情况下,SPIHT 算法的性能都会明显优于 EZW。尤其是,利用"首先发送重要信息"的原则,当使用SPIHT 算法实现图像信号的保真度可伸缩表示时,所谓的"分数位平面"的问题(见 4.3 节)可以降低到最低限度。SPIHT 算法的缺点是不再提供一种隐式的码流截断机制,即通过丢弃较高频率的小波系数,从而获得空间分辨率降低的重构图像,这是因为,SPIHT 算法无法直接从码流中识别出零树层次之间的转换位置。

上下文自适应二值算术编码(Context-Adaptive Binary Arithmetic Coding,CABAC)是在AVC 和 HEVC 标准中实现的算术编码器,最初是为零树小波系数的自适应熵编码而设计的。[Marpe, Cycon, 1999]中提出的方案能够灵活地利用存在于嵌入式量化小波系数位平面中的带内相关性和带间相关性,还可以实现码流截取,从而获得较低的空间分辨率。

在小波树中没有利用零树对应关系的基于上下文的编/解码器也能提供优异的压缩性能,在采用合理的上下文建模以及完善的率失真优化算法时,尤为如此,见[Li, Lei, 1999]。这类算法中的 EBCOT(见下文中的介绍)成为了 JPEG 2000 图像压缩标准的基础,为了实现基于区域的访问,它引入了一种子带内的空间块结构。像 EBCOT 一样,完全忽略带间的上下文是非常有吸引力的,因为这样可以更容易地实现空间可伸缩的,而且可局部访问的码流,但是对于某些类型的图像来说,这种方法可能会使压缩性能受到损失。在[Hsiang, Woods, 2000]中提出的**嵌入式零块编码**(Embedded Zero Block Coding,EZBC)更好地兼顾到了这些方面。EZBC在小波树的子带内进行基于四叉树的集合划分,利用分层结构表示全零块。所用的上下文模

---

[1] 实际上,没有必要对"0"/"1"符号进行算术编码,而且可以认为"P"和"N"出现的概率基本相等,因此,可以用"非零"符号代替它们,其中符号位采用二值编码。

型使得能够更加灵活地利用**子带内**(within subbands)系数或**子带间**(across subbands)系数的统计相关性。位平面交错还会进一步提高压缩性能。由于采用块结构，EZBC 提供了一种完全嵌入式的解决方案，类似于 EBCOT，能够同时支持空间可伸缩性和位平面可伸缩性。但是，在对码流只进行部分解码的情况下，EBCOT 还支持对码流的部分访问，从而使 EBCOT 可以实现一些特殊功能，比如，在屏幕上放大一幅图像时，不需要解码不会进行显示的样点。

最优截断嵌入式块编码(Embedded Block Coding with Optimum Truncation，EBCOT)[Taubman, 2000]是一种用于小波系数的嵌入式熵编码算法，它已经成为了 JPEG 2000 标准的基础①。它所使用的具有死区的嵌入式量化方法与到目前为止所介绍的方法一样[见图 4.8(b)]，但是与 EZW、SPIHT 和 EZBC 等算法不同，不同尺度(频带)上的系数基本是彼此独立地进行编码的。其主要动机是为了实现对不同小波带中的系数或局部区域中的系数进行随机访问。EBCOT 没有利用带间冗余，为了弥补这一缺陷，EBCOT 通过基于上下文的自适应算术编码更加充分地利用了带内冗余。这种方法还采用了一种块结构，用于对小波系数进行局部分组，从而可以唯一地对与某一局部区域相关的全部信息进行访问，并独立地进行解码②。**分区**(precincts)是构造的矩形块，利用它可以识别出属于不同频带但属于同一空间区域的小波系数。这意味着它们在较低频带中只包含较少的系数。**编码块**(Code Blocks，CB)是独立的、非重叠的矩形块，它里面只包含一个子带内的小波系数，其大小通常小于分区③。

CB 中的熵编码是在嵌入式量化器的位平面中进行的，并且在每个位平面内，都要进行不同的二进制编码步骤。第一个步骤是**重要性传播编码**(significance propagation coding)，涉及在(之前解码的)较高位平面中是非重要(零)系数而其相邻系数为重要系数的位置，在当前位平面中，一个系数成为重要系数的条件概率由上一位平面中空间邻域的上下文确定。上下文本身是由水平、垂直和对角线方向的 8 个最近邻定义的，哪些相邻系数比较重要取决于子带的主方向。图 6.27 说明了重要性传播的处理过程，其中排除了以下情况：

- 黑色的——这些系数在上一位平面中已经是重要系数了，并会在之后的**细化过程**(refinement pass)中进行处理；
- 交叉标记的——在上下文窗口中，这些系数的相邻系数在之前(同一位平面或较高的位平面)的扫描中都不是重要系数，这些系数会在最后的**清理过程**(cleanup pass)中进行处理。

该图还给出了典型的扫描顺序，其中，扫描是沿着垂直高度为 4 个系数样点的编码块条带进行的。

重要性扫描可以使用基于上下文算术编码的**普通模式**(normal mode)，也可以使用**行程模式**(run mode)，在这种模式下，多个相邻的非重要系数由行程编码表示。一旦发现了一个新的重要系数，其符号也需要进行编码。第二个步骤是系数(在较高的位平面上已经是重要的)的

---

① 本书只能给出一些大体上的思想，比如，EBCOT 是如何工作的，以及它与到目前为止所介绍的其他方法之间有什么关系。关于 EBCOT 更详细的讨论，可参阅[Taubman, Marcellin, 2001]。

② 除码块和分区外，JPEG 2000 还定义了**片**(tile)，它可以把较小的矩形图像拼贴在一起组成一幅较大的图像，例如，可以通过 16 个大小均为 2000×2000 的片定义一个大小为 8000×8000 的图像。解码器将片作为独立的图像进行处理，定义片的主要目的是为了处理尺寸特别大的图像。对于较小分辨率的图像，整幅图像通常就是一个片。

③ 一个 CB 的尺寸通常为 64×64，所有子带上的 CB 尺寸是不变的。在图像边界处，如果图像或片的尺寸不是 64 的倍数，则 CB 的尺寸会较小一些。

幅值细化编码(magnitude refinement coding)。第三个步骤是**清理更新过程**(cleanup pass)，这一步骤检查在前两个步骤中没有进行处理的所有系数的重要性。除了上下文相关性，算术编码器的概率表也会不断地进行后向自适应。

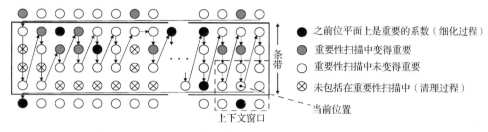

图 6.27　JPEG 2000 编码块中重要性传播过程的上下文窗口

在对每一个 CB 都完成熵编码之后，EBCOT 算法对所有 CB 中的信息进行重排序，形成一个分层的子码流。这一过程称为**压缩后 RD 优化**(post compression RD optimization)，是在率失真准则下完成的。对于给定的比特预算，分析每个码块中下一个数据包(无论其包含一个还是几个位平面)能够给出多大的增益，然后确定哪种选择能够使失真降低得最多。这样，不同扫描中产生的比特也可以单独地进行处理。码率较低时，在给定的比特预算下，幅度细化通常对失真的减小贡献更大，而当码率较高时，重要性传播往往更为重要。需要附加信息来描述重排序码流的结构，从而在不同的率失真工作点都能够获得不错的编码性能。与 SPIHT 不同，利用刚刚介绍的编码器后优化至少可以部分地解决"分数位平面"问题。

JPEG 2000 第 1 部分定义的**基本模式**(baseline mode)允许选择两个不同的双正交小波滤波器组，这两个小波滤波器组都是通过其等效的提升结构规定的(见 2.8.3 节)：

- 式(2.326)中的 9/7 滤波器适用于低码率的压缩，但由于提升步骤需要非常高的精度，因此不能进行无损重构；
- 式(2.317)中的 5/3 滤波器具有整数精度，而且可以根据量化等级的有限组合，合成出完美的无损重构值，但是与 9/7 滤波器相比，在低码率时，无论从主观质量上还是客观质量上来看，5/3 滤波器的编码性能都较差。

用于编码的(见上文)EBCOT 算法以率失真优化的方式对系数进行重新排序。除了空间和质量的可伸缩性，它还允许对图像的剪裁区域进行灵活的访问。使用不同的指针指向子码流的入口。子码流被组织成段和包，这些段和包可以唯一地对应于图像中选择解码的某片区域、特定的空间分辨率或质量等级。还可以在码流中标识出哪部分码流能够提供接下来的相关信息，从而可以检索出选定区域的信息(码块，分区)或具有较高质量优先级的信息(位平面)。这虽然增加了编码表示的总体数据速率，但也是为了获得灵活性必须付出的代价。

JPEG 2000 高度灵活的码流结构还可以提供有效的传输差错保护**机制**(mechanisms)。首先，可以直接通过不等差错保护机制(见 9.3.2 节)选择性地保护嵌入式码流中比较重要的部分。另外，由于编码块内的信息是**相对独立的**(self-contained)(可以单独进行解码和定位)，因此即使在部分数据丢失的情况下，也能保证再同步。

采用小波变换的无损编码　小波编码器的压缩性能高度依赖于变换基。原则上，如果分析滤波器的输出是一个有限整数集合，并且合成滤波器可以给出完美的重构值，则无损编码是可以实现的。如果使用式(2.325)中整数精度的双正交滤波器，或者在提升结构实现的预测和更新步骤中进行舍入运算，则可以实现无损编码。另一方面，只有当滤波器核相对较短时，整数滤波器才能在输出端给出合理的整数字长，但是当子带被丢弃时，会造成频带之间较差的频率分离特性以及较高的混叠误差。因此，可以获得完美重构的理想滤波器不太适合以低码率进行编码，可伸缩编码(可以完成低码率编码一直到无损编码)只能通过或多或少地牺牲压缩性能才能够实现。

6.4.5　针对信号特性的变换基局部自适应

图像信号中局部细节的多少(影响相关性和频率特性)，可能会在对象的边缘或边界处突然发生改变。对于具有规则结构的大面积区域(纹理区域或均匀区域)，最好采用较大的邻域对信号的相关性加以利用，在块变换编码中可以通过使用较大的块来实现，在子带/小波编码中可以通过更多的分解层级来实现。对于具有不连续性的区域(比如，边缘)，其频谱较宽，最好使用较小的块，当对系数进行较粗糙的量化或者系数被丢弃时，还能避免边缘振铃效应。对于小波变换方法，非零系数的问题可以利用**局部化特性**(localization property)以及相对较短的基函数(对应于高通频带)得到部分的解决。然而，较大区域的振铃效应仍然非常恼人，因为低通基函数的有效长度随着小波码树中层次的增加而呈指数式增长。解决这些问题的主要方法是在块变换编码中使用**可变块尺寸**(variable block sizes)，或者在小波变换编码中对变换分解的深度进行自适应调整。如果频带可以根据图像中任何位置处不同的频谱分辨率进行调整以获得任意频率范围，则称为**小波包分解**(wavelet packet decomposition)。

可变块尺寸变换(Variable Block Size Transforms，VBST)。在 VBST 中，需要解决的主要问题是如何选择合适的局部块尺寸。在[Vaisey, GerSho, 1992]中提出了一种基于 DCT 变换的方法。这种方法需要考虑大小介于 4×4 和 32×32 之间的方块，其中，块的布局结构通过四叉树进行编码(见 6.1.2 节，图 6.4)。其方法是，从尺寸最大的块开始，计算块的均值和方差，然后分析这些值与较大块或较小子块的均值和方差是否具有显著的差异。如果差异比较明显，则说明细节结构存在明显的变化，从而应该将当前块划分为较小的子块。在作出决策之前，通常需要一直追踪均值/方差的偏差，直到最小的块尺寸，通过该方案获得的结果如图 6.28 所示。

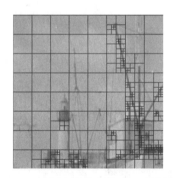

图 6.28　可变块尺寸变换中，编码块的空间布局，DCT 块的尺寸为 4×4, …, 32×32[由 F. Sperling 提供]

比较先进的方法需要基于率失真准则作出相应的决策，选择出能使失真和码率(对变换系数以及表示块划分方式和预测方式的边信息进行编码所需的码率)达到最小的最优划分方式。

在[Wien, 2003]中，提出了一种基于整型变换基[式(2.271)/式(2.270)]的 VBST 方法，用来对通过空间方向预测获得的残差信号进行编码。变换块要么被划分为大小介于 4×4 和 16×16之间的方块，要么被划分为沿水平方向或垂直方向的大小为 4×8 和 8×16 的矩形。由于可变块尺寸划分方式既适用于方向预测也适用于变换，因此，可以在率失真准则的基础上(对若干编码选项的 RD 性能进行比较)进行联合决策。

到目前为止，最先进的可变块尺寸变换编码方法就是在 HEVC 标准中定义的方法(见 237 页的介绍)。其中，编码器需要根据率失真准则(即 $D + \lambda R$，其中 λ 是与码率相关的拉格朗日乘子)做出划分/不划分的决策(见 4.3 节和 7.2.7 节)。穷举式搜索几乎是不可能的，但是可以根据一定的准则，比如区域的一致性(类似于上文中介绍的方法)，设计提前终止条件。在 HEVC 的开发过程中，还对具有更高自由度的块划分方式进行了研究，比如使用可变块尺寸的非方形变换块，但是事实证明这些方法并没有带来显著的性能提升。

小波包变换 所有频带上等带宽频率分辨率的子带分解，以及倍频程带宽频率分辨率的小波变换都可以看作规则的二进制结构或二叉树结构。此外，还可以采用其他不规则的分解结构。首先，分解的深度可以根据信号进行自适应调整。其次，与小波变换的情况不同，在自适应决策的基础上，还可以对较高频带进行进一步的划分，例如，当信号中存在窄带频率成分时，这样做就很有好处。而后一种情况称为**小波包变换**(wavelet packet transform)。

可以利用类似于式(4.43)中的率失真优化准则，作为给定位置处对给定频带作出划分/不划分决策的标准，该准则还需要考虑将决策发送给解码器所需的边信息。但是，有可能出现以下情况，即编码树增加一个层级可能不会带来任何增益，但是，如果在一个较高层级上进行另一种划分，可能会获得显著的增益。因此，另外一种策略是从均匀分解结构开始，通过移除没有带来增益的划分对树进行修剪。在[Ramchandran, Vetterli, 1993]中，对率失真准则下的树剪枝方法进行了研究。对于率失真函数上给定的操作点，由于频带划分决策可以使码率和失真明显下降，因此需要予以优先考虑。

基函数的自适应 对于块变换编码来说，DCT 类型的基函数通常被认为是一种合理的折中，在不需要进行过多调整的情况下，能为图像信号提供良好的压缩性能。然而，粗糙的量化或者系数的丢失都可能会导致伪影的出现，比如，明显的块边缘以及振铃效应等。可以通过恰当的后处理削弱这些伪影(见 6.7 节)，另一种方法是根据局部图像内容对基函数进行切换。例如，JPEG-XR 可以在块变换和重叠块变换之间进行局部切换，从而避免块效应。将切换参数传送到解码端还需要额外的边信息。

当使用小波滤波器时，在给定信号频率特性的约束下，对双正交滤波器进行调整，可以获得相当大的自由度，能够将信息最大程度地集中于低频带上。自适应滤波器设计的另一个目的是抑制混叠，事实证明，对缩放的信号进行较强的低通滤波，能够将更多的能量转移到高频小波频带上[Yang, Ramchandran, 2000] [Mayer, Höynck, 2001]。

实值可分离二维变换(无论是 DCT 变换、子带变换还是小波变换)的缺点是只适用于纯水平/垂直结构，而对于对角结构(在变换域中，甚至不能明确区分 45° 方向和 −45° 方向)，其压缩效率较低。因此，可以针对帧内方向预测所产生的残差的特征，对变换基进行专门的设计，利用这种变换基的变换称为**基于模式的方向变换**(Mode Dependent Directional Transform, MDDT)。另一种方法是，在 DCT 之后进行第二次变换，在第二次变换中考虑到可能存在于系数之间的相关性，然后根据具体的方向对这些系数进行重新组织。在[Xu et al., 2010]中总结了各种不同的方法。在子带变换中，存在特别适合表示二维信号(如边缘、拐角等)细节特征的其他基函数。提出的这类基函数包括：**小边**(edgelets)、**轮廓波**(contourlets)、**曲波**(curvelets)、**脊波**(ridgelets)、**剪切波**(shearlets)和**线调频小波**(chirplets)等。从目前的研究成果看，这些方法在图像压缩中的应用比较有限，这是因为实现自适应需要额外编码边信息，然而，由于基函数的改进而减少的码率，通常不能补偿编码额外边信息所增加的码率。为了避免这种情况，可以利用已解码样点确定基函数的方向，但是到目前为止，这种方法所能获得的编码增益非常有限，同时这种方法实现起来也特别复杂。对于各种方法的概述，感兴趣的读者可以参阅[Ma, Plonka, 2010]。

　　匹配追踪(matching pursuit)[Mallat, Zhang, 1993]可以看成是自适应基变换编码和向量量化的结合。这种方法从巨型基函数码书(可能存在冗余，即条目之间彼此不是正交的)中进行搜索，寻找给定信号的最优匹配值(相关性)。然后，计算残差信号与原始信号之间的残差，接着再次在码书中搜索残差信号的最优匹配值，这样不断地进行迭代，直到编码误差收敛为止。编码的信息是由码书的索引组成的。事实证明，这种方法在视频编码[Neff, Zakhor, 1997]和静止图像编码[Ventura et al., 2006]中均能够提供良好的率失真性能。这种方法的主要缺点是搜索的复杂度相当高。而且，设计普遍适用的，同时能够保证获得有限失真的码书十分困难。

6.5　无损和近无损图像编码

　　所谓"数学上的"无损压缩，是指解码器输出应该能够准确地再现信源的值(即，由传感器产生的样点)。因此，无损压缩只能利用信源图像中样点之间的统计相关性，以及样点自身的概率统计特性。在无损情况下，无法获得较大压缩比的原因包括以下几种。

- 在局部图像结构中，尽管相邻样点之间的相关性往往都比较高，但是通常也会存在噪声(尤其是在通过传感器获取的图像中)，而噪声会引起随机变化。
- 即使变换编码对于有损编码来说是最有效的方法，但是为了实现无损重构，变换编码需要增加变换系数的比特深度范围，除非进行渐进的舍入并且采用特定的结构(比如，提升结构)完成反变换。因此，当在无损模式下工作时，变换编码表示可能比空间域 PCM 需要更多的比特。为了将这一问题的影响维持在最低限度，需要使用二元基函数(沃尔什、哈尔)以及较小尺寸的块。然而，空间域预测编码方案(对预测值进行舍入，使舍入后的预测值与被预测的信号具有相同的比特深度)更适合于无损编码。这种方法的另一个优点是，不需要进行量化，而且可以使用开环方案(见5.2.1 节)。
- 为了完成有效的压缩，需要进行熵编码。如果采用变长编码，码率则会在局部发生变化。因此，无法将比特位置映射为需要进行解码的样点的局部位置，而且也无法选择性地解码局部随机访问的样点，除非将额外的指针作为边信息插入码流中。当采用空间预测方案时，基本上也是这种情况，需要为随机访问定义一系列的位置，在这些位置处，预测环路可以重新完成初始化。在所有这些情况下，都会造成编码比特数的增加。

　　如果不需要完美的无损压缩，则可以使用近似无损(或视觉上无损的)的编码模式。基于上述原因，变换编码在近无损压缩中可能仍然不适用，同时，也不能再以开环的方式进行预测编码，否则，将会产生式(5.8)中的漂移(但是，如果量化误差方差较低，偏移可能不会太严重)。

　　JPEG 标准的无损模式使用二维 DPCM(其中使用前向自适应可切换预测器，并对残差信号进行熵编码)编码方案。其中规定了对残差进行自适应哈夫曼编码和算法编码的过程。

为了获得比 JPEG 标准无损模式(见 6.10 节)更好的压缩性能,后来又开发了 JPEG-LS 标准。JPEG-LS 标准主要以空间预测方法为基础。它定义了两种编码模式,并根据邻域上下文选择采用哪种模式。

- **行程模式**(run mode):这种模式假设图像中存在连续的具有相同幅值的(近无损模式下,具有近似相等幅值的)多个样点,此时,进行行程编码,只需要对每个行程的幅值编码一次。
- **预测模式**(prediction mode):如果受到噪声的影响,在邻域中幅值出现明显波动的情况下,则非常适合采用这种模式。该模式采用后向自适应的可切换预测器。残差(预测误差信号)由 VLC 进行编码。

通常来说,对于合成(由计算机绘图生成)的内容,行程模式的性能更好,而预测模式更适用于自然内容(相机拍摄或扫描)。对于熵编码,在 JPEG 标准基本版本中定义了基于指数哥伦布码(见 4.4.3 节)的系统 VLC。扩展版本中还进一步规定了基于上下文的算术编码。

HEVC 定义了一种无损编码模式,利用这种模式进行帧内编码时,变换和量化过程会被跳过。同样,逐块地进行帧内预测(见 6.3.2 节)(包括舍入操作),然后,对预测残差直接进行熵编码(通常采用与变换系数所采用的相同的熵编码方案);这种方法隐式地利用了邻域中样点的上下文信息,从而,当前预测误差样点成为重要系数(非零)的概率,取决于相邻样点的重要性。如果除使用相邻块中的边界样点进行预测外,在开环结构中还使用当前块内最近的相邻样点进行预测,则编码性能还可以得到进一步提高。在解码器中,并不一定需要递归运算,因为 IIR 滤波器的冲激响应可以像 FIR 或线性矩阵一样,对当前块中的每个样点进行"展开"。还可以将这种方案作为第二次预测,应用于常规方向预测产生的残差上("残差预测"或残差 DPCM)。

尤其对于具有均匀颜色区域的图像内容(经常出现在通过计算机绘图方法合成的图像中),实现无损和近无损压缩的有效办法是构造只具有少量条目的码书,而码书中包含局部出现过的颜色。对码书条目的索引进行编码,而不是直接对样点的颜色值进行编码,将行程编码、预测编码和/或基于上下文的熵编码相结合,完成对调色板索引的编码。这些方案称为**调色板模式编码**(palette mode coding)。码书(调色板)的构造可以一幅图像一幅图像地完成,也可以通过为每个区域/块进行局部自适应/更新条目来完成。如果码书中不包含某个特殊的颜色条目,则需要发送一个 ESCAPE 语法元素,然后对颜色值进行直接编码。采用有损编码的情况下,还可以用调色板中最相似的颜色代替。

6.6 基于合成的图像编码

到目前为止,所介绍的大多数方法针对的都是编码决策中的**样点保真度**(sample fidelity)。如果具有 SNR 准则下的高样点保真度,则可以保证具有较高的**视觉保真度**(visual fidelity),而低保真度并不意味着感知视觉质量较差。例如,除了如边缘、拐角等重要结构(这些结构的位置和方向不能发生改变),图像中可能还包含较多的随机成分,对于这些成分,在给定位置处是否能够精确地再现样点的幅值并不重要,只要视觉外观一样就可以。一些不规则的纹理区域正是这种情况,比如水面、云、烟、皮肤、头发等。现在的目标是利用少量的参数生成编码描述，根据这一编码描述可以生成视觉上**相似的**(visually similar)图像[1]，即这些图像中不存在明显的编码伪影。在这种情况下，不规则的纹理是特别重要的，因为这类纹理通常具有较宽的、类似于"色噪声"的频谱，因此，利用变换编码或预测编码等传统编码方法不能对其进行有效的编码，这是由于这些纹理的信息在空间域(正如边缘结构的情况)和频域(正如周期性结构的情况)中都不具有稀疏性。

原则上，还可以对边缘或周期性图案进行简化，但是需要利用准确的形状和位置表示这些结构，并且很难在不破坏语义的前提下，进行正确的简化。而且，在这种情况下，与传统的方案相比，数据速率的减少并不明显。另一方面，规则结构通常会与噪声(不规则的)分量相邻或重叠，把二者分离开来，可能会有助于改善压缩性能。可以看出，基于合成的编码在某些方面与计算机图形处理具有一定的相似性，在计算机图形处理中，简单的、在语义上比较重要的结构是以一种确定的方式生成的，然后再将纹理和噪声等随机结构覆盖在上面，使其看起来更加具有真实感。在逆向的方法中，需要将噪声和高频纹理从图像中移除，只保留语义上重要的结构(类似于一幅素描)，从而可以简化对其的编码。非线性滤波器(比如，非局部均值滤波器、各向异性扩散滤波器等)特别适合于去除这样的噪声和纹理(见 MCA，2.1.3 节)。

为了实现完全可行的基于合成的图像编码仍然需要解决以下最重要的问题：

● 缺乏合理的失真标准，当图像的一部分被合成图像替换时，可以利用失真标准评价错误的可见性；

● 分离语义上重要结构的自动化方法，重要结构应该得到保留，而非重要结构可以被去除或合成；

● 自动寻找正确的模型参数，包括模型自身的适应度，例如，为结构化部分、不规则部分或类噪声部分选择不同的模型；

● 对给定的操作点，缺乏对率失真准则的合理描述。

完全的合成编码可能只适用于具有非常清晰结构的少数类型的图像(比如，通过计算机绘图生成的内容)，但是混合编码方案(比如，对于特定区域，可以使用变换编码器+合成编码器)是更加现实可行的方法。需要注意的是，类似的方法在原则上仍然适用于传输误差隐藏，其中，在解码器端获得了合适的模型参数的条件下(这意味着这些模型参数可以通过分析相邻区域而提取出来，也可以特意将这些参数作为额外的边信息传输给解码器)，"孔洞"(丢失图像区域)可以通过合成替换来填充。孔洞填充(通过"修复"实现)的另一种应用是利用合适的背景进行对象移除和替换等操作。

在接下来的章节中，将会介绍一些利用全局或局部参数进行结构或纹理合成的方法。

6.6.1　基于区域的编码

一幅图像中，不同区域在主观上的重要程度是不同的，例如，如果一幅图像中存在人类面部的话，那么一个典型的人类观察者首先会看到人的面部。通常，最重要的内容总是出现在图像的中心区域。利用**感兴趣区域**(Regions Of Interest，ROI)的特性，对压缩方案进行非常简单的调整，就可以提高压缩质量，比如，可以对可能出现重要内容的区域进行更加精细的量化或使用更高的分辨率等。

---

[1] 一般来说，基于参数描述的合成比较适合生成任意大小的图像区域。因此，合成的区域越大，比特率方面的节省就越大。

除此之外，为了更好地表示区域属性，可以专门设计图像压缩方法。对于颜色和纹理都很均匀的区域，这种专门设计的图像压缩方法就会特别有效，因为图像的语义可以通过保留区域的形状而得以保存，而区域本身内的样点(假设存在合理的模型)可以用很少的参数进行表示和合成(见 6.6.2 节)。尽管这种类型的方法在图像编码中有着悠久的历史，但是它们总是不能达到曾经设想的预期效果(见[Kunte, et al., 1985])。

需要把区域的几何外形编码为**形状**(shape)(通常用二进制掩模表示哪些样点属于该区域，见 6.1.2 节)或编码为**轮廓**(contour)(区域边界样点的位置，见 6.1.3 节)。根据具体应用的需要，可以以简单而且准确的方式来表示形状。需要注意的是，区域的形状也可以利用可变尺寸的块结构来表示，比如，通过四叉树码表示(见图 6.4)。形状或轮廓的编码也可以是有损的，例如，可以进行预处理、填充较小的孔洞或简化轮廓的边界。

需要改动针对样点保真度的压缩方案，才能对任意形状的区域(而不是常见的矩形块)进行压缩。稍进行改动的逐样点预测，可以完成对区域边界(和孔洞)处样点的预测，变换编码方案需要进行较多的改动，由于变换的基函数是需要与区域形状相符的二维图像，因此通常是不可分离的。解决这个问题的一种方法是**填充**(padding)，也就是使用一个超出区域边界的扩展信号，从而生成与变换块大小相匹配的正方形或矩形。由于变换系数的数量等于原始信号中样点的数量与填充区域中样点的数量之和，因此，变换是过完备的，填充区域中样点可以与原始样点取相同的值，也可以取任意值，因为编码器不会输出这些样点。然而，也可以对填充过程本身进行设计，从而使尽可能多的系数[1]接近于零值。图 6.29(b)给出了一个用恒定值将一个区域填充为大小为 16×16 的矩形块的例子，在此基础上，可以采用大小为 16×16 的变换块(或者采用 4 个大小为 8×8 的变换块)进行后续处理。较大的区域由区域内部的矩形块和边界处的扩展块组成(见图 6.30)。在 MPEG-4 Visual 压缩标准(ISO/IEC 14496-2)中，已经包含了一种这样的方案，用于编码任意形状的图像和视频对象。

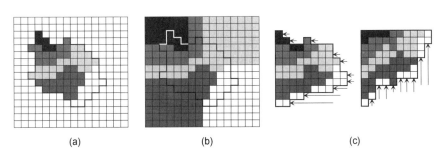

(a)　　　　　　　　　(b)　　　　　　　　　(c)

图 6.29　(a)嵌入在一个较大矩形块中的任意形状区域；(b)将信号填充到大小为
16×16 的变换块中；(c)在形状自适应变换的计算中，行和列的移动

在[Gilge et al., 1989]中，提出了非矩形的、基图像为任意形状的正交二维变换。与根据协方差计算 KLT 变换特征向量的方法类似，计算出基图像，但是需要为给定的形状逐个地计算基图像，并且采用相关性模型计算纹理信息。图 6.29(c)中的**形状自适应 DCT**(shape-adaptive DCT)[Sikora, Makai, 1995]是一种简单的变换方法，它可以为较小的块提供良好的编码性能。首先，区域[与图 6.29(b)中的相同]中的所有行都向左对齐，并对每一列进行垂直变换。然后，所有

---

① 复制区域边界的样点(例如，常量值扩展或镜像对称扩展，见图 2.20)是达到这一目的的有效方法。

列都向顶端对齐，并进行水平变换。这样，就可以通过执行两次长度不同[①]的一维变换，实现可分离的二维变换。

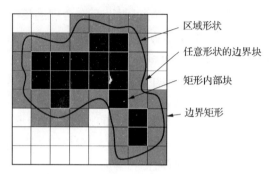

图 6.30　将一个较大区域划分为矩形内部块和任意形状的边界块

6.6.2　颜色和纹理合成

当一个区域具有恒定的幅度和颜色时，合成就变得特别简单了，通过平面填充（即颜色的均值）就能实现。平滑的变化可以通过对颜色幅度表面进行线性插值或多项式近似来支持。平坦或平滑变化的区域对于传统编码方法来说根本构不成任何挑战。但是对于纹理区域（包含噪声成分），只要纹理本身具有与视觉外观无关的随机性，往往都认为进行合成更具有优势。

纹理的随机行为在形式上可以通过齐次马尔可夫随机场[Chellappa, Jain, 1996]进行描述，由其条件概率密度进行表征：

$$p_{s|\mathbf{s}}(x;\mathbf{n} \mid \mathbf{x}; \mathcal{N}(\mathbf{n})) \tag{6.7}$$

其中 $s(\mathbf{n})$ 是一个样点[②]，其随机变量 x 的概率受到向量 $\mathbf{s}$ 的影响，向量 $\mathbf{s}$ 由邻域 $\mathcal{N}(\mathbf{n})$ 中的样点构成， $\mathbf{x}$ 是向量 $\mathbf{s}$ 的随机向量变量。齐次性说明样点互为彼此领域中的成员，即 $\mathbf{m} \in \mathcal{N}(\mathbf{n}) \Leftrightarrow \mathbf{n} \in \mathcal{N}(\mathbf{m})$。由同一 MRF 模型得出的两个样点场的视觉外观极有可能是难以区分的，这一思想构成了不同纹理合成方法的共同基础（对于各种方法的概述，见[Ndjiki, et al., 2012]）[③]。

然而，问题是，原则上无法通过有限数量的参数（即条件概率）来描述 MRF，除非使用的 PDF 是解析函数（例如，与高斯分布匹配的 AR 模型），但这种 PDF 可能又不适合作为通用的纹理模型。经验采样是另外一种合成方法，这种方法适合于合成包含相似区域结构的纹理（比如，鹅卵石）。这种方法的基本假设是式(6.7)中的条件 PDF 只有非常少的相关项，而这些相关项可以直接从示例图像中确定。

这两种方法都有对应的预测方法：AR 模型与线性预测使用相同的合成滤波器，而 MRF 采样与模板匹配预测一致（见 6.3.1 节）。主要区别是这两种方法不对预测误差进行显式的编码

---

① 需要注意的是，MPEG-4 视频压缩标准的第 2 部分采用了这种形式的形状自适应 DCT，但是变换块的大小是 8×8，因此，需要将例子中给出的区域划分为 4 个块。由于以下原因，导致这种变换并不是最优的：长度不同的变换块的 DCT 系数不能表示相同的频率，另外，由于在垂直变换步骤中，各种一维变换长度的组合会导致移位和幅度的变化，从而会引入额外的不规则方向。另外，这种变换不具有标准正交性，最优量化的实现变得与区域的形状有关，这会明显增加编码和解码的复杂度。

② 这里 $s(\mathbf{n})$ 指式(6.7)中的 s。式中为简洁，将 $s(\mathbf{n})$ 写为 s。——译者注

③ 视觉外观的识别意味着不应该允许进行并排比较（对样点间的差异进行视觉搜索）。

(从样点保真度来看，是需要对这些残差进行编码的)，而是使用具有相似统计特性的合成噪声新息信号作为预测误差。

对于某一类型的纹理(称为"微观纹理"，包括沙子、水面、头发、草地等)，利用平稳高斯过程对其进行描述可能比较合适，从而可以使用**高斯马尔可夫随机场**(Gauss-Markov Random Fields, GMRF)[Rue, Held, 2005]，其中，条件 PDF 由式(2.156)中的向量高斯 PDF 通过计算自协方差来确定。

AR 合成 平稳 GMRF 模型可以表征为：方差为 1 的高斯白噪声场 $v(\mathbf{n})$ 放大 σ 倍，然后再由一个全极点滤波器 $h(\mathbf{n})$ 进行滤波，

$$s(\mathbf{n}) = \sigma v(\mathbf{n}) + s(\mathbf{n}) * h(\mathbf{n}) \tag{6.8}$$

其中 $h(\mathbf{0})$ 等于 0。在频域，合成可以用下式描述：

$$S(\mathbf{f}) = \sigma V(\mathbf{f}) + S(\mathbf{f})H(\mathbf{f}) = \frac{\sigma}{1 - H(\mathbf{f})} V(\mathbf{f}) \tag{6.9}$$

功率谱密度为

$$\phi_{ss}(\mathbf{f}) = \mathcal{E}\left\{|S(\mathbf{f})|^2\right\} = \frac{\sigma^2}{|1 - H(\mathbf{f})|^2} \phi_{vv}(\mathbf{f}) \tag{6.10}$$

通常 $\phi_{vv}(\mathbf{f}) = 1$。这种方差为 1 的白噪声新息信号的随机性只体现在其随机信号值的相位上。如果新息信号的相位对于所有 $\mathbf{f}$ 值都是**独立同分布的**(independent and identically distributed，i.i.d)，则输出过程的相位也将是 i.i.d。邻域中包含 K 个样点的 GMRF 模型的条件概率密度为

$$p_{s|\mathbf{s}}(x \mid \mathbf{x}; \mathbf{h}; \sigma) = \left(\frac{1}{\sqrt{2\pi\sigma^2}}\right)^K e^{\frac{\mathbf{h}^T \mathbf{C}_{ss} \mathbf{h}}{2K\sigma^2}}, \quad \text{其中 } \mathbf{C}_{ss} = \mathcal{E}\{\mathbf{ss}^T\} \tag{6.11}$$

$$\mathbf{s} = [s(\mathbf{n}), s(\mathbf{n} - \mathbf{m}_1), \cdots, s(\mathbf{n} - \mathbf{m}_K)]^T, \qquad \mathbf{h} = [1, -h(\mathbf{m}_1), \cdots, -h(\mathbf{m}_K)]^T$$

$\mathbf{m}_K$ 的值表示在因果领域中，与当前位置的相对距离。实际上，可以使用通过局部纹理区域计算得到的值组成协方差矩阵，然后利用这一协方差矩阵通过求解式(2.207)中的维纳-霍普夫方程来确定滤波器的参数集 $\mathbf{a}$。增益参数的估计值为

$$\sigma = \sqrt{\frac{1}{K} \mathbf{h}^T \mathbf{C}_{ss} \mathbf{h}} \tag{6.12}$$

这个公式的优点(与 2.6.1 节介绍的传统"因果" AR 模型相比)是：$h(\mathbf{n})$ 可以是任意的 FIR 滤波器(不包括当前样点位置)，因此，原则上没有了对因果关系的限制。非因果关系的推广又被称为**条件 AR**(Conditional AR，CAR)模型[Rue, Held, 2005]。特别是，对称二维滤波器支持会使生成的场满足马尔可夫齐次性，这种场相当于 GMRF。通过 AR 方法进行合成需要进行迭代滤波，这是因为对于有限场来说，样点间的相互依存关系是不可实现的，因此，需要设置合适的边界条件，才能获得有限场的解。这可以通过将非因果冲激响应分解为从不同方向开始的因果冲激响应来实现[Chelappa, Kashyap, 1985][Ranganath, Jainm 1985]，或者通过求解线性方程组来实现，这相当于对式(6.8)中的线性预测过程 $\sigma v(\mathbf{n}) = s(\mathbf{n}) - s(\mathbf{n}) * h(\mathbf{n})$ 的矩阵方程求逆。

[Balle′, Stojanovic, Ohm, 2011]提出了一种方法，并在[Balle′, 2012]进行了更加详细的介绍，这种方法逐块地去除 GMRF 类型的"微观纹理"，然后再覆盖上合成纹理。通过分析复 Gabor 小波滤波器组的局部系数，对这一类型的纹理进行分类，其中假设，如果峰度低于阈值且频

谱是非稀疏的，则纹理的特征将是高斯型的。可以利用附加的边界条件通过 CAR 模型直接进行合成，也可以通过叠加由小波合成滤波器组生成的不同尺度成分进行合成。由于频谱并不是稀疏的，因此可以采用基于 DCT 的变换编码，有效地表示频带间的差异(由于对于合成方法来说，频谱的相位是不重要的，而频谱幅度沿频率轴方向是高度冗余的，因此，可以对这一特性加以利用)。研究发现，对于这类纹理，衡量功率谱相似度的 Itakura 距离[Itakura, 1975]，基本上与视觉感知特性相吻合。

MRF 采样　式(6.8)中的卷积 $s(\mathbf{n}) * b(\mathbf{n})$ 是利用过去样点进行的线性预测，在 MRF 采样中，用模板匹配预测代替该卷积的输出，即将由已合成样点组成的因果邻域与示例纹理的模板进行比较，并将最相似的模板中对应位置处的样点作为预测值。然后，再与新息信号相加生成下一个合成样点。对若干最优匹配模板的预测值进行平均或加权平均的方法都是这种方法的变形形式。在发生数据丢失的情况下，这种方法经常用于"修复"相似的纹理，当需要移除对象并利用合适的背景结构进行替换时，可以利用这种方法对图像进行操作，在视图合成中，还可用于孔洞填充。

噪声叠加　人为噪声的叠加是"纹理"合成的一种特殊情况。由于噪声具有较宽的频谱，尤其是在变换编码中，低幅值系数(其中噪声成分可能在信号中占据主导地位)会被量化为零值，压缩产生的一个附加作用就是去噪。但是，这会影响解码图像的真实感，因此可以在图像中叠加合成的噪声，从而重新生成解码图像。此外，叠加的噪声还可以隐藏一些其他的压缩伪影，尤其是在颜色单调的区域，因为在这样的区域中"带状"效果(在块边界处可以明显看见不自然且不连续的幅度)比较恼人。噪声叠加的后一种应用又称为"抖动"。对扫描的胶片图像进行压缩是一种特殊情况，在这种情况下，不希望对噪声进行抑制。"胶片颗粒"噪声是与信号相关的(强度取决于样点振幅)，它被认为具有锐化图像的心理视觉效果。另一方面，为了更有效地压缩真正的图像内容，最好应该将噪声去除。AVC 视频压缩标准还提供了补充信息的标记，这使得可以在解码后进行噪声叠加的参数合成(比如，胶片颗粒噪声)。选项包括：通过 FIR(滑动平均)或 IIR(自回归)滤波器模型的系数表示噪声的频谱特性，以及输入到这些滤波器中的合成新息信号的幅度范围(或标准差)，还有叠加到信号上的加性(独立的)或乘性(相关的)噪声的类型。

6.6.3　照明效果的合成

在采集自然场景时，照明的特性发挥着重要的作用。照明光源的色温基本上可以通过多通道幅度传递特性来调整。增益/偏移调整通常可以足够近似地表示为

$$g(\mathbf{n}) = \alpha s(\mathbf{n}) + \beta \tag{6.13}$$

对于高阶函数，与式(1.5)中的伽马传输特性类似的指数特性或者分段定义因其具有更好的稳定性，要优于高阶多项式。对于颜色传递，则可以采用矩阵方程[①]，如

$$\begin{bmatrix} g_R(\mathbf{n}) \\ g_G(\mathbf{n}) \\ g_B(\mathbf{n}) \end{bmatrix} = \begin{bmatrix} \alpha_{RR} & \alpha_{GR} & \alpha_{BR} \\ \alpha_{RG} & \alpha_{GG} & \alpha_{BG} \\ \alpha_{RB} & \alpha_{GB} & \alpha_{BB} \end{bmatrix} \begin{bmatrix} s_R(\mathbf{n}) \\ s_G(\mathbf{n}) \\ s_B(\mathbf{n}) \end{bmatrix} + \begin{bmatrix} \beta_R \\ \beta_G \\ \beta_B \end{bmatrix} \tag{6.14}$$

---

① 这里给出了 RGB 表示的情况；但是，在式(1.6)/式(1.7)中，基本上可以采用相同的方法，将 RGB 到 YC_bC_r 的变换写成矩阵/向量乘法的形式。然而，由于色度分量对于光照变化具有不变性，在这种情况下，传递可以只对 Y 分量进行(见 MCA，4.1 节)。

通常照明光源本身不会出现在图像中，除非是从一个物体表面的镜面反射中出现。尤其是当照明光源不是漫射的，以及/或者出现镜面效果时，需要根据光源、物体表面以及相机的位置和方向(相对于彼此)，对反射光进行大量的调整。当能够获得场景和采集/照明条件的完整三维模型时，才能够对此进行准确的建模。但是，在很多情况下，对上述模型之一(比如，与位置有关的增益和偏移)进行局部的调整，就可以满足这些情况的需要。

6.7　分形图像编码

分形理论假设存在**自相似性**(self-similarity)(比如，相同的内容在图像中再次以不同的大小出现，就像用"放大镜"放大一样)。为了将这一性质用于图像压缩中，需要定义描述相似变体间映射关系的**分形变换**(fractal transform)。自相似原理说明，可以以一种有意义的方式，用无数个样点(或者任意精细的分辨率)合成一幅图像。但是，当任意图像都可以由分形变换参数(只对有限区域有效)表示时，它的意义就不大了。下面将要介绍的分形块编码方法就是从真实图像中确定分形合成参数的具体应用示例。

以**拼贴定理**(collage theorem)为基础，可以获得稳定的分形变换，并且能够利用参数重构出具有足够精度的图像。

分形变换的原理　假设需要对图像中的某个区域(比如，块)进行编码。这一目标区域应该由包含在同一图像中的参考区域尽量好地进行描述。在这个过程中，可以通过映射几何**形状**(geometry)和**幅度**(amplitude)(比如，亮度和对比度)对参考区域进行调整。

分形块变换(fractal block transform)的基本原理如图 6.31 所示。图中，坐标为 $(\tilde{t}_1, \tilde{t}_2)$ 的参考区域通过**几何变换**(geometric transform) $\gamma(\cdot)$ 映射到坐标为 (t_1, t_2)[①]的目标块上。此外，还要应用**幅度变换**(amplitude transform) $\lambda(\cdot)$ ，将参考区域幅度的均值和对比度调整为将要解码的图像中目标块的实际值。给定块区域的完整分形变换是几何变换与振幅变换的组合，$f(\cdot) = \gamma(\cdot) \circ \lambda(\cdot)$ 。如果目标坐标系 (t_1, t_2) 中，任意两点之间的几何距离都不大于原始坐标系中 $(\tilde{t}_1, \tilde{t}_2)$ 对应点之间的距离，那么该几何变换就是**收缩的**(contractive)。最简单的幅度变换就是式(6.13)中的增益/偏移方案，其中块中的所有样点都使用完全相同的参数。如果幅度的变化在映射的过程中不增加，则变换就是收缩的，即 $\alpha < 1$ 。应该对偏移值 β 施加约束，从而使输出图像中每个样点的幅度都在 $0 \sim A_{max}$ 范围内，或者需要在变换之后进行裁剪。

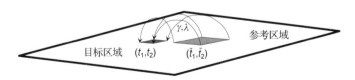

图 6.31　分形块变换的原理

拼贴定理　拼贴定理(collage theorem)[Barnsley, 1988]指出，利用分形变换 $f(\cdot)$ ，可以从任意一幅源图像中，迭代地生成一幅图像，只要：

---

① 可以交换参考坐标系和目标坐标系，但是，这里采用的方法在实际的编码方案中是比较合理的，其中，需要为每一个目标样点定义唯一的映射。一个坐标映射的例子就是式(7.29)中的仿射变换，但也可以使用它的一个子集。

1. 可以以足够小的失真通过变换，利用图像对其自身进行描述；
2. 完整的变换 $f(\cdot) = \gamma(\cdot) \circ \lambda(\cdot)$ 是收缩的。

拼贴定理的证明 假设 $\mathbf{S}$ 是原始图像，$f(\mathbf{S})$ 是对原始图像进行一次分形变换后输出的图像。这可以看作由分形变换参数 $f(\mathbf{S})$ 进行解码时得到的最优情况，经过设计得到的参数 $f(\mathbf{S})$，应该能使图像尽量好地描述其自身。现在令 $\mathbf{G} = f^{(r)}(\mathbf{V})$ 表示对任意初始图像 $\mathbf{V}$ 进行了第 r 次分形变换迭代后得到的重构图像。因此，$f^{(r)}(\mathbf{S})$ 是对原始图像 $\mathbf{S}$ 运用第 r 次变换后得到的结果。注意到，与 $f(\mathbf{S})$ 相比，$f^{(r)}(\mathbf{S})$ 与初始图像 $\mathbf{S}$ 之间的偏差可能更大，这是因为在第 $2 \sim r$ 次迭代中，没有使用原始图像。然而，利用三角不等式，有以下关系成立[其中，$\mathrm{d}(\cdot, \cdot)$ 表示欧氏距离]

$$\mathrm{d}(\mathbf{S}, \mathbf{G}) \leqslant \mathrm{d}(\mathbf{S}, f^{(r)}(\mathbf{S})) + \mathrm{d}(f^{(r)}(\mathbf{S}), f^{(r)}(\mathbf{V})) \tag{6.15}$$

此外

$$\begin{aligned} \mathrm{d}(\mathbf{S}, f^{(r)}\mathbf{G}) &\leqslant \mathrm{d}(\mathbf{S}, f^{(1)}(\mathbf{S})) + \mathrm{d}(f^{(1)}(\mathbf{S}), f^{(2)}(\mathbf{S})) + \cdots + \mathrm{d}(f^{(r-1)}(\mathbf{S}), f^{(r)}(\mathbf{S})) \\ &\leqslant (1 + k + \cdots + k^{r-1})\mathrm{d}(\mathbf{S}, f^{(1)}(\mathbf{S})) \leqslant (1-k)^{-1}\mathrm{d}(\mathbf{S}, f(\mathbf{S})) \end{aligned} \tag{6.16}$$

且

$$\mathrm{d}(f^{(r)}(\mathbf{S}), f^{(r)}(\mathbf{V})) \leqslant k\mathrm{d}(f^{(r-1)}(\mathbf{S}), f^{(r-1)}(\mathbf{V})) \leqslant \cdots \leqslant k^r \mathrm{d}(\mathbf{S}, \mathbf{V}) \tag{6.17}$$

利用式(6.15)、式(6.16)和式(6.17)，对于其余的失真，有以下上限条件成立：

$$\mathrm{d}(\mathbf{S}, \mathbf{G}) \leqslant \underbrace{(1-k)^{-1}\mathrm{d}(\mathbf{S}, f(\mathbf{S}))}_{\varepsilon} + k^r \mathrm{d}(\mathbf{S}, \mathbf{V}) \tag{6.18}$$

根据拼贴定理，k 应该小于 1，经过足够多次(r 次)的迭代之后，无论迭代是从哪里开始的，原始图像 $\mathbf{S}$ 和此次迭代的输出 $\mathbf{G}$ 之间的距离都将收敛于 ε。这一距离的下限($k \to 0$) 是 $\mathbf{S}$ 和 $f(\mathbf{S})$ 之间的距离。当 k 的值较小，并且图像 $\mathbf{V}$ 与原始图像 $\mathbf{S}$ 尽可能接近时，收敛的速度则较快(因此，总体来讲，中灰色图像应该是一个较好的选择)。

在[Jacquin, 1992]中提出的**分形块编码**(fractal block coding)，其实现方式如图 6.32 所示。分形码由每个块的几何变换和幅度变换的参数组成。编码器需要通过分析原始图像来确定这些系数，这意味着需要找出图像到其本身的最优分形映射，这通常可以通过匹配实现。通过对几何变换施加某些限制条件，加速对分形参数的搜索，并使得这些参数的表示更加简洁。

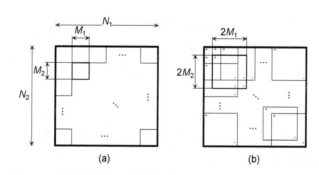

图 6.32 分形块编码。(a) 目标块的位置，其中必须定义分形
变换的参数(非重叠的)；(b) 可能选择的起始块(重叠的)

- 目标块区域的大小相同，均为 $M_1 \times M_2$，在[Jacquin, 1992]中被称为**值域块**(range blocks)。

- 几何变换的收缩因子被固定为 0.5(因子为 2 的下采样)。

- 几何变换的自由参数包括：简单平移，0°、90°、180° 和 270° 旋转，以及水平/垂直镜像映射。

根据拼贴定理的证明，解码的结果不可能优于对原始图像应用一次分形变换得到的结果。如图 6.33 中给出了关于分形解码过程收敛性的例子。两种情况下，都使用了相同的变换参数，但初始图像 **V** 一个是均匀的灰色图像，一个是与将要进行解码的图像具有不同结构的图像，即可以认为第一种情况更接近于原始图像 **S**。很明显，仅仅经过几次迭代之后，这两种情况之间的差异明显减小。

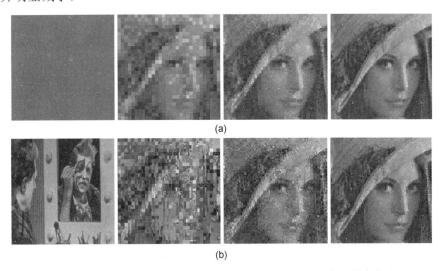

(a)

(b)

图 6.33　分形解码的收敛，前三次迭代。(a)从均匀的灰色图像中生成的图像；(b)从不同图像中生成的图像(由 K. Barthel 提供)

6.8　三维图像编码

现实世界是三维的，相机的图像平面采集的是二维投影。一般来说，为了生成一个比较完整的三维世界视觉，三维成像会使用多个投影。原则上，全视函数(见 1.2 节)或三维模型(像计算机图形学)可以从任意角度给出完整的图像。它们包括以下方法：

- 立体成像，由两个相机从固定的拍摄角度拍摄，模拟双目视觉，可以在立体显示器上重现；

- 光场成像，由排列为二维阵列的多个相机拍摄，可以生成不同的视点，已经出现了可以利用相应排列的多个投影设备进行光场渲染的显示器原型机；

- 容积成像，其中使用一个完全的三维坐标空间，以体积或外壳的形式表示物体的存在，包括不同的成像特征，比如，体积密度、颜色、反射特性等。容积图像通常是通过三维重构从多个视图生成的。三维容积也可以理解为由多幅二维图像[称为**片**(slices)]组成的堆栈。

　　对三维成像的全部细节进行讨论超出了本书的范围。一个或多个额外的视图会带来额外的信息，为了进一步压缩这些信息，通常需要进行对应匹配，从而可以对相似度最高的样点或样点组之间运用预测或变换编码。从概念上来看，多视图压缩的核心方法与视频压缩方法非常相似，其中，为了更好地利用一致性，常常在时间轴上进行**运动补偿**(motion compensation)。有关这方面更多的讨论，读者可以参阅 7.6 节。

6.9　重构滤波

　　编码算法通常会引入不自然的，但是某种程度上来说是系统的伪影，可以针对这些伪影，通过重构滤波来降低其可见性[1]。如果滤波器参数是由编码器(编码器中既有原始图像也有重构图像)确定的，则可以利用**自适应后置滤波**(adaptive post filtering)提高客观质量(比如，PSNR)。这种情况下，需要将滤波器参数作为边信息进行编码(类似于 6.3.5 节所讨论的方法)。滤波器参数由编码器确定，在选择最优滤波器参数时，同时考虑到了这些参数对解码过程产生的影响。另外，滤波器控制的线索也可以通过分析解码器端的重构信号来确定，这里需要考虑到预期失真的模型。实际上，两者(一部分由编码器控制，一部分由解码器控制)的组合可能是最好的方法，因为可以将边信息的数量维持在较低水平。

　　维纳滤波器(Wiener filter)是一种经典的去噪声方法，这种方法以优化 SNR 重构质量为目标。除此之外，非线性滤波的方法可能更适合去除特定的压缩伪影，这些伪影基本上是非线性量化处理造成的结果。这可以通过控制重构过程中的幅度映射来实现。编码失真难以用平稳加性噪声过程来建模，因为这些失真通常是与信号相关的(比如，信号中存在边缘结构时，或者当局部高频分量被去除时)，或者是与编/解码器相关的(比如，当编解码在固定的块状网格上进行操作时)。**去块效应滤波器**(de-blocking filters)和**去条带效应滤波器**(de-banding filters)专门用于去除由基于块的编码所引入的伪影。**去振铃效应滤波器**(de-ringing filters)和**边缘锐化滤波器**(edge sharpening filters)可以减少存在于幅度不连续处由于频率截止或预测失败造成的伪影。在接下来的段落中，将会对几种常用的后处理滤波器进行讨论[2]。

　　维纳滤波器　　通常将维纳滤波器实现为冲激响应为 $h(\mathbf{n})$ 的 FIR 滤波器，与式 (2.207) 中线性预测的情况类似，可以通过维纳-霍普夫方程的变形形式设计维纳滤波器，但是需要将解码图像 $\tilde{s}(\mathbf{n})$ 作为输入，将重构图像 $\hat{s}(\mathbf{n}) = \tilde{s}(\mathbf{n}) * h(\mathbf{n})$ 作为输出。通过最小化 $\mathcal{E}[s(\mathbf{n}) - \hat{s}(\mathbf{n})]^2$ 来确定滤波系数，这就会引出矩阵形式的维纳-霍普夫方程：

$$\mathbf{c}_{\tilde{s}s} = \mathbf{C}_{\tilde{s}\tilde{s}}\mathbf{h} \Rightarrow \mathbf{h} = \mathbf{C}_{\tilde{s}\tilde{s}}^{-1}\mathbf{c}_{\tilde{s}s} \tag{6.19}$$

　　这说明为了计算滤波器系数，需要确定原始图像和重构图像之间的互协方差，以及重构图像的自协方差。与线性预测的情况不同，在重构链中不需要逆(递归)滤波器，从而可以应用来自所有方向相邻样点的对称滤波器支持域。

---

[1] 在视频压缩中，可以在预测环路中使用类似的方法，从而改善通过其他解码图像进行预测的质量。

[2] 在混合视频压缩中(见 7.2 节)，这些滤波器通常在**预测环路内**(within the prediction loop)使用。即便如此，它们仍然是以改善用于后续预测的图像质量为目标的重构滤波器。对非线性重构滤波器进行详细讨论超出了本书的范围。可以用于后置滤波的滤波器包括：边缘保留滤波器和区域平滑滤波器，比如在[MCA, 2.1.3 节]中介绍的**中值滤波器**(median filter)、**双边滤波器**(bilateral filter)、**扩散滤波器**(diffusion filter)和非局部均值滤波器(non-local means filter)等。

由于需要边信息传送滤波器系数，并且由此带来的质量提升(或码率的降低)应该足以补偿额外引入的边信息，因此，必须仔细选择自适应的程度。全局自适应(每次都会对整幅图像进行调整)会带来一些好处[Wittmann, Wedi, 2007]。如果编码失真的特性以及图像内容是不断发生变化的，可以认为局部自适应的效果更好，但将需要多得多的边信息。边信息的码率会受以下因素的影响。

- **需要标记的滤波系数的数量**　这很大程度上取决于支持域的尺寸(滤波器的几何形状)。可分离滤波器比不可分离的 2D 滤波器需要更少的参数，但可分离滤波器在实现方向滤波时，灵活性较差，因此它并不可取。通过利用关于中心样点的对称性，会有助于滤波器系数数量的减少，如图 6.34 中的例子所示①。
- **自适应区域的大小**　需要编码的参数数量与自适应区域的大小成反比(比如，基于块的自适应方案中，每个块中的样点数量)。
- **离散系数集合的大小**　为了避免对每个区域的滤波器系数都进行显式的编码，可以在图像级将滤波器系数编码为边信息，实现对离散滤波器集合的优化。对于每个区域，只需要表明选择了哪个滤波器。但是，这一过程需要在维纳霍普夫方程确定集合中不同的滤波器之前，对编码块进行预先分类。采用的准则可以是局部细节的多少、方向特性等。另外，在第一步中，可以针对每个块分别确定滤波器，然后将采用相似滤波器的块进行聚类，不过，这在编码器中至少需要进行两次迭代。

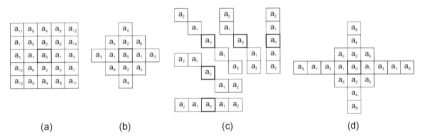

图 6.34　用于后置滤波的不可分离二维滤波器的布局。(a)5×5 正方形滤波器；(b)5×5 菱形滤波器；(c)5×1 方向滤波器(给出了 16 个可能方向中的 5 个)；(d)9×7 十字滤波器，中心为 3×3 正方形

最后，还可以通过在解码器端对信号 $\tilde{s}(\mathbf{n})$ 进行局部分析(或分类)，完成滤波器的切换，而不需要传输边信息。这基本上可以直接进行分类，从而利用分类结果对所有类别分别求解维纳-霍普夫方程。但是，对于图像中的某些区域，需要完全禁止对其进行滤波，而这些区域通常在事先是未知的。因此，通过迭代优化通常可以进一步提高性能。

样点自适应补偿(Sample Adaptive Offset，SAO)　SAO 最初是作为 HEVC 标准的环路滤波过程提出的[Fu, et al., 2012]。由于 SAO 主要是为了获得更低的重构误差而进行的后处理，但也可以将其用于静止图像编码，因此，在这里对其进行介绍。

SAO 通过查找表操作对重构样点进行调整，其中查找表是由编码器设计的，从而当把解码得到样点 $\tilde{s}(\mathbf{n})$ 用作输入时，原始样点 $s(\mathbf{n})$ 和滤波后的样点 $\hat{s}(\mathbf{n})$ 之间的差异可以达到最小。通常，SAO 参数(下文中将要介绍的查找表和模式选择)是以区域/块为基本单元进行调整的。

---

① 图 6.34 给出的滤波器布局中的绝大部分，实际上都是在 HEVC 标准的制定过程中，为了在视频编码中实现自适应环路滤波而提出和研究的(见 7.2.2 节)。

如果 SAO 没有被禁用，则它可以选择边缘模式(4 种边缘模式中的一种)，或者边带模式进行操作。在边缘模式中，根据局部梯度准则 $\nabla\tilde{s}(\mathbf{n})$，从查找表中检索出 β 值，进而得到 $\hat{s}(\mathbf{n}) = \tilde{s}(\mathbf{n}) + \beta(\nabla\tilde{s}(\mathbf{n}))$。4 种边缘模式的不同之处在于，计算水平方向、垂直方向以及两个对角方向的梯度 $\nabla\tilde{s}(\mathbf{n})$ 时，各个方向所使用的两个相邻样点是不同的。如果没有检测到梯度，则将 β 设置为 0；否则，对以下 4 种情况加以区分，每种情况都有对应的 β 值，即根据 $\nabla\tilde{s}(\mathbf{n})$，解码器执行以下操作(见图 6.35)：

1. 如果 $\tilde{s}(\mathbf{n})$ 是两个相邻样点之间的局部最小值，则加上(取正号)查找表中相应的 β 值；

2. 如果 $\tilde{s}(\mathbf{n})$ 是两个相邻样点之间的局部最大值，则减去(取负号)查找表中相应的 β 值；

3. 如果 $\tilde{s}(\mathbf{n})$ 小于其中一个相邻样点同时等于另一个相邻样点，则加上(对于上升边缘，取正号)查找表中相应的 β 值；

4. 如果 $\tilde{s}(\mathbf{n})$ 大于其中一个相邻样点同时等于另一个相邻样点，则减去(对于下降边缘，取负号)查找表中相应的 β 值。

前两种情况也可以理解为异常值的去除(因此，具有去振铃效应的效果)。

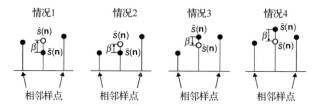

图 6.35　SAO 中边缘补偿的 4 种情况(对应于上文中的 1~4)

在边带模式中，选择的补偿值直接取决于样点的幅值。整个样点幅值的范围被划分为 32 个均匀的边带，使用样点的 5 个 MSB 来识别该样点属于哪个边带。只有属于 4 个连续边带中其中一个边带的样点才加上补偿表中的 β 值进行调整。4 个边带的位置由编码器进行选择，还需要将第一个边带的索引进行编码。4 个连续的边带通常就足够了，这是因为局部区域内大多数样点的幅值往往会集中在较窄的幅度范围内，尤其是在边带效应最为恼人的平坦区域。

查找表(在每种情况下都有 4 个条目)、模式以及边带的起始位置(在边带补偿的情况下)都需要显式地进行编码。或者，为了减小边信息的数量，这些信息也可以从相邻区域中获得(由融合标志来表示)。

去块效应滤波器　当码率较低时，由于采用粗糙的量化，基于块的编码方法通常会在块边界处产生人为的不连续性。另外，由于 DCT 基函数的特性，离块边缘处越近，编码误差就越大。在 AVC 和 HEVC 标准中，定义了去块效应滤波器，这里将对其原理进行介绍，去块效应滤波反映了当前技术的最新进展，并且揭示了在不破坏信号的前提下在块边界处检测和去除不自然幅值转换的基本原理。

用 P 和 Q 分别表示块边缘两侧的块(其中，这两个块可以是水平方向上相邻的，也可以是垂直方向上相邻的)。去块效应滤波决策基本上是由边界两侧的样点——p_0 和 q_0 之间的差异决定的，此外，这两个样点还需要与同一块中各自的相邻样点——p_1 和 q_1(见图 6.36)进行比较。当 $|p_0 - q_0|$ 小于阈值 α，同时 $|p_1 - p_0|$ 和 $|q_1 - q_0|$ 都小于另一个阈值 β (β 通常远小于 α)

时，则采用跨越边界的一维滤波器对样点 p_0 和 q_0 进行滤波。利用这些条件，可以避免对信号中重要的幅度不连续性信息（边缘或纹理细节）造成破坏。量化越粗糙，这两个阈值便越大，从而 p_0 和 q_0 之间较大的差异就可以认为是压缩效应。另外还需要计算 $|p_2 - p_0|$ 和 $|q_2 - q_0|$ 之间的差值，如果差值小于阈值 β，则还需要额外对 p_1 和 q_1 进行滤波。

此外，在确定滤波器强度时（平滑效果，长度为 3 个或 5 个抽头），还需要考虑以下因素：

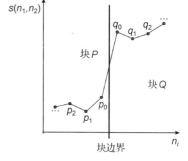

图 6.36　在 AVC 和 HEVC 中，用于确定去块效应滤波操作的，块边界处的样点 $p_0, \cdots, p_2$ 和 $q_0, \cdots, q_2$

- 块 P 和块 Q 中是否至少有一个是帧内编码块；
- 运动向量之间和参考图像索引之间的差异（在帧间编码的情况下）；
- 是否存在非零系数。

该阈值还可以在一定范围内进行调整，从而使编码器设计人员可以进一步优化滤波器的行为。关于 AVC 和 HEVC 中去块效应滤波器更加详细的介绍，可以分别参阅[List, et al., 2003] 和[Norkin, et al., 2012]。

6.10　静止图像编码标准

联合图像专家组（Joint Photographic Experts Group，JPEG）是由国际标准化组织（International Standardization Organization，ISO）和国际电信联盟（International Telecommunication Union，ITU）共同设立的工作小组。1990 年，JPEG 确定了第一版静止图像编码标准 ISO/IEC 10918（ITU-T T.81ff）[Pennebaker, Mitchell, 1993]。JPEG 标准分为以下几个部分[1]：

- ISO/IEC 10918-1（与 ITU-T Rec.T.81 的内容相同）：**要求和指南**（requirements and guidelines）。
- ISO/IEC 10918-2（与 ITU-T Rec.T.83 的内容相同）：**符合性测试**（compliance testing）。
- ISO/IEC 10918-3（与 ITU-T Rec.T.84 的内容相同）：**扩展**（extensions）。
- ISO/IEC 10918-4（与 ITU-T Rec.T.86 的内容相同）：**JPEG 档次的注册**（registration of JPEG profiles）。
- ISO/IEC 10918-5（与 ITU-T Rec.T.871 的内容相同）：**JPEG 文件交换格式**（JPEG file interchange format）。
- ISO/IEC 10918-6（与 ITU-T Rec.T.872 的内容相同）：**印刷系统中的应用**（application to printing systems）。

在 JPEG 第 1 部分中规定的基于块变换（DCT）的编码算法几乎已经成为使用最广泛的静止图像压缩方法。"顺序 DCT"、"渐进 DCT" 和 "分层渐进" 模式已经在 6.4.1 节进行了介绍，无损编码模式在 6.5 节进行了介绍。在第 3 部分扩展编码过程的定义中，编码器可以为单个图

---

[1] 在关于这一标准及后续标准的介绍中，我们主要关注其中规定编码算法的部分。有关文件格式的介绍，读者可参阅 9.4.3 节。

像确定优化的 VLC 码表；然后在码流的导言中传送该自适应熵编码所需的参数。此外，JPEG 还定义了能够进一步提高压缩性能的自适应二进制算术编码算法，以及位平面编码算法（变换系数的量化精度最高可达 12 比特）。但是所有这些机制尚未得到广泛的实际应用。

后来，为了提供比之前标准的无损模式更好的无损压缩性能，JPEG 定义了另外一个标准：**连续色调静止图像的无损和近无损压缩**（lossless and near-lossless compression of continuous-tone still images）（又称 JPEG-LS），分为以下几个部分：

- ISO/IEC 14495-1（与 ITU-T Rec.T.87 的内容相同）：**基本版本**（base line）。
- ISO/IEC 14495-2（与 ITU-T Rec.T.870 的内容相同）：**扩展版本**（extensions）。

JPEG-LS 的基本编码算法——行程模式（run mode）和预测模式（prediction mode）都在 6.5 节中进行了介绍。除基本版本中的指数哥伦布熵编码外，扩展版本中还定义了算术编码。

"JPEG 2000 图像编码系统"是继 JPEG 系列标准之后的下一代图像编码标准，它由以下部分组成。

- ISO/IEC 15444-1（与 ITU-T Rec.T.800 的内容相同）：**核心编码系统**（core coding system）。
- ISO/IEC 15444-2（与 ITU-T Rec.T.801 的内容相同）：**扩展**（extensions）。
- ISO/IEC 15444-3（与 ITU-T Rec.T.802 的内容相同）： Motion JPEG 2000。
- ISO/IEC 15444-4（与 ITU-T Rec.T.803 的内容相同）：**一致性测试**（conformance testing）。
- ISO/IEC 15444-5（与 ITU-T Rec.T.804 的内容相同）：**参考软件**（reference software）。
- ISO/IEC 15444-6（与 ITU-T Rec.T.805 的内容相同）：**复合图像文件格式**（compound image file format）。
- ISO/IEC 15444-8（与 ITU-T Rec.T.807 的内容相同）：**安全的 JPEG 2000**（secure JPEG 2000）。
- ISO/IEC 15444-9（与 ITU-T Rec.T.808 的内容相同）：**交互工具，API 和协议**（interactivity tools，APIs and protocols）。
- ISO/IEC 15444-10（与 ITU-T Rec.T.809 的内容相同）：**三维数据扩展**（extensions for 3D data）。
- ISO/IEC 15444-11（与 ITU-T Rec.T.810 的内容相同）：**无线**（wireless）。
- ISO/IEC 15444-12：**ISO 基媒体文件格式**（ISO base media file format）。
- ISO/IEC 15444-13（与 ITU-T Rec.T.812 的内容相同）：**入门级 JPEG 2000 编码器**（entry level JPEG 2000 encoder）。
- ISO/IEC 15444-14（与 ITU-T Rec.T.813 的内容相同）：**XML 结构化表示和参考**（XML structured representation and reference）。

JPEG 2000 的第 1 部分定义了基于小波变换技术的完全嵌入式的静止图像编/解码器，6.4.4 节中已经对其进行了详细的介绍。第 2 部分支持以下特性，但这些特性并不常用：

- 根据头文件中的定义，可以使用**任意小波滤波器**（arbitrary wavelet filters）；
- 小波系数进行**更加灵活的量化**（more flexible quantization），包括心理视觉加权函数（psycho-visual weighting functions）以及嵌入式量化步长的局部自适应；
- 利用**网格编码量化**（trellis-coded quantization）提高压缩性能（见 4.6 节）；

- 通过**伽马校正**(gamma correction)和**查找表**(lookup tables)对图像进行非线性预处理;
- 支持**额外的颜色空间**(additional color spaces),包括**多光谱**(multi-spectral)成分(三个以上);
- 支持定义**感兴趣区域**(Region Of Interest,ROI),允许对任意形状的非矩形区域进行解码,还可以与可伸缩特性相结合;在解码时,可以针对某一特定的 ROI 提高空间分辨率,或者利用嵌入式量化器以更高的质量解码 ROI。

第 3 部分定义了 Motion JPEG 2000,其中利用 JPEG 2000 编码器对视频序列逐帧地进行独立编码,没有利用帧间冗余。Motion JPEG 2000 主要定义了视频呈现中的准确定时机制以及与其他类型媒体(如音频)的同步机制[①]。

JPEG XR(eXtended Range),最初是一个专用的行业规范(Windows Media Photo),在 2009 年被确认为国际标准[ITU-T T.832 建议书,ISO/IEC 29199,**JPEG XR 图像编码系统**(JPEG XR image coding system)]。JPEG-XR 的目标是更好地支持对图形内容的编码[Dufaux, et al., 2009]。它由 5 个部分组成:

- ISO/IEC 29199-1(ITU-T Rec. T.Sup2 的内容相同):**系统架构**(system architecture)。
- ISO/IEC 29199-2(与 ITU-T Rec. T.832 的内容相同):**图像编码规范**(image coding specification)。
- ISO/IEC 29199-3(与 ITU-T Rec. T.833 的内容相同):Motion JPEG XR。
- ISO/IEC 29199-4(与 ITU-T Rec. T.834 的内容相同):**一致性测试**(conformance testing)。
- ISO/IEC 29199-5(与 ITU-T Rec. T.835 的内容相同):**参考软件**(reference software)。

在 JPEG XR 的第 2 部分中定义了算法采用的小块变换(大小为 4×4),然后可以选择性地进行二次变换(在水平和垂直方向上有两个样点的偏移),由此可以获得重叠块变换的效果(见 6.4.3 节)。JPEG XR 使用基于自适应熵编码的编码表,并支持无损压缩。

由 JPEG 定义的最新标准(仍在开发中)是**连续色调静止图像的可伸缩压缩和编码**(scalable compression and coding of continuous-tone still images,JPEG XT),ISO/IEC 18477。JPEG XT 算不上是一套独立的规范,而是第一版 JPEG 标准的扩展(ISO/IEC 10918/ITU-T T.81),它提供了新的功能以迎合新的市场需求。JPEG XT 主要支持**高动态范围**(High Dynamic Range,HDR)图像压缩,有损到无损压缩以及隐私保护工具。预计,它还会提供对增强现实应用的支持。核心编码部分没有变化,只是增加了一些新的模块,比如,特殊的幅度映射函数、扩展的位深以及 HDR 成像所需的浮点数表示等。目前,可以预见 JPEG XT 会包含以下几部分[②]:

- ISO/IEC 18477-1:**核心编码系统**(core coding system)。
- ISO/IEC 18477-2:**高动态范围图像的编码**(coding of high dynamic range images)。
- ISO/IEC 18477-3:**Box 文件格式**(Box file format)。

[①] 市场上也存在许多所谓的基于 ISO/IEC 10918/ITU-T T.81 的 Motion JPEG 实现。它们通常都是一些专用方案,而并非是由 JPEG 委员会正式规定的,其中包括 JPEG 图像序列(显示为视频序列)的时间同步解码机制。

[②] 需要注意的是:JPEG XT 尚未分配到 ITU-T 建议书编号,但是预计,与 JPEG XT 内容相同的 ITU-T 规范,会以 T.8xx 的方式命名。

- ISO/IEC 18477-4：**一致性测试**(conformance testing)。
- ISO/IEC 18477-5：**参考软件**(reference software)。
- ISO/IEC 18477-6：**IDR 整数编码**(IDR integer coding)。
- ISO/IEC 18477-7：**HDR 浮点数编码**(HDR floating point coding)。
- ISO/IEC 18477-8：**无损和近无损编码**(losslss and near-lossless coding)。
- ISO/IEC 18477-9：**Alpha 信道编码**(Alpha channel coding)。

联合二值图像组(Joint Bilevel Images Group，JBIG)虽已不复存在了，但 JBIG 规定了称为**图像和音频信息的编码表示——渐进二值图像压缩**(coded representation of picture and audio information- Progressive bilevel image compression)的 ISO/IEC 11544(与 ITU-T Rec T.82 的内容相同)标准。该标准允许对二值图像进行有损到无损的渐进传输，与常用的 G.3/G.4 传真标准[Hampel, et al., 1992]相比，在无损压缩的情况下，一般会节省大约 40%的码率。JBIG 最重要的编码算法包括：

- 使用"跳行"来表示之后的行都是相同的；
- 用于所有元素的算术编码；
- 使用不同的预测方法，尤其是模板预测(见 6.1.1 节)；
- 渐进传输的能力，这意味着可以首先以较低的分辨率对二值图像进行解码和重构，随着更多比特的到达，分辨率可以逐渐地得到提高。

对于渐进传输，所采用的方法与金字塔编码非常相似(见 2.8.6 节)，在较低分辨率中提供的都是低通滤波后的表示(混叠因此而减少)。

后来的称为**二值图像的有损/无损编码**(lossy/lossless coding of bilevel images)的 JBIG-2 (ISO/IEC 14492，ITU-T 建议书 T.88)，主要用于互联网应用中文件的协同处理以及文件通过窄带无线信道的传输。该标准对编码性能的改善主要得益于对图像区域的分类，并针对不同的区域(比如纹理区域、半色调区域以及线状图形区域等)采用专用的编码工具进行编码。

静止图像编码方法本质上也应该属于视频压缩中的一部分，它可以用来对时间轴方向相关性无法被利用的图像(比如，图像中出现场景变换或者遮挡区域时)进行编码。**高效视频编码标准**(High Efficiency Video Coding，HEVC)(ISO/IEC 23008-2，ITU-T Rec.H.265 建议书)的帧内编码工具集也因此被定义为一个独立的静止图像编码档次。从而 HEVC 也确立了一个高性能的静止图像编码标准，因此，HEVC 的帧内预测和变换编码工具也在本章中进行了全面的介绍。在［Nguyen, Marpe, 2012］中，将 HEVC 标准与其他编码算法进行了对比，并对其压缩性能进行了分析。

6.11 习题

习题 6.1

式(3.7)中的**峰值信噪比**(Peak Signal-to-Noise Ratio，PSNR)是图像和视频编码中一种常用的失真测度。当原始信源为一个 8 比特的数字信号时，信号的取值范围是 0～255，即最大幅值为 $A = 255$。原始信号由下面的图像矩阵给出

$$S = \begin{bmatrix} 20 & 17 & 18 \\ 15 & 14 & 15 \\ 19 & 13 & 14 \end{bmatrix}$$

两种不同的编码方案输出的重构图像为

$$\tilde{S}_1 = \begin{bmatrix} 19 & 18 & 17 \\ 16 & 15 & 14 \\ 18 & 14 & 13 \end{bmatrix}; \quad \tilde{S}_2 = \begin{bmatrix} 20 & 17 & 18 \\ 15 & 23 & 14 \\ 19 & 13 & 14 \end{bmatrix}$$

对于这两个重构图像，分别计算样点的平均绝对差 $|s(\mathbf{n}) - \tilde{s}(\mathbf{n})|$ 以及 PSNR，并对结果加以分析。哪一个失真会更加明显？

习题 6.2

图像矩阵由 $S = \begin{bmatrix} 0 & 0 & 0 & 0 & 0 \\ 0 & 1 & 1 & 1 & 0 \\ 0 & 1 & 1 & 1 & 0 \\ 0 & 1 & 1 & 1 & 0 \\ 0 & 0 & 0 & 0 & 0 \end{bmatrix}$ 给出。

a) 对于以下三种情况：

   i) $\hat{s}(n_1, n_2) = s(n_1 - 1, n_2)$；

   ii) $\hat{s}(n_1, n_2) = 0.5 s(n_1 - 1, n_2) + 0.5 s(n_1, n_2 - 1)$；

   iii) $\hat{s}(n_1, n_2) = s(n_1 - 1, n_2) + s(n_1, n_2 - 1) - s(n_1 - 1, n_2 - 1)$。

   计算虚线矩形区域内预测值对应的矩阵 $\hat{S}$。

b) 对于 a) 中的三种情况，确定预测误差矩阵 $E = S - \hat{S}$ 中的 e 值。

c) 假设除 $e'(1,1) = 0$ 外，其他所有位置处都有 $E' = E$（比如，是由于传输失败造成的），递归地计算重构矩阵 $\tilde{S} = E' + \hat{S}'$。在每一步中，还需要根据 $\tilde{S}$ 递归地预测 $\hat{S}'$。最后，计算 S 和 $\tilde{S}$ 之间的差值，并对结果加以分析。

d) 预测误差信号被量化为 3 个重构值 $\mathcal{Q} = \{-1/3, 0, 1/3\}$。同样经过递归处理，计算对应的预测矩阵 $\hat{S}'$、预测误差矩阵 $E = S - \hat{S}$、量化预测误差矩阵 $\tilde{E}$ 以及重构矩阵 $\tilde{S}$。最后，计算 $S - \tilde{S}$ 与 $E - \tilde{E}$ 之间的差值。对比 b) 中的结果，对这里得到的结果加以分析。

   （提示：在递归处理开始之前，预测存储器在边界处会被初始化为 0。）

习题 6.3

对大小为 4×4 的块计算二维 DCT，按图 6.16(a) 中的方式进行排序，得到下面的变换系数矩阵：

$$C = \begin{bmatrix} 235 & 35 & 15 & 3 \\ -67 & 3 & 5 & -9 \\ -17 & 13 & -7 & 9 \\ 5 & 37 & 2 & 1 \end{bmatrix}$$

a) 利用下面的加权矩阵 Q_1 和 Q_2 对 C 进行量化，这两个矩阵分别表示对应于特定系数的量化步长。若采用四舍五入取整

$$i_{\mathbf{u}} = \left\lfloor \frac{c_{\mathbf{u}}}{q_{\mathbf{u}}} + 0.5 \right\rfloor; \quad \tilde{c}_{\mathbf{u}} = i_{\mathbf{u}} q_{\mathbf{u}}$$

计算系数 c_u 的量化器索引 i_u，以及量化系数 $\tilde{c}_u$ 的重构值。

$$\mathbf{Q_1} = \begin{bmatrix} 8 & 8 & 8 & 8 \\ 8 & 8 & 8 & 8 \\ 8 & 8 & 8 & 8 \\ 8 & 8 & 8 & 8 \end{bmatrix}; \qquad \mathbf{Q_2} = \begin{bmatrix} 4 & 6 & 8 & 12 \\ 6 & 8 & 12 & 16 \\ 8 & 12 & 16 & 20 \\ 12 & 16 & 20 & 24 \end{bmatrix}$$

b) 在这两种量化情况下，对量化系数进行 zig-zag 扫描[见图 6.19(a)]，然后再运用行程编码。如果采用图 5.1(b)中的方法进行编码，给出行程编码的结果。

c) 采用图 4.12(a)中的系统 VLC 对量化器索引进行熵编码(不进行行程编码)，并使用下面的比特分配表，计算这两种量化情况下产生的码率。

	0	±1	±(2~3)	±(4~7)	±(8~15)	±(16~31)	±(32~63)
比特数	1	3	5	7	9	11	13

d) 对于给定的比特分配，构建无前缀码的码表。

e) 若峰值幅度 $A = 255$，根据式(3.7)中的峰值信噪比，计算两种量化情况下的失真。假设两种量化情况仍在式(4.40)中率失真函数的线性范围内，则编码一个 AR(1) 过程，理论上码率的差异为多大？

习题 6.4

对黑白(二值)图像进行压缩，其中，"X"是当前样点，"A"/"B"分别是它左侧和上方的相邻样点。

a) 当有以下条件成立时，确定每个样点的熵。

  i) $\Pr(X = A \mid A = B) = \Pr(X = A \mid A \neq B) = \Pr(X = B \mid A \neq B)$

  ii) $\Pr(X = A \mid A = B) = 3\Pr(X = A \mid A \neq B) = 3\Pr(X = B \mid A \neq B)$

现在，对如图 6.37 所示的、大小为 4×4 样点的图像块进行压缩。

b) 确定黑、白样点的经验概率。假设这些经验概率与实际概率相同，确定熵值。

c) 现在，假设相邻样点之间是统计独立的。在编码前，将每两个样点组成一个向量，然后为向量设计哈夫曼码。每个样点所需的码率为多少？

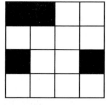

图 6.37　需要进行压缩的二值图像块

如图 6.38 所示，向量可以由水平相邻的样点组成，也可以由垂直相邻的样点组成。在一种自适应熵编码方法中，需要额外的一个比特来表示采用的是哪种组成方式。编码中采用如图 6.38 所示的码表。

d) 在对图 6.37 中的图像进行编码时，当采用 i) 和 ii) 两种组合方式时，分别确定不同黑/白组合发生的概率。

e) 当采用 i) 和 ii) 两种组合方式时，分别确定使用码表压缩图像时所需的比特数。并讨论自适应编码的优势。

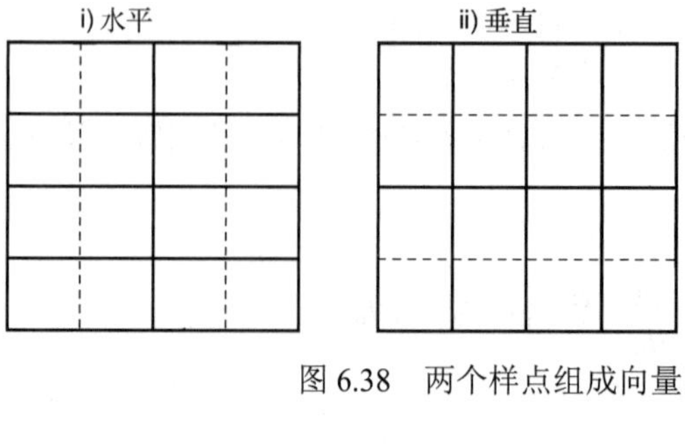

i) 水平　　　　　　　　ii) 垂直

码表

"W W"	0
"B W"	10
"W B"	110
"B B"	111

图 6.38　两个样点组成向量以及码表

习题 6.5

一个 AR(1) 过程，由参数 $\rho = 0.75$ 和 $\sigma_s^2 = 16$ 表征。编码时，码率为 $R = 2$ 比特/样点。

a) 如果相关性得到充分利用，确定最小的可能失真和最大的编码增益。

b) 编码时，采用 $U = 2$ 的哈尔变换核。计算系数 c_0 和 c_1 的方差，确定编码增益。码率 $R = 2$ 时，产生的失真为多少？

c) 失真 D 的方差不能大于 1。i) 根据 AR(1) 过程的率失真函数；ii) 如果采用 $U = 2$ 的 Haar 变换，则所需的码率为多少？

d) 对方差相同，$\rho_1 = \rho_2 = \rho$ 的二维可分离 AR(1) 过程进行编码。利用 b) 中的结果，确定系数的方差，以及 $U_1 = U_2 = 2$ 的可分离变换的编码增益。

习题 6.6

幅值连续的零均值信号中，两个样点之间的相关性可以由图 6.39 中所示的幅值范围内的均匀 PDF 表示。与马尔可夫过程和 AR(1) 过程类似，此过程具有一个单样点存储器，即相邻样点对之间的相关性完全代表了全部相关性。幅值被量化为 8 个量化区间，由符号位、幅值的 MSB 和 LSB 进行表示。

a) 确定两个连续样点具有相同符号的概率。

b) 确定两个连续样点的 i) MSB、ii) LSB 完全相同时的概率。

c) 当该过程为一个二值马尔可夫过程时，计算 3 个比特位的熵值。

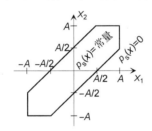

图 6.39　相关信号中两个样点的均匀联合 PDF

第7章 帧间编码

就编码二维图像而言，帧间编码方案与上一章中介绍的帧内编码方案是等效的。帧间压缩利用了(时间上或空间上)相邻图像间的相似性，其中位移补偿技术发挥着关键作用。首先，视频序列中连续图像之间沿运动轨迹方向存在高度冗余；此外，如果编码误差与场景内容的运动保持一致，则编码误差将不明显。本章将介绍比较简单的无运动补偿帧间编码方案，并说明其局限性。结合了运动补偿预测与空间变换编码的视频编码方案得到了最广泛的应用，这种方案称为混合视频编码。对于如今大多数视频编码标准都普遍采用混合方案，本章将对其基本原理进行深入的探讨。另外，本章还将讨论一些运动补偿的方法，并介绍可伸缩和多视图编码的概念。作为一种可能的选择，本章还会介绍运动补偿的子带/小波滤波器组，它将基于变换的压缩扩展到视频序列的时间维度上。由于边信息消耗的数据速率将占用较大比例的总体速率，因此，模式和运动信息的编码方法也尤为重要，本章还将介绍相关的一些方法。

7.1 帧内补偿编码

第6章介绍的所有帧内编码方法都可以用来编码视频序列[或电影，也称为**运动图像序列**(motion picture sequence)]中的图像。这些方法称为**帧内编码**(intra-picture coding)[1]，其压缩过程没有利用时间冗余。与用于静态显示的静止图像不同，解码视频序列需要足够快的速度，从而可以避免跳过任何图像。此外，进行顺序显示输出时，还需要定时/同步信息。由于时域波动(伪影随时间变化，如果压缩方法是移变的，当视频中的内容移动时，则会产生不同的伪影，这种情况下，伪影会尤其明显，而在大多数变换编码方案中都存在这种情况)[2]，只采用帧内编码的视频编码方法产生的编码误差会被比较明显地观察到。因此，在高码率和高质量的情况下，只采用帧内编码来编码运动图像才是最有效的。除此之外，图像间的随机变化(由噪声或颗粒运动产生的)可能不利于对图像间冗余的直接利用，在这种情况下，帧内编码则更有效。最后，帧内编码简化了对任意图像的随机存取，它不需要额外的图像缓冲器，不会在图像之间传播传输误差，并且通常比运动补偿的方法简单，因此在某些应用中，帧内编码是更好的选择。

如果场景中只有一小部分在移动(例如，对象位于静止的背景前面，视频会议、监控等通常都是这种情形)，即使不采用运动补偿，在预测中参考已解码的图像也会明显比只采用帧内编码的方法更有效。

补偿(replenishment)方案可以与多种静止图像编码技术(只要它们可以在局部被开启/关闭)相结合。视频序列的第一帧完全采用帧内编码模式，对于后续图像，与之前图像相比没有

---

[1] 或简称为帧内。

[2] 每幅单独的图像都具有良好的质量，但是当把这些图像连起来作为视频播放时，由于时域波动使得编码误差可以被观察到，即块状伪影发生在固定的网格位置处，而图像在移动。一般来说，只要编码方法不是移不变的(包括基于滤波器组变换的和基于块变换的方法)，就都存在这样的问题。

变化或变化很小的所有区域都可以从解码图像存储器中复制。对于变化较大的区域(例如,运动引起的变化)可以采用帧内编码,而不必参考之前的图像。通常利用代价函数与某一阈值进行比较来判断变化的大小,其中代价函数可以是原始图像 $S(n_3)$ 与之前解码的图像 $\tilde{S}(n_3-k_3)$ [①]之间的绝对差值或平方差值。因此,通过改变阈值可以控制帧内编码区域所占的比例以及绝大部分码率,当图像间差异较大时,可以通过改变阈值来控制失真。需要将边信息传送给解码器,用来表示每个局部区域(区域可由规则的块状网格定义)的变化/不变判决。编码器和解码器的示意图如图 7.1 所示。

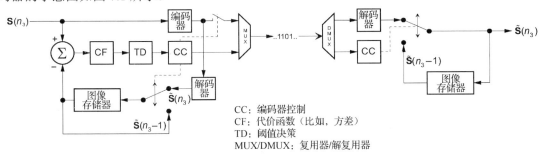

CC:编码器控制
CF:代价函数(比如,方差)
TD:阈值决策
MUX/DMUX:复用器/解复用器

图 7.1 补偿编码器(左)和解码器(右)。开关在图中所处的位置表示:没有进行复制,采用帧内编码模式

当场景中包括较多运动的部分时,大多数区域的代价函数可能会超过阈值,从趋势上来看,实际执行的编码方法很像帧内编码。在另一极端情况下,即场景中大部分内容都保持不变,可以把补偿理解为简单的帧间 DPCM,得到的预测残差几乎为零,甚至不需要对非零残差信息进行编码。

注意:ITU-T rec H.120(1984ff)中定义了一种补偿方案,该方案最初设计是用来在视频会议中以 2 Mb/s 的码率进行视频传输。帧内编码方法采用二维 DPCM,在大小为 16×16 的块上进行补偿切换。

7.2 混合视频编码

7.2.1 运动补偿混合编码器

混合编码(hybrid coding)一词是在多维图像和视频编码中引入的,采用不同的编码方法对信号的不同维度进行编码,将这些编码方法结合在一起就是混合编码[Habibi, 1974]。方向性空间预测与变换编码的结合(见 6.3.2 节)是另一种形式的"混合",其中这两种方法都属于在空间维度上的编码方法。在视频编码中,DPCM(沿时间轴)与二维变换编码(应用于空间维度上得到的残差信号)相结合的方法通常称为混合编码。这种方法已经成为现有大多数视频编码标准的基础。此外,还可以在编码运动补偿残差时,或编码边信息(比如,运动参数)时,利用预测编码或者 DPCM 的方法进一步减少空间上的冗余。

图 7.2 给出了一个混合视频编码器的结构,其中,将运动补偿预测(见 2.6.2 节)或空间帧内预测,与预测残差信号的二维空间变换编码结合在一起。其中的预测部分采用了自适应 DPCM 结构。

---

① 这里表示可以将若干幅之前的图像存储起来作为参考。

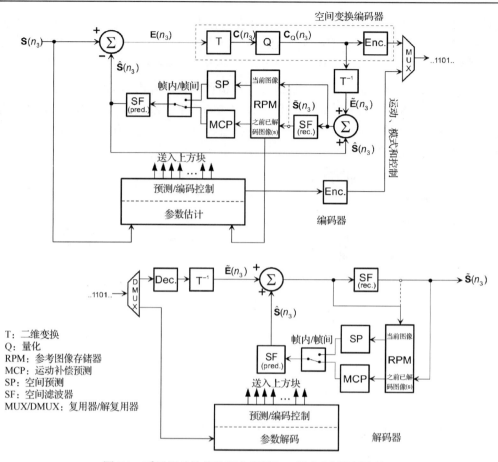

图 7.2 采用运动补偿的混合(预测+二维变换)视频编码

通常使用前向自适应预测器，其中编码器需要估计运动位移和空间预测参数，并将其作为边信息[①]传送。编码器执行的步骤如下所述。

1. 对于给定的块或区域，需要确定(估计)其最优编码模式(即帧内或帧间编码)以及该模式的最优参数(比如，位移向量、空间预测方向和参考图像索引等)。在这种情况下，主要在当前原始区域与之前解码的参考区域之间进行对比。参考区域总是可以在解码图像缓存器中得到，在解码器中该参考区域也同样在进行重构时使用，这样可以使闭环系统中的实际预测误差取得最小值。用于参数估计和"预测/编码控制"的相关功能模块通常是编码器中最复杂的部分。

2. 利用解码图像缓存区的数据和第一步中确定的参数，计算当前块或区域的预测估计值。还可以选择使用空间滤波器改善预测和插值的效果。最后，从当前块或区域的原始信号中减去预测值，从而得到残差。

3. 将残差进行变换，对变换系数进行量化，再对得到的量化结果进行(熵)编码。

---

① 后向自适应运动补偿预测也得到了研究(最初在[Netravali, Robbins, 1979/80]中提出)，其中需要编码器和解码器能够分别根据之前解码的样点得到完全相同的运动参数。据称，后向自适应运动补偿预测的性能通常比前向自适应方案要差，同时还会导致解码器复杂度的增加。最近，有研究发现，通过编码器的控制实现前向自适应和后向自适应切换的方案具有一定的优势[Kamp, Wien, 2012]，见第 286 页。

4. 通过变换系数的逆映射(重构)、逆变换和对解码残差与预测值求和完成重构。该重构信号将作为后续预测的参考。在将它存入解码图像缓存器之前,可以进行额外的空间滤波,以减少压缩造成的伪影。

利用接收到的参数和变换系数,解码器也类似地执行步骤 2 和步骤 4。自适应组件通常允许在预测/解码环中切换不同的编码选项。其中包括[1]:

● 选择用于预测的参考,预测参考可以是用于帧间预测的不同时刻(之前已解码的)的图像,也可以是用于帧内预测的当前图像中之前已解码的样点;在没有任何可用参考的情况下,预测应该参考默认值,其中默认值可以是固定的,也可以是由已知的数据插值获得的,或者应该完全禁止预测;

● 决定是否应该将一个、两个或者多个参考值合并[在**多假设预测**(multi-hypothesis)中,后一种情况可以通过加权平均实现,见 7.2.4 节];

● 选择合适的块或区域划分方式,例如,应用在预测、变换、模式切换中的尺寸可变的块结构(见 7.2.5 节)。

● 定义局部区域内质量和码率的折中点(例如,通过选择量化步长、使残差块被量化为零),通常以率失真准则为基础(见 7.2.7 节);

● 优化预测环路中滤波器的参数。

额外的空间滤波器处于编码器和解码器预测环路中的两个不同位置(见 6.7 节和 7.2.2 节)。

● 后置滤波器的主要作用是使重构信号和原始信号之间的误差最小。它可以在环路外部运用,但就使用重构图像作为后续图像的参考而言,在将重构图像存储进(解码)参考图像存储器之前运用后置滤波器会带来很多好处。由于编码失真通常是由空间变化(比如,块结构)以及非线性(比如,量化)效应造成的,为此,比较适合采用非 LSI 滤波器,例如,去块效应滤波器、去振铃滤波器、边缘增强锐化滤波器、去带滤波器以及降噪滤波器。

● 预测信号滤波器的主要作用是改善经过核心预测过程后预测信号的质量。例如,由于错误的运动估计、物体边界处的遮挡,或者不规则的尖锐边缘会导致帧内预测的效果变差,运动补偿的结果可能是不理想的。因此,预测信号滤波器通常是另外的空间低通(平滑)滤波器,但是也可以是维纳滤波器(求解维纳-霍普夫方程以获得使预测误差或重构误差最小的空间滤波器)。

需要注意的是,并不是所有混合视频编码方案都一定需要使用这些滤波器。它们的优点将在 7.2.3 节中进一步介绍。如果运动补偿预测过程本身不产生需要消除的伪影,则预测信号滤波器可以被合并入后置滤波器。以上列出的一些参数也可以在图像级进行传送,例如,在场景变化的情况下,在全局上采用帧内编码是合理的;强制性地定期插入帧内编码图像,也能达到直接访问或错误恢复等其他目的。

如果仅使用过去的图像(按采集/显示顺序排列的序列)作为预测参考,则图 7.2 所示的混合编码方法具有较低的延迟,并且图像解码后可以立刻进行显示。另外,还可以先解码显示

---

[1] 典型的混合编码器(比如视频编码标准中所规定的混合编码器)并不一定支持所有这些选项。

顺序上靠后的图像，并把这些图像作为参考，以提高之前图像的预测质量。然而，这将在编码和解码中引入额外的时延（见 7.2.4 节）。任何情况下，在进行互补的预测/重构操作时，编码器和解码器中解码图像缓存器的状态都应该是完全相同的。

由于用于预测的参考图像具有局部变化的位移并可能存在局部场景切换，所以图像缓存器需要具有随机访问的能力，而且高速缓存器的使用也是有限的。由于图像间的相关性，解码只能从帧内编码图像，或者至少从一个帧内编码的区域开始。在流媒体应用中，直到上述情况出现才有可能实现即时随机存取，另外，在存储应用中，由于需要额外的解码步骤，也会增加额外的时延。

7.2.2　帧内预测误差信号的特性

为简单起见，在随后的分析中只考虑无损编码的情况，即假设原始图像 $\mathbf{S}(n_3)$ 和重构图像 $\tilde{\mathbf{S}}(n_3)$（实际上在闭环系统中，就是根据 $\tilde{\mathbf{S}}(n_3)$ 进行预测的）是完全相同的。如果在图像 $n_3 - k_3$ 和当前图像 n_3 之间，水平方向上产生的运动位移为 k_1 个样点，垂直方向上的运动位移为 k_2 个样点，则最优运动补偿预测产生的预测误差图像（忽略图像的边界效应）[①] 为

$$r(n_1, n_2, n_3) = s(n_1, n_2, n_3) - s(\underbrace{n_1 - k_1, n_2 - k_2}_{n-k}, n_3 - k_3) \tag{7.1}$$

残差图像 $r(\mathbf{n}, n_3)$ 表示即使是理想的运动补偿也无法预测的成分，例如，场景中新出现的部分或者不相关的噪声。如果不进行运动补偿，即采用其他图像上相同坐标位置处的值作为预测估计值，则预测误差信号将是

$$e(\mathbf{n}, n_3) = s(\mathbf{n}, n_3) - s(\mathbf{n}, n_3 - k_3) = r(\mathbf{n}, n_3) + s(\mathbf{n} - \mathbf{k}, n_3 - k_3) - s(\mathbf{n}, n_3 - k_3) \tag{7.2}$$

为了分析通过运动补偿预测可以获得的编码增益，现在可以对比原始图像和预测误差图像（进行运动补偿和没有进行运动补偿）的二维功率谱。在混合编码中，这些预测误差图像需要继续进行空间变换编码，所以它们的二维频谱特性会影响整个编码系统的有效性。对于式 (7.1) 中假设的理想运动补偿的情况，空间预测误差的功率谱是图像 n_3 中所有不能预测的成分的二维频谱[②]：

$$\phi_{ee,\text{mc}}(\mathbf{f}, n_3) = \phi_{rr}(\mathbf{f}, n_3) \tag{7.3}$$

如果不进行运动补偿，则预测误差的频谱可以由式 (7.2) 中的傅里叶变换确定：

$$E(\mathbf{f}, n_3) = S(\mathbf{f}, n_3 - k_3)\mathrm{e}^{-\mathrm{j}2\pi\mathbf{f}^{\mathrm{T}}\mathbf{k}} - S(\mathbf{f}, n_3 - k_3) + R(\mathbf{f}, n_3) \tag{7.4}$$

可以变形为如下形式：

$$\begin{aligned}
E(\mathbf{f}, n_3) &= S(\mathbf{f}, n_3 - k_3)(\mathrm{e}^{-\mathrm{j}2\pi\mathbf{f}^{\mathrm{T}}\mathbf{k}} - 1) + R(\mathbf{f}, n_3) \\
&= S(\mathbf{f}, n_3 - k_3)(-2\mathrm{j})\mathrm{e}^{-\mathrm{j}2\pi\mathbf{f}^{\mathrm{T}}\mathbf{k}}\sin(\pi\mathbf{f}^{\mathrm{T}}\mathbf{k}) + R(\mathbf{f}, n_3)
\end{aligned} \tag{7.5}$$

功率密度谱的相移是不变的。对于一个恒定（线性）的运动位移，可以认为其功率密度谱是不

[①] 在此式及以后的公式中，向量 $\mathbf{n}$、$\mathbf{k}$ 等只表示空间坐标。

[②] 在这一统计建模分析中，假定功率密度谱渐进地逼近残差信号的真实期望。对于除运动位移外没有任何其他变化的图像内容，残差中将只包含新的区域，但其仍具有与原始图像相似的频谱（只在局部上出现）。实际上，运动补偿预测的误差还包括噪声成分（在时间上是不相关的）和运动补偿失败时产生的成分。原则上，相关和不相关成分都将出现在 $e(\mathbf{n})$ 中，但其空间相关性通常比原始图像中的低。有关这些性质的研究可以参阅 [Shishikui, 1992]。

随时间变化的，并对所有图像是渐进一致的，从而[①]

$$\phi_{ee,\text{no-mc}}(\mathbf{f}) = \mathcal{E}\{|E(\mathbf{f},n_3)|^2\} = 4\phi_{ss}(\mathbf{f})\sin^2(\pi\mathbf{f}^{\mathrm{T}}\mathbf{f}) + \phi_{rr}(\mathbf{f})$$
$$= 2\phi_{ss}(\mathbf{f})\left[1 - \cos(2\pi\mathbf{f}^{\mathrm{T}}\mathbf{f})\right] + \phi_{rr}(\mathbf{f}) \tag{7.6}$$

预测误差的频谱取决于图像信号的频谱，所以如果不进行运动补偿，则预测误差图像与原始图像是相关的(没有运动的情况除外)。预测误差频谱成分的特性取决于实际的运动偏移。$\phi_{rr}(\mathbf{f})$ 中仍包含无法通过之前图像进行预测的成分。可以观察到，与原始信号的功率谱相比，未补偿的预测误差的某些功率谱值是其 4 倍。这意味着，根据信号特性和运动强度的不同[②]，无运动补偿的时域预测的效果可能**比帧内编码差**(worse than intra-picture coding)。

图 7.3 中的例子说明了这个现象，其中给出了 AR(1) 模型的一维功率密度谱以及当 $k=1$ 时根据式(7.6)计算得到的预测误差功率密度谱。如果与真实运动的差异很明显，则帧间预测仅适用于非常低的空间频率成分。对于图 7.3 中，$k=1$，且典型的相关性系数 $\rho=0.96$ 的情况，平衡点大约在最大空间频率的三分之一处。对所有高频成分进行帧间预测将使编码效果变差。若运动补偿使用了错误估计的运动偏移，将会产生同样的影响。更加准确的运动补偿能使"平衡点"提高。

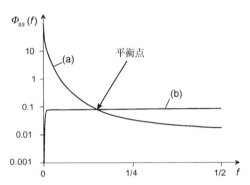

图 7.3 (a) $\rho=0.96$ 时，AR(1) 模型的一维功率密度谱；(b)运动偏移 $k=1$ 时，帧间预测误差的功率密度谱(没有进行运动补偿，不考虑 ϕ_{rr} 分量)

在运动估计和补偿中，经常会发生与最优值之间存在偏差的情况。接下来，可以把位移误差表示为 $\mathbf{k}_\varepsilon = [k_{\varepsilon,1}, k_{\varepsilon,2}]^{\mathrm{T}}$。运动补偿预测误差信号的特性与未补偿的预测误差信号的特性相似，但是可以预计与实际运动相比，$\mathbf{k}_\varepsilon$ 相对较小。与式(7.6)类似

$$\phi_{ee,\Delta\text{-mc}}(\mathbf{f}) = 2\phi_{ss}(\mathbf{f})\left[1 - \cos(2\pi\mathbf{k}_\varepsilon^{\mathrm{T}}\mathbf{f})\right] + \phi_{rr}(\mathbf{f}) \tag{7.7}$$

实际上，估计值和实际运动值的偏差并不是像式(7.7)所示的常数值。而且，与偏差相关的不同成分在功率谱中会发生重叠。根据运动偏差 $p_{\mathbf{k}_\varepsilon}(\boldsymbol{\alpha})$ 的 PDF 可以确定其贡献[Girod, 1987]。利用关于 $\mathbf{k}_\varepsilon$ 的期望值，可以将其表示为

$$\phi_{ee,\Delta\text{-mc}}(\mathbf{f}) = 2\phi_{ss}(\mathbf{f})\left[1 - \mathcal{E}_{\mathbf{k}_\varepsilon}\{\cos(2\pi\mathbf{k}_\varepsilon^{\mathrm{T}}\mathbf{f})\}\right] + \phi_{rr}(\mathbf{f})$$
$$= 2\phi_{ss}(\mathbf{f})\left[1 - \iint_{\boldsymbol{\alpha}} p_{\mathbf{k}_\varepsilon}(\boldsymbol{\alpha})\cos(2\pi\boldsymbol{\alpha}^{\mathrm{T}}\mathbf{f})\mathrm{d}^2\boldsymbol{\alpha}\right] + \phi_{rr}(\mathbf{f}) \tag{7.8}$$

或者把在 $\boldsymbol{\alpha}$ 上的积分理解为二维傅里叶变换[③]的实部，

$$\phi_{ee,\Delta\text{-mc}}(\mathbf{f}) = 2\phi_{ss}(\mathbf{f})\left[1 - \mathrm{Re}\{\mathcal{F}\{p_{\mathbf{k}_\varepsilon}(\boldsymbol{\alpha})\}\}\right] + \phi_{rr}(\mathbf{f}) \tag{7.9}$$

---

① 这里，n_3 时刻的残差与 n_3-k_3 时刻的图像是统计独立的，所以可以舍去交叉功率谱。

② 在最坏的情况下，正弦信号可能会移动半个周期，使得预测误差的幅度增加 1 倍，功率密度谱增加 3 倍。如果两幅连续的图像中包含统计独立的成分(例如相机的噪声或新内容)，则功率谱和方差将在残余信号中累积，使得功率密度谱翻倍。

③ 通常认为，估计值和实际运动值之间偏差的 PDF 服从二维独立高斯分布[Girod, 1987/1993]，其傅里叶变换也具有实值二维高斯形状。

7.2.3　量化误差反馈和误差扩散

正如在介绍 DPCM 时所分析的(见 5.2.1 节和 6.3.4 节)，量化误差反馈的影响和传输误差的扩散，同样适用于帧间运动补偿预测。量化误差反馈由式(5.14)中的 $Q(\mathbf{f})H(\mathbf{f})$ 分量表示，其中在进行运动补偿的情况下，$H(\mathbf{f})$ 由式(2.230)确定。至少在平移运动的情况下，二维功率谱对信号的运动偏移具有不变性，编码之前图像得到的二维量化误差功率密度谱，可以用式(4.38)中的被积函数进行建模，

$$\phi_{qq}(\mathbf{f}) = \min\left[\Theta, \phi_{ss}(\mathbf{f})\right] \tag{7.10}$$

这一功率谱与式(7.9)中运动补偿预测误差的功率谱是重叠的。对于失真比较严重的有损编码，在低于阈值 Θ 的所有频率分量上(通常为高频，参考 AR(1)模型，见 4.2.2 节)，量化误差的功率谱与信号的功率谱是完全相同的。因此，如果参考图像中的这些频率成分被有损编码去除了，则它们将不能用于预测，并将再次完全地出现在下一幅图像的运动补偿预测误差中[①]。最后，需将式(2.230)中的空间环路滤波器视为预测滤波器的一部分。它包含降噪和/或内插滤波器[②]。那么，在与实际运动值具有恒定偏差的情况下，预测误差信号为

$$E(\mathbf{f}) = S(\mathbf{f}) \cdot (1 - A(\mathbf{f})\mathrm{e}^{\mathrm{j}2\pi\mathbf{k}_\varepsilon^{\mathrm{T}}\mathbf{f}}) \tag{7.11}$$

$\mathbf{k}_\varepsilon$ 为常数时，有

$$\phi_{ee}(\mathbf{f}) = \mathcal{E}\{|E(\mathbf{f})|^2\} = \phi_{ss}(\mathbf{f})\left[\begin{array}{l}\left[1 - \mathrm{Re}\{A(\mathbf{f})\} \cdot \cos(2\pi\mathbf{k}_\varepsilon^{\mathrm{T}}\mathbf{f}) + \mathrm{Im}\{A(\mathbf{f})\} \cdot \sin(2\pi\mathbf{k}_\varepsilon^{\mathrm{T}}\mathbf{f})\right]^2 \\ + \left[\mathrm{Re}\{A(\mathbf{f})\} \cdot \sin(2\pi\mathbf{k}_\varepsilon^{\mathrm{T}}\mathbf{f}) + \mathrm{Im}\{A(\mathbf{f})\} \cdot \cos(2\pi\mathbf{k}_\varepsilon^{\mathrm{T}}\mathbf{f})\right]^2\end{array}\right] \tag{7.12}$$

$$= \phi_{ss}(\mathbf{f})\left[1 + |A(\mathbf{f})|^2 - 2\,\mathrm{Re}\{A(\mathbf{f})\} \cdot \cos(2\pi\mathbf{k}_\varepsilon^{\mathrm{T}}\mathbf{f}) + 2\,\mathrm{Im}\{A(\mathbf{f})\} \cdot \sin(2\pi\mathbf{k}_\varepsilon^{\mathrm{T}}\mathbf{f})\right]$$

采用式(7.9)中同样的方法，根据 MC 失配的 PDF，得出

$$\phi_{ee}(\mathbf{f}) = \phi_{ss}(\mathbf{f})\left[1 + |A(\mathbf{f})|^2 - 2\,\mathrm{Re}\{A^*(\mathbf{f})\mathcal{F}\{p_{\mathbf{k}_\varepsilon}(\boldsymbol{\alpha})\}\}\right] \tag{7.13}$$

运动补偿预测误差的总功率谱为

$$\phi_{ee}(\mathbf{f}) = \underbrace{\phi_{ss}(\mathbf{f})\left[1 + |A(\mathbf{f})|^2 - 2\,\mathrm{Re}\{A^*(\mathbf{f})\mathcal{F}\{p_{\mathbf{k}_\varepsilon}(\boldsymbol{\alpha})\}\}\right]}_{\text{I}} + \underbrace{\min\left[\Theta, \phi_{ss}(\mathbf{f})\right]|A(\mathbf{f})|^2}_{\text{II}} + \underbrace{\phi_{rr}(\mathbf{f})}_{\text{III}} \tag{7.14}$$

在预测误差信号中，产生非零成分的主要因素包括运动补偿中的误差(I：由于错误的运动向量或者亚样点插值效果不佳造成的)，参考图像的量化失真(II)和不可预测的内容(III：噪声、显露的区域)。对于平稳过程，可以设计环路滤波器 $A(\mathbf{f})$ 实现预测误差方差的全局最小化。一个直观的方法就是，实现帧内编码与帧间编码之间的频率选择切换，

[①] 在实际的有损编码中，由于功率谱 $\phi_{qq}(\mathbf{f})$ 中还包括非线性的、叠加在 $e(\mathbf{n})$ 中的随空间发生变化的编码伪影(例如，块效应、振铃效应)，所以产生的效果甚至可能更差。

[②] 为此，可以在环路中采用不同的滤波器。非线性移变滤波器尤其适用于减少编码噪声/伪影。但是为了简单起见，这里仅考虑线性滤波器。同样，对于非线性滤波器，优化的目标是相同的，即减少预测误差，并改善重构质量。

$$|A(\mathbf{f})| = \begin{cases} 0, & \phi_{ss}(\mathbf{f}) < \phi_{ee}(\mathbf{f}) \\ 1, & \phi_{ss}(\mathbf{f}) \geqslant \phi_{ee}(\mathbf{f}) \end{cases} \tag{7.15}$$

这种方法需要一个具有若干通带和阻带的理想滤波器，而实际上无法实现这种滤波器。此外，由于动态图像不是平稳的，导致全局优化的滤波器并不是最优的，并且误差 $\mathbf{k}_\varepsilon$ 通常也随着图像内容的变化而变化。因此，滤波器需要具有自适应能力才能实现残差信号方差的最小化。可以根据线性优化方法设计维纳滤波器，在给定运动参数和参考图像的条件下，对于给定的样点集合，实现预测误差方差的最小化[Girod, 1993]。关于环路滤波的实现，[Pang, Tan, 1994] [Wedi, Musmann, 2001] [Chen et al., 2012]中介绍了一些实用的滤波器设计方法。

基于维纳滤波理论的自适应环路滤波的优化原则，与 6.9 节中介绍的后置滤波器方法是等效的。其优化目标是改善预测值或重构值，这取决于滤波器的位置（在运动补偿阶段的输入之前或输出之后，见图 7.2）。第一种情况下，在确定滤波器参数之前，需要进行运动估计和第一次运动补偿，在计算残差时需要执行滤波过程，由于存在相互影响，因此应该进行迭代优化，这会额外地增加编码器的复杂度。而且，在这种情况下，可能需要将插值滤波器合并入亚样点运动补偿中，这又意味着需要针对不同的亚样点相位定义自适应滤波器。

如果认为运动估计普遍是不准确的（例如，达不到亚样点精度），则在环路中采用简单的可切换的低通滤波器便可以达到类似的效果。为此，ITU-T Rec. H.261 定义了一种可分离的二进制环路滤波器。需要注意的是，在较新的混合视频编码方法中使用的、用于亚样点精度运动补偿的插值滤波器也具有低通效果，当运动补偿比较准确时，插值滤波器的优势便不再明显，因此，高准确度的运动补偿还需要高质量的插值（低通滤波的截止频率接近采样率的一半）。

当运动补偿的精度较高时，特别是在数据速率较低时，编码误差的反馈[式(7.14)中的分量 II]会变得更为普遍。由于编码误差是由非线性运算以及在空间/时间上各种运算所产生的，尽管无法通过频域描述来表征非线性滤波器的行为，但是使用非线性滤波器往往能够更好地实现给定的目标。去块效应滤波器就是一个例子（见 6.9 节）。

如果运动估计和接下来的运动补偿是非常准确的，即 $\mathcal{E}\{\mathbf{k}_\varepsilon\} \to \mathbf{0}$，编码误差很小，采用强环路滤波器反而是不利的。根据式(7.13)，可以得到预测误差信号的功率谱：

$$\phi_{ee}(\mathbf{f}) = \phi_{ss}(\mathbf{f})\left[1 - |A(\mathbf{f})|^2\right] \tag{7.16}$$

这意味着，在预测中，具有强滚降特性的低通滤波器（包括具有过强低通特性的插值滤波器）会使相当多的高频成分被丢弃，而这些高频成分会出现在预测误差信号中，并且即使这些成分可以从解码的参考图像中获得，也仍然需要重新进行编码。这说明了采用高质量的亚样点插值滤波器的必要性（当运动补偿的准确度很高时），因此，在近几代视频编码标准中都定义了相应的亚样点插值滤波器。

如果发生了**信道损失**（channel losses），根据式(5.16)，分量 $K(\mathbf{f})/(1-H(\mathbf{f}))$ 会使重构信号的功率谱产生失真。需要注意的是，$H(\mathbf{f})$ 是由与运动相关的位移和预测环路中的空间滤波器 $A(\mathbf{f})$ 组成的。除非对某幅图像进行帧内编码，或者在运动补偿中不再使用受到信道损失影响的区域作为参考，否则，信道损失会不断地扩散下去。迭代地运用空间滤波器会产生一定的平滑效果，并且随着迭代次数的增加，平滑效果会越来越明显[1]。由于运动补偿通常是移变的

---

[1] 因此，在环路中进行较强的低通滤波，会对降低误差扩散的可见性有利，但是会造成压缩性能的降低（如上所述）。

（不同位置处的运动向量是不同的），所以原始图像结构可能会产生严重的几何失真；这种影响也会随着时间的推移而增加。图 7.4 中给出了一个例子，图 7.4(a) 中出现了误差，经过 10 次连续的运动补偿预测之后，图 7.4(b) 中给出了误差扩散的结果。

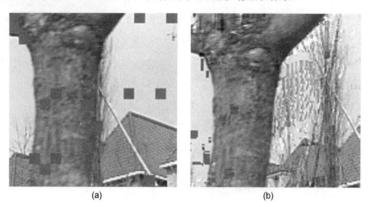

(a)　　　　　　　　　　　　　　　(b)

图 7.4　运动补偿预测时的误差扩散。(a) 发生块丢失的时间位置；(b) 经过 10 幅图像扩散之后

这里（以及在图 7.4 的例子中），假设对运动向量进行解码时，不存在任何损失。由于预测滤波器冲激响应最重要的特性会受到运动向量的影响，错误的运动向量甚至会在重构中造成不自然的移变几何失真。这一点同样适用于其他预测控制参数（比如，参考图像索引等）。发生信道损失后，对可见性产生的影响，显然取决于丢失的成分对后续预测的重要程度。本质问题仍然是，出现差错后，编码器和解码器进行的预测是不一致的，即预测编码中的**漂移问题**（drift problem）（见 5.2.1 节和 6.3.4 节）。采取系统性的预防措施，比如为较重要的信息提供较强的差错保护，可以在出现信道损失时，能够有效防止产生过大的重构误差。为了保证信息可以从错误中恢复，应该系统性地插入帧内编码图像（I 帧）、刷新较小的区域，或者采用其他机制将预测环路重置为可控状态（见 7.5.1 节和 5.4 节）。此外，还需要采用差错控制和差错隐藏机制（见 9.3.2 节）。

7.2.4　运动补偿预测中的参考图像

在介绍运动估计时（见 2.6.2 节）给出了**当前图像**（current picture）和**参考图像**（reference picture）的定义。在当前标准使用的混合视频编码方案中，运动向量场的坐标系，通常指的都是当前的（解码/编码）图像，而最优匹配是在一个或多个参考图像中搜索到的移位区域。在块匹配的特殊情况下，在当前图像上定义均匀的或大小可变的块网格。在闭环预测中，参考图像必须已先于当前图像解码，这并不意味着参考图像必须是当前图像之前的图像（按照采集顺序或显示顺序）。然而，无论是在编码器还是解码器中，使用将来采集/显示的图像作为参考图像均会引入时延，而且需要额外的存储器。

参考图像的总数量受限于编码器和解码器中可用存储器的大小、标记选择信息的要求，在某种程度上还受限于进行参考帧选择的编码器的处理能力。由于这些限制，早期的压缩标准限制只能从一幅图像（在 H.261 中，紧邻的前一幅图像）或两幅图像（在 MPEG-1 和 MPEG-2 中，按照显示顺序的前一帧图像和后一帧图像）中进行选择，见 7.8 节。第一种方案通常称为 **P 帧预测**（P prediction）（前向），后一种方案称为 **B 帧预测**（B prediction）（双向）。在 B 帧预测中[Puri, et al., 1990]，两个可能的运动补偿方向称为**后向**（backward oriented）和**前向**（forward oriented）。在 MPEG-1 和 MPEG-2 中，又对这些方案进行了如下限制：P 帧只能由之前的（按照采集/显示

顺序)I|P 帧图像预测；B 帧只能使用之前的 I|P 帧进行后向预测，并且只能使用之后的 I|P 帧进行前向预测。这就要求在编码/解码时，对图像重新进行排序，但是只是在 I|P 帧之间所选出的最大距离范围之内进行重排(见以下对图 7.6 的讨论)。

在 AVC 和 HEVC 标准中实现了更通用的方案，通过列表索引来表示预测参考图像信息，更加彻底地分离了编码和显示顺序。这种方案对提高压缩性能是有帮助的。对于帧间预测，提供了以下选择(其中参考图像列表中包括存储在解码图像缓存器中的图像)：

- 单向(模式)预测：仅使用一个参考图像。尽管在 AVC 和 HEVC 中，参考帧可以是采集/显示顺序上过去的或将来的图像，这比 H.261/MPEG-1/MPEG-2 中的方案更通用，但是按照传统仍将这种方法称为 P 帧预测。

- 双向(模式)预测：使用两个参考图像，预测样点为参考样点的加权平均值(加权系数为 0.5)。因为两个参考图像可能是采集/显示顺序上过去的或将来的图像，这比 MPEG-1/-2 中的双向预测方案更加通用，尽管这样，按照传统仍将这种方法称为 B 帧预测。此外，当一个 B 帧图像在解码顺序上位于前面的位置时，该 B 帧图像也可以作为其他 B 帧或 P 帧图像的参考图像。

- 加权预测：与 B 帧预测相似，但是需要进行加权平均(当有两个参考图像时，加权因子 $\neq 0.5$)。

更一般的情况称为**多假设预测**(multi-hypothesis prediction)，其中各个权值被分配给不同的参考图像，下面将对这种情况展开进一步的讨论。在当前所有视频压缩标准中，为了限制标识信息的开销以及对存储器的访问，通常要求在预测时不能同时使用多于两个不同的参考图像。

如上所述，运动向量和移位图像差异的计算，通常是与当前图像的坐标系对齐的。在这种情况下，参考图像中的样点在预测中被多次使用还是根本没被使用，并不重要。在任何情况下，当前图像中的每一个样点都存在唯一的预测值。在空间相邻位置处，位移向量的不连续性通常表明存在遮挡或者新内容，预测自然会失败。图 7.5(a)给出了将当前图像作为参考坐标系的情况，在预测中可能没有用到参考图像中的某些区域，而其他区域可能被参考了两次(甚至多次)。第一种情况可能表明该区域在当前图像中被遮挡住了，而至少有一些被多次参考的区域是不明确的，这表明存在无法进行预测的新显露出来的区域。然而应该注意到，在遮挡的情况下更有可能得到不可靠的运动估计，如果残差的方差较大，则说明存在遮挡，可以切换为帧内编码，使问题得以解决。

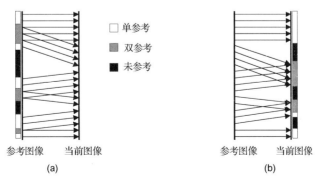

图 7.5　使用当前图像和参考图像作为坐标系的运动补偿。(a)当前图像；(b)参考图像

也可以将参考图像的坐标系作为参考坐标系，来描述位移向量场（但是在当前的视频压缩标准中并没有这样做）。当前图像的预测值 $\hat{\mathbf{S}}$ 由参考图像通过**基于投影的运动补偿**（projection-based motion compensation）产生，如图 7.5（b）所示。在这种情况下，当前图像中可能会出现没有帧间预测参考值的**孔洞**（holes）。这些孔洞通常与显露区域有关，对这些区域进行帧内编码，可以在"孔洞填充"（即从孔洞的边缘插值或外推）的基础上完成空间预测。对于双参考的情况，由于预测值是不明确的，需要用额外的信息来表示正确的投影值（如果有的话）。由于位移向量的排列顺序与当前图像的排列顺序[①]不一致，基于投影的运动补偿通常需要额外的存储器来储存运动数据。尽管在识别遮挡和新显露区域方面具有一定优势，但是这里所提到的缺点，目前已经阻碍了基于投影的运动补偿在视频压缩领域的广泛应用。但是，这种方法在基于参考图像的运动补偿合成中被广泛采用，比如，用于帧率提升以及深度视图的渲染，其中位移表示不同相机视图间的视差。

为了分析 **B 帧预测**（B prediction）能够获得的编码增益，我们考虑这样一种情况：当前图像是由最近的两个参考图像（时间轴上的前一帧和后一帧）分别使用运动向量 $\mathbf{k}_{-1}$、$\mathbf{k}_{+1}$ 预测得到的，对预测值取平均[②]

$$\hat{s}_b(\mathbf{n}, n_3) = 0.5\big[s(\mathbf{n} + \mathbf{k}_{-1}, n_3 - 1) + s(\mathbf{n} + \mathbf{k}_{+1}, n_3 + 1)\big] \tag{7.17}$$

两个方向上的局部运动补偿可能都不是理想的。假设通过运动估计得到的运动向量与真实位移的偏差为 $\mathbf{k}_{\varepsilon,-1}$ 和 $\mathbf{k}_{\varepsilon,+1}$，则运动补偿残差为

$$\begin{aligned} e_b(\mathbf{n}, n_3) &= s(\mathbf{n}, n_3) - 0.5\big[s(\mathbf{n} + \mathbf{k}_{-1}, n_3 - 1) + s(\mathbf{n} + \mathbf{k}_{+1}, n_3 + 1)\big] \\ &= s(\mathbf{n}, n_3) - 0.5\big[s(\mathbf{n} + \mathbf{k}_{\varepsilon,-1}, n_3) + s(\mathbf{n} + \mathbf{k}_{\varepsilon,+1}, n_3)\big] + r(\mathbf{n}, n_3) \end{aligned} \tag{7.18}$$

其中，$r(\mathbf{n}, n_3)$ 为采用理想的运动补偿也无法预测的成分。与式（7.6）和式（7.7）类似，预测误差的二维频谱为

$$\begin{aligned} E_b(\mathbf{f}) &= S(\mathbf{f})\Big[1 - 0.5\mathrm{e}^{-\mathrm{j}2\pi\mathbf{f}^{\mathrm{T}}\mathbf{k}_{-1}} - 0.5\mathrm{e}^{-\mathrm{j}2\pi\mathbf{f}^{\mathrm{T}}\mathbf{k}_{+1}}\Big] + R(\mathbf{f}) \\ &= S(\mathbf{f})\Big[\mathrm{j}\mathrm{e}^{-\mathrm{j}\pi\mathbf{f}^{\mathrm{T}}\mathbf{k}_{\varepsilon,-1}}\sin(\pi\mathbf{f}^{\mathrm{T}}\mathbf{k}_{\varepsilon,-1}) + \mathrm{j}\mathrm{e}^{-\mathrm{j}\pi\mathbf{f}^{\mathrm{T}}\mathbf{k}_{\varepsilon,+1}}\sin(\pi\mathbf{f}^{\mathrm{T}}\mathbf{k}_{\varepsilon,+1})\Big] + R(\mathbf{f}) \end{aligned} \tag{7.19}$$

如果两个方向上的运动补偿偏差是统计独立的，则得到的功率谱为（见习题 7.5）

$$\phi_{e_b e_b}(\mathbf{f}) = \mathcal{E}\{|E_b(\mathbf{f})|^2\} = \phi_{ss}(\mathbf{f})\Big[1 - \frac{1}{2}\cdot\cos(2\pi\mathbf{f}^{\mathrm{T}}\mathbf{k}_{\varepsilon,+1}) - \frac{1}{2}\cdot\cos(2\pi\mathbf{f}^{\mathrm{T}}\mathbf{k}_{\varepsilon,-1})\Big] + \phi_{rr}(\mathbf{f}) \tag{7.20}$$

如果 $\mathbf{k}_{\varepsilon,-1} = \mathbf{k}_{\varepsilon,+1}$，则得到的结果与式（7.5）中进行单向预测时不准确的运动补偿偏差的功率谱密度相同。否则，当两个方向上的运动补偿偏差是统计独立的过程时，出于与式（7.7）～式（7.9）中类似的考虑，可以得到

$$\phi_{e_b e_b}(\mathbf{f}) = \phi_{ss}(\mathbf{f})\Big[1 - \frac{1}{2}\mathrm{Re}\{\mathcal{F}\{p_{\mathbf{k}_{\varepsilon,-1}}(\boldsymbol{\alpha})\}\} - \frac{1}{2}\mathrm{Re}\{\mathcal{F}\{p_{\mathbf{k}_{\varepsilon,+1}}(\boldsymbol{\alpha})\}\}\Big] + \phi_{rr}(\mathbf{f}) \tag{7.21}$$

假设两个方向上的运动补偿偏差具有相同的概率密度函数：

[①] 使用来自参考图像和当前图像相同坐标位置处的**同位**（collocated）向量，可以避免这一问题。然而，同位向量可能是错误的，尤其在接近具有不连续性的区域及在位移较大的情况下。

[②] 通过更通用的加权方案、双向预测方案和多假设方案进行改进的动机是类似的。这里考虑特殊的简化情况，即假设两个参考图像的预测误差，以及运动估计误差都具有相同的统计特性。

$$\phi_{e_b e_b}(\mathbf{f}) = \phi_{ss}(\mathbf{f})\Big[1 - \mathrm{Re}\{\mathcal{F}\{p_{k_\varepsilon}(\boldsymbol{\alpha})\}\}\Big] + \phi_{rr}(\mathbf{f}) \tag{7.22}$$

残差的功率谱密度仅为式(7.9)中的一半。然而，通过 B 帧预测得到的实际增益，还取决于图像的频谱特性以及运动补偿误差(即错误的运动估计造成的误差)的 PDF。当在两个参考图像中进行的运动估计是相互独立的过程时，这里给出的结果才适用。需要注意的是，当采用联合运动估计和/或运动参数的联合编码时，则两个方向上的运动估计误差会具有相关性，甚至有可能会在进一步减小残差的方差时相互抵偿(见习题 7.5 中的相关问题)。

图 7.6(a)给出了在 MPEG-1 和 MPEG-2 标准中实现的双向运动补偿预测。为保证解码器中的先后处理次序，需要首先处理(编码/解码)P 帧，它将在其他图像的单向或双向预测[P 帧为图 7.6(a)中颜色较深的图像]中使用。可以把 P 帧序列看成帧率较低的视频，并且这里要求只能按照时间顺序依次进行 P 帧预测[1]。中间的 B 帧可以由之前的和之后的已解码的 I|P 参考帧进行预测。在给出的例子中，编码器处理图像的次序是…1-…-4-2-3-7-5-6-…。这样做会引入编码时延，因为在获得解码顺序上的两个相邻参考帧之前，需要一直存储着 B 帧。在解码器端还需要额外的图像存储器，因为在预测两个参考帧之间的 B 帧时，需要用到这两个参考帧，而且需要一直存储着这两个参考帧，直到它们能够按照正确的时序进行输出为止[2]。

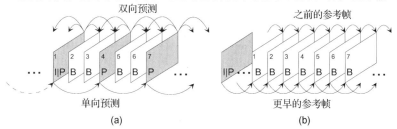

图 7.6 处理的先后次序。(a)单向和双向预测结合；(b)利用之前图像中的两个参考帧进行的广义双向预测

当存在遮挡时，当前图像中需要被预测的区域，可能只能在两个参考帧当中的一帧中找到。因此，需要以可切换的方式选择使用其中一个参考帧或者两个参考帧的平均值。这将进一步降低不可预测区域[3][式(7.20)中的分量 ϕ_{rr}]所占的比例。因此，在 B 帧中通常只有很少的区域是帧内编码的。

AVC/H.264、HEVC 中定义了更加通用的双向预测的概念，其中可以将**两个之前的**(two preceding)或者**两个之后的**(two subsequent)图像同时作为参考帧，且 B 帧也可以作为之后解码图像的参考帧。就改善预测性能而言，它们的作用是相似的，然而，若使用两个之前的图像作为参考帧，则不会引入额外的延迟[见图 7.6(b)]。从多个参考图像中选择预测值的基本原理如图 7.7 所示。除运动向量外，还需要将参考图像索引(k_3)作为边信息进行编码。

还可以使用**分层图像预测结构**(hierarchical picture prediction structures)，这种结构提供了更加灵活的参考图像索引。具体来说，当前 B 帧可作为下一层次中其他 B 帧的参考。从 L_0 层[通常只包含由 I 帧(帧内编码的)和 P 帧组成的下采样序列]开始，分层结构中还存在另外 T 个层次，在每个层次中都可以插入更多的图像，从而提供更高的帧率。较高层次中的图像不能

---

[1] I 帧有时也可以出现在这个处理次序中(例如，用于随机访问或从错误中恢复)，然后可以用这个 I 帧来预测之后的 P 帧或相邻的 B 帧。

[2] 原则上，解码器不能把图 7.6(a)中的 B 帧用作预测参考帧，因此不需要将其存储在参考图像缓冲器中，并且只要完成解码就可以将其输出。然而，当解码和输出并不完全同步时，在解码器输出端还是需要额外的图像存储器。

[3] 当运动估计和运动补偿的质量较高时，这部分区域所占的比例会上升，从而使运动向量的不准确程度降低。

用作较低层次中图像的参考帧，但是较低层次中已被解码的图像[1]，可以用作较高层次中图像的参考帧。还可以实现分层 B 结构[见图 7.8(a)]或分层 P 结构[见图 7.8(b)]。在图 7.8 的例子中，只给出了各个层次的帧率之比为 2 的情形，帧率之比也可以为其他值。除基本层 L_0 外，图像预测链最晚在 T 步预测后终止，因此，与较长的图像递归预测结构相比，误差的扩散可以得到更好的控制。因此，可以利用分层帧间预测结构有效地实现不等差错保护和可伸缩视频编码(见 7.5.1 节)。

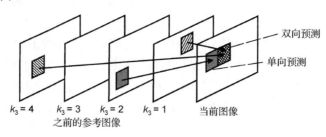

图 7.7   多参考帧运动补偿预测

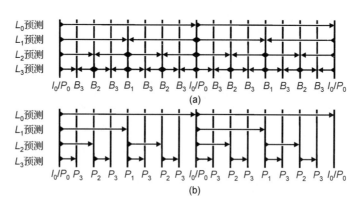

图 7.8   4 层的分层图像结构($T=3$)。(a)双向预测；(b)单向预测

根据式(7.10)，**量化误差反馈**(quantization error feedback)也会对 B 帧的预测产生影响。然而，尤其是两幅图像在预测过程中是相互关联的情况下，来自两幅重叠图像的量化误差成分可能是相关的。如果不存在相关性，对预测值取平均会使误差反馈的能量减少为原来的 $1/2\,(0.5^2+0.5^2=0.5)$，这意味着反馈的量化误差成分的标准差减少为原来的 $1/\sqrt{2}$。这些影响在分层 B 帧预测结构中尤其值得注意[见图 7.8(a)]。

出现在金字塔最底层(L_0 层)图像中的量化误差能量不仅影响图像本身的质量，还会传递到上一层的图像中。假设不同预测路径中的量化误差是统计独立的(见图 7.9)[2]，则量化误差的能量为

$$\sigma_q^2 \approx \underbrace{1}_{L_0} + \underbrace{2\times 0.5^2}_{L_1} + \underbrace{2\times 0.5^2+4\times 0.25^2}_{L_2} + \underbrace{2\times 0.5^2+8\times 0.25^2+8\times 0.125^2}_{L_3} + \cdots \leqslant 1.5^T \qquad (7.23)$$

结果是，量化误差从 L_0 层开始扩散，每向上扩散一层，量化误差的能量就会增加为原来

---

[1] 原则上，如果同一层中的图像在解码顺序上位于当前图像之前，则也可以使用这些图像作为参考帧。由于在实际应用中不常用，在图 7.8 的例子中没有给出这种情况。

[2] 如果各个预测路径上不同的运动补偿会产生不同的空间位移，则可以假设量化误差是独立的。

的 1.5 倍。因此，可以得出结论，为了让量化误差的扩散对所有层次都产生大致相当的影响，每向上增加一层，量化步长就应该增加为原来的 $\sqrt{1.5} \approx 1.225$ 倍。注意，这只是一个近似值，因为：

● 到达一幅图像的量化误差(例如，L_0 层中的量化误差会直接扩散到 L_2 层，同时也会通过 L_1 层间接地扩散到 L_2 层)可能是相关的，所以事实上误差扩散的能量可能更高。

● 根据式(5.8)，这里假设的量化误差只发生在开环预测中，而在闭环系统中，下一层中的量化会对预测值中包含的之前的量化误差进行补偿，见式(5.11)。然而，当量化值为零时(由于预测值非常理想，尤其在 B 帧中经常会出现这种情况)，闭环预测系统的误差扩散行为将与开环系统类似，其中量化误差在帧与帧之间扩散。这也可以理解为量化误差不断地通过预测环路进行反馈，如式(5.14)所示。使用质量较差的图像作为参考帧进行预测，会导致预测的质量变差，因此，如果某些参考帧会在较多的预测步骤中不断被使用，一种简单的做法就是提高这些参考帧的质量。

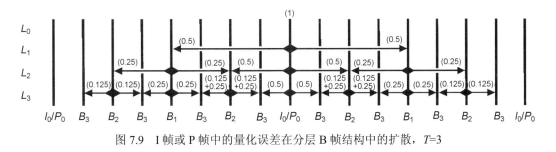

图 7.9 I 帧或 P 帧中的量化误差在分层 B 帧结构中的扩散，$T=3$

实际上，分层预测结构中的不同层次上，可变量化步长的最优选择取决于视频序列的特性以及率失真工作点。例如，一个视频序列中的变化非常平缓，上一层中的图像可以由下一层中的参考帧完美地进行预测，则可以对最底层进行比较精细的量化，而对较高的层次进行比较粗糙的量化，这样，一方面可以提高预测质量，另一方面还可以迫使较高层次上的值被量化为零[1]。

对于单向分层结构[见图 7.8(b)]，从低层到高层的量化误差扩散甚至更加严重。对于图中给出的二进结构，L_0 层中每幅图像的量化和预测质量都会对其他层次中的 2^T-1 幅图像产生影响。因此，在由 P 帧构成的金字塔分层结构中，各层采用的量化步长大小相差较大，在低时延的应用中，有时会采用这种编码结构。

综上所述，由于随着层次的增加，其中的图像对之后预测的影响以及对量化误差扩散的影响都逐渐减小，因此可以对其中的图像进行比较粗糙的量化。另一方面，可以观察到，在分层预测结构中，由于较低层次中的图像之间时域距离较远，因此预测质量较差。然而，当对不同层次进行不同的量化时，与图像递归预测结构相比，分层图像预测结构通常在压缩效率方面具有明显的优势。当视频场景中包含较少或适中的变化时，可以进一步增加层次的数量以获得更高的增益，而当场景中包含快速且不规则的运动时，获得的增益通常较低，这时

---

[1] 当 AVC 编/解码器以分层 B 帧结构进行工作时，通常每向上增加一级，都令 QP 值增加 1，来改变量化步长的大小，QP 值每增加 1 对应于量化步长大小大约增加 $\sqrt[6]{2} \approx 1.112$。可以发现，增大不同层次量化步长之间的差距，有时会获得更高的平均 PSNR 值。但是也会增加金字塔层次之间的质量波动，考虑到主观质量，一般都不会这么做。

应该限制或者合理地调整层次的数量。如果不对层次的数量进行调整，对于典型的视频序列，将层次的数量设置为 $T=2,\cdots,3$ 可以获得适中的平均增益。

作为一个普遍的缺点，当需要访问后续图像时，尤其对分级 B 帧结构而言，较多的层次数量会导致编码和解码时延的增加。然而，在低时延的应用中，可以构建分层 B 帧金字塔结构，只使用时域上之前的图像作为参考帧。在这种情况下，由于当前图像和第二个参考图像之间的时域距离被进一步增加，预测质量可能会变差。

一般来说，在分层结构中（无论是分层 P 层结构还是分层 B 帧结构），由于较高层次中的图像与其参考图像之间的时域距离较近，所以对这些图像进行较粗糙的量化和运动补偿，通常能够获得较好的效果，因此，不同层次中的图像分配到的数据速率是明显不同的。当进行固定码率传输时，由于需要缓冲编码码流，因此会引入额外的时延。

B 帧方案的其他缺点还包括：运动参数数量增多、运动估计和运动补偿的复杂度较高以及需要对内存进行大量的访问。

图 7.10 给出了根据之前图像进行运动补偿预测得到的预测误差图像，其中两幅图像分别对应采用多帧运动补偿预测和双向运动补偿预测的情况。图 7.11 给出了双向预测结构和分层预测结构的例子。一般来说，由于可以使用未来参考图像中的显露区域作为参考，利用双向预测方法能够获得较小的预测误差。然而，在分层结构中，预测误差随时域距离的增加（将残差图像的反差提高了 1.5 倍）而增加。

(a)

(b)

(c)

图 7.10　1/4 样点精度的运动补偿预测，8 抽头插值，块大小为 8×8。(a) 原始图像（叠加了运动向量）和预测误差图像；(b) 利用之前参考图像进行单向(P)预测；(c) 利用两幅之前的参考图像进行双向预测

当光照条件发生改变时（比如利用闪光灯或反射光，或使用特技手段，比如淡出或溶解），则可以使用**加权预测**（weighted prediction）对整幅图像或是局部区域的样点幅度通过增益系数 α 和偏移量 β 进行调整[①]：

$$\hat{s}(\mathbf{n}) = \alpha(\mathbf{n})s(\mathbf{n} - \mathbf{k}) + \beta(\mathbf{n}) \tag{7.24}$$

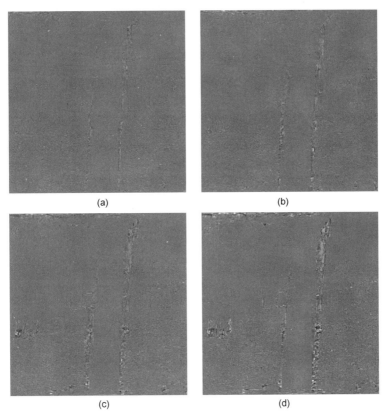

图 7.11 1/4 样点精度的分层预测[与图 7.10(a)中相同的图像]，8 抽头插值，块大小为 8×8。(a) 双向预测，时域距离为 1[图 7.8(a)中的 L_3 层]；(b) 同上，时域距离为 2（L_2 层）；(c) 同上，时域距离为 4（L_1 层）；(d) 单向预测，时域距离为 4[图 7.8(b)中的 L_1 层]

多假设预测   如果存在多个参考值，则可选择其中之一或者构造一个叠加值作为参考值。原则上，可以把选择一个最合适的运动向量理解为从多个不同的预测假设值中挑选出其中一个。可以把亚样点精度的运动补偿理解为多个整数样点假设值的加权叠加（通过插值滤波），只是其中加权系数的选择范围是有限的。如果存在多个参考图像可供选择（见图 7.7），双向预测可以认为是两个假设值的平均叠加。原则上，广义的双向预测还可以把相同的参考图像中具有不同位移的两个预测值进行叠加，如果再将加权预测结合进去，就会得到另外一种情况。考虑到所有这些情况，当一共有 P 个假设值时，可以给出多假设预测的一般公式：

$$\hat{s}(\mathbf{n}) = \sum_{p=0}^{P-1} w_p(\mathbf{n})\tilde{s}(\mathbf{n} - \mathbf{k}_p) \tag{7.25}$$

---

① 在单向预测和双向预测中都可以使用加权预测，在后一种情况下，两幅参考图像可以分别使用不同的 α 和 β 值。为简单起见，在预测方程中没有体现出亚样点插值过程和环路滤波过程。与式(6.13)进行对比会发现，这里使用了相同的方法来合成亮度的变化。

其中，$\mathbf{k}_p$ 中包含参考图像的位置和相应的空间位移。通过对不同假设值进行合理的叠加，可以提高预测质量。为了限制可能的假设组合的数量(它将增加编码器搜索的复杂度以及边信息的数量)，应该定义一组预定义的组合，从中可以确定加权系数。例如，进行双向预测时，每个参考图像的加权系数对应于亚样点插值滤波器的系数乘以 0.5。接下来介绍的重叠块运动补偿是多假设预测的另一个实例，其中每个样点的加权系数都是隐式给出的。

重叠块运动补偿　在运动物体的边界上，相邻块的运动向量之间往往存在不连续性。由于块边界与物体边界不太可能一致，不可预测的结构或由折中的运动向量产生的结构往往会出现在运动残差中。**重叠块运动补偿**(Overlapping Block Motion Compensation，OBMC)是能够解决这一问题的一种方案[Orchard, Sullivan, 1994]，这种方法对几个运动补偿预测值(或与其等价的残差值)进行加权叠加。为此，利用各相邻块的运动向量计算当前块的备选预测值/残差值，最后将所有这些备选预测值/残差值合并在一起。重叠块运动补偿方法在预测中具有平滑潜在错误成分的作用。图 7.12 中给出了一个重叠块运动补偿的例子。当前块 (0) 的预测值，可以通过其自身的运动向量 $\mathbf{k}_0$ 与水平和垂直方向上 4 个相邻块的运动向量 $\mathbf{k}_p$ ($p=1,\cdots,4$)，利用式(7.25)和加权函数生成(共有 $P=5$ 个假设值)，其

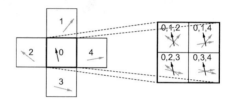

图 7.12　重叠块运动补偿：使用相邻块"1"，…，"4"的运动向量，通过式(7.26)中的加权函数，计算当前块"0"的 1/4 片中不同预测误差的加权叠加值

中，加权函数在块边界实现了逐渐过渡。以大小为 8×8 的块为例，其加权矩阵为[1]

$$\mathbf{W}_0 = \frac{1}{8}\begin{bmatrix} 4 & 5 & 5 & 5 & 5 & 5 & 5 & 4 \\ 5 & 5 & 5 & 5 & 5 & 5 & 5 & 5 \\ 5 & 5 & 6 & 6 & 6 & 6 & 5 & 5 \\ 5 & 5 & 6 & 6 & 6 & 6 & 5 & 5 \\ 5 & 5 & 6 & 6 & 6 & 6 & 5 & 5 \\ 5 & 5 & 6 & 6 & 6 & 6 & 5 & 5 \\ 5 & 5 & 5 & 5 & 5 & 5 & 5 & 5 \\ 4 & 5 & 5 & 5 & 5 & 5 & 5 & 4 \end{bmatrix} \quad \mathbf{W}_1 = \frac{1}{8}\begin{bmatrix} 2 & 2 & 2 & 2 & 2 & 2 & 2 & 2 \\ 1 & 1 & 2 & 2 & 2 & 2 & 1 & 1 \\ 1 & 1 & 1 & 1 & 1 & 1 & 1 & 1 \\ 1 & 1 & 1 & 1 & 1 & 1 & 1 & 1 \\ 0 & 0 & 0 & 0 & 0 & 0 & 0 & 0 \\ 0 & 0 & 0 & 0 & 0 & 0 & 0 & 0 \\ 0 & 0 & 0 & 0 & 0 & 0 & 0 & 0 \\ 0 & 0 & 0 & 0 & 0 & 0 & 0 & 0 \end{bmatrix} \quad \mathbf{W}_2 = \frac{1}{8}\begin{bmatrix} 2 & 1 & 1 & 1 & 0 & 0 & 0 & 0 \\ 2 & 1 & 1 & 1 & 0 & 0 & 0 & 0 \\ 2 & 2 & 1 & 1 & 0 & 0 & 0 & 0 \\ 2 & 2 & 1 & 1 & 0 & 0 & 0 & 0 \\ 2 & 2 & 1 & 1 & 0 & 0 & 0 & 0 \\ 2 & 2 & 1 & 1 & 0 & 0 & 0 & 0 \\ 2 & 1 & 1 & 1 & 0 & 0 & 0 & 0 \\ 2 & 1 & 1 & 1 & 0 & 0 & 0 & 0 \end{bmatrix}$$

$$\mathbf{W}_3 = \frac{1}{8}\begin{bmatrix} 0 & 0 & 0 & 0 & 0 & 0 & 0 & 0 \\ 0 & 0 & 0 & 0 & 0 & 0 & 0 & 0 \\ 0 & 0 & 0 & 0 & 0 & 0 & 0 & 0 \\ 0 & 0 & 0 & 0 & 0 & 0 & 0 & 0 \\ 1 & 1 & 1 & 1 & 1 & 1 & 1 & 1 \\ 1 & 1 & 1 & 1 & 1 & 1 & 1 & 1 \\ 1 & 1 & 2 & 2 & 2 & 2 & 1 & 1 \\ 2 & 2 & 2 & 2 & 2 & 2 & 2 & 2 \end{bmatrix} \quad \mathbf{W}_4 = \frac{1}{8}\begin{bmatrix} 0 & 0 & 0 & 0 & 1 & 1 & 1 & 2 \\ 0 & 0 & 0 & 0 & 1 & 1 & 1 & 2 \\ 0 & 0 & 0 & 0 & 1 & 1 & 2 & 2 \\ 0 & 0 & 0 & 0 & 1 & 1 & 2 & 2 \\ 0 & 0 & 0 & 0 & 1 & 1 & 2 & 2 \\ 0 & 0 & 0 & 0 & 1 & 1 & 2 & 2 \\ 0 & 0 & 0 & 0 & 1 & 1 & 1 & 2 \\ 0 & 0 & 0 & 0 & 1 & 1 & 1 & 2 \end{bmatrix} \quad (7.26)$$

---

[1] 这些加权函数与在 ITU-T Rec. H.263 和 MPEG-4 第 2 部分中定义的相似。也可以采用其他的加权函数，比如，包括所有 8 个相邻块的加权函数。通常，块中各个位置的权值之和应该为 1。

对于例子中给出的 OBMC 方法，需要最多对三个不同的预测信号进行加权叠加，但是如果相邻块具有相同的位移，则可以使计算简化。为了获得最优的性能，在运动估计的过程中就应该考虑到 OBMC，这是因为最优运动向量的选择不仅与当前块有关，还与其相邻块有关[Heising, et al., 2001]。对于**平稳变化的**(smooth variations)运动向量场(比如，在缩放或旋转的情况下)，采用 OBMC 方法获得的效果并不完全一致。通常它会导致预测值和残差值的空间模糊或拖尾。这种情况下，可以采用扭曲预测(见 7.2.5 节)的方法。

解码端运动向量推导(Decoder-side Motion Vector Derivation，DMVD) 在多假设预测中，如果使用了参考图像，就需要存储额外的边信息数据，具体来说，其中包括运动向量、参考图像索引和加权系数等。在[Kamp, Wien, 2012]中提出了一种在解码端提取这些数据的方法。这种方法如图 7.13 所示。在当前块的左边界和上边界以外，通过已完成解码区域中的样点构成一个 L 形模板。假设当前块的运动与 L 形模板的运动基本是相同的，通过将模板与一个或多个参考图像中的相应区域进行匹配，来完成运动估计。找到的最优匹配值可以用于多假设预测，其中，各假设的权值可以都是相同的，也可以是与预测质量相关的(根据模板匹配的代价函数得出)。

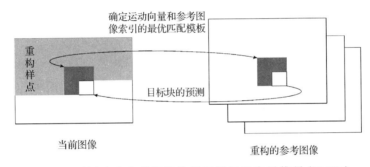

图 7.13 采用多个参考图像的解码端运动向量推导(DMVD)

码流切换情况下的参考帧 在下列情况下，需要进行码流切换：

- 广播应用中，当用户切换到另一个视频节目时；
- 流媒体应用中，当用户决定开始观看直播或者对储存的码流使用快进/快退模式时；
- 重放储存的视频，当用户使用快进/快退模式时；
- 有损视频传输中，当发生数据丢失，需要另一个更可靠的码流提供差错隐藏时。

当使用帧间预测时，如果某一帧图像的解码依赖于其他一帧或几帧解码参考图像，而这些参考图像又不存在时(由于在进行码流切换前这些参考图像已被传送)，则在该图像位置上进行码流切换是不合理的。这时，如果需要实现码流切换功能，就需要在码流中系统地定义一些切换点，在这些切换点处可以参考其他图像，开始一个新的解码过程。为此，通常采用的方式是从一幅帧内编码图像开始，定义一系列的随机访问点。这类图像称为 I 帧或者**即时解码刷新**(Instantaneous Decoder Refresh，IDR)帧。在这些切换点处，除了可以实现随机访问，在出现传输差错后，还可以从这些切换点开始进行差错恢复。

双向预测(可能是分层的)结构由于其良好的压缩性能，经常用在广播和流媒体应用中，在使用这种预测结构时，由于解码顺序与显示顺序是不同的，因此会产生一个问题。该问题的后果是，按照显示顺序在可随机访问图像之前的图像，在码流中可能出现在该可随机访问图像之后。另一方面，为了获得良好的预测性能，这些图像可能不仅会参考新的可随机访问图像，可能还会参考解码器(刚开始对码流进行解码时)未知的图像。

MPEG-2 中定义了**图像组**(Group Of Pictures，GOP)结构，其中每个 GOP 都应该从一个作为随机访问点的 I 帧开始[①]。在所谓的**闭合 GOP**(closed GOP)中[见图 7.14(a)]，GOP 内的图像不能参考它之前或之后 GOP 中的图像，这意味着在给出的例子中，GOP 只能从一个随机访问点(在 MPEG-2 中为 I 帧)开始，同时不能以一个 B 帧结束。这种结构首先会使压缩性能变差(由于最后一帧不能进行双向预测)，另外，还会使 GOP 的边界更容易被观察出来，在正常运行(解码整部影片，不进行码流切换)时会出现类似于"切换"的效果。使用**开放 GOP**(open GOP)结构[见图 7.14(b)]可以解决这一问题，但是在给出的例子中，如果要求在 GOP 的给定入口点处进行码流切换时，则无法解码前两个 B 帧。因此，需要根据解码器端的(非规范性)决策，合理地丢弃这些图像。

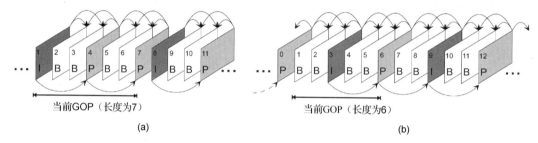

图 7.14　(a)闭合 GOP 的概念；(b)开放 GOP 的概念(以通常
在 MPEG-2 中使用的"IBBP"图像编码结构为例)

闭合 GOP 结构效率低下的问题，在 AVC 和 HEVC 的分层 B 帧结构中变得更为严重。然而，在 AVC/HEVC 标准中定义了一种完全采用帧内编码的帧——**即时解码刷新**(Instantaneous Decoder Refresh，IDR)帧作为随机访问点，并规定 IDR 之后的所有图像(按解码顺序)都不能参考 IDR 之前的所有图像，这与闭合 GOP[②]结构的定义是相同的。

MPEG-2 和 AVC 都没有在解码器规范中定义"引导"帧，其中引导帧出现在随机访问点之后的码流中，由于它们参考的是某些无法获得的较早的参考帧[比如，图 7.14(b)中前两个 B 帧]，所以它们不能被正确地解码。HEVC 还定义了另外一种完全采用帧内编码的帧——**清理随机访问**(Clean Random Access，CRA)帧，以及**断链访问**(Broken Link Access，BLA)帧，其中不可解码的引导帧可以出现在 CRA 之后的码流中，它可以被识别出来，但是能否被解码是不一定的(与开放 GOP 相同)，而断链访问帧是肯定不能被解码的(它适用于视频拼接，如果没有它，可能会把不同场景中的图像作为参考使用)。

AVC 还定义了**切换帧**(Switching Pictures，S 帧)，通过 S 帧可以完成多码流(表示相同的视频信号，只是分辨率或码率/质量可能是不同的)预测过程之间的转换[Karczewicz, Kurceren, 2003]。这一概念最早是在[Girod, Färber, Horn, 1997]中提出的。利用 S 帧可以实现码流的无缝切换(和拼接)，但是编码器需要访问(进行切换/拼接的)两个码流，并且预先定义切换的位置。S 帧中

① 广播(切换频道时)、直播和文件访问(当跳转到视频中以后的某个播放位置时)中都需要随机访问。当把两个视频在不进行重新编码的情况下连接在一起时，需要进行**码流拼接**(bit-stream splicing)，其中也会出现类似的问题。

② 与 MPEG-2 不同，AVC 标准没有在规范中规定 GOP 的结构。然而，在分层图像结构的最底层图像间的距离通常称为"GOP 长度"，例如，在图 7.8(a)的例子中，GOP 长度为 8。然而，GOP 长度可能与随机访问的周期是不同的。

包含从一个码流的解码器状态(即递归环路
中参考图像存储器的状态)转换到另一个码
流的解码器状态所需要的差异信息。其原理
如图 7.15 所示。如果用 S 帧补充的是其他
码流中的 P 帧或 I 帧,则相应的 S 帧分别
称为 SP 或 SI 帧。与单码流编码器相比,
与两类 S 帧相关的信息会增加额外的开销
(需要额外的数据速率)。

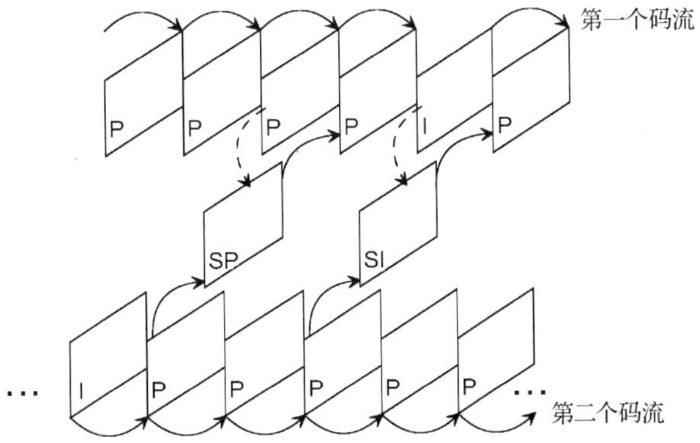

图 7.15 在一个视频序列的多码流表示中切换图像的位置

7.2.5 运动补偿的精度

关于运动估计和补偿,存在以下形式的精度:

● 位移向量的(亚)样点精度,当采用亚样点精度时,所使用的插值滤波器的质量(就接
近理想亚样点插值的精度而言);
● 位移向量的最大范围;
● 当前图像和参考图像之间最大的时间距离;
● 位移向量场的分辨率(即在时间和空间上向量的密度);
● 所使用的运动模型,在表示平移、旋转仿射等向量场映射方面的表现力,以及描述物
体边界不连续性的表现力。

所有这些精度都与编码运动数据的方法密切相关(见 7.4 节),因为表示的精度越高,所需
的码率(以及复杂度)也会越高。另外,所需的精度还取决于给定视频的统计特性。

所需的**亚样点精度**(sub-sample precision)和**插值精度**(interpolation accuracy)还取决于给
定图像中细节的多少和运动的状况。与平滑区域相比,表现边缘、细节纹理等的高频区域需
要更高的精度。可以采用式(7.9)和式(7.13)中的方法,进行更详细的分析,其中预测误差信
号中高频成分的出现首先取决于图像的频谱,以及运动补偿的精度,还有插值滤波器的频率
衰减特性。如果以不同的图像分辨率表示相同的内容:

● 位移向量的最大范围以及位移向量本身,都是与图像的空间分辨率以及时域距离成正
比的(与帧率成反比);
● 位移向量场所需的分辨率是与图像的分辨率成反比的,即较低分辨率的图像需要较小
的块尺寸(以较少的样点表示相同的内容),但是,位移向量场的分辨率还取决于较高
分辨率图像中其他高频细节的多少;
● 如果下采样图像是使用混叠抑制[①]效果很好的低通滤波器生成的,则位移向量的精度
(样点/亚样点)可以近似地认为是不变的。

在**范围**(range)、**分辨率**(resolution)和**精度**(precision)方面所需的精度是与所处理的视频
序列高度相关的,尤其与预期的运动范围(比如,照相机和物体移动的速度)、运动的粒度(比
如,物体的大小、全局运动和局部运动的剧烈程度),以及空间细节的多少有关。**表现力**

---

① 但是,可以观察到,由于不恰当的(下)采样,使得大多数视频序列中都包含空间混叠,较高的运动补偿亚样点精度(比如,1/8
样点精度或更高的精度)通常可以提供更好的预测效果。

(expressiveness)主要与表示运动的方法有关。例如，基于块的表示，假设整个块的水平/垂直偏移可以用一个相同的运动向量表示，但是这种表示方法无法真实地反映内容的伸缩和旋转，除非提高分辨率（较小的块尺寸）。比如式(7.29)中的仿射映射模型可以通过少量参数有效地描述在位移向量场上的连续变化。在运动物体的边界处，会出现不连续的运动向量场，表示这些不连续性也需要较高的分辨率，或者通过轮廓/形状编码等外部手段准确地表示不连续的位置。

HEVC 中的亮度亚样点插值　在运动补偿中，亚样点插值精度对预测质量起着重要的作用。HEVC 中对亮度分量的分数样点插值是到目前为止最好的插值方案之一。HEVC 在 1/2 样点位置使用 8 抽头的 FIR 滤波器，在 1/4 样点位置使用 7 抽头的 FIR 滤波器。在 1/4 样点插值位置，使用只有 7 个抽头的滤波器比 8 个抽头的滤波器更合适，这是因为，这些样点的位置相对而言更接近整数样点的位置。FIR 内插滤波器的实际滤波器系数值有一部分是通过 DCT 基函数方程得到的[Ugur, et al., 2013]。这些系数用 6 比特的整数值表示，如表 7.1 所示。其中，相位 $d = 1/2$ 时，插入的样点将正好位于 $n = 3$ 和 $n = 4$ 之间，相位 $d = 1/4$ 或 $d = 3/4$ 时，插入的样点则分别接近 $n = 3$ 或 $n = 4$。

表 7.1　HEVC 中用于亮度分数样点插值的滤波器系数 $[h(n)$ 值需乘以 $2^{-6}]$

相　　位 $d, h(n) =$	$n =$ 0	1	2	3	4	5	6	7
$d = 1/4$	−1	4	−10	58	17	−5	1	(0)
$d = 1/2$	−1	4	−11	40	40	−11	4	1
$d = 3/4$	(0)	1	−5	17	58	−10	4	−1

块尺寸固定的基于块的运动补偿　块尺寸固定的且只支持平移补偿的基于块的运动补偿，如果块尺寸过大，既不能很好地处理运动向量场中的连续变化，也无法很好地应对运动向量场中的不连续性；但是如果块尺寸过小[1]，则将需要过多的边信息。尽管如此，在 MPEG-2 之前的早期视频压缩标准中，一直使用固定尺寸的块，而且只为每个 16×16 大小的块定义一个位移向量。

可变块尺寸的运动补偿　图 7.16 中给出了可变块尺寸运动补偿[Chan, Yu, 1990]的一个例子。通常，块不一定只能是正方形的（图中给出的情况）。一种简单的方法是在运动估计的过程中，以预测质量是否提高同时码率代价是否降低为判断依据，决定是否将较大的块分割为两个或四个大小相同的子块。图 7.16 中的例子，利用四叉树码（见 6.1.2 节）表示最大块单元 A、B、C 的子块划分方式。除需要为每个较小的预测块分别标识位移向量外，还可以将具有相同运动向量的相邻块进行合并，从而实现一种更加有效的表示方式（关于表示边信息的方法以及采用这些方法的相关标准将在 7.4 节中进行进一步讨论）。

除常规的（比如，四叉树）基于块的分割和合并外，还可以以更细的粒度对运动进行划分，从而更好地表示真实运动的边界[比如，采用如图 6.5 所示的**几何分割**（geometric partitioning）的方法]。

---

[1] 除此之外，较小尺寸的块（比如 4×4 大小的块）在运动估计过程中更容易受到噪声的影响。一般来说，可以通过对相邻块的运动向量施加一致性约束来解决这一问题，还可以通过使用可变尺寸的块（比如，仅在必要时才使用较小的块）来解决这一问题。

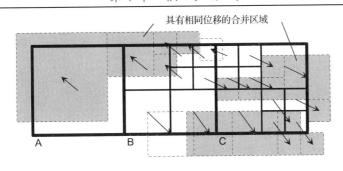

具有相同位移的合并区域

最大块单元	A	B	C
四叉树码	1	0(1110(1111))	0(0(1111)10(1111)1)
运动向量的数量	1	7	10

图 7.16　可变块尺寸的运动补偿

运动估计中的率失真优化　混合编码器编码运动补偿残差所节省的码率应该远远大于由位移向量、参考图像索引以及可变尺寸的分割方式(为了使运动向量场具有更精细的分辨率)带来的码率开销。因此，运动补偿的最优选择(包括位移参数和块划分参数的选择)可以认为是与码率有关的。将图像间差异的大小作为选择编码参数的标准，虽然简单但是从率失真性能的角度看来却是不适用的，因为可能存在另一组运动补偿参数，能够获得同样良好的性能，但是却需要更少的边信息。

在选择运动补偿参数的最优组合时，还需要考虑位移向量、参考图像索引、可变块划分模式以及残差信号编码的码率开销。考虑到码率和质量之间的平衡，需要采用率失真优化判决的方法(见 4.3 节，更深入的讨论见 7.2.7 节)。可以在类似于式(4.43)的代价函数中应用拉格朗日乘子法，实现率失真优化。举一个对编码器进行优化的极端例子，在进行运动估计和编码模式选择时，对多个候选块的预测误差(采用不同的块划分模式以及各种运动向量获得的)进行逐个测试，对能够获得最优率失真性能的编码参数配置(配置中甚至可能还包括后续变换系数编码所使用的量化设置)进行穷举式的搜索。为了简化选择的过程，通常将整个过程分为两个步骤，其中第一步为每个候选划分模式选择最优运动向量，然后在第二步中搜索最优划分模式(见[Wiegand, Girod, 2001])，其中 R_{motion}、R_{mode} 和 R_{coeff} 分别是运动向量(以及参考图像索引)、划分模式信息和残差编码中变换系数的码率开销。这个两步过程可以描述为

$$\mathbf{k}_{\text{opt}}(\text{mode}) = \arg\min_{\mathbf{k}} \left\{ D(\mathbf{k}) + \lambda_{\text{motion}} R_{\text{motion}}(\mathbf{k}) \right\} \tag{7.27}$$

$$\text{mode}_{\text{opt}} = \arg\min_{\text{mode}} \left\{ D(\text{mode}) + \lambda_{\text{mode}} [R_{\text{motion}}(\mathbf{k}_{\text{opt}}(\text{mode})) + R_{\text{mode}} + R_{\text{coeff}}(\text{mode})] \right\} \tag{7.28}$$

在式(7.27)中，$D(\mathbf{k})$ 是运动估计中应用的代价函数(见 2.6.2 节)。在式(7.28)中，拉格朗日乘子是候选划分模式总体码率开销(包括运动向量、划分模式信息、对变换系数进行残差编码的码率开销)的权重。$D(\text{mode})$ 是重构图像的实际失真。

由于运动补偿残差信号不具有如式(7.14)所示的白色频谱，而且残差信号中可能存在遮挡区域，所以需要对变换系数的实际编码码率进行研究。因此，通常希望得到具有较高的能量但是比较容易压缩为少量系数的残差信号，而不是能量较低但是频谱分布比较平坦的残差信号(见习题 7.2)。

一种近似最优的方案是，选择能使残差系数的**对数**(logarithmic)幅度之和取得最小值的运动向量(并根据低于量化阈值的系数个数赋予一定的权重)，从而不用真正地进行编码来确定码率。这种方案还会隐式地考虑给定预测残差的变换编码增益(见式(4.34)和式(5.38))，但是在运动估计过程中进行变换和系数幅度的对数映射也是不可取的。在运动估计中采用**绝对误差和**(Sum of Absolute Transformed Differences，SATD)作为评价标准，是一种复杂度较低但是可以获得相似效果的方法。为此，需要在作出运动估计决策之前对残差进行二维变换。可以只对最优模式的子集应用这种方法，并且通常采用简单变换[比如式(2.250)中的沃尔什变换]代替 DCT 变换。与图像域的**绝对误差和**(Sum of Absolute Differences，SAD)不同，SATD 更适合能量集中在较少参数上的残差，如果在前面介绍的两步方法中使用 SATD 作为式(7.27)中的 $D(\mathbf{k})$ ，则可以带来一些好处，比如，可能选择出使式(7.28)中评价标准的 R_{coeff} 取得更小值的候选运动向量。

全局运动补偿 在**全局运动补偿**(Global Motion Compensation，GMC)中，扭曲函数是由描述参考图像坐标 $\mathbf{n}'$ 与当前图像坐标 $\mathbf{n}$ 之间映射关系的参数模型所定义的，比如，仿射变换

$$\underbrace{\begin{bmatrix} n_1' \\ n_2' \end{bmatrix}}_{\mathbf{n}'} = \underbrace{\begin{bmatrix} a_1 & a_2 \\ a_3 & a_4 \end{bmatrix}}_{\mathbf{A}} \cdot \underbrace{\begin{bmatrix} n_1 \\ n_2 \end{bmatrix}}_{\mathbf{n}} + \underbrace{\begin{bmatrix} k_1 \\ k_2 \end{bmatrix}}_{\mathbf{k}} \tag{7.29}$$

或者双线性变换

$$\begin{aligned} n_1' &= b_1 n_1 n_2 + a_1 n_1 + a_2 n_2 + k_1 \\ n_2' &= b_2 n_1 n_2 + a_3 n_1 + a_4 n_2 + k_2 \end{aligned} \tag{7.30}$$

除平移 $\mathbf{k}$ 外，其他外观上的改变，比如旋转、缩放或者剪切都可以通过额外的参数进行描述。当存在全局(比如，相机运动)运动时，假如给定的参数模型可以描述该映射关系，那么可能就没有必要对其他的局部运动补偿参数进行编码，或者局部参数与全局模型中的参数差异很小，则这些系数只需要较少的边信息进行表示。为了得到足够好的预测质量，$\mathbf{n} \to \mathbf{n}'$ 的映射需要通过高质量的空间插值获得亚样点精度的变换关系[1]。然而，即使像式(7.29)和式(7.30)中的模型也不能对相机运动进行理想的补偿，尤其是在存在光学畸变时或当相机的位置发生移动并出现遮挡时。

扭曲预测 还可以局部地应用基于参数坐标映射的[比如，式(7.29)和式(7.30)中的映射]扭曲函数，这是因为，通常认为，在较小的范围内应用扭曲预测，能够比全局扭曲预测或基于块的平移运动估计更加准确地表示真实运动。可以把基于块匹配的平移运动估计近似地理解为密集运动向量场的**亚采样**(sub-sampled)，其中，亚采样因子等于块的宽度和高度。密集运动向量场可以通过保持操作进行重构，从而使整个块具有一个统一的运动向量。另外，还可以把运动向量场理解为由数值组成的网格，可以利用这些值进行密集地插值获得任意位置上的水平位移和竖直位移。这种类型的方法有**基于三角的运动补偿**(Triangle-based Motion Compensation, TMC)[Brusewitz, 1990]和**控制网格插值**(Control Grid Interpolation, CGI)[sullivan, Baker, 1991]，其中 TMC 采用式(7.29)中的仿射变换，CGI 对各个成分逐个地应用式(2.231)中的双线性插

---

[1] MPEG-4 第 2 部分对 GMC 进行了定义，但是，由于仅使用式(2.231)中的双线性插值来生成扭曲参考，可能会在图像中引起明显的模糊，因此，GMC 并不能明显改善压缩性能。[MCA, 4.5 节]对各种不同映射方法以及相机投影的物理背景进行了综述。

值，通过控制网格的位移向量样点生成密集的与样点相关的位移，这种方法相当于式 (7.30) 中的参数模型方法。此外，还可以采用分层网格的结构[Huang, Hsu, 1994]。

如图 7.17 所示，假设定义了一个由控制值组成的网格，其中控制值的水平距离为 M_1、垂直距离为 M_2。在给出的例子中，在由 4 个控制点围成的区域内，通过双线性插值利用这 4 个样点的位移 $\hat{\mathbf{k}}(m_1, m_2)$，计算区域内每个样点的运动向量：

$$
\begin{aligned}
\mathbf{k}(n_1, n_2) = {}& \hat{\mathbf{k}}(m_1, m_2)(1 - (n_1 / M_1 - m_1))(1 - (n_2 / M_2 - m_2)) \\
& + \hat{\mathbf{k}}(m_1 + 1, m_2)(n_1 / M_1 - m_1)(1 - (n_2 / M_2 - m_2)) \\
& + \hat{\mathbf{k}}(m_1, m_2 + 1)(1 - (n_1 / M_1 - m_1))(n_2 / M_2 - m_2) \\
& + \hat{\mathbf{k}}(m_1 + 1, m_2 + 1)(n_1 / M_1 - m_1)(n_2 / M_2 - m_2)
\end{aligned}
\tag{7.31}
$$

$$
m_i M_i \leq n_i < (m_i + 1)M_i \quad \text{和} \quad m_i = \left\lfloor \frac{n_i}{m_i} \right\rfloor
$$

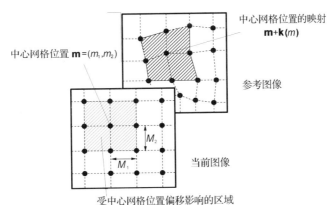

图 7.17　根据双线性扭曲函数由控制位置进行位移场插值

就复杂度而言，双线性预测是扭曲运动补偿中最简单的方法，因为矩形网格中每个样点的运动位移，都可以在其上一个位置运动位移的基础上加上一个固定的差值，从而有效地计算出来[①]。每个控制网格点的值都会对大小为 $(2M_1 - 1)(2M_2 - 1)$ 的矩形区域内的插值产生影响，如图 7.17 所示。在该区域的其中一个四分之一区域内，另外三个相邻区域内的控制网格点的值也将对插值产生影响（一共有 8 个），这意味着最优位移网格参数 $\hat{\mathbf{k}}(m_1, m_2)$ 是彼此相互影响的。然而，由于相邻区域之间的影响是最大的，因此，可以据此降低计算复杂度。由于进行穷举式的联合估计是不现实的，因此，比较适合以迭代的方式逐个地对位移进行估计。可以将传统块匹配的结果（块以控制点为中心）作为迭代的起始点，也可以采用基于特征（基于特征局部关键点的运动）的匹配结果作为起始点。

图 7.18 (a) 说明了如何通过基于控制点的映射运动模型获取旋转运动信息。然而，如果采用的运动模型是错误的，扭曲补偿会存在明显的缺陷。在位移向量场不连续并且可能存在遮挡的情况下，移动对象的边界处会产生非常不合理的结果。

在这种情况下，由于运动估计可能是不可靠的，因此会产生不合理的结果，但很容易将不合理的结果检测出来，并将其归为不应该使用扭曲预测的情况。举个例子，在相连的网格

---

① 当式 (7.29) 具有 6 个参数时，3 个网格点的移位唯一地定义了在三角网格划分中使用的映射关系。

点上出现**交叉的**(overlapping)位移向量显然是不合理的,因为这些向量会使局部区域内的坐标关系发生颠倒[见图 7.18(b)]。但是,当前景对象的移动速度比背景快时,可能会产生重叠,在这种情况下,应该会出现遮挡区域。图 7.18(c)/(d)给出了解决这一问题的可能方案。当发现相邻网格向量间存在较大差异时,可以人为地断开扭曲网格,并朝对象边界的位置进行位移向量的外推。边界的确定也可以作为运动估计过程的一部分[Ohm, 1994B] [Ohm, 1996][Heising, 2002],其中在发散或收敛的网格位置之间采用类似于几何分割(见图 6.5)的方法。事实上,当存在快速运动的对象时,图 7.18(b)中的重叠运动向量也是合理的,因此对重叠运动向量也是完全支持的。在[Heising, 2002]中,还提出了在扭曲插值和重叠块匹配方法间进行混合切换的方案。尽管扭曲运动补偿似乎可以更好地描述对象的物理运动过程,但是与基于块的方法相比,对局部扭曲参数的估计以及运动补偿本身也都更加复杂。

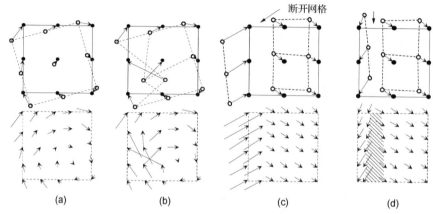

图 7.18　扭曲网格的例子。第一行:当前图像(•)和参考图像(○)中的网格;第二行:(a)旋转运动时的插值位移向量场;(b)不合理的插值位移向量场(向量间存在交叉);(c)遮挡区域中运动的不连续性;(d)显露区域中运动的不连续性

7.2.6　隔行视频信号的混合编码

隔行格式(见 1.3.1 节和 2.3.3 节)在模拟视频中一直占据主导地位,并且仍然存在于数字视频中。事实上,当逐行视频与隔行视频具有相同的空间分辨率,并且逐行视频的帧率等于隔行视频的场率时,隔行采样的视频只需要处理一半数量的样点。由于垂直和时间采样的相互关系以及存在发生混合混叠的可能性,从而需要格外注意隔行扫描视频的运动补偿预测,因此,这也促进了专用编码工具的设计。在混合编码中,专用编码工具的设计主要涉及运动补偿和残差的二维变换编码。在 MPEG-2 视频压缩标准中,定义了一些隔行编码方法,这是 MPEG-2 与 MPEG-1 的主要差别之一。自此以后,在较新的视频编码标准——MPEG-4 第 2 部分和 AVC 中,都包括了类似的方法。

一般来说,只需要在序列级判断编码器的输入应该是场图像(单独的)还是帧图像(两个合并的场),以及判断解码器的输出应该是场图像还是帧图像,所有视频压缩算法都应该能够编码隔行视频。除需要在编码端作出正确判断的算法外,隔行机制本身是一个简单的前/后处理过程,此外,它还需要相应的信令机制通知接收器如何解释和输出数据。

在接下来的最简单的方法(需要对压缩算法进行调整)中,要求在帧级决定两个场图像应该独立地("场模式")还是联合地进行编码,然后再组合成一个帧("帧模式")。在 AVC 中,这一选择称为**图像级自适应帧/场**(Picture Adaptive Frame/Field,PAFF)模式选择。在场模式中,每个场都被作为独立的图像单独地进行处理;帧模式通过交替视频图像行的方式将两个场合并,并对整幅图像进行处理。这种方法可以根据具体所采用模式的需要,通过访问解码图像缓冲器中的图像样点来实现,而不需要重新设计编/解码器的核心部分。然而,需要注意的是,场图像不能始终由帧图像进行预测(反之亦然),因此,需要对帧缓冲器中的图像行进行动态重排,还需要根据编码模式对运动向量进行垂直缩放。由于视频序列的特征(就选择哪种模式更合适而言)一般不会变化得特别快,所以没有必要在"帧"/"场"模式之间频繁地进行切换。

　　实际上,在视频序列的图像中,某些区域可能更适合以帧模式进行编码(比如,当图像中的内容保持静止或持续地在水平方向上移动时),而其他区域,采用场模式可能能够提供更好的性能(比如,区域中存在快速而且不一致的运动,尤其是垂直运动时)。因此,在 MPEG-2、MPEG-4 第 2 部分和 AVC[在后者中称为**宏块级自适应帧/场**(Macroblock Adaptive Frame/Field, MBAFF)]中,可以在宏块级进行帧、场模式的自适应切换。图 7.19 中给出了在 MPEG-2 中定义的用于隔行视频的三种预测模式[①]。其中前两种模式也可以在 AVC 中使用(可以在图像级整体地调用,也可以在宏块级自适应地调用),而第三种模式只在 MPEG-2 中进行了定义[Puri, Aravind, Haskell, 1993]。

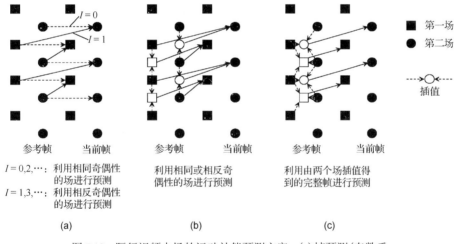

图 7.19　隔行视频中场的运动补偿预测方案。(a)帧预测(奇数垂直偏移具有不一致性);(b)场预测;(c)"双基"预测

- 在**帧预测**(frame prediction)中,两个场使用同一个运动向量。根据(与帧相关的)垂直运动偏移是偶数个样点还是奇数个样点,在对当前场中的某一区域进行预测时,可以相应地使用参考图像中与当前场具有相同或相反奇偶性的场。从图 7.19(a)中可以明显地看出,由于当前/参考图像的偶数/奇数和奇数/偶数场之间的采样时间距离不同,这种模式需要对属于偶数场和奇数场的运动向量进行不同缩放。除此之外,亚样点运动补偿中的垂直插值也会产生一些问题。基于以上原因,在存在垂直运动的情况下,一般不会选择帧预测模式。

---

① 这些模式都是由 MPEG-2 标准定义的。

- 在**场预测**(field prediction)中，两个场可以分别使用不同的运动向量。每个场都可以通过参考图像中相同或相反奇偶性的场进行预测。可以在所选择的参考场中正常地进行垂直亚样点插值，然而，可能会因为场下采样导致出现混叠。除图 7.19(b)所示的方案外，当独立地对每个场进行编码时(在图像自适应场模式中)，一帧当中的第二场还可以把第一场作为预测参考使用。对于帧内编码的图像或子块，这种方法通常能够提高压缩性能。

- **双基预测**(dual prime prediction)对参考图像进行去隔行处理，可以将其理解为利用两个参考场动态地生成逐行参考图像(在考虑偶数和奇数行之间的运动偏移时，可以使用其中的运动向量)。可以根据需要，动态地计算实际参考样点。可以使用共同的运动向量，但是需要根据当前场与相应的虚拟参考图像之间的有效时间距离，对运动向量进行缩放。这种方法还可以解决上述帧预测模式中存在的不一致性问题，但是参考样点的生成(在编码器和解码器中都需要进行)以及编码器中的运动估计要复杂得多。

在 AVC 中，一帧中每个垂直宏块对(每个 16×32 的亮度区域)可以独立地选择帧/场编码，而在 MPEG-2 中，帧/场编码模式是在宏块级进行选择的，其中在场模式中，需要处理高度为一半的运动补偿块，这会增加运动信息的码率开销。AVC 没有定义类似双基预测的方法，因为如果将双基预测与可变块尺寸运动补偿、帧内预测等结合后，编码过程将变得过于复杂。由于在 AVC 中，一幅图像内可能会同时出现帧宏块对和场宏块对，因此，变换系数的 zig-zag 扫描、运动向量的预测、帧内预测模式的预测、帧内样点预测、去块滤波以及熵编码中的上下文建模等方法都需要随之进行调整。在 AVC 的 MBAFF 中，一个场不能使用同一图像另一场中的宏块作为运动预测的参考。因此，有时 PAFF 编码会比 MBAFF 编码更有效(尤其是在图像中存在快速的全局运动、场景变换或帧内图像刷新的情况下)。

在计算得到预测残差之后，根据选择的是帧模式还是场模式，从帧或从场中构建用于进行块变换的块(见图 7.20)。变换模式不一定需要与 MBAFF 的模式相匹配，但是，在 PAFF 中，由于可以对样点进行单独的或联合的处理，因此变换操作与模式选择是隐式地关联在一起的。

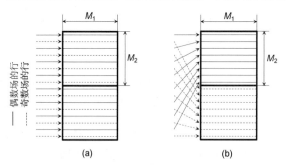

图 7.20　(a)帧预测模式中的块变换(隔行)；(b)偶数场和奇数场中单独的块变换

7.2.7　混合编码器的优化

视频压缩标准通常只定义码流的语法和语义以及解码器的操作(见 7.8 节)。因此，对编码器进行优化为获得压缩性能更好、质量更高的解码视频(仍然与符合标准的解码设备相兼容)提供了自由度。其中，关键的问题包括运动补偿的优化、模式决策的优化以及变换系数量化的优化等。

可以通过**率失真优化**(rate distortion optimization)来提高压缩性能。这一问题可以通过拉格朗日优化方法来解决(见 4.3 节和 7.2.5 节)[Sullivan, Wiegand, 2005]。

到目前为止所讨论的率失真优化问题，通常都假设需要为每个局部区域作出即时编码决策。为此，采用预定义的拉格朗日乘子 λ，隐式地假设了率失真函数具有恒定的斜率，如果组成图像的区域中具有不同的空间细节，而且随时间变化的程度也不同，则率失真函数的斜率通常都不是给定的。事实上，根据局部区域的特性改变量化器的量化步长，可以改善平均率失真性能，然而，这需要为每个局部区域(例如，块)测试各种量化设置、对比每种量化设置改善率失真性能的程度，然后在给定的码率预算下，选择能够使失真最小的量化配置(即，通过进行更合理的量化，找到 $D(R)$ 函数斜率最大的区域)。这称为**图像级率失真优化**(picture-level rate distortion optimization)，这种方法通常在确定最终的编码设置之前需要进行多次编码。首先由于局部区域之间细节的数量是不同的，因此不同的区域在 $D(R)$ 函数上的操作点也是不同的(取决于零变换系数的个数)，所以这种方法具有其优势。此外，由于对系数采用基于上下文的编码方法，将孤立的非零系数强制量化为零值是有利的，因为即使花费一些比特对这些孤立的非零系数进行编码，也可能不会使失真减小。对于细节丰富的区域，情况恰好相反。这样的概念称为**块级率失真优化量化**(Rate Distortion Optimized Quantization，RDOQ)。

另外，还应该观察到，在(运动补偿或帧内)预测环路中，以及在边信息参数的编码(比如，运动信息和模式信息)中，存在各种**递归相关性**(recursive dependencies)。在 7.2.4 节中已经指出，由于对总体失真的贡献不同，并不是所有类型的帧(I，P，B)都是同样重要的。给予对预测其他图像有很大影响的图像更高的优先级，一般来说是一个比较好的策略，例如，在序列开始处的 I 帧，其后是变化很小的其他图像，类似的考虑也同样适用于分层预测结构的较低层中的 P 帧和 B 帧。在这种情况下，最优的编码设置与序列中的变化程度高度相关。序列中如果存在快速的变化，对后续图像编码质量的影响通常减弱得也比较快。在率失真优化中，利用这种相关性的方法，在改进混合编码器的编码性能方面具有较大的潜力，但是这种方法同样也需要多次编码过程，而且由于需要在多幅图像上进行超前预测，因此会导致额外的时延。在[Ortega, Ramchandran, Vetterli, 1994]、[Ramchandran, Ortega, Vetterli, 1994]和[Beermann, Wien, Ohm, 2002]中介绍了适用于不同应用的切实可行的解决方案。为了在帧间超前预测中获得最优决策，需要分析式(5.14)中预测环路的误差反馈信息，从而确定使码率和失真达到最小的最优方式。在[Schumitsch, et al., 2003]、[Winken, et al., 2007]和[Rusert, 2007]中，介绍了描述视频编/解码器行为的一些方法，这些方法考虑了多幅图像之间的迭代影响(基于第一次编码得到的运动和模式决策信息)。这些策略同样也不适用于低时延应用。

当某个应用场景中要求进行恒定码率编码时，比如，当通过具有码率约束的网络进行传输时，就会涉及编码器优化的另一方面——**码率控制**(rate control)。码率调节机制通常通过改变量化器的量化步长实现，但其自由度取决于所允许的时延和缓冲器大小(见 9.3 节)。在这种情况下，应该考虑码率控制和率失真优化机制之间的相关性，尤其需要使码率控制中量化步长的波动尽量接近 R-D 性能最优时量化步长的波动，从而实现最优的编码策略。

最后，尽管**预处理**(pre-processing)不属于编码器环路的一部分，但是它也会对压缩性能产生很大的影响。在给定的码率下，对具有某些特性(细节数量、运动变化程度等)的序列进行编码，需要确定编码视频序列的最优空间-时间分辨率。由于码率的约束，平滑掉一些细节或者减低分辨率有可能会获得比引入压缩伪影更好的感知重构质量。通过识别需要以较高质量编码的**感兴趣区域**(regions of interest)来考虑语义准则，例如，在视频会议场景中的人脸等。类似地，对相关性较低的区域可以进行模糊(或降低分辨率)处理。在对量化器进行优化时，与静止图像编码(见 6.4.2 节)类似，也可以考虑感兴趣区域和感知加权函数。在这里，为了在给定速率下获得更好的主观质量，视频本身也为编码器的优化提供了相当大的自由度。例如，人类在快速运动的情况下几乎无法检测出细节结构，这意味着可以通过预处理来模拟运动模糊的效果，这样可以产生较少的预测误差，或者允许以较差的精度表示运动参数，也能提高运动补偿预测的性能。

7.2.8　采用子带/小波变换的混合编码

在混合编码器的编码和预测环路中，利用子带或小波变换取代块变换会面临以下问题。

- 由于基于块的方法简单有效，所以在混合编码器的运动补偿和模式切换中通常被采用。但是这种方法会在相邻块运动向量发散的位置，以及在两种模式(帧内/帧间)或图像参考索引之间发生切换的位置对应的残差中，产生不连续性以及局部较高的空间频率成分。基于块的运动补偿和基于块的变换，二者的边界是可以对齐的，而子带和小波变换由于具有较长的冲激响应，因此会产生块重叠效应，从而在残差的不连续处引起干扰(比如，振铃伪影)。
- 二维小波变换具有空间可伸缩性的优点，但是却无法在混合编码器结构中实现。由于小波变换不是移不变的(即变换的结果取决于亚采样的相位)，运动补偿环路中的亚采样(从残差中丢弃高频子带)会导致不能以较低的分辨率在逆运动补偿后获得无伪影的重构。

使用基于扭曲运动补偿和重叠块运动补偿(见 7.2.5 节)可以解决第一个问题，在进行帧内模式切换的情况下，平滑过渡函数可以减小幅度不连续的问题[Martucci, et al., 1997] [Heising, et al., 2001]。据称，这些方法可以比基于块变换的混合编码方法(在同等的优化条件下)获得更高的性能增益，然而其复杂性也会显著增加。

看上去，第二个问题似乎可以通过**子带域运动补偿**(subband domain motion compensation)来解决。这里，首先在空间坐标上进行频率变换(在预测环路之外)，然后对亚采样变换系数的空间图像运用运动补偿预测编码。一些文献中提出了在小波变换域和 DCT 域进行运动补偿的不同方法，比如，[Bosveld, et al., 1992]、[Yang, Ramchandran, 1997]、[Shen, Delp, 1999]、[Benzler, 2000]和[Van Der Auwera, et al., 2002]。在全分辨率下，上述这些方法的压缩性能都不如混合编码方案。其中的原因包括变换的**移变性**(shift variance)以及子带滤波后的亚采样图像中本身就存在混叠。移变性导致不能进行合理的精确预测，这些混叠在不同的亚采样相位之间(尤其是在高频子带中，当亚采样时可能会发生频率反转，见 2.8.1 节)[①]也是高度移变的并且是不可预测的。

过完备小波变换(Over-complete Wavelet Transform，ODWT)为解决这些问题提供了可能的解决方案，ODWT 表示经过低通和高通滤波后而没有进行亚采样的信号。然而，没有必要对完备信息进行编码和传输，因为这些信息可以在解码器端从**临界采样**(critically sampled)信

---

① 如果图像中的内容是在移动的，则该内容在参考图像中可能具有不同的亚采样相位。

号中重构出来[Zaciu, et al., 1996]。图 7.21 中给出了一个过完备域带内运动补偿小波视频编/解码器的框图。在每个空间分辨率尺度下进行预测时，只需要当前尺度下以及所有更低尺度下的信息，因此，在编码器和解码器的预测之间不存在漂移的情况下，保证了空间可伸缩性。通过局部地进行逆 DWT，直到所需的分辨率等级，就可以生成 MC 预测中所需要的 ODWT 表示。由于运动偏移是已知的，因此可以预先确定 ODWT 的哪些相位需要被重构，从而可以降低复杂度[Auwera, et al., 2002]。同样，可以将 IDWT 和 ODWT 的步骤合并为一次插值滤波操作[Li, Kerofsky, 2002]。

　　一般来说，除了额外的复杂度，ODWT 混合编码的另一个问题是难以确定对不同空间分辨率都合适的运动参数。由于变换和运动补偿处理之间的紧密结合，ODWT 的率失真优化比在二维小波编码中和常规混合编码中更困难。

　　然而，同样的问题依然存在，即使用非理想子带滤波器无法获得无混叠的亚采样。因此，即使使用 ODWT 方法，在尺度较小的图像中通常仍然存在混叠。还应当注意的是，为了避免在重构图像中产生相位失真，运动补偿应该在所有子带之间对齐。最后，就存储需求以及在所有尺度下的运动补偿操作而言，与差分金字塔方法相比，ODWT 方法没有任何优势，已经证明，差分金字塔与混合编码器相结合是进行空间可伸缩视频编码的一个更好的选择（见 7.3 节）。

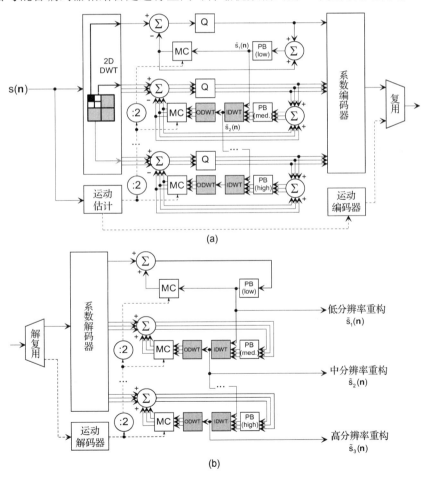

图 7.21　预测环路中使用过完备小波变换的视频编/解码器。(a)编码器；(b)解码器 [DWT：离散小波变换；IDWT：逆 DWT；ODWT：过完备 DWT；MC：运动补偿；Q：量化；PB：图像缓存器]

7.3 时空变换编码

7.3.1 帧间变换与子带编码

变换编码还可以应用到 3 个(两个空间和一个时间)维度上。在视频编码研究的早期，就已经提出了使用基于块的[Natarjan, Ahmed, 1977]和基于子带/小波变换[Karlsson, Vetterli, 1987]的编码方法。在以 M_3 幅为一组的图像上进行离散块变换，将分别在两个空间维度和一个时间维度上覆盖边长为 M_1、M_2 和 M_3 的"立方体"[见图 7.22(a)]。

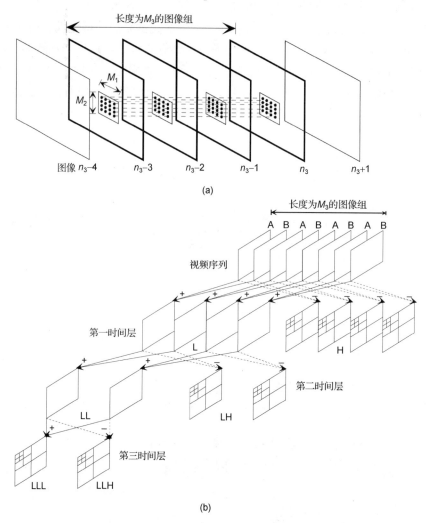

图 7.22 (a)通过定义时空"立方体"将块变换扩展到时间维度中；
(b)基于哈尔函数的采用 $T=3$ 级时域小波树的时空小波分解

图 7.22(b)说明了沿着时间轴使用哈尔小波基进行处理的三维小波变换[1]。可以将其理解为把图像对分解成平均(低通)和差异(高通)系数图像。

① 下文中均使用哈尔小波基的非标准正交形式，因此，可以将时间低通滤波器和高通滤波器的输出分别理解为求平均和求差的结果。

$$\underbrace{s_u(n_1, n_2, n_3)}_{s_L(\mathbf{n})} = \frac{1}{2}\left[\underbrace{s_{u+1}(n_1, n_2, 2n_3)}_{s_A(\mathbf{n})} + \underbrace{s_{u+1}(n_1, n_2, 2n_3 + 1)}_{s_B(\mathbf{n})}\right] \tag{7.32}$$

$$\underbrace{c_u(n_1, n_2, n_3)}_{c_H(\mathbf{n})} = \underbrace{s_{u+1}(n_1, n_2, 2n_3)}_{s_A(\mathbf{n})} - \underbrace{s_{u+1}(n_1, n_2, 2n_3 + 1)}_{s_B(\mathbf{n})}$$

为简单起见，用"A"和"B"分别表示偶数图像和奇数图像(时间分解的多相成分)[1]，而相应层中的低通和高通输出分别表示为"L"和"H"。在小波树的后续层中，当前层两个连续的"L"图像将变为"A"和"B"。进行迭代分解后，可以得到"LL"、"LLL"和"LLH"等。还可以对完成时域小波分解的图像进行二维空间小波变换。可以利用小波变换的局部化特性对能量进行压缩，使得时间上的瞬时变化只会影响同位的高通图像。进行 T 级时域小波树分解后，所得到的图像组长度(或在时间变换中最高的亚采样因子)为 $M_3 = 2^T$。可以得出以下结论：

- 在没有运动的情况下，所有重要信息将集中在最低频带的图像中，而该图像正是所有 M_3 幅图像的平均值，如果图像内容基本不随时间变化，则噪声的变化可以被去除；
- 移动场景的三维(时空)频谱被剪切后仍然是稀疏的(见 2.2.2 节)。然而，可以认为，当采用具有重叠傅里叶传递函数的非理想滤波器时，高频能量会分布在若干频带上。运动越剧烈这种现象越明显，这是由于混叠的存在，较高的空间频率可能会被包含在较低的时间频率中。因此，频谱的稀疏性可能会难以利用。

编码三维频率系数的方法需要仔细考虑这些影响。三维小波方案可以利用在三维频谱中与剪切效应相关的上下文信息，但是这些方法都不适用于图像中包含快速运动并存在混叠的情况。可以把图 7.22(b)中的三维小波分解理解为图 7.23 中的**小波变换立方体**(wavelet transform cube)。[Kim, Xiong, Pearlman 2000]中介绍了一种由 SPIHT(见 6.4.4 节)扩展而来的三维零树方法。[Xu, Li, Zhang, 2000]中提出了 EBCOT 算法的三维扩展。

与在补偿编码中一样，首先想到的办法是进行**变化检测**(change detection)，当视频中图像之间的相似性较低时，则不再利用时间维度的

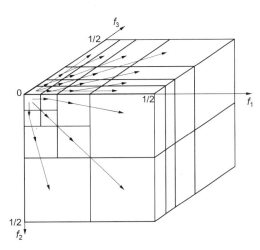

图 7.23　三维小波变换立方体(以零树小波为例)

相关性。如果不能通过沿时间轴的滤波操作获得压缩增益，则可以将其禁用。

由于图像中可能仅有部分区域(比如，在物体快速运动的情况下)存在明显的变化，因此有必要进行**局部变化**(local change)分析[Podilchuk, Jayant, Noll, 1990] [Queluz, 1992]，根据局部变化的剧烈程度，可以采用帧内编码代替沿时间轴的哈尔滤波[2]。这种基于运动的自适应方法框图，如图 7.24

---

[1] 注意，多相位置"B"的含义与混合编码中通常使用的"B 帧"是不同的。实际上，分解得到的"H 帧"与运动补偿预测得到的残差(P，B)图像具有一定的相似性。

[2] 需要注意的是，在存在快速运动的情况下，哈尔低通滤波器进行的平均运算可能会导致鬼影的产生，当把相应的高通信息丢弃时，这些鬼影也会出现在重构图像中。

所示。如果图像的差异超过了阈值，则在位置 I（"帧内"）处禁用沿时间轴的滤波。图中，在二进小波分解组件中，使用了式(7.32)中的非标准正交哈尔滤波器组（低通和高通基函数具有不同的范数），它是通过多相结构（见 2.8.3 节）实现的。

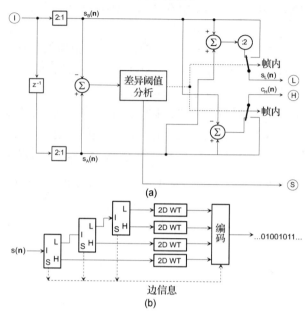

图 7.24　根据时域变化自适应调整的三维小波分解。(a)时域二进小波分解组件；(b)级联结构

在压缩率（丢弃时间分量的非零高频系数）较高时，块变换方法和基于哈尔小波的小波变换方法可能会在时域的块边界处产生可见的"切换"。为了避免这种情况，可以在小波变换中使用较长的滤波器核，然而这种方法的缺点是不能像采用哈尔滤波器时那样，简单地实现时间分解启用/禁用的切换。此外，如果存在比较剧烈的运动，较长的滤波器甚至可能产生更加严重的伪影，比如，在较低时域分解图像中的鬼影。作为一种合理的解决方案，可以使用式(2.325)中的双正交 5/3 滤波器组。如果通过提升结构[见图 2.55(b)]实现这种方案，还可以在局部实现切换或运动补偿的自适应，在后续的章节中将对此进行进一步讨论。

7.3.2　运动补偿时域滤波

在[Kronander, 1989]中介绍了一种沿时间轴按照一定的运动轨迹，将运动补偿(MC)与变换操作相结合的方法，然而，当存在不一致的运动位移时，这种方法将得到过完备的表示。尽管将运动补偿和沿时间轴的块变换相结合需要多幅图像间的对应关系，当存在局部变化的运动或遮挡时，会导致一致性问题，但是，可以直接将通过级联二进结构构造的子带/小波变换，实现为**运动补偿时域滤波**(Motion-Compensated Temporal Filtering，MCTF)，当使用短核滤波器或通过提升结构实现时，在 MCTF 的每个步骤中，只会用到少量图像间的对应关系[1]。需要强调的是，由于时间维度和空间维度是互相独立的，不一定必须将二维小波变换与 MCTF 结合使用。而且，同样还可以把级联的 MCTF 结构理解为开环混合编码中分层结构的扩展。

---

[1] 事实上，当在快速变换算法中运用运动补偿时，MCTF 中也同样可以使用块变换。

在最简单的情况下，将式(2.312)中的哈尔基函数应用于运动偏移为 $\mathbf{k}=\begin{bmatrix}k_1 & k_2\end{bmatrix}^{\mathrm{T}}$ 的图像对之间，则低通滤波器和高通滤波器的 z 传递函数分别为

$$H_0(z) = \frac{\sqrt{2}}{2} + \frac{\sqrt{2}}{2} z_1^{-k_1} z_2^{-k_2} z_3^{-1} \qquad \text{与} \qquad H_1(z) = -\frac{\sqrt{2}}{2} z_1^{k_1} z_2^{k_2} + \frac{\sqrt{2}}{2} z_3^{-1} \qquad (7.33)$$

采用与式(7.32)类似的形式，对 H_0 和 H_1 分别以 $\sqrt{2}/2$ 和 $\sqrt{2}$ 的比例系数进行缩放，得到非标准正交的滤波器，可以表示为如下形式。其中，令 "A" / "B"、"L" 和 "H" 分别表示偶数/奇数索引的输入图像，以及低通和高通输出图像，

$$s_L(\mathbf{n}) = s_A(\mathbf{n}+\tilde{\mathbf{k}}) + s_B(\mathbf{n}) \qquad \text{与} \qquad c_H(\mathbf{n}) = s_A(\mathbf{n}) - s_B(\mathbf{n}+\mathbf{k}) \qquad (7.34)$$

其中，一般有 $\tilde{\mathbf{k}}=-\mathbf{k}$，并且 A|H 和 B|L 的坐标系是成对对齐的。如果 k_1 和 k_2 都是整数，且在整个图像对上[1]都保持不变，则除边界样点外(参考的可能是另一幅图像之外的样点)，所有样点都存在完全可逆的分析/合成关系。在后一种情况下，可以对图像进行周期性扩展，或采用如图 7.24(a)所示的帧内模式切换，在失去对应关系的情况下，这种方法更加稳定(这里称为"未连接的样点")。

如果图像中的运动向量**在空间上是变化的**(spatially varying)，则未连接样点可能会出现在任何地方，除此之外，在运动向量发生重叠的情况下，将出现多连接的样点[见图 7.25(a)]。所有唯一连接的样点都可以通过合成滤波来重构，其中合成滤波中包括逆 MC(整数样点精度的)映射。在多连接的情况下，不同变换系数[如式(7.34)所示]的信息是重复的，而在未连接的情况下，信息丢失了，从而无法完成重构。在[Ohm, 1993]中，提出了一种方法，这种方法利用 B 帧中的原始样点来替换 L 帧中的未连接样点，并利用帧间的差值(预测误差)来替换多连接样点，从而使唯一的重构成为可能。这种方法将样点分为三类：进行正常哈尔低通滤波和高通滤波的"连接样点"、"B 帧帧内样点"和"A 帧预测样点"。只有在整数样点精度 MC 的情况下，这样方法才能保证完全重构，可以利用重构 B 帧中的样点或利用另一个 B 帧图像(如果它是之前的一幅图像，则应该对运动向量取反，见图 7.25(b))中的样点对 A 帧中的样点进行预测。在时间序列中，也可以将多连接的情况理解为是由于存在被遮挡的区域而导致的，而将未连接的情况理解为存在显露区域。

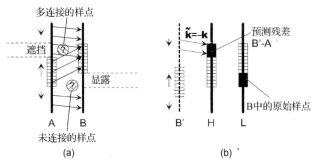

图 7.25 (a)存在"未连接的样点"和"多连接的样点"区域；(b)将 B 中的原始样点插入 L 中，将 A 中的预测误差插入 H 中

运动补偿提升滤波器 可以利用式(2.343)中的提升结构来实现非标准正交的哈尔滤波器，从而很自然地获得如式(7.33)和式(7.34)定义的空间坐标关系，其中 B 与 L 的坐标系是

---

[1] 即全局平移运动的情况。

重合的，A 与 H 的坐标系是重合的。在图 2.55 的提升实现中，预测和更新滤波器可以由结合运动偏移的二维滤波器代替，从而有 $P(\mathbf{z}) = -z_1^{k_1} z_2^{k_2}$ 和 $U(\mathbf{z}) = \frac{1}{2} z_1^{\tilde{k}_1} z_2^{\tilde{k}_2}$，

$$c_\mathrm{H}(\mathbf{n}) = s_\mathrm{A}(\mathbf{n}) - s_\mathrm{B}(\mathbf{n}+\mathbf{k}) \quad 及 \quad s_\mathrm{L}(\mathbf{n}) = s_\mathrm{B}(\mathbf{n}) + \frac{1}{2} c_\mathrm{H}(\mathbf{n}+\tilde{\mathbf{k}}) = \frac{1}{2}\left[s_\mathrm{B}(\mathbf{n}) + s_\mathrm{A}(\mathbf{n}+\tilde{\mathbf{k}})\right] \quad (7.35)$$

除归一化外，在 $\tilde{\mathbf{k}} = -\mathbf{k}$ 和整数样点偏移的情况下，式(7.35)与式(7.34)是等价的。然而，利用提升结构重新定义运动补偿哈尔滤波器，可以使其不再受到整数样点偏移的限制，通过在 $P(\mathbf{z})$ 和 $U(\mathbf{z})$ 中加入亚样点插值滤波器，就可以实现对任意运动向量场的完全重构，其中完全重构总是可以在合成操作中通过逆提升来实现的。即使在 $\tilde{\mathbf{k}} \neq -\mathbf{k}$ 的情况下，也可以完成重构，只是可能会在 L 帧中产生鬼影。[Pesquet, Bottreau, 2001]、[Luo, et al., 2001]和[Secker, Taubman, 2001]最早对提升滤波器进行了研究。在这之前，在[Ohm, Rümmler, 1997]中，已经对一种特殊情况进行了研究，研究结果说明，当沿时间轴的哈尔滤波器采用半样点精度(双线性插值)的运动补偿时，一维或二维双正交滤波器组的多相核可以用作完全重构插值滤波器；随后在[Choi, Woods, 1999]中提出了基于这种方法的可行的 MCTF 编码系统。在[Flierl, Girod, 2003A]中，给出了关于理论上性能界限的分析。

在混合编码的 MC 预测中，$P(\mathbf{z})$ 和 $U(\mathbf{z})$ 使用高质量的插值滤波器能够提供更好的压缩增益，这是因为更高质量的运动补偿降低了 H 中的能量并将信息集中到了 L 中。提升结构使得可以参考任意采样位置的(亚)样点，并确保完全重构[Secker, Taubman, 2001]。

沿时间轴扩展的提升滤波器　从成对图像分解的角度，观察时间轴小波树的一次分解，如图 7.26(a)所示，它给出了对运动补偿哈尔滤波器的另一种理解。提升滤波器结构中(得到 H 图像)的 MC 预测步骤实际上相当于混合编码中采用分层图像结构[见图 7.8(b)]的单向 MC 预测。因此，可以将空间 MC 操作(可以包括亚样点插值)直接加入到时域滤波器的提升结构中。

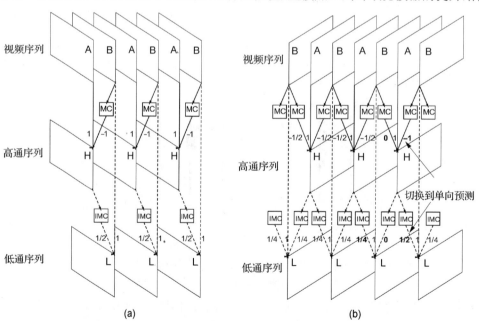

图 7.26　提升结构中的 MC 小波变换步骤 A/B→H/L。(a)单向预测和更新的哈尔滤波器；(b)双向预测和更新的 5/3 滤波器，低通滤波器具有 5 个抽头

可以直接将这一方案扩展到双向图像预测中。此时，预测步骤相当于**双向预测**（bi-predictive）的金字塔分层结构[见图 7.8(a)]。在这里使用的定义中，奇数帧 B 表示较低的(时域下采样的)金字塔层级。整个原理框图如图 7.26(b)所示，它可以由式(2.342)中双正交 5/3 滤波器的提升实现[如图 2.55(b)所示]演化得到，其中时域预测和更新滤波器中包括 MC 的空间移位和插值。此外，更新步骤是沿双向进行的，其中，为了避免 L 帧中出现伪影①，MC 和 IMC 之间仍然应该保证相反的对应关系。与 MC 预测编码器相似，也可以在前向、后向和双向预测之间进行动态的切换，或者实现帧内模式切换。举个例子，如果 H 帧只能通过 A 帧的预测值(利用后续的 B 帧进行预测)来计算，则预测步骤中左边的权值可以设置为 0，右边的权值设置为–1。后续的更新操作也应该相应地进行调整。在图 7.26(b)中，最右边 H 帧中的数据流图就是一个例子。

混合编码中的分层预测方案与利用 MCTF 结构的时间小波分解方案之间的一个重要区别是，在闭环结构中无法执行 MCTF(即编码器知道解码器能够获得的预测质量)。这是由于在分解中，更新步骤在预测步骤之后，而在解码器的合成过程中，逆更新步骤必须在逆预测完成重构之前进行(即，解码器在重构 A 帧之前，首先重构相邻的 B 帧，而编码器首先必须由 B 帧预测 A 帧，因此只能使用原始而非解码的图像)。另一方面，在低码率时，准确的 MC 预测，会使 H 帧中的大部分被量化为零，这将导致 L 帧在更新步骤中仅仅是从相应的 B 帧中复制信息。这意味着在低码率、闭环编码的极端情况下，更新步骤在解码器中就显得不那么重要了。如果编码器从原始的 A 帧和 B 帧开始编码，则用来预测 A 帧的 L 帧与对应的 B 帧相似，由于时域低通滤波处理具有去噪的效果，当预测中的运动补偿效果良好时，进行时域低通滤波是非常有好处的。另外，由于在编码器和解码器的预测和更新中，参考值是不同的，基于 MCTF 的分层方案往往会比采用分层图像结构的闭环混合编码器产生更明显的质量波动，对于最不重要的层级中的 A 帧，质量的波动最为明显。然而，在低失真编码(高码率)的情况下，基于 MCTF 的分层方案具有较大的优势。虽然闭环编码不适用于预测/更新的提升结构，但是，由于存在更新步骤，基于 MCTF 的分层方案产生的漂移明显没有开环混合编码器那么严重。在接下来的章节中将进一步讨论量化和误差扩散带来的影响。

其他 MC 方案 当 MCTF 与块变换编码结合时，基于块的运动补偿是一个合适的选择。在这种情况下，去块效应后处理过程可以进一步提高低码率时的图像质量。当对由 MCTF 产生的低通和高通图像进行子带或小波变换时，由于 MC 造成的块结构伪影可能会对变换基函数产生干扰，在高频系数被量化为零的情况下，不仅会引起块效应，还会造成额外的振铃效应。为了避免这种情况的发生，在[Ohm, 1994B]和[Secker, Taubman, 2001]中，介绍了一种将三维子带和小波编码器与扭曲 MC 相结合的方法。另外，还可以使用基于重叠块的方法[HANKE, Rusert, Ohm, 2003]。重叠块可以模糊掉 H 帧中运动边界附近的预测差值，但是也会使 L 帧中运动不一致的区域变得更加模糊。当需要以较低的帧率直接显示 L 帧序列时(见图 7.27 中的质量提升)，这种方法既有利于实现更高的压缩效率，同时还会改善图像的主观质量。

---

① 就 MC 与 IMC 之间的关系以及提升滤波器的权值而言，预测和更新步骤的对称性对于最优编码性能来说，是非常重要的，见 7.3.3 节。

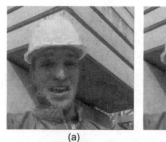 

图 7.27　从 MCTF 小波编码表示中重构的视频图像。(a)利用基于块的 MC；
(b)利用 OBMC/去块效应处理[图像由 Hanke/Rusert/Thull 提供]

7.3.3　基于 MCTF 表示的量化与编码

MCTF 中使用的变换(在这里介绍的版本中)不是标准正交的[①]。因此，在量化中，需要对变换域量化误差与解码误差之间的映射关系进行相应的缩放。为简单起见，假设采用的是标准正交的空间变换，可以单独对时域变换的最优量化进行分析；否则，时域变换和空间变换的缩放因子需要进行相乘。

首先，考虑哈尔滤波器的情况。为了获得式(7.35)中的标准正交表示，根据式(2.343)，H 帧需要乘以 $a_H = 1/\sqrt{2}$，L 帧乘以 $a_L = \sqrt{2}$。实际上，如果不对幅度进行缩放，则可以对量化步长进行缩放，其中所采用的缩放因子分别为上述缩放因子的倒数，由于 $a_L/a_H = 2$，这样便可以避免使用非整数缩放因子，这意味着，L 帧采用的量化步长是 H 帧的一半。与混合编码相比，a_L 与 a_H 的比值远大于混合编码中通常使用的 P 帧与 I 帧的量化步长之比，其中 P 帧和 I 帧的特性与 L 帧和 H 帧相似(见 7.2.4 节)。也可以通过图 7.28(a)中提升滤波器结构中的信号流程来理解。H 分量的量化误差 a_H 首先乘以因子 1/2，然后将其从 L 分量的量化误差 q_L 中减去。因此，进入到重构的 B 中的误差是 $\Delta_B = q_L - \frac{1}{2}q_H$。在对 A 进行合成时，由重构的 B 生成预测值并将其加到 H 上。则 A 中的重构误差为 $\Delta_A = q_L + \frac{1}{2}q_H$，这表明 H 分量各为两个重构图像贡献一半的量化误差。假设 L 分量和 H 分量中的量化误差是独立的，同时假设未归一化的量化误差 q 被缩放为 $q_L = q/a_L$ 和 $q_H = q/a_H$，则重构误差的方差为

$$
\sigma_{\Delta_B}^2 = \mathcal{E}\left\{\left(\frac{\sqrt{2}}{2}q\right)^2\right\} + \mathcal{E}\left\{\left(-\sqrt{2}\frac{1}{2}q\right)^2\right\} = \mathcal{E}\{q^2\}
$$

$$
\sigma_{\Delta_A}^2 = \mathcal{E}\left\{\left(\frac{\sqrt{2}}{2}q\right)^2\right\} + \mathcal{E}\left\{\left(\sqrt{2}\frac{1}{2}q\right)^2\right\} = \mathcal{E}\{q^2\}
$$

(7.36)

图 7.28　量化误差的合成信号流图。(a)在 Haar 提升结构中；(b)在未连接/多连接样点的情况下

[①] 除可以简化计算外，采用非标准正交变换，对避免"正常"和"未连接/多连接"样点间的不连续伪影而言是必要的。

由式(7.36)可知，$\sigma_{q_L}^2$ 和 $\sigma_{q_H}^2$ 分别平均地扩散到 A 帧和 B 帧的重构误差方差中。然而，只有当经过 IMC/L/H/MC 的路径能够补偿量化误差的一半时，才是成立的，即 IMC 与 MC 必须是两个**精确的互逆过程**(exact inverse)。如果不是这种情况，则量化误差 $\frac{1}{2}q_H'$ 将通过第二条路径扩散到 H 帧中的另一个样点上，A 中的重构误差将变为 $\Delta_A = q_L + q_H - \frac{1}{2}q_H'$。如果 q_H 与 q_H' 是相关的(偏差较小时，可以这样假设)，仍然可以获得接近完美的补偿。严格来说，只有在整数样点偏移或理想亚样点插值的情况下，MC 和 IMC 才能完美地匹配。另外，插值滤波器的选择对重构误差也会产生直接影响[①]。

类似地，根据式(5.56)可以推导出用于其他类型滤波器的量化步长的缩放值。例如，当采用 5/3 滤波器的 MCTF 时[如图 7.26(b)所示]，与高通分量相比，低通分量应该进行更加精确的量化，二者量化步长之比是滤波器系数的欧式范数之比，

$$\sqrt{\frac{\left(-\frac{1}{2}\right)^2 + 1^2 + \left(-\frac{1}{2}\right)^2}{\left(-\frac{1}{8}\right)^2 + \left(\frac{1}{4}\right)^2 + \left(-\frac{3}{4}\right)^2 + \left(\frac{1}{4}\right)^2 + \left(-\frac{1}{8}\right)^2}} = \sqrt{\frac{48}{23}} \tag{7.37}$$

这说明高通信号的量化步长基本上是低通信号量化步长的 1.45 倍。需要注意的是，在式(7.23)中的条件下，混合编码中采用分层双向预测时的因子为 1.225，与其相比，上式中的比值仍然较高，当码率较高时，理论上每增加一个分解层级都会带来大约 0.7 dB 的编码增益[②]，同样，这还需要假设 MC 与 IMC 是完全匹配的。在[Flierl, Girod, 2003]中，对使用 MCTF 可获得的编码增益进行了理论分析，得出的结论是：与采用相同运动补偿方法的混合编码器相比，当码率较高时，MCTF 可以减少高达 40%的码率。

未连接样点和多连接样点的量化　未连接样点和多连接样点的合成流程如图 7.28(b)所示。对于未连接样点，如果采用归一化因子 $a_L = 1$，则应该选择 $\Delta_B = q$，从而有 $\sigma_{\Delta_B}^2 = \mathcal{E}(q^2)$。对于多连接样点，预测误差样点被嵌入到 H 帧中，需要采用归一化因子 $a_H = 1$ 对其进行量化，从而在重构的 A 帧中产生的误差方差为 $\mathcal{E}(q^2)$。如果预测参考(例如，在当前的 B 帧或在之前解码的一幅图像中)还受到另一个 $\sigma_{\Delta_B}^2 = \mathcal{E}(q^2)$ 的影响，在统计独立的假设下，总误差将变为 $\sigma_{\Delta_A}^2 = 2\mathcal{E}(q^2)$[③]。如果存在后一种影响，则多连接位置处将同时受到参考样点误差和预测残差中量化误差的影响。由于这些误差扩散并叠加到 MCTF 金字塔的若干层级上，因此质量波动会变得比较严重。当使用非标准正交的 Haar 滤波器时，由于"连接"和"多连接"样点量化步长之间的比值比使用 5/3 滤波器时的比值更大，因此，这种现象更为严重。

由于 L/H 连接、未连接、多连接位置处的最优量化器设置之间存在显著差异，因此，需要局部地对量化权值(或归一化因子)进行调整。然而，在全(空间-时间)三维编码器中，进行

---

① 因此，可以观察到，在 MCTF 编码中，采用 1/8 样点精度的运动补偿仍然能够提供编码增益，而对于混合编码来说，当采用 1/4 样点精度时，编码增益通常就会达到饱和，不会再增加。

② 实际上，由于运动补偿，会使残差(H 帧中的样点)非常小，从而会将残差量化为零值，因此，这一编码增益是无法实现的。

③ 只有当编码器根据原始样点进行预测时，才会在多连接位置处出现误差的增加，这与开环预测系统中的误差扩散类似。然而，需要注意的是，如果计算资源充足，则可以通过两次编码来解决这一问题，其中编码器生成解码参考，完全是为了与多连接样点的预测参考达到更好的匹配。

量化的是变换系数而不是样点。在最简单的情况下，可以在局部区域内统计样点类型的数量，从而对量化进行统计调整。除此之外，还可以分析一个给定变换的基函数对空间样点位置的直接合成效果，从而更好地对量化进行局部调整。在已知运动参数和模式设置的情况下，还可以通过对最优量化步长设置下的样点模式进行另外的空间变换来实现，见[Ohm, 1994A]。

运动补偿三维小波系数的编码过程与二维小波编码(见6.4.4节)或者无MC的三维小波编码(见7.3.1节)相似。由于MC的使用，传统的二维小波编码器能够更加直接地对子带L/H帧(沿时间轴进行MCTF得到的，并且没有进行基于上下文的编码)进行编码。当首先进行时域变换时，尤其可以采用这种方法进行编码。这种情况称为"t+2D"变换，对应于图7.22(b)所示的方法，其中首先进行时域处理。"2D+t"方法也得到了研究，其中首先进行空间小波变换，接着是对由空间子带组成的序列进行MCTF处理，但是目前发现，这种方法的整体压缩性能稍差。其原因可能是由于在空间亚采样之后，二维子带中的混叠不是移不变的，这使得运动补偿较为困难。

7.4　边信息的编码(运动、模式、划分方式)

除对变换系数进行有效的熵编码外(与在6.4.1节中介绍的静态图像编码相同)，视频编码的主要目标是通过有效的预测尽可能地减少重要系数的个数。另外，这将需要发送边信息，而且边信息的数量不能超过编码变换系数所节省的比特数。在视频压缩中，最重要的边信息包括：

- 划分方式信息(变换块的大小/深度以及划分方式，其中同一变换块使用相同的运动参数)；
- 预测参考信息(包括帧内模式，比如，在特殊情况下，不使用其他不同的参考图像)；
- 预测参数信息，比如，帧间预测的运动向量，或者帧内预测的方向模式；
- 环路滤波器或插值滤波器参数的自适应和切换信息；
- 启用/禁用特定编码工具的参数。

早期的视频压缩标准采用固定大小的块(大小为16×16的宏块)作为预测的单元，H.263和MPEG-4标准的第2部分已经允许在亚宏块层中使用不同的运动向量，在MPEG-4中，划分方式可以是任意形状的(见7.8节)。为了实现有效的压缩，可变块尺寸的划分方式得到了最广泛的应用，其表示方式与四叉树编码(见6.1.2节)相同。为此，将顶层定义为一个尺寸不变的划分网格(通常是正方形)，它可以被进一步分割成子划分。在AVC/H.264标准中，一个大小为16×16的宏块可以进一步划分为大小为16×8、8×16或8×8的子块，其中对于8×8块，可以进行第二级划分，将其细分成大小为8×4、4×8或4×4的块。这意味着每一级划分都可以从四种划分方式中选择出一种划分方式(不分，两个双划分，一个四划分)(见图7.29)。在HEVC中，采用了更加灵活的方法。

- 树形编码结构：HEVC将图像划分为一个由树块编码块(Coding Tree Blocks，CTB)构成的网格。亮度CTB的大小为$N×N$，其中N可以是16、32或64，其中后者通常能够实现最大程度的压缩。根据色度采样格式，色度CTB也具有相应的尺寸。亮度CTB和色度CTB以及相关的语法组成了树形编码单元(Coding Tree Unit，CTU)。
- 编码块和编码单元：CTU的四叉树语法指明了属于该CTU的所有色度和亮度编码块

(CB)的大小和位置，其中色度块的大小仍然根据色度亚采样方案由亮度块确定。四叉树的根部对应于 CTU。如果没有对 CTU 进行划分，则亮度 CTB 的大小也是亮度 CB 的最大可能尺寸。亮度 CB 和色度 CB 以及相关的语法组成了编码单元(Coding Unit，CU)。一个 CTU 中包含一个或多个 CU，而且 CU 又可以进一步划分为预测单元(Prediction Units，PU)和变换单元(Transform Units，TU)，后者由 CU 层以下第二个四叉树产生的可选扩展标志位完成划分。将一个 CTB 划分为 CB 和变换块(Transform Blocks, TB)的例子，如图 7.30 所示，图中还给出了相应的四叉树结构。

- 预测单元和预测块：对某一图像区域进行编码时，是使用帧内预测模式还是使用帧间预测模式，这一决策是在 CU 层完成的。根据预测模式的决策，亮度 CB 和色度 CB 可以进一步划分为亮度和色度预测块(Prediction Blocks，PB)。HEVC 支持可变尺寸的 PB，对于帧内预测，PB 的尺寸最大为 64×64，最小为 4×4，对于运动补偿预测，PB 的尺寸最小为 4×8 或 8×4。CB 可以选择不划分和划分为六种不同的双划分模式之一，或四叉划分为预测块(Prediction Blocks，PB)，如图 7.31 所示[1]。

- 树形结构变换块和变换单元：预测残差通过块变换进行编码。亮度 CB/色度 CB 可以与相应的变换块(Transform Block，TB)大小相同，也可以进一步划分为更小的 TB。就变换树而言，在帧间预测中，变换块可以跨越预测块的边界[2]。

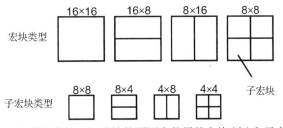

图 7.29　H.264/AVC 中所定义的，运动补偿预测中使用的宏块(上)和子宏块(下)划分方式

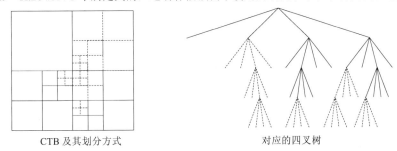

图 7.30　HEVC 中的划分方式：CTB 细分为 CB 和 TB。实线表示 CB 的边界，虚线表示 TB 的边界

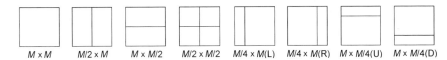

图 7.31　HEVC 中所定义的，大小为 M×M 的 CB 划分为 8 种不同的 PB 形状

---

[1] 帧内预测仅支持正方形 PB，而六种不同的非正方形 PB 只能用于帧间预测。

[2] 在帧内预测中，块预测环路沿用了变换块尺寸，例如，当大小为 32×32 的 PB 采用某种帧内预测模式时，仍可以将其划分成大小为 4×4 的变换块，然后对这些 4×4 块进行预测，但所有块都使用相同的预测模式。

每个子块(HEVC 中的预测单元或 AVC 中子宏块的每个子块)的运动信息都需要进行编码/标记。在进一步讨论运动向量编码的具体方法之前,应该先对运动向量场和运动轨迹的一些特性进行考虑。

如果某一物体在场景之中运动,或者相机在移动时,则运动向量场的时空一致性较高,在运动估计中可以利用这种时空一致性(见 2.6.2 节),从而更加简洁地编码运动参数。为此,可以利用同一帧中空间邻域内的运动向量,以及/或者利用时域相邻帧中的(最有可能位于同一运动轨迹上的)运动向量,对当前运动向量进行预测。在进行运动估计时,只需要在运动向量的预测值周围相对较小的范围内进行搜索,对于编码来说,实际的运动向量与运动向量的预测值之间的偏差越小,熵编码便越有效。

运动估计完成之后,通常对运动参数进行无损编码。但是,需要注意的是,这并不意味着需要对运动向量场进行无损表示。事实上,大部分用于编码局部变化的运动向量场的方法,都是以对子块进行亚采样为基础的,其中子块内的样点都由相同的运动向量或同一运动模型进行补偿。

实际上,也可以把运动向量场本身理解为一个相关信号,为此,可以对编码表示进行重构从而产生一个近似值。甚至可以刻意地使这一近似值不那么准确,例如,在估计过程中使用率失真优化(见 7.2.7 节)。在这种情况下,需要利用估计过程对运动参数的编码方法进行分析。如果在运动向量编码中对时空一致性加以利用,由于局部运动向量具有较好的可预测性,因此能够准确估计时空连续的运动向量场的方法,在编码时通常需要较低的码率。

如果使用预测编码方法对运动参数进行编码,由于对运动向量的编码应该是无损的,因此,开环编码和闭环编码(DPCM)方案之间不存在任何差别。可以发现,在编码中,需要一直保持运动向量所选择的亚样点精度。在相同搜索/编码范围的条件下,在对运动向量进行编码时,亚样点精度越高,通常所需的比特数也越多。

预测编码　编码运动向量的预测差值比编码原始值更加有效,这是因为预测差值通常更小,而且具有比较一致的概率分布,因此,对其进行熵编码往往更加有效。图 7.32 给出了一个水平运动位移的例子,其中运动向量预测差值 Δk_1 (参考左边的运动向量计算得到的)更多地集中在零值附近,并且与原始运动向量值 k_1 相比, Δk_1 的方差更小。通常假设运动向量差值的统计概率分布服从对称的且呈指数下降的 PDF(比如,拉普拉斯 PDF)。

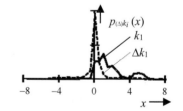

图 7.32　视频序列中运动向量的水平分量 k_1 以及相应的预测差值分量 Δk_1 的概率分布

只有之前已解码子块的运动向量可用于预测。可以采用线性预测方法(比如,对相邻子块的运动向量取均值),但是当邻域中运动向量不同时,这种方法可能会得到不合理的结果,因为很有可能其中一个相邻子块的运动向量也同样适用于当前子块。可以使用**中值预测**(median prediction),这种方法可以做到"多数判决"。在 AVC 标准的宏块层和子宏块层中,所采用的方式是,对各个分量逐个地进行 MV 中值预测,其中,将三个相邻预测块的已解码运动向量作为中值预测计算的输入[①]。如果只有一个相邻预

---

① 事实上,对水平和垂直位移分量独立地进行中值计算,也可能会得到不合理的组合结果。实际上,还可以选择使用向量中值预测器[Astola, Haavisto, Neuvo, 1990],其中候选运动向量按长度进行排序。

测块与当前块使用同一参考图像，对于大小为 8×16 和 16×8 的子块，则不使用中值预测，而只使用唯一的一个候选预测向量。

另外，还可以根据最邻近的候选运动向量定义若干预测器，然后，对最优预测器的索引直接进行编码。这种方法称为**运动向量竞争**(motion vector competition)或**先进运动向量预测**(advanced motion vector prediction)，并已在 HEVC 中得到应用。这种方法，在空间相邻预测块和参考帧中对应区域[后者称为**时域运动向量预测**(Temporal Motion Vector Prediction，TMVP)]的运动向量之间进行基于规则的一致性检测，然后选择两个候选向量，并发送一个标识用来表示最终选择的是哪个向量。最后，对当前块运动向量的预测值与实际值之间的差值(预测误差)进行编码。

参考图像索引的编码　如果运动补偿预测的参考图像可以从若干参考图像中选择(AVC 和 HEVC 正是如此)，则需要表示参考图像的索引(双向预测时，需要表示两个索引)。为此，可以对参考图像列表或对时间差值进行编码。参考图像索引的有效编码，仍然是以当前块与相邻已解码块之间的一致性为基础的，通过定义预测规则来实现。只有在预测失败的情况下，才需要显式地标记参考图像索引。在基于竞争的方案中，为了节省码率开销，还可以同时确定参考图像索引的预测值和运动向量的预测值。如果当前块的参考图像索引与相邻块的参考图像索引不同，而当前块的运动向量预测值又是根据这一相邻块计算得到的，在这种情况下，还需要根据当前图像与参考图像之间的实际时间距离对运动向量的预测值进行**缩放**(scale)。

空间分层编码　多分辨率或分层运动估计算法(见 2.6.2 节)旨在支持更平滑的、空间上更加一致的运动向量场。在运动估计的分层过程中，运动向量场的精确度[1]通常会越来越高。

差分金字塔编码(见 2.8.6 节)可以直接用于对运动向量场进行分层编码。可以对类似四叉树分层结构中的运动向量进行差分编码[见图 7.33(b)]，从而，利用较低分辨率中的一个父向量来预测较精细分辨率中的 4 个子向量，或者将这 4 个子向量标识为相同(即没有划分)。这种方法的优点如下：

- 差分金字塔本身就具有去相关的效果，某些情况下，它能比递归的一步预测更加有效；
- 金字塔不同层级的运动参数可以应用于空间分辨率不同的视频图像中，使得**可伸缩编码**(scalable coding)(见 7.2.4 节)隐式地包括了边信息的可伸缩性；
- 后者也意味着不同层级中的运动参数具有不同的重要性，在通过有损信道进行传输时，可以利用这一点实现差错保护；
- 四叉树编码(见 6.1.2 节)能够表示具有相同参数的(块状)区域的扩展。

上述方法的缺点是：较精细分辨率中的运动向量只由较低分辨率中对应位置处的运动向量确定，当存在不连续性时，相邻位置之间也可能存在相关性。另一种方法是在分层预测中采用中值预测。图 7.34 中给出了一种方法，这种方法对较粗糙分辨率中的运动向量进行 3 抽头的中值预测[2]。圆点代表方块的中心，实心圆点的运动向量事实上已经确定了。对于每个空

---

[1] 精确度涉及精度(整数样点精度或亚样点精度，向量的量化精度)以及向量场的空间分辨率(即，采样率)。需要注意的是，如果图像本身进行了缩放，则这两类精确度也同样需要进行伸缩：在 2:1 亚采样的图像中，一个样点偏移变为半个样点偏移，并且在 2:1 亚采样后，用来表示 16×16 块运动信息的向量被映射为表示 8×8 块运动信息的向量。

[2] 可以单独计算向量水平/垂直分量的中值，或者根据向量长度(欧氏向量范数)建立向量的有序列表。

心圆点，在下一个较低分辨率中，空间上位置最接近的三个实心圆点的运动向量被用作中值计算的输入(即，利用 8×8 网格中的三个值预测 4×4 网格中的一个值)。

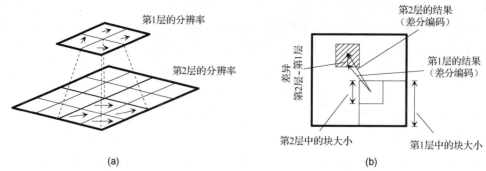

图 7.33　基于块的运动向量场的分层编码。(a) 层次结构中的分辨率精度；(b) 差分编码

直接、跳过与融合模式　在很多情况下，都可能出现对运动向量的完美预测(与预测向量之间不存在任何差别)。为了获得更加简洁的表示，在下列特殊情况下，可以将运动向量零差值编码与模式推断相结合。

- 在直接模式中，运动向量以及预测参考信息，包括参考图像索引、单向或双向预测的选择，都可以从相邻区域的解码信息中推导出来，但非零残差可能仍然存在。
- 在跳过模式中，与直接模式中相同的信息都可以被推导出来，并且残差都被隐式地编码为零[①]。
- 在合并模式(HEVC 标准中所定义的)中，将预测块与具有相同运动向量和预测参考信息的相邻区域关联在一起，但可能需要对非零残差进行编码。

在基于候选模式的方法中，需要定义相应的规则和机制，从而建立一个有效的(有限的)候选列表，其中标记的信息是指向该列表中某一个位置的索引信息。

通常，在空间和时间相邻位置处的运动向量场都具有一致性。如果使用另一幅图像的运动信息来进行预测，则会产生不一致性，这是因为运动参数本身描述的是**运动轨迹**(trajectory)，沿此轨迹，运动参数的时域一致性最高，而运动轨迹在解码之前是未知的。为了用一种简单的方法解决这一问题，预测中通常使用参考图像中**同位区域**(collocated area)的运动向量。图 7.35 (a) / (b) 说明了这种方法在 AVC 的**时间直接模式**(temporal direct mode)中是如

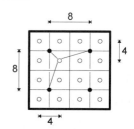

图 7.34　块运动向量的分级 3 抽头中值预测(利用空间上最接近的 8×8 块对位于 4×4 块中心位置的运动向量进行预测)

何实现的。在第一种情况(a)中，使用的是时域上之前参考帧中同位块的运动向量。第二种情况(b)表示在分级 B 帧结构中，使用的是较低层级的参考帧中同位块的运动向量。然而，由于 B 帧与较低层级中对应图像之间的时域距离不同，因此，需要对运动向量进行相应的缩放[②]。

[①] 需要注意的是，在 MPEG-4 标准第 2 部分中，只有在运动向量为零的情况下，跳过模式才会被调用。较新的标准(AVC, HEVC)中，在 MV 完美**预测**(prediction)的情况下，仍然可以使用跳过模式，因此，跳过模式具有更高的有效性。

[②] 在使用时域直接模式(a)和空间直接模式(c)的情况下，当从参考帧或相邻块中获得的运动向量所涉及的时域距离，与当前块及其参考块之间的时域距离不相同时，也需要进行缩放。

AVC 标准中，空间直接模式和跳过模式运动参数的推导过程，如图 7.35(c)所示，其中用到了三个相邻块运动向量的中值，其计算方式与运动向量预测相似。

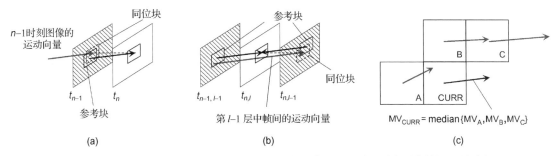

(a)　　　　　　　　　　　(b)　　　　　　　　　　　(c)

图 7.35　(a)/(b) AVC 的时间直接模式中，参考图像同位区域运动向量的使用；(c) 空间
直接模式和跳过模式中，根据相邻块运动向量的中值推导出当前块的运动向量

由于同位位置可能会给出错误的候选运动向量，尤其当运动比较剧烈并且/或者运动向量场不连续时，最好能够使用位于真正运动轨迹上的运动向量，但是这需要将运动向量由其在参考帧中所处的位置投影到当前帧中，如果当前图像的坐标系作为基准时，则很难进行投影。在此背景下，有可能出现没有或若干个向量投影到同一位置的情况，因此可能会出现相互矛盾的运动向量。作为补救措施，要么将所有可用的向量都用作候选向量(需要额外的标记)，然后进行中值计算，要么采用其他规则，比如，选择幅度最小的向量或者与相邻向量偏差最小的向量。尽管当前标准没有采用这些方法，但是对时域运动轨迹进行更准确的分析，相信能够进一步提高运动数据编码的有效性。然而，这将需要更加复杂的计算，并且精度更高的预测运动向量候选值也需要更多的存储空间。

即使在访问时域候选向量时使用了同位位置，也仍然需要存储参考图像的运动信息。为了节省内存，在 HEVC 标准中，存储时域运动候选向量的粒度也被限制在一个相当于 16×16 的块网格上，尽管在参考帧中的对应位置处可以使用更小的 PB 结构。

HEVC 中实现的融合模式在概念上类似于 AVC 中的直接和跳过模式，然而，与预测中的运动向量竞争相似，它只需要显式地标记若干可用候选运动向量中的一个。融合模式中，可能的候选运动向量集合包括若干空间相邻候选运动向量、一个时域候选运动向量以及额外生成的候选向量或零向量(如有必要)。候选列表中候选向量的个数是固定的，候选向量被填入候选列表中，直到列表被不同的候选向量填满。图 7.36 给出了 5 个空间候选块的位置，图中展示的是一种极端情况，即一个较大的预测块，其相邻块都是尺寸较小的块。相似地，融合模式通常还将较大相邻块的运动向量分配给较小的块。

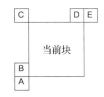

图 7.36　HEVC 中，当前预测块(在融合和预测 MV 编码中，候选块的排列方式与此相同)的 5 个空间相邻候选块 A,…,E 的位置

当使用空间或时间分层的图像结构时，在各层次之间进行运动轨迹预测(采用差分编码以及直接/跳过/融合模式编码)，可以隐式地完成多图像运动轨迹由粗糙到精细的编码(见图 7.37)。因此，如果在较长的图像序列中存在相同的内容(即使内容可能是移动的)，则采用分层结构非常有利于以较低码率对运动残差和运动向量进行编码。

对于 B 帧，如果运动轨迹在时间上具有一致性，则可以认为，除了符号，前向运动向量和后向运动向量通常不会有太大的差别。因此，对前向、后向运动向量进行联合编码(正如在跳过和直接模式中所使用的一样)往往更加有效，并可以节省重复运动向量的码率开销。

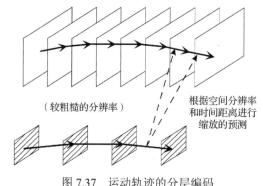

视频序列中的运动轨迹(较精细的分辨率)

(较粗糙的分辨率)

根据空间分辨率和时间距离进行缩放的预测

图 7.37　运动轨迹的分层编码

帧内预测模式的编码　可以把帧内编码理解为一种特殊情况，即进行预测时，图像参考的是其自身。但是，由于帧内编码的特殊性，不应该把帧内模式切换当成是参考索引的一种特殊形式，这是因为，如果不这样做，通常将需要调用具有不同参数的解码过程。HEVC 中帧内方向预测模式的编码就是一个例子(见 6.3.5 节)。

边信息参数的熵编码　对边信息(比如，运动向量)进行有效的预测和差分编码，可以使熵编码对其进行编码时，获得较低的码率。非自适应和自适应熵编码都是如此，但是，自适应编码能够更好地考虑到具体序列的特性。由于通常认为运动向量的差值服从拉普拉斯分布(见图 7.32)，因此，通常采用码字长度服从指数分布的码对其进行编码(比如，EG 码，见 4.4.3 节)。然而，即使进行了预测，非线性相关性也可能仍然存在，因此，使用基于上下文的自适应编码能提供更大的增益。例如，运动向量预测的成功率有多高、使用直接/跳过/合并模式的频率有多高、在运动向量竞争中第一个候选向量成为最优选择的可能性有多大等，通常都与具体编码的序列有关。

多分量视频的边信息　如果视频是由多种分量组成的，比如，亮度和色度、RGB、辅助通道如 alpha 图、形状图或深度图(见 7.6 节)，则通常可以对边信息参数进行共享。如果根据各种分量的坐标系将它们对齐，则在编码中不应该区别对待这些分量(比如，将不同的运动偏移赋予不同的颜色分量是没有意义的，因为各个颜色分量对应的物理运动都应该是相同的，如果赋予了不同的运动偏移，则会产生可见的伪影)。在某些分量被亚采样的情况下，还需要相应地对运动向量进行缩放。

边信息参数的推导　由于边信息一般需要占用大量的视频数据速率(尤其在码率较低时，通常占据 30%甚至更高的比例)。因此，对边信息进行预测，或者让解码器采用更加先进的边信息推导方法，比如恰当地选择候选运动向量或候选模式，对高效的编码来说都是至关重要的。采用合理的自适应熵编码方法，将那些仅适用于某些类型视频序列的、很少被用到的情况或模式也都包含进来，通常也是比较有利的。在这种情况下，根据率失真准则作出选择是非常重要的(见 7.2.7 节)。此外，为了尽可能保持较低的数据速率，通过条件解码对相关性加以利用也是非常有利的。这样的例子包括：解码端运动向量推导的方法(见 7.2.4 节)以及根据相邻的、已解码区域的信息对参数进行推导的几种方法。在此背景下，检查附加的条件以及执行额外的处理，在提升性能的同时也必然会引起复杂度的增加。

7.5　可伸缩视频编码

可伸缩视频编码允许从部分码流中解码出有用信号，解码得到的信号可能具有较低的帧率[时间可伸缩性(temporal scalability)]、较小的图像尺寸[空间可伸缩性(spatial scalability)]或较差的质量[保真度可伸缩性(fidelity scalability), 也称为 SNR 可伸缩性(SNR scalability)]。

最简单的可伸缩视频编码方法就是不使用运动补偿, 即在图像序列上只进行帧内编码。然而, 由于利用运动的时间一致性对于实现高效的视频编码非常重要, 因此这种方法并不能对视频序列进行有效的压缩。另外, 在运动补偿编码中, 视频纹理及其运动信息都应该是可伸缩的。然而, 在递归预测环路中, 很难实现可伸缩编码, 这是因为可以把码流的缩放理解为数据丢失, 这将引起漂移(编码器端和解码器端的预测过程出现偏差)。因此, 运动补偿混合预测/变换编码的可伸缩扩展通常采用分层编码方法, 即在对从低分辨率/低质量到高分辨率/高质量的视频进行编码的过程中, 通过增加其他预测选项, 来避免漂移问题。另外, 三维变换编码能够以嵌入的方式隐式地提供可伸缩表示(见 5.4.2 节), 但这种方法很难与运动补偿相结合, 尤其在实现空间可伸缩时, 变换的移变性就是其中一个问题。本节将不再对后一种方法进行讨论。

7.5.1 混合视频编码中的可伸缩性

如果编码器端和解码器端使用了不同的预测值, 则混合视频编码的图像递归处理会引起式(5.8)中的漂移。如果较低层中的预测不使用较高层中的解码信息, 则分层编码可以保证在可伸缩表示中每个较低层都是独立的。在闭环系统中, 如果在预测中可以使用所有较高增强层的信息, 则此时较低层的预测性能会比其原本的预测性能要差, 如式(5.15)所示。然而, 这并不会影响基本(最低)层的操作点, 基本层的编码器会像一个单层编码器一样以相同的码率进行编码。由于较低层的信息可以用于对较高层信息的预测, 从较高层的角度看来, 其预测性能也比其原本可以达到的性能要差, 可伸缩混合编码的率失真性能不可能总是像单层编码器一样好, 即不能指望可伸缩编码器能在多个码率上获得与(独立工作的并且针对这些码率进行过优化的)单层编码器同样低的失真。然而, 作出这种推断一定要谨慎, 因为视频是一个多维信号, 并且混合视频编码有很大的自由度来选择预测的最优参考。此外, 还必须注意到, 在混合编码中, 边信息(比如, 运动信息和模式信息)构成了整个码率中很重要的一部分, 因此, 在层间应该尽量多地重用/预测这些边信息。

从应用的角度来看, 可伸缩编码的性能通常与联播(simulcast)(见 5.4.1 节)进行比较, 其中, 联播可以提供具有不同分辨率或质量的独立码流。在联播中, 解码器只需要简单地忽略那些表示非预期目标工作点的子码流。尽管由于联播中子码流之间存在冗余, 使得联播的码率通常明显更大, 但是联播解码器的设计通常也比较简单。

接下来的章节中将详细讨论可伸缩混合编码的几种不同的原理, 其中包括力求在基本层质量和增强层质量之间取得平衡的解决方案。这里通常考虑两层编码结构, 但是, 可以利用多个增强层编码器/解码器模块, 直接实现如图 5.13 所示的多层扩展。

分层编码中的 MC 预测环路 为了支持可以独立解码的基本层, 需要在编码器和解码器中为基本层实现 MC 预测环路。为获得各层当中不同的图像尺寸而进行的空间抽取和插值操作, 应该在预测环路外部进行[1]。在最简单的情况下, 可以直接采用帧内编码对通过已解码的基本层图像得到的残差误差进行编码[见图 7.38(a)], 而在同一增强层中不进行 MC 预测。如果可以从增强层之前解码的图像中获得重要的预测信息, 则这种方法都将是次优的。例如,

---

[1] 对于纯保真度可伸缩性, 可忽略抽取和插值操作。

如果基本层的空间分辨率较低，则需要为每幅图像再次编码基本层与增强层之间的差异信息。如果基本层以较差质量进行量化，则后续增强层图像(基本层与较高质量的增强层之间)的残差误差都是相似的。因此，在这种情况下，特别是当层间分辨率/质量差距较大[1]时，连续图像的基本层残差与增强层残差之间存在时域相关性。为了解决这个问题，在增强层的编码中，可以采用具有单独环路的 MC 预测[见图 7.38(b)]。如果可以从之前解码的增强层图像中获得细节信息，则残差误差将会变得更小。

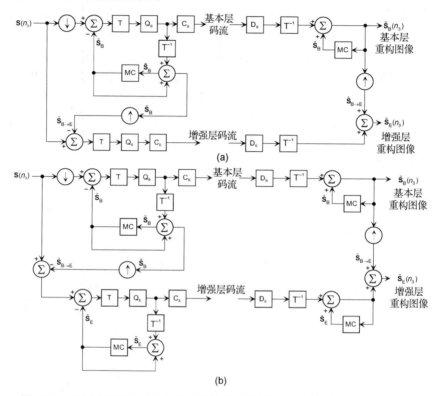

图 7.38 在混合编码器中将空间可伸缩性与量化器可伸缩性相结合。(a)增强层中不进行 MC 预测；(b)具有双环路，增强层中支持残差的 MC 预测[T: 变换；↑/↓：抽取/插值；Q_B：基本层的量化器；Q_E：增强层的量化器]

当基本层和增强层采用独立的预测环路时，编码器的复杂度会明显增加，但这还取决于可伸缩的模式。如果增强层的空间分辨率较高(即空间可伸缩性)，则在增强层中，应当使用与基本层不同的(至少是细化的)运动向量来提供良好的预测质量。对于保真度可伸缩性，在两个预测环路中，最好使用相同的运动参数[2]。在后一种情况下，可以在解码端将两个预测环路合并。为了说明这一点，图 7.39(a)/(b)中给出了类似于图 7.38(a)/(b)中的编码结构，并且如果图 7.39(b)和图 7.39(c)中的运动补偿操作是相同的，则图 7.39(c)与图 7.39(b)中的编码结构完全等价，即二者所有的编码器/解码器结构都可以合并[3]。为了保证基本层的稳定性，在

---

[1] 当视频场景中没有变化或变化较小时，残差误差间的这种相关性将更高，对于增强层的每一帧图像，所有精细的细节结构都需要反复地进行编码。相反，当变化比较剧烈时(尤其是当运动补偿失败时，比如，存在遮挡区域的情况下)，通过基本层中的同位图像进行预测通常比通过之前解码的增强层图像进行预测更加有效。

[2] 然而，在率失真准则下，这样做可能不是最优的，因为根据率失真准则，运动参数是根据码率进行选择的。

[3] 见习题 7.3。

编码器中仍然需要采用两个独立的预测环路。但是，在图 7.39(c)中如果只需要对其中一个层进行重构，则只需要一个解码器预测环路，这种情况在很多应用中都比较常见。如果逆预测环路采用的是相同的系统(原则上都是 LSI 系统，并进行了同样的局部调整)，则也可以使用单环解码器，因此，可用的残差信号是在环路之前还是在环路之后加入便不再重要了。从两种编码器/解码器结构中还可以得到另一个有意思的结论，即预测增强层的原始图像与预测环路中的残差信息是等价的。一个最主要的区别就是，在图 7.39(c)中，增强层编码器的预测环路处理的是重构图像，而在图 7.39(b)中[以及图 7.38(b)中]，增强层编码器的预测环路处理的是残差信号，这些残差信号随后会加到重构的基本层上。可以进一步对图 7.39(c)进行调整，使其在解码器中只进行一次逆变换，即在变换域中完成基本层与增强层之间残差的计算。但是，调整后的方案仍然能够得到相同的编码表示(在忽略掉因舍入操作而引起的细微偏差的情况下)。

    图 7.39(b)/(c)中的编/解码器结构说明，在增强层中通过运动补偿来预测基本层与增强层之间的残差[见图 7.39(b)]，完全等同于利用基本层残差来预测增强层运动补偿残差[见图 7.39(c)]。在图 7.39(c)所示方法的编码器端，将基本层中的预测残差从增强层的预测残差中减去，称为**残差预测**(residual prediction)。然而，如果基本层和增强层中的运动补偿不同，则这两个预测将不再是可互换的。通常包括以下情况：

- 在空间可伸缩性中，基本层和增强层具有不同的空间分辨率；
- 在保真度可伸缩中，当增强层环路中使用不同的运动向量时(由于使用不同的预测参考，因此需要使用不同的运动向量)。

    如果运动补偿之间存在差异，则在最后的残差中，可能会出现移变分量(比如，边缘重影)。为了避免这个问题，在[Li, et al., 2013]中，提出了一种使用增强层的运动参数来重新计算基本层残差的方法。然而，这种方法需要在编码器和解码器中均增加一条额外的运动补偿环路，出于复杂度方面的考虑，这种方法并不可取，除非可以证明这种方法可以带来足够显著的压缩增益。

    此外，最好能够实现在不同预测模式(基本层预测增强层、只在增强层中进行预测、残差预测)之间的切换。例如，如果图像内容随时间没有出现显著变化，通常会发生这样的情况，即只有使用(较高质量的)增强层中之前重构的图像才能够实现最优预测，而不需要参考基本层中的同位图像。图 7.40 中给出了一种支持模式切换的更加灵活的结构。可以观察到，与图 7.38(c)中的方案相似，在图 7.40 的方案中，存储了完整的重构帧。当前增强层图像可以完全由上采样的基本层图像来预测，也可以由之前解码的增强层重构帧来预测[1]，还可以由二者的平均值(双向预测)来预测。另外，图 7.40 中还实现了**残差预测**(residual prediction)模式，即根据基本层中的同位残差来预测增强层中的运动补偿残差[2]。所有这些模式都可以根据具体的(局部的或全局的)序列特性进行选择，并且为了实现有效的可伸缩混合编码，应该将所有这些模式全部开启。

---

[1] 前者相当于图 7.38(a)中的增强层"帧内"编码，而后者相当于联播(较高层的预测中没有利用较低层已解码图像的信息)。

[2] 尽管基本层和增强层中进行的运动补偿不同，图 7.38(b)中的方法(通过运动补偿预测使基本层与增强层之间的残差进一步减小)可以给出不同的结果，但是这种方法仍不属于残差预测。原则上，可以将这种方法作为第 5 种模式，但是该方法需要另一个图像存储器对残差进行存储，从复杂度的角度考虑，这种方法并不可取。

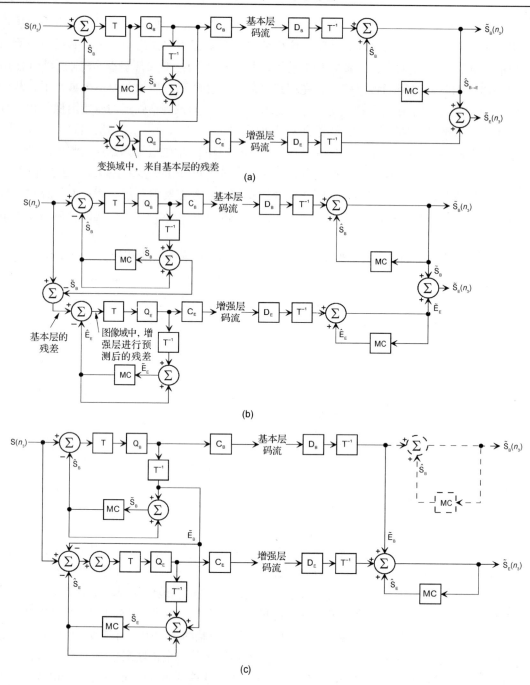

图 7.39　MC 预测编码器中的量化器可伸缩性。(a)增强层中不进行预测；(b)/(c)增强层
中进行预测。(b)/(c)两种结构中分别具有相同的基本层和增强层信息分量[(b)
双环路解码；(c)单环路解码，可以选择通过第二条环路对基本层进行重构]

　　按照不同视频压缩标准的可伸缩扩展中所实现的具体方法，图 7.40 中的选项还包括以下配置：

● AVC 的可伸缩扩展[通常称为**可伸缩视频编码**（Scalable Video Coding，SVC）]支持配置 1 和配置 4，以及配置 2，只有当基本层采用帧内编码时，才可以使用配置 2；通过这种方式，当对最高层进行解码时，解码器只需要运行一个运动补偿环路，但是，这需要对增强层解码器进行专门的设计；

● HEVC 的可伸缩扩展（又称为可伸缩 HEVC，SHVC）支持配置 1、配置 2 和配置 3。当对最高层进行解码时，解码器需要运行多个运动补偿环路（每层一个）。当对较高层进行解码时，只需要提供在较高层参考图像缓存器中较低层的同位（空间可伸缩性的情况下，需要进行上采样）解码图像，就可以重用单层解码器，而不需要对其进行修改。

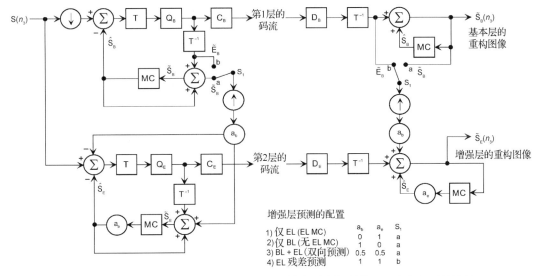

图 7.40　用于增强层预测的具有不同可切换自适应机制的双环路空间可伸缩性

漂移的控制　为了使增强层在某一码率下获得更好的压缩性能，编码器端可以一直将最高增强层的解码结果作为参考进行预测，而不管解码器会获得什么信息（见图 7.41）。MPEG-2 标准中定义了这种"SNR 可伸缩性"方法。虽然这种方法不会对增强层带来不良影响，但是由于存在（可能比较严重的）漂移，会使较低层的质量下降。这基本上与数据丢失的情况类似，即当只有一部分信息被接收到时，编码器和解码器中所进行的预测是不同的，从而产生漂移，其结果就是会造成如式(5.16)所示的误差扩散。

在[Wu, Li, Zhang, 2000]中，提出了一种称为"渐进精粒度可伸缩性"的漂移控制方法，这种方式是图 7.39 中双环路方法的一种变形形式，它能够无条件地保证基本层的稳定性，其代价是会牺牲增强层的压缩性能。这种方法，通过一种复杂的预测机制，将采用位平面表示的增强层信息部分地用于预测中，在解码器无法获取全部增强层信息的情况下，这种机制可以在固定数目的图像之后，使误差扩散终止。

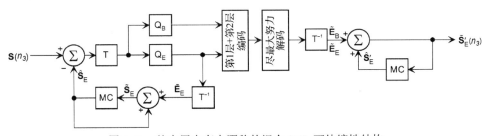

图 7.41　基本层中存在漂移的混合 SNR 可伸缩性结构

时间可伸缩性　　在时间可伸缩中，较低层应该能以较低的帧率进行解码。如果基本层是独立进行预测的，即仅使用基本层本身的参考图像集合进行预测，则可以通过跳帧的方式来构建帧率较低的图像序列，从而实现时间可伸缩性。较高帧率所需的增强层图像由之前跳过位置处的图像构成。增强层图像可以由较低层或相同层的参考图像进行预测。

因此，在 7.2.4 节（见图 7.8）中介绍的分层图像结构可以为时间可伸缩性提供近乎理想的解决方案，这种结构可以隐式地提供嵌入的时间层，并且与单层方案相比，也不会引起码率的增加[①]。通过将帧率最低的基本层图像序列定义为"关键帧"，只要接收到了基本层，就可以保证解码的稳定性。除此之外，在其他可伸缩性模式（空间可伸缩性和保真度可伸缩性）中，还可以利用关键帧的可用性，调节编码效率和漂移之间的平衡。由关键帧构成的基本层是稳定的、不存在漂移的，只要较高层中出现信息损失，就可以从关键帧开始，重新对增强层进行解码。可以采用这样一种策略，即除关键帧外的基本层图像中允许存在一定量的漂移，从而获得更高的压缩性能。图 7.42 中给出了一个例子，其中除关键帧外，其他所有帧都可以由具有更高分辨率或质量的参考图像进行预测[②]。当采用"空间/保真度可伸缩性优先"（即每当获得一个新的时间层时，后面的增强层应该首先将该时间层提高到最高的空间分辨率和最高的质量，然后再提高到下一个更高的帧率）的分层结构时，这里给出的配置将是无漂移的。从相同的关键帧开始，当以"时间伸缩性优先"的方法解码层次中的序列时（即，首先获得帧率最高、空间分辨率/质量最低的图像序列），将会产生一定的漂移，但是这种方法通常不会严重影响质量，因为在任何情况下解码链都是相对较短的图像序列，并且对两个预测值取平均也会限制误差扩散的影响，见式（7.18）。

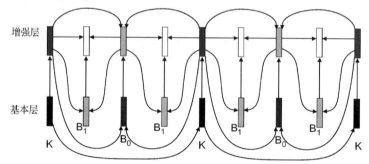

图 7.42　在分层 B 帧结构中，在增强层出现信息损失的情况下，对漂移进行限制的例子（改自 Schwarz）

运动和模式信息的可伸缩性　　边信息（比如运动信息、划分方式和模式参数等）在总码率中占据相当大的比例，特别是在采用较高的精度（例如，使用较小的块尺寸）表示编码信息时。尤其在实现空间和保真度可伸缩性时，可以预期，层间的这些边信息参数之间会具有高度的一致性。具体来说：

- 如果运动信息、划分方式和模式参数是根据率失真准则选择的，那么码率较高时的这些参数（通常更加精确）与码率较低时的参数可能是不同的，但是可以用较低码率/层确定的参数对较高码率/层的相应参数进行预测；

[①] 然而，可以注意到，优化的单层编码器不会采用层数较多的分层结构对具有大量变化的序列进行编码，但是可伸缩编码器为了满足可伸缩性的需要，必须使用这种特定的编码结构。

[②] 需要注意的是，AVC 的可伸缩版本不允许在分辨率较高的增强层中使用这种结构，因为标准中没有把下采样定义为预测过程的一部分。

- 如果较高层具有较高的空间分辨率(空间可伸缩性)，则较低层的参数也可以用于预测，然而，必须根据上采样因子，对分块的大小和运动向量进行相应的缩放。

由较低层预测得到的边信息参数不能保证是最优选择。因为对分块的运动和模式参数进行编码时，通常还需要利用空间上和/或时间上的冗余，而在较高分辨率中，空间上或时间上的同位分块通常可以提供比低分辨率层更好的预测值。

7.5.2　可伸缩视频编码的标准化

AVC 标准的可伸缩视频编码部分(Scalable Video Coding，SVC)　自 MPEG-2 起，多种视频编码标准中就已加入了可伸缩性功能。然而，直到 AVC 标准的可伸缩视频编码扩展[①]出现之前，与单层编码相比，可伸缩视频编码通常都会使压缩性能明显降低。其主要原因如下：

- 早期的保真度可伸缩方法会引起基本层的误差漂移(MPEG-2)，或者由于在增强层中仅使用帧内编码，所以编码效率不高[MPEG-4 标准的第 2 部分，**精粒度可伸缩性**(Fine Granularity Scalability，FGS)[②]]；
- 采用分层编码的方法实现空间可伸缩性，但主要针对图像信息的残差编码，因此，会对基本层和增强层的边信息参数(运动信息、模式切换信息等)进行重复的编码；由于对边信息进行编码(比如，预测运动参数)的效率通常很低，因此，重复的编码付出的代价会更大。此外，在 MPEG-2 和 MPEG-4 第 2 部分的空间可伸缩性实现中，预测模式切换缺乏一定的灵活性(例如，允许利用上采样的基本层图像与一个增强层图像之间的双向预测，来代替增强层中的双向预测，这种方法在某些情况下是比较有效的)，而且可伸缩编码模式的熵编码也相当低效；
- 在使用 B 帧的情况下，MPEG-2 和 MPEG-4 第 2 部分可以有效地实现时间可伸缩性，但是由于在 AVC 之前的标准中没有分层图像结构，因此已有的编码结构支持可伸缩时间层不能多于两个。

在下文中，将要介绍 SVC 一些最重要的特性，凭借这些特性使得 SVC 可以有效地实现可伸缩性。

利用分层图像预测结构(见图 7.8 中分别具有 4 个时间层的 B 帧金字塔结构和 P 帧金字塔结构)实现的时间可伸缩性在 SVC 中是最高效的。通常来说，不能使用时间分辨率较高的层对时间分辨率较低的层进行预测。此外，分层结构中最底层(图 7.8 中的 I 帧和 P 帧)的图像称为**关键帧**(key pictures)，它们通常用作重新同步点或码流切换点。

在空间和 SNR 可伸缩性的实现中，较低层中的相关信息得到了最大程度的利用，包括运动信息、模式信息和划分方式信息等。图 7.43 说明了在空间可伸缩性中，二进制上采样的情况下，增强层是如何从基本层中获取块划分方式信息和模式信息的。把基本层的运动向量放大两倍，然后可以选择对运动向量之间的差值进行编码。一些特殊的模式，比如跳过模式和直接模式也可以从较低层传递到较高层。上采样因子为 2 的情况下，对预测块划分方式进行上采样比较简单，除了基本层预测块的大小为 16×16，需要在增强层中建立 4 个大小为 16×16 的块(图 7.43

---

① 在 ISO/IEC 14496-10|ITU-T Rec. H.264 的附录 G 中进行了定义。

② 与此同时，FGS 已从 MPEG-4 Visual(第 2 部分)标准中移除。

中，位于中间的图)。在使用非二进制上采样因子的情况下，应该根据相应的因子对运动向量进行缩放，然后进行舍入，将其舍入到下一个可能的预测块边界处(4 的整数倍样点位置)。

由较低层对较高层进行预测被实现为一种额外的预测模式，但是在使用本层中之前解码的图像作为参考时，所有其他模式(帧间运动补偿、帧内预测)仍然是可用的。当由较低层对较高层进行预测时，只可以使用以帧内模式解码的重构块(称为 Intra-BL 块)[①]，或运动补偿块的重构残差信号。这样做可以避免对所有较低层上的运动补偿块进行完全重构，因此，解码器只需要对单个运动补偿环路进行操作[②]。但是在整个分层结构(可以包括时间、空间和 SNR 可伸缩性的各种组合)中，多个编码器环路需要以闭环的方式在不同的码率点上运行。

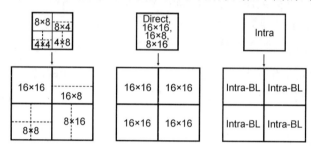

图 7.43   SVC 空间可伸缩性中，划分方式信息和模式信息的预测

空间可伸缩性的典型配置如图 7.44 所示。所有层的预测结构在空间上都是对齐的，即第 l 层中的帧内编码宏块、MC 残差数据、运动信息、模式信息和划分方式信息都被上采样，并且用作第 l+1 层对应区域中额外的可选预测值。在空间可伸缩性的实现中，就各层图像的尺寸而言，通常使用二进制(2 的幂)因子，但是也可以使用非二进制因子。

保真度可伸缩性有两种基本的实现方式：**粗粒度 SNR 可伸缩性**(Coarse-Granular SNR scalability，CGS)和**中粒度 SNR 可伸缩性**(Medium-Granular SNR Scalability，MGS)。

- CGS 被设计用来支持少数几个选定的码率点，从一个 CGS 层到下一个 CGS 层，码率至少增加 50%。其工作过程与空间可伸缩性相似，但是各层中图像的空间分辨率没有变化，即不需要上采样滤波器，层与层之间通常只有量化步长是不同的。利用 CGS，通过被称为"码流重写"(bit-stream rewriting)的方法，可以将 SVC 码流转换为单层 AVC 码流。尽管在编码器中存在多个 MC 环路，在解码器中也只需要一个 IDCT 和一个 MC 环路(对应于最高可用层的编码器环路)，正如图 7.39(c)的上下文中所介绍的。

- MGS 结合了简单的 CGS 语法和更先进的运动补偿预测结构，从而可以利用基本层或增强层的信息进行自适应的预测，并能够设立由变换系数的子集[可以将其理解为一种**频率划分**(frequency partitioning)]构成的额外中间层。部分地丢弃 MGS NAL 单元，会产生相对较小的漂移，从而可以在两个 CGS 层之间定义额外的质量层。

[①] 需要注意的是，对于帧内编码图像，需要在空间预测环路中重构基本层信号，而不依赖于其他时刻的预测信息。——译者注

[②] 由于基本层和增强层使用相同的运动补偿环路，因此，无论是利用基本层预测原始信号还是预测残差信号，结果都不会有任何不同(见图 7.39)。然而，实际情况并非如此，首先是由于基本层和增强层中使用了不同的运动信息和模式(比如，块划分方式)信息，其次是由于在环路中使用了诸如去块效应滤波器等其他编码工具。因此，在 SVC 中通过预测残差信号获得的编码增益，通常低于由帧内信息和运动/模式信息带来的编码增益。

SVC 对图像信息和边信息都进行分层编码(自下而上的预测)。除此之外,AVC 的熵编码方法(CABAC 和 CAVLC)通过一些上下文模型(尤其是在对较高层进行熵编码时,可以参考较低层中的上下文信息)进行了扩展,从而使压缩变得更高效。

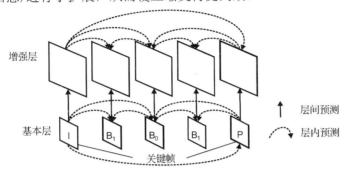

图 7.44 AVC 空间可伸缩编码中的两个空间层

编码预测环路在一些码率点上运行,只有在这些稳定的码率点上,才能保证无漂移操作。然而,如果存在足够多的稳定码率点,则在较宽的码率范围内都可以获得稳定性,尽管在稳定码率点之间也可能会发生一些漂移。当增强层预测链较短时,稳定性更可以得到保证,这与分层时间预测结构(其中,关键帧需要一直保持稳定)中的情况相同。

在 SVC 中,没有对层次之间的顺序给出唯一的定义,而是通过三个参数 d、t 和 q 来规定层次的顺序,其中:

- d 代表 dependency_id,它表示一个使用独立序列参数集的层,可以是一个空间层也可以是一个 CGS 层;
- q 代表 quality_id,它表示质量细化层(CGS 或 MGS);
- t 代表 temporal_id,它表示时间分辨率。

如果一部分较低层的信息发生了丢失,则无法解码对应较高(d,t,q)参数的那部分码流。这些参数包含在 SVC 数据包的 NAL 单元头中(见 9.2 节),在不触及实际视频码流的情况下,在网络中就可以对这些参数进行检测。并且可以在不涉及实际视频流的网络中进行估计。此外,基本层数据包的 NAL 单元类型可以由相应档次的传统单层 SVC 解码器进行解析。这样,传统的 AVC 解码器便能够接收 SVC 码流并解码其基本层,但是会忽略所有属于增强层的数据包。

对视频编码的具体情况而言,根据式(2.372),SVC 的**过完备性**(over-completeness)不一定意味着启用可伸缩性功能会使编码码率显著增加。在最坏的情况中,即较低层的信息完全不能用于对较高层的预测,这时 SVC 的性能将与各层进行独立编码的情况(即,联播)相同。然而,对于只存在少量变换的视频序列,这种情况才最有可能发生,而这类视频序列并不是视频压缩所重点处理的对象。在更一般的情况下,SVC 编/解码器的性能接近于单层编/解码器的性能,尤其是当设计的 SVC 编/解码器能够在较低的失真和较高的压缩效率之间取得平衡时。在空间可伸缩性的实现中,与单层编码相比,SVC 的分层预测方法在增强层中隐式地提供了更大的自由度,特别是运动向量的预测允许超出宏块的边界,以及由于上采样使得基本层的块尺寸得到了虚拟的扩展。然而,为了支持这些优点,需要仔细地对 SVC 的编码决策进行优化,而这会使编码器的复杂度显著增加。

HEVC 的可伸缩扩展　　HEVC 的可伸缩扩展称为 SHVC,它实现了空间可伸缩性和粗粒度 SNR 可伸缩性。HEVC 本身就支持时间可伸缩性,同时时间可伸缩性还可以与空间和 SNR 可伸缩模式相结合。SHVC 使用多环路编码,其中必须对基本层和增强层图像进行完全的解码,以使其可用作预测参考。在空间可伸缩性中,通过规范中定义的插值滤波器,对已解码的基本层图像进行重新采样;然后在增强层的预测中,将其用作额外的参考图像,SHVC 支持层间纹理预测和层间运动参数预测。但是,SHVC 采用的编码工具没有本质上的变化,因此现有的解码器设备可以对增强层进行处理。基本层码流可以由传统解码器进行解码。

SHVC 中,亮度分量使用的插值滤波器是 7 或 8 抽头的 FIR 滤波器(取决于上采样的相位),色度分量使用的是 4 抽头的 FIR 滤波器,其中滤波器采用 1/16 样点精度(在非二进制上采样的情况下,需要对相应位置进行舍入操作)。这里的滤波器与运动补偿中亚样点插值滤波器(见 7.2.5 节)类似(在 1/4 和 1/2 样点相位处是相同的),采用的滤波器能够完成高质量的插值,其低通截止频率接近采样率的一半。利用插值滤波器对基本层的重构样点值进行投影,将上采样得到的基本层图像插入到增强层参考图像列表中,然后对增强层中的图像进行预测,并采用与帧间预测相同的方式来标识所使用的参考。通过使用双向预测,编码器可以对来自基本层的图像和之前解码的增强层图像取均值,或者对二者采用加权预测。通过重用 HEVC 的**时域运动向量预测**(Temporal Motion Vector Prediction,TMVP)过程(见 7.4 节),从参考图像的同位区域中获取缩放的运动向量以及预测模式,使得 SHVC 可以利用已解码的基本层信息对增强层进行运动信息的预测,同样,不需要改变 HEVC 的核心部分,就可以完成对增强层信息的解码。

7.6　多视图视频编码

3D 显示[①](立体和多视图)需要同一场景的两个或多个视图,其中,视图之间具有重叠的可见区域。与传统(单视场,单视图)显示相比,当对多个视图的图像进行独立的编码时,随着视图数量的增加,样点的数量和数据速率基本呈线性增加。需要采取一些措施来避免这种情况。例如,当一个视图具有较高质量,而其余视图具有较低质量时,人类视觉系统仍然能够检测出多视图线索,从而获得三维视觉感受,在这种假设下,通常只需要以最高质量或分辨率对其中一个视图进行编码。

可以通过所谓的"**帧兼容格式**"(frame compatible formats)来表示立体视频,通过这种方法可以减少两幅图像的样点数量,并将两幅图像合并为一幅。其中典型的方法包括[②]:

- 并排封装,其中水平分辨率降低了一半;
- 上下封装,其中垂直分辨率降低了一半。

帧兼容格式的缺点是不能利用视图间的相似性,这是因为传统混合视频编码不允许在同一幅图像的不同部分之间进行预测(例如,通过运动补偿)。因此,对展示同一场景的多幅视图进行联合压缩已经成为视频编码中的重要课题。

---

① 关于 3D 显示技术的详细讨论超出了本书的范围。有兴趣的读者可以参阅[Geng, 2013]。
② 可以利用五株采样将这两种方法合并,在执行封装之前,每隔一行/列都需要对行/列进行平移。这样做,会人为地引入额外的高频分量,这将对后续的压缩产生不利影响。

三维视觉感受是通过将不同的图像呈现给观察者的双眼而形成的，不同的图像大致上可以反映出"视差位移"(parallax shift)，而视差位移是由于观察者和被观察物体之间存在距离而产生的。通常，当观察者的双眼聚焦于一个物体时，视差位移为零。在图像显示中，呈现在屏幕上的物体，可以认为其视差为零，当观察者试图聚焦于屏幕后面或前面的一个物体时，屏幕中的物体则会产生模糊(见 3.1.4 节)。通常，需要对图像进行**校正**(rectified)，然后才能在立体显示器上输出，即相当于用光轴平行的相机来采集图像，其中相机之间仅在水平方向上存在视差位移。这样做还可以减少由于最大焦平面和视差位移之间的偏差而引起的不良效果。利用校正后的图像进行显示时，不同相机视图的对应位置只能在水平方向上移动[①]。

假设相机在采集静态场景时，会发生移动，则时间序列内的运动位移就相当于**视差位移**(disparity shift)(由样点个数表示的视差)。因此，可以采用与**帧间**(inter-picture)运动补偿编码非常相似的方式，对**视图间**(inter-view)的相关性(在同一时刻由不同相机采集的图像之间)加以利用。例如，在混合编码中，完全可以把其他相机视图中的图像定义为额外的参考图像，然后像运动补偿预测一样，进行视差补偿预测[②]。

与在运动补偿压缩中一样，多视图压缩也面临这样的问题，即前景物体在另一个相机视图中可能会遮挡一部分背景，使得那些被遮挡的区域不能由视差补偿方法进行预测。可以简单地将视图间预测定义为一种附加模式(与帧间运动补偿预测共存并竞争)，然而这种模式不能过多地用于没有运动或运动较少的场景中，因为在这种情况下，时间上的相似性通常比视图间的相似性更高。然而，在不存在时间参考帧的情况下(比如，为了实现随机访问[③]而采用帧内编码的图像位置等)，对视图间的冗余加以利用则是非常有效的。此外，一般由视图间压缩获得的增益取决于不同相机所采集的图像之间的相似性，而相似性又主要取决于相机之间的基线距离和场景深度结构(例如，离相机越近的物体，相似性越小)。

混合**多视图视频编码**(Multi-view Video Coding，MVC)方法曾被定义为一种修正案，并已经作为附录 H 被定义在 AVC 标准[Vetro, et al., 2011]中，最近已经为 HEVC 定义了一种类似的方法[Sullivan, et al., 2013]。在 AVC 和 HEVC 标准中，多视图视频编码的基本设计理念是充分利用标准中灵活的多参考帧管理能力来实现视图间预测。这一理念的关键要素包括：

● 对以前标准的核心级设计(片级及以下)不进行任何改变，这样，便可以将现有的单视场视频解码器用于处理多视图视频，因为解码器并不需要知道参考图像到底是来自不同的时刻还是来自不同的视图，只要参考图像缓冲器中存在有效的参考图像就可以了；因此，只需要对高级语法进行改动，比如，用来规定视图间的相关性以及随机访问点等；

● 称为**基本视图**(base view)的单视图不依赖于其他视图，并且可以从多视图码流(通过 NAL 单元类型字节识别，与 SVC 基本层相似)中抽取出来。非 MVC 解码器可以忽略增强层数据并可以解码基本视图实现单视场显示。

---

① 在不对视图进行校正的情况下，根据**对极几何**(epipolar geometry)的性质(见 MCA，4.8 节)，对于能够找到合理对应关系的相机视图位置，也存在一些限制。然而，这需要准确地掌握相机的参数。

② 类似地，可以在三维变换/小波编码中增加一个"视图维"，然后进行四维编码，沿时间轴进行运动补偿，沿视图轴进行视差补偿[Yang, et al., 2006]。

③ 当场景中存在少量时间变化时，循环帧内编码(当需要随机访问、对差错的鲁棒性时)所消耗的码率将在总码率中占据很大的比例。因此，在这种情况下采用视图间参考可以提供较大的压缩增益。

图 7.45 中给出了一个例子,其中展示了具有 5 个相机视图的预测结构。在进行视图间预测时,通常都要求只能使用相同时刻的视图作为预测参考。

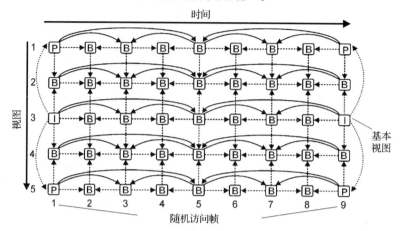

图 7.45 MVC 中,沿时间维度以及 5 个视图间的分层 B 帧预测(基本视图在顶部)

一般来说,其他视图的已解码图像会被插入到当前视图的参考图像列表中,并在预测处理时使用。解码器会收到一个位移向量和一个参考图像索引,然后根据参考图像是视图间参考图像还是帧间参考图像(来自同一视图的不同时刻),解码器将进行"视差"或"运动"位移补偿预测。实际上,解码器根本不需要知道参考图像属于哪个类型。因此,在当前图像的参考图像列表中,既可以包括当前视图在时域中的参考图像,又可以包括同一时刻来自其他视图的视图间参考图像。预测是自适应的,从而可以从时间参考图像和视图间参考图像(或者通过双向预测或加权预测得到二者的均值)中选择出最优参考。

与联播(各视图进行独立编码)相比,在相同的立体视频质量下(以 PSNR 度量),MVC 一般可以节省 20%~30% 的码率,对于由多个相机采集的多视图视频[1],码率的降低可以达到 50% 甚至更高。

然而,MVC 实际的压缩优势在很大程度上取决于视图之间冗余的多少(其中,视图间的相似性取决于相机基线,以及相机与所采集场景之间的距离)以及场景中的内容随时间变化的剧烈程度。因此,需要针对存在于多视图视频中的特殊冗余,实现额外的压缩工具,从而对这些冗余加以利用,有关这方面的内容将在下文中进行介绍。

视差向量的推导以及运动/视差补偿编码的改进 即使当前块不是通过视图间预测进行编码的,对视图间的视差映射关系加以利用也是非常有益的。在这种情况下,如果空间或时间相邻块是采用视图间预测模式进行编码的,则可以推导出一个同样适用于当前块的视差向量(由于面积较大的区域通常具有恒定的深度值,而且深度不随时间发生变化)。推导出的视差向量可以用于:

● 根据第一个视图中相应的运动向量,通过推导出的视差向量来预测第二个视图在运动补偿中所要使用的运动向量(见图 7.46);

---

[1] 需要注意的是,"帧兼容"格式实际上采用的也是联播方式,因为包含在同一幅图像中的左视图和右视图不能通过位移预测来相互参考。在样点总数相同(即,在水平方向或垂直方向上,立体图像的尺寸为原图像的一半)的条件下,多视图方案的复杂度与帧兼容方法基本相同,但是多视图方案通常可以获得更好的压缩性能。

- 在视差补偿预测中，将推导出的视差向量用作一个候选视差向量；
- 在两个视图都使用运动补偿预测的情况下，利用由推导出的视差向量得到的位置对应关系，根据第一个视图的运动补偿残差来预测第二个视图的运动补偿残差。

照明补偿 如果没有对采集同一场景的不同相机进行色彩传递的校准，或者当因表面反射而出现镜面照明效果时，预测可能会失败。在这些情况下，可以运用光照补偿，但是应用光照补偿的对象只能是通过视图间

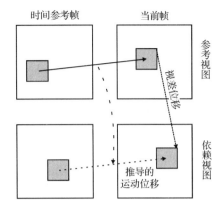

图 7.46 关于运动向量推导的说明，其中根据视差位移，将依赖视图的运动参数从参考视图中导出

预测得到的部分图像。式 (6.13) 中提供了一种简单的照明补偿方法，其中使用缩放因子 α 和偏移 β 来补偿照明的变化，但是对于这类方法，应该避免让边信息产生过大的开销。另外，还可以从解码器获得的信息中推导出参数，为此，可以使用当前块上方相邻行以及左边相邻列中的已解码样点（见图 7.47）。需要利用这些样点与参考块中相应的相邻样点进行比较（使用从视图间预测中得到的视差向量），通过求解方程组来确定缩放因子和偏移参数。

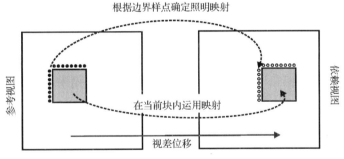

图 7.47 用于推导照明补偿参数的相邻样点

在立体显示中，当其中一个视图以较大误差或较低的空间分辨率进行编码时，主观上仍然可以感受到质量良好的三维效果（见 3.1.4 节）。在立体视频压缩中，以较高的质量对基本视图进行编码通常是比较合理的，因为这样做还可以提高对依赖视图的预测质量。如果放宽对样点保真度的要求，则可以利用视图合成的方法获得其他视图，从而实现更大程度上的压缩。为此，可以利用视差或深度信息，将参考视图中的图像信息映射到（当前）目标视图中相应的位置上。对于各种视图合成方法的概述，读者可以参阅 [Izquierdo, Ohm, 1999]。尽管可以在接收端生成深度图，但是在难以对深度进行估计的位置上（比如，在深度不连续处，以及出现在物体边界处的遮挡区域），深度图的质量可能不够高。因此，在 3D 视频的制作过程中，需要生成高质量的深度图，并且应该将这些深度图编码为 3D 视频表示的一部分。这些深度信息可以用来生成一系列连续的视图，这些视图正是自由立体显示器所需要的，还可以利用已知的深度信息，根据给定的观赏位置或用户偏好，为不同类型的立体显示器调整深度范围。

可以利用第二个（单色）视频编/解码器对深度数据进行单独的处理，从而实现深度图压缩。

在这种情况下，"视频纹理+深度"的压缩完全没有利用纹理和深度之间的任何对应关系。深度数据以附加分量的形式，作为额外样点进行传输，另外，还需要一些额外的语法对其含义进行解释。在 MPEG-4 Visual（ISO/IEC 14496-2）中，定义了一种早期的方法。前面提到的 AVC 的 MVC 扩展最近也已经支持了"视频+深度"格式[Chen, et al., 2013]，这种格式将编码的纹理和深度图封装到一个码流中，能够保持 MVC 立体视频的兼容性。纹理和深度图数据还可以以不同的空间分辨率进行编码。在场景中，通常深度数据在物体或背景区域内是相对比较平滑的，而在物体边界处呈现出明显的不连续性。虽然分辨率的降低不利于准确地表示边界的位置，但是却可以显著地降低编码器和解码器的复杂度（就需要处理的样点个数而言）。

典型深度图的结构都比较简单，较大的区域中只有很少的变化（平坦或渐变区域）和尖锐边缘（深度的不连续性）。因此，与视频本身相比，可以以低得多的码率对深度图进行压缩。在基于深度的视图合成中，还可以把深度图理解为一种边信息。在此背景下，可以进一步考虑对纹理和深度数据进行联合压缩，比如，二者可以使用相同的运动参数，或者从纹理数据中提取关于深度非连续性的线索，再或者利用深度图对依赖纹理视图进行更加有效的压缩等。纹理运动参数和深度运动参数之间的相互继承，可以通过共享运动参数实现，也可以将对方的同位向量作为额外的预测值插入到向量编码的过程中。

在深度图中，边缘的保留是非常重要的，因为如果重构的边缘不准确，则会导致在合成的视图中出现显著的客观失真以及明显的伪影。因此，在预测环路中，适合压缩纹理的滤波器，尤其是会在锐利边缘附近产生振铃效应的插值滤波器、去块滤波器等，都应该关闭。或者，可以利用形态滤波器、排序滤波器或其他类型的非线性边缘保留滤波器（见 MCA，2.1.3 节）来代替上述滤波器。深度图另一个有趣的特征是，准确的物体边界信息本质上是与场景中深度的不连续性相对应的。深度图通常与相应纹理分量中的幅度边缘相匹配，因此，可以利用纹理的幅度边缘来预测深度图。一些方法利用了纹理与深度联合编码的优点，这些方法包括：

- 将纹理的（时域）运动参数重用于深度图中（反之亦然）；
- 在视图合成模式中，使用深度图（预计比基于块的视差向量更加准确），来改善视图间预测的质量[Hannuksela, et al., 2013]；
- 利用深度的不连续性，对具有有效运动向量的区域进行更加准确的划分，从而改善运动目标边界处的运动补偿效果。

上述三项中的所有方法并不一定可以同时使用，这要看在深度编码（需要首先进行编码）中是否利用了纹理信息，反之亦然。

基于划分方式的深度编码　尖锐的边缘（边缘两侧具有明显不同的值）通常出现在深度不连续处。为此，可以使用特殊的编码模式对边缘位置/形状、边缘两侧的深度值进行编码。可以采用以下方法对边缘值进行编码：

- 几何分割（利用直线进行分割），如图 6.5 所示；
- 利用链码（见图 6.6）或基于上下文的二值编码[见图 6.2(b)]对轮廓进行精确的编码；
- 从同位的纹理边缘位置（如果有的话）进行推导。

还可以把最后一项中的方法当成预测器，并在前两项中的方法中使用，这样便可以对边缘值进行更有效的压缩。当存在不连续的深度时，跳过后续的变换编码步骤是比较有利的。

使用查找表对边缘两侧不同的深度值进行编码，而不是直接标记深度的幅值，这样做可以实现更加有效的编码。

视图合成预测（View Synthesis Prediction，VSP） 在 VSP 中，可以利用深度图中的有效信息，将参考视图中的纹理数据映射到目标视图中，从而完成预测。当深度图用于基于图像的渲染时，通常利用对应于参考视图的坐标系和深度图，通过前向扭曲实现视图的合成[与图 7.5（b）类似]。尽管这种方法在原则上也可以在预测中使用，但是还需要规定孔洞填充过程，来填充扭曲之后留下的间隙，因此，这种方法并不实用。当出现预料之外的较大视差值时，可能需要首先生成整个合成图像，并在对当前对象进行编码或解码之前，将其一直存储在参考图像缓冲器中。这可能会占用更多的内存，使复杂度升高，并增加解码器的处理延迟。利用基于块的后向 VSP（BVSP）方案，可以实现动态处理，其中，首先推导出当前块的深度信息，然后用其确定视图间参考图像中的对应样点。此外，如果纹理先于深度进行编码，则可以按照前文中介绍的方法，对推导出来的视差向量加以利用，而且，如果各个较小的块区域上（比如，采用大小为 4×4 的块，而不是每个样点都对应一个不同的视差位移）都采用一个一致的视差位移，则完全可以将 BVSP 集成到 AVC 或 HEVC 的传统运动补偿过程中。

3D AVC AVC 的 3D 扩展[Hannuksela, et al., 2013]作为附录 J 被定义在 AVC 标准中，它使用了上述的一些方法。3D AVC 允许对视频和深度数据进行压缩，并且为了更多地利用纹理和深度之间的相关性，还引入了纹理和深度数据的联合编码方法。特别地，3D AVC 可以更加有效地对第二（非基本视图）纹理视图进行编码，这是因为它充分利用了运动向量间的对应关系，实现了更加有效的位移向量编码、视差向量的推导、照明补偿以及 BVSP。一般来说，与 MVC 类型的编/解码器（在视图间预测中，简单地重用了现有的运动补偿方案）相比，由于 3D AVC 针对深度及相关纹理，采用了专用的编码工具，因此，对多个视频序列进行测试的结果说明，3D AVC 可以使码率平均减少接近 20%，但是其编码增益很大程度上取决于视图之间的相似性。对编码器进行进一步的优化，可以更好地在码率和合成质量之间取得折中。

3D HEVC 为了实现更高的压缩效率，3D HEVC（目前正在制定当中）设计了专门的编码工具，对运动与纹理之间，以及各视图残差数据之间的相关性加以利用。但是，3D HEVC 对基本视图的压缩仍然与 HEVC 标准的基本档次相兼容，因此，单视场视频可以由 HEVC 解码器进行解码。3D HEVC 中采用的编码方法与前文中介绍的方法在概念上是相似的，其中，最重要的编码方法包括以下内容：

- 根据相邻块推导视差向量：可以用来改善从依赖视图和深度图中继承得到的运动和/或视差向量。
- 视图间残差预测：其假设的前提是，在不同视图中运动补偿之后的残差信号具有相似性。
- 照明补偿（仅在进行视图间参考的情况下适用）：利用从相邻块中推导出的参数进行照明补偿。
- 特殊的"深度模型模式"：这种模式利用了深度图的特性（比如，边缘特性）、平坦表面，以及存储在查找表中的有限数量的深度值。
- 修正的运动补偿（禁用插值滤波器和环路滤波器）：进行深度图预测时，采用修正的运动补偿，利用深度信息对依赖视图中的纹理运动进行更好的区域划分。

- 视图合成预测：利用深度信息进行纹理编码，在进行视图间参考的情况下，可以将视图合成预测作为另一种预测模式。

当所需视图的数量增加时（用于交互式视频设备，或用于支持更多视图的 3D 显示器），通常需要多个相机输入，但当视频内容中包含细小结构、透明对象、表面上带有反射和镜面效果的物体时，仍然很难完成深度估计和无伪影合成。不准确的深度数据、深度数据缺乏时间上的一致性（例如，波动）、投影过程中出现在合成图像中的空洞，都会造成明显的伪影。在宽范围多视图编码中，为了获得较高的重现质量，需要对高密度的视图进行编码，从而在压缩数据速率、采集系统的复杂度以及处理复杂度三者之间取得合理的平衡变得至关重要。对密集的光场阵列或全息采集系统中产生的视频进行压缩成为一个难题，同时，如何合理地利用不同维度上的冗余也成为一项新的挑战。

7.7 基于合成的视频编码

采用混合编码方法的视频压缩方案已经得到了高度的优化，这些优化主要体现在运动信息的准确描述、帧内和帧间图像冗余的利用、熵编码对信源特性以及解码器中可用上下文信息的自适应等方面。提高运动补偿的精度并对运动参数进行更加有效的编码，是改进混合视频压缩方案的主要驱动力之一。然而，如果只把平方误差样点保真度作为优化率失真性能的唯一准则，则很快就会接近压缩的极限。在未来，可以通过以下途径进一步提高压缩性能。

- 建立更加接近人类感知的模型将是提高图像和视频编码效率的关键。其中尤其应该考虑空间细节误差和运动误差的可见性。使用既能够判断纹理和边缘的保真度，又能够量化压缩伪影主观烦恼度的准则，将简化这一任务。然而，解决这一问题的本质困难在于人类感知存在个体差异（见 3.3.1 节）。
- 对样点进行重现时，纹理和运动的某些结构对主观感受来说并不重要，例如，水面的颗粒状运动、树叶的摆动、人群、烟雾等。在传统（混合）编码中，这些结构可能会消耗相当高的数据速率，而且具有不可预测的运动成分和/或非稀疏的二维频谱。此时，在不对主观质量产生任何影响或影响很小的条件下，**视觉上相似的合成**（synthesis of visually similar）内容将有助于大大降低数据速率。
- 目前的运动补偿方法通常基于图像对之间的补偿，而几乎没有考虑较长的时间跨度内（例如，贯穿若干图像的运动轨迹）的一致性。对图像组的运动信息和 MC 残差编码进行优化（例如，考虑所编码信息对于整个视频场景序列的重要程度）可以进一步提高主观质量。在这种情况下，运动轨迹的固有属性应该得到更好的利用，比如，匀速运动或加速运动的运动轨迹。
- 选择性地对**语义上重要的对象**（semantically relevant objects）或感兴趣区域进行编码上的优化，同时简化或抑制不太重要的内容，也可以改善主观质量。

需要注意的是，本节中所介绍的方法并不适用于任意类型的场景（比如，由于场景中不存在可以应用这些方法进行编码的内容，或由于不具备实时编码的能力）。因此，使用可切换的解决方案是一种比较简单的实现方式，其中，可以将基于合成的编码方法作为传统（混合）编码方案中的额外模式(在最简单的情况下,可以将其用作解码图像缓冲器中的可选参考)来使用。另外,通过对现有(混合)视频编码方案中的编码器进行优化,也可以实现上述方面中的某些目标,具体来说,可以通过使用感知失真准则或者通过多次编码(利用多幅图像之间的依赖关系)实现。

7.7.1 基于区域的视频编码

基于对象的编码 前文中介绍了基于块的运动补偿的通病,到目前为止所介绍的技术都不能为遮挡(occlusions)问题提供一个通用的解决方案,而当视频场景中物体的运动轨迹不同时,必然会发生遮挡。**基于对象的编码**(object-based coding)的最终目标是以尽可能少的参数(或信息比特)来**单独地**(separately)描述包含于视频序列中的对象。就编码而言,这些对象的自然属性并不重要,但是在对对象进行自动提取时,这些属性却可能很有用。静态的或进行一致性(全局)运动的背景或大面积区域,与场景中的所有其他物体一样,采用相同的处理方式。但是,如果一部分背景被暂时遮挡,当它再次出现时,则可以非常有效地将其从背景存储器中调用出来[Thoma, Bierling, 1989]。然而,需要注意的是,当前先进的视频编码方案都使用多个参考图像,通过合理的编码器决策,可以把稍后将会出现的内容,在图像缓存器中保存较长的时间(称为长期预测参考)。另一种类型的背景存储器称为**背景图**(sprite)或**拼接图**(mosaic),通常,是将移动相机中的多幅图像合并为一幅较大的图像,然后再将其投影(扭曲)到目标背景中,获得背景图或拼接图(见 MCA, 4.9 节)。事实上,在 MPEG-4 Visual(ISO / IEC 14496-2)视频压缩标准中已经采用了背景图编码方法。

对于场景中的所有对象,都需要提供它们在每一时刻的**形状/位置**(shape/position)和**颜色/纹理**(color/texture)信息。**运动**(motion)信息是使编码表示尽可能简洁的关键,这意味着只有当其他参数的变化不能通过运动信息确定时,才需要对这些参数的变化进行描述。最初在[Musmann, Hötter, Ostermann, 1989]中提出了一种基于对象的视频编码方法,其框图如图 7.48 所示。与混合编码相比,这种编码方法在概念上更接近于补偿编码方法,因为这种方法假设,建立的模型要么可以足够准确地描述对象的变化,要么完全不能描述对象的变化。对象的颜色/纹理信息只传输一次,并保存起来,直到这些信息与真实外观的偏差大到需要重新传输新的信息为止,这种情况称为**模型失效**(model failure)。另一种情况称为**模型吻合**(model compliance),在这种情况下,可以通过运动和形状变化的模型参数对新的图像进行足够准确的描述。[Hötter, 1990]和[Ostermann, 1994][Kampmann, 2002]分别对 2D 和 3D 运动模型进行了研究。与混合编码不同,在图 7.48 的方法中,不对预测误差进行编码会导致图像质量持续恶化,直到出现下一次模型失效的情况为止。

与混合编码方法一样,图 7.48 中的方法也是递归的,因为分解和合成都会参考一系列之前重构的图像。运动和形状参数也被编码为差分信息,可以把[Hötter, 1994]中提出的方法看成是传统混合编码的一种推广,后者使用了基于块的形状和运动模型,并将块变换用于纹理编码。

之前施加的限制,即假定纹理的变化只能利用帧内"模型失效"信息进行编码,其性能通常比编码预测误差要差。在制定 MPEG-4 Visual(ISO/IEC 14496-2)标准时考虑了这一点,MPEG-4 Visual 是到目前为止唯一一个基于对象的视频编码标准。由**视频对象**(video objects)构成的场景在 MPEG-4 中的解码过程如图 7.49 所示。场景描述信息定义了对象(其中背景是对象之一)的位置信息,以及在出现空间重叠情况下,可见对象的信息(即定义哪个对象是可见的)。需要为每一个对象解码**运动**(motion)、**形状**(shape)和**纹理**(texture)信息。运动信息用

来利用形状和纹理信息中的时间冗余。利用在 6.1 节中介绍的基于上下文的算术编码(CAE)
实现二值形状编码。使用块大小为 8×8 的 DCT 变换编码完成帧内或残差纹理编码。对于边界
块，使用在 6.1.3 节中介绍的**块填充**(block padding)或**形状自适应**(shape adaptive)方法。

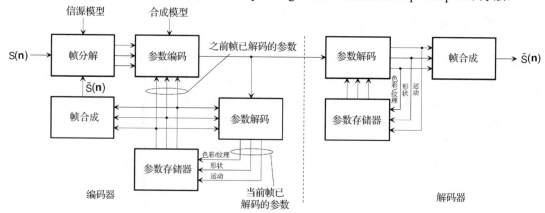

图 7.48　[Musmann, Hötter, Ostermann, 1989]中提出的，基于对象的视频编码器和解码器的框图

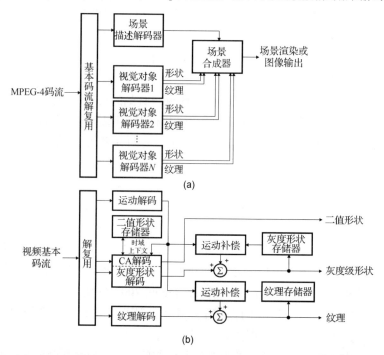

图 7.49　MPEG-4 中，基于对象的解码：(a)将 N 个视频对象组合成
一个场景或一幅图像；(b)一个单一视频对象解码器的结构

　　除了二值形状，MPEG-4 还支持对**灰度级形状**(gray-level shape)的编码，它允许利用 **alpha
图**(alpha map)来定义对象的**透明度**(transparency)，其中 alpha 图描述的是每个样点的混合参
数。编码 alpha 图所采用的方法，与编码纹理所使用的方法相同，在独立的混合编码环路内编
码 alpha 图时，还可以重用纹理运动参数[1]。

---

① AVC 和 HEVC 中也允许添加 alpha 图，并将其作为"辅助图像"通道。但是，这些 alpha 图是与纹理独立进行编码的，并且在
　　AVC 和 HEVC 中，添加 alpha 图不是为了节省码率，这一点与基于对象的编码不同。

到目前为止，在实际应用中，尚未证明基于对象的编码能够有效改善对任意视频场景的压缩。早期的出版物里，关于基于对象的编码能够显著改善压缩的大多数报告中，处理的都是简单的视频会议序列，视频中只包含一个前景对象和静态背景。在进行编码之前，需要对视频场景进行分析和准确的分割。除此之外，如何将码率以最优的方式分配给运动、形状和纹理分量，也是非常重要的问题(但是，可以采用类似于在标准视频编/解码器的率失真优化中使用的方法，将可变块尺寸划分作为一种简化的分割和形状编码方法)。因此，将传统的(基于块的)混合视频编码与基于对象的混合编码相结合有很多好处，其中二者都由共同的模块组成，可以实现更精确的形状编码(只要对压缩有益，便会被调用)，但这必然会增加额外的复杂度。

7.7.2 超分辨率合成

利用分辨率较低的相机镜头，也可以通过一系列图像(这些图像中具有相同的内容，只是在采样位置上稍有不同)生成分辨率较高的图像。采样位置的不同可能是由相机或对象的运动造成的，[Park, Kang, 2003]提供了关于超分辨率合成的综述。样点中信息的聚合需要配准(实际上通过运动估计完成)、组合(组合成非均匀的样点网格)和变换(变换为分辨率较高的均匀网格)。一些简单的超分辨率合成方法中，有的对非均匀网格直接进行插值，有的采用基于估计的方法，比如，约束最小二乘法、最大后验概率估计法以及凸集投影法，其中后者通常能够提供更好的质量。运动估计的质量对于上述所有方法的可靠性而言都是至关重要的，另外，需要特别注意的是，只有当多幅图像中都存在相同的区域时，才能够生成超分辨率信息。就视频编码而言，超分辨率的有趣之处在于，它提供了一种通过合并多幅图像来对样点进行估计的方式，这与亚样点精度的运动补偿是不同的，因为运动补偿中的亚样点精度是只对一幅图像进行插值而获得的。已经尝试将超分辨率合成应用到视频编码的运动补偿预测中，但是，到目前为止，实验结果已经表明，只有当原始图像的采样不合理时(即，图像中出现混叠，从而采用传统的插值方法无法生成合理的亚样点预测值)，进行超分辨率合成才有意义。

7.7.3 动态纹理合成

动态纹理是指视频中随时间随机变化的结构，但是这些纹理可以通过时空平稳性来识别。水面、火焰、移动的人群、随风摆动的植物、烟和云等都包含动态纹理。有理由假设，可以用不完全相同但在感知上相似的动态结构，来代替通过相机采集的动态纹理。

在[Ndjiki et al., 2007]中，动态纹理合成是在称为"合成帧"的图像序列内进行的，合成帧从之前发送到解码器中的"参考帧"内复制纹理，而参考帧通常都具有较高的质量(见图 7.50)。该方法中的合成算法本身是以在[Kwatra et al., 2005]中提出的图割算法为基础的，其中根据相似性，通过模板匹配方法选择出时空图像块，然后将这些图像块"拼贴在一起"，同时需要保证拼贴接缝处的差异最小。为了确定某个时空区域是否适合合成，采用了一种源自 VQM[Ong, et al., 2004]的测度。如果由于相机或物体的运动，导致区域是整体移动的，则需要对运动进行优先补偿，并相应地对运动进行合成，这可以根据边信息利用式(7.29)中的仿射模型来完成。此外，如果将"前向合成"(利用之前参考帧)与"后向合成"(利用之后参考帧)结合在一起，则可以获得更好的合成质量，然而，这也将导致明显的编码延迟。

图割算法是由马尔可夫随机场理论(见 2.5.4 节和 6.6.2 节)推导并扩展得到的一种特殊方法，在[Doretto, et al., 2003]中，提出了另外一种基于状态转移模型的动态纹理合成方法，这种方法假设底层的物理过程具有平稳性。一个动态纹理序列由图像 $\mathbf{s}(n)$ 组成，其中 n 时刻图像中的所有样点被按顺序、逐行地写入向量 $\mathbf{s}(n)$。需要通过一个低维状态向量 $\mathbf{x}(n)$ 和一个新息向量 $\mathbf{v}(n)$ 的向量**自回归滑动平均**（AutoRegressive Moving Average，ARMA）过程对动态纹理进行建模，利用这个低维随机向量，完成到合成图像向量 $\tilde{\mathbf{s}}(n)$ 的线性映射，其中 $\tilde{\mathbf{s}}(n)$ 与 $\mathbf{s}(n)$ 具有相同的（高）维度。然后，再将图像均值 $\bar{\mathbf{s}}$[①]（取原始纹理图像 $\mathbf{s}(n)$ 序列的时间平均值）和噪声向量 $\mathbf{w}(n)$ 叠加上去

$$\mathbf{x}(n) = \mathbf{A}\mathbf{x}(n-1) + \mathbf{B}\mathbf{v}(n) \quad ; \quad \tilde{\mathbf{s}}(n) = \mathbf{C}\mathbf{x}(n) + \bar{\mathbf{s}} + \mathbf{w}(n) \tag{7.38}$$

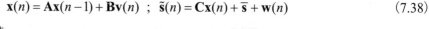

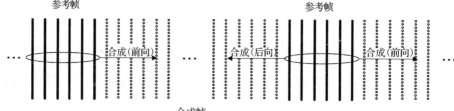

图 7.50　通过一组或几组相邻参考图像进行训练，一组合成图像内动态纹理的生成（改自 Ndjiki）

除了噪声成分 $\mathbf{v}$ 和 $\mathbf{w}$ 的统计特性［假定噪声样点为**独立同分布的**（independent and identically distributed，i.i.d）］以及初始状态向量 $\mathbf{x}(0)$ 外，模型的性质主要由 $\mathbf{A}$、$\mathbf{B}$、$\mathbf{C}$ 三个矩阵决定，而这三个矩阵需要根据原始数据来确定。为此，对包含 N 幅图像的一个序列进行分析。将对应于 N 幅图像的 N 个向量按列排列成一个矩阵，从而式（7.38）可以重写为

$$\mathbf{X}(n) = \mathbf{A}\mathbf{X}(n-1) + \mathbf{B}\mathbf{V}(n),$$
$$\text{其中}\quad \mathbf{X}(n) = [\mathbf{x}(n-N+1)\ \mathbf{x}(n-N+1)\ \cdots\ \mathbf{x}(n)] \tag{7.39}$$

则 n 时刻的 N 个合成输出图像为[②]

$$\tilde{\mathbf{S}}(n) = \mathbf{C}\mathbf{X}(n) + \bar{\mathbf{S}} + \mathbf{W}(n) \tag{7.40}$$

由于 $\mathbf{w}(n)$ 是未知的，但是可以认为 $\mathbf{w}(n)$ 对动态行为没有系统性影响，在此，通过减去图像均值，得到另一种形式的图像 $\hat{\mathbf{s}}(n) = \mathbf{s}(n) - \bar{\mathbf{s}}$。类似于式（7.40），将图像 $\hat{\mathbf{s}}(n)$ 的序列组合为矩阵 $\hat{\mathbf{S}}(n)$。根据给定的观察值，可以通过 $\hat{\mathbf{S}}(n)$ 的奇异值分解得到矩阵 $\mathbf{C}$ 的近似值以及 $\mathbf{X}(n)$ 中的状态向量集[③]：

$$\hat{\mathbf{S}}(n) = \underbrace{\mathbf{U}}_{\mathbf{C}}\underbrace{\boldsymbol{\Lambda}^{(1/2)}\mathbf{V}^{\mathrm{T}}}_{\mathbf{X}(n)} \tag{7.41}$$

其中，在 $\tilde{\mathbf{s}}(n)$ 中应该尽可能相似地对矩阵 $\mathbf{C}$ 进行合成。

[Doretto et al., 2003]中假设状态模型的阶数应该小于训练图像的数量 N，这可以通过在 $\mathbf{X}(n)$[④]的计算中，只保留 $P<N$ 个奇异值来实现。第二步，通过比较两个连续时刻的观测值所给出的结果，找到 $\mathbf{A}$ 的最小二乘逼近，即回到式（7.38），

$$\mathbf{A} = \arg\min\|\mathbf{X}(n) - \mathbf{A}\mathbf{X}(n-1)\|^2 \tag{7.42}$$

---

① $\tilde{\mathbf{s}}(n)$，$\hat{\mathbf{s}}(n)$ 和 $\bar{\mathbf{s}}$，与原始图像 $\mathbf{s}(n)$ 具有相同的样点数和排列方式。

② 矩阵由 N 列组成，分别表示当前时刻以及之前的 $N-1$ 个时刻。$\bar{\mathbf{S}}$ 也由 N 列组成，每一列都是相同的向量 $\bar{\mathbf{s}}$。

③ 这里，$\mathbf{U}$ 中包含 $\hat{\mathbf{S}}(n)\hat{\mathbf{S}}(n)^{\mathrm{T}}$ 的特征向量，$\mathbf{V}$ 是 $\hat{\mathbf{S}}(n)\hat{\mathbf{S}}(n)^{\mathrm{T}}$ 的特征向量，$\boldsymbol{\Lambda}^{(1/2)}$ 是奇异值（相应特征值的平方根）。独立奇异值的个数等于 $\hat{\mathbf{S}}(n)$ 的秩，其值通常与 N 相同（假设所观察的图像数量小于每幅图像中的样点数量，并且所观察的图像都是不同的）。

④ 还可以对观察值与模型给出的重构值进行比较，来确定 $\mathbf{w}(n)$ 的统计特性。

类似地,可以在第二步中,通过对独立同分布过程 $\mathbf{v}(n)$ 中的 $\mathbf{X}(n)$ 和 $\mathbf{AX}(n-1)$ 之间的残差误差进行建模,来确定 $\mathbf{B}$(原则上,可以通过矩阵 $\mathbf{B}^{-1}$ 将残差误差"白化")。

这种动态纹理模型可以以多种方式使用。正如最初在[Doretto, et al., 2003]中提出的,在平稳性的假设下,一旦确定了模型参数 $\mathbf{A}$、$\mathbf{B}$、$\mathbf{C}$ 以及新息信号 $\mathbf{v}$ 和加性噪声 $\mathbf{w}$ 的统计特性,合成就可以不断地进行下去。将动态纹理模型直接应用于编码中是在[Ballé, Stojanovic, Ohm, 2011]中提出的,其中,在每一时刻的模型都是利用相对较少的过去 N 幅图像(比如,$N=5$)训练得到的,并且使用维度为 N 的状态模型来预测后续图像的动态纹理。这里,由于式(7.40)中的重构是完美的,因此不必考虑 $\mathbf{w}(n)$,也不需要对 $\mathbf{v}(n)$ 进行任何假设,因为 $\mathbf{v}(n)$ 相当于模型中的预测误差,是不能被补偿的。然而,已经证明,与传统的运动补偿预测相比,使用这种动态纹理模型的 AVC 编/解码器,可以减少自然动态纹理(比如,水面等)的预测误差。

然而,需要注意的是,如果运动不是"动态纹理"类型的,则所介绍的动态纹理合成算法通常会失效。例如,在基于 SVD 的方法中,假设除了动态纹理运动以外,还存在由于相机或对象移动引起的明显的平移运动,则由向量 $\bar{\mathbf{s}}$ 重现出来的均值图像中将存在严重的运动模糊,使得 $\hat{\mathbf{s}}(n)=\mathbf{s}(n)-\bar{\mathbf{s}}$ 将无法再通过 SVD 生成合理的模型。为了解决这一问题,[Ndjiki et al., 2007]中提出,可以对"确定性的"运动进行预先补偿,比如,通过全局运动模型进行获取(见 7.2.5 节)。在这种情况下,需要根据确定性的运动分量,将动态合成与逆扭曲结合使用。图 7.51 中给出了一个例子,其中,没有进行全局预先补偿[见图 7.51(b)]的合成结果中,存在严重的模糊,而通过使用全局运动补偿可以避免这种现象的出现,如图 7.51(c)所示。

图 7.51　(a)视频序列中的原始图像(存在变焦);(b)无全局运动补偿的动态
纹理合成;(c)有全局运动补偿的动态级理合成(来源: Stojanovic)

7.8　视频编码标准

开放标准在视频压缩算法的发展中起到了重要作用,在本章中的许多地方都引用了这些标准并将其作为不同压缩工具具体实现的示例。视频压缩最重要的一系列建议书和标准都是由**国际电信联盟**(International Telecommunication Union，ITU)的工作组(与视频压缩相关的标准主要在 ITU-T H.26x 系列和 ITU-R BT.x 系列中规定，其中，ITU-T H.26x 面向电信应用领域，ITU-R BT.x 用于电视广播)以及 ISO/IEC **运动图像专家组**(Moving Picture Experts Group，MPEG)制定的，其中 MPEG-1/-2/-4/-H 标准中包括视频压缩部分。两个组织制定的标准之间存在许多共性，而且大量的工作都是共同完成的，技术内容一致的标准化成果也是共同发布的。

视频编码标准化的原则　标准描述的是系统之间的互操作性，通过遵守相同的生成、传输和解译数据的规则，各个系统才能够相互"理解"。为此，需要定义**接口层**(interface layer)，以实现对编码视频数据的高级解译和访问，定义**视频编码层**(Video Coding Layer，VCL)实现由数据到视频的重构。本章主要涉及 VCL，而接口(系统)的部分将在第 9 章中进行介绍。对于 VCL，到目前为止，所有的视频压缩标准基本上规定的都是**码流语法**(bit-stream syntax)、**码流语义**(bit-stream semantics)和**解码过程**(decoding process)。语法涉及码流的结构，它规定了如何把码流分析和解译为码字序列，这通常是解码操作的第一步。语义规定的是在后续解码过程中，解译这些码字的方式，比如，VLC 码字到重构值的映射、边信息参数的解译等。解码过程通过定义明确的处理步骤，最终生成输出信号。

编码标准中给出的方法并不是编码器设计的明确规范，而是由编码标准的实现者负责设计编码设备，编码设备产生由有效语法构成的码流，兼容的解码设备可以将这些码流转换为可用的输出信号。这样既可以进一步**改进编码器**(improving encoders)又不会失去兼容性，因此不同的编码器制造商可以在标准的生存期内，展开竞争以提升优化技术，而不需要改变现有的(传统)解码设备。这还为在低功耗的约束下，设计低成本编码器提供了空间，但是，这些编码器可能不会在标准的框架内展现出最优的压缩性能。

因此，符合视频压缩标准通常都是对解码器而言的。与静止图像压缩不同，处理能力的不足可以通过增加额外的延迟进行补偿。视频压缩每秒钟就要处理一定数量的图像或样点，从而对视频解码器提出了严格的实时性要求。因此，在更加通用的标准框架内，为了对解码器的复杂度进行合理的限制，通常都会定义**档次**(profiles)和**级别**(levels)，其中每个档次/级别的组合描述了一个**解码器一致性点**(decoder conformance point)[①]：

- **档次**(profile)规定了算法元素(工具)[②]的集合，解码器只有支持某一档次，才能产生相应的输出；
- **级别**(level)指的是信号的最大分辨率，对于某个给定的一致性点，解码器需要支持相应的级别，级别通常是以每秒需要处理的样点数量表示的，也可以以最大码率表示[③]。

档次/级别标识通常在码流的头部进行传送，从而使解码设备在对码流进行解码之前，就可以立即判断是否需要对其进行处理。

---

① 自 MPEG-2/H.262 以后，所有视频标准便系统性地采纳了这种方法。详细地描述现有标准的所有档次和级别超出了本书的范围，因为它们的数量庞大而且更新频繁。

② 在 MPEG-4 标准中，还定义了另外一个概念——**对象类型**(object type)，它允许对工具进行更加系统的分组。然后，将对象类型的组合定义为档次。

③ 在这种情况下，最好能够使用嵌套的等级，即能在较高等级上工作的解码器，也应该能够解码符合较低等级要求的码流。HEVC还另外定义了**层级**(tiers)，它可以在一个等级中定义两个或多个不同的最大码率操作点。其中，较高层级也应该总是可以解码较低层级的码流。

在制定新标准或对现有标准进行扩展时，总是希望它们与之前的标准具有**兼容性**(compatibility)[Okubo, 1992]。在**前向兼容性**(forward compatibility)中，遵守较旧版本的标准生成的码流也应该可以由较新的解码器进行解码。后向兼容性的原则与其相反，其中新标准的码流至少可以通过符合旧标准的解码设备，进行部分重构或以较低的质量进行重构。如果新标准或现有标准的扩展定义了旧标准算法元素的一个**超集**(superset)，则前向兼容性可以很容易地实现。后向兼容性实现起来比较困难，而且通常会牺牲新一代标准的压缩效率，或者会增加解码设备的复杂度。由于通常认为，就市场接纳度而言，后向兼容性非常重要，因此需要折中考虑这一问题。

如果码流具有分层的组织结构，则是非常有利的，这样，码流就可以从某些位置(重新)开始解码，比如，可以用于频道切换，或者用于数据丢失之后的重新同步。每一层都可以带有一些头部信息，除了定位本身之外，头信息中还要给出解码下面数据所需的其他信息。这样的层包括：

- **序列层**(sequence layer)，包含连续的图像序列[①]；
- **图像层**(picture layer)，包含与一幅图像相关的信息；
- **子图像层**(sub-picture layer(s))[②]，在不同标准中也称为**片**(slice)或**视频对象平面**(video object plane)或**块组**(group of blocks)，如果图像中只丢失了一部分，则子图像层可以用来支持重新开始熵解码(见 4.4.6 节)；
- **局部解码层**(local decoding layer)，其中定义了核心解码过程。在许多标准中都称之为**宏块**(macroblock)，在最新的 HEVC 标准中称之为**编码单元**(coding unit)。在对亮度和色度分量进行预测和变换时，它们还可以进一步划分为更小的(块)部分。

每个层通常都具有相应的高级参数，比如，用于启用/禁用特定编码工具、提供图像尺寸、时序等信息的参数。这些参数被下面的所有层所共享。以 AVC 和 HEVC 为例，这些高级参数包括序列层的**序列参数集**(Sequence Parameter Set，SPS)、图像层的**图像参数集**(Picture Parameter Set，PPS)以及片层的**片头**(slice header)。视频有效载荷数据的绝大部分都在子图像层中。较高等级的参数集只需要低得多的数据量，但是，如果这些数据一旦发生丢失，则会严重影响对较低层中数据的解码，甚至可能根本无法完成重构。因此，这些参数通常需要以较高的优先级进行传输，或者，对这些参数采用较强的差错保护机制。图 7.52 给出了另外一个例子，其中说明了 H.261 标准中的层次组织结构，但是，就一个较高层次所对应的较低层次的数量而言，这种结构是相对静态的。从这一点来看，较新的标准要灵活得多，它们支持不同的图像尺寸、可以把图像任意地划分为片(见图 7.53)、图像间可以灵活地进行预测参考。关于参数集、序列与图像结构、图像参考、时序和缓冲的定义又称为视频压缩标准的**高级语法**(high-level syntax)。AVC 和 HEVC 还定义了**补充增强信息**(Supplemental Enhancement Information，SEI)和**视频可用信息**(Video Usability Information，VUI)元素，这些元素提供的是关于图像或码流性质和排列方式的额外信息，而这些信息一般并不是执行核心解码过程所必需的。

---

① 序列层还可用于**图像组**(groups of pictures)，图像组中的第一幅图像应该是瞬间解码图像(没有使用其他图像作为预测参考)，MPEG-2 标准为此定义了图像组层。

② 子图像也可以覆盖整幅图像，但形式上这种层仍然存在。

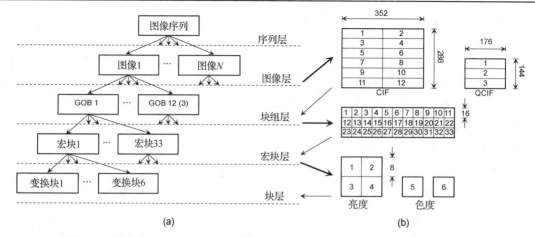

图 7.52　（a）ITU-T Rec. H.261 语法的分层定义；（b）将 CIF 和 QCIF 图像划分
为 GOB，将一个 GOB 划分为 MB，将一个 MB 划分为 DCT 编码块

数字视频源格式规范　模拟电视的特征是其有效行数是固定的（例如，美国/日本为 480 行，欧洲为 576 行），这样才能满足电视机解译的需要。尽管数字视频更加灵活，但是摄像机、显示器、投影仪，甚至 PC 和智能手机的图形适配器都需要遵循某些信源分辨率协议，因为这会有利于实现互操作性（见 1.3.1 节）。对于自然视频，最重要的信源格式规范包括 ITU-R BT.601（用于标准电视分辨率）、ITU-R BT.709（用于高清电视分辨率）和 ITU-R BT.2020（用于超高清电视分辨率）。

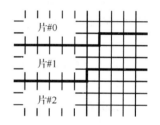

图 7.53　AVC 标准定义的片结构

第一代混合编码标准　自 1990 年前后到目前为止，所有重要的编码标准均以混合视频编码方案（综合使用了运动补偿 DPCM、基于二维 DCT 的变换编码以及多种空间预测）为基础。起初所采用的方案都相当简单，即使用严格限制最大位移范围的运动补偿预测、避免进行复杂的亚样点插值并在运动补偿中使用固定大小的块（通常使用大小为 16×16 的方块）。此外，通常还会限定所支持的信源格式（不支持任意图像尺寸、帧率等）。这些标准包括[①]：

- ITU-T Rec.H.261：*Video Codec for Audiovisual Services at p×64 kbit/s*，于 1989[②]年首次发布，这一标准主要是为对话（视频电话和视频会议）应用而设计的，其中，较短的编码和解码延迟是设计中的重点，运动补偿中采用了全样点精度，编码环路中使用了可切换的空间低通滤波器；

- MPEG-1 视频（ISO/IEC 11172-2：*Coding of Moving Pictures and associated Audio for Digital Storage Media at up to about 1.5 Mbit/s, Part 2: Video*），于 1991 年发布[Legall, 1992]，这一标准最初是为了在 CD 上存储 CIF 格式的信源而设计的，它标志着视频编码标准从第一代到第二代的过渡。与 H.261 相比，其主要的创新点在于扩大了运动补偿的范

---

① 于 1984 年首次发布的 ITU-T Rec. H. 120：*Codecs for Videoconferencing using Primary Digital Group Transmission*，在此处单独列出。它使用基于空间二维 DPCM 的补偿方法，目标传输速率为 2 Mbit/s；1988 年发布的第二版包括了用于提高压缩性能的运动补偿，但这一标准几乎没有得到应用，因为 H.261 及其后续标准很快就将其取代了。

② 首次发布时，被命名为…at n×384 bit/s。

围、采用了二分之一样点精度的 MC 以及通过定义 B 帧[见图 7.6(a)]而实现了双向预测；

● ITU-T Rec. J.81（原 ITU-R CMTT.723）*Transmission of Component Coded Digital Television Signals for Contribution-Quality Applications at the Third Hierarchical Level of ITU-T Rec. G.702*，于 1993 年发布，这一标准旨在实现 34 Mbit/s 左右的编码码率，使用了二分之一样点精度的场内、场间或运动补偿混合编码。自 H.262|MPEG-2 在相同领域得到应用以后，它便不再被广泛使用，B 帧的使用使得前者可以提供更好的压缩质量。

第二代混合编码标准　通过使用二分之一样点精度、扩大的运动补偿范围以及双向预测使得第二代混合编码进一步提升了压缩性能。另外，支持多种图像尺寸和帧率使得设计更加灵活。通常使用大小为 8×8 的固定尺寸 DCT。某些标准中还允许在运动补偿中使用大小可变的块(最小的块大小为 8×8)，采用改进的熵编码方法，支持用于扩展功能(隔行编码、可伸缩和多视图编码)的编码工具。与早期第一代标准相比，在保持相同质量的前提下，可以使码率降低 30%～50%。第二代编码标准主要包括以下几个。

● MPEG-2 Video | H.262（ISO/IEC 13818-2：*Generic Coding of Moving Pictures and Associated Audio Information – Part 2: Video*，与 ITU-T Recommendation H.262 的内容相同），于 1995 年首次发布。这一标准支持多种应用和数据速率；还支持较大的图像尺寸，最高可以支持到高清分辨率。MPEG-2 解码器对 MPEG-1 是前向兼容的(即能够解码码流)，这一标准的主要特点在于，提供了用于处理隔行扫描视频的专用工具(专门用于处理场视频)。MPEG-2 还在特定的档次中定义了用于可伸缩编码(空间和 SNR)和多视图编码的编码工具，但是这些相关档次均未能在压缩性能、复杂度和功能实现之间取得良好的折中。

● ITU-T Rec. H.263：*Video Coding for Low Bit Rate Communication*，于 1996 年首次发布，旨在提供比 H.261 明显更高的压缩效率，这一标准主要应用于视频通信领域。除了用于改善运动补偿及其精度的各种措施之外，还提供了改进的预测机制，比如，重叠块 MC(见 7.2.5 节)、多帧预测以及根据量化强度自适应调整的环路滤波器。还定义了用于错误恢复传输的方法以及用于时间、空间和 SNR 可伸缩性的模式。这些改进后的标准通常称为"H.263+"和"H.263++"[Côté, et al., 1998]，其中的改进措施并没有得到综合的利用。H.263 还专门为通信应用设计了工具集，并将其定义为档次。

● MPEG-4 Visual（ISO/IEC 14496-2: *Coding of Audiovisual Objects – Part 2: Visual*），其第一版于 1999 年发布。标准中包括一个视频编码规范，这一规范与 MPEG-2 和 H.263 的主要不同之处在于：为了提供对(可以是矩形形状的，也可以是任意形状的[①])视频对象(video objects)进行编码的新功能，规定了新的编码工具。视频场景可以由彼此独立的，位置、外观、大小等可能发生变化的多个对象组成，还可以将视频元素嵌入到 3D 场景中(见 9.4 节)。"背景图编码"工具可以表示出一个能够扭曲为场景的静态背景图像，然后通过前景物体以场景混合的方式对场景进行填充。MPEG-4 第 2 部分还包括可伸缩编码的工具，但是其压缩效率较低。值得一提的是，在之后版本中逐步添

---

① 支持 MPEG-4 第 2 部分简单档次的解码器也能够解码 H.263 基本版本的码流，即在语法、语义和解码工具上，后者构成了前者的一个子集。

加进来了其他编码工具。其中包括具有四分之一样点精度的 MC、全局 MC 以及形状自适应的 DCT。用于无损和接近无损压缩的特殊编码工具被定义在**演播室档次**（studio profiles）中。

从这些标准的某些方面来看，尤其是更高精度的运动补偿和环路滤波的使用，H.263 和 MPEG-4 第 2 部分的扩展标志着向第三代视频编码标准的过渡。

第三代混合编码标准　第三代混合编码标准通过使用更加优良的运动补偿，进一步提高了压缩性能，其中运动补偿采用了四分之一样点精度、可变块尺寸、多参考帧和时域分层结构。在预测环路中，采用了更加复杂的空间滤波器，运用了改进的空间预测方法。实现了可变块大小的变换，并且大量使用了基于上下文的熵编码和自适应熵编码。通过整数精度变换，解决了编码器和解码器的失配问题，而在第一代和第二代标准中存在的失配问题通常会导致漂移现象。与第二代编码标准相比，使用各种工具的组合能够使码率降低大约 50%（HEVC 可以使码率降低得更多）。由于更灵活的参考方式和熵编码、可伸缩编码和多视图编码等其他功能，就压缩性能而言，也比第二代标准中的更加高效。第三代混合编码标准包括以下几种。

- **先进视频编码**（Advanced Video Coding，AVC）（ITU-T Rec.H.264 和 ISO/IEC 14496-10）。第一版 AVC 于 2003 年发布（关于 AVC 的综述，见[Wiegand, et al., 2003]）。AVC 标准由**联合视频组**（Joint Video Team，JVT）负责制定，JVT 由 ISO/IEC WG11（MPEG）和 ITU-T SG 6/16 **视频编码专家组**（Video Coding Experts Group，VCEG）的成员组成。AVC 支持多种预测块划分方式，最大为 16×16 的**宏块**（Macro Blocks，MB），最小为 4×4 的预测块，大小为 4×4 的整数精度 DCT（在最新的档次中，支持大小为 8×8 的 DCT），四分之一样点精度的运动补偿预测，单向、双向以及加权预测，帧内方向预测，其中包括 8 种方向预测模式以及一种直流（DC）模式，由局部编码状态和块边界两侧样点差异控制的环内去块效应滤波器（见 6.9 节）。定义了两种不同的熵编码方法（由档次决定），即**上下文自适应 VLC**（Context-Adaptive VLC，CAVLC）和**上下文自适应二进制算术编码**（Context-Adaptive Binary Arithmetic Coding，CABAC），在编码语法元素时，普遍采用这两种熵编码方法。图像参考方式非常灵活，并且支持分层图像参考结构。AVC 的重要扩展包括：2004 年制定的高精度扩展，其中定义了一系列**高级档次**（high profiles）；2006 年制定的可伸缩扩展，其中采用了分层编码方法（见 7.5.1 节），由于更加充分地重用了基本层中的信息，因此，与之前的可伸缩编码方法相比，其编码效率明显更高；2008 年制定的多视图扩展，为立体/多视图视频的视图间预测提供了灵活的参考结构（见 7.6 节），并且为基本视图的单视图（单视场）解码提供后向支持；2012 年和 2013 年制定的较新扩展具备对深度图的编码能力，并且可以对多视图视频+深度进行更加有效的联合压缩。

- **高效视频编码**（High-Efficiency Video Coding，HEVC）（ISO/IEC 23008-2 和 ITU-T H.265，于 2013 年发布）。关于 HEVC 的综述，见[Sullivan, et al., 2012]。HEVC 由**视频编码联合协作组**（Joint Collaborative Team on Video Coding，JCT-VC）负责制定。JCT-VC 由 MPEG 和 VCEG 的成员组成。HEVC 的主要目标之一是要显著提高压缩性能（与 AVC 相比），尤其是对高清和超高清分辨率的视频格式，据称，在典型应用中，在相同质量的条件下，HEVC 可以使码率降低大约 50%[Ohm, et al., 2012]。HEVC 同样也采用混合视

频编码方案，但是与 AVC 相比，其在自适应方面提供了更多的灵活性，并且进一步改善了运动补偿和帧内预测的性能。HEVC 的一些最重要创新之处在于：采用了更大的**树形编码单元**(Coding Tree Units，CTU)，亮度 CTU 的大小通常为 64×64，CTU 可以进一步划分为尺寸相同或更小的正方形**编码单元**(Coding Unit，CU)，其中最小的 CU 大小为 8×8。在 CU 层以下，定义了**预测单元**(Prediction Unit，PU)，可以对运动补偿区域(低至大小为 4×8/8×4 的块)进行更加灵活的划分，并利用新的先进运动向量预测 (Advanced Motion Vector Prediction，AMVP)和融合方法对运动向量进行有效的标记。在 CU 层以下，定义了**变换单元**(Transform Unit，TU)，其中最小 TU 的大小为 4×4，最大 TU 的大小为 32×32。帧内预测(根据 TU 块大小，在预测环路中进行)支持 33 种方向预测模式，以及 DC 模式和平面(幅度表面)模式。运动补偿中采用了改进的插值滤波器，除了使用了与 AVC 中相似的去块效应滤波器外，在预测环路内还执行称为样点自适应补偿(Sample Adaptive Offset，SAO)的非线性处理(见 6.9 节)。与 AVC 类似，HEVC 采用基于 CABAC 的熵编码方法，但是通过减少上下文编码的二元位的数量，以及总体上较少的上下文数量，使 HEVC 的熵编码得到简化。使用特殊的标记，允许跳过变换和环路滤波过程，从而为计算机图形类型的内容提供更好的压缩性能。如果跳过量化过程，HEVC 还可以实现无损压缩。近期，还制定了 HEVC 标准的高精度扩展，支持 4:2:0 以外的颜色采样格式和扩展的比特深度，另外，多视图扩展和可伸缩扩展也已制定完成。用于更加有效地对纹理/深度进行联合编码的 3D 扩展，以及用于更加有效的编码图形/屏幕内容的另一种扩展正在制定当中[Sullivan, et al., 2013]。

为了实现对数据差错/丢失的鲁棒性，以及在多种网络环境中操作的灵活性，AVC 从多个方面进行了全新的设计，HEVC 对这些方面又进行了改进。在 HEVC 中，定义了以下高级语法。

- **参数集结构**：参数集中所包含的信息被认为是很少发生变化的，并且这些信息通常与视频载荷中的大量比特有关。参数集结构为传送对解码过程至关重要的数据提供了一种安全机制。HEVC 对 AVC 中定义的序列参数集和图像参数集进行了扩展，定义了一个级别更高的参数集——**视频参数集**(video parameter set)(用于表示最高级别的信息，比如，描述整个码流及其相关子码流结构的信息)。

- **NAL 单元结构**：每部分码流语法结构都会被封装进称为**网络抽象层**(Network Abstraction Layer，NAL)单元的逻辑数据包中。根据 NAL 单元的类型以及其他的头信息，可以识别出载荷中所包含的信息类型，比如，参数集、视频编码层数据等。

- **条带片**(slices)、**矩形片**(tiles)和波前处理：条带片是可以独立于其他条带片进行解码的数据单元。一个条带片可以是一整幅图像，也可以是图像中的一部分区域。在发生数据丢失后，条带片通常用于重新同步。在进行分组传输时，由于可能发生丢包现象，从而不希望一个条带片跨越若干数据包。因此，对条带片内的最大载荷大小(比特数)给出了限制，这使得每个条带片中包含的 MB 或 CTB 数量是可变的。一个条带片中包含的 MB 或 CTB 通常是按逐行顺序进行扫描的[①]，但是，可以采取额外的措施，即

[①] AVC 在片中也允许对宏块采用不同的排列顺序，并称之为**灵活的宏块排序**(Flexible Macroblock Ordering，FMO)。例如，可以利用 FMO 将两个片交错地定义为棋盘格式，在其中一个片发生丢失的情况下，在一定程度上，可以利用另一个片对丢失片进行样点重构。

波前并行处理(wavefront parallel processing)[见图 7.54(c)]来降低级联依赖关系。此外，HEVC 还定义了矩形片，它也是可以独立地进行解码的，并且只会引入非常少量的头信息。矩形片是由一系列的 CTB 组成的，它同样适合于并行处理，以及对图像中不同区域的随机局部访问。图 7.54(a)/(b)中给出了将一幅图像划分为条带片结构和矩形片结构的例子。

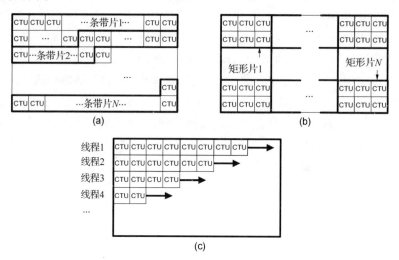

图 7.54　将一幅图像划分为(a)条带片和(b)矩形片，以及(c)波前并行处理的说明

参考图像缓冲与标记　与 AVC 相比，由于在 HEVC 中直接使用了**图像序列号**(Picture Order Count，POC)，使得 HEVC 参考图像缓冲器中的信号存储、移除以及对之前解码图像的寻址机制在一定程度上得到了简化，而且更具鲁棒性。为每个片都分别定义了两个列表(称为参考图像列表 0 和参考图像列表 1)，在片级，参考图像列表与当前参考图像缓冲器中的图像(及其 POC 号)之间存在唯一的对应关系。在预测期间，只需要使用一个指向列表的指针就可以完成对参考图像的索引，其中，单向预测通常使用列表 0，而双向预测使用两个列表。

7.9　习题

习题 7.1

对一个视频信号进行运动补偿预测。举一个简单的例子，运动补偿的偏移量在 $k_{\varepsilon,i} \in \{-1,0,1\}$ 中服从均匀离散分布，并且在水平和垂直方向上($i=1,2$)的偏移是统计独立的。

a) 如果视频序列中原始图像的功率谱为 $\Phi_{ee}(f_1,f_2)$，确定相应的预测误差图像的功率谱 $\Phi_{ss}(f_1,f_2)$。

b) 在预测环路中，低通滤波器的最佳截止频率为多少时，可以使预测误差信号的方差最小？

c) 在水平方向上，图像的功率谱可以表示为 $\Phi_{ss}(f) = A|1-f|$。当预测环路中存在和不存在 b) 中的低通滤波器时，分别计算通过运动补偿预测可以获得的编码增益。

习题 7.2

在运动估计中，需要在两个运动向量 $\mathbf{k}_1$ 和 $\mathbf{k}_2$ 中选择其中一个。得到的预测误差块如下所示

$$\mathbf{E}(\mathbf{k}_1) = \begin{bmatrix} 10 & 10 \\ 0 & -10 \end{bmatrix}; \quad \mathbf{E}(\mathbf{k}_2) = \begin{bmatrix} 20 & 20 \\ 20 & 20 \end{bmatrix}$$

a) 根据最小误差方差准则，确定最优向量 $\mathbf{k}_{1|2}$。

b) 应用块大小为 2×2 的二维沃尔什变换。使用习题 6.3 c) 中的比特分配表，确定编码码率。选择哪一个向量能使码率最低？并给出解释。

习题 7.3

在图 7.39 (b) / (c) 给出的可伸缩混合编码器框图中，如果使用了完整的信息 (基本层和增强层)，并且在基本层和增强层的所有 MC 块中运动补偿 (MC) 都是相同的，则重构信号也将是完全相同的。试证明，两种方案中，输入到各量化器 (QE 和 QB) 的预测误差也是完全相同的。

[提示：类似于式 (5.7) 和式 (5.8)，利用频域中各信号之间的关系，以简化证明。对整个运动补偿块应用 $H(\mathbf{f})$，不必明确地给出运动向量的大小。]

习题 7.4

一个由 10 幅图像组成的视频序列，其中第 1 幅图像的特性通过参数为 $\rho_1 = \rho_2 = \frac{\sqrt{3}}{2}$、$\sigma_s^2 = 16$ 的可分离二维 AR (1) 过程来建模。一个相机平台水平向左进行平移运动，采集的各图像之间在水平方向上恰好存在 10 样点/图像的差异。图像大小为 $N_1 \times N_2 = 90 \times 50$。

a) 以 $R = 6$ 比特/样点对信号进行编码，不利用样点之间的任何相关性。确定最小的可能失真 D。

在接下来的问题中，根据 a) 进行编码的信号在后续的压缩中被作为原始参考。

b) 如果利用信号中的 i) 一维；ii) 二维空间相关性，那么在不引入额外失真的情况下，码率可以降低多少 (比特/样点)？

c) 如果准确的运动位移信息对解码器来说是已知的，那么解码器可以进行完美的运动补偿预测 (在不使用边信息的条件下)。画出第二幅图像中需要进行编码的区域，并画出可以完美地被预测出来的区域。由此，通过 MC 预测可以使码率降低多少？

d) 如果所有已知的空间和时间相关性都得到了充分的利用，在失真为 D 的条件下，计算对视频进行编码所需的总码率。

由于用于码率调节的传输缓冲器的长度有限，编码单个图像的比特数上限为 9000。

e) 计算序列中第一幅图像中所引入的最小额外失真 (与 a) /b) 中的编码情况相比)。

f) 第一幅图像的失真表示将如何影响第二幅图像的预测？在第二幅图像本来可以被完美预测出来的区域中，运动补偿预测误差的功率谱为多少？

习题 7.5

假设与真实位移 $\mathbf{k}_{\varepsilon,-1}$ 和 $\mathbf{k}_{\varepsilon,+1}$ 的偏差是统计独立的，计算式 (7.20) 中双向运动补偿预测残差的功率密度谱。如果两个偏差是相同的，结果将会如何变化？如果它们的符号相反，结果又将如何变化？

第8章 语音与音频编码

语音和音频信号的典型表观模型可以分别由人类声道和乐器的物理模型确定。这些模型通常可以利用由某个信源激发的滤波器表示(信源-滤波器模型)。周期分量的重要程度是与音频信源的谐波属性相关的，浊音语音和许多类型的乐器中都存在谐波频谱，这一现象可以直接与声音产生的物理过程联系起来，比如，琴弦对谐振腔的激励。除了谐波，瞬态成分和类噪声成分也是很重要的。谐波信号在频率上往往是稀疏的，而瞬态信号在时间上是稀疏的。平稳噪声信号在频率上不是稀疏的，在时间上也不是稀疏的，而它所包含的大量信息都是与感知无关的，因此，不需要准确地再现平稳噪声信号的时间特性与频率特性。为了节省数据速率，与最先进的图像和视频信号压缩方法相比，语音和音频信号的压缩方法更好地利用了感知的无关性。大多数语音编码方案都基于线性预测方法。在语音编码中，重构信号的可理解性是一个非常重要的设计指标，而在音频信号编码中，即使当重构信号与原始数字(PCM)信号相比存在失真时，也可以利用听觉的心理声学特性获得透明的质量。在音频信号的波形编码中，最常使用的是基于重叠块变换或子带变换的变换编码。声音合成也是一项非常成熟的技术，它可以合成产生自然声音或全新创造出来的声音。然而，它主要基于非线性模型，因此，如何能够自动计算合成参数，并将其广泛地应用于分析/合成音频编码中，仍然是一个需要进行深入研究的课题。音频编码中其他一些发展迅猛的领域还包括，针对语音/一般音频联合信号的、多声道音频信号的或3D音频信号的有效压缩技术。

8.1 语音信号编码

8.1.1 线性预测编码

大多数语音编/解码器都基于**线性预测编码**(Linear Predictive Coding，LPC)(见2.6.2节)，而LPC与自回归模型(见2.6.1节)的关系非常密切。语音在人类声道中的产生可以看成是一根具有非均匀截面的声管所产生的声音激励，根据声管的反射特性和谐振特性，将其映射为自回归合成滤波器的参数[Rabiner, Schafer, 1978]，该滤波器的z域奇点(极点)与声管的谐振频率相对应，这正是谐波分量在浊音中占主导地位的原因。激励是由声带产生的，此外声带还能够以和声的方式调节流经声管的气流。发出清音时，声管产生的谐振较小，而咽喉、颌骨以及舌头对声音的产生有较大影响。

可以利用式(2.208)中的维纳-霍普夫方程，根据各段信号样点计算得到的自相关系数，确定最优的滤波器参数①。其中，采用的滤波器长度通常为$P = 12,\cdots,16$。然而，对于浊音，这一长度可能不足以涵盖基音周期的长度，所以残差信号中仍然可能存在某些周期性分量。因此，

---

① 求解维纳-霍普夫方程，除了可以使用协方差法外，还可以采用Levinson-Durban递推算法和Cholesky分解法，两种方法更适合求解该问题。在递归计算中，可以直接确定LPC滤波器的替代结构，比如，与部分相关(PARCOR)系数有关的梯形滤波器结构(参阅[Rabiner, Schafer, 1978]以及本节关于此问题的进一步说明)。

还需要进一步进行**长时预测**(long term prediction)，其中时间间隔通常是通过基音分析确定的而不是利用维纳-霍普夫方程确定的。为此，可变延迟线采用一个或非常少的几个系数通常就足够了。

如果某个 AR 滤波器由一个具有平坦频谱特性的信号(白噪声或类脉冲信号)激励，经过滤波器滤波，输出信号的频谱特性会很接近原始信号的频谱特性。但是，如果在原 AR 模型中采用白噪声激励，输出信号则是在滤波器谐振频率附近存在谱峰的有色噪声。一般来说，幅度谱是否足够充分，对于听觉感知是至关重要的。对于浊音，共振峰(谐波)之间的相位至少应该保持一致，因此，激励信号的任意相位变化(正如由噪声激励所引起的)都会造成不自然的感觉。在规则脉冲或混合脉冲序列的激励下，输出信号更接近于谐波信号。当真实的预测误差被当作激励进行编码时(采用闭环或开环预测)，至少在预期的误差范围内，能够保证真实信号的再现。但是，逐样点预测编码并不适用于低数据速率的情况。由于合成滤波器中所采用的具有激励策略的 LPC 方案，与前文所述的语音产生模型的特性相符，因而得到了发展。

差分脉冲编码调制(DPCM)与自适应差分脉冲编码调制(ADPCM)方法　利用这两种方法，能够尽可能地逼近语音信号的真实波形。采用逐样点预测的闭环系统中只能使用标量量化，若要获得质量优良并且可理解性较好的语音，与 8 比特 PCM 相比，码率只能减少为原来的 1/2 或 1/3(即 3~4 比特/样点)。5.2.1 节介绍了 DPCM 的基本原理。**自适应 DPCM**(Adaptive DPCM, ADPCM)方法要么使用前向自适应预测滤波器，要么使用后向自适应预测滤波器，其中，前向自适应滤波器长度通常为 12~16 个抽头，而它与后向自适应滤波器联合使用时，采用 4~8 个抽头的长度较短的滤波器。采用前向自适应滤波时，需要把滤波器参数作为边信息进行编码。

量化时，要么采用前向自适应方法(量化步长尺寸作为边信息传输)，要么采用后向自适应方法。采用后向自适应方法时，如果若干个连续的量化结果都具有相同的符号(表明量化误差反馈较高，如式(5.14)所示)，则增加量化步长大小 Δ，如果量化结果的符号不断切换，则减小量化步长大小。这样的自适应也是与人类的听觉特性一致的，即对噪声的感知是与信号的幅度有关的。

有建议指出，在语音编码中采用开环 DPCM 方案(在[Jayant, Noll, 1984]中称为 D*PCM)。首先，由于在远离 z 变换单位圆的极点位置上合成滤波器是严格稳定的，所以在语音编码中，漂移扩散的影响通常没有在图像和视频编码中严重。而且，有观点认为如果输入信号具有均匀的频谱，由于式(5.7)中的合成滤波器对量化误差的滤波处理，会发生"噪声整形"，绝大多数的量化噪声都集中于被合成滤波器增强的频谱成分内，这在心理声学的评价标准下是比较有利的。然而，由于在开环系统中很难直接对误差的量化进行控制，更系统的噪声整形方法，比如在基于激励的 LPC 合成方法中所采用的方法(见下文)，似乎是更好的选择。

基于激励的 LPC 合成方法　这类语音编码器中[见图 8.1(a)]，LPC 合成滤波器的输入是选自码书中的新息信号样点(激励序列)向量。与 5.2.4 节中介绍的向量预测方法不同，与通常的 AR 建模一样，合成滤波器是一个一步递归滤波器，也就是说，预测值取决于若干个之前的连续样点，包括紧邻的前一样点。不同于闭环 DPCM，由于激励向量中的第一个样点会递归地影响后续样点，所以不能在预测误差域进行量化。分析合成方法是一种寻找最优激励信号的方法，其中候选激励向量被送入滤波器，然后将重构序列与原始序列进行比较。在比较过程中，通常需要进行与信号有关的频谱加权。这引入了一种基于上述**频谱噪声整形**(spectral noise shaping) 的失真准则,据称,利用该准则可以获得合成语音信号的最优可理解性。通常,可通过重用(全极点)LPC 合成滤波器实现,但需要调整关于极点较小径向位置的 z 多项式,也可以通过引入额外的零点位置实现,这些零点与极点具有相同角向,但处于较小的径向位置。这样,可以利用频率加权函数为假定的原始信号频谱提供一个平坦的逼近,这也证实了一个观点,即在信号自身频谱能量较高的位置处(即声道的共振频率),误差将很难被察觉。

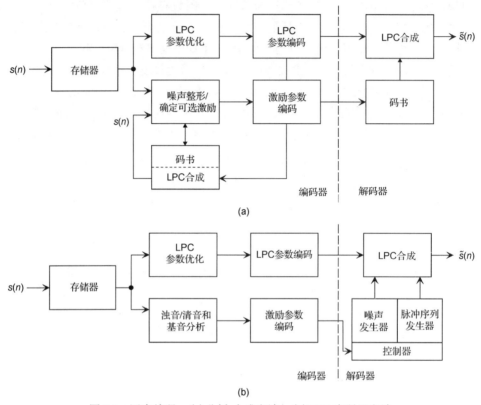

图 8.1　语音编码。(a)分析-合成方法;(b)LPC 声码器方法

基于激励的合成方法被广泛应用于低码率的语音编码中,利用该方法可以获得听起来还算比较自然的语音(能够保留讲话人的个体特征)。对于清音,白噪声类型(随机)的新息向量对良好的合成效果影响不大。可以根据不同的基于激励的方法对浊音片段所产生的影响,对这些方法进行更好的表征,其中,信号特有的基音属性只能通过将一连串激励脉冲送入合成滤波器而获得[1]。接下来对通常采用的一些方法进行简要介绍(有关更多细节,读者可参阅 [Hanzo, et al., 2007], [Vary, Martin, 2006])。

- **多脉冲激励**(Multi-Pulse Excitation,MPE),这种方法基于非等距脉冲最优位置和幅度的确定,其中要求脉冲的数量尽可能少。
- **规则脉冲激励**(Regular Pulse Excitation,RPE),类似于 MPE,但是使用等距脉冲。在 MPE 和 RPE 中,不同激励方案的组合(配置的个数是有限的)构成激励码书,而不需要对这些码书进行存储。

---

[1] 为了在激励信号的码字空间中实现快速搜索,还可以先对原始信号的基音进行分析,然后只对可能会产生相似基音的候选信号进行进一步分析。

- **码激励线性预测**(Code Excited Linear Prediction，CELP)，采用这种方法，激励信号从码书中选择，而不对浊音片段和清音片段进行明确的区分(事实上，设计的码书通常要对浊音和清音都提供合理的支持，而且码书的生成利用的是随机产生的样点而不是传统向量编码中的训练序列)。**向量和激励线性预测编码**(Vector Sum Excited Linear Prediction，VSELP)是 CELP 的一种变形。
- **谐音向量激励编码**(Harmonic Vector Excitation Coding，HVXC)，尤其对浊音语音段来说，激励信号可以利用非常少的参数进行有效的表达，比如基音和增益。MPEG-4 标准中定义了一种语音编/解码器，这种编码器联合使用了 HVXC 和 CELP，其中后者用于对清音片段进行编码。

特别是对于甚低码率(3 kbit/s 及以下)条件下的编码，还可以将这些方法混合使用，比如**混合激励线性预测**(Mixed Excitation Linear Prediction，MELP)就联合使用了 CELP 与 MPE 方法。

如果使用 LPC 参数的前向自适应方法，当码率较低时，用于编码边信息的比特数所占的百分比会变得非常大。编码中可以使用 LPC 参数的不同表示形式，例如，**PARCOR 系数**(PARCOR coefficients)[Itakura, Saito, 1972]、**对数面积比系数**(log area coefficients)[Makhoul, et al., 1985]或**线谱对**(line spectrum pairs)[Itakura, Sugamura, 1979]，原则上它们可以视为利用具有相同误差的维纳-霍普夫方程直接求得的滤波器系数的不同形式(数学上精确映射的条件下)。然而，需要注意的是，对滤波器系数直接进行量化会改变它们的特性，这将不能满足维纳-霍普夫方程最初设定的目标(使预测误差的方差最小化)。LPC 系数可以直接表示一个迭代滤波器，与此不同，若采用各自表示域中的欧氏距离准则，则其他表示形式往往对直接量化的敏感程度较低，因此，会使得到的频谱模型与原始频谱特性差异较小[Viswanathan, Makhoul, 1975]。

对 LPC 参数进行有效表示，对于低码率语音编码来说是至关重要的。OPUS-SILK 语音编/解码器就是其中一个例子[Vos, et al.,2013]，它联合使用长时预测、短时预测和线谱频率(Line Spectrum Frequency，LSF)进行表示，其中要经过向量量化、二次标量量化以及 LSF 系数随时间的预测。此外，所有的参数都要进行熵编码。与上述那些方法不同，激励信号由网格编码均匀标量量化器(见 4.6 节)进行压缩。该量化器的量化偏移量是可变的，并且偏移量由伪随机数发生器确定，伪随机数发生器由之前的量化结果进行迭代控制(即后向自适应)。最优的网格路径是根据维特比算法确定的。SILK 算法还可以有效地压缩立体声语音信号，在压缩之前，使用可切换的中间/两侧(M/S)编码(与图 8.6 类似)，接着利用中间信道对两侧信道进行预测，用于补偿立体声音效果。

8.1.2　参数(合成)编码

声码器原本是被设计用于语音合成的[见图 8.1(b)]，比如用于将书面文本转换为合成语音信号。LPC 合成模型，能够使用较少的参数描述滤波器和激励。可以采用前文所介绍的方法表示滤波器参数，激励信号要么是合成噪声，要么是给定周期的脉冲序列(语音信号的基音频率)。此外，通过系统地调整滤波器参数和激励信号，能够使音高、频谱形状、幅度等发生变化，这样便可以输出类似男人或女人的声音。一般来说，声码器的自然度很差，但是它仍然具有较好的语音可理解性。

当在极低码率下进行编码时，可以直接使用声码器，首先需要确定模型参数，比如，LPC 参数和激励信号参数、浊音/清音类别、浊音段的基音周期以及激励信号的幅度(方差)。滤波器参数可以通过式(2.206)中的维纳-霍普夫方程或其等效方程求得,激励信号的参数可以通过分析预测残差而获得。

还可以将基于声码器的编码方法与之前讨论的基于激励的编码方法相结合(后者的目标是,在某些客观误差准则下,使残差取得最小值),得到混合编码方案。由于构成解码器的模块之间存在很大的相似性,因此,这样做是合理的。在极端情况下,在设计基于合成的编码方法时加入语音识别功能,说出的单词/字母序列可以用文字或音素以及时间参数进行表示。那么,在解码器端便可以采用基于任意语音合成方法的**文字语音**(text to speech)转换方法对语音进行重构。这样做尽管可以获得极高的压缩效率,但是可能会造成讲话人声音特征和韵律的丢失,而用来恢复这些信息的方法又会造成码率的增加。

8.1.3 语音编码标准

语音编码标准中通常所采用的方法与图像、视频编码标准中常用的方法是不同的(见 7.8 节)。由于在语音传输服务中,语音的可理解性是一项重要的衡量标准,因此,通常也要对语音编码算法作出规定,从而尽可能地保证语音的感知质量。

表 8.1 给出了目前常用的一些语音编码标准,其中大部分都是基于线性预测编码方法的。这些标准要么单独地用于语音编码和传输,要么在多媒体通信系统中与其他媒体类型的标准联合使用。

表 8.1 语音信号编码的相关标准概览[①]

标 准	编/解码器类型	码率[kbit/s]
ITU-T G.711	PCM	64
ITU-T G.711.1	G.711 的宽带嵌入式扩展(MDCT/高频带采用加权 VQ)	64,80,96
ITU-T G.718	帧误差稳健的窄/宽带嵌入式可变码率编码	8~32
ITU-T G.722.2	自适应多码率宽带编码(AMR-WB)	~16
ITU-T G.726	ADPCM	16,24,32,40
ITU-T G.727	嵌入式 ADPCM	16,24,32,40
ITU-T G.728	低时延 CELP	16
ITU-T G.729	代数 CELP(ACELP)	8
ITU-T G.729.1	G.729 嵌入式可变码率扩展	8~32
ITU-T G.723.1	ACELP / MP-LPC	5.3/6.3
GSM 06.10	RPE-LTP	13
GSM 增强型全速率	ACELP	12.2
GSM 半速率 06.20	VSELP	5.6
MPEG-4 音频	CELP 可伸缩窄带编码	3.85~12.2[步长~2 kbit/s]
MPEG-4 音频 (ISO/IEC 14496-3)	CELP 可伸缩宽带编码	10.9~23.8
OPUS-SILK (IETF RFC 6716)	格式编码激励 LPC / LTP	10~32
MPEG-4 音频 (ISO/IEC 14496-3)	HVXC 可伸缩编码	2/4
FS 1015 (美国保密电话标准)	LPC-10E	2.4
FS 1016	CELP	4.8
FS 1017	MELP	2.4

① PCM:脉冲编码调制。ADPCM:自适应差分脉码调制。CELP:码激励线性预测。LPC:线性预测编码。MP-LPC:多脉冲线性预测编码。RPE-LTP:规则脉冲激励/长期预测。VSELP:向量和激励线性预测。HVXC:谐音向量激励编码。MELP:混合激励线性预测。

8.2　一般音频、音乐与声音编码

8.2.1　音频信号的变换编码

一般音频信号是指由不同声源产生的声音混合在一起生成的信号,这些声源可以是乐器、嗓音/语音/歌声、合成的声音或自然的声音等。由于种类繁多,通过统一的物理模型对所有乐器进行表征,即使可以实现,也是十分困难的。然而,激励+滤波器模型(正如在语音编码中所采用的)对不同类型的乐器也同样适用,尤其适用于利用谐振腔放大周期振荡(比如,琴弦)的乐器,弦乐器就是非常典型的例子。同样存在激励基本上是噪声的情况,可以通过调节谐振获得和声,木管乐器和铜管乐器就是这种情况。在其他情况下,激励也可以是作用于振动弦上的抖动,比如吉他或钢琴,能产生没有明确维持期的衰减谐波,或者可以通过振动弦和谐振腔之间的相互作用获得可维持的谐波。包括通常都具有较宽频谱和较短时域包络的各种打击乐器,音乐中包含的各种合成音,以及需要与音乐一同进行编码的各种非音乐自然声音(比如,掌声),都可以看成是由某种乐器产生的。

基于音乐声音和非音乐声音信号的这些属性,**变换编码**(transform coding)的方法为如今得到最广泛应用的音频压缩技术奠定了基础,这是因为如果针对任意音频信号频谱的时变特性能够作出合理的调整[①],变换编码方法就可以获得很好的信号重构质量。在频域编码中,还可以直接利用听觉的心理声学特性(主要涉及频率掩蔽效应)(见 3.2.2 节),采用与频率相关的量化方法。音频变换编码的通用方法如图 8.2 所示。假设心理声学模型主要是基于与频率相关的掩蔽阈值的,此外,还可以使用时域掩蔽。信号编码中,采用重叠块变换和子带滤波器组可以避免在块边界处出现伪影。为了更好地适应局部信号的特性,变换窗口的长度应该是可以变化的。较短的分析窗口(更高的时间分辨率)更有利于获取瞬变信息,而对于平稳的、持续的、类谐振的声音,因其在频域上是稀疏的,采用较长的窗口可以提供更好的压缩性能(将能量集中于少量的系数上)。为了确定频率的分布特征并应用掩蔽阈值(与所选择的量化步长大小有关),往往还需要额外地进行加窗 DFT,用于时频分析。对与感知相关的频率组进行分析,需要对频率坐标轴进行分割,因此,用于编码的其他变换的基函数可能不适用[②]。掩蔽阈值本身是与信号相关的,并且是随时间变化的,因此,可以充分利用这一事实,即主要频率成分可以掩盖其他频带内的编码噪声(见 3.2.2 节)。一旦获得了掩蔽函数,便可以对频率系数进行量化和编码。从压缩技术的角度而言,感知模型自身未必是唯一的,这为优化编码器提供了空间。然而,需要将控制参数(比如,与频率相关的量化步长大小)作为边信息传送给解码器。通过利用时间上的冗余(比如,对频率成分的重要程度进行预测)或一段录音中不同声道间的冗余,可以获得进一步的压缩。还可以将某些分量合成,比如高频分量,或多声道音

---

① 相比之下,LPC 方法最初是设计用来编码语音信号的,利用 LPC 方法对音乐信号进行编码,往往会产生异常失真。部分原因是由于 AR 模型(即使是高阶的)并不完全适用于音频信号。它们不能以最优的方式表示频谱上稀疏的(准周期的)或时域上稀疏的(瞬变的)信号,这两类信号分别对应和声乐器与打击乐器所产生的声音。

② 为了使心理声学加权函数(见 3.2.2 节)能够较好地逼近人类频率灵敏度特性,变换需要具有足够精细的频率分辨率。而压缩中所采用的变换通常使用等带宽的频率通道,对于大于 500 Hz 的频率组,在与感知相适应的 Bark 尺度下,带宽随频率近似呈线性增加。因此,在利用心理声学对编码进行优化时,应该把不同数量的等宽频带合并。

频中的全部其他声道。为此，需要采用专门的合成模型，同时还可能需要把相关参数作为边信息进行传输。

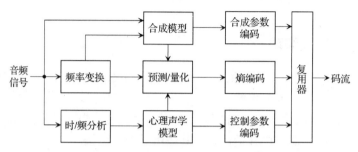

图 8.2　采用变换编码并结合心理声学模型和合成模型的音频编码器一般结构

音频编码器广泛使用了加权函数，通常采用的频带数量高达 1024 个（比如，在先进音频编码（AAC）标准中，基于重叠块的修正 DCT 中所采用的）。但是，当出现瞬变时，或者需要另外采用时域掩蔽函数时，时间轴需要具有更高的分辨率。这种情况下，最好能够转而采用具有较少频率子带的变换，从而得到较短的基函数。

变换编码与**先进音频编码**（Advanced Audio Coding，AAC）标准中[1]的其他压缩工具相结合，为将变换编码原理（见 5.3 节）具体应用到音频信号中的方式提供了一个很好的范例，通过这个范例，可以了解最先进的音频变换编码中都采用了哪些编码方法。图 8.3 给出了先进音频编码（AAC）的框图。框图下半部分所包含的组件中的变换系数在某种程度上是合成的，这将在 8.2.2 节的**感知噪声替换**（Perceptual Noise Substitution，PNS）与**频谱恢复**（Spectral Band Replication，SBR），以及 8.2.3 节的**双耳线索编码**（Binaural Cue Coding，BCC）中进行更详细的讨论。

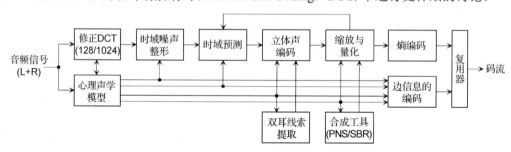

图 8.3　MPEG-2/-4 先进音频编码

可切换分辨率的变换　作为一种重叠块的**整体变换**（monolithic transform），类似于式（2.289）～式（2.292）的**修正 DCT**（Modified DCT，MDCT）用于频率分解[2]。窗口尺寸和变换系数的数量通常在 128 和 1024 之间进行切换，其中短窗适用于瞬态信号以及对时域掩蔽效应的利用，而长窗更适合周期信号或稳态信号。而且，系数越多会使频率分辨率越高，因此，可以更准确

---

① AAC 最初规定为 MPEG-2（ISO/IEC 13818-7）中的一部分，之后在 MPEG-4（ISO/IEC14496-3）和 MPEG-D（ISO/IEC 23003）中进行了扩展。与 "MP3" 编/解码器（见 8.2.4 节，MPEG-1 音频第 3 层）相比，当获得相同的感知质量时，AAC 能够进一步将数据速率降低一半。为了与 MPEG-1 音频第 1 层和第 2 层相兼容，MP3 在设计中采用了两个级联的变换，因此在某种程度上，MP3 的设计并不是一以贯之的。

② AAC 的可伸缩采样速率档次定义了**正交镜像滤波器组**（Quandrature Mirror Filter，QMF），为了获得可变的采样速率，可以把较高频带全部丢弃。这种方法最初是为了在可变带宽信道上获得码率的可伸缩性，但是到目前为止仍然还能在实际中得到应用。

地适应频率掩蔽效应，如图 8.4 所示。需要在切换窗口尺寸的位置，采用特殊的**转换窗口**(transition windows)。转换窗口并不是对称的，比如，在两端具有不同的形状，但式(2.290)中的平稳性条件仍然成立。然而，对于 MDCT，考虑到正交性，可以不必满足平稳性条件，当出现瞬变信号(比如，新音符的开始)时，平稳性条件可能并不非常重要。

时域噪声整形(Temporal Noise Shaping，TNS)　TNS 对在时域上集中的(类脉冲的或瞬变的)信号是非常有用的，它的目标是充分利用时域掩蔽效应。该方法的基本思想主要基于这样的观察：时域稀疏的(类脉冲的)信号具有较宽的频谱，而相邻的系数往往是相关的(容易预测的)，反之亦然；频谱稀疏的信号(比如，泛音)在时域上是展宽的，但在时域上很容易预测[Herre, 1999]。考虑后一种情况，与介绍语音信号时所讨论的开环(D*PCM)预测进行类比(见 8.1.1 节)，可以发现，量化误差由信号的频谱进行了整形。对于时域上稀疏的信号，如果对**变换系数**(transform coefficients)序列进行开环预测，则所产生的效果是，在信号发生变化的时间位置重构误差较高，因此，可以利用时域掩蔽效应。通过频率间的开环预测，可以对时域掩蔽效应加以利用，在一些情况下，这样做还可以获得更好的压缩性能，这是因为瞬变的频谱是非稀疏的，但是相邻频谱系数的幅度和相位之间具有一定的一致性[1]。

变换系数的时域预测　对于谐波信号，相邻块的变换系数间也存在着明显的统计相关性。可以采用(闭环)DPCM 方案利用这种相关性，比如，对相同频率的系数沿时间进行预测，把之前变换窗口的系数作为预测参考值。若采用式(2.221)～式(2.223)中基于 LMS 算法的后向自适应方法，则不需要传输预测系数。当在长窗和短窗之间进行转换时，预测是没有意义的，因此，默认将预测关闭；其他情况下，可以通过编码器控制将预测关闭。当采用时域预

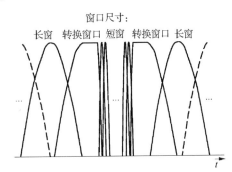

图 8.4　先进音频编码(AAC)中利用转换窗口在长短 MDCT 变换基间进行的窗口切换

测时，会带来一些副作用，即与窗口相关的时域编码噪声波动(由频繁地打开和关闭低幅值系数引起)被降低到了最小，这样可以避免"窗口频率"对误差的调制。在 MPEG-4 较新版本的 ACC 中，还包括了**长时预测**(Long Term Prediction，LTP)工具，它在时域中运用了前向自适应方案(需要把系数作为边信息传输)。由于还需要进行量化系数的逆变换合成，此时，预测后需要进行前向变换和 TNS，这些在图 8.3 中没有明确体现。LTP 对于处理谐波信号是非常有用的，若不使用 LTP，谐波信号与 MDCT 真实分析频率之间的失配将会造成很大的预测误差。

缩放、量化与熵编码　采用非均匀量化器(幂律，即量化等级与偏移量呈指数关系)表示频率系数。心理声学模型确定了不同频率成分所容许的量化误差。为此，将系数分成采用非均匀缩放因子的频带，其中频带可以由 Bark 尺度确定(见 3.2.2 节)[2]。除了全局缩放因子(调整所有频带的量化步长大小)，每个频带还可以选择单独的缩放因子。各单独的缩放因子从最低频带开始进行差分编码。编码中采用霍夫曼编码表，对于所有系数都为零的频带，缩放因子则被跳过。

---

① 狄拉克脉冲是一种极端的情况，在频域上其频谱是完全可以无失真预测的。

② 事实上，是由编码器对采用相同量化步长的频带进行实际分组的。

通用的熵编码器都基于具有系统定长部分的霍夫曼(表)方法。大于 16 的量化等级用一个转义符表示。符号采用二级制编码并附加在相应的码字之后。采用根据不同统计特性优化的 11 个霍夫曼表，并且可以为每个频带单独地选择霍夫曼表，全零频率子带也要明确地标明。

对于极低的码率(小于 40 kbit/s)，还规定了称为**变换域加权交错向量量化**(Transform Domain Weighted Interleaved Vector Quantization，TWIN-VQ)的方法，它完全取代了变换系数的独立量化和编码。AAC 的其他组件保持不变。向量的选择也由感知模型进行控制。**交错**(interleaving)是一种将频率系数排列成向量所采用的方法，其中，向量由具有相似属性的频率子带构成。

可伸缩及容错 AAC 编码　作为上述量化和熵编码的替代方案，定义了可伸缩编码模式，它是以嵌入式量化和**位片算术编码**(Bit Slice Arithmetic Coding，BSAC)为基础的，BSAC 是与位平面编码联合使用的一种算法编码方法，与 4.3 节中讨论的方法类似。算术编码利用位平面间的上下文，有不同的上下文模型可供选择，根据统计特性选择最优的模型。在最高的位平面上，时域预测环路是闭合的，当增强层被丢弃时会产生漂移。因此，尽管以较高码率编码时，可伸缩 BSAC 方法可以获得与单层 AAC 相似的编码性能，但是当码率较低时，可伸缩 BSAC 方法的压缩性能往往明显较差[Yang, et al., 2006]。然而，需要注意的是，可伸缩 BSAC 方法主要是为了在传输速率波动或存在信道损失时，能够获得平稳的质量退化。

BSAC 还可以与 TWIN-VQ 联合使用。其中，由 TWIN-VQ 编码的信息构成基本层，而由 BSAC 编码的残差信息作为增强层。因此，由于对基本层有效的压缩，在低码率时，联合方法的编码性能可能更好，但是当码率较高时，联合编码的编码性能往往要比只采用 BSAC 进行编码要差。由于 AAC 与 BSAC 联合方法的主要应用领域是有损传输环境，为此，还为 AAC 码流的容错传输规定了其他的机制。具体地说，包括：**霍夫曼码字重排**(Huffman Code-word Reordering，HCR)以避免频率分量之间的误差扩散，**虚拟码书**(Virtual Code Books，VCB)为幅值较大的系数赋予更健壮的码字，以及**可逆变长编码**(Reversible Variable Length Coding，RVLC)，见 4.4.3 节。

音频信号的无损编码　AAC 采用的变换编码方案不能以合理的码率实现无损压缩，这是因为变换系数的无损(LosSless，LS)表示比原始的 PCM 表示需要更大的比特深度。在音频压缩中，变换系数往往还以浮点数精度进行计算。因此用于音频无损编码的方法主要以时域预测编码(利用前向自适应的优化预测器，即求解维纳-霍普夫方程)为基础，比如，在[Liebchen, 2003]所提出的方案中，就将它与莱斯等熵编码算法结合在一起。无损编码还可以与有损编码结合，其中运用传统 AAC 编码器表示基本层，而对残差信号采用有损到无损编码(Lossy to LossLess，LLS)。然而，当编码基本层时利用了掩蔽效应，这种方法可能会在残差中出现较高的幅值。

8.2.2　基于合成的音频与声音信号编码

波形编码(利用信号逼近的方法，基于 PSNR 或感知失真准则，再现信号波形的真实形状)与基于合成的编码(利用模型或较少的参数进行表示，重现在感知上与原始信号相似的信号)之间的关系是非常紧密的，至少可以将这两种方法进行合并。因此，较新版本的 AAC 标准中包含了可以归类为基于合成编码方法的压缩工具。

对人类听觉的心理声学特性进行分析会发现，信号中存在某些类噪声(非谐波)成分，传统波形编码会对它们的相位关系进行保存，而这是没有必要的。这些类噪声成分可以用它们各自频带内具有相同方差的噪声信号进行替换，称之为**感知噪声替换**(Perceptual Noise Substitution，PNS)。合成产生信号成分的原理进一步发展为更加通用的**频谱恢复技术**(Spectral Band Replication，SBR)，这种方法允许利用合成信号成分替换高频谐波。通常仅对一个带宽为 8 kHz 的窄带信号进行编码，所有高频成分都是通过合成产生的，对于谐波成分和非谐波成分，信号产生的方式是不同的。一般来说，需要假设谐波级数以及频谱滚降特性在高频区间连续，与它们在低频区间的情况类似。只有当预测存在明显偏差时，才需要编码其他参数。利用复数基函数调制的(QMF)滤波器组进行频率的分析与合成，可以更准确地将频率分离，同时还可以获得(实际编码的)低频成分与(合成的)高频成分之间更加一致的相位配准。关于这种方法的更多细节可参阅[Dietz, et al., 2002]。

频带扩展的 AAC 能够以最低大约 48 kbit/s 左右的码率实现对大多数立体音频信号的透明(没有听觉损失的)编码。适应感知的音频编码方案最终会导致**明显可测的**(measurable)失真(当采用 SNR 准则衡量时)，但利用感知无关性，这种失真可能不会被**听出来**(audible)。然而，在出现以下情况时，可以听得见失真：

- 非谐波失真[①]；
- 频率选择性噪声与非稳态噪声；
- 信号的"粗糙度"，由于变换块之间的时间波动，可以很明显地感知到失真；
- 高频成分的丢失。

音频信号可能源于自然声音，往往需要进行编码，但是在过去几十年间的音乐制作中，合成产生的声音已经变得越来越重要。利用能够模拟自然声音的合成方法，产生的声音与自然声几乎很难分辨。这些合成方法通常可以利用少量参数进行表征(比如，由振荡器或噪声源激励的滤波器，不同信源耦合和调制的相关属性，时域包络特征)。音频合成描述格式比如 MIDI，得到了很多器件的支持，比如，电脑声卡、移动电话等。这使得可以利用合适的合成模型以及少量的合成参数，对自然信号和合成信号进行编码。然而，把一个波形形式的声音直接映射为参数合成模型仍是尚未得到解决的问题。例如，利用频率调制(Frequency Modulation，FM)可以获得非常自然的乐器模拟音，或合成的新声音。但是，FM 是一种非线性调制方案，所以，它不能直接自动确定获得预想合成结果所需的参数。

参数编码中，分析-合成优化是一种被广泛采用的寻找最优设置的方法。尤其当参数灵敏度很高，或参数空间是多维的并且/或者参数空间具有代价函数的局部最小值，或优化中包括合成方法的选择时，这种方法可能非常复杂。如果录制不是在无混响的环境下完成的，室内建模、消除房间影响或人工加入的效果将成为需要重点解决的问题。如果失真具有线性移不变特性，则可以采用解卷积方法(比如，补偿混响/回声)。

在极低码率下使用的一些应用中，可以采用参数音频编码，此时波形编码不能胜任，或者会产生无法接受的编码失真。**谐波和特征线加噪声**(Harmonic and Individual Lines plus Noise，HILN)编码是在 MPEG-4 标准的音频部分(14496-3)中规定的一种音频信号的参数编码方法，它能够为单一声源(单一乐器)或简单的复合音提供很好的合成质量。图 8.5 中给出了

[①] 需要注意的是，在模拟音频系统和放大器中，谐波信号的限幅主要会导致谐波失真，这种失真更容易被人耳察觉。

HILN 的示意性框图。第一步是将信号分解为谐波分量、正弦分量和噪声分量，所有这些分量都利用重要性检测和加权，根据感知模型进行参数编码。在解码端，采用与分解相反的方式，将这三种分量组成合成信号。这种方法主要针对压缩码率介于 4～16 kbit/s 的应用。对于单音信号，由 6 kbit/s 的压缩码流中恢复出的重构信号具有尚可接受的质量，但是与原始信号相比，还远算不上是透明质量的。信号的大部分重要特性都能够得到保留，而 8.1.3 节中所介绍的普通波形编码方法在如此低的码率下，是不可能做到的。Schuijers 等对参数编码进行了进一步改进，其中把**瞬变**(transients)作为一种合成要素包含进来[Schuijers, et al., 2003]，这样便能够更好地对时域包络特性进行建模，比如触发属性，据称在处理更复杂的复合音时，该方法也能够有效地改善合成质量。

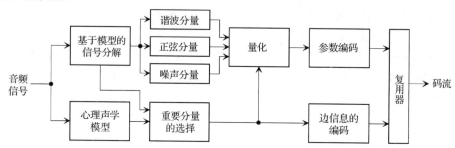

图 8.5　MPEG-4 标准中规定的参数音频编码方案 HILN 的框图

自然音频合成涉及的另一个重要方面是室内环境建模，声音通常在室内环境中产生。尽管这基本上可以看成是一个信号合成问题，但是当室内的属性可以通过少量参数进行建模时（比如初始回波位置和混响时间），也可以将其用于参数音频压缩。然而，这需要在解码后，进行音频场景的构建，包括音频对象的混合、效果的叠加，然后根据给定的再现系统（扬声器、耳机）进行渲染。

MPEG-4 标准定义了一系列工具用于支持完全的**合成音频**(synthetic audio)表示。除了到目前为止介绍过的低级波形表示方法外，还包括：

- 灵活的音乐合成语言，称为**结构化音频乐队语言**(Structured Audio Orchestra Language，SAOL)；
- 基于**结构化音频样点分组格式**(Structured Audio Sample Bank Format，SASBF)的波表合成技术；
- 采用通用的乐器数字接口(Musical Instrument Digital Interface，MIDI)格式以支持声音合成设备；
- 支持灵活地混合音频对象、插入音频效果以及对在 3D 室内声波传播进行建模的功能。

关于混音和渲染的更多信息，读者可参阅[MCA, 7.6 节]。

8.2.3　立体声与多声道音频信号的编码

立体声冗余　为了利用**立体声冗余**(stereo redundancy)，一定要注意的是，立体声信号或双耳听觉中，方向性识别并非仅仅与左右声道间的幅度差异有关（"强度立体声"）。除此以外，进入左耳和右耳的信号之间的延迟（"时间差型立体声"）以及频率衰减（因头部的遮挡造成的）也扮演着重要的角色。当其中一只耳朵没有直接接收到声波而与（室内）环境发生相互作用, 会造成频率衰减, 这种情况在**人工头型立体声**(artificial head stereophony)中是非常重要的。当在较远的距离通过话筒对立体声信号进行记录时, 通过左声道和右声道到达的声音之间就会存在延迟。如果各声源具有不同的延迟(一般都是这种情况), 这会阻碍左声道与右声道中的信号直接进行相似度匹配, 很难利用两者之间的冗余。图 8.6 给出了立体声信号编码的一种简单方法, AAC 标准的基本版中采用的正是这种方法。该编码系统可在下列模式之间进行切换:

● 左、右声道分开进行编码;
● 中间/两侧(M/S)编码, 即由编码立体声左右声道得到的一个和信号(单声道)与一个差信号;
● 声强编码, 比如对一个声道进行编码, 然后使用强度因子合成第二个声道, 并将其作为前者的幅度修正形式。强度编码主要用于合成混合声源, 其中两个立体声声道来自单一声源并且根据幅度平衡调整组成立体声。

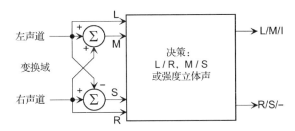

图 8.6　先进音频编码中立体声信号的编码模式

对于时间差型立体声, M/S 方法可能并不奏效, 这是因为在和信号和差信号中都存在重复的部分(回声)。因此, 更复杂的立体声编码方法会根据频带对冗余进行处理, 这解决了多声源立体声混音中存在的不同延迟的问题。基本的方法是生成包括立体声两个声道中的所有声音信息的单声道缩混, 然后将**线索参数**(cue parameters)作为边信息用来表示左、右声道之间的差异。可以利用这些边信息从单声道缩混中恢复出两个声道的频域和时域包络[Baumgarte, Faller, 2003][Faller, Baumgarte, 2003]。双耳线索编码的结构框图如图 8.7 所示。

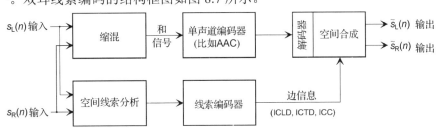

图 8.7　双耳线索编码的结构框图

线索参数与频率是相关的。处理往往是在频率组内完成的, 其中中心频率以及带宽是由与感知相关的 Bark 尺度确定的(见 3.2.2 节)。其中, 最重要的参数包括:

● 声道间声级差(Inter-Channel Level Differences, ICLD), 最好在对数尺度下表示;
● 声道间时间差(Inter-Channel Time Differences, ICTD), 可以在各个频带的时间信号中, 通过寻找左、右声道间互相关系数的最大值得到[①];

① 另外, Breebart 等提出使用声道间相位差(Inter-Channel Phase Differences, ICPD)的方法, 其中可以通过计算在相应的频带中复频率系数之间的平均相移得到 LCPD。然而, 需要注意的是, 周期信号的相位是不确定的, 因此不能直接映射为时间间隔。

● 声道间相关性(Inter-Channel Correlation，ICC)，即在给定的频带内互相关函数的实际
  最大值。

对不同频带分开进行处理主要基于以下几方面原因：(1)每个频带更有可能只有某个声源
起主导作用，因此，更有可能在左、右声道之间找到对应的匹配部分；(2)即使频带内存在若
干声源，合成的可变时滞及对应的时间波形也比时域信号更精确。为了得到边信息参数，可
以采用基于心理声学特性的非均匀频率划分的复指数调制滤波器组并进行临界亚采样(即频
域中的过完备信息)，通常可以取得很好的效果。

AAC 的高效版本中所采用的**参数立体声编码**(Parametric Stereo Coding，PSC)方案，可以
扩展为更加通用的用于多声道声源参数的编码方案，其中，在编码器端，N 声道声源被映射
为 M 声道缩混信号以及 N 组线索参数，缩混信号按常规方法进行编码。通过解码缩混信号，
并利用线索参数合成全部 N 个声道，从而完成重构。与此同时，这种方案具有一个优点，即
它与传统立体声编码方法相兼容，如果缩混信号是采用传统方法进行编码的，传统解码器就
可以直接把线索参数忽略。这种思想正是**空间音频编码**(Spatial Audio Coding，SAC)的基础，
下文中将对其进行介绍。

空间音频编码(Spatial Audio Coding，SAC)。两声道(与立体声兼容的)缩混的 SAC 基本
原理如图 8.8 所示。在[Herre, et al., 2005]中介绍的基本 SAC 方案中，空间参数估计是在带通
表示域进行的，具体来说，是通过 64 通道复数"伪 QMF"滤波器组产生的，将第一个滤波
器组的输出作为通常具有 4 通道或 8 通道的第二个滤波器组的输入，把最低频带细分为频率
分辨率更加精细的频带。空间线索参数包括上述的 ICLD 和 ICC，但此外，通过使用下列参数
还可以获得更准确的合成。

● 声道预测系数(Channel Prediction Coefficients，CPC)，用于由输入声道(及其组合)预
  测输出声道(及其组合)。
● 预测误差，即参数描述的波形与实际波形之间的差异。

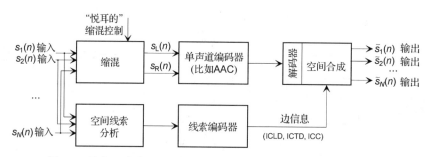

图 8.8   具有 N 个输入声道和兼容立体声缩混的空间音频编码框图

利用相应的合成滤波器组，以合适的方式与可用输入通道中的信息结合，产生缩混信号[①]。

每个频带都有一组 CLD、ICC、CPC 参数。合成立体声时，CLD 和 CPC 一般用来确定**阵
列单元**(matrix units)的系数,利用这些系数通过线性映射由 M 通道缩混重构 N 通道信号($M=1$
时，CLD 为单声道，$M=2$ 时，CPC 为立体声缩混)，如图 8.8 所示。然而，仅当通道之间对

[①] 对有关缩混优化方法的介绍，超出了本书所讨论的范围。具体方法包括利用线索信息能够避免梳状滤波效应/频带消除的自动缩
  混。另一方面，还可以采用半自动的缩混，通过调节参数产生"悦耳的"缩混。

应的部分确实可以利用线性组合描述时，这些参数才是足够的。否则，尤其是对于模型延迟以及散射声成分，为了生成具有可变相关度的输出信号，两个阵列单元之间的**去相关单元**（decorrelation units）（图 8.9 中的 D_j）可以利用 ICC 参数。去相关单元主要由一个通过网格结构实现的全通滤波器构成，在此基础上，所包含的其他工具能够更好地重构给定通道的时域和频域波形。**时域包络整形**（Temporal Envelope Shaping，TES）就是这些工具中的一个，它与在8.2.1 节介绍的 AAC 的 TNS 工具非常相似。

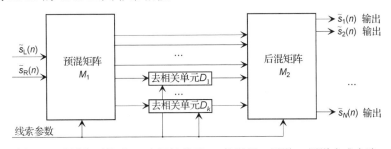

图 8.9　采用阵列单元 M_i 去相关单元 D_j 的通用 2 通道-N 通道合成电路

SAC 可以在很宽的数据速率范围下工作，其中主要影响数据速率的因素包括：空间参数编码的时间和空间分辨率、量化以及原始信号和合成结果之间的残差是否另外进行编码等。

多通道馈送，比如 5+1 和 7+1，可以利用 SAC 以非常简洁的方式进行表示，其中 SAC 是利用空间参数由立体声合成得到的。为了简化分析和合成，可以采用基本模块级联的方式。为此，只需要定义两类简单的分析和合成单元①，即，

● 二输入-一输出、一输入-二输出（2-1，1-2）组件，$M=1$，$N=2$。
● 三输入-二输出、二输入-三输出（3-2，2-3）组件，$M=2$，$N=3$。

将这些组件合理地组合到一起，便可以将 5+1 立体声信号编码为立体声下混信号和对应的空间线索信号，图 8.10 给出了一种配置方案。

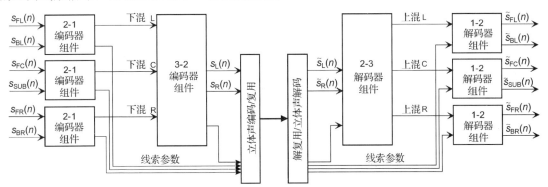

图 8.10　基本层兼容立体声的 5+1 多声道信号的空间音频编码（SAC）

空间音频对象编码（Spatial Audio Object Coding，SAOC）是 SAC 与基于声音对象的合成编码思想相结合而产生的[Breebaart, et al., 2008]。它主要的优点是，为收听者根据个人喜好调整混音提供了可能性，同时还能对给定的渲染配置（立体声或环绕声）进行优化，而不受编码表

---

① 与图 8.8 中所示的通用拓扑结构相比，限制为这些简单类型能显著地降低 CLD 和 CPC 参数的数量。

示的影响。合成参数表示能够为各个音频对象(音轨)提供非常有效的参数编码，正如在 8.2.2 节中讨论的一样。此外，它还提供渲染功能，能够为一些类型的再现系统(不同数量的扬声器或双耳耳机)交互地将音频对象渲染为声音场景。为此，SAOC 将**对象声级差**(Object Level Differences，OLD)、**对象间互相关参数**(Inter-Object Cross Coherences，IOC)，以及**缩混声道声级差**(Down-mix Channel Level Differences，DCLD)编码为参数码流。

SAOC 的基本方法依然是向后兼容 SAC 的，即主要信息是通过单声道或立体声缩混发送的。接着再对每个对象其他的边信息参数(比如声级或时间差)进行编码，这样便可以在缩混信号中调整或移除对象，或者能够在多通道渲染输出中调整信号的波形。

需要注意的是，大多数具有环绕声感受(比如 5+1、7+1 等)的空间混合音频信号都是人工合成的(并不是在 3D 空间通过真实的话筒录音获得的)。由扬声器渲染的音频存在的普遍问题是由下列原因造成的：存在"甜蜜点"，即空间立体感最好的听音位置，而这些音频只能在某些限制条件下才能提供给多个用户。为了解决这一问题，可以增加扬声器的数量和强度(比如，5+1 环绕声的前方中置音箱能够对声源所在位置给出更准确的定位)。然而，即使这样做，离扬声器较近的声源，其空间位置仍然不能得到准确的渲染。**声场合成**(sound field synthesis)[Boone, Verheijen, 1993]中利用数量庞大(大于 200)的扬声器，沿着墙面排列成环形(可以升高)，用来产生声波场，在给定房间中把声源置于某些特定位置，这些位置与自然环境中声音产生的位置一样。其思想是基于惠更斯原理，其中指出主声源可以由位于不同位置的次声源代替，它们产生的声波恰好与主声源在相应的位置上所产生的声波相同。在这种环境中，以合成的方式模拟信源相对容易，但是通过话筒获取自然声音场景仍存在许多尚未解决的问题，因为不太可能通过排列足够密集的话筒阵列对自然声场进行模拟。而且，当在相同的高度上仅使用一圈扬声器时，对高处声源的模拟具有相当的局限性。

一般来说，可以预见，从数据速率、处理需求和保真度要求的角度来看，对提供给大范围布置的扬声器所使用的混合音频信号进行压缩是很有挑战性的。在此背景下，希望可以采用与 SAC 相同或者至少相似的机制对此类信号进行编码。与频率相关的声级差和时间差，以及声道间的相关性是模拟声源在声场中的位置时的主要依据，在扬声器密集排列的情况下，这些参数预计会更加简洁。而且，每次安装，扬声器的数量可能都不相同。另一方面，当输入声道的数量极大时，需要进行大量的处理，分层布置上文中提到的 2-1 元件和 3-2 元件不太可能生成合适的立体声信号或单声道缩混信号。

高保真度立体声响复制(ambisonics)是另一种方法[Fellgett, 1975] [Gerzon, 1977] [Hope, 1979]，在发展初期，其等效的方法称为 eidophony[Scherer, 1977]。这种方法的基本思想是，在球面坐标系的原点描述声压[见图 8.11(a)]，任何声音或声波的到达方向都可以通过描述两个角度来确定。对于原始一阶 ambisonics，能够提供方向性信息的三维声源信号可以仅用 3~4 个声道进行编码，这等效于 1 个球形话筒以及 2 个或 3 个 8 字形话筒，后者指向三维坐标空间中的 3 个正交方向 $[W_1 \quad W_2 \quad W_3]$[①][见图 8.11(b)]。它们全部都具有偶极(+/−)特性，比如，声波从反方向传入时，幅度便为负值。球形声道 W_0 等效于声强(单声道缩混)，而另外 3 个声道允许对方向性位置进行编码。具体而言，方位角为 ϕ、仰角为 θ(相对于 W_1 轴)处的声源 $s(t)$，根据如下等式进行映射

---

① 只有在需要支持仰角时，才需要第三个非球形话筒以及相应的声道。

$$s_{W_0}(t) = \frac{\sqrt{2}}{2} s(t); \quad s_{W_1}(t) = s(t)\cos\phi\cos\theta$$
$$s_{W_2}(t) = s(t)\sin\phi\cos\theta; \quad s_{W_3}(t) = s(t)\sin\theta$$

$$(8.1)$$

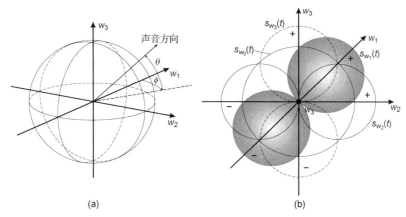

图 8.11　(a) ambisonics 所采用的球坐标系；(b) 一阶 ambisonics 中，四声道[等效于 1 个球形话筒和 3 个正交 8 字形(双指向性话筒)话筒]方向性特征的说明

需要注意的是，这种方法也是对"中/侧"立体声的直接扩展，其中，用心形话筒(在角度为 $\phi = 0°$ 和 $\phi = 180°$ 处取得右/左声道的声级最大值)记录的左、右声道信号，能够通过由球形话筒和 8 字形话筒(后者的方向沿 W_2 坐标轴由左向右)记录的信号进行加/减产生。

以相似的方式，可以对 4 个声道中的信息进行解码并送入任意多个扬声器的排列中，这些扬声器需要以基本均匀的方位角和仰角放置在球面上。假设一个扬声器以方位角 ϕ、仰角 θ(相对于 W_1 坐标轴)放置，则 4 个声道按式(8.2)中的方式组合并驱动扬声器：

$$s_{\phi,\theta}(t) = \frac{\sqrt{2}}{2} s_{W_0}(t) + s_{W_1}(t)\cos\phi\cos\theta + s_{W_2}(t)\sin\phi\cos\theta + s_{W_3}(t)\sin\theta$$

$$(8.2)$$

这种方法在球形中心的甜蜜点处能够准确地重构声场，但是，当收听者接近任意一个扬声器所在的位置时，由于这时距离最近的扬声器的声压幅度起到决定性作用，方向性就会丢失。

一阶 ambisonics 的问题，即仅在"甜蜜点"附近能够提供最优的声场渲染，这也可以通过以下事实加以解释，由于相邻扬声器之间的声级差不够显著(比如，仰角相同、方位角相差 45° 时，两个扬声器的声级仅相差 $\sqrt{2}$ 倍)，所以当收听者距离某一个扬声器的距离较近时，对方向的感知就会出现错误。[Poletti, 2005]中提出的**高阶 ambisonics**(Higher-Order Ambisonics，HOA)，为该问题提供了一种解决方案，其中采用了其他与 ϕ 和 θ 的倍数相关的高阶球面谐波函数(比如，正弦和余弦基函数)。从方向性特征来说，这些函数峰值所占的范围越来越窄(与猎枪话筒类似)，这使得采用的声道越多，越能更准确地分辨方向性。然而，尽管利用单声道信源以合成的方式生成相关的多声道信号比较容易，但是想要通过实际的话筒记录自然声场则是非常困难的(由于需要将话筒拾音头偏离坐标系统中心放置，需要进行信号处理以完成校准以及延迟补偿)。

从压缩的角度看，ambisonics 的概念非常有吸引力，这是因为在角度维度上，球面谐波的各个基函数是正交的，本质上就可以将声道间的冗余去除。

在近期发布的 MPEG-H 音频(ISO/IEC 23008-3)标准中，SAOC 和 HOA 的联合使用是三维音频表示的核心内容。图 8.12 给出了 3D 音频编码的总体结构。根据输出(扬声器配置)，将渲染的 HOA 声道信息与传统(混合)声道和渲染的(空间)音频对象相混合。这个混合过程可以根据不同的输出配置进行更灵活的调整。

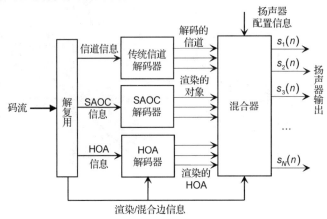

图 8.12　三维音频编码框架

8.2.4　音乐与声音编码标准

音频编码标准主要遵循与图像/视频压缩标准相似的原则：一个开放式标准仅规定码流的语法和语义，以及相关的解码器操作，而对编码器的设计留有一定的自由度。利用这种方式，与标准相兼容的编码器，通常需要权衡性能和复杂度，从而为解码信号提供不同的质量[①]。例如，一个事先录制好的音频信号需要播放多次，而只需要编码一次，则比较适合使用一个复杂度较高的编码器。若在由电池供电的移动设备上进行实时编码，低复杂度的编码器则更合适。在进行音频信号**编码器优化**(encoder optimization)时，根据感知模型对编码器进行合理的调整是很关键的一个方面，当然也可以根据率失真准则进行调整(见 3.2 节和 4.3 节)。

表 8.2 列出了各种常用的音频波形编码算法所采用的关键技术以及典型的立体声数据速率。其中给出了 CD 音质(感知上接近无损)和调频广播音质(有损)的数据速率。这些数字主要是想说明音频压缩领域所取得的进展。这些数据是从关于不同编/解码器在典型使用范围内的报告中获得的，不能将其视为各编/解码器所具有的优点的绝对依据。更多的细节将在下文中给出。

MPEG-1 标准的音频部分(ISO/IEC 11172-3：*Coding of Moving Pictures and associated Audio for Digital Storage Media at up to about 1.5 Mbit/s, Part 3: Audio*)是第一代专门的数字音频压缩标准的主要代表。它规定了三种不同音频编/解码器的语法和语义，其中的"层"遵循向前兼容的原则。第 1 层和第 2 层编/解码器都采用相同的多相(子带)滤波器组，将信号变换为 32 个宽度均匀的频带。在量化中采用自适应的比特分配(见 5.3.2 节)，不进行熵编码。从这一点来看，MPEG-1 音频第 2 层是第一个在编码中大量使用感知加权函数的编/解码器。其中也存在相当的局限性，由于仅使用 32 个等宽频带，不能与非线性 Bark 尺度的 24 个频率组直接进行映射。改进的 MPEG-1 音频第 3 层(通常称为 MP3)，提供了基于重叠块变换(修正 DCT)的

---

① "兼容的"是指编码器可以产生与标准兼容的码流。

第二个滤波器组。可以自适应地选择把初始的 32 个频带细分为 6 个或 18 个更窄的频带，所以可以把频谱分解为 6×32 = 192 或 18×32 = 576 个频带。采样速率为 44.1 kHz 时，可以获得最小大约为 22/576 kHz = 38.2 Hz 的带宽分辨率，这对基于 Bark 尺度的加权来说是足够的。可以根据信号的特性(瞬变/谐波)选择频带的数量。尽管音频第 3 层中采用完全不同的量化和编码步骤，但是由于仍然使用 32 个频带的多相滤波器组，因此在一定程度上保持了与音频第 1 层和第 2 层的前向兼容性。为了解码第 1 层或第 2 层码流，第 3 层解码器只能切换为一个系数不同的解码算法，但是至少仍然可以部分地使用同一滤波器组。"MP3"编码器的典型框图如图 8.13 所示。

表 8.2　音频信号的波形编码中常用的格式和算法概览

标　准	压缩技术	典型立体声数据速率 (CD 质量)[kbit/s]	典型立体声数据速率 (FM 质量)[kbit/s]
MPEG-1 第 1 层 (ISO/IEC 11172-3 & 13818-3)	多相滤波器组, 32 个频带	384	256
MPEG-1 第 2 层	在第 1 层的基础上, 增加了对心理声学模型的支持	256	192
MPEG-1 第 3 层 ("MP3")	级联多相滤波器+MDCT, 192/576 个频带可切换	180	128
Ogg Vorbis	MDCT, VQ	160	120
Windows 媒体音频	MDCT	160	120
MPEG-2 AAC (ISO/IEC 13818-7)	MDCT, 128/1024 个频段可切换, TNS, 立体声编码	128	64
MPEG-4 AAC-LC (ISO/IEC 14496-3)	在 MPEG-2 AAC 的基础上, 加入 PNS	64~96	40~48
MPEG-4 高效 AAC	在 MPEG-2 AAC-LS 的基础上, 加入合成工具 SBR, 参数立体声	≥48	≥24
MPEG-D USAC (ISO/IEC 23003-3)	用于立体声/多声道的可切换的 ACELP/MDCT, SBR, SAC	≥40	≥20
OPUS (IETF RFC 6716)	可切换的 LPC(SILK) 和 MDCT(CELT), 低延迟	≥40	≥16

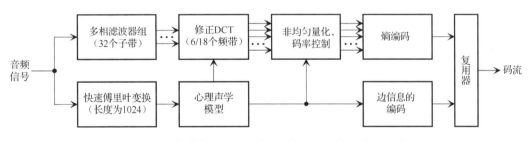

图 8.13　典型的 MPEG-1 第 3 层("MP3")音频编码器

MPEG-2 又称为 ISO/IEC 13818-3: *Generic Coding of Moving Pictures and Associated Audio Information - Part 3: Audio*，完全继承了 MPEG-1 第 1~3 层编/解码器。在第一版 MPEG-2 标准确定之后，研究发现如果用整体变换替换串联变换，并辅以多种其他压缩工具，压缩性能将会获得明显提高(见 8.1.3 节)。因此对 MPEG-2 新一部分的标准化工作也随之启动(ISO/IEC 13818-7 *Generic Coding of Moving Pictures and Associated Audio Information-Part 7: Advanced Audio Coding*)。AAC 也成为 MPEG-4 标准中(ISO/IEC 14496-2: *Coding of Audiovisual Objects – Part 3: Audio*)用于音频波形编码的主要技术，它采用的基本编码技术与 MPEG-2 第 7 部分中的完全一样。此后，AAC 通过引入多种编码工具进行了扩展，目前来说"高效 AAC"(High

Efficiency AAC，HE-AAC）仍然是用于普通单声道和立体声压缩的最好的方法之一[①]。与 MP3相比，在保持相同质量的前提下，高效 AAC 大约可以节省 1/2 的数据速率。一般来说，在码率较低的情况下（属于有损压缩的范畴），编码性能的提升甚至更加明显。

MPEG-4 AAC 引入了包括**频谱恢复**（Spectral Band Replication，SBR）、**感知噪声替换**（Perceptual Noise Substitution，PNS）和**空间音频编码**（Spatial Audio Coding，SAC）等参数合成工具，据称它能够以 96 kbit/s 甚至更低的码率为立体声音频信号提供透明的（不造成感知上的失真）编码。

在 MPEG-1 标准和 MPEG-2 标准的第 3 部分中，曾对工具的组合作出了规定，但是除此以外，没有其他的一致性规定（档次/水平），比如规定对最高码率、实时解码中声道的数量等要求[②]。MPEG-2 AAC 定义了 3 个不同的**档次**（profiles），其中规定了工具组合、码率限制条件，以及实时解码要求等。它们分别是 AAC **低复杂度规格**（AAC LC）（复杂度较低）、AAC **主规格**（AAC main）（在 AAC LC 中加入时域预测工具）和 AAC **可变采样率规格**（AAC SSR）（在 AACLC 中加入可变采样率工具）。 MPEG-4 音频中，除了规定了编码工具的组合外，还引入了**对象类型**（object types）。一个档次支持一个或多个对象类型。通过把 MPEG-2 AAC 档次定义为MPEG-4 AAC 相应的对象类型，然后规定在 MPEG-4 AAC 档次中包括这些对象类型，但同时还可以包括其他新的对象类型，这样 MPEG-4 AAC 获得了与 MPEG-2 AAC 档次的前向兼容关系。MPEG-2 AAC 的某些档次中实现了非常独特的编码工具，但在实际中并没有得到应用。目前来看，这些档次包括：

- AAC LC（通常称为"AAC 档次"），主要将**感知噪声替换**（Perceptual Noise Substitution，PNS）加入之前的 MPEG-2 档次；
- 高效 AAC（HE-AAC）在 AAC LC 的基础上加入**频谱恢复技术**（Spectral Band Replication，SBR）；
- 第二版 HE-AAC，进一步加入了**参数立体声**（Parametric Stereo，PS）编码。

而其他编码工具（8.2.1 节介绍了其中一些工具）并未在产品中得到广泛的使用。有关对象类型和档次更全面的信息，读者可参阅[Quackenbush, 2012]。

MPEG-D **语音和音频统一编码**（Unified of Speech and Audio Coding，USAC）标准 ISO/IEC 23003-3 中也采用了 HE-AAC 中的一些技术。它提供了一种可切换的方案，根据当前信号的属性，选择采用语音编码算法或音频编码算法。语音编码采用 ACELP 编/解码器（见 8.1 节）。音频编码算法与第二版 HE-AAC 类似，但是为了获得更好的压缩性能，对多声道音频采用更通用的（超立体声）空间音频编码（SAC）算法。USAC 主要用于低码率的应用场景。

OPUS 编/解码器（IETF RFC 6716）是另一种可切换的语音/音频压缩方法，它采用 SILK 算法（见 8.1.1 节），并与用于一般音频的称为**能量约束重叠变换**（Constrained Energy Lapped Transform，CELT）的变换编/解码器结合。后者是 VORBIS 音频编/解码器的后继者。通过使用短窗 MDCT可使其适用于低延迟应用。为了补偿这种方法在处理非瞬态（尤其是谐波）信号时的不足，它与基音分析结合，可以用来预测块间变换系数。变换系数（或其残差）进一步通过金字塔格型

[①] 编码器框图如图 8.3 所示。

[②] 最初，为 MPEG-1 设定的目标是解码设备应该能够以 44.1 kHz 的采样速率实时处理最大编码速率为 384 kbit/s 的立体声音频，这也正是与视频一同存储在 CD 上的音频的码率目标。

向量量化进行压缩(见 4.5.1 节和 4.5.2 节)。为此,将系数成组地划分到根据感知特性优化的频带中,并为每个频带(根据能量)进行比特分配。

除了已知控制参数的情况(比如,演播室内声音制作),用于具体乐器的参数合成压缩方法尚未被广泛接受。首先,为了获得可接受的质量,从复调音频中对单个乐器进行识别和分离的技术仍有待改善(见 MCA,6.3 节)。而且,即使可以获得单独的声源,确定合适的合成参数也并不容易。近十年来,获得很大关注的其他领域包括多声道音频编码、空间音频编码和三维音频编码。在这些情况下,尤其是当"声场"由大量扬声器所产生时,除非声道之间的相关性得到合理的利用,否则数据速率会急剧增长。在 MPEG-D 第一部分(ISO/IEC 23003-1,又称为"MPEG 环绕声")和第二部分(ISO/IEC 23003-2)中分别规定了用于**空间音频编码**(Spatial Audio Coding,SAC)和**空间音频对象编码**(Spatial Audio Object Coding,SAOC)的上述算法。对声场进行更简洁表示的标准化工作,称为"3D 音频",正在进行开发并有望在 MPEG-H 第 3 部分中(ISO/IEC 23008-3)作出规定。

第9章　多媒体数据的传输与存储

传输和储存是多媒体通信系统的核心部分。在使用多媒体内容之前，需要将其通过传输网络或本地存储媒介提供给用户。首先，由于数字技术能够提供更好的多媒体质量，同时占用较少的传输信道带宽，因此，它比传统的(模拟)技术更加优越。模拟技术的传输信道和存储媒介是为单一类型的媒体设计的，比如视频或语音信号，假设信道容量足够大，则与模拟技术相比，数字表示可以通过任意的传输信道和存储媒介表达多媒体内容。传统多媒体服务被逐渐取代，同时新的多媒体服务(比如互联网流媒体和多媒体资源的移动访问)不断涌现，在此背景下，本章将对数字媒体的传输和存储方案进行介绍。传统的单一媒体系统正在逐渐被异构的网络环境和针对不同应用的多样化显示设备(终端)所取代。这些应用包括移动访问、家庭访问等，因此，媒体灵活的适配能力变得越发重要。

9.1　数字多媒体服务

对多媒体信号进行数字化表示、传输和储存，促进了多媒体信号的广泛传播。将**电信**(telecommunications)、**计算机**(computers)、**视听娱乐**(entertainment)以及个人**摄影/录像**(photography/video)等传统上独立的领域整合在一起，推动了多媒体技术的发展。移动设备的使用已经融入了日常生活，使得人们可以随时随地访问多媒体信息，采集视频、照片、录音并发送给其他人。与传统模拟媒体相比，在存储和传输中采用压缩格式的数字技术有很多优势[1]：

- 码流/文件的复制不会引起质量损失，备份副本上的媒体信息也不会出现物理/化学老化；
- 采用有效的压缩方案在传输时可以占用较少的带宽，这使得在无线信道中对多媒体信号进行个性化传输成为可能；
- 方便集成不同的媒体以便在多功能设备上使用；
- 方便在不同格式之间进行转换；
- 通过相应的优化，降低对传输和储存中损失的敏感性；
- 增加额外的信息(元数据)可以简化管理和搜索，通过数字信号处理还可以实现内容的识别和表征；
- 方便使用随机存取存储、记录和回放媒体，从趋势上来说，数字存储介质(以及传输)的成本正在逐渐下降。

另一方面，数字多媒体技术的缺点包括以下几方面。

- 如果信道质量严重下降，数字传输通常会出现质量的"阈值击穿"，如果希望在出现严重损失时获得"平稳的降质"，则与一些模拟传输方法相比，需要进行更多的工作(将信源编码和信道编码紧密地结合起来)。

---

[1] 广义上讲，"传统模拟"包括通过帆布、纸张、胶片、磁带、唱片等方式记录和传输视听信号。

- 由于持续的创新，数字技术更新换代的速度很快，经常还会见到"过时的"设备和格式。在此背景下，为了在新设备上播放旧格式的多媒体信息，需要对旧格式进行**转码**（transcoding），将其转换为新的格式。除了具有较高的运算复杂度，转码通常会引入信息损失，除非经过精心设计，否则将会使质量降低。
- 由于数字媒体数据的获取和管理比较简单，与模拟媒体相比，对数字媒体未经授权的发布、复制和访问变得更加容易。尽管这一点是否是一个真正的缺点仍存在争议，涉及电影、视频、音频等媒体的传统商业模式已经过时，最终将由包含用户访问限制的新模式取代，这种模式下，并不总是能使用户可以方便地访问媒体资源。

简而言之，在传统模拟媒体占据主导地位的领域，数字多媒体终将会取而代之，主要有以下原因：数字多媒体的成本较低，而且具有更大的灵活性和更强的功能性。然而，视听媒体是用于商业目的的，对多媒体资源可以进行简单的通用访问，使得很难控制多媒体资源的传播。除此之外，尚不存在能够长期防止多媒体资源被破解的有效安全机制。

移动性（mobility）、个性化（personalization）、交互性（interactivity）和空间化（spatialization）是数字媒体新功能的核心，这些功能使得数字媒体技术超越了之前的模拟媒体技术。移动网络可以实现随时随地的多媒体访问和传播，在任何地方都可以为用户提供个性化的服务。为了更好地提供移动性，可以进一步整合交通系统（车辆、智能交通流量分析和路径规划系统）和多媒体系统。另一方面，数字多媒体系统实现了**虚拟移动性**（virtual mobility），利用交互性和空间化（例如，三维显示或三维导航），可以获得处于各种不同地方的虚拟感受。据称，这种技术降低了旅行的必要性，是否真的是这样，值得怀疑。虚拟移动性只是提供了另一种体验这个世界和与他人进行交流的方式。

对于数字媒体信号的记录和传输，就**容量**（capacity）（存储、访问和传输数据速率）、**延迟**（latency）（访问和传输延迟）和**传输质量**（transmission quality）（误差特征、波动等）而言，各种存储介质和传输信道之间的差异很大。这些因素会直接或间接地反映为用户的满意度。从用户的角度来看，如果多媒体服务足够高效、快速并且质量可接受，那么多媒体内容存储在哪里并不重要。在设计一个整体系统时要坚持这一抽象的观点，同时还要考虑在某一信道环境中应用的压缩算法对用户感知到的质量所产生的影响。

在这里没有必要对传输和存储进行区分，二者都可以理解为具有某种特征的抽象信道。事实上，如今的通信网络中集合了各种传输路径和存储设备，比如在代理服务器或传输路径中的任何其他地方提供临时存储，最终将质量更高、延迟更低的多媒体服务提供给用户。新兴的云存储和处理服务更多的是要消除本地操作和远程操作的差别。当进行广播或流媒体直播时，在接收器端进行临时本地存储，可以提供一些新功能，比如在一定时间范围内可以实现暂停、回放和慢动作回放等。

9.2 节和 9.3 节将讨论在具有不同特征的信道上传输数字多媒体信号时，涉及的适配问题，9.4 节将介绍在广播和互联网/移动流媒体传输中所采用的一些具体方法。

9.2　网络接口

一种网络对应一种类型的数据（one type of data over one network）的传统传输方式是为模拟无线电广播或电视广播而专门设计的，这种方式正在不断地被数字多媒体信号传输所打破。

很有可能，只有数字技术才能得以生存，因为它更有效、更经济，可用性更强。传统的无线电广播和电视广播等模拟服务都采用单一系统，由采集设备的输出、传输系统的所有部分以及接收机组成的完整链路都基于唯一的信号分辨率和表示。在某种程度上，第一代数字媒体广播[**数字音频广播**（Digital Audio Broadcast，DAB）、**数字视频广播**（Digital Video Broadcast，DVB），见 9.4 节]都遵循类似的原则：对于给定的应用领域，都以"单一的"方式对编码数据的格式、传输机制等作出规定，并期望广播服务提供者会安装专用的基础设施，而客户会购买所需的接收和解码设备。

前面提到的原则正在发生变化，因为对于数字编码器和解码器，其硬件的成本较低并且是可编程的，这很可能会使设备的生命周期比它们在模拟时代的生命周期要短得多，但是这从而也允许对设备进行更新。此外，互联网和移动网络的同质性比传统的广播网络差得多，因此，又称之为**网络的网络**（network of networks）。互联网协议栈最初不是面向流媒体数据的实时传输而设计的，传输带宽和延迟都是可变的。互联网传输机制以**分组交换**（packet switching）技术为基础，根据用户向网络中发送数据包的频率，将可用信道容量动态地分配给不同的用户。尤其在网络过载的情况下，由于需要进行缓冲，所以会导致延迟增加，而迟到的数据包可能会被丢弃[①]。

如今的数字无线移动传输网络（3G、4G/LTE、WLAN、WiMAX 以及其他网络）也主要以分组交换为基础，但是，针对丢包的情况，与互联网中所采用的机制相比，空中接口提供了更为完善的控制机制。空中接口中，分组单元较小，当发生数据丢失时，进行数据重传。其中，重传执行的速度很快，并且几乎不会产生延迟。

由于数字传输的高度可变性和灵活性，对于任意类型信道，都需要实现对信道传输机制的互操作性和适应性。这一问题的抽象视图，如图 9.1 所示。在理想情况下，应该可以定义与信源编/解码算法**完全独立的**（completely independent）适应机制，这样就可以在编码完成之后，根据网络类型或即时网络状况，进行灵活的适配。另外，如果考虑到终端的**回放格式**（replay format），就不必向解码端传输其不需要的信息。对于所有信源编码算法，这种理想情况是不存在的。如果网络是整个链路中的一环，则链路中最薄弱的环节决定了整个链路的性能。例如，如果有一个窄带易错信道路径存在于传输链路中的某个位置，则它将制约整个传输链路的总体质量。

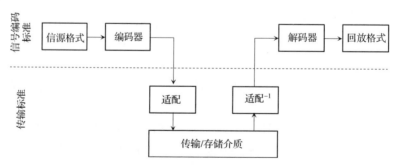

图 9.1　通用的多媒体信号编码器/解码器对传输或存储媒介的适配

AVC 和 HEVC 中的 NAL　举个具体的例子，在**先进视频编码**(Advanced Video Coding，AVC)和**高效视频编码**(High Efficiency Video Coding，HEVC)标准中，**网络抽象层**(Network Abstraction Layer，NAL)中封装的是视频本身的编码表示以及补充的头参数，从而能够通过不同的传输系统或存储媒介传送**视频编码层**(Video Coding Layer，VCL)数据和**高级语法**(High Level Syntax，HLS)数据(见图 9.2(a))。控制数据被封装在**参数集**(parameter sets)中——**序列参数集**(Sequence Parameter Set，SPS)(适用于一系列的编码图像)，**图像参数集**(Picture Parameter Set，PPS)(适用于某一系列中的一幅或多幅图像)[①]。一个参数集，比如 SPS 和 PPS 中包含的信息都非常重要，并且这些信息很少发生变化。每个 VCL NAL 单元中都包含一个标识符，该标识符指向相应 PPS 中的内容，每个 PPS 中也包含一个标识符，该标识符指向相应 SPS 中的内容。在 AVC 中，**数据分割**(data partitioning)还允许根据优先级对部分 VCL 进行重排，比如，增加运动/模式信息对数据损失的鲁棒性。当采用可伸缩表示(见 7.3 节)时，也可以采用相同的方法，这样便可以自然地对 NAL 数据包中的不同层进行独立的传输。

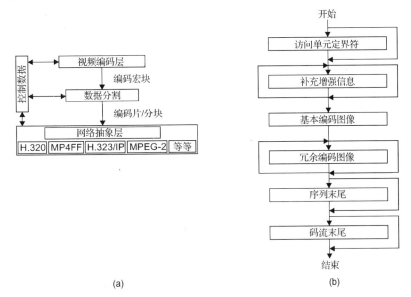

图 9.2　(a) AVC 的层次结构；(b) 访问单元的结构

编码后的视频数据被组织成 **NAL 单元**(NAL units)，它们是包含若干字节的数据包。第一个字节是头字节，其中包含该 NAL 单元的类型标识，对于某些类型的 NAL 单元，后面接着的是头数据中的其他字节(比如，在可伸缩编码中：关于所包含层的信息)。其余字节中包含的是由头数据指明类型的有效载荷数据。NAL 单元的结构是通用的，既可以在面向数据包的传输中使用，也可以在面向码流的传输中使用。一个 NAL 单元流由一系列 NAL 单元组成。

对连续码流来说，每个单元以起始码作为前缀。必要时在有效载荷数据中插入**预防歧义字节**(emulation prevention bytes)，以保证在码流的其他部分中不会出现唯一的起始码前缀。为了使码流能够在字节边界处对齐，必要时可以增加"填充"数据。在某些面向数据包的系统中(比如，IP 系统)，对 NAL 单元起始字节的识别是隐式的，此时不需要起始码前缀。但是，由于在进行码流传输时，有效载荷数据的格式仍然保持不变(允许在不同类型的网络中传输相

---

① HEVC 还定义了**视频参数集**(Video Parameter Set，VPS)，用来提供关于整个码流高层结构的信息。

同的码流），所以同样需要进行竞争预防。NAL 单元分为 VCL 类型和非 VCL 类型。非 VCL NAL 单元包含相关的附加信息，比如上文中提到的参数集、**视频可用性信息**（Video Usability Information，VUI）和**补充增强信息**（Supplemental Enhancement Information，SEI）等[①]。

一组 NAL 单元组成一个**访问单元**（access unit），访问单元往往对应于某一时间点的解码图像信息[见图 9.2(b)]。每个访问单元包含一组构成一幅**基本编码图像**（primary coded picture）的 VCL NAL 单元。一个可选的**访问单元定界符**（access unit delimiter）可以帮助定位访问单元的起始位置，一些 SEI 的数据也可能出现在基本编码图像之前。同一个访问单元中，后面的 VCL NAL 单元可能包含冗余图像信息（例如，出于差错复原的目的）、辅助图像信息（例如，α 图）、可伸缩编码的增强层或者多视图编码中的其他视图等。使用一个单独的 SPS 可以独立进行解码的图像序列称为**编码视频序列**（Coded Video Sequence，CVS）。**序列末尾**（end of sequence）NAL 单元用来表明该编码图像是 CVS 中的最后一幅图像，**码流末尾**（end of stream）NAL 单元用来表明已经到了码流的末尾。每个 CVS 都从**即时解码刷新**（Instantaneous Decoding Refresh，IDR）开始。IDR 访问单元中包含一幅帧内编码图像，帧内编码图像不需要参考之前的图像就可以进行解码（见 7.8 节）。

9.3 对信道特性的适应性

传输信道可以用它们的**容量**（capacity）进行表征，也可以将容量理解为能够进行无差错传输时的码率（比特/秒）。信道容量可以是固定的（静态信道）也可以是时变的。利用信道**复用**（multiplexing）技术，在信道中通常可以同时传输多个数据流。可以将信道进行划分，使各个子信道都分配到相同的数据速率，也可以根据总的可用数据速率，以更经济的方式动态地分配信道的数据速率。从信道特性以及信道复用的角度来看，可以将多媒体传输方案分为**可变码率**（Variable Bit Rate，VBR）方案和**固定码率**（Constant Bit Rate，CBR）方案。VBR 传输和存储比较适合多媒体信源，许多压缩算法本质上就会产生可变码率的输出。在信道复用系统中，如果在统计上可以认为某些信源在给定的时间点上会产生较高的码率，而在相同的时间点上，其他信源会产生中等或较低的码率[②]，这时便比较适合采用 VBR 方案。通常可变码率信道都是以分组交换技术为基础的，当以复用的方式利用底层物理信道的容量时，可能会发生延迟和丢包的情况。这种现象在实时流传输中尤其严重。因此，即使在统计复用 VBR 信道中，通常也要对允许信源产生的数据速率波动范围施加一定的限制。对于 CBR 信道，编码器产生的码率本来就会受到限制，这种情况下，需要采用**码率控制**（rate control）机制。

多媒体编/解码器的使用中，第二个重要的指标是信道的**误差特性**（error characteristic）。在 CBR 网络中进行同步码流传输时（例如在卫星、地面或有线广播中），丢包现象可能发生在物理层，但是通常在应用层中很难发现发生了丢包，这是因为往往需要经过信道编码完成纠错[Bossert, 1999]。如果错误是无法纠正的，则整个数据包的数据都必须被丢弃，这时产生的效果类似于分组交

[①] AVC 和 HEVC 中的 VUI 和 SEI 数据是为了增强解码视频信号的可用性，而对于解码视频图像中的样点值而言，不是必须的。

[②] 这种优良的特性称为**统计复用特性**（statistical multiplexing），利用这种特性可以节省的信道容量不会超过单一信源的峰值数据速率与平均数据速率之比。

换中的丢包。**随机错误**(random errors)最有可能被纠正，而**突发错误**(burst errors)(移动网络中发生的)则比较难被纠正。

是否存在**回发信道**(back channel)是评价最优误差控制策略的一个指标，可以利用回发信道通知发送端传输过程中出现的问题。对于**点对点**(point-to-point)连接，使用回发信道可以通过重传实现有效的误差控制，但前提是不会因为重传造成无法接受的延迟。对于一点对多点(比如广播、联播)连接，由于不同用户的信道状况之间存在差异，应该在系统设计中，针对典型的或最恶劣的信道状况提前加入差错保护机制。

另外，在对传输策略进行优化时，对流媒体直播应用、存储流媒体应用和文件传输应用加以区分是很重要的。传输错误对点对点的**文件传输**(file transfer)的影响不大，因为可以不停地请求重传，直到接收端收到不存在错误的文件为止。另一方面，由于在全部文件被传输完毕之前，接收到的数据是不能被使用的，所以文件传输具有最高的延迟。在**对存储的内容进行流式传输**(streaming of stored content)时，在接收到足够的数据之后就可以开始播放，并认为剩余数据流的传输不会减速，在对之前接收到的数据进行解码和播放输出的同时，又会接收到足够的新数据。这里需要考虑以下两方面：

- 由于在编码过程中，不能提前预见到码流传输时刻的网络状况，因此可以根据可能的不同网络状况提前生成多种码流，也可以在传输时进行实时的**转码**(transcoding)。但是，后者会增加服务器的复杂度，并且很可能会使质量降低(见 5.4.1 节)。可伸缩编码是一种可行的替代方案，其中经过一次编码得到的码流可以根据传输条件进行灵活的调整。
- 进行流式传输时，用户注意到的延迟主要是从请求数据开始到开始播放信号这段时间的初始延迟。对于预先得到的码流，结构性的编码延迟可以忽略，而主要的延迟是由传输延迟、接收端的缓冲延迟以及解码延迟构成的。通常可以通过增加延迟来提高传输的质量。

对于**直播流**(live streaming)，需要对其进行实时编码。但是，这样做也有一个好处，就是可以根据网络状况立即对编码过程进行调整。当采用联播的方式传输直播流时，还需要根据不同的传输通道，对各个码流进行单独的调整。由于受到计算能力的限制，与由离线编码器生成的码流相比，通常由实时编码器产生的码流经过解码器解码输出后得到的重构质量较差。这是因为离线编码器是经过高度优化的，它可以测试各种可能的编码模式，进行超前决策等。

9.3.1　码率与传输控制

通过第 4～8 章中介绍的数据压缩方法获得的码率在很大程度上取决于信源的变化性[①]，比如，如果采用相同的量化器设置(量化步长)，利用典型的压缩算法，对随时间或空间变化较小的信号进行编码，会得到较小的码率输出。这说明，如果量化器的设置(失真)是固定的，正常情况下，多媒体信源会产生可变码率(VBR)。如果在传输或存储媒介中分配了固定的**传输码率**(fixed transmission rate)，则需要进行恒定码率编码，失真程度将随信源特性的不同而发生变化。需要进行恒定码率编码的典型例子包括：调制解调信道(ISDN、xDSL)、广播信道(DVB、DAB)，播放码率为固定值的存储媒介(磁带、CD 播放器)。对于固定码率输出的编码器而言，码流并不是立即输出的，而是要先被写入一个先入先出(FIFO)的缓冲区，编码器

---

① 分辨率、细节的多少，以及运动的剧烈程度等。

输出的可变码率被送入该缓冲区，缓冲区再以固定码率将其中的数据送入信道(见图 9.3)。为了实现码率控制，还需要调整失真，这通常可以通过改变量化步长来实现。码率控制中采用的是**漏桶模型**(leaky bucket)[Reibman, Haskell, 1992]，假设向一定容积的容器中注入不连续的码("水滴")流，而每个时间单位内从漏桶中流出固定数量的比特。所要做的是，调节输入流，使漏桶不至于溢出，同时还要保证漏桶中至少要始终保持某一最小的信息量，否则信道容量就被浪费了。

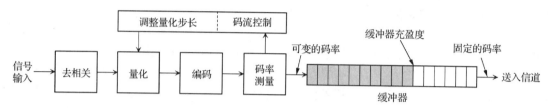

图 9.3　通过调整量化步长实现的码率控制

除了为信道提供固定的码率外，还需要考虑解码器的进度。比如，一幅视频图像定于某一时间点进行解码并显示，则必须提前获得与这幅图像相关的信息，以便对一定时间范围内的视频进行解码，提前的时间至少应该满足解码器进行处理所需的时间。只有在解码器中加入一个互补的缓冲区，才能实现这一点，但是需要该缓冲区能够与漏桶以对称的方式工作：在单位时间内，将固定数量的比特注入缓冲区，这些比特以固定的长度从缓冲区中流出，当从缓冲区中流出的比特数足以解码一个访问单元(即一幅视频图像)时，则停止流出[1]。缓冲区模型可以由 3 个参数 R、B 和 F 描述，其中 R 是在信道中传输的(恒定输出)码率，B 是缓冲区的大小，F 是缓冲区初始充盈度，在开始解码之前解码器缓冲区的充盈度需要达到该值[Ribas-Corbera, et al., 2003]。图 9.4 中给出了一个解码器缓冲区充盈度的时序图。初始延迟发生在可以开始解码之前，初始延迟的大小为 F/R。应该防止缓冲上溢和缓冲器下溢的情况出现[2]。为此，码率控制算法原则上需要检测解码器缓冲区的(假想的)状态。通常，当缓冲区的占用量与 0 或 B 之间接近某一差距时，就要调整量化步长。缓冲区控制算法可能是非常复杂的，比如，为了避免过度波动，还需要考虑 I-类型、P-类型、B-类型图像的预期比特预算[3]。从率失真优化(Rate-Distortion Optimization，RDO)的意义上说，为了实现码率控制，对量化步长 Δ 进行简单调整可能是次优的。但是，很容易将码率控制算法与 RDO 相结合[Chou, Miao, 2001]，因为增加或减小 RDO 算法中的拉格朗日乘子 λ，会分别使码率降低或增加。一般来说，还需要相应地对量化器进行调整。

通常，如果在读取解码器缓冲区时发生了下溢，由于无法获得解码所需的信息，便会产生信息损失。对于按照预定时间输出的实时应用而言，这种情况尤其严重，比如，同步帧率的视频或音频信号。当要求延迟较小，而图像是否同步播放并不重要(比如，低成本视频会议)时，只要获得了与一幅新图像相关的所有比特，解码器便可以进行解码(除非违反对延迟的要

---

[1] 这里以视频为例，是因为对视频进行处理是最具挑战性的工作之一，视频信号的统计特性本质上就决定了其数据速率的波动很大。

[2] 当发生**编码器缓冲区下溢**(encoder buffer underflow)时，如果通过信道传输**填充比特**(stuffing bits)，则会发生**解码器缓冲区上溢**(decoder buffer overflow)。这种情况下，需要实现另外一种机制用来检测填充比特，以免将其写入解码器缓冲区。

[3] 在图 9.4 给出的例子中，每隔 8 幅图像就有一幅消耗较多码率的帧内编码(IDR)图像。在两幅帧内编码图像之间的时间内，缓冲区被逐渐填充，所以，当下一个 I-帧图像的比特被清空时，缓冲区便可以获得足够的空间。原则上，这意味着，与正常图像采样周期相比，传输与 I-帧图像相关的比特需要明显更长的时间。

求)，但是解码出来的信号中看上去会存在抖动。对于由存储服务器输出的码流，在解码停顿一定时间后，可以进行**重缓冲**(re-buffering)，直到缓冲器再一次被填充到一定程度。这会造成额外的延迟，而且一部电影的播放时间也将被延长，延长的时间正是重缓冲所用的时间[①]。图 9.5 中给出了一个例子。

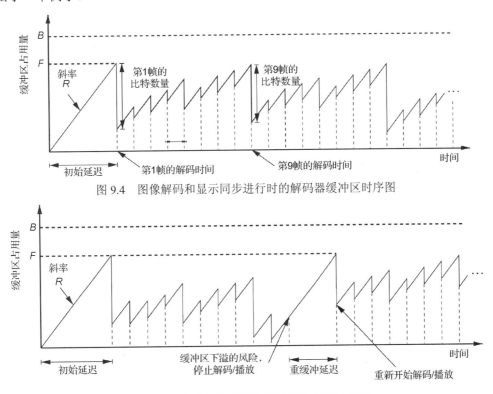

图 9.4　图像解码和显示同步进行时的解码器缓冲区时序图

图 9.5　具有重缓冲机制的解码器缓冲区时序图

　　重缓冲的方法不适用于恒定码率/恒定延时的网络，所以应该在编码器中实现足够稳定的码率控制算法，这可以使解码器缓冲区永远不会发生下溢。重缓冲是一种解码器端的应急机制，在通过可变码率或可变延迟的网络进行传输时，由于编码器端不能完全地控制信息到达解码器端的时间，所以可以利用重缓冲预防失控情况的发生。不过，为了尽量少地进行重缓冲，应该在编码器中制定合适的传输策略。对于这种情况，发射机端需要拥有一些关于**网络参数**(network parameters)的先验知识，并在制定传输方案时考虑这些因素。采用 VBR 传输时，如图 9.4 和图 9.5 所示，在解码器缓冲区的时序图中，码率的斜率是可变的。这时，可以任意地逼近缓冲区充盈度水平 B，当缓冲区充盈度到达 B 点时，发射器就需要停止发送信息。这样做正好对应于，在 VBR 传输中，在一定时间段内只允许以**峰值码率**(peak rate) R_{max} 发送信息。这样做的好处是可以使初始延迟变小，同时可以对缓冲区资源进行更灵活的管理。遗憾的是，支持 VBR 传输的网络通常具有可变的延迟。这就需要在对传输和解码信息制定最优时序时，实现更加智能的**调度机制**(scheduling mechanisms)。在基于数据包的网络中，在制定发射器的封包和接收器的解包的时间安排时，需要考虑预计的时延以及时延的抖动，数据丢失

[①] 对音频而言，降低播放速度会更加复杂。

和重传(见后续章节)是制定这种策略时需要考虑的关键部分，需要扩展接收器/解码器的缓冲区，才能使整个传输链路能够应对更加极端的情况。

假设参考解码器(Hypothetical Reference Decoder，HRD)　为了定义与标准兼容的解码器，在实时系统中，重要的是规定如何(何时)获得解码所需的比特，以及如何存储和输出解码图像。为实现这一目标，MPEG-2、AVC 和 HEVC 等视频压缩标准采用的方法是，指定输入(编码码流)和输出(解码图像)缓冲区模型，并开发了与实现无关的接收机模型，称为 HRD。编码器不能产生(就时间或计算资源而言)无法被 HRD 解码的码流。如果实现的解码器能够充分地模拟 HRD 的行为(考虑到图像实际解码速度的波动，可能需要添加一些额外的缓冲区)，则这个解码器便满足了能够解码符合标准的码流的一个必要条件。在 AVC 中，HRD 规定了两种缓冲区：**编码图像缓冲区**(Coded Picture Buffer，CPB)和**解码图像缓冲区**(Decoded Picture Buffer，DPB)。CPB 对编码比特的到达时间和移除时间进行了建模。AVC 和 HEVC 中的 HRD 设计在本质上类似于 MPEG-2 Video 中缓冲区的概念，但是 HRD 为传输不同码率的视频提供了更灵活的支持，同时不会引入过多的延迟。可以将多幅图像存储起来，并在解码后续(就在码流中的顺序而言)图像时用作参考，而这些参考图像可以是当前解码图像之前的(就显示顺序而言)图像也可以是之后的图像。根据参考图像缓冲的类型，解码器将编码器多帧缓冲区中的内容复制到它的 DPB 中。为此，在 AVC 的码流中规定了**内存管理控制操作**(Memory Management Control Operations，MMCO)①。在此背景下，HRD 还规定了一个 DPB 模型，利用这个模型可以保证解码器中不需要额外内存来存储用作参考帧的图像，在码流顺序和显示顺序之间进行重排时，也不需要额外的内存来存储图像。

编码后的码率控制　也可以将嵌入式编码和可伸缩编码视为能够进行码率控制和误差控制的方案。可伸缩码流中隐式地包含着具有明确优先级别的具有多种码率的码流，当只能传输一定的码率预算时，不同的优先级别决定了信息传输的先后顺序。不再需要调用转码和码流切换(只需要开启或关闭部分增强层的码流)。原则上，还可以设计更灵活的解决方案，比如，可以通过**媒体感知网络单元**(Media Aware Network Elements，MANE)在传输路径中的任意位置完成对传输码率的控制。但事实证明最初在发射器端所作的假设与实际的延迟或与能够传输的瞬时数据码率之间存在冲突。

9.3.2　错误控制

第 4~8 章介绍的一些信源编码算法提供了应对传输损耗的工具②。当发生了一个不可恢复的错误时，或者为了完成不同媒体资源之间的切换，需要进行随机访问时，**再同步机制**(resynchronization)可以向媒体流中插入入口点，然后可以重新开始解码过程。通常，差错恢复和再同步会降低压缩效率，但是可以在有损传输环境下提供更好的质量[Wang, et al., 2000]。举个例子，当一个视频序列的所有图像都是帧内编码图像时，沿时间方向将不会发生误差传播，但是与采用帧间(运动补偿)编码相比，帧内编码获得的压缩效率较低。另一种极端的情况是，只有第一帧图像是帧内编码图像，其他所有后续图像都是通过帧间预测编码的(在不发生场景

---

① HEVC 没有定义 MMCO 命令，因为解码图像缓冲操作的时间可以直接由参考图像列表结构和相应的图像顺序号(Picture Order Count，POC)确定。

② 其中的一些方法(比如数据分割、可伸缩编码等)假定一部分信息能够以"一级"优先级进行传输，这部分信息中会产生较少的传输错误。关于这方面的内容将在下文中进行讨论。

变换，也不需要随机访问的情况下，这样做是合理的），获得的压缩效率会好得多，但是理论上误差会无限地传播下去。作为两种极端情况的折中方案，经常采用**循环帧内编码**(cyclic intra-picture coding)，既可以防止误差的无限传播[①]，又不会对压缩性能造成很大的影响。图 9.6 给出了两种不同的方法。如果想要采用比较简单的缓冲控制策略同时又希望能获得较小的总体延迟，则应该将数据速率的波动维持在较低水平，此时比较适合采用如图 9.6(b) 所示的对选定区域进行局部刷新的方式，其中，帧与帧之间所选定的区域是不同的。作为一种附带的功能，整帧刷新能够为解码提供明确的访问或入口点，因此，整帧刷新比较适用于广播和存储应用。局部刷新的缺点是，刷新区域系统位置的改变会造成额外的伪影。一般来说，任何刷新都会引起数据速率的增加，最优的刷新频率取决于传输错误实际发生的概率以及其他特性(比如，突发特性)。

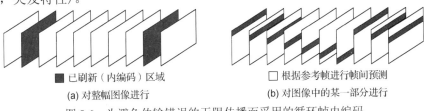

■ 已刷新（内编码）区域　　　　　　　　□ 根据参考帧进行帧间预测

(a) 对整幅图像进行　　　　　　　　　　(b) 对图像中的某一部分进行

图 9.6　为避免传输错误的无限传播而采用的循环帧内编码

编码方法能够进行较好的错误恢复，并不一定意味着会导致压缩性能的下降。比如，运动补偿预测中的双向预测和分级 B 帧结构通常可以获得较好的错误恢复，而不会牺牲(反而往往会提高)压缩性能。解码过程中的**相关性**(dependencies)通常会扩大误差的影响。在预测以及所有采用后向自适应技术的方法中(比如，熵编码中的后向自适应技术)，都存在依赖关系链，如果之前的信息在接收或解码过程中出现了错误，而新信息的解码又依赖这些信息，这就会因为依赖关系链的存在，导致无法解码新信息。独立的数据单元(比如 AVC 中的片，H.261 中的块组)之间的相关性是有限的，可以将这些单元定义为入口点，从而实现错误恢复。最优的错误控制策略在很大程度上取决于网络的特性。

除了已在之前章节中讨论过**服务质量**(Quality of Service，QoS)的其他参数外，提供 QoS 的网络往往为平均错误率和错误变化率(比如突发持续时间)等提供保证。网络需要提供的另一个重要指标是，**是否具有回发信道**(with or without back channels)，通过回发信道可以为发射器提供接收到的数据的状态信息。

支持 QoS 的网络通常还允许定义不同的 QoS 级别[又称为**区分服务**(differentiated services)]。可以采用区分服务，为码流(可伸缩编码码流或采用数据分割的码流)中的不同部分分配不同的优先级别。在没有 QoS 保证的尽力而为的网络中传输码流时，通常仍然可以通过**实现应用层 QoS**(application layer QoS)获得相似的效果，具体来说，可以通过对码流中的不同部分进行**不等差错保护**(Unequal Error Protection，UEP)实现。接下来要介绍的**前向纠错**(Forward Error Correction，FEC)是实现差错保护最合适的方法之一。当网络中存在回发信道时，还可以采用**自动重传请求**(Automatic Repeat Request，ARQ)。还需要指出的是 FEC 与 ARQ 的混合方案具有一些其他优点[Chande, et al., 1999] [Zhang, Kassam, 1999]。

前向纠错(Forward Error Correction，FEC)。FEC 是一种常见的信道编码方法[②]，通过向信

---

① 另外一些方法通过使用交换帧(见 7.2.4 节)，对解码图像缓存进行非帧内更新。

② 关于信道编码比较全面的介绍，见[Bossert, 1999]。

息中添加冗余，使得对信息中的错误进行检测和纠正成为可能。**循环冗余校验**（Cyclic Redundancy Check，CRC）编码是一种被广泛使用的基于块的信道编码方法。其中，N 个信息位由 K 个冗余位保护，对于长度为 $N+K$ 的编码块，通常最多可以检测其中的 K 个错误，或者最多纠正其中的 $K/2$ 个错误（假如 K 为偶数）。在多媒体信号传输中，比较常用的 CRC 码包括 Bose-Chaudhury-Hocquenghem（BCH）码[Hocquenghem, 1959] [Bose, Ray-Chaudhury, 1960]和 Reed- Solomon（RS）码[Reed, Solomon, 1960]。**卷积码**（convolutional codes）是前向纠错码中的另一个大类，如果没有出现误码，解码器将会收到根据编码器的状态转移生成的有效码序列。可以利用**维特比算法**（Viterbi Algorithm）[Viterbi, 1967] [Forney, 1973]找到与接收序列距离最近的有效码序列[1]。卷积码由**约束长度**（constraint length）和**码率**（code rate）r 表征，其中 r 规定了在通过信道传输的总码率中信息位所占的比例。

　　Turbo 码是如今最有效的卷积码之一[Berrou, Glavieux, 1993]，Turbo 码均以两个分量译码器的迭代收敛为基础，这两个分量译码器对交织形式的同一数据块进行操作；无论发生误码的比特能否被纠正，与此有关的比特均被视为丢失。**码率兼容删除卷积码**（Rate-Compatible Punctured Convolutional Codes，RCPC）[Hagenauer, 1988]进一步允许在编码完成后调整冗余量[2]。

　　当发生突发错误时，只有当码字中冗余的长度超过突发错误长度时，才能够获得纠错的效果。由于很难保证发生的错误能够得以纠正，因此可以利用**交织编码**（interleaving）分散信道中的突发错误（就突发错误对码流的影响而言）。为此，可以将信息位序列逐行地排列为一个矩阵，然后再逐列地对所有行进行 FEC（反之亦然）。当矩阵中的比特被逐行地传输时，突发错误很可能只会影响矩阵中的一行或几行，这说明可以通过逐列的 FEC 将发生错误的比特恢复出来。在图 9.7 给出的例子中，可以看到交织编码是如何应用到基于数据包的传输当中的，其中在发生突发错误时，所有的数据包都丢失了。同样，这可以通过逐行地对**数据包**（across packets）进行 FEC。必要时，可以再进行额外的逐行 FEC，用来纠正数据包中单个的比特错误。在丢包的特殊情况下，通常根据数据包报头中的序列个数，可以知道数据包发生丢失的位置，这就会使情况不同于发生随机比特错误的情形，即发生随机比特错误时，哪个比特发生了错误是不知道的。如果已知发生错误/损失的位置，当在发送的包含 $N+K$ 个信息包的数据块中，丢包的个数不超过 K 时，则有可能完全地恢复完整的信息，即可恢复的（丢失的）数据包的最大个数等于冗余数据包的个数。

　　时延和 ARQ 的利用　　如果在接收机和发射机之间存在回发信道，并且在应用中允许存在一定时延，差错控制还可以完成对丢失信息的重传。Chande 等在[Chande, et al., 1999]中指出，与交织 FEC 技术相比，当使用同样多的冗余信息时，重传可以显著地提高容错性能[3]。[Chou, Miao, 2001]对在具有回发信道的丢包信道中传输率失真优化的码流进行了研究。对于给定的一组数据包和送达时间期限，需要决定在下一个传输时隙发送哪个数据包。所要达到的目标是在给定的码率约束下，获得最小的失真，尤其对于视频编码而言，还必须要分析信号间的相关性（比如，前文中讨论的帧间相关性）。在任何情况下，只有优先级高的数据包才需要重

---

[1]　作为信源编码的一个变体，在 4.6 节对维特比算法进行了介绍。

[2]　通过"删除"将指定位置的冗余位删除，这样便可以获得较高的码率，但是也会使纠错能力降低。

[3]　通过采用**码率兼容删除卷积编码**（Rate Constrained Punctured Convolutional，RCPC），还可以将重传与 FEC 相结合，其中较弱的码字（冗余较少）是较强码字的一个子集，额外的相关性通过 ARQ 传输，而不是重新发送完整的信息。

新发送，以避免网络载荷过重。对于采用自动重传请求的应用，前一节中所讨论的调度机制，只考虑了传输时延，如果再考虑到 ARQ 往返时延以及 ARQ 重传后剩余错误的概率，则需要调整调度机制。ARQ 对于通过 3G(乃至其后的)移动网络、无线 LAN 传输的互联网数据流来说是一种非常重要的方法。

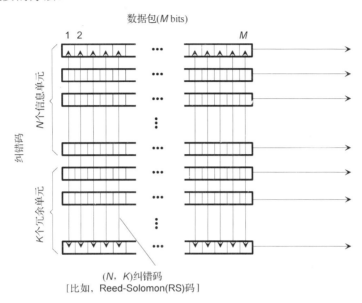

图 9.7　发生突发错误时，将交织编码与纠错编码结合用于差错保护

差错隐藏　差错隐藏通过在解码后进行信号恢复处理，从而减小差错带来的影响[Wang, Zhu, 1998]。差错隐藏不属于规范解码过程中的一部分，因此不需要标准化。但是，可以通过编码器的行为(比如，采用容错机制)在编码表示格式中实现某种差错隐藏的方法，比如以较高或较低的频率插入再同步点，采用数据分割等。而且即使当解码器由于数据丢失无法正常工作时，也仍然可以从收到的部分数据中得到一定的信息。由于为了实现差错的隐藏，会有意地将一些冗余留在编码后的信源中，所以用于容错编码的一些编码工具也需要占用额外的码率。采用**空间信号交织**[①](spatial signal interleaving)就是一个例子。如果数据包中包含的是局部相邻信号区域的编码信息，若发生了丢包现象，则较大的连片区域可能都会无法进行解码，图 9.8(a)(上)以图像信号为例说明了这种情况。通过交织，可以将差错分散到信号的不同区域中，如图 9.8(a)(下)所示。这种情况下，对邻域内正确接收到的信息进行插值，可以算作是一种差错隐藏的方法。但是，这样便不可以再使用直接相邻块进行预测，所以压缩性能会有损失(比如不能利用最近邻进行帧内预测、变换系数预测和基于上下文的自适应熵编码等)。

对用于视频传输的差错隐藏方法来说，保持时域上的一致性是很重要的。**画面定格**(picture freezing)，即在下一个重同步点到来之前停止解码过程，是最简单的差错隐藏方法，尽管画面定格给观众带来的主观感受没有像发生差错扩散时(见图 7.4)那么令人不快，但是如果频繁地出现画面定格，也会对主观感受造成负面影响。运动补偿隐藏技术提供了另一种差错隐藏方法[Kaiser, Fazel, 1999]，这项技术尽可能地利用正确接收到的运动向量，将之前正确接收到的区域映射

---

① AVC 定义了一种可以进行**灵活宏块排序**(Flexible Macroblock Ordering，FMO)的片类型，能够利用与图 9.8 类似的棋盘结构，实现交织。

到后续的图像中。如果运动向量也丢失了，则可以将运动向量场插值技术应用于差错隐藏中。在进行运动向量场插值时，可以利用时域上或空域上相邻的、正确接收到的运动向量。然而，并不能保证运动补偿隐藏总是会使质量得到提高，尤其当运动向量场不均匀时，非常有可能会引入不自然的伪影，而且不与原始图像进行对照，是很难识别这些伪影的，而且解码器中并不存在原始图像。一种较好的优化方案可以在简单的画面定格差错隐藏及其改进方法之间找到，即只有当运动信息是可靠的并且具有一致性时，才可以采用后者中的方法。关于这些方法的综述，可以参考[Wang, Zhou, 1998]和[Wang, et al., 2000]。

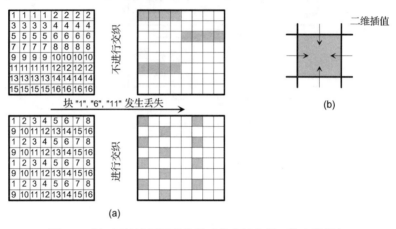

图 9.8　(a) 逐块进行图像编码时的空间交织，其中数据包
1～16 由信号块组成；(b) 与插值结合用于差错隐藏

更先进的差错隐藏方法是以**合成**(synthesis)丢失信息为基础的。在语音传输中发生传输损耗的情况下，这些方法已经成功地得到了运用，其中可以用声码器的方法替代丢失的样点。对于音频，尤其是谐音，对丢失片段进行替换时，保证相位的一致性是很重要的。对于图像和视频信号，基于颜色和纹理合成的差错隐藏方法具有广阔的应用前景，这些方法作为先进的压缩方法已经进行了讨论(见 6.6.2 节和 7.7.3 节)。颜色均匀的区域通常可以通过线性内插和外推的方式填充。进行纹理合成时，需要通过已有样点得到模型的参数，而且还需要假设得到的模型同样适用于需要进行差错隐藏的区域。有效的差错隐藏方法还需要注意，包含已知样点的区域和隐藏区域之间的边界上不能出现不自然的接缝。为此，可以采用条件AR(Conditional AR，CAR)合成方法或根据已知样点采用模板匹配的合成方法。

在此背景下，可以考虑将合成参数作为边信息传输，这些信息在传统的解码过程中并不使用，而只是在解码后用于实现差错隐藏。从概念上讲，这种方法仍然是向数据中添加冗余从而恢复信源，但是这种方法又与传统的信道编码明显不同，因为信道编码是在编码比特级别上进行操作的。

9.4　媒体传送、存储和再现

为了实现多媒体数据压缩、传输、解码和重现的可互操作系统[1]，除了在 9.2 节讨论的编码算法与网络间的普通接口，还需要进一步考虑其他方面的问题。尤其需要考虑的包括：进

---

① 这里的其他方面指的是用户交互和权限管理。

行解码的数据码流的唯一性标识、多路复用、码流与解码内容的同步(比如,视频和音频的同步呈现)等。因此,需要对系统级语法和相关机制作出规定,其中包括数据码流的识别、访问、多路复用以及同步、通过输出设备呈现解码的内容、与用户进行交互等方面。

此外,还需要提供将不同的子码流(视频、音频、辅助信息)合并进行传送的机制。

9.4.1　广播应用

在广播应用中,MPEG-2 的**传送码流层次结构**(transport stream hierarchy)得到了广泛的应用。如图 9.9 所示,每个编码设备(比如,视频和音频编码器)生成的**基本码流**(Elementary Streams,ES),都可以由相应的解码设备直接进行解码。为了逐段地访问 ES,将 ES 分解为**打包基本码流**(Packetized Elementary Streams,PES)。**传输码流**(Transport Stream,TS)是由 PES 打包形成的复合码流,它是实际在网络中传输的码流[①]。此外,针对不同的节目,可以实现若干 TS 在更高层次上的复用。这一层上的辅助信息是**节目关联表**(Program Association Tables,PAT),它包含复用中所有 TS 的一个列表,还包含**节目映射表**(Program Map Tables,PMT)的标识符,PMT 与特定的节目单元相关联,用于管理 TS 数据包。此外,还可以提供**服务信息**(Service Information,SI)表,SI 能够用于传送**电子节目指南**(Electronic Program Guides,EPG)。

PES 数据包的长度是可变的,其长度在包头中给出。每个 PES 包中还都包含 ES 标识符,这个标识符是重新组装 ES 时所需要的。PES 包头中其他可选的部分包括优先级信息、版权信息、用于访问保护的加扰信息、之前数据包的额外差错指示信息和同步信息。

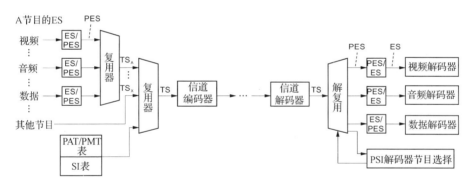

图 9.9　MPEG-2 传送码流的复用

MPEG-2 TS 包的长度是固定的,为 188 字节[②],其载荷数据是由 PES 包填充的。传送流中包含(原则上以任意顺序)来自所有相关基本流的 PES 数据,而这些基本流属于具有给定**节目标识符**(Program Identifier,PID)的节目。此外,TS 包的包头中还包括优先级信息、加扰信息等。**节目时钟恢复**(Program Clock Recovery,PCR)信息用于对 TS 多路复用中的不同传送流之间进行同步。私有数据可以在 PES 表头中,也可以在 ES 中进行传送。私有数据可以用于加密以及在付费电视中确定访问权限。

---

① 在互联网应用中,MPEG-2 TS 同样可以通过 RTP 包进行传送,其中由于数据包载荷的大小不同,需要重复打包。但是,在这种情况下,需要尽量保持最小的额外开销。对于其他类型的网络(比如,DVB),MPEG-2 TS 作为主要的传送机制,可以直接与网络层连接(见 9.2 节)。

② 字节个数 188 源自于原计划用于宽带 ISDN 的**异步传输模式**(Asynchronous Transfer Mode,ATM)的数据包载荷大小。

同步　为了在时间上精确地呈现解码数据(比如，视频和音频的同步播放)，需要在 ES 层提供同步机制。为了实现同步，需要由**时间标签**(time stamps)对 ES 进行补充。时间标签可以根据相对参考(比如，电影的开始时刻)定义，或者根据绝对时间定义。不同类型的时间标签包括：

- **解码时间标签**(Decoding Time Stamps，DTS)表示应该完成相关图像解码的时间；
- **组合时间标签**(Composition Time Stamps，CTS)(只在 MPEG-4 中提供，在渲染之前可将几个对象组合成一个场景)表示获得组合结果的时间；
- **显示时间标签**(Presentation Time Stamps，PTS)表示开始进行显示的时间。

有关同步的其他要求，尤其是 MPEG-4 中的要求，可以参考用户交互，或者按要求激活 ES 的某些部分。

数字视频广播(Digital Video Broadcast，DVB)作为在广播服务中为数字媒体规定的传输方法的典型应用实例，这里将较为详细地介绍数字视频广播(DVB)系列标准，其中 MPEG-2 标准的系统部分对码流传输作出了规定。DVB 旨在利用之前的模拟电视信道和基础架构实现数字服务。数字视频压缩的引入，使得在原本传输一路模拟节目的同一频带宽度下，可以提高节目的数量，提高节目的质量或分辨率(由标清扩展至高清)，或者在上述方面同时得到改善。最初 DVB 被欧洲电信标准化协会(European Telecommunication Standards Institute，ETSI)规定为欧洲标准，后来被欧洲以外的其他国家采纳。DVB 通过**节目特定信息**(Program Specific Information，PSI)对 MPEG-2 TS 作了一定的扩展，从而允许嵌入 EPG，还规定了条件访问机制以满足付费电视的需要，除此以外，DVB 标准主要规定了通过卫星电视信道(DVB-S)、有线电视信道(DVB-C)和地面无线电视信道(DVB-T)的物理层传输。

DVB 为三种传输方案都规定了调制和物理层差错保护机制。如图 9.10 所示，DVB-S、DVB-C 和 DVB-T 中，最前面的一些模块是完全相同的。基带接口定义了 MPEG-2 传送流中分组字节的入口，之后进行"能量扩散"，其作用是尽可能地抑制后续调制中的载波，从而避免信道间的干扰。原则上，"能量扩散"是一个加扰的过程，当信号中出现较长的连续"0"或连续"1"时，这种方法特别有效。信道编码由"外"编码器、交织器和"内"编码器共同完成，其中外编码器基于 Reed-Solomon[204,188]CRC 码，内编码器是一个删除卷积编码器，其码率可以从 r=1/2、2/3、3/4、5/6 或 7/8 中选择，由此可以灵活地增加冗余量。

三种类型的信道采用的调制方案是不同的，DVB-S 使用**正交相移键控**(Quadrature Phase Shift Keying，QPSK)，它允许 1 个调制符号映射 2 比特。如果卫星转发器的带宽是 36 MHz，通过这种方法可以传输的信源载荷码率介于 26.1 Mb/s(卷积码的码率为 1/2 时)和 45.6 Mb/s(卷积码的码率为 7/8 时)之间。与卫星信道相比，有线电视信道可以提供好得多的传输质量(就信道误码率而言)。因此，DVB-C 采用**正交幅度调制**(Quadrature Amplitude Modulation，QAM)，使每个调制符号携带更多的比特数。可以选择 16-QAM(4 比特/符号)、32-QAM(5 比特/符号)或 64-QAM(6 比特/符号)。差分编码使接收器的相位同步。DVB-T 是其中最复杂的方法，地面电视具有频率选择性损失特性，进行移动接收时，这种特性更加明显。由于这一原因，可以通过**正交频分复用**(Orthogonal Frequency Division Multiplex，OFDM)[Van Nee, Prasad, 2000]将编码的二进制信息通过多载波进行传播，在载波之间可以实现差错纠正，从而补偿丢失的信息。

OFDM 还可以与正交调制结合，根据通道的误差特征，可以采用 QPSK（2 比特/符号）、16-QAM（4 比特/符号）和 64-QAM（6 比特/符号）作为调制方法。

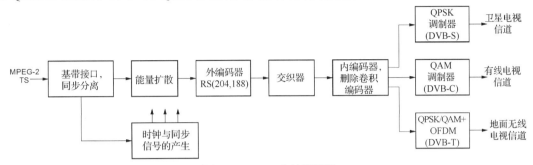

图 9.10　DVB 发射器框图

在 DVB-T 分层调制中，还可以混合使用不同的正交调制方法，从而在传输码流时，对码流中的不同部分进行不同的保护（比如，QPSK 抵抗传输差错的能力强于 64-QAM）。当信道质量恶化时，可以获得更平稳的降质。在 OFDM 信号中，需要在每个载波符号后插入一个"保护间隔"，从而抑制由调制信号的延迟成分带来的干扰[这里，可以是来自相邻传输站（电视塔）的干扰]。保护间隔所需的长度取决于同一接收器接收到由相邻电视塔发射的信号之间的时间间隔，在 DVB-T 中，保护间隔最大可以设置为大约 220 μs[①]。为此，当在 DVB-T 中发送相同的信号时，相邻的地面发射器可以使用相同的载波频率，与模拟电视相比，这样做可以大大节约带宽资源，在模拟电视中如果发生了这种情况，将会造成干扰问题，并且第二个信号会被显示为"鬼影图像"。表 9.1 中的例子给出了当采用调制方法和卷积码码率的各种不同组合时，通过一条之前的模拟电视信道可以传输的数据速率。如果采用分层调制的方法，还可以实现介于表 9.1 列出的各种方法之间的组合，比如，将 QPSK（码率为 1/2）嵌入 16-QAM 中（码率为 5/6），获得的数据速率可以根据（$R_{QPSK}+R_{16\text{-}QAM}$）相加得到。这样，便可以实现数据的联合传输，比如高优先级码流以 4.7 Mb/s 的数据速率传输，低优先级码流以 15.67 Mb/s 的数据速率传输。

表 9.1　DVB-T 中当采用卷积码码率和调制方法的各种不同组合时，
每条地面电视信道的可用数据速率（Mb/s）（改自 Reimers）

码率 $r=$	QPSK	16-QAM	64-QAM
1/2	4.7	9.4	14.10
2/3	6.27	12.53	18.8
3/4	7.05	14.10	21.15
5/6	7.83	15.67	24.68
7/8	8.23	16.45	24.68

DVB 中，当采用 MPEG-2 标准对视频和音频进行编码时，在一条之前的模拟电视信道带宽内，通常最多可以传输 5 个数字**标准清晰度**（Standard Definition，SD）电视节目。

最新一代的 DVB，即 DVB-x2（x = C, S, T），仍然采用 MPEG-2 传输流的基本架构，但是在编码层用 AVC[②]替换了 MPEG-2 视频编/解码器。DVB-x2 与改进的调制和纠错技术结合使得

---

① 该值考虑到了电视塔的典型高度以及地球表面曲率。

② 为了在未来高清和超高清广播中得以应用，目前正在制定支持 HEVC 的 DVB-x2 标准。计划从 2016 年开始提供基于 HEVC 的服务。

可以推出高清广播服务。在所有三种方案的交织分组结构中，内码都采用 BCH 码，外码都采用 LDPC[①]码。在调制中采用更多的调制符号，增加了可用码率的数量。比如，DVB-C2 采用最高为 4096-QAM 的调制方式，DVB-T2 中采用最高为 256-QAM 的调制方式。DVB-C2 使用 QAM 调制，并结合多载波传输(编码的 OFDM)，使得可以利用频率交织进行纠错。与 DVB-T 相比，DVBT2 的 OFDM 方案中最大子载波数量是其 4 倍，并且在总体上增加了更多的灵活性，这些都可以用来增加数据速率或者提高传输的鲁棒性。这样，与第一代 DVB 相比，DVB-S2 的信道容量(典型工作条件下可以进行无损传输时的码率)增加了 30%多，DVB-T2 的信道容量增加了接近 50%。同样 DVB-C2 的信道容量也明显增加(尤其对于低信噪比信道，数据速率可以增加为 DVB 的两倍多)，并且对类脉冲干扰具有更强的鲁棒性。随着 AVC(通常需要不到 MPEG-2 Video 一半的传输码率)的应用，这意味着，在大多数 DVB 传输场景中，利用相同的物理信道带宽，可以用相同数量(甚至更多数量的)但质量明显更高的高清节目替换标清节目。

数字音频广播(Digital Audio Broadcast，DAB)基本上与第一代 DVB-T 采用相同的传输方法，但是数据速率更低(适用于普通音频传输)。

DVB 方案显著地推动了数字媒体传输的进步，除此之外，以下趋势已经越发明显：传统的广播服务(众多用户需要按照预设的时间表接收节目，与用户没有明显的互动)正在越来越多地被点播服务所取代，并且在交互式网络电视(IPTV)中，互联网传输也将取代电视式的直播传输。在此背景下，原来为电视广播保留的物理传输信道资源(尤其是地面电视频带)也正在越来越多地分配给移动网络。

9.4.2　通信服务

线性广播服务比点播媒体检索需要更精确的时序行为。在通信服务中，这种实时需求甚至更加敏感，若在编码、传输和解码过程中产生较大的延迟，则很难进行双向通话[②]。基本上，这类服务可以使用相同的媒体编/解码器，但是可能需要禁用某些在本质上会引入延迟的编/解码工具，比如：

- 语音信号变换编码中较大尺寸的变换块；
- 用于改善性能的预测编码；
- 当视频压缩中，采用 B 或分级 B 帧结构时，对采集/显示图像序列进行的大量重排序。

另一方面，通信应用通常是点对点的，即使是进行多用户通信时(比如，音频/视频会议)，用户的数量也少得多，与广播应用不同，每个用户的状态通常都是已知的，因此可以针对每个用户分别采用相应的压缩和传输方法(包括差错控制)。

ITU-T 的建议书主要规定了通信服务的互操作性[③]。其中，主要涉及以下编码范围的规范：

- 传输、复用和同步 H.220-H.229；
- 系统方面 H.230-H.239；
- 通信过程 H.240-H.259；

---

① 见 9.3.2 节。

② 同样适用于控制、检修和监控应用，在这些应用中，需要根据呈现给远程观察者的视听媒体信息作出实时响应。

③ 除了一些不希望与其他供应商产品进行互操作的专业应用，比如，用于会议或社交网络的封闭环境。

- 运动视频编码 H.260-H.279；
- 相关的系统方面 H.280-H.299；
- 视听服务的系统和终端设备 H.300-H.349；
- 移动应用和服务方面 H.500ff；
- 宽带应用和服务方面 H.600ff；
- IPTV 应用和服务方面 H.700ff。

在通信应用中，还出现了对不同媒体进行复用和同步的需求，以及根据网络类型的不同，对媒体的传输方式进行调整的需求。在 H.22x 系列建议书中，H.222 建议书与 MPEG-2 系统中的相应部分是完全相同的；H.223 建议书规定了在不同网络中，进行低码率传输时采用的复用、同步和差错控制技术。相应的控制过程在 H.24x 系列建议书中进行了规定，其中一些建议书是专门用于协商确定某些编/解码器控制参数的(比如，H.241 建议书涉及当在视频通信服务中采用 H.264 建议书时，控制参数的协商规程)。H.245 建议书为视听和多媒体通信应用规定了更通用的系统级控制协议，比如，会议设置、编/解码器的协商及其操作设置、码率等。

9.4.3　文件存储

存储多媒体以及相关数据所用的文件格式是必须在系统级进行规定的另一个重要方面。基本上，可以把一个完整的视频以及相关音频在 MPEG-2 传送流中的比特序列写成一个二进制文件，并且可以从这个二进制文件中唯一地(至少是完整的序列)检索、解码和重放视频及相关的音频。通过扫描码流，寻找到随机访问点，便可以实现快进和快退等操作。但是，这需要在解码和重放开始之前完成初始下载，即得到整个文件。然而，文件格式应该是一种比较灵活的容器格式，支持从存储在文件中的媒体里抽取出其中一部分，可以按照重新排列的顺序进行重放，能够有效地跳过某些部分，以及编辑、重写等。对于可伸缩格式，除了上述功能以外，还需要能够从文件中抽取出具有不同分辨率的媒体。为了实现这些功能，需要将数据组织成可以单独访问的部分，同时定义能够访问这些部分的指针。另外，与广播流一样，用于数据输出的相关定时和同步信息需要与数据关联起来。如果有其他元数据的话，也需要将其与数据关联起来。

为此，作为一个开放式标准(非专有格式)，设计出了**ISO 基本媒体文件格式**(ISO Base Media File Format，IBMFF)，在 ISO/IEC 14496-12(MPEG-4 第 12 部分)和 ISO/IEC 15444-12(JPEG2000 第 12 部分)中分别对该格式进行了完全相同的规定。这种格式为其他专用于某种媒体类型的格式建立了共同的基础，比如**MP4 文件格式**(MP4 file format)(14496-14)、专门为访问 NAL 单元而设计的**先进视频编码文件格式**(Advanced Video Coding file format)(14496-15)，以及 JPEG 2000 的**复合图像文件格式**(compound image file format)(15444-6)。

IBMFF 格式中包含呈现一个或几个视频序列(可能还有音频序列)所需的时间、结构以及媒体信息。设计 IBMFF 格式的目的是对媒体信息进行交换、管理、编辑和呈现。当采用 IBMFF 格式时，媒体文件存储在哪里并不重要，它可以存储在对媒体进行输出的本地系统中，也可以存储在远程系统中，在使用时需要利用某种流媒体机制通过网络进行传输。在后一种情况下，IBMFF 格式旨在确保在任何类型的网络下都可以对媒体进行有效的处理，而与具体采用的网络协议无关。IBMFF 文件格式是面向对象的，可以很容易地将文件划分为多个组成对象，根据对象的类型可以直接推断出其结构。下面是 IBMFF 文件格式中一些比较重要的概念。

- **样点**(sample)：所有数据都与一个时间标记相关联。一些特殊类型的样点可用于随机访问和同步。
- **块**(chunk)：分配给某一轨道的一些连续样点的集合。
- **轨道**(track)：按时间顺序排列的相关样点序列，可以进一步构成块，或者子轨道。分配给子轨道的层级与具体的特征有关，比如，可伸缩层。
- 作为样点和轨道的指针，**样点表**(sample table)是一种压缩的目录，用来指明轨道中样点的时序和物理布局，**提示轨道**(hint track)是一种特殊的轨道，它说明了如何将一个或多个轨道封装成一个流媒体序列。
- Box(原子)：由唯一的类型标识符(指明包含的数据类型)和数据长度定义的面向对象的基本构成单元。有许多存储特定类型数据的原子。原子头指明原子的类型和长度。原子头可以使用紧凑长度或扩展长度(32 比特或 64 比特)，以及紧凑类型或扩展类型。通常只有媒体数据原子需要 64 比特的长度，比如大块载荷。这里的长度指的是整个原子的长度，包括头字段以及原子中包含的所有数据。这主要是为了实现高效的解析，跳过用不到的原子数据。可以使用**容器原子**(container box)把相关原子分组在一起。一个**片段**(segment)包含一个(或多个)影片(或影片片段)原子，以及其他相关的媒体原子和元数据原子。

当文件数据是从一个传送流(Transport Stream，TS)中获得的，或者希望将文件输出到一个结构已知的 TS 中，则文件中还可以包含流媒体所需的提示信息。就像在相应的媒体数据原子中一样，对 TS 的基本流进行顺序存储。

由开源项目(WWW.MATROSKA.ORG)定义的 Matroska 格式基本上采用了类似的概念。其他重要的(专有)多媒体容器格式包括：苹果的 QuickTime(其早期版本为 MP4 和 IBMFF 的发展奠定了基础)、微软的高级流媒体格式(Advanced Streaming Format，ASF)和音频视频交叉存取格式(Audio Video Interleave，AVI)、Adobe 的 Flash 等。这些格式中的大多数都可以存储相应技术所有者专用的媒体格式，同时也可以携带其他媒体数据[比如来自开放国际标准(OSI)的媒体数据]。

9.4.4　互联网和移动流媒体

在**流媒体**(streaming)应用中，媒体的解码和重放是即时完成的，即只要有足够的数据就可以开始进行解码和重放，而要在将来进行重放的数据也在不断地传输中。

互联网流媒体　互联网协议(Internet Protocol，IP)是从物理层中抽象出来的。虽然互联网最初是为文件传输设计的，而现今实时流媒体(尤其是视频)占据了互联网流量中的绝大部分，并且还有大幅增长的趋势。在 IP 层之上，广泛使用**传输控制协议**(Transport Control Protocol，TCP)，TCP 协议通过在传输链路中(各交换机和路由器之间)的每一个环节确认是否正确收到 IP 数据包，保证了可靠的数据传输。由于最初认为 TCP 协议的传输速度太慢不能满足实时流媒体应用的需要(由于 TCP 协议中，连接之间的握手、重传机制以及其他协议开销，比如与网络拥塞相关的流量控制)，因此，规定了另一种底层传输协议，即**用户数据报协议**(User Datagram Protocol，UDP)。UDP 没有采用确认和重传机制，因此，当发生网络拥塞时，数据包会有迟到或丢失的危险。当沿网络路径(比如,在交换机中)的输入或输出缓冲区发生溢出时,通常会引起数据包的丢失。TCP 和 UDP 都采用简单的基于 CRC 的差错检测技术,会将发生误码的数据包丢弃。作为高层传输协议,**实时传输协议**(Real-time Transport Protocol,RTP)主要在 UDP 上运行,用于互联网流媒体的传输。RTP 提供与数据相关的时序和同步信息,可以利用报头信息对接收端接收到的原始数据包序列进行重排序。RTP 传输的时序信息还可以用于同步不同的媒体,或判断某一数据包是否已经过期、是否将其丢弃。根据 ISO/IEC 标准或 ITU-T 建议书,还需要传输某些常见载荷类型的标识,比如视频流和音频流。其中一些例子包括[①]:

- RFC 2250,MPEG-1 和 MPEG-2 视频的 RTP 载荷格式(包括封装传输流和节目流的能力);
- RFC 4629,ITU-T Rec.H.263 视频的 RTP 载荷格式(取代 RFC 2429 / RFC 3555);
- RFC 6184,AVC / H.264 视频的 RTP 载荷格式(取代 RFC 3984);
- RFC 6190,AVC 可伸缩视频编码的 RTP 载荷格式;
- RTP 6416,MPEG-4 音频/视频流的 RTP 载荷格式(取代 RFC 3016)。

还有关于 HEVC 和 AVC 多视图(MVC)扩展的 RTP 传输的草案初稿。

RTP 协议可以与**实时控制协议**(Real-Time Control Protocol,RTCP)一起使用,RTCP 协议主要是为了提供即时 QoS(时延、丢包率等)的反馈信息,从而提高抗误码性能,优化传输质量。

较新版本的 IP 协议,比如 IPv6,还预见到了 QoS 和分类(差异化)服务的实现。另一方面,由于互联网是“网络的网络”,老一代的路由器和交换机也可能在互联网中存在,因此无法为网络中建立的所有连接保证 QoS 机制的功能。另外,QoS 可以通过**覆盖网络**(overlay networks)来实现,其中覆盖网络在协议栈的较高层上提供面向应用的服务。

通过为不同重要程度的子码流分配不同的网络 QoS 等级或优先级,便可以充分发挥可伸缩(分层)媒体表示方法或数据分割方法的优势。为了保证 QoS,需要通过网络侧预留传输容量,进行**呼叫接入控制**(Call Admission Control,CAC)以防止网络过载。

为了在互联网连接中预留传输容量,定义了**预留协议**(Reservation Protocol,RSVP)。然后告知传输设备当前连接获得的传输容量。除了对高优先级的数据包(比如头信息或参数信息、可伸缩码流中的基本层等)进行更安全的传输外,其他数据包可以通过网络以尽力而为的方式进行传输。上述方案只有在所有传输设备都遵守协商得到的参数时,才能取得令人满意的效果,为此,最简单的方法就是实现一个漏桶(见 9.3.1 节),统计信源在一定时间间隔内产生数据包的数量。该时间间隔对应于协商的**峰值持续时间**(peak duration),在这段时间内允许信源以高于协商均值的码率发送数据。当缓冲区接近饱和时,需要通过码率控制机制降低码率。

即使在网络不能提供预留机制的情况下,传输设备也可以根据从接收端获得的关于传输质量(如丢包、突发错误特性、时延及其波动)的反馈信息,估计当前可用的网络容量。然后,采用预防性方法主动地减小传输码率,或者在应用层采取差错保护措施。

[①] RFC=request for comments(征求意见),通常在发布时,规定可以提出意见或进行修改的截止期限,否则,推荐的规范会被视为生效。

考虑到网络的可用容量，需要进行码率控制才能实现码率的最优调整。但是，由于流媒体通常使用预编码的数据由服务器传输到客户端，因此不能使用实时的码率控制。可行的替代方案包括：

1. 存储支持不同码率的多个码流，根据可用的传输码率进行**码流切换**(stream switching)；
2. 转码，即根据目标码率实时地解码并重新进行编码(见 9.3.1 节)；
3. 使用可伸缩码流，与 1 相比可以节省存储容量，与 2 相比可以降低计算复杂度。

尽管采取了上述预防措施，互联网流媒体仍然会频繁地发生丢包，但是如果采用之前讨论的容错机制和差错隐藏工具，就可以将丢包的影响降低到最低水平。

在通信和流媒体应用中，都希望通过网页浏览器接口使用媒体。尽管网页浏览器通常建立的是基于超文本传输协议(HTTP)的连接，将 HTTP 链接到更安全的 TCP 传输，便可以在浏览器中嵌入基于 RTP 的插件。比如，开源项目 Web RTC initiative(网页实时通信)正是采用这种方法，其中，传统服务可以作为插件在网页浏览器环境中运行(WWW.WEBRTC.ORG)。对于流媒体，其时序约束没有传统应用严格，由于互联网基础设施和传输容量的改善，即使直接使用 TCP/HTTP 协议栈，也可以完成流媒体的传输。但是，在 TCP 协议中，可用的传输码率可能会变化很大，因此，流媒体需要具有良好的适应性。

HTTP 动态自适应流媒体技术(Dynamic Adaptive Streaming over HTTP，DASH)[1]便采用了这种方法，这项技术已在 ISO/IEC 23009 中被定义为国际标准[Sodagar, 2009]。DASH 中包括**媒体呈现描述**(Media Presentation Description，MPD)机制，这种机制能够通过数据块(每个数据块都与一个超链接相关联)及其时序、持续时间、同步信息以及自适应集中的不同表示(数据量/数据速率)来表示媒体数据的结构。在服务器中，可以把与某媒体组件相关联的数据块连同 MPD 文件一起存储为一个或多个文件。可以利用文件中关于时间结构以及各个不同呈现的信息，实现动态的码率自适应(即根据即时网络状况切换为较低/较高的码率)，还可以与用户进行交互，比如快退/快进以及局部重放。可以采用联播的方式(即独立地编码，获得多种码率)，也可以采用可伸缩的方式(分层编码，需要有编/解码器的支持)实现多码率表示。可以轻松地从 DASH 客户端通过 http get 命令检索出数据块，一旦获得数据块，便可以利用 MPD 信息对数据块进行管理/按照正确的重放顺序进行重排序。

由于互联网最初是设计用来完成非实时文本传输的，所以在一定程度上，现有的通过互联网传输流媒体的方案效率并不高(信令的必要开销，以及缺乏识别数据或部分数据的机制，不能实现缓存的有效分配)并且缺乏灵活性(就个性化访问，以及即时媒体与网络特性间的适配而言)。理论上，应该可以做到不受网络的任何影响，实现类似的功能，就像媒体数据就存储在本地一样。这还需要对媒体数据完成远程处理或分布式处理。定义为 MPEG-H(23008-1)系统层的称为"**MPEG 媒体传输**"(MPEG Media Transport，MMT)的新标准，朝着这个方向迈出了一步，这一标准正旨在解决上述问题。该标准仍在制定过程中，讨论其具体技术细节还为时尚早。

无线网络   随着可穿戴设备(笔记本电脑、平板电脑、智能手机以及其他具备多媒体功能的移动设备，如内置摄像机、彩色液晶显示屏等)越来越频繁的使用，通过无线传输实现移动

---

① 有时也称为 MPEG DASH。

多媒体通信变得越来越重要。与十年前的情况不同，这些不再只是低分辨率或低质量的设备。尽管可以提供更高传输容量的 LTE/4G 等无线网络越来越普及，但是在无线链路上，多媒体数据仍然占用着最多的传输流量。对于数字无线网络，需要区分两种情况，第一种情况，发射器和接收器是固定的（就位置而言）；第二种情况，发射机和接收机中至少有一个在移动，即移动传输/接收的情况。

在第一种情况下，能够获得的传输容量高度依赖于网络状况的平稳性，因此，可以采用可靠的自适应调制技术、差错保护方法以及干扰消除技术等。对于位置固定的设备，运用这些技术要简单得多，可以在初始化阶段通过检测无线信道的状况完成最优设置，必要时需要对设置进行更新。目前使用的符合 IEEE 802.11 或 802.16（WiMAX）标准的典型无线局域网（Wireless LAN，WLAN）技术，能够提供 100 Mb/s 以上的峰值传输码率。然而，当多个用户需要共享这一传输容量时，将会导致与在有线分组交换网络中相似的由于网络拥塞引起的误差特性。

第二种情况是"真正"的移动通信，由于用户操作的设备是移动的，因此传输特性会不断发生变化。这将在物理层引起更严重的错误，导致进行自适应传输的能力变弱（或需要更复杂的算法）。然而，目前使用的移动网络基础设施可以提供的传输容量，通常允许在下行链路中实时地传输压缩视频等流媒体（取决于当前位置、速度和网络载荷）。当采用第二代（Second Generation，2G）移动网络时，这一目标几乎是不可能实现的，包括 GSM（全球移动通信标准，Global Standard for Mobile Communication）及其扩展 GPRS（通用分组无线业务，General Packet Radio Service）和 EDGE（增强型数据传输的全球演进技术，Enhanced Data Rates for Global Evolution），但是随着第三代（Third Generation，3G）通用移动通信系统（Universal Mobile Telecommunication System，UMTS）[①]的出现，实现这一目标已经变得更加现实。GSM 在基站的网络单元中通过**时分多址**（Time-Division Multiple Access，TDMA）为不同的用户提供服务，而 UMTS 使用**码分多址**（Code-Division Multiple Access，CDMA）的方法，可以更有效地利用可用的移动带宽资源进行干扰消除。UMTS 进一步发展成为**长期演进技术**（Long Term Evolution，LTE），也称为 4G。通过将 CDMA 与**正交频分复用**（Orthogonal Frequency Division Multiplex，OFDM）相结合，LTE 实现了更加先进的频率资源分配技术，同时，它还进一步支持**多输入多输出**（Multiple Input Multiple Output，MIMO）传输，这使得可以利用天线分集技术实现更好的与位置相关的传输。从 3G 开始，移动网络便广泛采用分组交换技术，但是数据包的大小（在 UMTS 和 LTE 中通常少于 100 字节）比普通 IP 数据包要小得多。在物理层上发生的比特错误或突发错误经常会造成丢包。重传（见下文）是一种常用的丢包补偿技术。在移动网络中也定义了服务质量机制。共享同一信道的用户数量决定了可用带宽和发生传输损失的概率，但是也可以通过实现更加先进的传输方法提供可用带宽，降低出现传输差错的概率。

如果通过 UMTS 或 LTE（大部分的媒体传输都是这种情况）建立 IP 连接，则 IP 数据包会被分成较小的子数据包以便进行移动网络的误差控制，并且在网络链路层使用特定的协议栈。为此，可以使用 FEC 和 ARQ。当在移动设备和基站之间执行 ARQ 时，额外的往返延迟时间非常短（除非由于物理链路状况恶劣导致不断的传输失败）。另一方面，在移动流媒体应用中，

---

① UMTS 是在 ITU-T 的主导下制定的网络架构。UMTS 又称为 IMT-2000（国际移动电信系统 2000，International Mobile Telecommunications 2000）。事实上，从一开始 UMTS 就不是一个单一的标准，而是由一系列标准组成的，其中一些是最新定义的无线传输方法或协议机制，UMTS 整合了现有的可用网络，比如基于 GSM 的 GPRS 以及 EDGE 等。UMTS/3G 最初设想的数据速率可以达到 2 Mb/s，然而，个人用户几乎不能分配到 2 Mb/s 的数据速率。

由于重传会增加网络负担，同时还会降低传输质量，因此还需要慎重地决定哪些数据包值得重新发送。但是，由于可以使用 QoS 的协商机制，这一问题可以得到有效的解决。

　　如今的移动设备通常支持多种传输协议，并可以在给定的环境下选择最佳的传输路径。例如，像机场、火车、博览会等"热点"都增设了传输成本低、带宽高的 WLAN、WiMAX 或更新的无线网络，但是这些网络都基于**微微基站**(pico-cellular)的拓扑结构。每个基站只能覆盖半径为 10～50 m 的范围，因此，能够访问网络的位置极其有限。中程无线网络领域的新技术也在不断发展。在此背景下，未来的移动网络将整合以上所有方法并会支持新的调制、编码和复用方法，以及先进的物理层处理方法以获得更高的传输带宽。**自组织网络**(adhoc network)是未来另一个重要的发展方向，其中所有的移动设备都可以承担传输任务，比如路由到其他移动设备或基站。这些技术可能会使移动多媒体传输变得越来越分散，与传统的集中式广播服务渐行渐远。

附录 A 向量与矩阵代数

由于向量和矩阵符号能以非常有效的方式表示样点集合所进行的运算，所以这些符号在本书中会经常用到。线性数学运算也可以直接通过向量和矩阵代数来表示。本节对一些基本运算规则进行了归纳总结。

向量是由 K 个标量值组成的一维结构。我们通常都使用列向量，即竖直结构。一个 $K \times L$ 矩阵是具有 L 行 K 列的二维结构，该矩阵也可以写成 L 个行向量的集合：

$$\mathbf{A} = \begin{bmatrix} a_{11} & \cdots & a_{1K} \\ \vdots & \ddots & \vdots \\ a_{L1} & \cdots & a_{LK} \end{bmatrix} = \begin{bmatrix} \mathbf{a}_1^\mathrm{T} \\ \vdots \\ \mathbf{a}_L^\mathrm{T} \end{bmatrix} \tag{A.1}$$

更高维度的结构称为**张量**（tensors）。矩阵和向量都用粗体字表示，原则上保留了值类型的命名规则（见附录 C）。比如，$\mathbf{s}$ 是一个向量，$\mathbf{S}$ 是一个由样点 $s(\mathbf{n})$ 或 $s_\mathbf{k}$ 构成的矩阵。关于向量和矩阵最重要的运算规则将在本节接下来的部分进行归纳总结。

向量的转置为

$$\mathbf{a}^\mathrm{T} = \begin{bmatrix} a_1^\mathrm{T} \\ \vdots \\ a_L^\mathrm{T} \end{bmatrix} = \begin{bmatrix} a_1 & \cdots & a_K \end{bmatrix} \tag{A.2}$$

共轭矩阵 $\mathbf{A}^*$ 中包含矩阵 $\mathbf{A}$ 的共轭元素。通过交换一个矩阵的行和列，可以得到一个矩阵的转置：

$$\mathbf{A}^\mathrm{T} = \begin{bmatrix} a_{11} & \cdots & a_{1K} \\ \vdots & \ddots & \vdots \\ a_{L1} & \cdots & a_{LK} \end{bmatrix}^\mathrm{T} = \begin{bmatrix} a_{11} & \cdots & a_{L1} \\ \vdots & \ddots & \vdots \\ a_{1K} & \cdots & a_{LK} \end{bmatrix} \tag{A.3}$$

相似地，复数埃尔米特矩阵的共轭转置是对转置矩阵中的元素取复共轭，即 $\mathbf{A}^\mathrm{H} = [\mathbf{A}^*]^\mathrm{T}$。长度均为 K 的两个向量的内积（也称为点积）是一个标量：

$$\mathbf{a} \cdot \mathbf{b} = \mathbf{a}^\mathrm{T} \mathbf{b} = \begin{bmatrix} a_1 & \cdots & a_K \end{bmatrix} \cdot \begin{bmatrix} b_1 \\ \vdots \\ b_K \end{bmatrix} = a_1 \cdot b_1 + a_2 \cdot b_2 + \cdots + a_K \cdot b_K \tag{A.4}$$

长度分别为 K 和 L 的两个向量的外积是一个维度为 $K \times L$ 的矩阵：

$$\mathbf{a}\mathbf{b}^\mathrm{T} = \begin{bmatrix} a_1 \\ \vdots \\ a_K \end{bmatrix} \cdot \begin{bmatrix} b_1 & \cdots & b_K \end{bmatrix} = \begin{bmatrix} a_1 b_1 & a_1 b_2 & \cdots & a_1 b_K \\ a_2 b_1 & a_2 b_2 & & \vdots \\ \vdots & & \ddots & \\ a_L b_1 & \cdots & & a_L b_K \end{bmatrix} \tag{A.5}$$

一个长度为 K 的向量和一个维度为 $K \times L$ 的矩阵的乘积是一个长度为 L 的向量：

$$\mathbf{A}\mathbf{x} = \begin{bmatrix} a_{11} & \cdots & a_{1K} \\ \vdots & \ddots & \vdots \\ a_{L1} & \cdots & a_{LK} \end{bmatrix} \cdot \begin{bmatrix} x_1 \\ \vdots \\ x_K \end{bmatrix} = \begin{bmatrix} a_{11}x_1 + \cdots + a_{1K}x_K \\ \vdots \\ a_{L1}x_1 + \cdots + a_{LK}x_K \end{bmatrix} \tag{A.6}$$

矩阵的乘积（第一个矩阵的维度为 $K \times L$，第二个矩阵的维度为 $M \times K$）是一个 $M \times L$ 的矩阵：

$$\mathbf{A}\mathbf{B} = \begin{bmatrix} a_{11} & \cdots & a_{1K} \\ \vdots & \ddots & \vdots \\ a_{L1} & \cdots & a_{LK} \end{bmatrix} \cdot \begin{bmatrix} b_{11} & \cdots & b_{1M} \\ \vdots & \ddots & \vdots \\ b_{K1} & \cdots & b_{KM} \end{bmatrix}$$

$$= \begin{bmatrix} a_{11}b_{11} + \cdots + a_{1K}x_{K1} & \cdots & a_{11}b_{1M} + \cdots + a_{1K}x_{KM} \\ \vdots & \ddots & \vdots \\ a_{L1}x_{11} + \cdots + a_{LK}x_{K1} & \cdots & a_{L1}x_{1M} + \cdots + a_{LK}x_{KM} \end{bmatrix} \tag{A.7}$$

当维数相同的两个矩阵相乘时，其中的一个需要进行转置。此时，有以下关系成立

$$\mathbf{A}^{\mathrm{T}}\mathbf{B} = \left[\mathbf{B}^{\mathrm{T}}\mathbf{A} \right]^{\mathrm{T}} \tag{A.8}$$

维数相同的两个矩阵逐像素相乘得到的矩阵便是哈达玛积：

$$\mathbf{A} \circ \mathbf{B} = \begin{bmatrix} a_{11} & \cdots & a_{1K} \\ \vdots & \ddots & \vdots \\ a_{L1} & \cdots & a_{LK} \end{bmatrix} \circ \begin{bmatrix} b_{11} & \cdots & b_{1K} \\ \vdots & \ddots & \vdots \\ b_{L1} & \cdots & b_{LK} \end{bmatrix} = \begin{bmatrix} a_{11}b_{11} & \cdots & a_{1K}b_{1K} \\ \vdots & \ddots & \vdots \\ a_{L1}b_{L1} & \cdots & a_{LK}b_{LK} \end{bmatrix} \tag{A.9}$$

Frobenius 积是一个标量，它把式（A.4）中点积的概念推广到矩阵和张量：

$$\mathbf{A} : \mathbf{B} = \sum_{l=1}^{L} \sum_{k=1}^{K} a_{lk}b_{lk} = \mathrm{tr}(\mathbf{A}^{\mathrm{T}}\mathbf{B}) = \mathrm{tr}(\mathbf{B}^{\mathrm{T}}\mathbf{A}) \tag{A.10}$$

两个矩阵（维度分别为 $K \times L$ 和 $M \times N$）的 Kronecker 积是通过将第一个矩阵的每个元素与第二个矩阵的每个元素进行相乘得到的。所得的结果是一个维度为 $KM \times LN$ 的矩阵，该矩阵可以划分为 KL 个子矩阵，每个子矩阵的维度均为 $M \times N$，

$$\mathbf{A} \otimes \mathbf{B} = \begin{bmatrix} a_{11} & \cdots & a_{1K} \\ \vdots & \ddots & \vdots \\ a_{L1} & \cdots & a_{LK} \end{bmatrix} \otimes \begin{bmatrix} b_{11} & \cdots & b_{1M} \\ \vdots & \ddots & \vdots \\ b_{N1} & \cdots & b_{NM} \end{bmatrix} = \begin{bmatrix} a_{11}\mathbf{B} & \cdots & a_{1K}\mathbf{B} \\ \vdots & \ddots & \vdots \\ a_{L1}\mathbf{B} & \cdots & a_{LK}\mathbf{B} \end{bmatrix} \tag{A.11}$$

两个向量（在坐标轴互相正交的三维坐标空间中定义的）的叉积是一个与这两个向量所张成的平面相垂直的向量：

$$\mathbf{a} \times \mathbf{b} = \begin{bmatrix} a_1 \\ a_2 \\ a_3 \end{bmatrix} \times \begin{bmatrix} b_1 \\ b_2 \\ b_3 \end{bmatrix} = \begin{bmatrix} a_2b_3 - a_3b_2 \\ a_3b_1 - a_1b_3 \\ a_1b_2 - a_2b_1 \end{bmatrix} = \begin{bmatrix} 0 & -a_3 & a_2 \\ a_3 & 0 & -a_1 \\ -a_2 & a_1 & 0 \end{bmatrix} \begin{bmatrix} b_1 \\ b_2 \\ b_3 \end{bmatrix} = -\mathbf{b} \times \mathbf{a} \tag{A.12}$$

维度为 $K \times K$ 的方阵的行列式是数字 $(1, 2, \cdots, K)$ 的 $K!$ 种可能排列 $(\alpha, \beta, \cdots, \omega)$ 之和，其中，k 是一个排列中逆序数的个数（序列 $a_{1,\alpha}a_{1,\beta}$，$\alpha > \beta$），

$$\det(\mathbf{A}) = \begin{vmatrix} a_{11} & a_{12} & \cdots & a_{1K} \\ a_{21} & a_{22} & & a_{2K} \\ \vdots & \vdots & \ddots & \vdots \\ a_{K1} & a_{K2} & \cdots & a_{KK} \end{vmatrix} = \sum_{(\alpha, \beta, \cdots, \omega)} (-1)^k a_{1\alpha}a_{2\beta}\cdots a_{K\omega} \tag{A.13}$$

可以这样理解，将矩阵进行周期扩展，然后计算对角线元素的乘积之和。矩阵中所有与主对角线平行的对角线（迹）上的元素乘积赋予正号，所有与次对角线平行的对角线（右上角到左下角的对角线）上的元素乘积赋予负号。例如，当 $K=2$ 和 $K=3$ 时，有

$$\det(\mathbf{A}) = \begin{vmatrix} a_{11} & a_{12} \\ a_{21} & a_{22} \end{vmatrix} = a_{11}a_{22} - a_{12}a_{21}$$

$$\det(\mathbf{A}) = \begin{vmatrix} a_{11} & a_{12} & a_{13} \\ a_{21} & a_{22} & a_{23} \\ a_{31} & a_{32} & a_{33} \end{vmatrix} = a_{11}a_{22}a_{33} + a_{12}a_{23}a_{31} + a_{13}a_{21}a_{32} \tag{A.14}$$

$$- a_{11}a_{23}a_{32} - a_{12}a_{21}a_{33} - a_{13}a_{22}a_{31}$$

而且，行列式的绝对值表达式 $|\mathbf{A}| = |\det(\mathbf{A})|$ 被广泛使用。求一个矩阵的逆矩阵，$\mathbf{A}^{-1}$ 在许多地方都很有用，比如，求解线性方程组 $\mathbf{A}\mathbf{x} = \mathbf{b} \Rightarrow \mathbf{x} = \mathbf{A}^{-1}\mathbf{b}$。另外，还有 $\left[\mathbf{A}^{-1}\right]^{-1} = \mathbf{A}$ 以及 $\mathbf{A}^{-1}\mathbf{A} = \mathbf{A}\mathbf{A}^{-1} = \mathbf{I}$，即一个矩阵乘以它的逆矩阵等于**单位阵**（identity matrix）：

$$\mathbf{I} = \begin{bmatrix} 1 & 0 & \cdots & & 0 \\ 0 & 1 & 0 & & \vdots \\ \vdots & 0 & 1 & \ddots & \\ & & \ddots & \ddots & 0 \\ 0 & \cdots & & 0 & 1 \end{bmatrix} \tag{A.15}$$

若矩阵 $\mathbf{A}$ 是可逆的，则 $\mathbf{A}$ 必然是方阵。如果矩阵的行列式及其所有子矩阵的行列式均不等于 0（即，矩阵是满秩的），则该矩阵是可逆的，否则该矩阵称为奇异矩阵。式（A.16）和式（A.17）可以分别用来计算维度为 2×2 和 3×3 矩阵的逆矩阵：

$$\mathbf{A}^{-1} = \begin{bmatrix} a_{11} & a_{12} \\ a_{21} & a_{22} \end{bmatrix}^{-1} = \frac{1}{\det(\mathbf{A})} \cdot \begin{bmatrix} a_{22} & -a_{12} \\ -a_{21} & a_{11} \end{bmatrix} \tag{A.16}$$

$$\mathbf{A}^{-1} = \begin{bmatrix} a_{11} & a_{12} & a_{13} \\ a_{21} & a_{22} & a_{23} \\ a_{31} & a_{32} & a_{33} \end{bmatrix}^{-1}$$

$$= \frac{1}{\det(\mathbf{A})} \cdot \begin{bmatrix} a_{22}a_{33} - a_{23}a_{32} & a_{13}a_{32} - a_{12}a_{33} & a_{12}a_{23} - a_{13}a_{22} \\ a_{13}a_{23} - a_{21}a_{33} & a_{11}a_{33} - a_{13}a_{31} & a_{13}a_{21} - a_{11}a_{23} \\ a_{21}a_{32} - a_{31}a_{22} & a_{12}a_{31} - a_{11}a_{32} & a_{11}a_{22} - a_{12}a_{21} \end{bmatrix} \tag{A.17}$$

计算维度更大的矩阵的逆矩阵，可以简化为递归地计算该矩阵的子矩阵的逆矩阵，如式（A.18）所示，其中 $\mathbf{A}_{11}$ 和 $\mathbf{A}_{22}$ 同样也应该是方阵，

$$\mathbf{A} = \begin{bmatrix} \mathbf{A}_{11} & \mathbf{A}_{12} \\ \mathbf{A}_{21} & \mathbf{A}_{22} \end{bmatrix} \Rightarrow \mathbf{A}^{-1}$$

$$= \begin{bmatrix} \left[\mathbf{A}_{11} - \mathbf{A}_{12}\mathbf{A}_{22}^{-1}\mathbf{A}_{21}\right]^{-1} & -\mathbf{A}_{11}^{-1}\mathbf{A}_{12}\left[\mathbf{A}_{22} - \mathbf{A}_{21}\mathbf{A}_{11}^{-1}\mathbf{A}_{12}\right]^{-1} \\ -\mathbf{A}_{22}^{-1}\mathbf{A}_{21}\left[\mathbf{A}_{11} - \mathbf{A}_{12}\mathbf{A}_{22}^{-1}\mathbf{A}_{21}\right]^{-1} & \left[\mathbf{A}_{22} - \mathbf{A}_{21}\mathbf{A}_{11}^{-1}\mathbf{A}_{12}\right]^{-1} \end{bmatrix} \tag{A.18}$$

另外，还有

$$[\mathbf{AB}]^{-1} = \mathbf{A}^{-1}\mathbf{B}^{-1} \quad ; \quad [c\mathbf{A}]^{-1} = \frac{1}{c}\mathbf{A}^{-1} \tag{A.19}$$

一个方阵的特征向量乘以该方阵会得到一个向量，所得的向量是方阵的特征向量乘以一个缩放因子。这个缩放因子就是相应的特征值 λ。一个非奇异的（满秩的）$K \times K$ 矩阵具有 K 个不同的特征向量 $\mathbf{\Phi}_k$ 和 K 个特征值 λ_k：

$$\mathbf{A} \cdot \mathbf{\Phi}_k = \lambda_k \cdot \mathbf{\Phi}_k, \quad 1 \leqslant k \leqslant K \tag{A.20}$$

原则上，可以通过求解线性方程组 $[\mathbf{A} - \lambda_k \mathbf{I}] \cdot \mathbf{\Phi}_k = 0$ 得到特征值，只要满足 $\det[\mathbf{A} - \lambda_k \mathbf{I}] = 0$，则方程组的解必然存在。通过计算行列式，可以得到**特征多项式**（characteristic polynomial）$\alpha_K \lambda_k^K + \alpha_{K-1}\lambda_k^{K-1} + \cdots + \alpha_1 \lambda_k + \alpha_0 = 0$ 的系数值 α_i，特征多项式的解即是 K 个特征值 λ_k。把这些特征值代入到式（A.20）中又可以获得计算特征向量的条件，在此基础上还需要增加一个关于它们范数的条件。结合我们的要求，加入标准正交性约束条件，即 $\mathbf{\Phi}_k^\mathrm{T}\mathbf{\Phi}_k = 1$。一般来说，特征向量都满足式（A.24）中的正交性。一个 $K \times K$ 矩阵的迹是主对角线上各个元素之和：

$$\mathrm{tr}[\mathbf{A}] = \sum_{k=1}^{K} a_{k,k} \tag{A.21}$$

此外

$$\mathrm{tr}[\mathbf{AB}] = \mathrm{tr}[\mathbf{BA}]; \quad \mathrm{tr}[\mathbf{A} \times \mathbf{B}] = \mathrm{tr}[\mathbf{A}] \cdot \mathrm{tr}[\mathbf{B}] \tag{A.22}$$

一个向量的**欧氏范数**（Euclidean norm）是它与自身的标量积（如式（A.4）所示）再开平方：

$$\sqrt{\mathbf{a}^\mathrm{T}\mathbf{a}} = \sqrt{\begin{bmatrix} a_1 & \cdots & a_K \end{bmatrix} \begin{bmatrix} a_1 \\ \vdots \\ a_K \end{bmatrix}} = \sqrt{\sum_{k=1}^{K} a_k^2} \tag{A.23}$$

正交性（orthogonality）是指一个集合中的任意两个不同向量的标量积为 0。标准正交性比正交性有更严格的要求，它还要求所有向量的欧氏范数均为 1（单位）：

$$\text{当 } i \neq j \text{ 时，} \quad \mathbf{t}_i^\mathrm{H}\mathbf{t}_j = \mathbf{t}_j^\mathrm{H}\mathbf{t}_i = 0; \text{ 对于所有 } i, \quad \mathbf{t}_i^\mathrm{H}\mathbf{t}_i = 1 \tag{A.24}$$

当矩阵 $\mathbf{T}$ 的行（或列）为一组标准正交向量集合时，式（A.24）意味着 $\mathbf{T}^\mathrm{H}\mathbf{T} = \mathbf{I}$（或 $\mathbf{T}\mathbf{T}^\mathrm{H} = \mathbf{I}$）。当矩阵为标准正交方阵（集合中，向量的长度等于向量的数量）时，则进一步有 $\mathbf{T}^{-1} = \mathbf{T}^\mathrm{H}$。并且，作为向量间的一种关系，正交性是**双正交性**（bi-orthogonality）的一个特例。假设一组线性无关（并不一定是正交的）向量 $\mathbf{t}_i$ 构成**基系**（basis system）；把这些向量作为矩阵 $\mathbf{T}$ 的行（或列）。那么，矩阵 $\mathbf{T}$ 应存在一个**对偶基**（dual basis）$\tilde{\mathbf{T}}$，当 $i \neq j$ 时，$\tilde{\mathbf{T}}$ 的行向量 $\tilde{\mathbf{t}}_j$ 与 $\mathbf{t}_i$ 是正交的，即

$$\text{当 } i \neq j \text{ 时，} \quad \mathbf{T}\tilde{\mathbf{T}}^\mathrm{T} = \mathbf{I} \Leftrightarrow \mathbf{t}_i^\mathrm{T}\tilde{\mathbf{t}}_j = \tilde{\mathbf{t}}_j^\mathrm{T}\mathbf{t}_i = 0; \text{ 对于所有 } i, \quad \mathbf{t}_i^\mathrm{T}\tilde{\mathbf{t}}_i = \tilde{\mathbf{t}}_i^\mathrm{T}\mathbf{t}_i = 1 \tag{A.25}$$

因此，标准正交基系是一个特例，其中

$$\tilde{\mathbf{t}}_i = \mathbf{t}_i^* \Leftrightarrow \tilde{\mathbf{T}} = \mathbf{T}^* \Rightarrow \mathbf{T}^{-1} = \mathbf{T}^\mathrm{H} \tag{A.26}$$

还可以用矩阵形式表示方程组 $\mathbf{Tx} = \mathbf{c}$，其中 $\mathbf{x}$ 中未知数的个数与方程的个数不相等。假设 K 是 $\mathbf{x}$ 中元素的个数，L 是 $\mathbf{c}$ 的维度（或方程的个数），则 $\mathbf{T}$ 是维度为 $K \times L$ 的非方不可逆矩阵。求解这样的问题需要增加额外的条件，比如，最小二乘拟合

$$\|\mathbf{e}\|^2 = \|\mathbf{c} - \mathbf{Tx}\|^2 = [\mathbf{c} - \mathbf{Tx}]^H [\mathbf{c} - \mathbf{Tx}] \overset{!}{=} \min \tag{A.27}$$

当方程组中的条件不受噪声干扰时,可以利用**伪逆矩阵**(pseudo inverse matrix) $\mathbf{T}^P$ 求得最优解:

$$\mathbf{x} = \mathbf{T}^P \mathbf{c} \tag{A.28}$$

其中,要区分以下情况

$$\begin{aligned} K < L &: \mathbf{T}^P = (\mathbf{T}^H \mathbf{T})^{-1} \mathbf{T}^H \quad ; \quad \mathbf{T}^P \mathbf{T} = \mathbf{I}^{(K \times K)} \\ K = L &: \mathbf{T}^P = \mathbf{T}^{-1} \quad ; \quad \mathbf{T}^P \mathbf{T} = \mathbf{TT}^P = \mathbf{I}^{(K \times K)} \\ K > L &: \mathbf{T}^P = \mathbf{T}^H (\mathbf{TT}^H)^{-1} \quad ; \quad \mathbf{TT}^P = \mathbf{I}^{(L \times L)} \end{aligned} \tag{A.29}$$

伪逆矩阵的维度为 $L \times K$,若 $K = L$ 而且 $\mathbf{T}$ 为满秩矩阵时, $\mathbf{T}^P$ 与 $\mathbf{T}$ 的常规逆矩阵是相同的,而且方程组的解也是唯一的。当 $K < L$ 时,该问题是**超定的**(over-determined),这意味着存在比未知数个数更多的条件需要求解。这种情况下,一般来说,不可能将式(A.27)的右边强制置为零值,因为这可能会使这些条件相互矛盾。当 $K > L$ 时,方程组是**欠定的**(under-determined),这意味着条件的个数比未知数的个数少。那么,伪逆矩阵至少能够找到一组完全满足式(A.27)的 $\mathbf{x}$ 值,但是也很有可能存在不同的解集。举例说明这种情况,若 $\mathbf{x}$ 是一个信号向量,$\mathbf{c}$ 是对应的变换系数向量,其系数量较小,则不可能由 $\mathbf{c}$ 恢复出任何信号向量。而且,恢复出的信号向量是与 $\mathbf{T}^P$ 中不完整的重构基向量集合相关性最强的向量。后一种情况下,当 $\mathbf{T}$ 表示一个正交基,即 $\mathbf{TT}^H = \mathbf{I}$ 时,则有 $\mathbf{T}^P = \mathbf{T}^H$ 。那么,最简洁的表示(由 $\mathbf{c}$ 中有限个数的元素获得最小平方重构误差)可以由式(A.20)中的特征向量基 $\mathbf{\Phi}$ 给出,其中假设 $\mathbf{A}$ 表示 $\mathbf{x}$ 相应的期望值(比如,协方差矩阵)。

对于非满秩的非方阵或方阵,采用**奇异值分解**(Singular Value Decomposition,SVD),可以达到与特征向量分解相同的目的。若 $\mathbf{A}$ 是一个维度为 $K \times L$,秩 $R \leqslant \min(K, L)$ 的矩阵。那么,可以定义一个 $K \times K$ 的矩阵 $\mathbf{\Psi}$ 和一个 $L \times L$ 的矩阵 $\mathbf{\Phi}$,使得

$$\mathbf{\Phi}^T \mathbf{A} \mathbf{\Psi} = \mathbf{\Lambda}^{(1/2)} = \begin{bmatrix} \sqrt{\lambda(1)} & 0 & \cdots & 0 & \vdots \\ 0 & \ddots & \ddots & \vdots & \mathbf{0} \\ \vdots & \ddots & \ddots & 0 & \\ 0 & \cdots & 0 & \sqrt{\lambda(R)} & \\ \cdots & \mathbf{0} & \cdots & & \mathbf{0} \end{bmatrix} \begin{matrix} \} R \\ \\ \} L-R \end{matrix} \tag{A.30}$$

$$\underbrace{\qquad\qquad\qquad}_{R} \overbrace{\qquad}^{K-R}$$

$\mathbf{\Lambda}^{(1/2)}$ 中的元素是 $\mathbf{H}$ 的 R 个**奇异值**(singular values) $\lambda^{1/2}(r)$ 。这些值是 R 个非零特征值的平方根,而这些特征值与 $L \times L$ 矩阵 $\mathbf{AA}^T$ 和 $M \times M$ 矩阵 $\mathbf{A}^T \mathbf{A}$ 的特征值相同(当 $\min(K, L) > R$ 时,$\mathbf{AA}^T$ 或 $\mathbf{A}^T \mathbf{A}$ 的其余特征值为 0)。$\mathbf{\Phi}$ 的各列是 $\mathbf{AA}^T$ 的特征向量 $\overline{\boldsymbol{\phi}}_r$,$\mathbf{\Psi}$ 的各列是 $\mathbf{A}^T \mathbf{A}$ 的特征向量 $\mathbf{\Psi}_r$,与式(A.20)相一致,有以下关系式成立:

$$\mathbf{\Psi}^T [\mathbf{A}^T \mathbf{A}] \mathbf{\Psi} = \mathbf{\Lambda}^{(K)}, \quad \mathbf{\Phi}^T [\mathbf{AA}^T] \mathbf{\Phi} = \mathbf{\Lambda}^{(L)} \tag{A.31}$$

式(A.30)的两边同时乘以 $\mathbf{\Phi}$ 和 $\mathbf{\Psi}$ 的逆矩阵,则 $\mathbf{A}$ 可以表示为 R 个正交分量矩阵的加权叠加:

$$\mathbf{A} = \boldsymbol{\Phi}\boldsymbol{\Lambda}^{(1/2)}\boldsymbol{\Psi}^{\mathrm{T}} = \sum_{r=1}^{R} \lambda^{1/2}(r) \cdot \boldsymbol{\phi}_r \boldsymbol{\Psi}_r^{\mathrm{T}} \tag{A.32}$$

式(A.32)的**广义逆矩阵**(generalized inverse) $\mathbf{A}^{\mathrm{G}}$ 是相应的逆分量矩阵的加权叠加,对于满秩的情况 $R = \min(K, L)$,该矩阵与式(A.29)所示的伪逆矩阵是相同的,

$$\mathbf{A}^{\mathrm{G}} = \boldsymbol{\Psi}\boldsymbol{\Lambda}^{(-1/2)}\boldsymbol{\Phi}^{\mathrm{T}} = \sum_{r=1}^{R} \lambda^{-1/2}(r) \cdot \boldsymbol{\phi}_r \boldsymbol{\psi}_r^{\mathrm{T}} \tag{A.33}$$

例如,为了得到更加简洁或对噪声不敏感的近似,可以利用奇异值分解(SVD)使解可以选择或者忽略特定奇异值及相应的分量。

附录 B 符号和变量

本书的公式中都尽可能地采用唯一的符号。凡是重复使用的符号，在特定的语境中通常不会引起歧义。

多媒体信号通常是**多维的**(multi-dimensional)（比如，视频具有行方向、列方向以及时间方向）。表 B.1 在 4 个维度上分别列出了**变量**(variables)、**大小**(sizes)或**范围**(limits)，以及频谱的符号表示。表 B.2 列出了不同的信号类型及其在信号域和谱域中的表示形式，其中对于向量索引变量（**n**,**z**,**f** 等），表 B.1 中对应的索引变量需要根据维数加以补充。

表 B.1 信号域和谱域中不同维度上的索引变量和信号大小

	水平方向	垂直方向	深度(距离)方向	时域方向
世界坐标 **W**	W_1	W_2	W_3	$t^{*)}$
三维世界空间中的速度 **V**	V_1	V_2	V_3	—
三维世界空间中的大小	S_1	S_2	S_3	—
连续坐标 **t**	t_1	t_2	—	t_3
图像平面中的速度 **u**	u_1	u_2	—	—
离散坐标 **n**	n_1	n_2	—	n_3
采样间隔	T_1	T_2	—	T_3
亚采样间隔	m_1	m_2	—	m_3
有限离散信号的大小	N_1	N_2	—	N_3
亚采样信号或块的大小	M_1	M_2	—	M_3
频率	f_1	f_2	—	f_3
z 变换	z_1	z_2	—	z_3
离散频率	k_1	k_2	—	k_3
离散频谱系数的数量	U_1	U_2	—	U_3
滤波器系数的索引，滤波器阶数	$p_1,q_1;P_1,Q_1$	$p_2,q_2;P_2,Q_2$	—	$p_3,q_3;P_3,Q_3$
冲激响应的索引，坐标平移	k_1	k_2	—	k_3

* 通常还用于具有时域相关性的一维信号。

表 B.2 信号域和谱域中的信号类型

	信 号 域	谱 域
原始信号，连续的	$s(\mathbf{t})$	$S(\mathbf{f})$
原始信号，离散的	$s(\mathbf{n})$	$S_{(\delta)}(\mathbf{f}),S(\mathbf{z})$
信号估计值	$\hat{s}(\mathbf{n})$	$\hat{S}_{(\delta)}(\mathbf{f})$
信号重构值	$\tilde{s}(\mathbf{n})$	$\tilde{S}_{(\delta)}(\mathbf{f})$
二值信号	$b(\mathbf{n})$	—
噪声信号	$v(\mathbf{n})$	$V_a(\mathbf{f})$
滤波器输出	$g(\mathbf{n})$	$G_{(\delta)}(\mathbf{f}),G(\mathbf{z})$
预测残差	$e(\mathbf{n}),r(\mathbf{n})$	$E_{(\delta)}(\mathbf{f}),R_{(\delta)}(\mathbf{f})$
窗口函数	$w(\mathbf{n})$	$W(\mathbf{f})$

	信 号 域	谱 域
量化误差信号	$q(\mathbf{n})$	$Q_{(\delta)}(\mathbf{f})$
干扰信号	$k(\mathbf{n})$	$K_{(\delta)}(\mathbf{f})$
滤波器系数(非递归的，递归的)	$a(\mathbf{p})$, $b(\mathbf{p})$	$A(\mathbf{z})$, $B(\mathbf{z})$
滤波器冲激响应	$h(\mathbf{n})$	$H_{(\delta)}(\mathbf{f})$, $H(\mathbf{z})$
变换系数	$c_k(\mathbf{m})$	$C_k(\mathbf{z})$

$\phi_{ss}, \phi_{gg}, \cdots$	$s, g, \cdots$ 的功率谱
$\varphi_{ss}, \varphi_{gg}, \cdots$	$s, g, \cdots$ 的自相关函数
ϕ_{sg}, φ_{sg}	互功率谱，互相关
μ_{ss}, μ_{sg}	自协方差，互协方差
ρ_{ss}, ρ_{sg}	相关系数(归一化的)
$\delta(\cdot)$	狄拉克脉冲，单位脉冲(Delta 函数)
$\varepsilon(\cdot)$	单位阶跃函数
$\gamma(\cdot)$	几何变换映射
λ_k	特征值
$\boldsymbol{\phi}_k$	特征向量
$\mathbf{t}_k$	基向量
$\mathbf{T}$	变换矩阵
$\mathbf{H}$, $\mathbf{G}$	滤波矩阵
$\mathbf{I}$	单位矩阵
Δ	量化步长，距离函数
$I(S_j)$	离散状态 S_j 的自信息
$p_s(x)$	过程 s 中，随机变量 x 的概率密度函数
$P_s(x)$	累积分布函数
$\Pr(S_j), \Pr(j)$	(离散状态 S_j 的)概率
$f(\cdot)$	幅度映射函数
$p_{sg}(x, y)$	过程 s 和过程 g 中，随机变量 x 和 y 的联合概率密度函数
$P_{sg}(x, y)$	联合累积概率
$\Pr(S_i, S_j)$	(离散状态 S_i 和 S_j 的)联合概率
$p_{s|g}(x|y)$	以过程 g 为条件的过程 s 下的条件概率密度函数
$p_{\mathbf{s}}(\mathbf{x})$	向量过程 $\mathbf{s}$ 中，随机向量 $\mathbf{x}$ 的向量概率密度函数
σ_s^2, σ_g^2	$s, g, \cdots$ 的方差
m_s, m_g	$s, g, \cdots$ 的均值
Q_s, Q_g	$s, g, \cdots$ 的二次均值(能量，功率)
$m_s^{(P)}, c_g^{(P)}$	P 阶距，中心矩

$\mathcal{E}(\cdot)$	期望值
$L(\cdot)$	系统的传递函数
$\mathrm{Im}(\cdot)$	函数虚部
$\mathrm{Re}(\cdot)$	函数实部
$H(S)$	集合 S 的熵
$H(S_1, S_2)$	集合 S_1 和集合 S_2 的联合熵
$H(S_1 \mid S_2)$	集合 S_1 和集合 S_2 的条件熵
$I(S_1; S_2)$	集合 S_1 和集合 S_2 的互信息
$\mathrm{d}(\cdot, \cdot)$	差函数，距离函数，失真
i, j	码元符号索引
r	迭代次数
$A, A_{\mathrm{max/min}}$	幅值，最大幅值和最小幅值
B	比特数量
F	焦距
I, J	码字数量，码元符号或离散字符集中的字符
K	向量长度
L	约束长度
R	迭代次数
T	层级数量
$\mathbf{\Phi}_{ss}, \mathbf{\phi}_{ss}$	自相关矩阵，向量
$\mathbf{C}_{ss}, \mathbf{c}_{ss}$	自协方差矩阵，向量
$\mathbf{s}, \mathbf{g}, \cdots$	标量 $s, g, \cdots$ 的有序序列中的向量
$\mathbf{S}, \mathbf{G}, \cdots$	标量 $s, g, \cdots$ 的有序域中的矩阵
$\mathbf{A}, \mathbf{T}, \mathbf{F}$	在信号域和频域的坐标映射矩阵或采样矩阵
$\mathbf{R}, \mathbf{\tau}$	旋转矩阵，平移向量
HSV	色调，饱和度，纯度颜色成分
RGB	红，绿，蓝(三原色)
$\mathrm{YC_bC_r}$	亮度和色差分量
$\mathcal{A}, \mathcal{B}$	包含字母 $\mathcal{A}_i, \mathcal{B}_i$ 的离散字母表
$\mathcal{C}$	码，码书
$\mathcal{F}\{\}$	傅里叶变换
$\mathcal{Ct}$	上下文
$\mathcal{S}$	集，状态
$\mathcal{V}$	尺度空间
$\mathcal{W}$	小波空间
$\mathcal{R}^K$	K 维向量空间

ε	步长因子，较小的增量值
η	效率参数
κ	信号的维数
λ	波长，拉格朗日乘子
ϕ, θ	角度(比如，旋转角度)
τ	(连续的)周期，平移
$\varphi(\tau)$	尺度函数，插值函数
$\psi(\tau)$	小波函数
F_i	静态值的频率(比如，采样频率、调制频率)
T_i	静态值在信号域的单位(比如，时间或空间距离)
Θ	阈值，尺度因子
$\mathbf{\Lambda}$	特征值矩阵，区域的形状
$\mathbf{\Pi}$	搜索范围，滤波器模板的形状，投影轮廓
Φ, Ψ	优化线性变换的变换矩阵

附录 C　缩　略　语

1D，One Dimensional，一维

1080i，1080（lines）interlaced，1080（行）隔行扫描

1080p，1080（lines）progressive，1080（行）逐行扫描

2D，Two Dimensional，二维

3D，Three Dimensional，三维

4K，4000 samples per line（approx.），每行（约）4000 个样点

8K，8000 samples per line（approx.），每行（约）8000 个样点

720p，720（lines）progressive，720（行）逐行扫描

AAC，Advanced Audio Coding，先进音频编码

AC，Alternating Component/Arithmetic Coding，交流成分/算术编码

ACF，Auto Correlation Function，自相关函数

ADPCM，Adaptive DPCM，自适应差分脉冲编码调制（DPCM）

ALF，Adaptive Loop Filter，自适应环路滤波器

ALC，Audio Lossless Coding，无损音频编码

AMVP，Advanced Motion Vector Prediction，高级运动向量预测

ANN，Artificial Neural Network，人工神经网络

AR，Autoregressive（Model），自回归（模型）

ARQ，Automatic Repeat Request，自动重传请求

AVC，Advanced Video Coding，先进视频编码

BCC，Binaural Cue Coding，双耳线索编码

BCH，Bose-Chaudhury-Hocquengem（code），Bose-Chaudhury-Hocquengem 码（BCH 码）

BDPSNR，Bjφntegaard Delta PSNR，Bjφntegaard PSNR 增量

BSAC，Bit Slice Arithmetic Coding，位片算术编码

BT，Broadcast Technology（series of ITU-R standards），广播技术（ITU-R 系列标准）

CABAC，Context Adaptive Binary Arithmetic Coding，基于上下文的自适应二进制算术编码

CAC，Call Admission Control，呼叫接入控制

CAC，Context-dependent Arithmetic Coding，基于上下文的算术编码

CAR，Conditional AR，条件自回归

CAVLC，Context Adaptive VLC，基于上下文的自适应变长编码（VLC）

CB，Code Book/Coding Block，码书

CBP，Coded Block Pattern，编码块模式

CBF，Coded Block Flag，编码块标记

CBR，Constant Bit Rate，恒定码率

CCD，Charge Coupled Device，电荷耦合器件

CCF，Cross Correlation Function，互相关函数

CD，Compact Disc，压缩光盘

CDF，Cumulative Distribution Function，累积分布函数

CELP，Code Excited Linear Prediction，码激励线性预测

CG，Coding Gain，编码增益

CGI，Control Grid Interpolation，控制网格插值

CGS，Coarse Granularity Scalability，粗粒度可伸缩性

CIE，Commission International d'Eclairage，国际照明委员会

CIF，Common Intermediate Format，通用中间格式

CMOS，Complementary Metal Oxide Silicon，互补金属氧化物半导体

CPB，Coded Picture Buffer，编码图像缓冲区

CPC，Channel Prediction Coefficient，信道预测系数

CQE，Continuous Quality Evaluation，连续质量评价

CRA，Conditional Random Access，条件随机访问

CRC，Cyclic Redundancy Check，循环冗余检查

CRT，Cathode Ray Tube，阴极射线管

CTB，Coding Tree Block，树形编码块

CTU，Coding Tree Unit（in HEVC），（HEVC 中的）树形编码单元

CU，Coding Unit（in HEVC），（HEVC 中的）编码单元

DAB，Digital Audio Broadcast，数字音频广播

DASH，Dynamic Adaptive Streaming over HTTP，基于 HTTP 的动态自适应流技术

DC，Direct（flat）Component，直流分量

DCP，Disparity Compensated Prediction，视差补偿预测

DCT，Discrete Cosine Transform，离散余弦变换

DEC，Decoder，解码器

DFT，Discrete Fourier Transform，离散傅里叶变换

DM，Delta Modulation/Direct Mode，增量调制/Direct 模式

DMVD，Decoder-side Motion Vector Derivation，解码端运动向量推导技术

DPB，Decoded Picture Buffer，解码图像缓冲区

DPCM，Differential PCM，差分脉冲编码调制（PCM）

DRF，Distortion Rate Function，失真率函数

DSC，Distributed Source Coding，分布式信源编码

DSCQS，Double Stimulus Constant Quality Scale，双刺激连续质量评价法

DSIS，Double Stimulus Impairment Scale，双刺激损伤评价法

DSL，Digital Subscriber Loop，数字用户环路

DST，Discrete Sine Transform，离散正弦变换

DTS，Decoding Time Stamp，解码时间戳

DV，Disparity Vector，视差向量

DVB，Digital Video Broadcast，数字视频广播

DVD，Digital Versatile Disc，数字通用光盘

DWT，Discrete Wavelet Transform，离散小波变换

EBCOT，Embedded Block Coding with Optimum Truncation，最优截断嵌入式块编码

EC，Entropy Coding，熵编码

ECQ，Entropy Constrained Quantization，熵约束量化

EDGE，Enhanced Data rates for Global Evolution，增强型数据传输的全球演进技术

EGC，Exponential Golomb (code)，指数哥伦布(码)

ENC，Encoder，编码器

EOB，End of Block，块结束符

EPG，Electronic Program Guide，电子节目指南

ES，Elementary Stream，基本码流

ETSI，European Telecommunication Standardization Institute，欧洲电信标准化协会

EZBC，Embedded Zero-tree Block Coding，嵌入式零树块编码

EZW，Embedded Zero-tree Wavelet Coding，嵌入式零树小波编码

FEC，Forward Error Correction，前向纠错

FFT，Fast Fourier Transform，快速傅里叶变换

FGS，Fine Granularity Scalability，精细粒度可伸缩性

FIR，Finite Impulse Response (filter)，有限冲激响应(滤波器)

FLC，Fixed Length Coding，定长编码

FM，Frequency Modulation，频率调制

FSVQ，Finite State VQ，有限状态向量量化(VQ)

GGD，Generalized Gaussian Distribution，广义高斯分布

GLA，Generalized Lloyd Algorithm，广义劳埃德算法

GMC，Global MC，全局运动补偿

GMRF，Gauss Markov Random Field，高斯马尔可夫随机场

GOB，Group of Blocks，块组

GPRS，General Packet Radio Service，通用分组无线业务

GOP，Group of Pictures，图像组

GR，Golomb Rice (code)，哥伦布莱斯(码)

GSVQ，Gain Shape VQ，增益波形向量量化(VQ)

HDR，High Dynamic Range，高动态范围

HD(TV)，High Definition (TV)，高清晰度(电视)

HEVC，High Efficiency Video Coding，高效视频编码

HRD，Hypothetical Reference Decoder，假想参考解码器

HT，Haar Transform，哈尔变换

HTTP，Hyper Text Transfer Protocol，超文本传送协议

HVS，Human Visual System，人类视觉系统

IBC，Intra Block Copy，帧内块复制

IBMFF，ISO Base Media File Format，ISO 基媒体文件格式

IC，Illumination Compensation，光照补偿

ICC，Inter Channel Correlation，声道间相关性

ICLD，Inter Channel Level Difference，声道间声级差

ICTD，Inter Channel Time Difference，声道间时间差

IDCT，Inverse DCT，离散余弦逆变换（DCT）

IDFT，Inverse DFT，傅里叶逆变换（DFT）

IDR，Instantaneous Decoder Refresh，即时解码刷新

IDWT，Inverse DWT，离散小波逆变换（DWT）

IID，Independent Identically Distributed，独立同分布

IIR，Infinite Impulse Response（filter），无限冲激响应（滤波器）

IMC，Inverse MC，逆运动补偿（MC）

IP，Internet Protocol，互联网协议

ISO/IEC，International Standardization Organisation /International Electrotechnical Commission，国际标准
化组织/国际电工委员会

ITU-R，International Telecommunication Union-Radiocommunication Sector，国际电信联盟－无线电通信
部门

ITU-T International Telecommunication Union-Telecommunication Sector，国际电信联盟－电信标准部门

JCT-VC，Joint Collaborative Team on Video Coding，视频编码联合协作组

JCT-3V，Joint Collaborative Team on 3D Video Extensions Development，3D 视频扩展开发联合协作组

JVT，Joint Video Team，联合视频工作组

KLT，Karhunen Loève Transform，Karhunen Loève 变换

LCD，Liquid Crystal Display，液晶显示器

LDPC，Low Density Parity Check（code），低密度奇偶校验（码）

LLS，Lossy to Lossless，有损到无损

LMS，Least Mean Square，最小均方

LOT，Lapped Orthogonal Transform，重叠正交变换

LPB，Less Probable Bin，小概率二进制符号

LPC，Linear Predictive Coding，线性预测编码

LS，Lossless，无损

LSB，Least Significant Bit，最低重要性位

LSI，Linear Shift Invariant（system），线性移不变（系统）

LSP，Line Spectrum Pair，线谱对

LTE，Long Term Evolution（of UMTS, a.k.a. 4G），（通用移动通信系统，又称 4G）长期演进技术

LTI，Linear Time Invariant（system），线性时不变（系统）

LVQ，Lattice Vector Quantization，网格向量量化

LZ（W），Lempel-Ziv（-Welsh）coding，Lempel-Ziv（-Welsh）编码

MA，Moving Average，滑动平均

MAD，Minimum Absolute Difference，最小绝对差

MB，Macro Block，宏块

MBAFF，MB Adaptive Frame/Field（coding），宏块级帧/场自适应（编码）

MC，Motion Compensation，运动补偿

MCP，MC Prediction，运动补偿（MC）预测

MCTF，MC Temporal Filtering，运动补偿（MC）时域滤波

MDC，Multiple Description Coding，多描述编码

MDCT，Modified DCT，修正离散余弦变换

MDDT，Mode Dependent Directional Transform，基于模式的方向变换

ME，Motion Estimation，运动估计

MELP，Mixed Excitation Linear Prediction，混合激励线性预测

MGS，Medium Granularity Scalability，中等粒度可伸缩性

MIDI，Musical Instruments Digital Interface，乐器数字接口

MIMO，Multiple Input Multiple Output（transmission），多输入多输出（传输）

MMCO，Memory Management Control Operation，内存管理控制操作

MOS，Mean Opinion Score，平均意见得分

MPB，More Probable Bin，大概率二进制符号

MPE，Multi Pulse Excitation，多脉冲激励

MPEG，Moving Picture Experts Group，运动图像专家组

MRF，Markov Random Field，马尔可夫随机场

M/S，Mid/Side coding，中间/两侧编码

MSB，Most Significant Bit，最高重要性位

MSE，Mean Square Error，均方误差

MV，Motion Vector，运动向量

MVC，Multi-view Video Coding，多视图视频编码

NAL，Network Abstraction Layer，网络抽象层

NTSC，National Television Standards Committee，美国国家电视标准委员会

OFDM，Orthogonal Frequency Division Multiplex，正交频分复用

ORDF，Operational Rate Distortion Function，运算率失真函数

OBMC，Overlapping Block MC，重叠块运动补偿（MC）

ODWT，Over-complete DWT，过完备离散小波变换（DWT）

PAFF，Picture Adaptive Frame/Field（coding），图像级帧/场自适应（编码）

PAL，Phase Alternating Line（analog TV format），逐行倒相（模拟电视制式）

PARCOR，Partial Correlation（coefficients），偏相关（系数）

PB，Prediction Block，预测块

PCM，Pulse Code Modulation，脉冲编码调制

PDF，Probability Density Function，概率密度函数

PDS，Power Density Spectrum，功率谱密度

PEAQ，Perceptual Audio Quality，感知音频质量

PES，Packetized Elementary Stream，基本码流包

PESQ，Perceptual Speech Quality，感知语音质量

PMF，Probability Mass Function，概率质量函数

PNS，Perceptual Noise Substitution，感知噪声替换

POC，Picture Order Count，图像序列号

PRF，Perfect Reconstruction Filter，完全重构滤波器

PSC，Parametric Stereo Coding，参数立体声编码

PSF，Point Spread Function，点扩展函数

PSK，Phase Shift Keying，相移键控

PSNR，Peak Signal to Noise Ratio，峰值信噪比

PTS，Presentation Time Stamp，显示时间戳

PU，Prediction Unit (in HEVC)，(HEVC 中的) 预测单元

Q，Quantizer，量化器

QAM，Quadrature Amplitude Modulation，正交幅度调制

QCIF，Quarter CIF，四分之一通用中间格式 (CIF)

QMF，Quadrature Mirror Filter，正交镜像滤波器

QoS，Quality of Service，服务质量

QPSK，Quadrature PSK，四相移相键控 (PSK)

QT，Quad-Ttree，四叉树

QVGA，Quarter VGA，四分之一视频图形阵列 (VGA)

RAC，Relative Address Coding，相对地址编码

RAP，Random Access Picture，随机访问图像

RC，Rate Control，码率控制

RDF，Rate Distortion Function，率失真函数

RDO，Rate Distortion Optimization，率失真优化

RDOQ，RD Optimized Quantization，率失真优化量化

READ，Relative Element Address Designate，相对元素地址指定编码

RFC，Request for Comments，请求注解

RLC，Run Length Coding，游程编码

RPE，Regular Pulse Excitation，规则脉冲激励

RPL，Reference Picture List，参考图像列表

RPM，Reference Picture Memory，参考图像存储器

RQT，Residual Quad-Tree (in HEVC)，(HEVC 中的) 残差四叉树

RS，Reed-Solomon (code)，理德-所罗门 (码)/RS 码

RSVP，Reservation Protocol，预留协议

RTC，Real Time Communication，实时通信

RTCP，Real Time Control Protocol，实时控制协议

RTP，Real Time Transfer Protocol，实时传输协议

RVLC，Reversible VLC，可逆变长编码 (VLC)

SAC，Scalable Audio Coding，可伸缩音频编码

SAD，Sum of Absolute Differences，绝对差值之和

SAO，Sample Adaptive Offset，样点自适应补偿

SAOC，Spatial Audio Object Coding，空间音频对象编码

SAOL，Structured Audio Orchestra Language，结构化音频乐队语言

SATD，Sum of Absolute Transform Domain Differences，变换域绝对差值之和

SBC，Subband Coding，子带编码

SBR，Spectral Band Replication，谱带复制

SC，Stimulus Comparison，刺激比较

SD(TV)，Standard Definition TV，标准清晰度电视(TV)

SECAM，Séquentiel Couleur À Mémoire(analog TV format)，顺序传送与存储彩色电视系统(模拟电视制式)

SEI，Supplemental Enhancement Information，辅助增强信息

SFM，Spectral Flatness Measure，频谱平坦度

SMPTE，Society of Motion Picture and Television Engineers，电影与电视工程师协会

SNR，Signal to Noise Ratio，信噪比

SNRSEG，Segmental SNR，分段信噪比

SPIHT，Set Partitioning in Hierarchical Trees，多级树集合分裂算法

SQ，Scalar Quantization，标量量化

SS，Single Stimulus，单刺激

SSIM，Structure Similarity Measure，结构相似性度量

SSR，Scalable Sample Rate，可变采样率

STFT，Short Time Fourier Transform，短时傅里叶变换

SVC，Scalable Video Coding，可伸缩视频编码

SVD，Singular Value Decomposition，奇异值分解

TB，Transform Block，变换块

TC，Transform Coding，变换编码

TCP，Transport Control Protocol，传输控制协议

TCQ，Trellis Coded Quantization，网格编码量化

TDAC，Time Domain Aliasing Cancellation，时域混叠消除

TES，Temporal Envelope Shaping，时域包络整形

TMVP，Temporal Motion Vector Prediction，时域运动向量预测

TNS，Temporal Noise Shaping，时域噪声整形

TS，Transport Stream，传输流

TU，Transform Unit (in HEVC)，(HEVC 中的)变换单元

TV，Television，电视

UDP，Unified Datagram Protocol，统一数据报协议

UEP，Unequal Error Protection，不等差错保护

UHD(TV)，Ultra High Definition (TV)，超高清(电视)

UMTS，Universal Mobile Telecommunication System，通用移动通信系统

UVLC，Universal VLC，通用变长编码

VBR，Variable Bit Rate，可变码率

VBST，Variable Block Size Transform，可变块尺寸变换

VCEG，Video Coding Experts Group，视频编码专家组

VCL，Video Coding Layer，视频编码层

VGA，Video Graphics Array，视频图形阵列

VLC，Variable Length Coding，变长编码

VQ，Vector Quantization，向量量化

VQM，Video Quality Measure，视频质量评价

VSELP，Vector Sum Excited Linear Prediction，向量和激励线性预测

VSP，View Synthesis Prediction，视图合成预测

VUI，Video Usability Information，视频可用性信息

WHT，Walsh Hadamard Transform，沃尔什哈达玛变换

WLAN，Wireless LAN，无线局域网

WP，Weighted Prediction，加权预测

WSNR，Weighted SNR，加权信噪比

WT，Wavelet Transform，小波变换

WVGA，Widescreen VGA，宽屏视频图形阵列

附录 D 参 考 文 献

Ahmed, N., **Natarjan, T.**, **Rao, K. R.**: Discrete cosine transform. *IEEE Trans. Comp.* 23 (1974), pp. 90-93

Alexander, S. T., **Rajala, S. A.**: Image compression results using the LMS adaptive algorithm. *IEEE Trans. Acoust., Speech, Signal Process.* 33 (1985), pp. 712-714

Anderson, J. B., **Mohan, S.**: Sequential coding algorithms : A survey and cost analysis. *IEEE Trans. Commun.* 32 (1984), pp. 169-176

Anderson, J. B., **Mohan, S.**: Source and Channel Coding. Dordrecht: Kluwer 1991

Antonini, M., **Barlaud, M.**, **Mathieu, P.**, **Daubechies, I.**: Image coding using wavelet transform. *IEEE Trans. Image Process.* 1 (1992), pp. 205-220

Apostolopoulos, J.: Error-resilient video compression through the use of multiple states. *Proc. IEEE ICIP* (2000), pp. 2585-2588

Aravind, R., **Gersho, A.**: Low rate image coding with finite-state vector quantization. *Proc. IEEE ICASSP* (1986), pp. 4.3.1-4.3.4

Van der Auwera, G., **Munteanu, A.**, **Schelkens, P.**, **Cornelis, J.**: Bottom-up motion compensated prediction in the wavelet domain for spatially scalable video coding. *IEE Electron. Lett.* 38 (2002), pp. 1251-1253

Ayanoglu, E., **Gray, R. M.**: The design of predictive trellis waveform coders using the generalized Lloyd algorithm. *IEEE Trans. Commun.* 34 (1986), pp. 1073-1080

Ballard, D. H., **Brown, C. M.**: Computer Vision. Englewood Cliffs: Prentice Hall, 1985

Ballé, J.: Image Compression by Microtexture Synthesis. *Aachen Series on Multimedia and Communications Engineering* no. 11, Aachen: Shaker, 2012

Ballé, J., **Stojanovic, A.**, **Ohm, J.-R.**: Models for static and dynamic texture synthesis in image and video compression. *IEEE J. Sel. Top. Sig. Proc.* 5 (2011), pp. 1353-1365

Barnsley, M.: Fractals everywhere. San Diego: Academic Press 1988

Baumgarte, F., **Faller, C.**: Binaural cue coding - Part I: Psychoacoustic fundamentals and design principles. *IEEE Trans. Speech Audio Proc.* 11 (2003), pp. 509-519

Beermann, M., **Wien, M.**, **Ohm, J.-R.**: Look-ahead coding considering rate/distortion optimization. *Proc. IEEE ICIP* (2002), vol. I, pp. 93-95

Bellifemine, F., **Capellino, A.**, **Chimienti, A.**, **Picco, R.**, **Ponti, R.**: Statistical analysis of the 2D-DCT coefficients of the differential signal for images. *Signal Process. : Image Commun.* 4 (1992), pp. 477-488

Benzler, U.: Spatial scalable video coding using a combined subband-DCT approach. *IEEE Trans. Circ. Syst. Video Tech.* 10 (2000), pp. 1080-1087

Berger, T.: Rate Distortion Theory. Englewood Cliffs: Prentice-Hall 1971

Besag, J.: On the statistical analysis of dirty pictures. *J. Roy. Stat. Soc. B* 48 (1986), pp. 259-302

Bhaskaran, V.: Predictive VQ schemes for grayscale image compression. *Proc. IEEE GLOBECOM* (1987), pp. 436-441

Bjøntegaard, G.: Calculation of Average PSNR Differences between RD curves. *ITU-T SG16/Q6, 13th VCEG Meeting*, Austin, Texas, USA, April 2001, Doc. VCEG-M33（available from http://wftp3.itu.int/av-arch/video-site/0104_Aus/）

Bjøntegaard，G.: Improvements of the BD-PSNR model. *ITU-T SG16/Q6, 35th VCEG Meeting*, Berlin, Germany, 16th - 18th July, 2008, Doc.VCEG-AI11（available from http://wftp3.itu.int/av-arch/video-site/0807_Ber/）

Blahut, R. E.: Computation of channel capacity and rate-distortion functions. *IEEE Trans. Inf. Theor.* 18（1972）, pp, 460-473

Blahut, R. E.: Principles and Practice of Information Theory. Reading: Addison-Wesley 1987

Boone, M.M. , Verheijen, E.N.G.: Multi-channel sound reproduction based on wave field synthesis, *Proc. 95th AES Conv.*, New York 1993, preprint 3719

Bose, N. K.: Applied Multidimensional Systems Theory. New York: Van Nostrand Reinhold, 1983

Bose, R. C. , Ray-Chaudhuri, D. K.: On A Class of Error Correcting Binary Group Codes. *Information and Control* 3（1960）, pp. 68-79

Bossert, M.: Channel Coding for Telecommunications. New York: Wiley, 1999

Bostelmann, G.: A simple high quality DPCM-codec for video telephony using 8 Mbit/s. *Nachrichtentechnische Zeitschrift* 28（1974）, Heft 3

Bosveld, F. , Lagendijk, R. L. , Biemond, J.: Compatible spatio-temporal subband encoding of HDTV. *Signal Process.* 28（1992）, pp. 271-289

Breebaart, J. , Engdegård, J. , Falch, C. , Hellmuth, O. , Hilpert, J. , Hoelzer, A. , Koppens, J. , Oomen, W. , Resch, B. , Schuijers, E. , Terentiev, L.: Spatial Audio Object Coding（SAOC）- The **Upcoming** MPEG Standard on Parametric Object Based Audio Coding. *Proc. 124th AES Conv.*, Amsterdam 2008, preprint 7377

Britanak, V. , Yip, P. C. , Rao, K. R.: Discrete Cosine and Sine Transforms: General Properties, Fast Algorithms and Integer Approximations. New York: Academic Press, 2010

Brünig, M. , Niehsen, W.: Fast full-search block matching. *IEEE Trans. Circ. Syst. Video Tech.* 11（2001）, p. 241-247

Brusewitz, H.: Motion compensation with triangles, *Proc. 3rd Intern. Conf. on 64 kbit Coding of moving Video*, Rotterdam, Netherlands, Sept. 1990.

Budagavi, M. , Fuldseth, A. , Bjøntegaard, G. , Sze, V. , Sadafale, M.: Core transform design in the High Efficiency Video Coding（HEVC）standard. *IEEE J. Sel. Top. Sig. Proc.* 7（2013）, pp. 1029-1041

Burt, P. J. , Adelson, E. H.: The Laplacian pyramid as a compact image code. *IEEE Trans. Commun.* 31（1983）, pp. 532-540

Cao, X. , Lai, C. , Wang, Y. , Liu, L. , Zheng, J. , He, Y.: Short Distance Intra Coding Scheme for High Efficiency Video Coding. *IEEE Trans. Image Proc.* 22（2013）, pp. 790-801

Chai, B. B. , Vass, J. , Zhuang, X.: Statistically adaptive wavelet image coding. In *Visual Information Representation, Communication, and Image Processing*, pp. 73-95, Marcel Dekker, 1999

Chan, M.-H. , Yu, Y.-B.: Variable size block matching motion compensation and application to video coding. *Proc. IEE* 137（1990）, pp. 202-212

Chelappa, R. , Kashyap, R.L.: Texture synthesis using 2-D noncausal autoregressive models. *IEEE Trans. Acoust., Speech, Signal Process.* 33（1985）, pp. 194-203

Chellappa, R. , Jain, A. (eds.): *Markov Random Fields: Theory and Applications*. Academic Press, 1996

Chen, W.-H. , Pratt, W. K.: Scene adaptive coder. *IEEE Trans. Commun.* 32 (1984), pp. 225-232, extended version of a contribution to *IEEE ICC* (1981), Philadelphia, PA, June 1981

Chen, W.-H. , Smith, C. H.: Adaptive coding of monochrome and color images. *IEEE Trans. Commun.* 25 (1977), pp. 1285-1292

Chen, W.-H. , Smith, C. H. , Fralick, S.: A fast computational algorithm for the discrete cosine transform. *IEEE Trans. Commun.* 25 (1977), pp. 1004-1009

Tsai, C.-Y. , Chen, C.-Y. , Yamakage, T. , Chong, I. S. , Huang, Y.-W. , Fu, C.-M. , Itoh, T. , Watanabe, T. , Chujoh, T. , Karczewicz, M. , Lei, S.-M.: Adaptive loop filtering for video coding, *IEEE J. Sel. Top. Sig. Proc.* 7 (2013), pp. 934-945

Chen, Y. , Hannuksela, M. M. , Suzuki, T. , Hattori, S.: Overview of the MVC+D 3D video coding standard. *J. Vis. Commun. Image Represent.* 25 (2014), pp. 679-688

Choi, S.-J. , Woods, J. W.: Motion-compensated 3-D subband coding of video. *IEEE Trans. Image Process.* 8 (1999), pp. 155-167

Chou, P. A. , Lookabaugh, T. , Gray, R. M. (1989A): Entropy-constrained vector quantization. *IEEE Trans. Acoust., Speech, Signal Process.* 37 (1989), pp. 31-42

Chou, P. A. , Lookabaugh, T. , Gray, R. M. (1989B): Optimal pruning with applications to tree-structured source coding and modeling. *IEEE Trans. Inf. Theor.* 35 (1989), pp. 299-315

Chou, P. A. , Miao, Z.: Rate-distortion optimized streaming of packetized media. *Microsoft Research Tech. Rep.* MSR-TR-2001-35, February 2001

Chuang, G. C.-H. , Kuo, C.-C. J.: Wavelet descriptor of planar curves: Theory and applications. *IEEE Trans. Image Proc.* 5 (1996), pp. 56-70

Commission Internationale d'Éclairage (CIE): *Commission internationale de l'Eclairage proceedings,* 1931; also included in ISO 11664-1:2007

Clarke, R. J.: Transform Coding of Images. London: Academic Press 1985

Claypoole, R. L. , Davis, G. , Sweldens, W. , Baraniuk, R. G.: Nonlinear Wavelet Transforms for Image Coding, *Asilomar Conf. Sig., Syst., Comp.*, pp. 662-667, Nov. 1997

Conway, J. H. , Sloane, N. J. A.: Sphere Packings, Lattices and Groups. New York: Springer 1988

Côté, G. , Erol, B. , Gallant, M. , Kossentini, F.: H.263+: Video Coding at Low Bit Rates. *IEEE Trans. Circ. Syst. Video Tech.* 8 (1998) pp. 849-866

Cover, T. M. , Thomas, J. A.: Elements of Information Theory. New York: Wiley 1991

Crochiere, R. E. , Rabiner, L. R.: Multirate Digital Signal Processing. Englewood Cliffs: Prentice-Hall 1983

Cuperman, V. , Gersho, A.: Vector predictive coding of speech at 16 kbits/s. *IEEE Trans. Commun.* 33 (1985), pp. 685-696

Daubechies, I.: Orthonormal basis of compactly supported wavelets. *Comm. Pure Applied Math.* 41 (1988), pp. 909-996

Daubechies, I.: The wavelet transform, time-frequency localization and signal analysis. *IEEE Trans. Inf. Theor.* 36 (1990), pp. 961-1005

Daubechies, I. , Sweldens, W.: Factoring wavelet transforms into lifting steps. *J. Fourier Anal. Appl.* 4 (1998), pp. 247-269

Doretto, G. , Chiuso, A. , Wu, Y. N. , Soatto, S.: Dynamic textures. *Intl. J. Comp. Vision* 51 (2003), pp. 91-109

Dietz, M. , Liljeryd, L. , Kjörling, K. , Kunz, O.: Spectral band replication, a novel approach in audio coding. *Proc. 112th AES Conv.*, Munich, 2002, preprint 5553

Dudgeon, D. E. , Mersereau, R. M.: Multidimensional Digital Signal Processing. Englewood Cliffs: Prentice-Hall 1984

Dufaux, F. , Ebrahimi, T. , Sullivan, G. J.: The JPEG XR Image Coding Standard. *IEEE Sig. Proc. Mag.* 26 (2009), pp. 195-199,204

Dunham, M. O. , Gray, R. M.: An algorithm for the design of labeled-transition finite state vector quantizers. *IEEE Trans. Commun.* 33 (1985), pp. 83-89

Elias, P.: Universal codeword sets and representations of the integers, *IEEE Trans. Inf. Theor.* 21 (1975), pp. 194-203

Faller, C. , Baumgarte, F.: Binaural cue coding - Part II: Schemes and Applications. *IEEE Trans. Speech Audio Proc.* 11 (2003), pp. 509-531

Fellgett. P.: Ambisonics. Part One: General system description. Studio Sound, August 1975, pp. 20-40

Fischer, T. R.: A pyramid vector quantizer. *IEEE Trans. Inf. Theor.* 32 (1986), pp. 568-583

Fischer, T. R. , Wang, M.: Entropy-constrained trellis-coded quantization. *IEEE Trans. Inf. Theor.* 38 (1992), pp. 415-426

Flierl, M. , Girod, B.: Investigation of motion-compensated lifting wavelet transform. *Proc. Picture Coding Symposium* (2003), pp. 59-62, Saint-Malo, April 2003 (A)

Flierl, M. , Girod, B.: Generalized B pictures and the draft H.264/AVC video-compression standard. *IEEE Trans. Circ. Syst. Video Tech.* 13 (2003), pp. 587- 597 (B)

Forney, G. D., jr.: The Viterbi algorithm. *Proc. IEEE* 61 (1973), pp. 268-278

Foster, J. , Gray, R. M. , Dunham, M. O.: Finite-state vector quantization for waveform coding. *IEEE Trans. Inf. Theor.* 31 (1985), pp. 348-359

Freeman, H.: Boundary encoding and processing. *Picture Processing and Psychopictorics*, B. S. Lipkin and A. Rosenfeld (eds.), New York: Academic Press 1970

Fu, C.-M. , Alshina, E. , Alshin, A. , Huang, Y.-W. , Chen, C.-Y. , Tsai, C.-Y. , Hsu, C.-W. , Lei, S.-M. , Park, J.-H. , Han, W.-J.: Sample Adaptive Offset in the HEVC Standard. IEEE Trans. *Circ. Syst. Video Tech.* 22 (2012), pp.1755-1764

Gabor, D.: Theory of communication. *J. Inst. Elect. Eng.* 93 (1946), pp. 429-457

Geng, J.: Three-dimensional display technologies, *Advances in Optics and Photonics* 5 (2013), pp. 456-535

Gersho, A. , Gray, R. M.: Vector Quantization and Signal Compression. Dordrecht: Kluwer 1992

Gerzon, M.A.: Design of ambisonic decoders for multi speaker surround sound. *Proc. 58th AES Convention*, New York 1977

Gharavi, H. , Tabatabai, A.: Subband coding of monochrome and color images. *IEEE Trans. Circ. Syst.* 35 (1988), pp. 207-214

Gilge, M. , Engelhardt, T. , Mehlan, R.: Coding of arbitrarily shaped image segments based on a generalized orthogonal transform. *Signal Process. : Image Commun.* 1 (1989), pp. 153-180

Gimlett, J. I.: Use of 'activity' classes in adaptive transform image coding. *IEEE Trans. Commun.* 23 (1975), pp. 785-786

Girod, B.: The efficiency of motion-compensating prediction for hybrid coding of video sequences. *IEEE J. Sel. Areas Commun.* 5 (1987), pp. 1140-1154

Girod, B.: Psychovisual aspects of image communication. *Signal Process.* 28 (1992), pp. 239-251

Girod, B.: Motion compensation: Visual aspects, accuracy and fundamental limits. *Motion Analysis and Image Sequence Processing*, M. I. Sezan and R. L. Lagendijk (eds.), Dordrecht: Kluwer 1993

Girod, B.: Rate-constrained motion estimation. *Proc. Visual Commun. Image Process.* (1994), SPIE vol. 2308

Girod, B.: Bidirectionally decodable streams of prefix code-words. *IEEE Comm. Lett.* 3 (1999), pp. 245-247

Girod, B. , Aaron, A. M. , Rane, S. , Rebollo-Monedero, D.: Distributed video coding. *Proc. IEEE* 93 (2005), pp. 71-83

Girod, B. , Färber, N. , Horn, U.: Scalable codec architectures for Internet video-ondemand. *Proc. 1997 Asilomar Conf. Signals and Syst.*, Pacific Grove, 1997

Goyal, V.K. , Kovacevic, J. , Arean, R. , Vetterli, M.: Multiple description transform coding of images. Proc. IEEE ICIP (1998), vol. 1, pp 674-678

Gray, R. M.: Sliding block source coding. *IEEE Trans. Inf. Theor.* 21 (1975), pp. 357-368

Gray, R. M.: Vector quantization. *IEEE ASSP Mag.* 1 (1984), no. 2, pp. 4-29

Gray, R. M.: Source Coding Theory. Dordrecht: Kluwer 1990

de Haan, G. , Biezen, P. W. A. C. , Huijgen, H. , Ojo, O. A.: True-motion estimation with 3-D recursive search block matching. *IEEE Trans. Circ. Syst. Video Tech.* 3 (1993), pp. 368-379

Habibi, A.: Hybrid coding of pictorial data, *IEEE Trans. Comm.* 22 (1974), pp. 614-626

Hagenauer, J.: Rate-compatible punctured convolutional codes (RCPC codes) and their applications. *IEEE Trans. Commun.* 36 (1988), pp. 389-400

Hampel, H. , Arps, R. , Chamzas, D. D. , Dellert, D. , Duttweiler, D. L. , Endoh, T. , Equitz, W. , Ono, F. , Pasco, R. , Sebestyen, I. , Starkey, C. J. , Ulban, S. J. , Yamazaki, Y. , Yoshida, T.: Technical features of the JBIG standard for progressive bi-level image compression. *Signal Process.: Image Commun.* 4 (1992), pp. 103-111

Hanke, K. , Rusert, T. , Ohm, J.-R.: Motion-compensated 3D video coding using smooth transitions. Proc. SPIE VCIP (2003), vol. 5022, pp. 933-940

Hannuksela, M. M. , Rusanovskyy, D. , Su, W. , Chen, L. , Li, R. , Aflaki, P. , Lan, D. , Joachimiak, M. , Li, H. , Gabbouj, M.: Multiview-video-plus-depth coding based on the Advanced Video Coding standard. *IEEE Trans. Image Proc.* 22 (2013), pp. 3449-3458

Hanzo, L. J. , Somerville, C. , Woodard, J.: Voice and Audio Compression for Wireless Communications. New York: Wiley, 2007

Heising, G. , Marpe, D. , Cycon, H. L. , Petukhov, A. P.: Wavelet-based very low bitrate video coding using image warping and overlapped block motion compensation, *IEE Proceedings - Vision, Image and Signal Processing* 148 (2001), no. 2, pp. 93-101

Heising, G.: Efficient and robust motion estimation in grid-based hybrid video coding schemes. *Proc. IEEE ICIP* (2002), Vol. I, pp. 697-700

Herre, J.: Temporal noise shaping, quantization and coding methods in perceptual audio coding: A tutorial introduction. *Proc. AES 17th Intl. Conf. High Quality Audio Coding*, Florence, Sept. 1999

Herre, J. , Purnhagen, H. , Breebaart, J. , Faller, C. , Disch, S. , Kjörling, K. , Schuijers, E. , Hilpert, J. , Myburg, F.: The reference model architecture for MPEG spatial audio coding. *Proc. 118th AES Conv.*, Barcelona 2005, preprint 6447

Hilbert, D.: Über die stetige Abbildung einer Line auf ein Flächenstück. *Mathematische Annalen* 38 (1891), pp. 459-460

Ho, Y.-S. , Gersho, A.: Variable-rate multi-stage vector quantization for image coding. *Proc. IEEE ICASSP* (1988), pp. 1156-1159

Hope, A.: Ambisonics - The theory and patents. *Studio Sound*, Oct 1979, pp. 36-44

Hocquenghem, A.: Codes correcteurs d'erreurs. *Chiffres* 2 (1959): pp. 147-156

Hötter, M.: Object-oriented analysis-synthesis coding based on moving two-dimensional objects. *Signal Process. : Image Commun.* 2 (1990), pp. 409-428

Hötter, M.: Optimization and efficiency of an object-oriented analysis-synthesis coder. *IEEE Trans. Circ. Syst. Video Tech.* 4 (1994), pp. 181-194

Hsiang, S.-T. , Woods, J. W.: Embedded image coding using zeroblocks of subband/wavelet coefficients and context modeling. *Proc. IEEE ISCAS* (2000), vol. 3, pp. 662-665

Huang, C.-L. , Hsu, C.-Y.: A new motion compensation method for image sequence coding using hierarchical grid interpolation. *IEEE Trans. Circ. Syst. Video Tech.* 4 (1994), pp. 42-51

Hubel, D. H. , Wiesel, T. N.: Receptive fields, binocular interaction and functional architecture in the cat's visual cortex. *J. Physiol. (London)* 160 (1962), pp. 106-154

Huffman, D. A.: A method for the construction of minimum redundancy codes. *Proc. IRE* 40 (1952), pp. 1098-1101

Itakura, F.: *Minimum* prediction residual principle applied to speech recognition. *IEEE Trans. Acoust., Speech, Signal Process.* 23 (1975), pp. 52-72

Itakura, F. , Saito, S.: On the optimum quantization of feature parameters in the PARCOR speech synthesizer. *Proc. 1992 Conf. Speech Commun.*, pp. 434-437

Itakura, F. , Sugamura, M.: LSP speech synthesizer, its principle and implementation. *Trans. Committee on Speech Res.*, ASJ, vol. S79-46, Nov. 1979

Izquierdo M. E. , Ohm, J.-R.: Image-based rendering and 3D modeling : A complete framework. *Signal Proc.: Image Commun.* 15 (2000), pp. 817-858

Jacquin, A. E.: Image coding based on a fractal theory of iterated contractive image transformations. *IEEE Trans. Image Process.* 1 (1992), pp. 18-30

Jähne, B.: Digital Image Processing. New York/Berlin: Springer 2005 (6th edition)

Jain, A. K.: A fast Karhunen-Loève transform for a class of random processes. *IEEE Trans. Commun.* 24 (1976), pp. 1023-1029

Jain, A. K.: Fundamentals of Digital Image Processing. Englewood Cliffs: Prentice-Hall 1989

Jayant, N. S. , Noll, P.: Digital Coding of Waveforms. Englewood Cliffs: Prentice-Hall 1984

Johnston, J. D.: A filter family designed for use in quadrature mirror filter banks. *Proc. IEEE ICASSP* (1980), pp. 291-294

Kamp, S. , Wien, M.: Decoder-Side Motion Vector Derivation for Block-Based Video Coding, *IEEE Trans. Circ. Syst. Video Tech.* 22 (2012), pp. 1732,1745

Kampmann, M.: Automatic 3-D face model adaptation for model-based coding of videophone sequences. *IEEE Trans. Circ. Syst. Video Tech.* 12 (2002), pp. 172-182

Kaneko, T. , Okudaira, M.: Encoding of arbitrary curves based on the chain code representation. *IEEE Trans. Commun.* 33 (1985), pp. 697-707

Karczewicz, M. , Kurceren, R.: The SP- and SI-frames design for H.264/AVC. *IEEE Trans. Circ. Syst. Video Tech.* 13 (2003), pp. 637-644

Karlsson, G. , Vetterli, M.: Subband coding of video signals for packet switched networks. *Proc. Visual Commun. Image Process.* (1987), SPIE vol. 845, pp. 446-456

Katto, J. , Ohki, J. , Nogaki, S. , Ohta, M.: A wavelet codec with overlapped motion compensation for very low bit-rate environment. *IEEE Trans. Circ. Syst. Video Tech.* 4 (1994), pp. 328-338

Kiang, S.-Z. , Baker, R. L. , Sullivan, G. J. , Chiu, C.-Y.: Recursive optimal pruning with applications to tree structured vector quantizers. *IEEE Trans. Image Process.* 1 (1992), pp. 162-169

Kim, B.-J. , Xiong, Z. , Pearlman, W. A.: Low bit-rate scalable video coding with 3D SPIHT. *IEEE Trans. Circ. Syst. Video Tech.* 10 (2000), pp. 1374-1387

Kim, T.: Side match and overlap match vector quantizers for images. *IEEE Trans. Image Process.* 1 (1992), pp. 170-185

Koga, T. , Iinuma, K. , Hirano, A. , Iijima, Y. , Ishiguro, T.:Motion compensated interframe coding for video conferencing. Proc. Nat. Telecomm. Conf. (1981), New York, pp. G.5.3.1-G.5.3.5

Kondo, S. Sasai, H. , Kadono, S.: Tree-structured hybrid intra prediction. *Proc. IEEE ICIP (2004)*, vol. 1, pp. 473-476

Kovacevic, J. , Vetterli, M.: Nonseparable perfect reconstruction filter banks and wavelet bases for $\mathcal{R}^n$. *IEEE Trans. Inf. Theor.* 38 (1992), pp. 533-555

Kronander, T.: Some aspects of perception based image coding. *PhD Thesis*, Linköping University, 1989

Krüger, H. , Geiser, B. , Vary, P. , Li, H. T. , Zhang, D.: Gosset Lattice Spherical Vector Quantization with Low Complexity. *Proc. IEEE ICASSP* (2011), pp. 485-488

Kunt, M. , Ikonomopoulos, A. , Kocher, M.: Second-generation image coding techniques. *Proc. IEEE* 73 (1985), pp. 549-574

Kwatra, V. , Schödl, A. , Essa, I. , Turk, G. , Bobick, A.: Graph-cut textures: Image and video synthesis using graph cuts. *Proc. Intl. Conf. Comp. Graph. and Interact. Techn.* (SIGGRAPH 2003), pp. 277-286

Kwatra, V. , Essa, I. , Bobick, A. , Kwatra, N.: Texture optimization for example-based synthesis. *Proc. Intl. Conf. Comp. Graph. and Interact. Techn.* (SIGGRAPH 2005), pp. 795-802

Lam, E. Y. , Goodman, J. W.: A mathematical analysis of the DCT coefficient distributions for images. *IEEE Trans. Image Proc.* 9 (2000), pp. 1661-1666

Le Gall, D.: The MPEG video compression algorithm. *Signal Process.: Image Commun.* 4 (1992), pp. 129-140

Le Gall, D. , Tabatabai, A.: Subband coding of digital images using symmetric short kernel filters and arithmetic coding techniques. *Proc. IEEE ICASSP* (1988), pp. 761-764

Lewis, A. S. , Knowles, G.: Image compression using the 2D wavelet transform. *IEEE Trans. Image Proc.* 1 (1992), pp. 244-250

Li, J. , Lei, S.: An embedded still image coder with rate distortion optimization. *IEEE Trans. Image Proc.* 8 (1999), pp 913-924

Li, X. , Chen, J. , Rapaka, K. , Karczewicz. M.: Generalized interlayer residual prediction for scalable extension of HEVC. *Proc. IEEE ICIP* (2013), pp. 1559-1562

Li, X. , Kerofsky, L.: High performance resolution scalable video coding via all-phase motion compensated prediction of wavelet coefficients. *Proc. SPIE VCIP* (2002), vol. 4671, pp. 1080-1089

Liebchen, T.: MPEG-4 Lossless Coding for High-Definition Audio. *Proc. 115th AES Conv.*, New York 2003, preprint 5872

Linde, Y. , Buzo, A. , Gray, R. M.: An algorithm for vector quantizer design. *IEEE Trans. Commun.* 28 (1980), pp. 84-95

List, P. , Joch, A. , Lainema, J. , Bjontegaard, G. , Karczewicz, M.: Adaptive deblocking filter. *IEEE Trans Circ. Syst. Video Tech.* 13 (2003), pp. 614-619

Lloyd, S. P.: Least squares quantization in PCM. (1957) Reprint: *IEEE Trans. Commun.* 30 (1982), pp. 129-137

Luo, L. , Li, J. , Li, S. , Zhuang, Z. , Zhang, Y.-Q.: Motion compensated lifting wavelet and its application in video coding. *Proc. ICME 2001*, July 2001

Ma, J. , Plonka, G.: The Curvelet Transform. *IEEE Sig. Proc. Mag.* 27 (2010), pp. 118-133

Mallat, S. G.: A Wavelet Tour of Signal Processing, Third Edition: The Sparse Way. Amsterdam/Boston/New York: Elsevier/Academic Press, 2008

Mallat, S. G. , Zhang, Z.: Matching pursuits with time-frequency dictionaries, *IEEE Trans. Signal Proc.* 41 (1993), pp. 3397-3415

Malvar, H. S.: Signal Processing with Lapped Transforms. Norwood: Artech House 1991

Malvar, H. S. , Staelin, D. H.: The LOT : Transform coding without blocking effects. *IEEE Trans. Acoust., Speech, Signal Process.* 37 (1989), pp. 553-559

Malvar, H. S. , Hallapuro, A. , Karczewicz, M. , Kerofsky, L.: Low-complexity transform and quantization in H.264/AVC. *IEEE Trans. Circ. Syst. Video Tech.* 13 (2003), pp. 598- 603

Maragos, P. A. , Schafer, R. W. , Mersereau, R. M.: Two-dimensional linear prediction and its application to adaptive predictive coding of images. *IEEE Trans. Acoust., Speech, Signal Process.* 32 (1984), pp. 1213-1229

Marcellin, M. W. , Fischer, T. R.: Trellis coded quantization of memoryless and Gauss-Markov sources. *IEEE Trans. Commun.* 38 (1990), pp. 82-93

Marpe, D. , Cycon, H. L.: Very low bit-rate video coding using wavelet-based techniques. *IEEE Trans. Circ. Syst. Video Tech.* 9 (1999), pp. 85-94

Marpe, D. , Schwarz, H. , Wiegand, T.: Context-based adaptive binary arithmetic coding in the H.264/AVC video compression standard. *IEEE Trans. Circ. Syst. Video Tech.* 13 (2003), pp. 620-636

Marr, D.: Vision: A Computational Investigation into the Human Representation and Processing of Visual Information. New York: Freeman 1982

Martucci, S. A. , Sodagar, L. , Chiang, T. H. , Zhang, Y.-Q.: A zerotree wavelet coder. *IEEE Trans. Circ. Syst. Video Tech.* 7 (1997), pp. 109-118

Marzetta, T. L.: Two-Dimensional Linear Prediction: Autocorrelation Arrays, Minimum- Phase Prediction Error Filters, and Reflection Coefficient Arrays. *IEEE Trans. Acoust., Speech, Signal Process.* 28 (1980), pp. 725-733

Max, T.: Quantizing for minimum distortion. *IRE Trans. Inf. Theor.* 6 (1960), pp. 7-12

Mayer, C. , Höynck, M.: Linear phase perfect reconstruction filter banks with aliasreduced lowpass filters for spatially scalable video coding. *Proc. 10th Aachen Symp. Signal Theory* (2001), pp. 397-402, Aachen, September 2001

McMillan, L. , Bishop, G.: Plenoptic modeling: An image-based rendering system. *Proc. SIGGRAPH* (1995), Los Angeles, Aug. 1995

Meagher, D.: Octree Encoding: A New Technique for the Representation, Manipulation and Display of Arbitrary 3-D Objects by Computer. *Rensselaer Polytechnic Institute*, Technical Report IPL-TR-80-111, 1980

Meiri, A. Z. , Yudilevich, E.: A pinned sine transform image coder. *IEEE Trans. Commun.* 29 (1981), pp. 1728-1735

Meşe, M. Vaidya nathan, P. P.: Optimized Halftoning using dot diffusion and methods for inverse halftoning. *IEEE Trans. Image Process.* 9 (2000), pp. 691-709

Modestino, J. W. , Bhaskaran, V.: Robust two-dimensional tree encoding of images. *IEEE Trans. Commun.* 29 (1981), pp. 1786-1791

Mohan, S. , Sood, A. K.: A multiprocessor architecture for the (M,L)-algorithm suitable for VLSI implementation. *IEEE Trans. Commun.* 34 (1986), pp. 1218-1224

Musmann, H. G. , Pirsch, P. , Grallert, H. J.: Advances in picture coding. *Proc. IEEE* 73 (1985), pp. 523-548

Musmann, H. G. , Hötter, M. , Ostermann, J.: Object-oriented analysis-synthesis coding of moving images. *Signal Process. : Image Commun.* 1 (1989), pp. 117-138

Nam, K. M. , Kim, J.-S. , Park, R.-H.: A fast hierarchical motion vector estimation algorithm using mean pyramid, *IEEE Trans. Circ. Syst. Video Tech.* 5 (1995), pp. 341-351

Natarajan, T. , Ahmed, N.: On Interframe Transform Coding. *IEEE Trans. Comm.* 25 (1977), pp. 1323-1329

Ndjiki-Nya, P. , Hinz, T. , Wiegand, T.: Generic and robust video coding with texture analysis and synthesis. *Proc. IEEE Intl. Conf. Multim. and Expo* (ICME 2007), pp. 1447-1450

Ndjiki-Nya, P. , Doshkov, D. , Kaprykowsky, H. , Zhang, F. , Bull, D. , Wiegand, T.: Perception-oriented video coding based on image analysis and completion: A review. *Signal Proc.: Image Comm.* 27 (2012), pp. 579-594

van Nee, R. , Prasad, R.: OFDM for Wireless Multimedia Communications. Boston: Artech House, 2000

Neff, R. , Zakhor, A.: Very low bit rate coding based on matching pursuit, *IEEE Trans. Circ. Syst. Video Tech.* 7 (1997), pp. 158-171

Netravali, A.N. , Robbins, J. D.: Motion compensated television coding, Part I. *Bell Syst. Tech. J.* 58 (1979), pp. 631-670

Netravali, A. N. , Robbins, J. D.: Motion-compensated coding : Some new results. *Bell Syst. Tech. J.* 59 (1980), pp. 1735-1745

Nguyen, T. , Marpe, D.: Performance Analysis of HEVC-Based Intra Coding for Still Image Compression. *Proc. Picture Coding Symposium* (2012), Krakow, May 2012

Norkin, A. , Bjontegaard, G. , Fuldseth, A. , Narroschke, M. , Ikeda, M. , Andersson, K. , Zhou, M. , van der Auwera, G.: HEVC Deblocking Filter. *IEEE Trans. Circ. Syst. Video Tech.* 22 (2012), pp.1746-1754

Ohm, J.-R.: Advanced packet-video coding based on layered VQ and SBC techniques. *IEEE Trans. Circ. Syst. Video Tech.* 3 (1993), pp. 208-221

Ohm, J.-R. (1994A): Three-dimensional subband coding with motion compensation. *IEEE Trans. Image Process.* 3 (1994), pp. 559-571

Ohm, J.-R. (1994B): Motion-compensated 3-D subband coding with multiresolution representation of motion parameters. *Proc. IEEE ICIP* (1994), vol. III, pp. 250-254

Ohm, J.-R.: Multimedia Communication Technology. New York/Berlin: Springer, 2004

Ohm, J.-R.: Multimedia Content Analysis. New York/Berlin: Springer, 2015 (to appear)

Ohm, J.-R. , **Sullivan, G. J.** , **Schwarz, H.** , **Tan, T. K.** , **Wiegand, T.**: Comparison of the coding efficiency of video coding standards - including high efficiency video coding (HEVC). *IEEE Trans.Circ. Syst. Video Tech.* 22 (2012), pp. 1669-1684

Okubo, S.: Requirements for high quality video coding standards. *Signal Process. : Image Commun.* 4 (1992), pp. 141-151

Ong, E. P. , **Yang, X.** , **Lin, W.** , **Lu, Z.** , **Yao, S.**: Video quality metric for low bitrate compressed video. *IEEE Trans. Image Proc.* 3 (1994), pp. 693-699

Orchard, M. T. , **Sullivan, G. J.**: Overlapped block motion compensation : An estimation theoretic approach. *Proc. IEEE ICIP* (2004), pp. 3531-3534

Ortega, A. , **Ramchandran, K.** , **Vetterli, M.**: Optimal trellis-based buffered compression and fast approximations. *IEEE Trans. Image Process.* 3 (1994), pp. 26-40

Ostermann, J.: Object-based analysis-synthesis coding (OBASC) based on the source model of moving flexible 3-D objects. *IEEE Trans. Image Proc.* 3 (1994), pp. 705-710

Pang, K. K. , **Tan, T. K.**: Optimum loop filters in hybrid coders. *IEEE Trans. Circ. Syst. Video Tech.* 4 (1994), pp. 158-167

Park, S. C. , **Park, M. K.** , **Lang, M. G.**: Super-resolution image reconstruction: a technical overview. *IEEE Sig. Proc. Mag.* 20 (2003), pp. 21-36

Peano, G.: Sur une courbe, qui remplit toute une aire plane. *Mathematische Annalen* 36 (1890), pp. 157-160

Pennebaker, W. B. , **Mitchell, J. L.**: JPEG Still Image Compression Standard. New York: Van Nostrand Reinhold 1993

Pennebaker, W. B. , **Mitchell, J. L.** , **Langdon, G. G.** , **Arps, R. B.**: An overview of the basic principles of the Q-coder adaptive binary arithmetic coder. *IBM J. Res. Develop.* 32 (1988), pp. 717-752

Pesquet-Popescu, B. , **Bottreau, V.**: Three-dimensional lifting schemes for motion compensated video compression. *Proc. IEEE ICASSP* (2001), pp. 1793-1796

Plataniotis, K. N. , **Venetsanopoulos, A. N.**: Color Image Processing and Applications. New York/Berlin: Springer, 2000

Podilchuk, C. I. , **Jayant, N. S.** , **Noll, P.**: Sparse codebooks for the quantization of nondominant subbands in image coding. *Proc. IEEE ICASSP* (1990), pp. 2837-2840

Poletti, M. A.: Three-dimensional surround sound systems based on spherical harmonics. *Journ. AES* 53 (2005), pp. 1004-1025

Proakis, G. , **Salehi, M.**: Fundamentals of Communication Systems. London: Pearson Education, 2007

Princen, J. P. , Bradley, A. B.: Analysis/synthesis filter bank design based on time domain aliasing cancellation. *IEEE Trans. Acoust., Speech, Signal Process.* 34 (1986), pp. 1153-1161

Puri, A. , Aravind, R. , Haskell, B. G.: Adaptive frame/field motion compensated video coding. *Signal Process. : Image Commun.* 5 (1993), pp. 39-58

Puri, A. , Aravind, R. , Haskell, B. G. , Leonardi, R.: Video coding with motion compensated interpolation for CD-ROM applications. *Signal Process. : Image Commun.* 2 (1990), pp. 127-144

Purves, D. , Augustine, G. J. , Fitzpatrick, D. , Hall, W. C. , LaMantia, A.-S. , McNamara, J. O. , White, L. E.: Neuroscience, 4th edition. Sunderland: Sinauer Associates, 2012

Quackenbush, S.: MPEG Audio Coding Advances. In *The MPEG Representation of Digital Media*, L. Chiariglione (ed.), pp. 125-139, New York: Springer 2012

Queluz, M. P.: A 3-dimensional subband coding scheme with motion-adaptive subband selection. *Proc. EUSIPCO* (1992), *Signal Process. VI : Theor. and Appl.*, pp. 1263-1266, Amsterdam: Elsevier 1992

Rabiner, L. R. , Schafer, R. W.: Digital Processing of Speech Signals. Englewood Cliffs: Prentice-Hall 1978

Ramamurthy, B. , Gersho, A.: Classified vector quantization of images. *IEEE Trans. Commun.* 34 (1986), pp. 1105-1115

Ramchandran, K. , Vetterli, M.: Best wavelet packet bases in a rate-distortion sense. *IEEE Trans. Image Process.* 2 (1993), pp. 160-175

Ramchandran, K. , Ortega, A. , Vetterli, M.: Bit Allocation for dependent quantization with applications to multiresolution and MPEG video coders. *IEEE Trans. Image Process.* 3 (1994), pp. 533-545

Ranganath, S. , Jain, A. K.: Two-dimensional linear prediction models - Part I : Spectral factorization and realization. *IEEE Trans. Acoust., Speech and Signal Process.* 33 (1985), pp. 280-299

Reed, I. S. , Solomon, G.: Polynomial codes over certain finite fields. *SIAM J. Appl. Math.* 8 (1960), pp. 300-304

Reibman, A. R. , Haskell, B. G.: Constraints on variable bit-rate video for ATM networks. *IEEE Trans. Circ. Syst. Video Tech.* 2 (1992), pp. 361-372

Reimers, U.: DVB - The Family of International Standards for Digital Video Broadcasting. Heidelberg/New York: Springer, 2004

Reininger, R. C. , Gibson, J. D.: Distribution of two-dimensional DCT coefficients for images. *IEEE Trans. Commun.* 31 (1983), pp. 835-839

Ribas-Corbera, J. , Chou, P. A. , Regunathan, S. L.: A generalized hypothetical reference decoder for H.264/AVC. *IEEE Trans. Circ. Syst. Video Tech.* 13 (2003), pp. 674-687

Richard, C. , Benveniste, A. , Kretz, F.: Recursive estimation of local characteristics of edges as applied to ADPCM coding. *IEEE Trans. Commun.* 32 (1984), pp. 718-728

Rioul, O. , Vetterli, M.: Wavelets and signal processing. *IEEE Signal Process. Mag.* 8 (1991), no. 4, pp. 14-38

Riskin, E. A. , Gray, R. M.: A greedy tree growing algorithm for the design of variable rate vector quantizers, *IEEE Trans. Signal Process.* 39 (1991), pp. 2500-2507

Robson, J. G.: Spatial and temporal contrast sensitivity functions of the visual system. *J. Opt. Soc. Amer. A* 56 (1966), pp, 1141-1142

Roese, J. , Pratt, W. , Robinson, G.: Interframe Cosine Transform Image Coding. *IEEE Trans. Commun.* 25 (1977), pp. 1329- 1339

Rue, H. , Held, L.: Gaussian Markov Random Fields. *Monographs Stat. Appl. Prob.* no. 104, Boca Raton: Chapman & Hall/CRC, 2005

Rusert, T.: Distortion Modeling for Rate-Constrained Optimization of Scalable Video Coding. *Aachen Series on Multimedia and Communications Engineering* no. 5, Aachen: Shaker, 2007

Rusert, T. , Hanke, K. , Ohm, J.-R.: Transition filtering and optimized quantization in interframe wavelet video coding, Proc. SPIE VCIP 2003, vol. 5150, pp. 682-694

Sabin, M. , Gray, R. M.: Product code vector quantizers for waveform and voice coding. *IEEE Trans. Acoust., Speech, Signal Process.* 32 (1984), pp. 474-488

Said, A. , Pearlman, W.: A new fast and efficient image codec based on set partitioning in hierarchical trees. *IEEE Trans. Circ. Syst. Video Tech.* 6 (1996), pp. 243-250

Samet, H. : The quadtree and related hierarchical data structures. *Comput. Surv.* 16 (1984), pp. 187-260

Scherer, P.: Ein neues Verfahren der raumbezogenen Stereophonie mit verbesserter Übertragung der Rauminformation. *Rundfunktechnische Mitteilungen* 21 (1977), S. 196-204

Schumitsch, B. , Schwarz, H. , Wiegand, T.: Inter-frame optimization of transform coefficient selection in hybrid video coding. *Proc. Picture Coding Symposium* (2004), pp. 59-64

Secker, A. , Taubman, D.: Motion-compensated highly-scalable video compression using an adaptive 3D wavelet transform based on lifting. *Proc. IEEE ICIP* (2001), pp. 1029-1032

Schuijers, E. , Oomen, W. , den Brinker, B. , Breebaart, J.: Advances in parametric coding for high-quality audio. *Proc. 114th AES Conv.*, Amsterdam, 2003, preprint 5852

Shannon, C. E.: A mathematical theory of communication. *Bell Syst. Tech. J.* (1948), reprint : University of Illinois press 1949

Shannon, C. E.: Coding theorems for a discrete source with a fidelity criterion. *IRE Nat. Conv. Rec.* (1959), reprint : *Information and Decision Processes*, R. E. Machol (ed.), New York : McGraw Hill 1960

Shannon, C. E.: The Collected Papers. Piscataway : IEEE Press 1992

Shapiro, J. M.: Embedded image coding using zerotrees of wavelets coefficients. *IEEE Trans. Signal Process.* 41 (1993), pp. 3445-3462

Shen, K. , Delp, E.: Wavelet based rate scalable video compression. IEEE Trans. Circ. Syst. Video Tech. 9 (1999), pp. 109-122

Shishikui, Y.: A study on modeling of the motion compensation prediction error signal. *IEICE Trans. Commun.* 75-B (1992), pp. 368-376

Sikora, T. , Makai, B.: Shape-adaptive DCT for generic coding of video. *IEEE Trans. Circ. Syst. Video Tech.* 5, pp. 59-62, 1995

Simon, S. F.: On suboptimal multidimensional companding. *Proc. IEEE Data Compress. Conf.* (1998), pp. 438-447

Slepian, D. , Wolf, J. K.: Noiseless Coding of Correlated Information Sources. *IEEE Trans. Inf. Theo.* 19 (1973), pp. 471-480

Smith, M. J. T.: IIR analysis/synthesis systems. *Subband Image Coding*, J. W. Woods (ed.), Dordrecht : Kluwer 1991

Sodagar, I.: The MPEG-DASH standard for multimedia streaming over the Internet. *IEEE Multimedia* 18 (2011), pp. 62-67

Spearman, C.: General intelligence, objectively determined and measured. *Am. J. Psychol.* 15 (1904), pp. 201-293

Stevens, S. S. , Volkmann, J.: The relation of pitch to frequency: A revised scale. *Am. J. Psychol.* 53 (1940), pp. 329-353

Stewart, L. C. , Gray, R. M. , Linde, Y.: The design of trellis waveform coders. *IEEE Trans. Commun.* 30 (1982), pp. 702-710

Sullivan, G. J.: Efficient Scalar Quantization of Exponential and Laplacian Random Variables. *IEEE Trans. Inf. Theo.* 42 (1996), pp. 1365-1374

Sullivan, G. J. , Baker, R. L.: Motion compensation for video compression using control grid interpolation. *Proc. IEEE ICASSP* (1991), pp. 2713-1716

Sullivan, G. J. , Ohm, J.-R. , Han, W.-J. , Wiegand, T.: Overview of the High Efficiency Video Coding (HEVC) Standard. *IEEE Trans. Circ. Syst. Video Tech.* 22 (2012), pp.1649-1668

Sullivan, G. J. , Wiegand, T.: Rate-Distortion Optimization for Video Compression. *IEEE Signal Proc. Mag.* 15 (2005), pp. 74-90

Sullivan, G. J. , Boyce, J. , Chen, Y. , Ohm, J.-R.: Standardized extensions of High Efficiency Video Coding (HEVC). *IEEE J. Sel. Top. Signal Proc.* 7 (2013), pp. 1001-1016

Sze, V. , Budagavi, M. , Sullivan, G. J.: High Efficiency Video Coding: Algorithms and Architectures. New York: Springer 2014

Takashima, Y. , Wada, M. , Murakami, H.: Reversible variable length codes. *IEEE Trans. Commun.* 43 (1995), pp. 158-162

Tan, T. K. , Boon, C. , Suzuki, Y.: Intra prediction by template matching. *Proc. IEEE ICIP* (2006), pp. 1693-1696

Taubman, D. : High performance scalable image compression with EBCOT. *IEEE Trans. Image Proc.* 9 (2000), pp. 1158-1170

Taubman, D. S. , Marcellin, M. W.: JPEG 2000: Image Compression Fundamentals, Standards and Practice. Dordrecht: Kluwer Academic Publishers, 2001

Thoma, R. , Bierling, M.: Motion compensating interpolation considering covered and uncovered background. *Signal Process. : Image Commun.* 1 (1989), pp. 191-212

Traunmüller, H.: Analytical expressions for the tonotopic sensory scale. *J. Acoust. Soc. Am.* 88 (1990), pp. 97-100

Ugur, K. , Alshin, A. , Alshina, E. , Bossen, F. , Han, W.-J. , Park, J.-H. , Lainema, J.: Motion compensated prediction and interpolation filter design in the H.265/HEVC. *IEEE J. Sel. Top. Sig. Proc.* 7 (2013), pp. 946-956

Urey, H. , Chellappan, K. V. , Erden, E. , Surman, P.: State of the art in stereoscopic and autostereoscopic displays, *Proc. IEEE* 99 (2011), pp. 540-555

Vaidyanathan, P. P.: Multirate Systems and Filter Banks. Englewood Cliffs: Prentice Hall 1993

Vaisey, J. , Gersho, A.: Image compression with variable block size segmentation. *IEEE Trans. Signal Process.* 40 (1992), pp. 2040-2060

Vaishampayan, V. A. : Design of multiple description scalar quantizers. *IEEE Trans. Inf. Theor.* 39 (1993), pp. 821-834

Vary, P. , Martin, R.: Digital Speech Transmission. New York: Wiley 2006

Ventura, R. M. F. , Vandergheynst, P. , Frossard, P.: Low-rate and flexible image coding with redundant representations, *IEEE Trans. Image Proc.* 15 (2006), pp. 726-739

Vetro, A. , **Wiegand, T.** , **Sullivan, G. J.**: Overview of the stereo and multiview video coding extensions of the H.264/MPEG-4 AVC standard, *Proc. IEEE* 99 (2011), pp. 626-642

Vetterli, M. , **Kovacevic, J.**: Wavelets and Subband Coding. Englewood Cliffs: Prentice Hall, 1995

Vetterli, M. , **LeGall, D.**: Perfect reconstruction FIR filter banks: Some properties and factorizations. *IEEE Trans. Acoust., Speech, Signal Proc.* 37 (1989), pp. 1057-1071

Viswanathan, R. , **Makhoul, J.**: Quantization properties of transmission parameters in linear predictive systems. *IEEE Trans. Acoust., Speech, Signal Proc.* 23 (1975), pp. 309-321

Viterbi, A. J.: Error bounds for convolutional codes and an asymptotically optimum decoding algorithm. *IEEE Trans. Inf. Theor.* 13 (1967), pp. 260-269

Viterbi, A. J. , **Omura, J. K.**: Principles of Digital Communication and Coding. New York: McGraw Hill 1985

Vos, K. , **Sørensen, K. V.** , **Jensen, S. S.** , **Valin, J.-M.**: Voice coding with OPUS. *Proc. 135th AES Conv.*, New York 2013, preprint 8941

Wang, Y. , **Orchard, M.** , **Vaishampayan, V.** , **Reibman, A. R.** : Multiple description coding using pairwise decorrelating transform. *IEEE Trans. Image Proc.* 10 (2001), pp. 351-366

Wang, Y. , **Wenger, S.** , **Wen, J.** , **Katsaggelos, A. G.**: Error resilient video coding techniques. *IEEE Signal Process. Mag.* 17(4) (2000), pp. 61-82

Wang, Y. , **Zhu, Q.-F.**: Error control and concealment for video communication: A review. *Proc. IEEE* 86 (1998), pp. 974-997

Wang, Z. , **Bovik, A.C.**: Mean squared error: Love it or leave it? A new look at Signal Fidelity Measures. *IEEE Signal Proc. Mag.* 26 (2009), pp. 98-117

Wang, Z. , **Simoncelli, E. P.**: An adaptive linear system framework for image distortion analysis. *Proc. IEEE ICIP* (2005), vol. 3, pp. 1160-1163

Weber, E. H.: De pulsu, resorptione, audita et tactu. Annotationes anatomicae et physiologicae. Leipzig: Köhler, 1834

Wedi, T. , **Musmann, H.G.**: Motion- and aliasing-compensated prediction for hybrid video coding. *IEEE Trans. Circ. Syst. Video Tech.* 13 (2003), pp. 577-586

Welch, T. A.: A Technique for High Performance Data Compression. IEEE Comput. 17 (1984), pp. 8-19

Wen, J. , **Villasenor, J.**: A class of reversible variable length codes for robust image and video coding. *Proc. IEEE ICIP* (1997), vol. II, pp. 65-68

Westerink, P. H. , **Biemond, J.** , **Boekee, D. E.** , **Woods, J. W.**: Subband coding of images using vector quantization. *IEEE Trans. Commun.* 36 (1988), pp. 713-719

Wiegand, T. , **Girod, B.**: Multi-Frame Motion-Compensated Prediction for Video Transmission. Dordrecht: Kluwer, 2001

Wiegand, T. , **Sullivan, G. J.** , **Bjontegaard, G.** , **Luthra, A.**: Overview of the H.264/AVC video coding standard. *IEEE Trans. Circ. Syst. Video Tech.* 13 (2003), pp. 560-576

Wien, M.: Variable block-size transforms for H.264/AVC. *IEEE Trans. Circ. Syst. Video Tech.* 13 (2003), pp. 604-613

Wien, M.: High Efficiency Video Coding: Coding Tools and Specification. New York, Heidelberg: Springer 2015

Winken, M. , **Schwarz, H.** , **Marpe, D.** , **Wiegand, T.**: Joint Optimization of Transform Coefficients for

Hierarchical B Picture Coding in H.264/AVC. *Proc. IEEE ICIP* (2007), vol. 4, pp. 89-92

Witten, I. H. , Neal, R. M. , Cleary, J. G.: Arithmetic coding for data compression. *Comm. ACM* 30 (1987), pp. 520-540

Wittmann, S. , Wedi, T.: Transmission of post-filter hints for video coding schemes. *Proc. IEEE ICIP* (2007), pp. I-81-I-84

Woods, J. W. , O'Neill, S. D.: Subband coding of images. *IEEE Trans. Acoust., Speech, Signal Process.* 34 (1986), pp. 1278-1288

Wu, F. , Li, S. , Zhang, Y.-Q.: DCT-prediction based progressive fine granularity scalable coding. *Proc. IEEE ICIP* (2000), pp. 1903-1906

Wyner, A. , Ziv, J.: The rate-distortion function for source coding with side information at the decoder. *IEEE Trans. Inf. Theo.* 22 (1976), pp. 1-10

Xu, J. , Li, S. , Zhang, Y.-Q.: A wavelet codec using 3-D ESCOT. *Proc. IEEE-PCM2000*, Dec. 2000

Xu, J. , Zeng, B. , Wu, F.: An Overview of Directional Transforms in Image Coding. *Proc. IEEE ISCAS* (2010), pp. 3036-3039

Yang, D. T. , Kyriakakis, C. , Kuo, C.-C. J.: High-fidelity Multichannel Audio Coding. *EURASIP Book Series on Signal. Proc. and Comm.*, New York: Hindawi 2006

Yang, W. , Lu, Y. , Wu, F. , Cai, J. , Ngan, K. N. , Li, S.: 4D Wavelet-based Multi-view Video Coding. *IEEE Trans. Circ. Syst. Video Tech.* 16 (2006), pp.1385-1396

Yang, X. , Ramchandran, K.: Hierarchical backward motion compensation for wavelet video coding using optimized interpolation filters. *Proc. IEEE ICIP* (1997), vol. 1, pp. 85-88

Yang, X. , Ramchandran, K.: Scalable wavelet video coding using alias-reduced hierarchical motion compensation. *IEEE Trans. Image* Process. 9 (2000), pp. 778-791

Zaciu, R. et al.,: Motion estimation and motion compensation using the overcomplete discrete wavelet transform. *Proc. IEEE ICIP* (1996), vol. I, pp. 973-976

Zhang, Q. , Kassam, S. A.: Hybrid ARQ with selective combining for fading channels. *IEEE J. Select. Areas Commun.* 17 (1999), pp. 867-880

Ziv, J. , Lempel, A.: A universal algorithm for sequential data compression, *IEEE Trans. Inf. Theor.* 23 (1977), pp. 337-343

Ziv, J. , Lempel, A.: Compression of individual sequences via variable-rate coding. *IEEE Trans. Inf. Theor.* 24 (1978), pp. 530-536

Zurmühl, R.: Matrizen. Berlin: Springer 1964

Zwicker, E.: Psychoakustik. Berlin: Springer 1982

附录 E 词 汇 表

2D prediction[2D 预测]

3D video coding[3D 视频编码]

- cf. multi-view video coding[详见多视图视频编码]

Access unit[访问单元]

AC/DC prediction[AC/DC 预测]

Adaptive loop filter[自适应环路滤波器]

Affine transformation[仿射变换]

Aliasing[混叠]

- in case of motion[运动造成的混叠]

- in case of sub-sampling[下采样造成的混叠]

Alpha map[Alpha 图]

Ambisonics[高保真度立体声响复制]

Amplitude mapping[幅度映射]

Analysis by synthesis[分解与合成]

Arithmetic coding[算术编码]

Audio source formats[音频信源格式]

Audio coding[音频编码]

- lossless coding[无损编码]

- perceptual noise substitution[感知噪声替换]

- psycho-acoustic models[心理声学模型]

- spatial audio coding[空间音频编码]

- spectral band replication[频谱恢复]

- stereo redundancy[立体声冗余]

- switchable transforms[可切换变换]

- temporal prediction[时域预测]

- temporal noise shaping[时域噪声整形]

Automatic repeat request[自动重传请求]

Autoregressive models[自回归模型]

- adaptation[自回归模型适配]

- 2D extensions of AR(1)[一阶自回归模型的二维扩展]

- 2D separable[二维可分离自回归模型]

Auxiliary picture[辅助图像]

AVC[先进视频编码]

Backward adaptation[后向自适应]

Bark scale[Bark 尺度]

Base layer[基本层]

Basilar membrane[基底膜]

Basis images[基图像]

Basis vectors[基向量]

- of linear transforms[线性变换的基向量]

-of sampling matrices[采样矩阵的基向量]

Bayer pattern[贝尔模板]

Bilinear interpolation[双线性插值]

Bin[二进制符号]

Binarization[二值化]

Binary shape coding[二进制形状编码]

Binaural cue coding[双耳线索编码]

Bi-orthogonality[双正交性]

- for filter pairs[双正交滤波器组]

- for sampling systems[双正交采样系统]

Bi-prediction[双向预测]

Bit-plane coding[位平面编码]

- of images[图像的位平面编码]

- of block transform coefficients[块变换系数的位平面编码]

- of wavelet transform coefficients[小波变换系数的位平面编码]

- embedded quantizer characteristics[嵌入式量化器特征]

Bit stream[码流]

- multiplex[多路复用码流]

- splicing[码流拼接]

- syntax and semantics[语法与语义码流]

- transport[码流传输]

Bjøntegaard delta[Bjøntegaard 增量]

- buffer[图像缓冲区]

- order count[图像顺序号]

Pin-hole camera[针孔相机]

Pitch[基音，音调]

Pixel[像素]

Polyphase systems[多相系统]

- matrix[多相矩阵]

Power density spectrum[功率谱密度]

- of an AR process[自回归过程的功率谱密度]

Prediction see also Linear Prediction[预测，参阅线性
预测]

- AC[AC 预测]

- block[块预测]

- closed loop[闭环预测]

- DC[DC 预测]

- error[预测误差]

- inter-layer[层间预测]

- open loop[开环预测]

- planar[平面预测]

- template matching[模板匹配预测]

- unit[预测单元]

Prefix[前缀]

- condition[前缀条件]

- -free code[无前缀编码]

Probability density function[概率密度函数]

- conditional[条件概率密度函数]

- joint[联合概率密度函数]

- vector Gaussian[向量高斯概率密度函数]

Probability mass function[概率质量函数]

Profile[档次]

Progressive sampling[渐进采样]

Progressive transmission[渐进传输]

PSNR[峰值信噪比]

Pyramid decomposition[金字塔分解]

Quadrature mirror filter[正交镜像滤波器]

Quad-tree[四叉树]

Quality of Service[服务质量]

Quantization[量化]

- embedded[嵌入式量化]

- level[量化等级]

- non-uniform[非均匀量化]

- range[量化区间]

- uniform[均匀量化]

- vector cf. Vector quantization[向量量化，详见向
量量化]

Quantization（error）characteristic[量化（误差）特性]

Quarter-plane filters[四分之一平面滤波器]

Quarter-sample interpolation accuracy[四分之一样点
插值精度]

Quincunx sampling[五株采样]

Random access mechanism[随机访问机制]

Rate control[码率控制]

Rate-distortion function[率失真函数]

- of AR(1) process[一阶自回归过程的率失真函数]

- of correlated Gaussian process[相关高斯过程的率
失真函数]

- of multi-dimensional signals[多维信号的率失真
函数]

- of uncorrelated Gaussian process[非相关高斯过程
的率失真函数]

Rate-distortion optimization[率失真优化]

Rate-distortion optimized quantization[率失真优化量化]

Re-buffering[重新缓冲]

Rectangular sampling[矩形采样]

Redundancy[冗余]

Reference picture[参考图像]

- buffer（memory）[参考图像缓冲区（内存）]

- inter-view[视图间参考图像]

- list[参考图像列表]

Residual[残差]

- coding[残差编码]

- prediction[残差预测]

Retina[视网膜]

Ringing[振铃]

RGB[RGB 色彩空间]

Run-length coding[游程编码]

之和/最小值]

- of squared differences[平方差值之和/最小值]

Supplemental enhancement information（SEI）[辅助增强信息（SEI）]

Switching picture[切换图像]

Switching window[转换窗口]

Syntax（bit stream）[语法（码流）]

Synchronization[同步]

Temporal scalability[时域可伸缩性]

Texture[纹理]

- coding[纹理编码]

- synthesis[纹理合成]

Tier[等级]

Tile[片]

Threshold criterion[阈值判据]

TMVP[时域运动向量预测]

Transfer characteristics[传输特性]

Transfer function[传递函数]

Transform[变换]

- block[块变换]

- skip[TS（Transform Skip）模式]

- sub-block[子块]

- tree[变换树]

- unit[变换单元]

Transform coding[变换编码]

- decorrelating effect[去相关效应]

- for arbitrary shape[任意形状的变换编码]

- with variable block size[可变块尺寸变换编码]

- statistics of transform coefficients[变换系数的统计信息]

- bit allocation[比特分配]

- error protection[差错保护]

- with bit-plane coding[位平面编码]

- with frequency weighting[频率加权]

-with run-length coding[游程编码]

- with vector quantization[向量量化]

Transmission[传输]

- adaptation of coding schemes[编码方案的适配]

- fixed and variable rate[固定传输码率与可变传输码率]

Tree coding[树形编码]

Trellis coding[网格编码]

Unary code[一元码]

Unequal error protection[不等差错保护]

Variable length coding[变长编码]

- arithmetic coding[算术编码]

- Elias code[埃利斯码]

- escape codes[转义码]

- Exponential Golomb code[指数哥伦布码]

- Golomb-Rice code[哥伦布-莱斯码]

- Huffman coding[哈夫曼编码]

- Lempel-Ziv coding[Lempel-Ziv 编码]

- reversible VLC[可逆变长编码]

- Shannon code[香农码]

- systematic codes[系统码]

- universal VLC[通用变长编码]

Variance[方差]

Vector quantization[向量量化]

- classifying[分类向量量化]

- complexity[复杂度]

- codebook adaptation[码书适配]

- fast codebook search[快速码书搜索]

- finite state VQ[有限状态向量量化]

- gain/shape VQ[增益/波形向量量化]

- generalized Lloyd algorithm[广义劳埃德算法]

- lattice VQ[网格向量量化]

- multi-level VQ[多级向量量化]

- predictive VQ[预测向量量化]

- of transform coefficients[变换系数的向量量化]

- rate constrained[码率约束]

- tree-structured codebook[树形结构码书]

- with block overlap[重叠块]

- with mean separation[分离均值]

- Voronoi net/region[Voronoi 网/区域]

Video parameter set[视频参数集]

反侵权盗版声明

电子工业出版社依法对本作品享有专有出版权。任何未经权利人书面许可，复制、销售或通过信息网络传播本作品的行为；歪曲、篡改、剽窃本作品的行为，均违反《中华人民共和国著作权法》，其行为人应承担相应的民事责任和行政责任，构成犯罪的，将被依法追究刑事责任。

为了维护市场秩序，保护权利人的合法权益，我社将依法查处和打击侵权盗版的单位和个人。欢迎社会各界人士积极举报侵权盗版行为，本社将奖励举报有功人员，并保证举报人的信息不被泄露。

举报电话：（010）88254396；（010）88258888
传　　真：（010）88254397
E-mail：　dbqq@phei.com.cn
通信地址：北京市海淀区万寿路 173 信箱
　　　　　电子工业出版社总编办公室
邮　　编：100036